Ableitungsregeln

Funktion	Ableitung	Name der Regel
f	f'	
$u+v$	$u'+v'$	Linearität
$c \cdot u$	$c \cdot u'$	Linearität (c Konstante)
$u \cdot v$	$u' \cdot v + v' \cdot u$	Produktregel
$\frac{u}{v}$	$\frac{u' \cdot v - v' \cdot u}{v^2}$	Quotientenregel
$u \circ v$	$(u' \circ v) \cdot v'$	Kettenregel
$u(v(x))$	$u'(v(x)) \cdot v'(x)$	Kettenregel mit x
f^{-1}	$\frac{1}{f'(f^{-1})}$	Ableitung der Umkehrfunktion

Eigenschaften der Ableitung

Bedingung	Bedeutung
$f'(x) \geq 0$ auf $[a, b]$	f monoton steigend auf $[a, b]$
$f'(x) \leq 0$ auf $[a, b]$	f monoton fallend auf $[a, b]$
$f'(x_0) = 0$	notwendig für lokales Extremum in x_0
$f'(x_0) = 0,\ f''(x_0) > 0$	hinreichend für lokales Minimum in x_0
$f'(x_0) = 0,\ f''(x_0) < 0$	hinreichend für lokales Maximum in x_0

Einige Ableitungen

Funktion	Ableitung
$f(x)$	$f'(x)$
x^n	$n \cdot x^{n-1}$ $(n \in \mathbb{R} \setminus \{0\})$
e^x	e^x
a^x	$a^x \ln a$ (a Konstante)
$\ln x$	$\frac{1}{x}$
$\sin x$	$\cos x$
$\cos x$	$-\sin x$
$\tan x$	$\frac{1}{\cos^2 x}$
$\sinh x$	$\cosh x$
$\cosh x$	$\sinh x$
$\arcsin x$	$\frac{1}{\sqrt{1-x^2}}$
$\arctan x$	$\frac{1}{1+x^2}$

Einige Stammfunktionen

Funktion	Stammfunktion
$f(x)$	$\int f(x)\,dx$
x^n	$\frac{x^{n+1}}{n+1} + C,\ n \neq -1$
$\frac{1}{x}$	$\ln\|x\| + C$
e^x	$e^x + C$
$\ln x$	$x(\ln x - 1) + C$
$\sin x$	$-\cos x + C$
$\cos x$	$\sin x + C$
$\frac{1}{1+x^2}$	$\arctan x + C$

Knorrenschild

Mathematik für Ingenieure 1

Michael Knorrenschild

Mathematik für Ingenieure 1

Grundlagen im Bachelorstudium

2., aktualisierte Auflage

Autor:
Prof. Dr. rer. nat. Michael Knorrenschild, Bochum

Bibliografische Information der Deutschen Nationalbibliothek:
Die Deutsche Nationalbibliothek verzeichnet diese Publikation in der Deutschen Nationalbibliografie; detaillierte bibliografische Daten sind im Internet über http://dnb.d-nb.de abrufbar.

Internet: www.hanser-fachbuch.de

Lektorat: Dipl.-Ing. Natalia Silakova-Herzberg
Herstellung: Anne Kurth
Covergestaltung: Max Kostopoulos
Coverkonzept: Marc Müller-Bremer, www.rebranding.de, München
Satz: Michael Knorrenschild
Druck und Bindung: Eberl & Kœsel, Altusried-Krugzell
Austattung patentrechtlich geschützt. Kösel FD 351, Patent-Nr. 0748702
Printed in Germany

Print-ISBN 978-3-446-47190-0
E-Book-ISBN 978-3-446-47207-5

Vorwort

Schon wieder ein Mathematik-Buch für Ingenieurstudiengänge. Es gibt doch schon so viele. Richtig. Dieses hier ist anders. Die Zeiten haben sich geändert. Bachelor-Studiengänge bieten ein verkürztes Studium (und die Kürzungen fanden in manchen Fällen auf Kosten der Grundlagenfächer statt). Anwendungsorientiert soll gelehrt werden, mühselige Rechnerei werde ja vom Computer übernommen. Das ist einleuchtend. Ein Irrtum ist es jedoch, daraus zu schließen, es brauche weniger Mathematik-Kenntnisse. Rechnen ist nicht Mathematik. Um einen Computer für mathematische Fragestellungen zu verwenden, bedarf es nicht weniger Mathematik-Kenntnisse, sondern im Gegenteil mehr, im Sinne von vertiefte, Mathematik-Kenntnisse. Durch unsachgemäße Verwendung von Computern entsteht regelmäßig volkswirtschaftlicher Schaden (und manchmal auch an Leib und Leben). Ingenieure benötigen also ein Verständnis mathematischer Begriffe und Methoden, um Computer sinnvoll einsetzen und Ergebnisse richtig interpretieren zu können. Und das gilt nicht nur für Ingenieure, sondern für alle Absolventen von technischen und naturwissenschaftlichen Studiengängen.
Dieses Buch versucht diese Philosophie umzusetzen, – Methodenwissen anstelle von Faktenwissen. Daher finden sich in diesem Buch nicht allzu viele Rechenaufgaben, sondern vielmehr Aufgaben, die das Verständnis der Begriffe und Methoden hinterfragen und festigen. An Vorwissen reichen Schulkenntnisse bzw. ein (ernsthaft!) besuchter Vorkurs, wie er an Fachhochschulen üblicherweise angeboten wird, aus.
Das Vorgehen fußt auf langjährigen Lehrerfahrungen im Bereich Mathematik für Anwender. Studierende aus drei Kontinenten und vielerlei Kulturen haben das Konzept durch ihr Feedback zu meinen Lehrveranstaltungen auf den richtigen Weg gebracht. Alle studentischen Fragen und Kommentare, egal auf welchem Niveau, haben mir ermöglicht, meine Lehrmethoden zu verfeinern. Dafür gebührt ihnen Dank an erster Stelle.

Besonderen Dank schulde ich den damaligen Ingenieurstudenten Christian Jelenowski, Christof Kaufmann und Arndt Steffen. Sie haben große Teile des Buches gegengelesen, dabei viele Fehler, Ungenauigkeiten und unbeholfene Erklärungen gefunden und zu meiner Aufmerksamkeit gebracht. Alle Fehler, die sich jetzt noch finden, gehen daher auf meine eigene Kappe.

Dem Team des Carl Hanser Verlags bin ich dankbar für die gewohnt angenehme Zusammenarbeit, besonders Frau Natalia Silakova für ihren Einsatz bei der Realisierung der Neuauflage.

Für diese Neuauflage wurden viele Kleinigkeiten verbessert und überarbeitet. Hinweise und Anregungen aus dem Leserkreis sind jederzeit willkommen.

Bochum, im Oktober 2021 Michael Knorrenschild

Zum Umgang mit diesem Buch

Das Buch ist in einem erzählenden Stil geschrieben, sodass es sinnvoll ist, die einzelnen Kapitel beim ersten Kontakt von vorne beginnend zu lesen. Ziel des Autors ist es, Leserinnen und Leser auf sprachlich leicht verdauliche Weise mit den jeweiligen Konzepten vertraut zu machen. Oft wird sich dann das Gefühl einstellen, die Hintergründe erfasst und verstanden zu haben. Ebenso oft folgt beim Durchrechnen von Aufgaben die Erfahrung, dass dieses Gefühl trügerisch ist – mit den Aufgaben klappt es nicht so recht. Ergebnis sind Frust und schlechte Laune, und damit lernt es sich schlecht.

Um dem entgegenzuwirken, ist der Text von einigen Begleitmaßnahmen flankiert, so etwas wie Leitplanken an der Fahrbahn der Lernenden. Diese laufen unter der Rubrik **Festigung**: Hier geht es um das spielerische Ausprobieren von Formeln, die Durchführung einer Probe, das geistige Verknüpfen von Formeln und Bildern und das Nachrechnen einfacher Gleichungen. Das rechnerische Ergebnis ist dabei von vornherein klar – Lösungen brauchen Sie dazu nicht. Das Denkergebnis ist das, worauf es ankommt, und das kann nur in Ihrem eigenen Kopf entstehen. Hier wird die Grundlage geschaffen, um das Erlernte später schnell in Erinnerung rufen zu können.

Zur Festigung: So sind kleine Aufgaben und Zwischenüberlegungen notiert, die das soeben Gelesene im Verständnis festigen sollen.

Merkregeln und prägnante Formulierungen von Zusammenhängen finden Sie in **roten Kästen**. So wird späteres Nachschlagen erleichtert.

Wichtige Regel: Immer mitdenken.

Die Erfahrung zeigt, dass gewisse Denkfehler und naheliegende Trugschlüsse an bestimmten Stellen immer wieder auftreten. Diese werden durch **Warndreiecke** am Rand hervorgehoben. Die Idee ist, die Denkfallen gar nicht erst in tiefere Schichten des Hirns sacken zu lassen. Die Verlockung ist groß, aber wer diese Fallen vermeidet, wird später reich belohnt. Es wird gelegentlich vor blindem Auswendiglernen gewarnt. Wer eine Formel nicht verstanden hat, kann sie nicht anwenden. Beispiel: Die meisten Studierenden können die binomischen Formeln anwenden, wenn Ausdrücke der Form $(a+b)^2$ o. ä. auftreten. Tritt aber $(x+3z+7)^2$ auf, erkennen viele schon nicht mehr die Anwendbarkeit der binomischen Formeln. Diese Brücke gilt es zu schlagen, will man im späteren Berufsleben das Gelernte anwenden.

⚠ Das Warndreieck weist auf typische Fehler hin.

In die Darstellung eingeflochten ist eine Einführung in die Benutzung von MATLAB®. MATLAB[1] genießt eine weite Verbreitung und jeder Ingenieurstudierende wird früher oder später damit in Berührung kommen. In diesem Buch verwenden wir nur den Kern von MATLAB; Toolboxes (Zusatzpakete) oder eine aktuelle Version werden nicht benötigt. Sie können anstelle von MATLAB im Prinzip auch kostenlose Programme wie Scilab[2] verwenden, jedoch gibt es kleinere Unterschiede in der Syntax der einzelnen Befehle (viele weitere Unterschiede sind auf dem Niveau dieser Einführung nicht relevant).

Das Buch kann auch ohne MATLAB benutzt werden – die MATLAB-Teile können ohne Schaden übersprungen werden.

Da Auslandsaufenthalte einschließlich Studienaufenthalte an ausländischen Hochschulen schon oft Bestandteil eines Bachelor-Studiums sind, werden so manchem Studierenden die Vokabelverzeichnisse am Ende des Buches hilfreich sein.

Was Sie benötigen, um von diesem Buch zu profitieren:

- Neugier und Mut, sich auf neue Ideen einzulassen
- Disziplin und Durchhaltevermögen
- Vorkenntnisse aus der Schule bzw. aus aktiver Teilnahme an einem Vorkurs

⚠ Ein Vorkurs und Wiederholung von Schulmathematik ist in diesem Buch **nicht** enthalten.

Was Sie nicht benötigen, ist mathematisches Talent und einen Computer (egal ob mit oder ohne MATLAB).

„Do not worry about your difficulties in mathematics; I can assure you that mine are still greater."
Albert Einstein, 1879-1955
in einem Brief 1943 an Barbara Wilson, eine Mittelstufenschülerin

Klavierspielen lernt man nicht durch Lesen von Noten oder den Besuch von Konzerten. Mathematik lernt man nicht durch Lesen von Büchern oder den Besuch von Vorlesungen. Man lernt, indem man alles selbst ausprobiert. Mathematik ist das einzige Fach, in dem das ohne materiellen Aufwand und gefahrlos möglich ist (in manchen anderen Fächern brauchen Sie kostspielige Apparate, gefährliche Substanzen, und müssen daher vieles einfach glauben, was Ihnen erzählt wird). Hier kann sich jede(r) von allem persönlich überzeugen, nichts muss einfach hingenommen werden.

Genug der Vorrede, nun viel Vergnügen und Erfolg beim Erkunden der Welt der Mathematik.

[1] MATLAB ist eingetragenes Warenzeichen von The Mathworks Inc.

[2] siehe http://www.scilab.org

Inhaltsverzeichnis

Liste der Anwendungen

Liste der MATLAB-Beispiele

1 Grundlagen (Steilkurs)

Wir beginnen mit einer sehr gerafften Zusammenstellung von wichtigen Fakten. Dass Sie den Schulstoff beherrschen, wird vorausgesetzt. Ohne diese Vorarbeit werden Sie an diesem Buch – und an keinem anderen Mathematik-Buch, an keiner Vorlesung und Übungsstunde Freude haben. Und ohne Freude lernt es sich schlecht.
Die Mehrzahl der Begriffe in diesem Kapitel sollten Ihnen deshalb bekannt vorkommen, oder mehr als das: Sie sollten damit vertraut sein. Sie finden daher hier auch keine größeren Beispiele. Unabdingbar ist aber das Verständnis des Funktionsbegriffs, daher finden Sie hier nochmals die genauen Definitionen. Etwas ausführlicher wird es bei den hyperbolischen Funktionen, die nicht unbedingt in Schulen und Vorkurs behandelt werden.
Ein erster Einstieg in MATLAB gehört ebenfalls dazu. Weiter einige generelle Hinweise zum Herangehen an Aufgabenstellungen (nicht nur in der Mathematik), damit Sie, egal wie schwer oder leicht die Aufgabe ist, einen Einstieg finden. Mit diesen Hinweisen gehören Hindernisse wie „Ich wusste gar nicht, wie ich die Aufgabe anfangen sollte“ der Vergangenheit an. Für den Start in die Lösung einer Aufgabe ist also gesorgt, und wie's danach weitergeht, ist eine Übungssache.

1.1 Fakten zu Funktionen

Definition 1.1

Funktion, Abbildung

Eine **Funktion** $f : X \longrightarrow Y$ (auch **Abbildung** genannt) ordnet jedem Element $x \in X$ genau ein Element $y \in Y$ zu. Die Menge X heißt dabei **Definitionsbereich**, Y heißt **Wertebereich**. Die wirklich getroffenen Bildpunkte bezeichnet man als **Bildmenge** von f und schreibt:
$f(X) := \{f(x) \mid x \in X\} = \{y \in Y \mid \text{es gibt } x \in X \text{ mit } f(x) = y\}$.
Der Graph einer Funktion f ist die Menge
$\text{Graph}(f) := \{(x, f(x)) \mid x \in X\}$
Eine Funktion kann man auch notieren als $f : x \mapsto f(x)$ und bezeichnet dabei x als die **Variable** (Veränderliche) und $f(x)$ als den **Funktionswert an der Stelle x**.

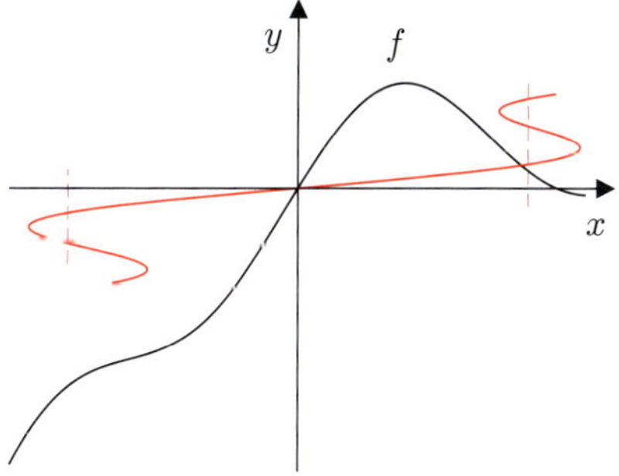

Bild 1.1 Die schwarze Linie ist der Graph einer Funktion f, denn jedem x wird genau ein $y = f(x)$ zugeordnet. Die rote Linie ist der Graph einer Zuordnung, die keine Funktion ist, denn manchen x sind mehrere y zugeordnet.

Es ist unbedingt nötig, die Funktion f vom Funktionswert $f(x)$ zu unterscheiden. Dies sind völlig verschiedene Objekte: f ist eine

⚠ Immer schön Funktion f (eine Zuordnung) und Funktionswert $f(x)$ (meist eine Zahl) auseinanderhalten, um nicht unnötige Verwirrung zu schaffen.

Zuordnung, $f(x)$ ist (meist) eine Zahl. In vielen Büchern findet man Formulierungen wie „... eine Funktion $f(x)$...“, was, genau genommen, Unsinn ist. Diese saloppe Formulierung ist in Ordnung, wenn jeder weiß, was gemeint ist, führt aber in anderen Situationen zu Unklarheiten und Missverständnissen.

Umkehrbarkeit von Funktionen

Definition 1.2

Sei $f: X \longrightarrow f(X)$ und $M \subseteq X$. f heißt **umkehrbar** auf M, wenn jedes $y \in f(M)$ nur genau einmal getroffen wird, d. h.

$$\text{für alle } x_1, x_2 \in M \text{ gilt:} \quad f(x_1) = f(x_2) \Longrightarrow x_1 = x_2.$$

Die Abbildung, die jedem Bildpunkt $f(x)$ das dann eindeutige x zuordnet, heißt **Umkehrfunktion** $f^{-1}: f(M) \longrightarrow M$.

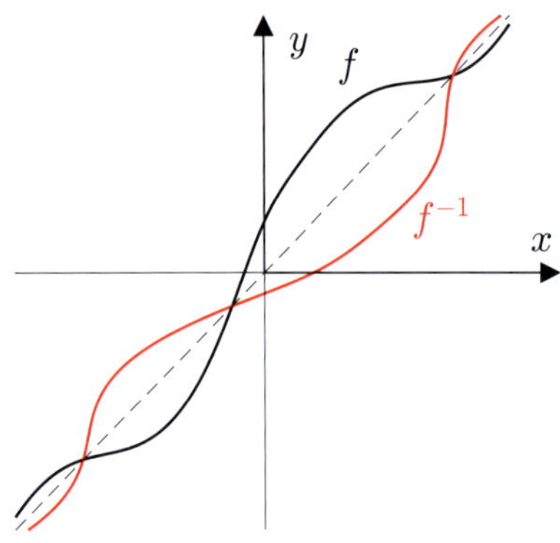

Bild 1.2 Die Graphen von Funktion und Umkehrfunktion sind symmetrisch zur Winkelhalbierenden.

Ob jedes y nur einmal getroffen wird, sieht man, indem man versucht, die Gleichung $y = f(x)$ nach x aufzulösen. Gelingt dies äquivalent und in eindeutiger Weise, so gibt es zu jedem y nur genau ein x, das y wird also nur einmal getroffen. Am Ende der Auflösung nach x steht auf der anderen Seite der Gleichung $f^{-1}(y)$.

⚠ Umkehrfunktion f^{-1} nicht mit Kehrwert $\frac{1}{f}$ verwechseln. Bei Funktionswerten dagegen hilft genaues Lesen: $f^{-1}(x)$ ist der Wert der Umkehrfunktion an der Stelle x, während $(f(x))^{-1}$ der Kehrwert von $f(x)$ ist.

Beispiel 1.1

f gegeben durch $f(x) = 5x + 7$ soll auf Umkehrbarkeit geprüft werden. Umstellung ergibt:

$$y = 5x + 7 \iff x = \frac{1}{5}(y - 7)$$

also ist f umkehrbar und die Umkehrfunktion f^{-1} hat die Funktionsvorschrift $f^{-1}(x) = 0.2\,(x - 7)$. ■

Komposition von Funktionen

Definition 1.3

Hat man zwei Funktionen f und g, so bezeichnet man mit $f \circ g$ die **Komposition** (Hintereinanderausführung) der Funktionen.

Es ist dann

$$(f \circ g)(x) = f(g(x)).$$

Sind f und g umkehrbar, ist auch $f \circ g$ umkehrbar und es gilt:

$$(f \circ g)^{-1}(x) = (g^{-1} \circ f^{-1})(x) = g^{-1}(f^{-1}(x)).$$

Die Komposition $f \circ g$ kann nur gebildet werden, wenn die Bildmenge von g im Definitionsbereich von f liegt. Bei $f \circ g$ wird zuerst g angewandt und danach f. Entsprechend gilt bei den Umkehrfunktionen: Damit $(f \circ g)^{-1}$ existiert, muss die Bildmenge von f^{-1} im Definitionsbereich von g^{-1} liegen.

Beispiel 1.2

$f(x) = x^2$, $g(x) = x + 4$: Dann ist

$$\begin{aligned} (f \circ g)(x) &= f(g(x)) = f(x+4) = (x+4)^2 \\ (g \circ f)(x) &= g(f(x)) = g(x^2) = x^2 + 4 \end{aligned}$$

f ist umkehrbar auf $\mathbb{R}_{\geq 0}$, $f^{-1}(x) = \sqrt{x}$. g ist umkehrbar auf $\mathbb{R}$, $g^{-1}(x) = x - 4$, also gilt:

$$\begin{aligned} (f \circ g)^{-1}(x) &= (g^{-1} \circ f^{-1})(x) = \sqrt{x} - 4 \quad \text{für alle } x \in \mathbb{R}_{\geq 0} \\ (g \circ f)^{-1}(x) &= (f^{-1} \circ g^{-1})(x) = \sqrt{x-4} \quad \text{für alle } x \in \mathbb{R}_{\geq 4} \end{aligned}$$

■

Definition 1.4

Monotonie von Funktionen

Sei $D \subseteq \mathbb{R}$, $f : D \longrightarrow \mathbb{R}$.

- f heißt **streng monoton steigend**, wenn für alle x, y gilt
  $$x < y \Longrightarrow f(x) < f(y).$$
- f heißt **monoton steigend**, wenn für alle x, y gilt
  $$x < y \Longrightarrow f(x) \leq f(y).$$
- f heißt **streng monoton fallend** wenn für alle x, y gilt
  $$x < y \Longrightarrow f(x) > f(y).$$
- f heißt **monoton fallend**, wenn für alle x, y gilt
  $$x < y \Longrightarrow f(x) \geq f(y).$$

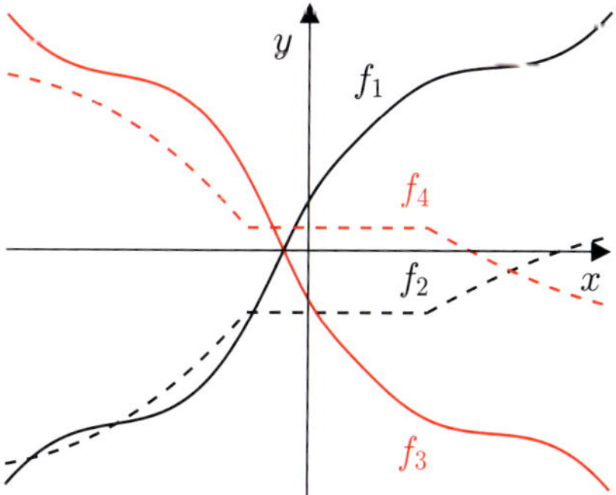

Bild 1.3 f_1 ist streng monoton steigend, f_2 monoton steigend, f_3 ist streng monoton fallend, f_4 monoton fallend.

Translation, Verschiebung

Definition 1.5

Die Abbildung $t_d : x \mapsto x+d$ heißt **Translation** (Verschiebung) um (die Konstante) d.

Translationen bewirken eine Verschiebung des Graphen von f in horizontaler oder vertikaler Richtung.

Die Abbildung t_d an sich ist simpel; interessant wird es, wenn sie mit anderen Funktionen zusammenkommt:

$f \circ t_d$: Hier wirkt sich die Translation in x-Richtung aus.
$(f \circ t_d)(x) = f(x+d)$, siehe Bild 1.4(a).

$t_d \circ f$: Hier wirkt sich die Translation in y-Richtung aus.
$(t_d \circ f)(x) = f(x) + d$, siehe Bild 1.4(d).

Skalierung

Definition 1.6

Die Abbildung $s_c : x \mapsto c\,x$ heißt **Skalierung** um (den konstanten Faktor) c.

Skalierungen bewirken eine Stauchung oder Dehnung des Graphen von f um einen Faktor.

Auch eine Skalierung ist für sich selbst nicht sonderlich spannend und entfaltet erst ihre Wirkung im Zusammenspiel mit anderen Funktionen:

$f \circ s_c$: Hier wirkt sich die Skalierung in x-Richtung aus.
$(f \circ s_c)(x) = f(c\,x)$, siehe Bild 1.4(b).

$s_c \circ f$: Hier wirkt sich die Skalierung in y-Richtung aus.
$(s_c \circ f)(x) = c\,f(x)$, siehe Bild 1.4(e).

Spiegelung

Definition 1.7

Die Skalierung $s : x \mapsto -x$ heißt **Spiegelung**.

Spiegelungen bewirken eine Spiegelung des Graphen von f an der x- bzw. y-Achse.

Eine Spiegelung ist also nichts anderes als eine Skalierung um den Faktor -1. Sie heißt natürlich Spiegelung, weil etwas gespiegelt wird. In Kombination mit einer Funktion f wird nämlich der Graph von f gespiegelt und zwar

$f \circ s$: Spiegelung an y-Achse: $(f \circ s)(x) = f(-x)$, siehe Bild 1.4(f)

$s \circ f$: Spiegelung an x-Achse: $(s \circ f)(x) = -f(x)$, siehe Bild 1.4(c).

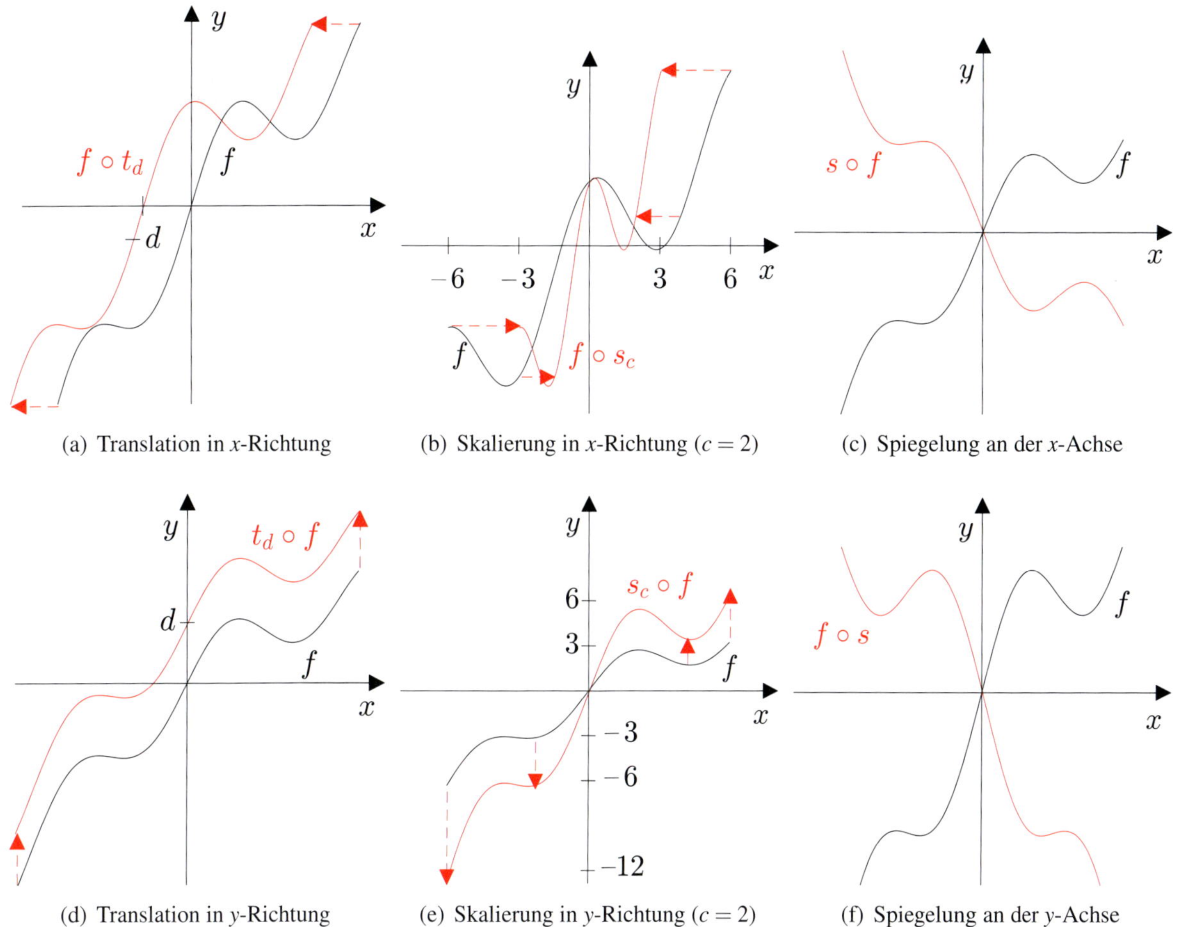

(a) Translation in x-Richtung (b) Skalierung in x-Richtung ($c = 2$) (c) Spiegelung an der x-Achse

(d) Translation in y-Richtung (e) Skalierung in y-Richtung ($c = 2$) (f) Spiegelung an der y-Achse

Bild 1.4 Translation, Skalierung und Spiegelung: Auswirkungen am Graphen von f

Definition 1.8

Polynom vom Grad n

Sei $n \in \mathbb{N}_0$, $a_0, a_1, \ldots, a_n \in \mathbb{R}$, $a_n \neq 0$. Dann heißt die Funktion $p : \mathbb{R} \longrightarrow \mathbb{R}$, definiert durch

$$p(x) := a_0 + a_1 x + a_2 x^2 + \ldots + a_n x^n = \sum_{i=0}^{n} a_i x^i$$

Polynom vom Grad n. Die a_i, $i = 0, \ldots, n$ nennt man auch die **Koeffizienten** des Polynoms. Das Polynom $p(x) = 0$ konstant heißt **Nullpolynom**.

Beispiel 1.3

Konstante Funktionen sind auch Polynome, und zwar vom Grad 0: $p(x) = cx^0$.
$p(x) = 4x^3 - 2x^5 + 2x - 9$ ist ein Polynom vom Grad 5. Die Koeffizienten lauten $a_5 = -2$, $a_4 = 0$, $a_3 = 4$, $a_2 = 0$, $a_1 = 2$, $a_0 = -9$.
$p(x) = (x+3)^7(x^2 - 5x + 2)^3$ ist ein Polynom vom Grad $7 + 2 \cdot 3 = 13$.
$p(x) = x^2 + 2x^{0.5}$ ist kein Polynom (nur natürliche Zahlen sind als Exponent erlaubt). ■

Rationale Funktion

Definition 1.9

Rationale Funktionen sind Quotienten zweier Polynome.

Seien p, q Polynome, q sei nicht das Nullpolynom. Dann heißt die Funktion f, die gegeben ist durch

$$f(x) := \frac{p(x)}{q(x)},$$ **rationale Funktion.**

Beispiel 1.4

Insbesondere sind auch Polynome rationale Funktionen (man kann das Nennerpolynom einfach konstant als $q(x) = 1$ wählen). Eine typische rationale Funktion sieht aber eher so aus: $f(x) := \frac{x^2 + 2x - 7}{5x^{13} - 6x^7 + 2}$. ■

Gerade und ungerade Funktionen

Definition 1.10

Der Graph einer geraden Funktion ist symmetrisch zur y-Achse. Der Graph einer ungeraden Funktion ist punktsymmetrisch zum Ursprung.

Eine Funktion $f : \mathbb{R} \longrightarrow \mathbb{R}$ heißt **gerade**, wenn

$$f(x) = f(-x) \qquad \text{für alle } x \in \mathbb{R}$$

gilt. f heißt **ungerade**, wenn gilt:

$$f(x) = -f(-x) \qquad \text{für alle } x \in \mathbb{R}.$$

Beispiel 1.5

Die Betragsfunktion $x \mapsto |x|$ ist eine gerade Funktion.
Polynome in x, in denen nur Potenzen von x mit geradem Exponenten vorkommen, sind gerade Funktionen. 0 ist dabei auch als gerade Zahl anzusehen.

Polynome in x, in denen nur Potenzen von x mit ungeradem Exponenten vorkommen, sind ungerade Funktionen.
Der Quotient zweier gerader Funktionen ist eine gerade Funktion.
Der Quotient zweier ungerader Funktionen ist auch eine gerade Funktion (siehe Aufgabe 1.1).
Der Quotient einer geraden Funktion durch eine ungerade oder umgekehrt ist eine ungerade Funktion. Beispiele dazu:

$p_1(x) = x^2$: gerade.
$p_2(x) = -5x^{14} + 3x^8 - x^2 + 7$: gerade.
$p_3(x) = 3x^7 + 2x^3 - x$: ungerade.
$r_1(x) = \dfrac{-7x^8 + 2x^4 - x^2 + 2}{2x^5 + x^3 - 3x}$: ungerade.
$r_2(x) = \dfrac{x^5 - 2x^3 - x}{2x^7 + 5x^3 - 2x}$: gerade. ■

Definition 1.11

Die Funktion $\exp : \mathbb{R} \longrightarrow \mathbb{R}$ definiert durch $\exp(x) := \mathrm{e}^x$, wobei $\mathrm{e} = 2.718281828\ldots$ die Eulersche Zahl ist, wird **Exponentialfunktion** oder meist kurz **e-Funktion** genannt. Die e-Funktion ist streng monoton steigend auf ganz $\mathbb{R}$. Die Bildmenge ist $\exp(\mathbb{R}) = \mathbb{R}_+ \setminus \{0\}$.

Exponentialfunktion

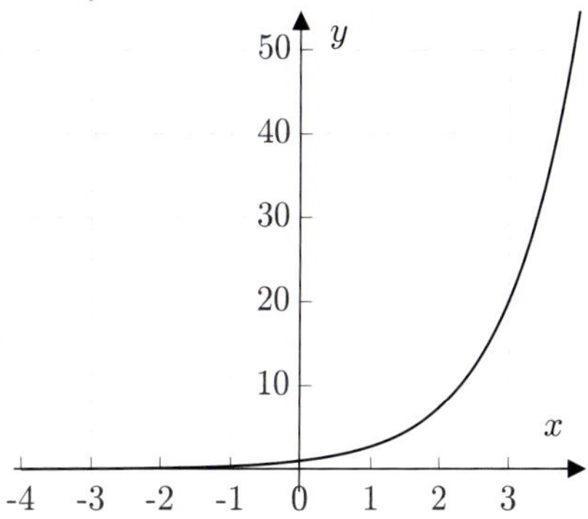

Bild 1.5 Der Graph von exp

Die e-Funktion ist einfach eine Potenzfunktion; man rechnet mit ihr gemäß den bekannten Potenzrechenregeln.

Satz 1.1

Die e-Funktion ist umkehrbar; ihre Umkehrfunktion heißt **natürlicher Logarithmus**, $\ln : \mathbb{R}_+ \setminus \{0\} \longrightarrow \mathbb{R}$. Es gelten die folgenden Rechenregeln für alle $x, y > 0$:

$$\ln(x \cdot y) = \ln x + \ln y \tag{1.1}$$

$$\ln\left(\frac{x}{y}\right) = \ln x - \ln y \tag{1.2}$$

$$\ln(x^r) = r \cdot \ln x, \quad \text{für alle } r \in \mathbb{R} \tag{1.3}$$

$$\ln(\sqrt[n]{x}) = \frac{1}{n} \cdot \ln x, \quad \text{für alle } n \in \mathbb{N} \tag{1.4}$$

Logarithmusfunktion

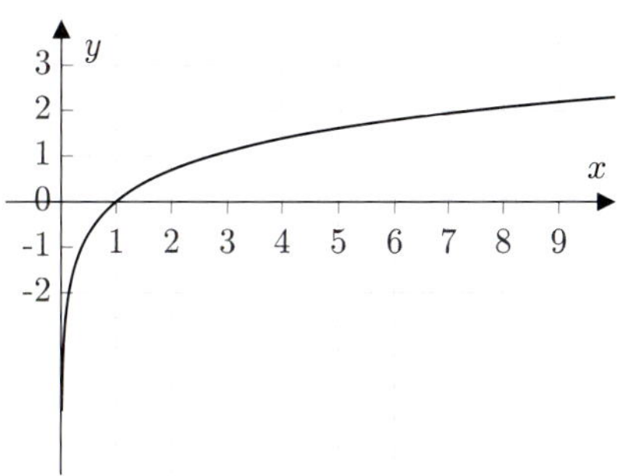

Bild 1.6 Der Graph von ln

1.2 Trigonometrische Funktionen

Alle Winkel werden im Bogenmaß verwendet. Das bedeutet, dass wir anstelle des Winkels in Grad die Länge des zu diesem Winkel gehörenden Kreisbogen auf dem Einheitskreis verwenden[1]. Der gesamte Einheitskreis wird durch einen Winkel von 360° beschrieben und hat einen Umfang von 2π, also entspricht 360° im Bogenmaß 2π. Die Umrechnung geschieht mit dem klassischen Dreisatz.

Die Winkelfunktionen sin, cos, tan, cot können durch Längen von Streckenabschnitten am Einheitskreis definiert werden, siehe Bild 1.7. Je nach Lage der Streckenabschnitte muss diese Länge noch ein Vorzeichen bekommen, z. B. liegt für $x \in [\frac{\pi}{2}, \pi]$ die ganze Geschichte im zweiten Quadranten (links oben) und damit wird $\sin x > 0$, $\cos x < 0$, $\tan x > 0$, $\cot x < 0$.

An diesem Bild können Sie viele wichtige Eigenschaften der Winkelfunktionen direkt ablesen. Es ist aber in den anderen drei Quadranten auf die Vorzeichen der Größen zu achten. Die Eigenschaften aus Formeln abzulesen ist oft etwas verwirrend, weil die Winkelfunktionen und auch die Formeln recht ähnlich aussehen. Wirkliche Einsicht bringt dagegen dieses Bild.

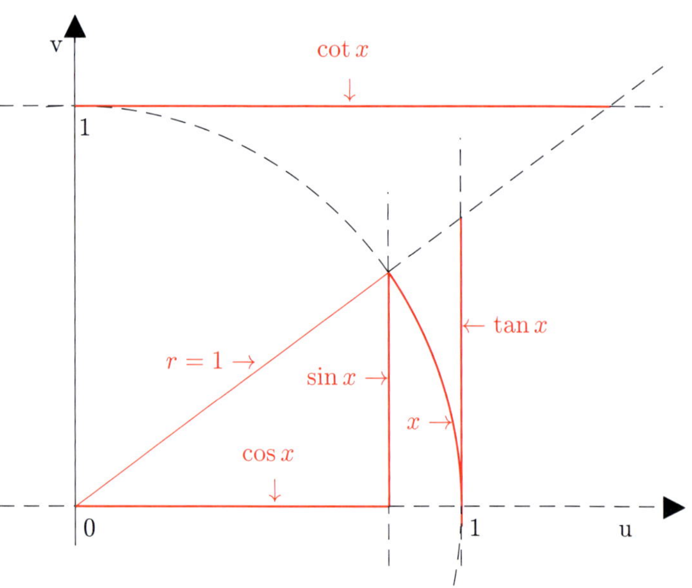

Bild 1.7 Definition von sin, cos, tan und cot am Einheitskreis: x ist der Winkel im Bogenmaß.

[1] Sie werden schnell merken, dass in der Mathematik i. Allg. die Dinge genauso heißen wie sie sind: Bogenmaß heißt Bogenmaß, weil hier die Länge eines Kreisbogens gemessen wird.

Satz 1.2 Eigenschaften (I) von sin und cos

Für alle $x \in \mathbb{R}$ gilt:

$$\sin x \in [-1,1], \quad \cos x \in [-1,1] \tag{1.5}$$
$$\sin(x+2\pi) = \sin x, \quad \cos(x+2\pi) = \cos x \tag{1.6}$$
$$\sin^2 x + \cos^2 x = 1 \tag{1.7}$$
$$\sin(-x) = -\sin x, \quad \cos(-x) = \cos x \tag{1.8}$$
$$|\sin x| \leq |x| \tag{1.9}$$

Hierbei bedeutet $\sin^2 x := (\sin x)^2$ und $\cos^2 x := (\cos x)^2$.

Zur Festigung: Machen Sie sich alle diese Eigenschaften an Bild 1.7 klar.

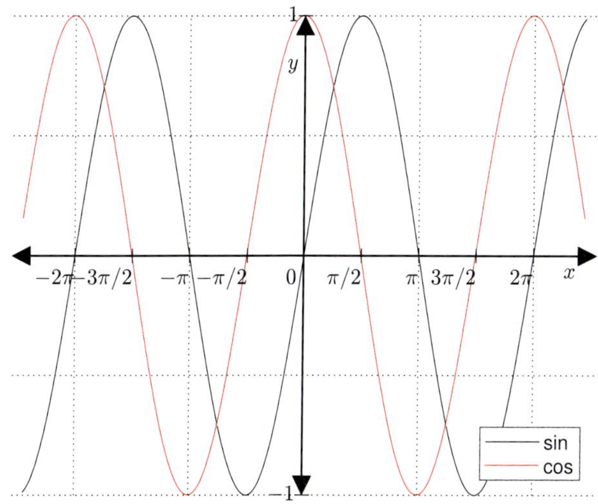

Bild 1.8 Die Graphen von sin und cos

Man sieht: Der Graph von sin ist einfach der von cos, nur verschoben (und umgekehrt). cos ist also eine Translation (siehe Def. 1.5) von sin um $\frac{\pi}{2}$, wir können also schreiben: $\cos = \sin \circ t_{0.5\pi}$.

Definition 1.12 Periodische Funktion

Eine Funktion $f : \mathbb{R} \longrightarrow \mathbb{R}$ heißt ***p*-periodisch**, wenn gilt:

$$f(x+p) = f(x) \qquad \text{für alle } x \in \mathbb{R}.$$

Dabei ist p eine Konstante, die sog. **Periode** der Funktion f.

sin und cos sind nach (1.6) also 2π-periodische Funktionen.

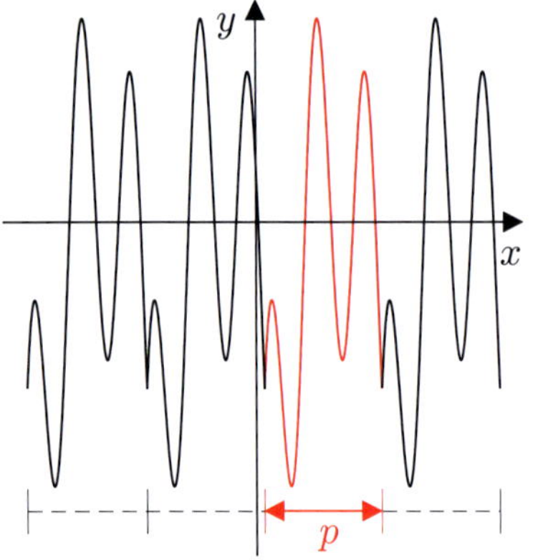

Bild 1.9 Der Graph einer p-periodischen Funktion: Ein Abschnitt der Länge p wiederholt sich.

Eine p-periodische Funktion ist eindeutig beschrieben durch Angabe der Funktionsvorschrift auf einem Intervall der Länge p. Außerhalb dieses Intervalls wird die Funktion „periodisch fortgesetzt". Für den Graphen von f bedeutet das, dass der Graph über diesem Intervall rechts und links immer wieder angefügt wird. Dabei können natürlich Sprünge entstehen, wenn die Stücke an den Klebestellen nicht zusammenpassen. In Bild 1.9 passiert das aber nicht, da die Funktionswerte am linken und am rechten Rand des Intervalls übereinstimmen.

Eigenschaften (II) von sin und cos

Zur Festigung: Formulieren Sie diese Eigenschaften als Kompositionen von sin, cos und geeigneten Translationen t_c.

Man sieht also: sin und cos sind Translationen voneinander.

Satz 1.3

Für alle $x \in \mathbb{R}$ gilt:

$$\begin{aligned} \sin\left(x+\tfrac{\pi}{2}\right) &= \cos x, & \cos\left(x+\tfrac{\pi}{2}\right) &= -\sin x \\ \sin(\pi-x) &= \sin x, & \cos(\pi-x) &= -\cos x \\ \sin(x+\pi) &= -\sin x, & \cos(x+\pi) &= -\cos x \\ \sin\left(\tfrac{\pi}{2}-x\right) &= \cos x, & \cos\left(\tfrac{\pi}{2}-x\right) &= \sin x \end{aligned}$$

Additionstheoreme für sin und cos

Satz 1.4

Für alle $x, y \in \mathbb{R}$ gilt:

$$\begin{aligned} \sin(x \pm y) &= \sin x \cos y \pm \cos x \sin y \\ \cos(x \pm y) &= \cos x \cos y \mp \sin x \sin y \end{aligned}$$

Schwingungen

Schwingungen entstehen durch zwei Skalierungen und eine Translation aus der sin-Funktion.

Definition 1.13

Sei $A > 0$, $\omega > 0$, $\varphi \in \mathbb{R}$. Eine Funktion $f : \mathbb{R} \longrightarrow \mathbb{R}$ mit

$$f(t) := A \sin(\omega t + \varphi)$$

heißt **Schwingung** mit **Amplitude** A, **Kreisfrequenz** ω und

Phasenwinkel φ; t ist die Zeit. Schwingungen sind periodische Funktionen mit Periode $p = \frac{2\pi}{\omega}$.

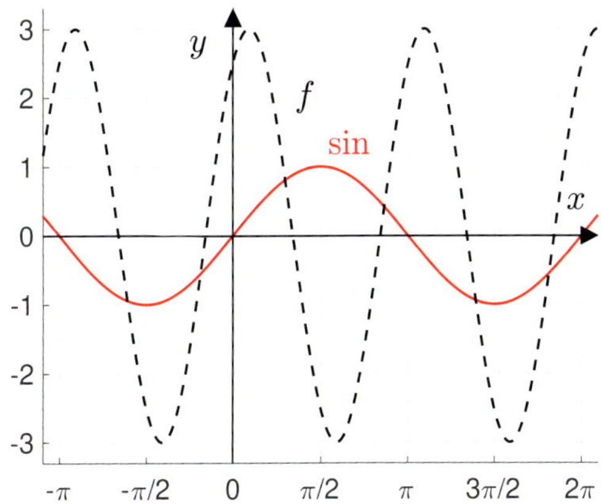

Bild 1.10 Eine Schwingung $f : t \mapsto 3\,\sin(2t+1)$: Amplitude 3, Kreisfrequenz 2, Phasenwinkel 1, Periode $\frac{2\pi}{3}$.

Satz 1.5

tan und cot

Die Funktionen tan und cot sind definiert als

$$\tan x := \frac{\sin x}{\cos x}, \qquad \cot x := \frac{\cos x}{\sin x}$$

- Der Definitionsbereich von tan ist $D_{\tan} = \mathbb{R} \setminus \{\frac{\pi}{2} + k\pi \mid k \in \mathbb{Z}\}$, der von cot ist $D_{\cot} = \mathbb{R} \setminus \{k\pi \mid k \in \mathbb{Z}\}$.
- tan und cot sind π-periodisch.
- tan und cot sind ungerade Funktionen.
- $\cot x = \dfrac{1}{\tan x}$ für alle $x \in D_{\cot}$.
- $\tan^2 x = \dfrac{1}{\cos^2 x} - 1$ für alle $x \in D_{\tan}$

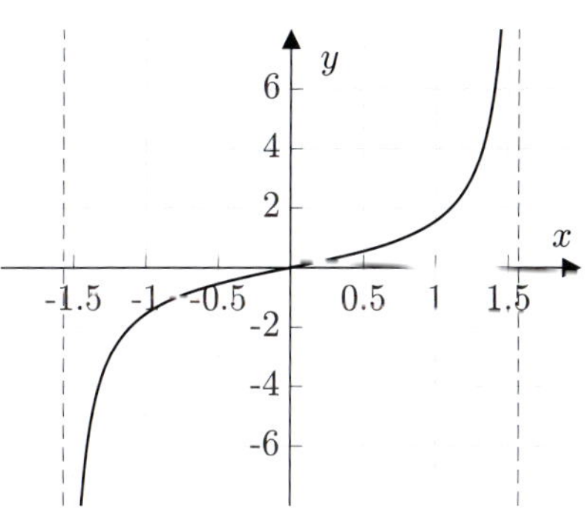

Bild 1.11 Graph von tan über $(-\frac{\pi}{2}, \frac{\pi}{2})$

Additionstheorem für tan

Satz 1.6

Für alle $x, y \in \mathbb{R}$, für die $\tan x$, $\tan y$ definiert sind und für die $\tan x \tan y \neq 1$ bzw. $\tan x \tan y \neq -1$ ist, gilt

$$\tan(x \pm y) = \frac{\tan x \pm \tan y}{1 \mp \tan x \tan y}$$

Tabelle 1.1 Einige Werte von sin, cos, tan, cot

x	$\sin x$	$\cos x$	$\tan x$	$\cot x$
$\frac{\pi}{6}$	$\frac{1}{2}$	$\frac{1}{2}\sqrt{3}$	$\frac{1}{\sqrt{3}}$	$\sqrt{3}$
$\frac{\pi}{4}$	$\frac{1}{2}\sqrt{2}$	$\frac{1}{2}\sqrt{2}$	1	1
$\frac{\pi}{3}$	$\frac{1}{2}\sqrt{3}$	$\frac{1}{2}$	$\sqrt{3}$	$\frac{1}{\sqrt{3}}$

Umkehrbarkeit von sin und cos

Satz 1.7

- sin ist auf $[-\frac{\pi}{2}, \frac{\pi}{2}]$ streng monoton steigend.
- Die Bildmenge ist $\sin([-\frac{\pi}{2}, \frac{\pi}{2}]) = [-1, 1]$.

Daher ist $\sin : [-\frac{\pi}{2}, \frac{\pi}{2}] \longrightarrow [-1, 1]$ umkehrbar. Die Umkehrfunktion heißt arcsin; es gilt $\arcsin : [-1, 1] \longrightarrow [-\frac{\pi}{2}, \frac{\pi}{2}]$.

- cos ist auf $[0, \pi]$ streng monoton fallend.
- Die Bildmenge ist $\cos([0, \pi]) = [-1, 1]$.

Daher ist $\cos : [0, \pi] \longrightarrow [-1, 1]$ umkehrbar. Die Umkehrfunktion heißt arccos; es gilt $\arccos : [-1, 1] \longrightarrow [0, \pi]$.

Auf den meisten Taschenrechnern müssen Sie für arcsin die Tastenfolge [inv] [sin] oder die Taste [$\sin^{-1}$]. Kein Problem für Sie, denn Sie wissen ja, dass arcsin die Umkehrfunktion (inverse Funktion) von sin ist, also ist $\arcsin = \sin^{-1}$.

Umkehrbarkeit von tan und cot

Satz 1.8

- tan ist auf $(-\frac{\pi}{2}, \frac{\pi}{2})$ streng monoton steigend.
- Die Bildmenge ist $\tan((-\frac{\pi}{2}, \frac{\pi}{2})) = \mathbb{R}$.

Daher ist $\tan : (-\frac{\pi}{2}, \frac{\pi}{2}) \longrightarrow \mathbb{R}$ umkehrbar. Die Umkehrfunktion heißt arctan; es gilt $\arctan : \mathbb{R} \longrightarrow (-\frac{\pi}{2}, \frac{\pi}{2})$.

- cot ist auf $(0, \pi)$ streng monoton fallend.
- Die Bildmenge ist $\cot((0, \pi)) = \mathbb{R}$.

Daher ist $\cot : (0, \pi) \longrightarrow \mathbb{R}$ umkehrbar. Die Umkehrfunktion heißt arccot; es gilt $\operatorname{arccot} : \mathbb{R} \longrightarrow (0, \pi)$.

Polarkoordinaten

Jeder Punkt in $\mathbb{R}^2 \setminus \{(0, 0)\}$ kann auf zwei verschiedene Arten eindeutig angegeben werden:

- in kartesischen Koordinaten als (x, y) mit $x, y \in \mathbb{R}$ und
- in Polarkoordinaten als (r, φ) mit $r > 0$, $\varphi \in [0, 2\pi)$, siehe Bild 1.12.

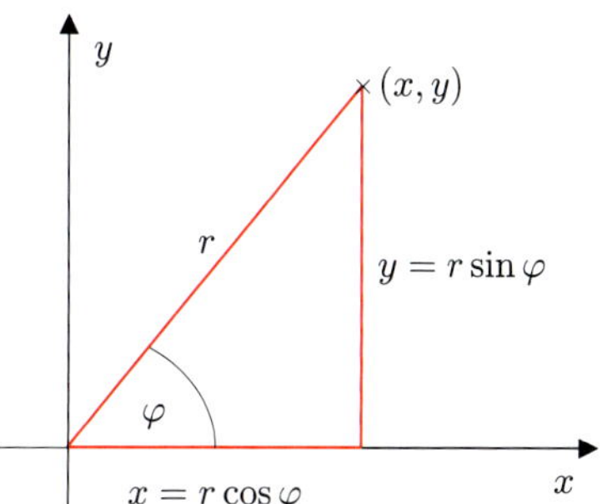

Bild 1.12 Polarkoordinaten r und φ eines Punktes (x, y)

Zum einen also durch Angabe der Abstände zur x- und zur y-Achse, zum anderen durch Angabe des Abstands vom Ursprung und einem Winkel gegenüber der x-Achse. Man beachte, dass der Nullpunkt keine eindeutigen Polarkoordinaten hat: Zwar ist $r = 0$ eindeutig, aber der Winkel φ ist es nicht.

Satz 1.9

Umrechnung zwischen Polarkoordinaten und kartesischen Koordinaten

Die Umrechnung zwischen Polarkoordinaten und kartesischen Koordinaten kann nach folgenden Formeln geschehen:

- Polarkoordinaten (r, φ) in kartesische Koordinaten (x, y): $x = r\cos\varphi$, $y = r\sin\varphi$.
- kartesische Koordinaten (x, y) in Polarkoordinaten (r, φ):

$$r = \sqrt{x^2 + y^2},$$

$$\varphi = \begin{cases} \arctan\frac{y}{x} & \text{falls } x > 0, y \geq 0 \\ 2\pi + \arctan\frac{y}{x} & \text{falls } x > 0, y < 0 \\ \pi + \arctan\frac{y}{x} & \text{falls } x < 0 \\ \frac{\pi}{2} & \text{falls } x = 0, y > 0 \\ \frac{3\pi}{2} & \text{falls } x = 0, y < 0 \end{cases}$$

⚠ *Empfehlung*: Für die Umrechnung von kartesischen Koordinaten in Polarkoordinaten nicht diese Formel für φ verwenden, sondern sich mit einer Skizze die Lage des Punktes klarmachen und arctan benutzen.

Erfahrungsgemäß haben viele Schwierigkeiten, diese Formel anzuwenden. Sie sollten sich aber mit der Formel ohnehin nicht belasten. Die Formel ist eigentlich auch nur nützlich, wenn man mal in die Verlegenheit gerät, die Koordinatenumwandlung programmieren zu müssen. Für die gelegentliche Umrechnung per Hand reicht es, eine flotte Skizze zu machen und sich mit arctan auszukennen. Wie das geschickt geht, zeigen die folgenden Beispiele.

Beispiel 1.6

- Gesucht sind die Polarkoordinaten von $(2,3)$. Klar ist nach Pythagoras: $r = \sqrt{2^2+3^3} = \sqrt{13}$. Aus Bild 1.13(a) sehen wir, dass $\tan\varphi = \frac{3}{2}$. Da wir sehen, dass $\varphi \in [0, \frac{\pi}{2}]$ liegen wird – dazu dient gerade das Bild – können wir gefahrlos den arctan verwenden und erhalten $\varphi = \arctan 1.5 \approx 0.9828$.
- Gesucht sind die Polarkoordinaten von $(-3,2)$. Leicht ist $r = \sqrt{13}$. Den Hilfswinkel α in Bild 1.13(b) können wir leicht mit arctan berechnen: $\alpha = \arctan\frac{2}{3}$. Aus dem Bild entnehmen wir, dass der gesuchte Winkel $\varphi = \pi - \alpha$ ist. Also $\varphi = \pi - \arctan\frac{2}{3} \approx 2.5536$.
- Gesucht sind die Polarkoordinaten von $(-4,-1)$. Also $r = \sqrt{17}$. Der Hilfswinkel α in Bild 1.13(c) berechnet sich als $\alpha = \arctan\frac{1}{4}$. Das Bild zeigt, dass der gesuchte Winkel $\varphi = \pi + \alpha$ ist. Also $\varphi = \pi + \arctan\frac{1}{4} \approx 3.3866$.
- Gesucht sind die Polarkoordinaten von $(3,-1)$. Also $r = \sqrt{10}$. Der Hilfswinkel α in Bild 1.13(d) berechnet sich als $\alpha = \arctan\frac{1}{3}$. Das Bild zeigt, dass der gesuchte Winkel $\varphi = 2\pi - \alpha$ ist. Also $\varphi = 2\pi - \arctan\frac{1}{3} \approx 5.9614$.

■

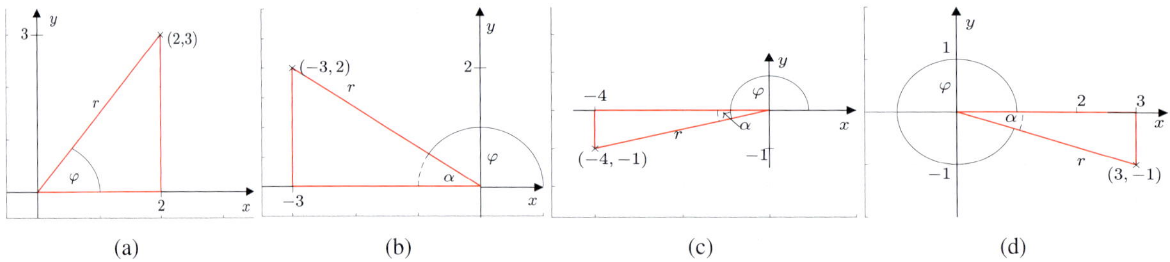

Bild 1.13 Zur Umrechnung in Polarkoordinaten, siehe Beispiel 1.6

1.3 Hyperbelfunktionen

Definition 1.14

Hyperbelfunktionen

$$
\begin{aligned}
\sinh x &:= \frac{1}{2}(\mathrm{e}^{x}-\mathrm{e}^{-x}) && \text{lies „sinus hyperbolicus“}\\
\cosh x &:= \frac{1}{2}(\mathrm{e}^{x}+\mathrm{e}^{-x}) && \text{„cosinus hyperbolicus“}\\
\tanh x &:= \frac{\sinh x}{\cosh x} && \text{„tangens hyperbolicus“}\\
\coth x &:= \frac{\cosh x}{\sinh x} && \text{„cotangens hyperbolicus“}
\end{aligned}
$$

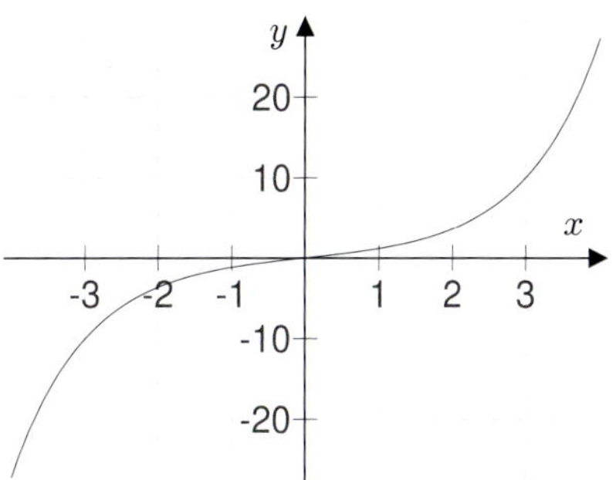

Bild 1.14 Der Graph von sinh

Die Namen der Hyperbelfunktionen klingen so ähnlich wie die der trigonometrischen Funktionen. Wir wollen diese Ähnlichkeit einmal genauer erforschen. Für sin und cos hatten wir die in vielerlei Zusammenhang nützliche Formel $\sin^2 t + \cos^2 t = 1$, welche wir aus Bild 1.7 ablesen konnten. Das bedeutet, der Punkt $(\cos t, \sin t)$ hat für alle $t \in \mathbb{R}$ den Abstand 1 vom Nullpunkt, liegt also stets auf dem Einheitskreis. Für sinh und cosh gilt eine ähnliche Gleichung, nämlich

$$\cosh^2 x - \sinh^2 x = 1 \text{ für alle } x \in \mathbb{R}$$

(Nachweis in Beispiel 1.7). Der Punkt $(\cosh t, \sinh t)$ liegt dann für jedes $t \in \mathbb{R}$ in der Punktmenge $\{(x,y) \mid x^2 - y^2 = 1\}$. Wir suchen nun eine Funktion f, sodass diese Menge der Graph von f wird; dazu stellen wir um nach y:

$$x^2 \quad y^2 - 1 \iff y^2 = x^2 - 1 \iff y = \pm\sqrt{x^2-1}.$$

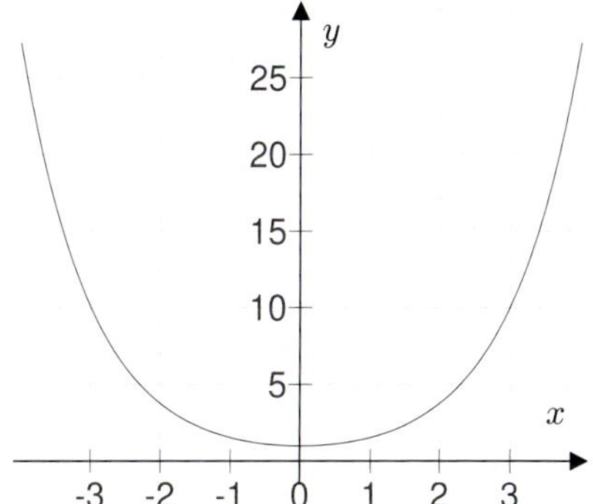

Bild 1.15 Der Graph von cosh

Der Punkt $(\cosh t, \sinh t)$ liegt also auf dem Graphen der Funktion $f_1(x) = \sqrt{x^2-1}$ oder dem von $f_2(x) = -\sqrt{x^2-1}$. In Bild 1.16 sind beide Graphen eingezeichnet. Dies ist eine Hyperbel – und nun wissen wir auch, warum diese Funktionen mit Nachnamen „hyperbolicus“ heißen. Eine solche Hyperbel ist natürlich keine geschlossene Kurve (wie z. B. ein Kreis), sondern eine unendlich lange Linie. Der Punkt $(\cosh t, \sinh t)$ durchläuft für $-\infty < t < \infty$ die Hyperbel von rechts unten (aus dem Unendlichen kommend) nach rechts oben (ins Unendliche gehend).

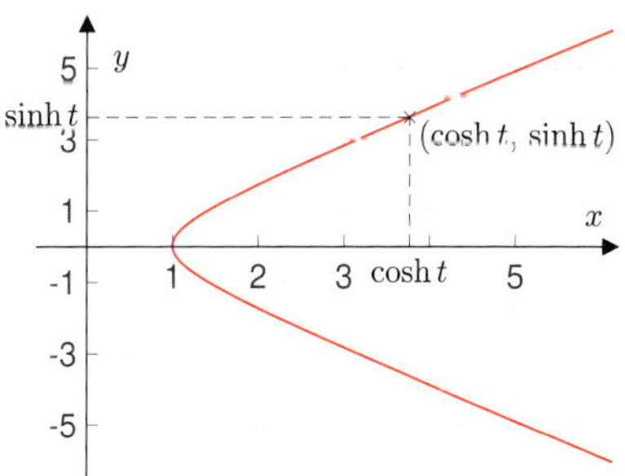

Bild 1.16 Hyperbel

Eigenschaften der Hyperbelfunktionen

Satz 1.10

- sinh ist eine auf ganz $\mathbb{R}$ definierte ungerade Funktion, die streng monoton steigend ist. Bildmenge ist $\sinh(\mathbb{R}) = \mathbb{R}$.
- cosh ist eine auf ganz $\mathbb{R}$ definierte gerade Funktion, die streng monoton fallend auf $\mathbb{R}_{\leq 0}$ und streng monoton steigend auf $\mathbb{R}_{\geq 0}$ ist. Es gilt $\cosh x \geq 1$ für alle x. Bildmenge ist $\cosh(\mathbb{R}_{\geq 0}) = \cosh(\mathbb{R}_{\leq 0}) = \mathbb{R}_{\geq 1}$.

↪ Aufgabe 1.2

- Für alle $x, y \in \mathbb{R}, n \in \mathbb{Z}$ gilt:

$$\sinh(x \pm y) = \sinh x \cosh y \pm \cosh x \sinh y \tag{1.10}$$
$$\cosh(x \pm y) = \cosh x \cosh y \pm \sinh x \sinh y \tag{1.11}$$
$$(\cosh x \pm \sinh x)^n = \cosh(nx) \pm \sinh(nx) \tag{1.12}$$

- tanh ist eine auf ganz $\mathbb{R}$ definierte ungerade Funktion, die streng monoton steigend ist.
  Es gilt: $|\tanh x| \leq 1$ für alle $x \in \mathbb{R}$.
  Bildmenge ist $\tanh(\mathbb{R}) = (-1, 1)$.
- coth ist eine auf $\mathbb{R} \setminus \{0\}$ definierte ungerade Funktion, die streng monoton fallend auf $\mathbb{R}_{<0}$ und auf $\mathbb{R}_{>0}$ ist.
  Es gilt: $|\coth x| \geq 1$ für alle $x \in \mathbb{R} \setminus \{0\}$.
  Die Bildmenge ist $\coth(\mathbb{R} \setminus \{0\}) = \mathbb{R} \setminus [-1, 1]$.
- Hyperbel-Funktionen und ihre Umkehrbarkeit:
  $\sinh : \mathbb{R} \longrightarrow \mathbb{R} \Longrightarrow \operatorname{arsinh} : \mathbb{R} \longrightarrow \mathbb{R}$
  $\cosh : \mathbb{R}_{\geq 0} \longrightarrow \mathbb{R}_{\geq 1} \Longrightarrow \operatorname{arcosh} : \mathbb{R}_{\geq 1} \longrightarrow \mathbb{R}_{\geq 0}$,
  $\tanh : \mathbb{R} \longrightarrow (-1, 1) \Longrightarrow \operatorname{artanh} : (-1, 1) \longrightarrow \mathbb{R}$,
  $\coth : \mathbb{R} \setminus \{0\} \longrightarrow \mathbb{R} \setminus [-1, 1] \Longrightarrow$
  $\operatorname{arcoth} : \mathbb{R} \setminus [-1, 1] \longrightarrow \mathbb{R} \setminus \{0\}$.
  Die Umkehrfunktionen liest man als „area sinus hyperbolicus“, „area cosinus hyperbolicus“, usw..
  Sie sind auf ihren jeweiligen Definitionsbereichen streng monoton fallend (arcoth) bzw. streng monoton steigend (arsinh, arcosh, artanh).
- Die Umkehrfunktionen können mithilfe von ln wie folgt ausgedrückt werden:

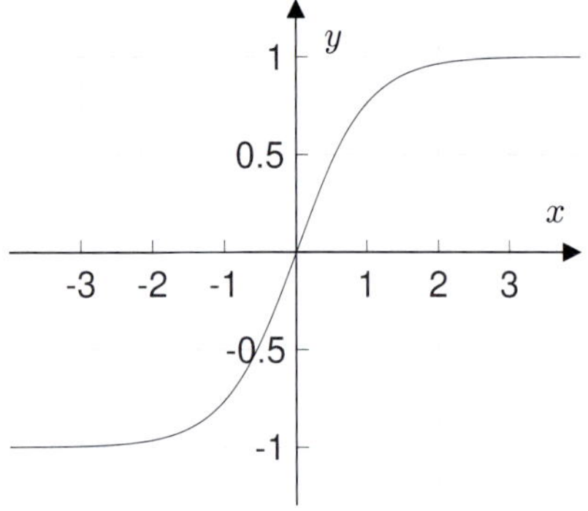

Bild 1.17 Der Graph von tanh

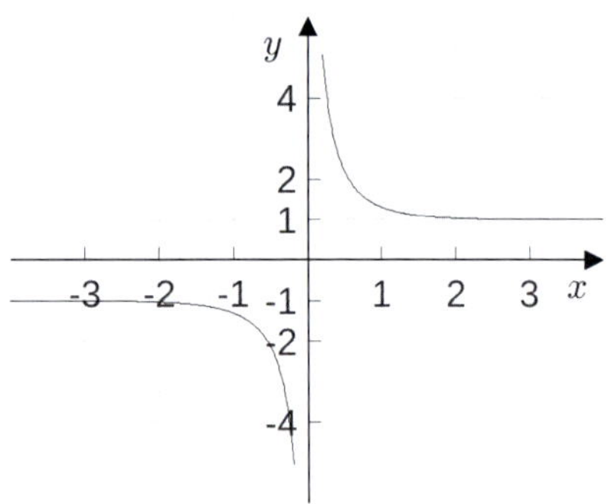

Bild 1.18 Der Graph von coth

$$\begin{aligned}
\operatorname{arsinh} x &= \ln(x+\sqrt{x^2+1}) \quad (x\in\mathbb{R}) && (1.13)\\
\operatorname{arcosh} x &= \ln(x+\sqrt{x^2-1}) \quad (x\geq 1), && (1.14)\\
\operatorname{artanh} x &= \frac{1}{2}\ln\left(\frac{1+x}{1-x}\right) \quad (x\in(-1,1)) && (1.15)\\
\operatorname{arcoth} x &= \frac{1}{2}\ln\left(\frac{x+1}{x-1}\right) \quad (|x|>1) && (1.16)
\end{aligned}$$

↪ Aufgabe 1.3

Das Nachrechnen von (1.13)–(1.16) ist eine nützliche Übung. Hier können Sie prüfen, ob Sie wirklich sattelfest in Vorkurs-Fertigkeiten sind: Sie benötigen Techniken wie quadratische Ergänzung und Potenzrechenregeln, Verständnis von Umkehrfunktionen und Ungleichungen und Gründlichkeit im Vorgehen. (1.13) ist in Aufgabe 1.3 abgedeckt. Die anderen drei sollten Sie in Eigenregie üben, und bei Problemen nicht in diesem Buch weiterlesen, sondern sich der Vorkursliteratur zuwenden (z. B. [1], [2]).

1.4 Erste Schritte in MATLAB

1.4.1 Einfache arithmetische Ausdrücke

begin MATLAB

Einfache arithmetische Ausdrücke schreibt man in MATLAB auf natürliche Weise hinter den MATLAB-Prompt >>. Die Zeile wird mit einem „return" abgeschlossen, worauf das Ergebnis geliefert wird. Die Zahl π ist als `pi` verwendbar, die meisten Funktionen sind unter ihrem bekannten Namen verwendbar. Das voreingestellte Anzeigeformat ist „short", eine 5-stellige Festkommadarstellung. Wollen Sie mehr Stellen sehen, können Sie mit „format long" umschalten. Es gibt noch weitere Formate, siehe die online-Hilfe. Beachten Sie, dass damit nur die Anzeige umgeschaltet wird; die Rechengenauigkeit ist davon nicht betroffen. Beispiele:

```
>> 5+7

ans =
```

Umschalten auf langes Anzeigeformat

MATLAB rechnet also bei `tan` im Bogenmaß und bei `tand` in Grad. Gleiches gilt für die anderen trigonometrischen Funktionen.

Ein Semikolon am Zeilenende unterdrückt die Ausgabe (hilfreich, will man den Bildschirm nicht mit Zwischenergebnissen fluten).

Tabelle 1.2 Funktionen in MATLAB

Ausdruck	in MATLAB
$\sqrt{2}$	sqrt(2)
$\ln 3$	log(3)
e^4	exp(4)
$4.2 \cdot 10^{-2}$	4.2e-2
$\lvert 3.7 \rvert$	abs(3.7)
$\cos 2$	cos(2),cosd(2)
$\arccos 0.2$	acos(0.2),acosd(0.2)
$10!$	factorial(10)
$\binom{5}{3}$	nchoosek(5,3)

Die Funktion cos erwartet den Winkel in Bogenmaß, die Funktion cosd in Grad. Entsprechend liefert die Funktion acos den Winkel in Bogenmaß und acosd den Winkel in Grad. Analog für sin, tan, cot, asin, atan, acot.

```
    12

>> pi

ans =

   3.1416

>> format long
>> pi

ans =

   3.14159265358979

>> tan(pi/4)

ans =

   1.00000000000000

>> tand(45)

ans =

   1.00000000000000
>> 5+7;
>> pi;
>> a=5*pi

a =

  15.70796326794897

>> a=5*pi;
>> a

a =

  15.70796326794897

>> A
??? Undefined function or variable 'A'.

>>
```

Zuweisungen zu Variablennamen erfolgen über das Gleichheitszeichen, wobei MATLAB zwischen Groß- und Kleinbuchstaben unterscheidet. In Tabelle 1.2 sind die Funktionennamen unter MATLAB angegeben.
Ein Summenzeichen wird mit einer for-Schleife umgesetzt:

```
>> sum=0;
>> for i=1:10; sum=sum+i; end;
>> sum

sum =

  55

>>
```

Hier haben wir natürlich $\sum_{i=1}^{10} i$ berechnet. Will man i nicht jeweils um 1, sondern (beispielsweise) um 2 erhöhen, so verwendet man `for i=1:2:10`. Hier „trifft" `i` gar nicht auf 10, die Schleife wird daher nur bis `i=9` ausgeführt.

```
>> sum=0; for i=1:2:10; sum=sum+i; end; sum

sum =

    25
```

Alle Statements in einer Zeile geht auch.

end MATLAB

1.4.2 Plotten von Funktionen

begin MATLAB

Das ist natürlich etwas salopp, genau genommen können wir keine Funktionen plotten (wie soll man auch eine Zuordnungsvorschrift plotten?), sondern deren Graphen. Es lohnt sich, auf diese Feinheiten zu achten. Wenn wir den Graphen einer Funktion plotten wollen, so ist sofort klar, dass wir eine Funktion f und einen Definitionsbereich X benötigen. Wenn X aus unendlich vielen Elementen besteht, tut dies auch der Graph, und damit ist es praktisch unmöglich, einen solchen Graphen zu plotten. Wir müssen uns also damit abfinden (und uns dies vor Augen halten), dass wir stets nur endlich viele Punkte zeichnen können, auch wenn es auf den ersten Blick anders aussieht.

Nehmen wir einmal an, wir wollen die sin-Funktion über dem Intervall $[0, 3]$ plotten und verwenden dazu 11 Werte. Sinnvoll ist es oft (nicht immer!), diese gleichmäßig[1] im Intervall zu verteilen.

Geplottet werden immer nur endlich viele Punkte.

[1] Man sagt auch „äquidistant", von gleicher Distanz zueinander.

Wir wählen also die Stellen $0, 0.3, 0.6, \ldots, 2.7, 3$. Dazu berechnen wir die zugehörigen Werte der $\sin$-Funktion und plotten die Punkte $(x, \sin x)$ für die 11 vorgegebenen x-Werte.

```
>> x=0:0.3:3

x =

  Columns 1 through 5

         0    0.3000    0.6000    0.9000    1.2000

  Columns 6 through 10

    1.5000    1.8000    2.1000    2.4000    2.7000

  Column 11

    3.0000

>>
```

Da sehen wir 11 x-Werte, die beginnend von 0, in Schritten der Länge 0.3, endend bei 3, berechnet wurden. Dies nennt man ein Feld (engl. array). Wie bereits erwähnt, kann man die Ausgabe mit einem Semikolon am Zeilenende unterdrücken:

Ausgabe einzelner Werte (z. B. zur Kontrolle): der dritte x-Wert ist 0.6.

```
>> x=0:0.3:3;
>> x(3)

ans =

    0.6000

>>
```

Die Berechnung der zugehörigen $\sin$-Werte ist:

```
>> y=sin(x)

y =

  Columns 1 through 5

         0    0.2955    0.5646    0.7833    0.9320

  Columns 6 through 10

    0.9975    0.9738    0.8632    0.6755    0.4274

  Column 11
```

```
    0.1411

>>
```

Man beachte also, dass mit dem Befehl

```
>> y=sin(x)
```

nicht nur ein Funktionswert berechnet wird, sondern mehrere, nämlich genauso viel wie es x-Werte gibt. Mit

```
>> plot(x,y)
```

erhalten Sie gleich einen Plot, der in einem neuen Fenster erscheint.

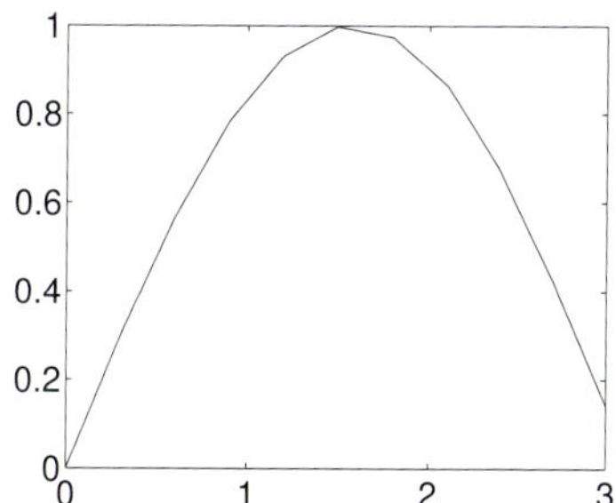

Bild 1.19 Plot von $\sin x$ mit 11 x-Werten: `x=0:0.3:3`

Sie haben natürlich sofort gemerkt, dass hier mehr als nur die berechneten Punkte gezeichnet wird. Es werden nämlich die Punkte gleich durch Strecken verbunden. Wenn man relativ wenig Punkte verwendet, sehen Graphen, die eigentlich keine Ecken haben sollten, teilweise eckig aus. Das kann man vermeiden, indem man einfach mehr Punkte verwendet. In der Praxis verwendet man dann genauso viele wie man benötigt, damit die Ecken nicht sichtbar sind.

Aber Achtung: Es gibt natürlich auch Graphen, die einfach eckig sind, dann werden sie es auch bleiben, wenn sie geplottet werden.

Wenn Sie keine Farbe angeben, wird die Kurve blau gezeichnet. Sie haben die Möglichkeit, andere Farben zu wählen, z. B. liefert

```
>> plot(x,y,'-r')
```

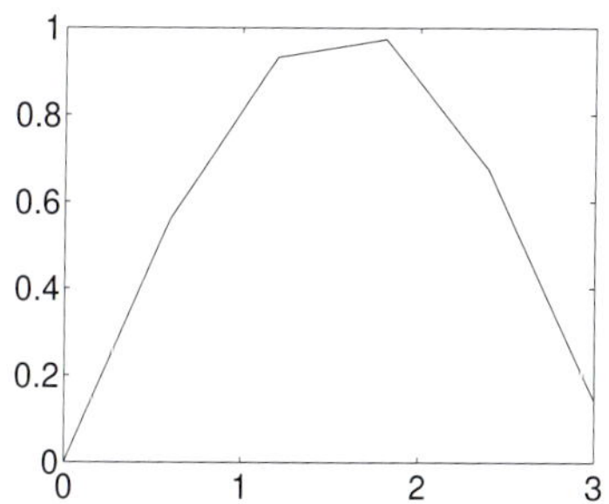

Bild 1.20 Plot von $\sin x$ mit 6 x-Werten: `x=0:0.6:3`

eine rote Linie. Die einfachen Farben sind y (gelb), m (magenta), c (cyan), r (rot), g (grün), b (blau), w (weiß) und k (schwarz). Es sind unzählige weitere Farben möglich, siehe dazu die die online-Hilfe zu MATLAB. Dort können Sie auch nachlesen, wie man verschiedene Strichstärken und Stricharten (durchgezogene, gestrichelte, punktierte Linien) einrichtet sowie Achsen und Plots beschriftet.

end MATLAB

1.4.3 Selbst definierte Funktionen

begin MATLAB

Im vorigen Abschnitt haben Sie gelernt, wie Sie Standardfunktionen plotten können. Nun werden wir sehen, wie man es mit selbst definierten Funktionen machen kann. Einfache Funktionen können Sie direkt in einer Zeile in MATLAB definieren, z. B.:

```
>> f = @(t) t.*t;
>> f(5)

ans =

    25
```

Ein so definiertes f kann genau wie vorher geplottet werden. Beachten Sie aber, dass wir oben einen Punkt in `t.*t` verwendet haben. Das ist etwas, dass Ihnen sehr oft in MATLAB begegnen wird. Ohne den Punkt, also hier mit `t*t`, kann die Funktion auch definiert werden und man kann auch einzelne Funktionswerte wie $f(5)$ ausrechnen. Aber ohne den Punkt können Sie nicht mit `plot(x,f(x))` plotten (Fehlermeldung). Denn Sie wissen, beim Plotten muss `x` ein Feld von Zahlen sein. Für ein Feld ist die Operation `*` aber nicht anwendbar. Dasselbe gilt für `/` und `^`. Auch ein einelementiges Feld ist erlaubt, Sie vergeben sich also mit der Verwendung der Punkt-Operatoren nicht die Möglichkeit zur Ausrechnung einzelner Funktionswerte. Kompliziertere Funktionen können Sie in Unterprogrammen separat definieren. Legen Sie z.B. einen neuen zweizeiligen m-File an mit dem Inhalt:

Für Multiplikation, Division und Potenzierung sollte man in MATLAB stets `.*`, `./` und `.^` verwenden.

```
function y=quadrieren(x);
y=x.*x;
```

Beim Abspeichern werden Sie nach einem Namen für den File gefragt und MATLAB wird Ihnen den Namen quadrieren.m vorschlagen. Es empfiehlt sich, diesen Vorschlag anzunehmen, denn vom Hauptfenster aus können Sie nun Ihre eigene Funktion quadrieren aufrufen (ausschlaggebend ist der Name des m-Files, nicht die Bezeichnung in der ersten Zeile des m-Files):

```
>> quadrieren(7)

ans =
```

```
    49
>>
```

Da wir im m-File den Punkt bei der Multiplikation verwendet haben, können wir unsere function `quadrieren` auch wieder zum Plotten benutzen. Es gibt aber einige Unterschiede zwischen einem *function handle* f (Definition mit `@`) und einer in einem m-File definierten Funktion im Zusammenhang mit anderen MATLAB-Befehlen. Auf diese kommen wir zu gegebener Zeit zu sprechen.

end MATLAB

1.5 Arbeitstechniken

Wie geht man Aufgabenstellungen systematisch an?

Aller Anfang ist schwer, manchmal auch in der Mathematik. Hier folgen einige Hinweise, die ein systematisches Herangehen an Aufgabenstellungen erleichtern. Damit gelingt auf jeden Fall der Einstieg in einen zielführenden Lösungsweg. Und das Angenehme daran: Dieser Einstieg gelingt ohne Rechnungen, Umformungen oder Tricks. Das steht erst nach diesem Einstieg an.

Aufgabenstellungen fallen so gut wie immer in zwei Kategorien:

- **Typ I:** es sind Voraussetzungen gegeben, unter denen etwas (Aussagen oder Aussageformen) nachzuweisen ist, oder
- **Typ II:** es sind Voraussetzungen gegeben, unter denen gewisse Größen (Zahlen, Vektoren, o. ä.) auszurechnen sind.

Zunächst klären, welcher Typ Aufgabe vorliegt.

- Machen Sie sich zunächst klar, in welche der beiden Kategorien Ihre Aufgabe fällt.
- Schreiben Sie dann auf „Vor.:" („Voraussetzung") und „Zu zeigen:" (Typ I) bzw. „Vor.:" und „Gesucht:" (Typ II) und verteilen Sie dann sämtliche(!) Angaben aus der Aufgabe auf die beiden Punkte. Dabei sind die Angaben unter „Vor.:" und „Zu zeigen:" als Aussagen bzw. Aussageformen zu notieren, während unter „Gesucht:" Größen stehen müssen.

Dann einsortieren aller Angaben und ggf. weitere nützliche Eigenschaften hinzufügen.

Schreiben Sie ebenso eventuelle, in der Aufgabenstellung angegebene Hinweise auf (unter „Vor.“). Tauchen in der Aufgabe Begriffe oder Schreibweisen auf, die Ihnen nicht ohne jeden Zweifel klar sind, schlagen Sie diese nach und schreiben Sie die Definitionen auch noch unter „Vor.:“.
Diese Bestandsaufnahme ist in vielen Situationen die halbe Miete, denn dadurch wird Ihnen klar, was zu tun ist, und Sie brauchen nicht mehr auf das Aufgabenblatt zu achten (denn dort steht nichts, was nicht schon auf Ihrem Zettel steht). Nach dieser Bestandsaufnahme steht also auf Ihrem Zettel:

Nun sind alle Vorbereitungen getroffen und wir sind startklar zur eigentlichen Lösung der Aufgabe.

Im Falle „Typ I“:

Vor.: $A_1, A_2, \ldots, A_n$

Zu zeigen: $B_1, B_2, \ldots, B_m$

wobei die A_i und B_i Aussagen bzw. Aussageformen sind und die Aufgabe lautet somit, nachzuweisen, dass aus $A_1, A_2, \ldots A_n$ folgt $B_1, B_2, \ldots B_m$.

Im Falle „Typ II“:

Vor.: $A_1, A_2, \ldots, A_n$

Gesucht: $x_1, x_2, \ldots, x_m$

wobei die A_i wieder Aussagen bzw. Aussageformen sind und die Aufgabe lautet die Größen $x_1, x_2, \ldots, x_m$ zu bestimmen.

- Die eigentliche Lösung der Aufgabe:
  Trennen Sie die aufgeschlüsselte Aufgabenstellung und Ihre Rechnung deutlich erkennbar auf Ihrem Zettel (vor Ihre Rechnung schreiben Sie z.B.: „Es gilt:“).
  Suchen Sie nach Zusammenhängen zwischen den unter „Vor.“ genannten Größen (bzw. Funktionen bzw. Eigenschaften) und denen unter „Gesucht“ (bzw. „Zu zeigen“) genannten.
  Wenn Sie eine Gleichung $A = B$ (A ist die linke Seite, B die rechte) herleiten sollen, wählen Sie die komplizierter aussehende Seite der Gleichung, sagen wir A. Schreiben Sie dann hin „$A =$“ und fangen an A umzuformen. Dazu benutzen Sie allgemeine Rechenregeln sowie die unter „Vor.“ genannten Angaben. So entsteht eine Gleichungskette $A = \ldots = \ldots = \ldots.$
  Ziel: Diese Kette soll mit „$= B$“ enden. Nach jeder einzelnen Umformung vergleichen Sie mit B, um zu sehen, ob Sie schon fertig sind bzw. einen B ähnlicheren Ausdruck gewonnen haben (also einen Schritt in Richtung Ziel gemacht haben).

Beim Aufschreiben die Lösung von der Aufgabenstellung deutlich trennen.

Eine Skizze kann hilfreich sein, um Zusammenhänge zu erkennen, ersetzt aber nicht die Lösung.

Beim Nachweisen einer Gleichung mit der komplizierter aussehenden Seite beginnen.

Sind Sie bei einer Umformung unsicher, oder beim Endergebnis, setzen Sie konkrete Zahlen für die Variablen ein und prüfen nach, ob Ihre Umformung für diese Zahlen richtig ist.

Notieren Sie außerdem über den Gleichheitszeichen jeweils Begründungen für die Umformung. Ein häufiger Typ von Umformung ist das Einsetzen von Ausdrücken durch andere, gleiche Ausdrücke. Analog gehen Sie bei Ungleichungen vor und wenn Sie Größen ausrechnen wollen. Wenn Sie dabei Zwischenüberlegungen verwenden, notieren Sie diese und verwenden dabei Worte wie „also“, „d.h.“, „weil“. Dies hilft enorm, die Übersicht zu behalten. Bei konsequenter Anwendung gelangen Sie auf diesem Weg so gut wie sicher ans Ziel.

Strukturierende Worte verwenden: „Laut Aufgabenstellung:“, „damit folgt“, „Ergebnis:“, u. ä.

Beispiel 1.7

Wir wollen mit der oben geschilderten Technik nachweisen, dass

$$\cosh^2 x - \sinh^2 x = 1 \text{ für alle } x \in \mathbb{R}$$

gilt. Da eine Aussage zu zeigen ist, liegt offensichtlich eine Aufgabenstellung vom Typ I vor:

Alle(!) Angaben der Aufgabenstellung werden nun auf die Punkte „Vor.“ und „Zu zeigen“ verteilt:

Vor.: $x \in \mathbb{R}$ beliebig

Zu zeigen: $\cosh^2 x - \sinh^2 x = 1$.

Da wir die Definition von sinh und cosh nicht im Kopf haben, schauen wir diese noch einmal nach und notieren sie ebenfalls unter dem Punkt „Vor.“. Damit erhalten wir:

Vor.: $x \in \mathbb{R}$ beliebig, $\sinh x = \frac{1}{2}\left(\mathrm{e}^x - \mathrm{e}^{-x}\right)$, $\cosh x = \frac{1}{2}\left(\mathrm{e}^x + \mathrm{e}^{-x}\right)$

Zu zeigen: $\cosh^2 x - \sinh^2 x = 1$.

„Ruhe bewahren, Ekel überwinden“
Leitspruch von Nikolaus Wolik
Prof. für Wirtschaftsmathematik
an der Hochschule Bochum

Die eigentliche Lösung beginnt nun; Sie haben als Neuling vielleicht den Eindruck, das Bisherige ist überflüssiger Formalkram, der Sie der Lösung keinen Schritt näher bringt. In Wirklichkeit ist aber das Gegenteil der Fall - mit der Zeit wird Ihnen das bewusst werden; wir sind schon fast durch mit der Lösung! Wir folgen den obigen Anweisungen, die raten nun „Es gilt:“ gefolgt von der komplizierter aussehenden Seite der nachzuweisenden Gleichung (keine Frage, das ist die linke Seite) zu notieren. Der Rest – Sie werden das gleich einräumen müssen – ergibt sich nahezu von selbst:

Es gilt:
$$\begin{aligned}
\cosh^2 x - \sinh^2 x &= \left(\frac{1}{2}\left(\mathrm{e}^x + \mathrm{e}^{-x}\right)\right)^2 - \left(\frac{1}{2}\left(\mathrm{e}^x - \mathrm{e}^{-x}\right)\right)^2 && \text{Angaben aus der Rubrik „Vor.“ einsetzen} \\
&= \frac{1}{4}\left(\mathrm{e}^{2x} + 2 + \mathrm{e}^{-2x}\right) - \frac{1}{4}\left(\mathrm{e}^{2x} - 2 + \mathrm{e}^{-2x}\right) && \text{Ausrechnen mit binomischer Formel und Potenzrechenregeln} \\
&= \frac{1}{4}4 = 1 && \text{Zusammenfassen, fertig}
\end{aligned}$$

Damit ist die Aufgabe schon abgeschlossen. Wir haben die nachzuweisende Gleichung von links nach rechts durchgerechnet. Es wird Ihnen einleuchten, dass ein Durchrechnen von rechts nach links, also beginnend mit $1 = \ldots$ erheblich schwieriger ist. Daher fangen wir mit der komplizierteren Seite der Gleichung an, denn danach kann es ja nur noch einfacher werden. ■

Aufgaben

1.1 Weisen Sie nach, dass der Quotient zweier ungerader Funktionen eine gerade Funktion ist (vgl. Beispiel 1.5). Benutzen Sie die vorgestellten Arbeitstechniken.

1.2 Weisen Sie die Formeln (1.10) und (1.11) nach. Benutzen Sie die vorgestellten Arbeitstechniken.

1.3 Weisen Sie nach, dass die Funktion sinh auf ganz $\mathbb{R}$ umkehrbar ist und dass für die Umkehrfunktion, genannt arsinh, gilt (siehe (1.13)):

$$\operatorname{arsinh} x = \ln(x + \sqrt{x^2 + 1})$$

2 Erste Begegnung mit dem Unendlichen

Wir wollen uns nun an den Begriff des Unendlichen herantasten. Wie verhalten sich Zahlenfolgen auf lange Sicht? Wie verhalten sich Funktionswerte, wenn wir die x-Achse entlanglaufen – nach links oder nach rechts. Da man mit der Zahl „unendlich" nicht rechnen kann (wird gerne von Anfängern versucht, endet aber in Frustration), müssen wir erst einmal die Begriffe präzisieren. Die Anwendungen, die wir im Sinn haben, drehen sich um das Langzeitverhalten von Größen: Schwingen sie, nähern sie sich einer andere Größe an, wachsen sie über alle Grenzen hinweg. In der realen Welt treten alle Varianten auf...

2.1 Folgen und Grenzwerte

Folge

Definition 2.1

Eine **Folge** (a_n) ist eine Abbildung von $\mathbb{N}$ in $\mathbb{R}$, d. h. $(a_n) = a_1, a_2, a_3, \ldots$. Falls $a_n = c$ für alle n und ein konstantes c, heißt (a_n) **konstante Folge**. Eine Folge, die $a_{n+1} = c\,a_n$ erfüllt, heißt **geometrische Folge**.

„Das Unendliche hat wie keine andere Frage von jeher so tief das Gemüt der Menschen bewegt."
David Hilbert, 1862–1943, deutscher Mathematiker
Math. Annal. 1926, S. 163

Eine Folge ist also nichts anderes als eine Abzählung von Zahlen. Beispielsweise lautet die Folge (a_n), gegeben durch $a_n = \frac{1}{n}$: $1, \frac{1}{2}, \frac{1}{3}, \frac{1}{4}, \ldots$. Die Folge $a_n = (-1)^n$ ergibt eine abwechselnde Folge von 1 und -1: $1, -1, 1, -1, \ldots$.
Folgen können auch **rekursiv** definiert werden. Dabei wird definiert, wie sich ein Folgenglied aus seinem Vorgänger in der Abzählung ergibt. Zusätzlich muss a_1 explizit angegeben werden.
Beispiel: Die rekursiv definierte Folge $a_1 := 1$, $a_{n+1} := 2a_n + 3$ liefert $a_1 = 1$ (klar nach Vorgabe) und dann:
$a_2 = 2a_1 + 3 = 2 \cdot 1 + 3 = 5$, $a_3 = 2a_2 + 3 = 2 \cdot 5 + 3 = 13, \ldots$.
Manchmal kann man rekursiv definierte Folgen auch explizit angeben. Die geometrische Folge ist rekursiv definiert als $a_{n+1} = c\,a_n$. Damit ist klar, dass für alle n gilt: $a_n = c^{n-1}a_1$, denn in jedem der $n-1$ Schritte von 1 bis n kommt ja ein Faktor c hinzu.

Beide Varianten der Definition einer Folge haben ihre Vor- und Nachteile. Die Umrechnung in die andere Definitionsart ist oft nicht einfach, wir müssen uns daher damit abfinden, den Umgang mit beiden Arten zu erlernen.

Anwendung – Elektrotechnik: Abtasten von Signalen

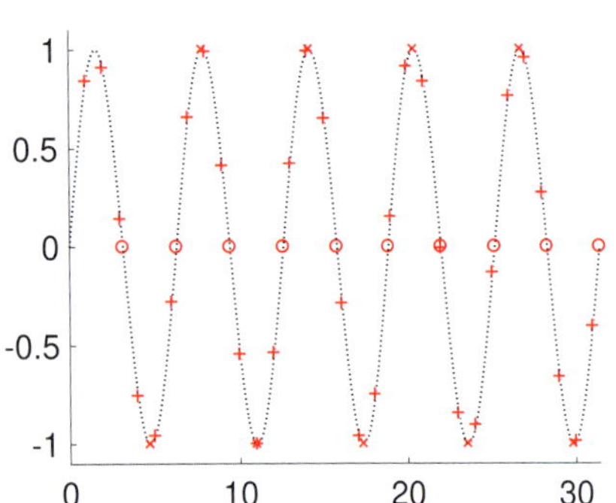

Bild 2.1 Abtasten eines sin-Signals: $+ : x_n$, $\circ : y_n$, $\times : z_n$

Signale sind nichts anderes als Funktionen, bei denen der Definitionsbereich als Zeitbereich interpretiert wird. Oft schreibt man daher für die Veränderliche auch t anstelle von x. Aus einem auf $\mathbb{R}$ definierten Signal f kann man durch Abtasten zu verschiedenen Zeitpunkten eine Folge gewinnen. Aus einer Folge von Abtastzeitpunkten (t_n) wird eine Folge $f_n := f(t_n)$. Oft erfolgt die Abtastung zu regelmäßigen Zeitpunkten, sodass $t_n = t_0 + nh$. Eine zentrale Frage in der Nachrichtentechnik ist: Wie muss man die Abtastung wählen, um ein Signal f in einem gewissen Sinne zu charakterisieren? In Bild 2.1 wird ein sin-Signal auf drei verschiedene Weisen abgetastet.

- $t_n := n$, $x_n := \sin t_n = \sin n$: $\sin 1, \sin 2, \sin 3, \ldots$: unregelmäßige Werte
- $t_n := n\pi$, $y_n := \sin t_n = \sin n\pi = 0$: $0, 0, 0, \ldots$: konstante Folge
- $t_n := \frac{\pi}{2} + n\pi$, $z_n := \sin t_n = \sin(\frac{\pi}{2} + n\pi) \overset{\text{Satz 1.3}}{=} \cos n\pi = (-1)^n$: $-1, 1, -1, 1, \ldots$, eine alternierende Folge.

Man sieht, eine ungeeignete Abtastung gibt einen irreführenden Eindruck eines Signals.

Da Folgen Spezialfälle von Funktionen sind, können sie wie diese steigen und fallen.

Monotone Folgen

Definition 2.2

Eine Folge (a_n) heißt **monoton steigend**, wenn gilt:

$$a_{n+1} \geq a_n \qquad \text{für alle } n \in \mathbb{N}.$$

(a_n) heißt **streng monoton steigend**, wenn gilt:

$$a_{n+1} > a_n \qquad \text{für alle } n \in \mathbb{N}.$$

Eine Folge (a_n) heißt **monoton fallend**, wenn für alle $n \in \mathbb{N}$ $a_{n+1} \leq a_n$ gilt. (a_n) heißt **streng monoton fallend**, wenn für alle $n \in \mathbb{N}$ $a_{n+1} < a_n$ gilt.

Die Definition verlangt ein einheitliches Verhalten (Monotonie) für die gesamte Folge. Viele Folgen sind weder monoton steigend noch monoton fallend, weil sie im Laufe der Zeit ihr Wachstumsverhalten ändern. Die alternierende Folge $a_n = (-1)^n$ beispielsweise ändert in jedem Schritt ihr Wachstumsverhalten. Im Hinblick auf das Gesamtverhalten einer Folge interessiert uns aber auch, ob die Zahlenwerte einer Folge bestimmte Grenzen nicht über- oder unterschreiten. Die nächste Definition präzisiert dies.

Definition 2.3

Beschränkte Folgen

Eine Folge (a_n) heißt **nach oben beschränkt**, wenn es ein $S \in \mathbb{R}$ gibt, sodass gilt:

$$a_n \leq S \qquad \text{für alle } n \in \mathbb{N}.$$

(a_n) heißt **nach unten beschränkt**, wenn es ein $S \in \mathbb{R}$ gibt, sodass für alle $n \in \mathbb{N}$ $a_n \geq S$ gilt.
(a_n) heißt **beschränkt**, wenn sie nach oben und nach unten beschränkt ist. In diesem Fall gibt es ein $S > 0$, sodass

$$|a_n| \leq S \qquad \text{für alle } n \in \mathbb{N}.$$

Beispiel 2.1

- $a_n := \frac{n}{n+1}$: Die Folge steigt streng monoton, denn für alle $n \in \mathbb{N}$ ist $\frac{a_{n+1}}{a_n} = 1 + \frac{1}{n^2+2n} > 1$. Das bedeutet aber nicht, dass ihre Folgenglieder beliebig groß werden. Vielmehr bleiben alle Folgenglieder unterhalb 1. Das erkennt man sofort daran, dass der Zähler kleiner als der Nenner ist. Außerdem sind alle Folgenglieder positiv. Die Folge ist demnach nach oben durch 1 (aber auch durch 5, 7, oder vieles andere) beschränkt, und nach unten durch 0 (aber auch durch -1, $-124, \ldots$).
- $a_n = n$: Die Folge ist streng monoton steigend und nach unten beschränkt (durch 0 beispielsweise), aber nicht nach oben. Die Folgenglieder überschreiten alle Schranken.
- $a_n = (-1)^n$: Die Folge ist zwar beschränkt ($|a_n| \leq 1$ für alle $n \in \mathbb{N}$), aber weder monoton steigend noch monoton fallend. ■

„Eine Siebenjährige, die ich kenne, behauptete, die letzte Zahl von allen sei 23000. „Und wie steht's mit 23000 und eins?“, fragte ich sie und bekam nach einer kurzen Pause zur Antwort: „Aber ich war nahe dran.“ “

Robert Kaplan
Die Geschichte der Null
Campus Verlag 2000

Wir betrachten nun die Folge $a_n = \frac{n}{n+1}$ näher. Die Folgenglieder lauten: $\frac{1}{2}, \frac{2}{3}, \frac{3}{4}, \frac{4}{5}, \ldots$. Die Folgenglieder kommen also der Zahl 1 beliebig nahe, erreichen diese aber nie. Für eine beliebig kleine

Zahl $\varepsilon > 0$ liegen **schließlich alle** Folgenglieder zwischen $1-\varepsilon$ und 1, d. h. alle ab einem gewissen $n_0 \in \mathbb{N}$. Sei z. B. $\varepsilon = 10^{-3}$, dann gilt für alle $n \geq n_0 = 999$: $1-\varepsilon \leq a_n \leq 1$, insbesondere ist für alle $n \geq n_0 = 999$: $|a_n - 1| \leq \varepsilon$. Dies geht mit jedem $\varepsilon > 0$, und sei es noch so klein. Man sagt, die Folge (a_n) konvergiert gegen den Grenzwert 1 und schreibt $\lim_{n\to\infty} a_n = 1$.

„Eternity is very long, especially towards the end."

Woody Allen
aus: Martin Rees, Just Six Numbers
Phoenix Verlag, 2001

Konvergenz von Folgen

Definition 2.4

Eine Folge (a_n) heißt **konvergent** gegen den **Grenzwert** a, falls für jedes $\varepsilon > 0$ gilt

$$|a_n - a| \leq \varepsilon \qquad \text{für schließlich alle } n.$$

Das heißt, für jedes $\varepsilon > 0$ gibt es ein $n_0 \in \mathbb{N}$ so, dass für alle $n \geq n_0$ gilt: $|a_n - a| \leq \varepsilon$, siehe Bild 2.2. Man schreibt $\lim_{n\to\infty} a_n = a$, oft auch kurz: $\lim a_n = a$.
Ist (a_n) nicht konvergent, so sagt man (a_n) ist **divergent**. Eine Folge mit Grenzwert 0 heißt **Nullfolge**.

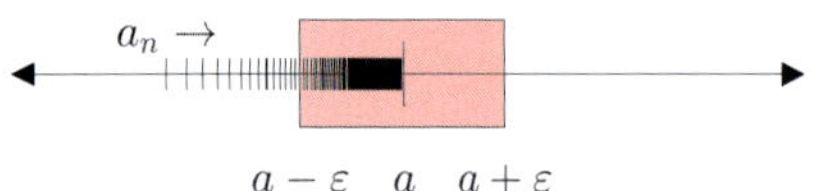

Bild 2.2 Konvergenz gegen a am Zahlenstrahl: Ab einem gewissen n_0 liegen alle weiteren Folgenglieder a_n in $[a-\varepsilon, a+\varepsilon]$

Beispiel 2.2

- $a_n = \frac{1}{n}$. Vermutung: (a_n) ist konvergent und zwar gegen $a = 0$.
  Nachweis: Sei $\varepsilon > 0$ beliebig. Zu finden ist ein n_0 so, dass für alle $n \geq n_0$ gilt: $|a_n - a| \leq \varepsilon$, d. h. also: $\frac{1}{n} \leq \varepsilon$. Letzteres ist offensichtlich der Fall für alle $n \geq \frac{1}{\varepsilon}$. n_0 kann also als irgendeine natürliche Zahl, die größer als $\frac{1}{\varepsilon}$ ist, gewählt werden und das genügt dann der Anforderung. Damit ist $\lim \frac{1}{n} = 0$ gezeigt.
- $a_n = (-1)^n$ ist nicht konvergent. Wir zeigen exemplarisch, dass (a_n) nicht gegen 1 konvergiert. Wäre das der Fall, dann müßte $|(-1)^n - 1| \leq 0.5$ sein für schließlich alle n, d. h. ab einem gewissen n_0 für alle n. (Wir haben hier $\varepsilon = 0.5$ gewählt, denn wir sind ja auf ein Gegenbeispiel aus). Diese Ungleichung ist sicherlich für alle geraden n erfüllt, aber genauso sicherlich nicht für alle ungeraden n. Sie gilt damit zwar für unendlich viele n, aber nicht für schließlich alle n, was aber für Konvergenz nötig wäre.
- Konstante Folgen sind stets konvergent gegen eben diese Konstante. ■

Sie merken schon, die Rechnerei mit ε ist etwas lästig. Hat man aber erst einmal ein paar Folgen zur Hand, deren Konvergenz schon nachgewiesen ist, so kann man daraus nach gewissen Spielregeln neue konvergente Folgen zusammensetzen. Man erspart sich damit erneutes Hantieren mit ε.

Konvergenzsätze

Satz 2.1

Seien (a_n), (b_n) konvergente Folgen mit $\lim a_n = a$, $\lim b_n = b$. Dann gilt:

- Die Folge $c_n = a_n + b_n$ konvergiert auch, es gilt $\lim c_n = \lim(a_n + b_n) = \lim a_n + \lim b_n = a + b$.
- Die Folge $c_n = a_n \cdot b_n$ konvergiert auch, es gilt $\lim c_n = \lim a_n \cdot \lim b_n = a \cdot b$.
- Für jedes $c \in \mathbb{R}$ konvergiert die Folge $c \cdot a_n$ auch: $\lim(c \cdot a_n) = c \cdot \lim a_n = c \cdot a$.
- Falls $b_n \neq 0$ für alle $n \in \mathbb{N}$ und $b \neq 0$, dann konvergiert auch die Folge $c_n = \frac{a_n}{b_n}$ und es gilt $\lim c_n = \lim \frac{a_n}{b_n} = \frac{\lim a_n}{\lim b_n} = \frac{a}{b}$.
- Sei $r \in \mathbb{R}$. Falls a_n^r definiert ist für alle $n \in \mathbb{N}$ und ebenso a^r definiert ist, so konvergiert auch die Folge $c_n = a_n^r$ und es gilt $\lim c_n = \lim a_n^r = (\lim a_n)^r = a^r$.
- Auch die Folge $|a_n|$ konvergiert; es gilt $\lim |a_n| = |a|$.

Summe, Produkt, Quotient konvergenter Folgen ergibt wieder eine konvergente Folge

Beispiel 2.3

- Sei $a_n = 2\left(\frac{1}{n+1}\right)^2 + 7$. Mit Hilfe des obigen Satzes sieht man leicht, dass (a_n) konvergiert und zwar gegen 7: Denn wir wissen schon aus obigem Beispiel, dass $\frac{1}{n+1}$ gegen 0 konvergiert. Dann konvergiert nach obigem Satz auch $\left(\frac{1}{n+1}\right)^2$ gegen $0^2 = 0$. Eine weitere Anwendung des Satzes liefert, dass dann auch $2\left(\frac{1}{n+1}\right)^2$ gegen $2 \cdot 0$ konvergiert. Eine letzte Anwendung des Satzes ergibt, dass $2\left(\frac{1}{n+1}\right)^2 + 7$ gegen $0 + 7 = 7$ konvergiert (beachte, dass die konstante Folge $b_n = 7$ gegen 7 konvergiert). Insgesamt haben wir:
$$\lim a_n = \lim 2\left(\frac{1}{n+1}\right)^2 + 7 = 2\left(\lim \frac{1}{n+1}\right)^2 + 7 = 7.$$
Eine kompakte Schreibweise ist:
$$a_n = 2\underbrace{\left(\underbrace{\frac{1}{n+1}}_{\to 0}\right)^2}_{\to 0^2 = 0} + 7 \to 2 \cdot 0 + 7 = 7.$$

⚠ Natürlich schreiben Sie nie: $\lim a_n \to 7$, sondern $a_n \to 7$, denn es sind ja die Folgenglieder, die konvergieren, nicht der Grenzwert.

- Sei $x_n := \frac{a \cdot n+b}{c \cdot n+d}$, wobei $c \neq 0$. (x_n) Da Zähler und Nenner für sich alleine genommen nicht konvergieren, ist Satz 2.1 nicht direkt anwendbar. Die Situation wird gleich erfreulicher, wenn wir den Bruch vorher durch n kürzen:

$$x_n = \frac{a \cdot n+b}{c \cdot n+d} = \frac{a+\frac{b}{n}}{c+\frac{d}{n}}.$$

Wegen $\lim \frac{b}{n} = \lim \frac{c}{n} = 0$ ist aber $\lim a + \frac{b}{n} = a$ und $\lim c + \frac{d}{n} = c$ und damit

$$\lim x_n = \lim \frac{a+\frac{b}{n}}{c+\frac{d}{n}} = \frac{\lim a+\frac{b}{n}}{\lim c+\frac{d}{n}} = \frac{a}{c}.$$

Bei Folgen, die als rationale Funktion in der Variablen n geschrieben werden können, sind die Konvergenzsätze erfolgreich anwendbar, wenn man vorher durch die höchste auftretende Potenz von n kürzt.

- Der Trick aus dem vorigen Beispiel kann auch in komplizierteren Situationen verwendet werden: Sei $x_n := \frac{4n^3+7n^2-n+3}{5n^3-2n-1}$. Wieder ist Satz 2.1 nicht direkt anwendbar, sodass wir erstmal kürzen (durch n^3):

$$\frac{4n^3+7n^2-n+3}{5n^3-2n-1} = \frac{4+7\frac{1}{n}-\frac{1}{n^2}+\frac{3}{n^3}}{5-2\frac{1}{n^2}-\frac{1}{n^3}} \to \frac{4+7\cdot 0-0+3\cdot 0}{5-2\cdot 0-0} = \frac{4}{5}.$$

- Genauso gehen wir vor bei $a_n := \frac{n^2-n+2}{-n^3+2n+3}$:

$$a_n = \frac{n^2-n+2}{-n^3+2n+3} = \frac{\frac{1}{n}-\frac{1}{n^2}+\frac{2}{n^2}}{-1+\frac{2}{n^2}+\frac{3}{n^3}} \to \frac{0-0+0}{-1+0+0} = \frac{0}{-1} = 0$$ ■

Satz 2.2

Seien $p(x) = \sum\limits_{i=0}^{k} a_i x^i$, $q(x) = \sum\limits_{i=0}^{l} b_i x^i$ Polynome vom Grad k bzw. l (also $a_k, b_l \neq 0$). Dann gilt:

- Falls $k > l$, so ist $\dfrac{p(n)}{q(n)}$ für $n \to \infty$ unbeschränkt.
- Falls $k = l$, so gilt: $\lim\limits_{n\to\infty} \dfrac{p(n)}{q(n)} = \dfrac{a_k}{b_k}$.
- Falls $k < l$, so gilt: $\lim\limits_{n\to\infty} \dfrac{p(n)}{q(n)} = 0$.

Dieser Satz erlaubt also die Konvergenzgeschwindigkeit von Folgen, die polynomial sind, gegeneinander abzuschätzen. Man erkennt, es kommt nur auf die höchste vorkommende Potenz an. Diese Beobachtung ist in vielen Anwendungen nützlich und verdient daher eine besondere Schreibweise:

Landau–Symbolik

Definition 2.5

Landau-Symbol $O(.)$

Seien (a_n), (b_n) zwei Folgen. Man sagt:

$$a_n = O(b_n) \quad \text{für } n \to \infty \quad :\Longleftrightarrow$$
$$|a_n| \leq C\,|b_n| \text{ für schließlich alle } n \text{ und ein } C > 0$$

O (lies „groß O") wird **Landau-Symbol** genannt[1].

Die $O(.)$-Notation wurde zuerst 1894 vom deutschen Mathematiker Paul Bachmann (1837-1920) benutzt, aber fand erst 1905 durch Edmund Landau (1877-1938) weitere Verbreitung und ist heutzutage mit dessen Namen verbunden.

Folgen (a_n) mit $a_n = O(1)$ sind beschränkte Folgen. $a_n = O(b_n)$ für $n \to \infty$ bedeutet soviel wie (a_n) wächst nicht schneller als (b_n) für $n \to \infty$. $O(.)$ wird gerne für Aufwandsabschätzungen bei Algorithmen benutzt.

⚠ Man liest $a_n = O(b_n)$ als a_n ist groß O von b_n, nicht als „ist gleich".

Einige Besonderheiten bei der Verwendung des Landau-Symbols werden in den folgenden Beispielen verdeutlicht.

Beispiel 2.4

Das Landau-Symbol macht keine Aussage über Größenverhältnisse, nur über das Verhalten für $n \to \infty$.

- „Wächst nicht schneller als" ist etwas anderes als „ist kleiner als".
  Beispiel: $a_n = 5000n$, $b_n = n^2$. Dann ist $a_n = O(b_n)$, denn mit $C = 5000$ ist $a_n = 5000n \leq Cn \leq Cn^2$ für alle n. Es gilt aber für alle $n \leq 5000$: $a_n \geq b_n$. Die Aussage $a_n = O(b_n)$ sagt nichts über die Größenverhältnisse von a_n und b_n für konkrete n aus. Sie liefert nur eine Aussage für $n \to \infty$. Die realen Größenverhältnisse hängen von C ab.

- Um eine Matrix mit dem Gauß-Algorithmus auf rechts-obere Dreiecksform zu bringen, benötigt man $\frac{n^3}{3} - \frac{n}{3}$ Punktoperationen (später mehr dazu (S. 252), hier geht es uns nur um den Aufwand). Eine typische Aussage ist dann: Der Aufwand ist $O(n^3)$ Punktoperationen. Begründung:

$$\left|\frac{n^3}{3} - \frac{n}{3}\right| \leq \frac{n^3}{3} + \frac{n}{3} \leq \frac{n^3}{3} + \frac{n^3}{3} = \frac{2}{3}n^3 = Cn^3 \quad \text{mit } C = \frac{2}{3} \text{ und für alle } n.$$

  Man sieht, beim Wachstum von Folgen, die polynomial in n sind, kommt es nur auf die höchste Potenz (hier: 3) an. Die niedrigeren Potenzen wachsen ja langsamer an. Genauso kann man auch argumentieren, wenn Potenzen von n mit rationalem Exponenten auftreten.

Der Aufwand von Algorithmen wird oft durch die Anzahl der notwendigen Punktoperationen gemessen, worunter man Multiplikationen und Divisionen versteht.

[1] Es gibt noch ein Landau-Symbol $o(.)$, es wird aber nicht so häufig verwendet wie $O(.)$ und daher gehen wir hier nicht weiter darauf ein.

- Genauer und weniger missverständlich wäre es anstelle von $a_n = O(b_n)$ zu sagen: $a_n \in O(b_n)$.
  Nur Eingeweihte sollten das Gleichheitszeichen verwenden, denn z. B. ist $5n = O(n)$ und $6n = O(n)$, aber natürlich ist deswegen nicht $5n = 6n$. Betrachtet man $O(b_n)$ als die Menge aller Folgen, für die $a_n \leq Cb_n$ gilt für schließlich alle n und ein $C > 0$, so kann das Problem nicht auftauchen: dann hätte man $5n \in O(n)$ und $6n \in O(n)$, und man würde (hoffentlich!) nie auf die Idee kommen, daraus $5n = 6n$ zu folgern. ■

Anwendung – Informatik: Aufwand beim Sortieren von Arrays

„Algorithmus" bedeutet Rechenverfahren. Die Bezeichnung geht zurück auf den arabischen Mathematiker Al-Chwarizmi (ca. 780-850), der in Bagdad lebte.

Es soll ein Array (Feld) mit n Zahlen der Größe nach geordnet werden. Dazu stehen verschiedene Algorithmen zur Verfügung. Deren zeitlicher Aufwand (im Fachjargon „Zeitkomplexität") hängt natürlich von n ab (u. a.). Üblicherweise nimmt man als Maß die Anzahl der nötigen Vergleiche zweier Zahlen, die im Laufe des Algorithmus nötig sind.

Ein simples Verfahren ist *bubblesort* mit einem Aufwand von $O(n^2)$ Vergleichen. Bessere Verfahren sind *heapsort* mit einem Aufwand von $O(n \ln n)$ Vergleichen und *quicksort*, das in vielen Situationen auch $O(n \ln n)$ Vergleiche benötigt, in ungünstigen Situationen aber auch $O(n^2)$. heapsort wird für große Felder (n groß) in der Regel günstiger sein als bubblesort, denn $n \ln n$ wächst langsamer als n^2. Man kann sogar erwarten, dass der Vorteil von heapsort gegenüber bubblesort mit wachsendem n noch größer wird.

Sortieren eines Zahlenfeldes der Länge $n = 6$

$$\begin{pmatrix} 7 \\ -3 \\ -4 \\ 6 \\ 5 \\ 2 \end{pmatrix} \longrightarrow \begin{pmatrix} -4 \\ -3 \\ 2 \\ 5 \\ 6 \\ 7 \end{pmatrix}$$

Diese Angaben über den Zeitaufwand sind aber nur ein Aspekt bei der Frage, welches Sortierverfahren man in einer konkreten Situation bevorzugen wird. Für kleinere Felder (n klein) kann durchaus ein ansonsten schnelles Verfahren seinen Vorteil verlieren. Außerdem ist Zeit nicht alles: Der Speicherplatzbedarf der Verfahren ist unterschiedlich, ebenso wie der Programmieraufwand. Und letztlich muss man sehen, welche Programme man zur Hand hat: Hat man ein fertiges Sortierprogramm zur Hand, das auf einem langsamen Algorithmus basiert, so ist dies u. U. angenehmer als einen schnellen Algorithmus erst selbst programmieren zu müssen.

Satz 2.3

- Falls eine Folge konvergiert, so ist sie auch beschränkt.
- Falls eine Folge monoton ist (d. h. monoton steigend oder monoton fallend) und beschränkt, so ist sie auch konvergent.
- Sei (a_n) eine beschränkte Folge, (b_n) eine Nullfolge. Dann ist auch die Folge $(a_n b_n)$ eine Nullfolge.
- Seien (a_n) und (b_n) konvergente Folgen, (c_n) eine weitere Folge mit $a_n \leq c_n \leq b_n$ für schließlich alle $n \in \mathbb{N}$. Dann gilt:
  - Falls (c_n) konvergiert, so gilt: $\lim a_n \leq \lim c_n \leq \lim b_n$.
  - Falls $\lim a_n = \lim b_n$, so konvergiert auch (c_n) und es gilt: $\lim c_n = \lim a_n = \lim b_n$.

⚠ Eine Nullfolge multipliziert mit einer beliebigen Folge muss nicht zwangsläufig eine konvergente Folge ergeben, noch nicht einmal eine beschränkte. Wenn sie doch konvergiert, muss der Grenzwert nicht 0 sein.

Beispiel 2.5

- $a_n = (-1)^n$, $b_n = \frac{1}{n}$: (a_n) ist beschränkt, (b_n) ist Nullfolge, also ist $a_n b_n = (-1)^n \frac{1}{n}$ eine Nullfolge.
- $a_n = n$, $b_n = \frac{1}{n}$: (a_n) ist nicht beschränkt, (b_n) ist Nullfolge, aber wir haben keinen Satz, der eine Aussage über $a_n b_n$ macht. Hier ist $a_n b_n = 1$ konvergent gegen 1.
- $a_n = n$, $b_n = \frac{1}{n^2}$: (a_n) ist nicht beschränkt, (b_n) ist Nullfolge, aber wir haben keinen Satz, der eine Aussage über $a_n b_n$ macht. Hier ist $a_n b_n = \frac{1}{n}$ eine Nullfolge.
- $a_n = n^2$, $b_n = \frac{1}{n}$: (a_n) ist nicht beschränkt, (b_n) ist Nullfolge, aber wir haben keinen Satz, der eine Aussage über $a_n b_n$ macht. Hier ist $a_n b_n = n$ nicht beschränkt. ■

Wir hatten schon die geometrische Folge $a_n = q^n$ erwähnt (wobei q Konstante). ist. Typische Beispiele:

für $q = 0.5$: $\frac{1}{2}, \frac{1}{4}, \frac{1}{8}, \ldots$ scheint Nullfolge zu sein.
für $q = -0.5$: $-\frac{1}{2}, \frac{1}{4}, -\frac{1}{8}, \ldots$ scheint Nullfolge zu sein.
für $q = 2$: $2, 4, 8, \ldots$: scheint unbeschränkt zu sein.
für $q = -2$: $-2, 4, -8, \ldots$: scheint unbeschränkt zu sein.
für $q = -1$: $-1, 1, -1, \ldots$: beschränkt, nicht konvergent.

Allgemein gilt:

Geometrische Folge

Satz 2.4

Wir betrachten die Folge q^n. Es gilt:

- Im Fall $|q| < 1$ liegt Konvergenz vor: $\lim q^n = 0$.
- Im Fall $|q| > 1$ liegt keine Konvergenz vor. Die Folge q^n ist unbeschränkt.
- Im Fall $q = 1$ liegt Konvergenz vor: $\lim q^n = 1$.
- Im Fall $q = -1$ liegt keine Konvergenz vor, aber die Folge ist immerhin beschränkt.

Die geometrische Summenformel

Wir betrachten $a_n := \sum_{i=0}^{n} q^i = 1 + q + q^2 + \ldots + q^n$.

Eine nette Übung für Leser, die noch nicht sattelfest mit dem Summenzeichen sind, ist die Herleitung der folgenden Formel:

$$x^{n+1} - y^{n+1} = (x-y)\sum_{i=0}^{n} x^{n-i}y^i \tag{2.1}$$

Diese benutzen wir hier mit $x = 1$ und $y = q$ und erhalten: $1 - q^{n+1} = (1-q)\,a_n$. Im Fall $q = 1$ ist natürlich $a_n = n+1$ und damit klar, dass (a_n) nicht konvergent sein kann. Damit haben wir:

Geometrische Summenformel

Satz 2.5

Sei $q \in \mathbb{R}, q \neq 0$. Dann gilt:

$$\sum_{i=0}^{n} q^i = 1 + q + q^2 + \ldots + q^n = \frac{1-q^{n+1}}{1-q}.$$

Für die Folge $a_n := \sum_{i=0}^{n} q^i$ gilt:

$|q| \geq 1 \implies (a_n)$ konvergiert nicht

$|q| < 1 \implies (a_n)$ konvergiert und es ist $\lim a_n = \dfrac{1}{1-q}$.

⚠ In der geometrischen Summenformel startet die Summe bei $i = 0$. In Anwendungen trifft man auch oft auf die Summe, die bei $i = 1$ startet. Dann muss die Formel entsprechend angepasst werden.

Zur Festigung: Finden Sie eine ähnliche Formel für $\sum_{i=1}^{n} q^i$.

Das obige Beispiel der geometrischen Summe zeigt, dass etwas, was immer größer wird, nicht gegen unendlich laufen muss. Dieses Beispiel ist einfach genug, dass es jede(r) nachvollziehen kann. Trotzdem widerstrebt es der Intuition vieler unerfahrener Studierender (und auch anderer) – etwas, das immer größer wird, muss doch einfach beliebig groß werden! Wie soll das denn sonst gehen? Für den Anfänger ist es wichtig, sich hier Klarheit zu verschaffen, um später nicht in Versuchung geführt zu werden.

Beispiel 2.6

Wir betrachten die rekursiv definierte Folge

$$a_0 := 1, \quad a_{i+1} = a_i + \frac{1}{10^i} \quad \text{für } i \geq 1.$$

Rechnen wir die ersten Folgenglieder aus, so erhalten wir:

$$a_0 = 1,\ a_1 = 1 + \frac{1}{10},\ a_2 = 1 + \frac{1}{10} + \frac{1}{100},\ \ldots$$

$$\text{oder dezimal:} \quad a_0 = 1,\ a_1 = 1.1,\ a_2 = 1.11,\ a_3 = 1.111,\ \ldots$$

Auch wenn Sie noch nichts von Konvergenz verstanden haben sollten, wissen Sie, was passiert: Die Folgenglieder nähern sich der Zahl 1.1111... an. Die Zahl ist aber keineswegs unendlich groß, auch das ist Ihnen klar. Und das, obwohl die Folgenglieder jeweils immer größer sind als das vorhergehende. Der Grenzwert ist in der Tat $1.1111\ldots = \frac{10}{9}$.

Das kann man auch mit der geometrischen Summenformel nachrechnen, denn offensichtlich ist a_n genau die geometrische Summe aus Satz 2.5 mit $q = 0.1$, also konvergiert (a_n) und der Grenzwert ist $\frac{1}{1-0.1} = \frac{10}{9}$. ■

Die Folge
1.1
1.11
1.111
1.1111
...
wächst streng monoton, aber bleibt unterhalb $1.\overline{1} = \frac{10}{9}$. Sie konvergiert sogar gegen $\frac{10}{9}$.

Die e-Funktion als Grenzwert einer Folge

Ausgangspunkt ist ein Blick in die Zinsrechnung: Hat man ein Kapital K zu einem festen Zinssatz von p pro Jahr (beispielsweise bedeutet $p = 0.02$ eine jährliche Verzinsung mit $2\,\%$ p. a.) angelegt, so ist das Kapital nach einem Jahr auf $K(1+p)$ angewachsen, und nach n Jahren entsprechend auf $K(1+p)^n$. Bezieht sich der Zinssatz aber auf einen kürzeren Zeitraum, so fallen häufiger Zinserträge an. Verwendet man statt $p\,\%$ jährlich einen monatlichen Zinssatz von $\frac{p}{12}$, dann hätten wir nach einem Jahr ein Guthaben von $K(1+\frac{p}{12})^{12}$ vorliegen. Welche Variante würden

Sie wählen, wenn Ihnen die Bank diese beiden Zinsmodelle anbieten würde?

Nun gibt es genug Kunden, die den Banken das Geldverdienen leicht machen, aber wer etwas mathematisches Gespür hat, wird sich für die zweite Variante entscheiden. In der Tat ist hier der Ertrag größer, denn die monatlich erhaltenen Zinsen sind im Jahresverlauf ja auch weiter mitverzinst worden. Analog würde eine wöchentliche Verzinsung mit $\frac{p}{52}$ nach einem Jahr ein noch höheres Guthaben von $K(1+\frac{p}{52})^{52}$ erzielen. Wir beobachten also:

$$\text{Die Folge } a_n = (1+\frac{p}{n})^n \text{ ist streng monoton steigend für } p > 0.$$

Das kann man auch beweisen, aber damit wollen wir uns hier nicht aufhalten. Es ist jedoch nicht so, dass die auf diese Weise in immer kleineren Zeiteinheiten vorgenommene Verzinsung nach einem Jahr ein beliebig großes Guthaben ergeben würde. Also:

⚠ Man darf hier **nicht** argumentieren $\frac{p}{n} \to 0$ und $1^n \to 1$, also insgesamt $(1+\frac{p}{n})^n \to 1$. Das gibt Satz 2.1 nicht her!

$$\text{Die Folge } a_n = (1+\frac{p}{n})^n \text{ ist beschränkt.}$$

Leonard Euler, 1707-1783, Schweizer Mathematiker

Nach Satz 2.3 konvergiert (a_n). Der Grenzwert hängt von p ab, im Fall $p = 1$ ist es die Eulersche Zahl $\mathrm{e} = 2.718281828\ldots$ e ist eine irrationale Zahl, also mit nicht-abbrechender, nicht-periodischer Dezimaldarstellung. e lässt sich auch nicht mit Hilfe von Wurzeln aus rationalen Zahlen darstellen. Die Grenzwerte für andere Werte von p sind Potenzen von e, genauer:

$$a_n = (1+\frac{x}{n})^n \text{ konvergiert für alle } x \in \mathbb{R} \text{ und } \lim a_n = \mathrm{e}^x.$$

Grenzwerte mit zwei Parametern

Die Folge $a_n = (1+\frac{1}{n})^n$ ist ein Beispiel einer Folge, in der Parameter n zweimal vorkommt. Man kann sich nun fragen, was passiert, wenn die Parameter nicht gleich sind, also wie verhält sich der Ausdruck

$$a_{m,n} = (1+\frac{1}{m})^n \text{ für } n \to \infty \text{ und für } m \to \infty?$$

$a_{m,n} = (1+\frac{1}{m})^n$ ist für $n \to \infty$ nicht beschränkt, nach Satz 2.4 mit $q = 1+\frac{1}{m} > 1$. Dagegen ist $a_{m,n} = (1+\frac{1}{m})^n \to 1^n$ für $m \to \infty$.

Wir sehen also:

$$\lim_{n\to\infty}\lim_{m\to\infty} a_{m,n} = \lim_{n\to\infty} 1^n = 1$$

$$\lim_{m\to\infty}\lim_{n\to\infty} a_{m,n} \text{ existiert nicht, da } \lim_{n\to\infty} a_{m,n} \text{ nicht existiert}$$

Man darf also die Reihenfolge der Grenzübergänge nicht vertauschen. Dabei gingen wir davon aus, dass m und n unabhängig voneinander gegen ∞ laufen. Wenn m und n irgendwie gekoppelt sind, können die Grenzwerte existieren (müssen aber nicht).

$$m = n \quad : a_{m,n} = a_{n,n} = (1+\frac{1}{n})^n \Longrightarrow \mathrm{e}$$

$$m = 2n \quad : a_{m,n} = a_{2n,n} = (1+\frac{1}{2n})^n = (1+\frac{0.5}{n})^n \to \mathrm{e}^{0.5}$$

$$n = 2m \quad : a_{m,n} = a_{m,2m} = (1+\frac{1}{m})^{2m} = \left((1+\frac{1}{m})^m\right)^2 \to \mathrm{e}^2$$

⚠ Bei einer Folge $a_{m,n}$ mit zwei Parametern m und n gilt nicht unbedingt $\lim\limits_{m\to\infty}\lim\limits_{n\to\infty} a_{m,n} = \lim\limits_{n\to\infty}\lim\limits_{m\to\infty} a_{m,n}$.

2.2 Grenzwerte bei Funktionen – Stetigkeit

Wir haben bisher Folgen von Zahlen betrachtet und ihr Verhalten untersucht. Nun kommen Funktionen ins Spiel – wir werden nun Folgen x_n und die dazugehörigen Folgen der Funktionswerte $f(x_n)$ betrachten. Nach den Regeln im vorigen Abschnitt können wir das Konvergenzverhalten jeder dieser Folgen für sich betrachten. Das wäre aber nichts wirklich Neues. Interessant ist es vielmehr, nach Zusammenhängen des Konvergenzverhaltens dieser beiden Folgen zu suchen. Zunächst müssen wir die Begriffe von Folgen auf Funktionen übertragen

Definition 2.6

Grenzwert einer Funktion an einer Stelle

Sei $f : D \subseteq \mathbb{R} \longrightarrow \mathbb{R}$ eine Funktion, $x_0 \in \mathbb{R}$. Wir sagen $\lim\limits_{x\to x_0} f(x) = y$, falls für alle Folgen (x_n) mit $\lim x_n = x_0$ und $x_n \in D$ für alle n gilt: Die Folge $(f(x_n))$ konvergiert auch und der Grenzwert ist unabhängig von der Wahl der Folge (x_n) und $\lim f(x_n) = y$. y heißt dann **Grenzwert der Funktion in** x_0.

Beachten Sie, dass der Grenzwert der Folge $(f(x_n))$ unabhängig von der Wahl der Folge (x_n) sein soll. Natürlich muss für alle betrachteten Folgen gelten $x_n \to x_0$, aber es ist denkbar, dass beispielsweise für eine Folge (x_n), die von links gegen x_0 konvergiert, die Folge der Funktionswerte einen anderen Grenzwert aufweisen, als wenn man (x_n) von rechts gegen x_0 konvergieren lässt. Solche Fälle kommen durchaus vor, auch in Anwendungen.

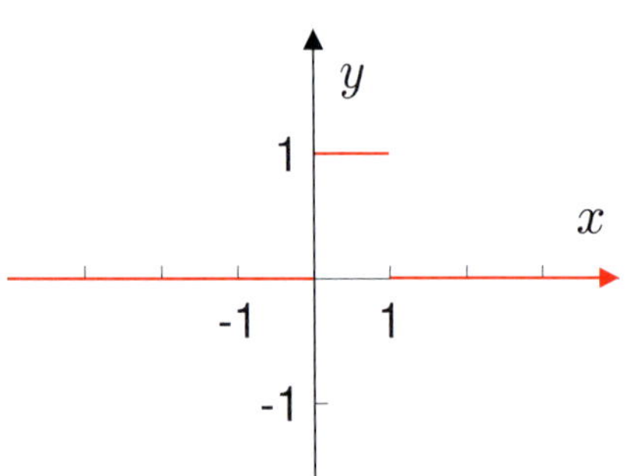

Bild 2.3 Eine Schaltfunktion

Beispiel 2.7

Wir betrachten die folgende Funktion, die zur Beschreibung eines Schaltvorgangs dient (bei $t = 0$ wird eingeschaltet, bei $t = 1$ wieder ausgeschaltet):

$$f(t) := \begin{cases} 0 & \text{falls } t < 0 \text{ oder } t > 1 \\ 1 & \text{falls } t \in [0, 1] \end{cases}$$

Sei (x_n) eine Folge, die von links gegen 0 konvergiert, also $x_n < 0$ für alle n. Dann ist $f(x_n) = 0 \to 0$. Dagegen gilt für eine Folge x_n, die von rechts gegen 0 konvergiert: $f(x_n) = 1$ für schließlich alle n (denn ab einem n_0 sind die $x_n < 1$). Damit $f(x_n) \to 1$ für eine Folge x_n, die von rechts gegen 0 konvergiert. Damit ist der Grenzwert von $f(x_n)$ also abhängig von der Richtung, in der die x_n auf den Grenzwert zulaufen. Der Grenzwert $\lim\limits_{x \to 0} f(x)$ existiert also nicht – dazu müsste er ja unabhängig von der Richtung sein. ■

Das obige Beispiel zeigt, dass es nützlich ist, beim Grenzwert einer Funktion links- und rechtsseitige Grenzwerte einzuführen.

Links- und rechtsseitiger Grenzwert einer Funktion

Definition 2.7

- Sei $f: (x_0 - h, x_0] \longrightarrow \mathbb{R}$ eine Funktion ($h > 0, x_0 \in \mathbb{R}$). Wir sagen $\lim\limits_{x \to x_0 -} f(x) = y$, falls für alle Folgen (x_n) mit $\lim x_n = x_0$ und $x_n \in (x_0 - h, x_0)$ für alle n gilt: Die Folge $(f(x_n))$ konvergiert auch und der Grenzwert ist unabhängig von der Wahl der Folge (x_n) und $\lim f(x_n) = y$. y ist der **linksseitige Grenzwert** der Funktion in x_0.
- Sei $f: [x_0, x_0 + h) \longrightarrow \mathbb{R}$ eine Funktion ($h > 0, x_0 \in \mathbb{R}$). Wir sagen $\lim\limits_{x \to x_0 +} f(x) = y$, falls für alle Folgen (x_n) mit $\lim x_n = x_0$ und $x_n \in (x_0, x_0 + h)$ für alle n gilt: Die Folge $(f(x_n))$ konvergiert auch und der Grenzwert ist unabhängig von der Wahl der Folge (x_n) und $\lim f(x_n) = y$. y ist der **rechtsseitige Grenzwert** der Funktion in x_0.

Beispiel 2.8

Für die Schaltfunktion aus Beispiel 2.7 gilt:

$$\lim_{x \to 0-} f(x) = 0 \text{ und } \lim_{x \to 0+} f(x) = 1.$$

Definition 2.8

Stetigkeit

Sei $f : D \subseteq \mathbb{R} \longrightarrow \mathbb{R}$ eine Funktion, $x_0 \in D$. f heißt **stetig** in x_0, wenn $\lim\limits_{x \to x_0} f(x) = f(x_0)$. Die Konvergenzeigenschaft überträgt sich also bei stetigen Funktionen von der Folge (x_n) auf die Folge der Funktionswerte $(f(x_n))$.

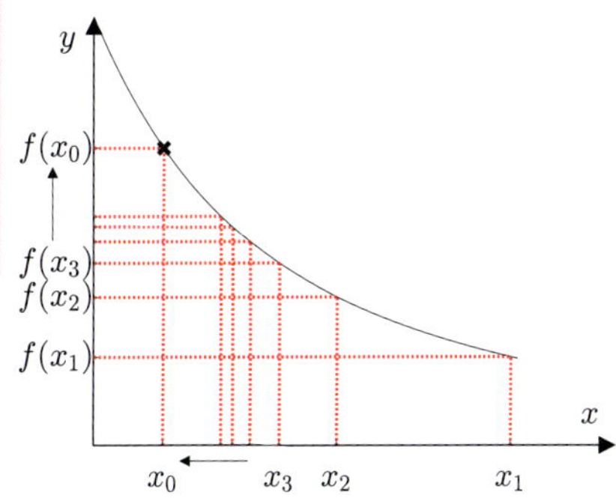

Bild 2.4 Eine in x_0 stetige Funktion: Aus $x_n \to x_0$ folgt $f(x_n) \to f(x_0)$.

Übersichtlicher kann man die Stetigkeit auch so formulieren:

f heißt stetig in x_0, wenn stets gilt: $\quad x_n \to x_0 \Longrightarrow f(x_n) \to f(x_0)$.

Sie sehen also, auf der linken Seite der Folgerung steht ja dasselbe wie auf der rechten Seite, nur ohne $f(\ )$. Also:
f ist stetig in x_0, wenn sich die Konvergenz gegen x_0 überträgt auf die Funktionswerte.

Wenn Sie eine Funktion f haben und den Graphen kennen, so liegen Sie meistens richtig, wenn Sie folgende Faustregel beachten:

Faustregel: Eine Funktion ist stetig, wenn ihr Graph gezeichnet werden kann, ohne den Stift abzusetzen.

Beim Zeichnen des Graphen bilden Sie praktisch mit dem Stift den Grenzwertprozess nach. Wenn Sie mit dem Stift den Graphen entlanglaufen, würden Sie bei Unstetigkeitsstellen den Stift absetzen müssen um weiterzukommen, siehe z. B. die Schaltfunktion in Bild 6.3. Wenn ein einzelner Funktionswert plötzlich abseits der Kurve liegt, werden Sie mit dem Stift springen müssen. Man spricht daher bei Unstetigkeitsstellen auch von Sprungstellen. Schon an der Schaltfunktion erkennen Sie aber, dass man manchmal von links prima in einen Funktionswert hineinlaufen kann (mit dem Stift entlang des Graphen), während das von rechts kommend nicht gelingt. Diese Beobachtung führt auf den folgenden Begriff.

Stellen, an denen eine Funktion nicht stetig ist, nennt man auch Sprungstellen.

Links- und rechtsseitige Stetigkeit

Definition 2.9

f heißt **linksseitig stetig** in x_0, wenn $\lim\limits_{x \to x_0-} f(x) = f(x_0)$.
f heißt **rechtsseitig stetig** in x_0, wenn $\lim\limits_{x \to x_0+} f(x) = f(x_0)$.

Wenn Sie wieder an die Faustregel mit dem Stift entlang des Graphen denken, leuchtet der folgende Satz sofort ein.

Satz 2.6

Eine Funktion f ist stetig in x_0 genau dann, wenn der rechtsseitige und der linksseitige Grenzwert von f in x_0 existieren und beide gleich $f(x_0)$ sind, d. h. $\lim\limits_{x \to x_0-} f(x) = f(x_0) = \lim\limits_{x \to x_0+} f(x)$.

Beispiel 2.9

- Die Funktion $f(x) = x^2 + 2x + 3$ ist in jedem Punkt $x_0 \in \mathbb{R}$ stetig, denn sei (x_n) eine Folge mit $\lim x_n = x_0$. Zu zeigen ist: $\lim f(x_n) = f(x_0)$. Es ist: $f(x_n) = x_n^2 + 2x_n + 3$ und nach den Grenzwertsätzen ist $(f(x_n))$ konvergent und es gilt: $\lim f(x_n) = (\lim x_n)^2 + 2\lim x_n + 3 = x_0^2 + 2x_0 + 3 = f(x_0)$.
- Die Funktion

$$f(x) := \begin{cases} x & \text{für } x \leq 0 \\ x^2 & \text{für } x > 0 \end{cases}$$

ist stetig auf ganz $\mathbb{R}$, denn:

f ist stetig auf $\mathbb{R}_{<0}$, denn auf diesem Bereich ist ja $f(x) = x$ und wie im vorigen Beispiel ist sofort klar, dass für jedes $x_0 < 0$ und jede Folge $x_n < 0$ mit $x_n \to x_0$ auch $f(x_n) \to f(x_0)$ gilt. Fast genauso schnell sieht man ein, dass f auch stetig auf $\mathbb{R}_{>0}$ ist. Es bleibt noch zu klären, ob f stetig in $x_0 = 0$ ist. Ein Blick auf den Graphen, Bild 2.5, legt nahe, dass das der Fall ist. Zur Sicherheit überprüfen wir das: Für Folgen $x_n < 0$ mit $x_n \to 0$ gilt $f(x_n) = x_n \to 0$, also ist $\lim\limits_{x \to 0-} f(x) = 0$. Für Folgen $x_n > 0$ mit $x_n \to 0$ gilt $f(x_n) = x_n^2 \to 0^2 = 0$, also ist $\lim\limits_{x \to 0+} f(x) = 0$. Also sind links- und rechtsseitiger Grenzwert von f in $x_0 = 0$ gleich, und zwar sind beide 0, sodass wegen $f(0) = 0$ und Satz 2.6 f stetig in 0 ist.

Insgesamt ist damit f stetig auf ganz $\mathbb{R}$. ■

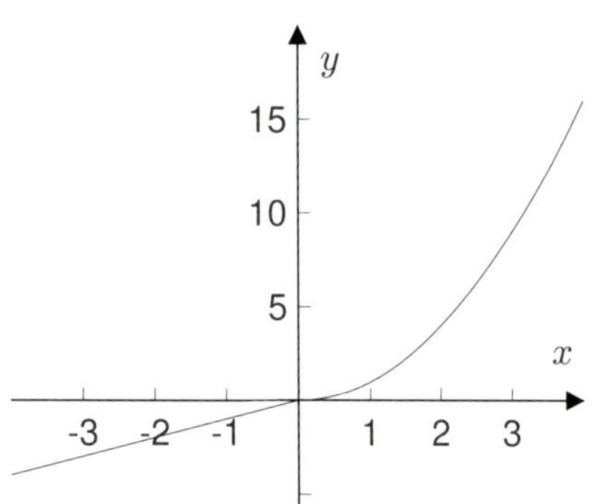

Bild 2.5 Stetige Funktion, zusammengesetzt aus zwei Teilen

In den Definitionen für die Grenzwerte von Funktionen ist Ihnen vielleicht aufgefallen, dass die Stelle x_0 gar nicht im Definitionsbereich D der Funktion liegen muss. Dies ist absichtlich so gemacht. Beispielsweise ist $D = (0, 1)$ und $x_0 = 0$ oder $x_0 = 1$ erlaubt. x_0 sollte schon am Rand des Definitionsbereichs liegen, damit es mit Folgen aus dem Definitionsbereich angenähert werden kann. Dies erlaubt uns zu prüfen, wie sich eine Funktion in Stellen am Rand des Definitionsbereichs verhält. Man kann sich dann fragen, ob der Funktionswert an solch einer Randstelle so neu definiert werden kann, dass die Funktion stetig an dieser Stelle wird.

Definition 2.10

Stetige Ergänzbarkeit

Sei $f : D \subseteq \mathbb{R} \longrightarrow \mathbb{R}$ eine Funktion, $x_0 \in \mathbb{R}$, aber $x_0 \notin D$. f heißt **stetig ergänzbar** in x_0 mit Wert $f(x_0) = y_0$, wenn

$$\lim_{x \to x_0} f(x) = y_0.$$

In diesem Fall ist die neue Funktion $\bar{f}$, definiert durch

$$\bar{f}(x) := \begin{cases} f(x) & \text{für } x \in D \\ y_0 & \text{für } x = x_0 \end{cases}$$

stetig in x_0.

Beachten Sie, dass f hier in x_0 nicht definiert ist. f ist stetig ergänzbar, wenn f durch geschickte Wahl eines neu zu definierenden Funktionswertes $f(x_0)$ stetig gemacht werden kann.

Beispiel 2.10

- Die Funktion $f(x) := \dfrac{1}{x-1}$ für $x \neq 1$ ist stetig auf $\mathbb{R} \setminus \{1\}$, denn für $x_0 \neq 1$, und Folgen (x_n) mit $\lim x_n = x_0$, $x_n \neq 1$ für alle $n \in \mathbb{N}$ gilt: $\lim f(x_n) = \lim(x_n - 1)^{-1} = (x_0 - 1)^{-1} = f(x_0)$. Aber der Grenzwert von f in $x_0 = 1$ existiert nicht, denn z. B. für die Folge $x_n = 1 + \frac{1}{n}$, die natürlich gegen 1 konvergiert, gilt: $f(x_n) = n$, also ist $(f(x_n))$ nicht konvergent. Damit ist f nicht stetig ergänzbar in $x_0 = 1$.

- Wir betrachten

$$f(x) := \frac{x^2 - 1}{x - 1} \text{ für } x \neq 1$$

Wie gehabt können wir mit den Grenzwertsätzen für Folgen leicht nachweisen, dass f stetig auf $\mathbb{R} \setminus \{1\}$ ist. Ein Blick auf den Graphen, Bild 2.6, mag Sie überraschen: der sieht ja aus wie eine Gerade – und das, obwohl in der Funktion doch ein Quadrat steht! Und die Definitionslücke in $x_0 = 1$ sieht aus als könnte sie prima mit dem Funktionswert 2 geschlossen werden. Schauen wir uns das einmal genauer an:

In $x_0 = 1$ passiert nun Folgendes: Sei $x_n \in \mathbb{R} \setminus \{1\}$ eine Folge mit $\lim x_n = x_0 = 1$. Dann ist $f(x_n) = \frac{x_n^2 - 1}{x_n - 1} = \frac{(x_n - 1)(x_n + 1)}{x_n - 1} = x_n + 1$, also $\lim f(x_n) = \lim(x_n + 1) = 2$. Das ist der Wert y_0, mit dem f stetig in $x_0 = 1$ ergänzt werden kann.

$$\bar{f}(x) := \begin{cases} \dfrac{x^2 - 1}{x - 1} & \text{für } x \neq 1 \\ 2 & \text{für } x = 1 \end{cases}$$

ist damit stetig auf ganz $\mathbb{R}$. Übrigens kann natürlich $\bar{f}$ auch einfacher geschrieben werden als $\bar{f}(x) = x + 1$ (auf ganz $\mathbb{R}$). ■

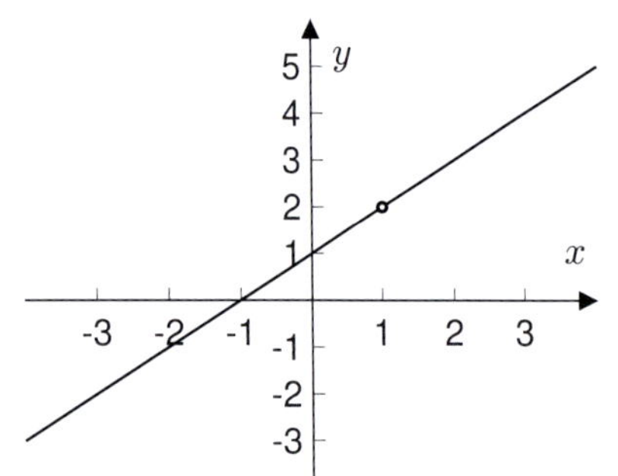

Bild 2.6 Dieses f ist stetig ergänzbar in $x_0 = 1$.

Aufgrund der Sätze für Folgen gilt entsprechend:

Satz 2.7

Seien f und g in x_0 stetige Funktionen. Dann gilt:

- $f + g$, $f \cdot g$, $c \cdot f$ sind auch stetig in x_0 ($c \in \mathbb{R}$ Konstante).
- Falls $g(x_0) \neq 0$, ist auch $\frac{f}{g}$ stetig in x_0.
- f^r, d. h. die Funktion $x \mapsto (f(x))^r$, $r \in \mathbb{R}$ ist auch stetig in x_0, falls dort definiert.
- Falls f im Punkt $g(x_0)$ stetig ist, so ist auch $f \circ g$ stetig in x_0, d. h. die Hintereinanderausführung stetiger Funktionen ist wieder stetig.

Funktionen, die sich als Kombination (Summe, Produkt, Komposition) stetiger Funktionen schreiben lassen, sind wieder stetig.

Satz 2.8

Wichtige stetige Funktionen

1. Polynome sind auf ganz $\mathbb{R}$ stetig.
2. Rationale Funktionen sind auf ihrem Definitionsbereich (also auf ganz $\mathbb{R}$, ausgenommen etwaige Nullstellen des Nennerpolynoms) stetig.
3. Die e-Funktion ist stetig auf ganz $\mathbb{R}$.
4. sin ist stetig auf ganz $\mathbb{R}$.
5. cos ist stetig auf ganz $\mathbb{R}$, tan und cot sind stetig auf ihrem jeweiligen Definitionsbereich.
6. sinh, cosh und tanh sind stetig auf ganz $\mathbb{R}$, coth ist stetig auf $\mathbb{R} \setminus \{0\}$.

Anschaulich ist das alles klar, denn die Graphen dieser Funktionen können gezeichnet werden, ohne den Stift abzusetzen.

Begründungen dazu:

1. Polynome sind Linearkombinationen von Potenzfunktionen, welche stetig sind, also ist auch die Linearkombination stetig.

2. Eine rationale Funktion ist ein Quotient zweier Polynome. Da Polynome stetig sind, ist es nach Satz 2.7 auch deren Quotient, jedenfalls dort, wo der Nenner nicht 0 wird.

3., 4. Dass e-Funktion und sin stetig sind, können wir mit unseren Mitteln nicht beweisen. Bitte nehmen Sie das so hin.

5. cos ist nach Satz 1.3 nichts anderes als die verschobene sin-Funktion, also die Verkettung einer Summe mit der (bereits als stetig bekannten) sin-Funktion. Also ist auch cos stetig. tan und cot sind Quotienten zweier stetiger Funktionen (nämlich sin und cos), daher auch dort stetig, wo sie definiert sind.

6. sinh und cosh sind einfache Kombinationen der e-Funktion, welche wir schon als stetig kennen. Also sind sie auch stetig auf ihrem Definitionsbereich (welcher ganz $\mathbb{R}$ ist). tanh und coth sind Quotienten zweier stetiger Funktionen (nämlich sinh und cosh) und damit auch dort stetig, wo sie definiert sind.

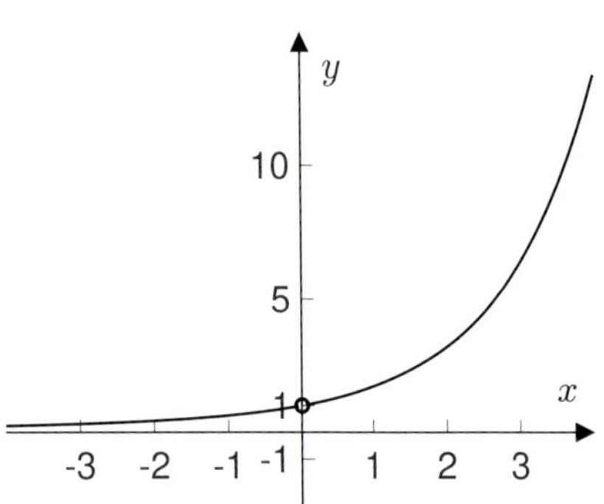

Bild 2.7 Dieses f ist stetig ergänzbar in $x_0 = 0$

Beispiel 2.11

Wir betrachten nun $f(x) := \frac{e^x - 1}{x}$ für $x \neq 0$.

Nach den obigen Erkenntnissen ist diese Funktion stetig auf ihrem Definitionsbereich, denn die e-Funktion ist stetig und die Division durch x stört die Stetigkeit auch nicht, da wir ja die kritische Stelle $x_0 = 0$ aus dem Definitionsbereich herausgenommen haben.

Wenn Sie den Graphen betrachten, Bild 2.7, dann fühlen Sie sich vermutlich an Beispiel 2.10 erinnert, und behaupten wagemutig, die Funktion ist die e-Funktion, weil der Graph ja so aussieht. Wie so oft, hilft genaueres Hinsehen. Natürlich kann diese Funktion nicht die e-Funktion sein, denn $f(1) = e - 1 \neq e^1$. Was passiert nun in $x_0 = 0$? Der Graph legt nahe, dass f stetig ergänzbar in $x_0 = 0$ ist mit Wert 1. In der Tat kann man nachweisen, dass gilt:

$$\lim_{x \to 0} \frac{e^x - 1}{x} = 1. \tag{2.2}$$

Dieser Nachweis erfordert eine etwas aufwendigere Argumentation mit verschiedenen Ungleichungen und Konvergenzüberlegungen und soll Ihnen daher hier erspart werden. Auf jeden Fall ist f tatsächlich in $x_0 = 0$ stetig ergänzbar durch den Wert $y_0 = 1$. Also ist die Funktion

$$\bar{f}(x) := \begin{cases} \frac{e^x - 1}{x} & \text{für } x \neq 0 \\ 1 & \text{für } x = 0 \end{cases}$$

stetig auf ganz $\mathbb{R}$. ■

Beschränkte Funktion

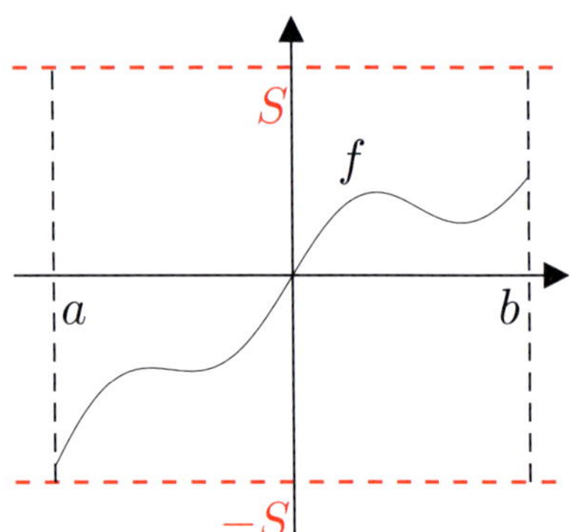

Bild 2.8 f ist beschränkt auf $M = [a, b]$.

Definition 2.11

Eine auf einer Menge M definierte Funktion f heißt **beschränkt** auf M, wenn es ein $S > 0$ gibt, sodass $|f(x)| \leq S$ für alle $x \in M$ gilt.

Die Funktionswerte einer auf M beschränkten Funktion f liegen also in einem Streifen der Breite $2S$ um die y-Achse, siehe Bild 2.8. M muss dazu kein Intervall sein, M muss auch keine beschränkte Menge sein. Beispielsweise ist sin auf ganz $\mathbb{R} = M$ beschränkt mit $S = 1$.

Satz 2.9

Satz vom Maximum und Minimum

Sei $f : [a, b] \longrightarrow \mathbb{R}$ stetig. Dann ist f beschränkt auf $[a, b]$ und es gibt $x_{min}, x_{max} \in [a, b]$ so, dass

$$f(x_{min}) \leq f(x) \leq f(x_{max}) \qquad \text{für alle } x \in [a, b].$$

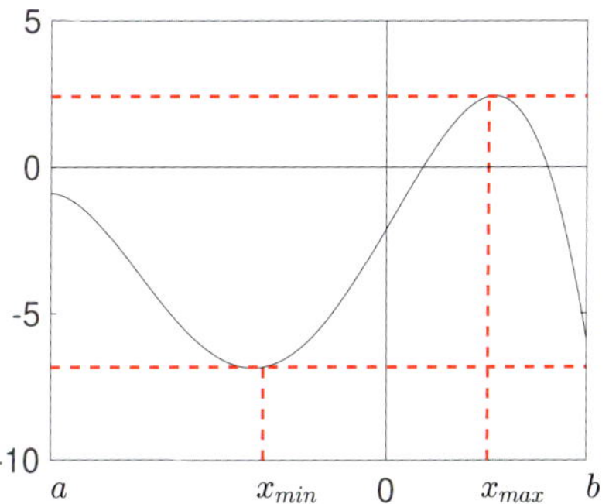

Bild 2.9 Alle Funktionswerte über $[a, b]$ liegen zwischen $f(x_{min})$ und $f(x_{max})$.

Eine stetige Funktion nimmt also über einem abgeschlossenen Intervall stets ihr Maximum und ihr Minimum an, siehe Bild 2.9. Diese Aussage mag zunächst banal erscheinen, aber wenn man sie nur ein wenig abändert, würde sie nicht mehr richtig sein: Der Satz gilt beispielsweise nicht für offene Intervalle: Betrachtet man $f(x) = \frac{1}{x}$ auf $(0, 1]$, so gibt es keinen maximalen Funktionswert über diesem Intervall. Genauso, wenn das Intervall unbeschränkt ist, also etwa $[0, \infty)$.

Satz 2.10

Zwischenwertsatz

Sei $f : [a, b] \longrightarrow \mathbb{R}$ stetig. Sei $c \in \mathbb{R}$ so, dass entweder $f(a) \leq c \leq f(b)$ oder $f(b) \leq c \leq f(a)$ gilt (d. h. c liegt zwischen den Funktionswerten $f(a)$ und $f(b)$).
Dann gibt es ein $x \in [a, b]$ mit $f(x) = c$.
Der Zwischenwert c wird also auch als Funktionswert angenommen, und zwar in $[a, b]$.

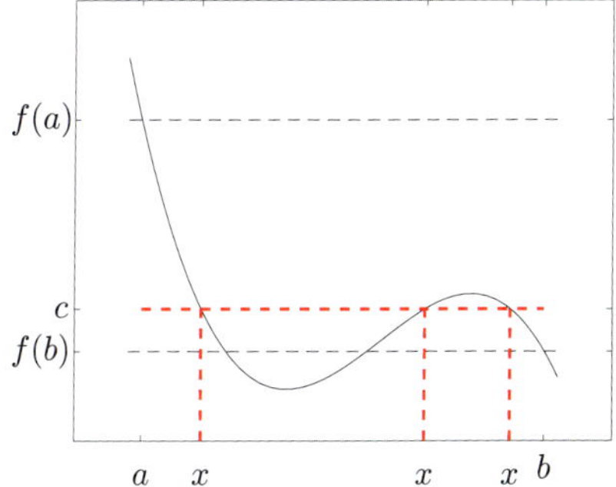

Bild 2.10 Der Zwischenwert c wird gleich an drei verschiedenen Stellen x angenommen.

Dieser Satz ist in vieler Hinsicht sehr nützlich. Z. B. hilft er beim Suchen von Nullstellen: Sucht man Nullstellen (d. h. x mit $f(x) = 0$), so kann man auf die Suche nach zwei Funktionswerten mit verschiedenem Vorzeichen gehen. Hat man a und b gefunden mit $f(a)f(b) < 0$ (d. h. $f(a)$ und $f(b)$ haben unterschiedliches Vorzeichen), so liegt der Wert $c = 0$ also zwischen $f(a)$ und $f(b)$ und mit dem Zwischenwertsatz folgt, dass es zwischen a und b eine Nullstelle gibt. Man hat damit eine Nullstelle grob lokalisiert, und zwar je genauer, je näher a und b zusammenliegen. Will man die Nullstelle genauer eingrenzen, so prüft man als nächstes den Mittelwert von a und b, d. h. man untersucht das Vorzeichen von $f(0.5(a+b))$. Je nachdem schließt man dann auf Existenz einer Nullstelle zwischen a und $0.5(a+b)$ oder zwischen $0.5(a+b)$

und b. Man hat damit die Nullstelle auf ein nur halb so großes Intervall eingegrenzt. Führt man dies wiederholt durch, so halbiert sich in jedem weiteren Schritt die Länge der Intervalle, in denen garantiert eine Nullstelle ist, und wird damit beliebig klein. Man kann auf diese Weise die Nullstelle beliebig genau annähern. Dieses ist quasi ein simples Verfahren zur Bestimmung einer Nullstelle einer stetigen Funktion. Man nennt es Bisektion. Für praktische Zwecke dauert es zu lange, damit eine Nullstelle zu berechnen, denn es gibt wesentlich schnellere Verfahren. Es ist aber gut geeignet, sich einen groben Überblick über die Lage der Nullstellen zu verschaffen, wenn man nur ein bis zwei Schritte damit durchführt.

Das fortgesetzte Halbieren eines Intervalls unter Verwendung des Zwischenwertsatzes zur Annäherung an Nullstellen einer Funktion nennt man **Bisektion**.

Beispiel 2.12

Gesucht sind grob die drei Nullstellen von $p(x) = x^3 - x + 0.3$. Wo soll man nun anfangen, diese zu suchen? Das Polynom p sieht so ähnlich aus wie das Polynom $q(x) = x^3 - x$, welches die Nullstellen $-1, 0, 1$ hat. Wir können also annehmen, dass die Nullstellen so ähnlich wie die vom Polynom q sind. (Achtung: Dies ist zwar im Prinzip richtig, ist aber i. Allg. mit Vorsicht zu genießen: Die Nullstellen eines Polynoms können sehr empfindlich von den Koeffizienten abhängen, d. h. ändert man einen Koeffizienten im Polynom nur ein klein wenig (wie hier von 0.3 auf 0), so können die Nullstellen plötzlich ganz woanders liegen. Aber in der Situation hier ist diese Überlegung besser als gar nichts). Wir berechnen daher zunächst in der Gegend von -1 bis 1 einige Funktionswerte:

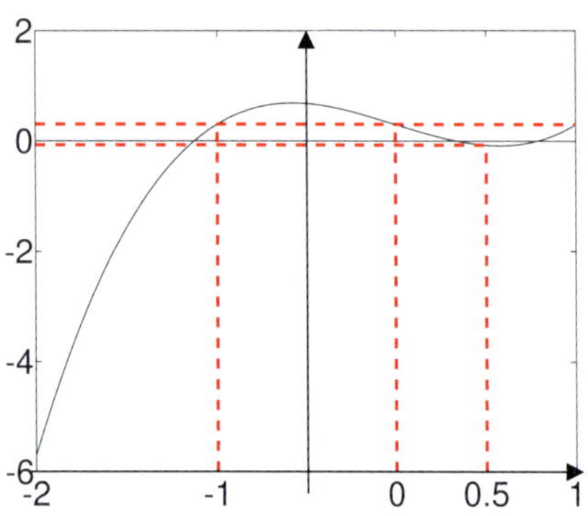

Bild 2.11 In den Intervallen $[-2, -1]$, $[0, 0.5]$, $[0.5, 1]$ muss jeweils (mindestens) eine Nullstelle liegen.

x	-2	-1	0	0.5	1
$p(x)$	-5.7	0.3	0.3	-0.075	0.3

Nach Zwischenwertsatz gibt es also in den Intervallen $[-2, -1]$, $[0, 0.5]$, $[0.5, 1]$ jeweils eine Nullstelle.

Wir wollen die Nullstelle in $[0, 0.5]$ bis auf eine Stelle hinter dem Komma genau bestimmen: Es ist $p(0.25) > 0$, also ist in $[0.25, 0.5]$ eine Nullstelle. Es ist $p(3/8) < 0$, also ist in $[0.25, 0.375]$ eine Nullstelle. $p(0.3) > 0$, also ist in $[0.3, 0.375)$ eine Nullstelle. Damit ist nachgewiesen, dass die Nullstelle $0.3...$ ist, wir haben also eine Nullstelle bis auf eine Stelle hinter dem Komma berechnet. Die anderen beiden Nullstellen kann man natürlich auf dem gleichen Weg näherungsweise berechnen.

Es sei aber darauf hingewiesen, dass diese Methode keine besonders schnelle ist. In der Praxis wird sie kaum verwendet, weil es bessere Methoden gibt, z. B. das Newton-Verfahren (Def. 5.6) und das Sekantenverfahren (Def. 5.7). ■

Das Bisektionsverfahren ist nicht besonders schnell. Es kann aber nützlich sein, um die ungefähre Lage von Nullstellen zu bestimmen (und anschließend mit schnelleren Verfahren wie dem Newton- oder Sekantenverfahren weiterzuarbeiten).

Satz 2.11 Stetigkeit der Umkehrfunktion

Sei I ein Intervall, $f : I \longrightarrow Y$ stetig und umkehrbar, $f(I) = Y$. Dann ist auch Y ein Intervall und die Umkehrfunktion $f^{-1} : Y \longrightarrow I$ ist auch stetig.

Anschaulich ist das sofort klar, denn Sie wissen schon (siehe Def. 1.2), dass der Graph der Umkehrfunktion einfach der Graph der Funktion selbst, nur gespiegelt an der Geraden $y = x$, ist. Wenn also der Graph der Funktion gezeichnet werden kann, ohne den Stift abzusetzen, so trifft dasselbe natürlich auch für den gespiegelten Graphen zu.

Beispiel 2.13

Die e-Funktion, die trigonometrischen Funktionen und die Hyperbel-Funktionen sind auf ihren jeweiligen Definitionsbereichen stetig, also sind auch deren Umkehrfunktionen, sprich ln, arcsin, arccos, arctan, arccot, arsinh, arcosh, artanh, arcoth stetig. ■

2.3 Uneigentliche Grenzwerte

Definition 2.12 Uneigentlicher Grenzwert

Sei (x_n) eine Folge. Man schreibt $\lim x_n = \infty$, falls $\lim \frac{1}{x_n} = 0$ gilt und $x_n > 0$ für schließlich alle $n \in \mathbb{N}$. Analog bedeutet $\lim x_n = -\infty$, dass $\lim \frac{1}{x_n} = 0$ gilt und $x_n < 0$ für schließlich alle $n \in \mathbb{N}$. Man sagt, (x_n) hat den **uneigentlichen Grenzwert** ∞ bzw. $-\infty$.

Beispiel 2.14

- Es ist $\lim n^2 = \infty$, denn $\lim \frac{1}{n^2} = 0$ und $n^2 > 0$ für schließlich alle n.
- Es ist $\lim n^2 - 5n = \infty$, denn $\lim \frac{1}{n^2-5n} = 0$ und $n^2 - 5n = n(n-5) > 0$ für alle $n \geq 6$.
- Es ist $\lim q^n = \infty$ für $q > 1$, denn $\lim \frac{1}{q^n} = 0$ wegen $|\frac{1}{q}| < 1$ und $q^n > 0$ für alle n.

- Es ist aber $\lim q^n \neq \infty$ für $q < -1$, denn es gilt nicht $q^n < 0$ für schließlich alle n. Vielmehr existiert der Grenzwert $\lim q^n$ in diesem Fall gar nicht. ■

Grenzwerte bei ∞

Definition 2.13

Sei f eine Funktion. Wir sagen $\lim\limits_{x\to\infty} f(x) = a \in \mathbb{R}$, falls für alle Folgen (x_n) mit $\lim x_n = \infty$ gilt: $\lim f(x_n) = a$ (d. h. a ist insbesondere unabhängig von der Wahl der Folge (x_n)). Analog definiert man $\lim\limits_{x\to-\infty} f(x)$. Desweiteren lässt man in der Definition auch $a = \infty$ und $a = -\infty$ und einseitige Grenzwerte zu.

Die Definition ist die gleiche wie für Grenzwerte $\lim\limits_{x\to x_0} f(x)$, vgl. Def. 2.6.

Beispiel 2.15

- $f(x) = \frac{\sin x}{x}$: es gilt $\lim\limits_{x\to\infty} f(x) = 0$, denn sei (x_n) eine Folge mit $\lim x_n = \infty$. Dann ist $\lim f(x_n) = \lim \frac{1}{x_n} \sin x_n = 0$, denn $\lim \frac{1}{x_n} = 0$ (denn $\lim x_n = \infty$) und $\sin x_n$ ist eine beschränkte Folge.
- $f(x) = \frac{1}{x}$: es gilt $\lim\limits_{x\to\infty} f(x) = 0$, denn $x \to \infty$ heißt ja $\frac{1}{x} \to 0$. Aus dem gleichen Grund ist auch $\lim\limits_{x\to-\infty} f(x) = 0$. Weiter ist $\lim\limits_{x\to 0+} f(x) = \infty$, denn $\lim\limits_{x\to 0+} \frac{1}{f(x)} = 0$ und $\frac{1}{x} > 0$. Analog ist $\lim\limits_{x\to 0-} f(x) = -\infty$, denn $\lim\limits_{x\to 0-} \frac{1}{f(x)} = 0$ und $\frac{1}{x} < 0$.
- Nach Aufgabe 2.6 existiert $\lim\limits_{x\to 0} \sin \frac{1}{x}$ nicht. Dies ist äquivalent dazu, dass $\lim\limits_{x\to\infty} \sin x$ nicht existiert. Gleiches gilt analog für cos anstelle von sin. ■

Wenn Sie Graphen von Funktionen zeichnen, stellen Sie oft fest, dass die Graphen sich für $x \to \infty$ oder $x \to -\infty$ einer Geraden annähern. Beispielsweise schmiegen sich viele Graphen an die x- oder y-Achse an, die Hyperbeläste des Graphen von $f(x) = \frac{1}{x}$ nähern sich für $x \to \infty$ und auch $x \to -\infty$ der x-Achse. Solche Geraden nennt man Asymptoten, die präzise Definition folgt.

Asymptote

Definition 2.14

Die Gerade $g(x) = ax + b$ heißt **Asymptote** von f für $x \to \infty$, falls $\lim\limits_{x\to\infty} (f(x) - g(x)) = 0$ gilt. Analog definiert man Asymptoten für $x \to -\infty$.

Beispiel 2.16

- $f(x) = \frac{1}{x}$ hat als Asymptote für $x \to \infty$ die Gerade $g(x) = 0$, denn $\lim\limits_{x\to\infty}(\frac{1}{x} - 0) = 0$. Die gleiche Asymptote tritt für $x \to -\infty$ auf.
- $f(x) = x + 1 + \frac{4}{x-1}$ hat als Asymptote für $x \to \pm\infty$ die Gerade $g(x) = x + 1$, denn $\lim\limits_{x\to\pm\infty}(f(x) - g(x)) = \lim\limits_{x\to\pm\infty}\frac{4}{x-1} = 0$, siehe Bild 2.12.
- $f(x) = \frac{x^2+3}{x-1}$ hat die gleichen Asymptoten wie die obige Funktion, denn die Funktionen sind ja auch gleich, wie man durch Polynomdivision sieht. ■

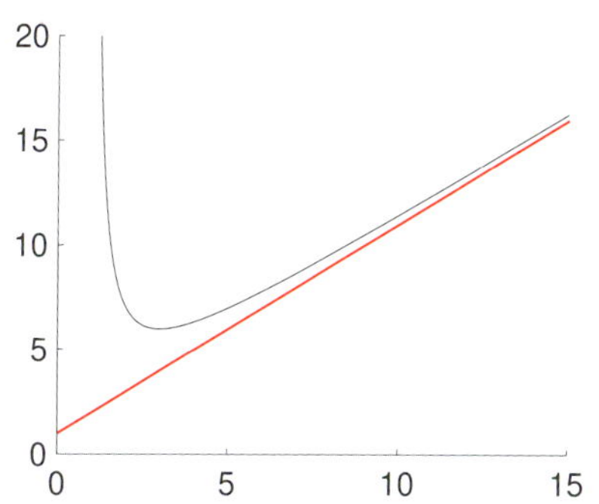

Bild 2.12 $f(x) = x + 1 + \frac{4}{x-1}$ sowie Asymptoten

Anwendung – Statistik: die Gaußsche Glockenkurve

In der Statistik dient die Funktion $f(x) = \mathrm{e}^{-x^2}$ zur Beschreibung einer Normalverteilung. Die Asymptote der Funktion für $x \to \infty$ ist dieselbe wie für $x \to -\infty$, denn die Funktion ist ja gerade. Diese Asymptote ist wegen $\lim\limits_{x\to\infty} f(x) = 0$ die x-Achse.

Sie können die Funktion natürlich noch „tunen“durch Skalierungen in x- und y-Richtung sowie Verschiebung in x-Richtung (wie das geht und was das bewirkt, haben Sie im Vorkurs gelernt) und erhalten dann $f(x) = a\,\mathrm{e}^{-b\,(x-x_0)^2}$.

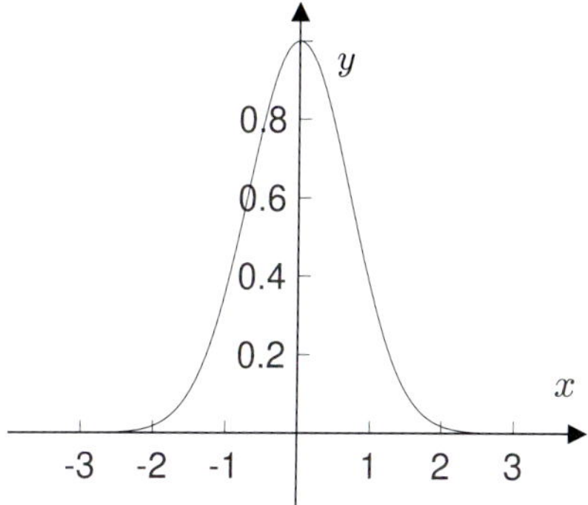

Bild 2.13 Die Gaußsche Glockenkurve: der Graph von $f(x) = \mathrm{e}^{-x^2}$

Hilfreich bei der Bestimmung von Asymptoten ist folgender Satz:

Satz 2.12

Die Gerade $g(x) = ax + b$ ist genau dann Asymptote von f für $x \to \infty$, wenn $\lim\limits_{x\to\infty}\frac{f(x)}{x} = a$ und $\lim\limits_{x\to\infty}(f(x) - ax) = b$ gilt.
Analog gilt das natürlich auch für $x \to -\infty$.

Beispiel 2.17

Zu bestimmen sind die Asymptoten von $f(x) = \sqrt{x^2 - 2x - 3}$ für $x \to \pm\infty$. Definitionsbereich ist wegen $f(x) = \sqrt{(x-3)(x+1)}$ die Menge $(-\infty, -1] \cup [3, \infty)$. Wir haben:

$$\begin{aligned}\lim_{x\to\infty}\frac{f(x)}{x} &= \lim_{x\to\infty}\frac{\sqrt{x^2-2x-3}}{x} = \lim_{x\to\infty}\sqrt{\frac{x^2-2x-3}{x^2}} \\ &= \lim_{x\to\infty}\sqrt{1 - \frac{2}{x} - \frac{3}{x^2}} = 1\end{aligned}$$

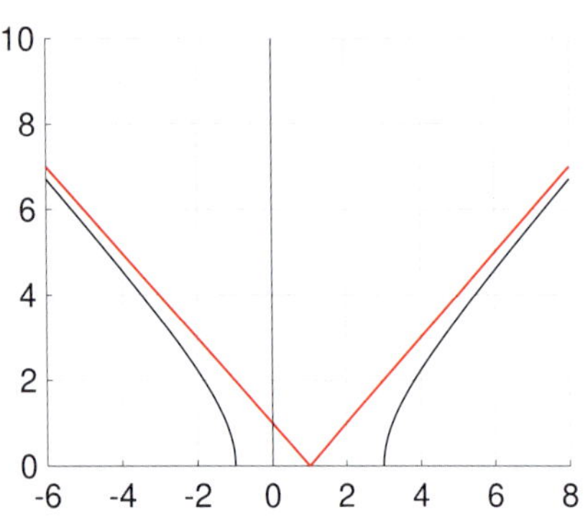

Bild 2.14 $f(x) = \sqrt{x^2 - 2x - 3}$ sowie Asymptoten

wobei wir $x = \sqrt{x^2}$ benutzt haben, denn wir betrachten ja den Grenzübergang $x \to \infty$, sind also nur an $x > 0$ interessiert. Dieses benutzen wir auch zur Bestimmung von b:

$$\begin{aligned}
\lim_{x\to\infty} f(x) - ax &= \lim_{x\to\infty} \sqrt{x^2-2x-3} - x = \lim_{x\to\infty} \frac{x^2-2x-3-x^2}{\sqrt{x^2-2x-3}+x} \\
&= \lim_{x\to\infty} \frac{-2x-3}{\sqrt{x^2-2x-3}+x} = \lim_{x\to\infty} \frac{-2-\frac{3}{x}}{\sqrt{1-\frac{2}{x}-\frac{3}{x^2}}+1} \\
&= \frac{-2}{2} = -1 = b.
\end{aligned}$$

Die Asymptote für $x \to \infty$ ist also $g(x) = x - 1$. Analog zeigt man, dass die Asymptote für $x \to -\infty$ $g(x) = -x + 1$ (hier interessieren die $x < 0$, es ist also $x = -\sqrt{x^2}$ zu benutzen). Zeichnet man den Graphen und die Asymptoten, so stellt man fest, dass der Graph symmetrisch zur Geraden $x = 1$ ist; rechnerisch erkennt man das an $f(x) = f(2 - x)$. ■

Aufgaben

2.1 Weisen Sie folgende Erweiterung der geometrischen Summenformel nach:

$$\sum_{i=-N}^{N} x^i = \frac{x^{-N} - x^{N+1}}{1-x}$$

Hinweis: Arbeitstechniken beachten. Aufteilen in zwei Summen, die eine ist eine geometrische Summe, die andere ist, nach Indexverschiebung um N, auch fast eine. Aus letzerer x^{-N} ausklammern, zusammenfassen, fertig.

2.2 Untersuchen Sie die Folgen auf Konvergenz (Begründung nicht vergessen) und bestimmen Sie ggf. den Grenzwert.

$$a_n = \frac{1}{2^n - 50} \quad b_n = \frac{2n^3 + 2n - \sqrt{n} + 7}{3n^3 - 5n + 3}$$
$$c_n = \frac{\sqrt{n}}{n^2 + 3} \quad d_n = \frac{n-4}{\sqrt{n^3} - n + 2}$$
$$x_n = (-1)^n \frac{n^4 - 3n^3 + 2}{4n^5 - 2}$$

2.3 Untersuchen Sie die Folgen auf Monotonie und Konvergenz. Berechnen Sie ggf. den Grenzwert.

$$a_n = \frac{2^{n+1}}{2^n - 50}, \quad b_n = \frac{3^n}{n!}, \quad c_n = \frac{x^n}{n!}\ (x \in \mathbb{R}_+)$$

Hinweis zu (b_n): Man finde zunächst eine Rekursionsformel. Damit zeigt man, dass (b_n) ab einem bestimmten n monoton fällt. Hat man die Konvergenz nachgewiesen, so kann man bei der Grenzwertberechnung ausnutzen, dass bei konvergenten Folgen (a_n) gilt: $\lim a_n = \lim a_{n+1}$.

2.4 Bestimmen Sie, falls möglich, für

$$f(x) = \begin{cases} |x-1| & \text{für } x < 0 \\ 2\,\dfrac{e^x - 1}{x} & \text{für } x > 0 \end{cases}$$

den Funktionswert in $x_0 = 0$ so, dass

a) f linksseitig stetig in $x_0 = 0$ ist,

b) f rechtsseitig stetig in $x_0 = 0$ ist,

c) f stetig in $x_0 = 0$ ist.

2.5 Bestimmen Sie die Konstante a jeweils so, dass die folgenden Funktionen auf ganz $\mathbb{R}$ stetig sind:

$$f(x) = \begin{cases} x+1 & \text{für } x \leq 1 \\ ax^2+3 & \text{für } x > 1 \end{cases}$$

$$g(x) = \begin{cases} \dfrac{e^x-1}{x} & \text{für } x < 0 \\ a\sqrt{x^2+3} & \text{für } x \geq 0 \end{cases}$$

2.6 Prüfen Sie, ob die folgenden Grenzwerte existieren (mit Begründung; Definition beachten, ggf. konkrete Gegenbeispiele angeben). Berechnen Sie ggf. den Grenzwert.

$$\lim_{x\to 0} \frac{x+1}{x} \qquad \lim_{x\to 0} \sin\frac{1}{x}$$

$$\lim_{x\to 0} x\cdot\sin\frac{1}{x} \qquad \lim_{x\to 0} \sqrt{\sin^2\frac{1}{x} + \sin^2\left(\frac{2+x\pi}{2x}\right)}$$

2.7 Prüfen Sie, ob die folgenden Funktionen in den angegebenen Definitionslücken stetig ergänzbar sind, und wenn ja, mit welchem Wert.

$$f_1(x) = \frac{x^2 - \frac{1}{4} + \frac{1}{4}\cos^2 x}{x - \frac{1}{2}\sin x},\ x_0 = 0$$

$$f_2(x) = \frac{e^{2x}-1}{2x},\ x_0 = 0$$

$$f_3(x) = \frac{e^{x-1}-1}{x-1},\ x_0 = 1$$

$$f_4(x) = \frac{e^x - e^{x_0}}{x-x_0},\ x_0$$

$$f_5(x) = \frac{\sinh x}{x},\ x_0 = 0$$

Hinweis: zu f_4: vgl. f_3. Zu f_5: Verwende Sie f_2.

2.8 Bestimmen Sie – falls möglich (falls nicht, begründen Sie) – die Konstanten a bzw. b so, dass die Funktionen f bzw. g auf ganz $\mathbb{R}$ stetig sind.

$$f(x) := \begin{cases} x\arctan\dfrac{1}{x} & \text{falls } x \neq 0 \\ a & \text{falls } x = 0 \end{cases}$$

$$g(x) := \begin{cases} \dfrac{\sin|x|}{x} & \text{falls } x \neq 0 \\ b & \text{falls } x = 0 \end{cases}.$$

Wahr oder falsch?

2.9 Eine Nullfolge multipliziert mit einer beliebigen Folge ergibt immer eine Nullfolge, denn 0 mal irgendwas ist ja immer 0.

2.10 Addiert man zwei unbeschränkte Folgen, so erhält man wieder eine unbeschränkte Folge.

2.11 Für eine konvergente Folge (a_n) ist auch die Folge (a_{n+3}) konvergent, denn letztere Folge fängt einfach später an als erstere. Bei Konvergenz kommt es ja nur auf das Verhalten für $n \to \infty$ an.

3 Polynome und rationale Funktionen

Wir widmen nun Polynomen und Quotienten von Polynomen ein eigenes Kapitel. In Kapitel 1 haben wir schon definiert, wie diese Funktionenklasse genau aussieht. Wir haben dort auch gesehen, wie man erkennt, ob diese Funktionen gerade oder ungerade (oder keines von beiden) sind. Polynome weisen aber noch eine Vielzahl von weiteren sympathischen Features auf. Bei ihrer Definition treten nur die vier Grundrechenarten (eigentlich nur drei) und Potenzen auf; sie sind also schon für Schüler leicht greifbar. Sie treten in einer Reihe von Anwendungen auf, beispielsweise bei der Umrechnung in andere Zahlensysteme (in diesem Kapitel) und dienen zur Annäherung von komplizierteren Funktionen (siehe z. B. Kapitel 8; weitere Anwendungen findet man in [6]). Ihre relativ einfache Strukturierung ermöglicht spezielle Rechentechniken, die effiziente Implementierung auf Rechnern erlaubt.

3.1 Polynome

Nach Def. 1.8 ist ein Polynom vom Grad n durch Angabe seiner $n+1$ Koeffizienten eindeutig bestimmt. Umgekehrt können zwei Polynome nur gleich sein, wenn sie in ihren Koeffizienten übereinstimmen. Das klingt vernünftig – und ist auch richtig. Es kann nämlich nicht passieren, dass zwei Polynome p und q gleich sind, also $p(x) = q(x)$ für alle $x \in \mathbb{R}$ gilt, wenn sie verschiedene Koeffizienten haben. Dieser Sachverhalt ist in vielen Situationen nützlich, und wird uns in verallgemeinerter Form auch noch einmal in Kapitel 8 wieder begegnen.

Koeffizientenvergleich

Satz 3.1

Zwei Polynome sind identisch genau dann, wenn ihre entsprechenden Koeffizienten identisch sind.

Seien p, q zwei Polynome vom Grad $n \in \mathbb{N}_0$,
$p(x) = a_0 + a_1 x + a_2 x^2 + \ldots + a_n x^n = \sum\limits_{i=0}^{n} a_i x^i$ und
$q(x) = b_0 + b_1 x + b_2 x^2 + \ldots + b_n x^n = \sum\limits_{i=0}^{n} b_i x^i$. Dann gilt:

$$\begin{aligned} p = q \quad &\Longleftrightarrow \quad p(x) = q(x) \quad \text{für alle } x \in \mathbb{R} \\ &\Longleftrightarrow \quad a_i = b_i \quad \text{für alle } i = 0, \ldots, n \end{aligned}$$

3.1.1 Das Horner-Schema

Wir wollen uns nun der Frage zuwenden, wie man möglichst effizient Funktionswerte eines Polynoms ausrechnen kann. Vielleicht sagen Sie nun, das wissen Sie schon, einfach den x-Wert einsetzen und ausrechnen. Das kann man in der Tat so machen, aber es gibt viel geschicktere (sprich schnellere) Wege. Man kann nämlich durch geschicktes Umordnen der Rechenschritte die Funktionswerte viel schneller ausrechnen. Wir werden gleich sehen, wie das geht.

Sei also p ein Polynom vom Grad $n \in \mathbb{N}_0$, $p(x) = \sum\limits_{i=0}^{n} a_i x^i$. Wir wollen $p(x_0)$ ausrechnen, wobei $x_0 \in \mathbb{R}$ im Folgenden fest ist. Dazu suchen wir zunächst ein Polynom q mit

$$p(x) = (x - x_0)\, q(x) + p(x_0) \quad \text{für alle } x \in \mathbb{R}.$$

Wozu das gut sein soll, werden Sie später einsehen; lassen Sie das einfach auf sich zukommen. Der Grad der Polynome auf der linken und rechten Seite dieser Gleichung muss dazu gleich sein, d. h. $n = \mathrm{Grad}((x - x_0)\, q(x)) = \mathrm{Grad}(x - x_0) + \mathrm{Grad}(q) = 1 + \mathrm{Grad}(q)$, d. h. der Grad des Polynoms q muss $n - 1$ sein. Wir setzen daher q an als $q(x) = \sum\limits_{i=0}^{n-1} b_i x^i$ mit zunächst unbekannten Koeffizienten b_i. Dann haben wir:

$$\begin{aligned} p(x) &\overset{!}{=} (x - x_0)\, q(x) + p(x_0) = (x - x_0) \sum_{i=0}^{n-1} b_i x^i + p(x_0) \\ &= \sum_{i=0}^{n-1} b_i x^{i+1} - x_0 \sum_{i=0}^{n-1} b_i x^i + p(x_0) \\ &= \sum_{i=1}^{n} b_{i-1} x^i - x_0 \sum_{i=0}^{n-1} b_i x^i + p(x_0) \\ &= b_{n-1} x^n + \sum_{i=1}^{n-1} (b_{i-1} - x_0 b_i) x^i - x_0 b_0 + p(x_0). \end{aligned}$$

Dieser letzte Ausdruck soll also $p(x)$ sein. Was das für die b_i bedeutet, sagt uns der Koeffizientenvergleich (Satz 3.1).

$$\begin{aligned} p(x) &= a_n x^n + \sum_{i=1}^{n-1} a_i x^i + a_0 \\ &\overset{!}{=} b_{n-1} x^n + \sum_{i=1}^{n-1} (b_{i-1} - x_0 b_i) x^i - x_0 b_0 + p(x_0) \end{aligned}$$

$$\iff$$

$$\begin{aligned} b_{n-1} &= a_n \quad \text{und} && (3.1)\\ b_{i-1} - x_0 b_i &= a_i \quad \text{für } i = 1, \dots, n-1 \quad \text{und} && (3.2)\\ p(x_0) - b_0 x_0 &= a_0 && (3.3) \end{aligned}$$

Man hat also aus (3.1) sofort b_{n-1}, und hat man dieses, so sieht man, dass in (3.2), gelesen mit $i = n-1$, nur noch eine Unbekannte, nämlich b_{n-2}, vorkommt, welche schnell berechnet werden kann. Mit dieser geht man in (3.2) mit $i = n-2$ und berechnet b_{n-3} usw. bis man b_0 berechnet hat. Wenn b_0 bekannt ist, enthält (3.3) nur noch die Unbekante $p(x_0)$, welche auszurechnen kein Problem darstellt.
Diese Formeln erlauben rekursives Berechnen aller b_i, beginnend mit b_{n-1} und endend bei b_0 und $p(x_0)$. Wir stellen die Formeln noch nach b_i um und erhalten damit das Horner-Schema.

Das Horner-Schema

William George Horner, 1786-1837, engl. Mathematiker

Sei p ein Polynom vom Grad $n \in \mathbb{N}_0$, $p(x) = \sum_{i=0}^{n} a_i x^i$, weiter ein $x_0 \in \mathbb{R}$. Gesucht ist $p(x_0)$.

Input: $p(x) = \sum_{i=0}^{n} a_i x^i$, $x_0 \in \mathbb{R}$

1: $b_{n-1} := a_n$
2: **for** $i = n-1, \dots, 1$ **do**
3: $\quad b_{i-1} := a_i + x_0 b_i$
4: **end for**
5: $p(x_0) := a_0 + b_0 x_0$

Output: $p(x_0)$

Aufwand: Diese Berechnung erfordert n Multiplikationen.

Zur Festigung: Überzeugen Sie sich davon, dass das Durchlaufen des Horner-Schemas nur n Multiplikationen benötigt.

Wenn man in obigem Algorithmus Schritt 3 für $n = 0$ liest, erhält man $b_{-1} = p(x_0)$, sodass man Schritt 5 gar nicht mehr benötigt. Das Horner-Schema reduziert sich dann auf:

$$\begin{aligned} b_{n-1} &= a_n \\ b_{i-1} &= a_i + x_0 b_i \quad \text{für } i = 0, \dots, n-1 \end{aligned}$$

Damit muss man zwar nicht weniger rechnen, aber beim Programmieren hat man eine Zeile Programmcode weniger.

Zum Vergleich: Allein die Berechnung von x^n benötigt $n-1$ Multiplikationen. Ein Polynom vom Grad n besteht aber (normalerweise) nicht nur aus x^n, zur Berechnung von $p(x)$ ist noch eine ganze Menge mehr nötig an Multiplikationen, wenn man so vorgeht, wie Sie es bisher, ohne Horner-Schema, gemacht haben.
Sie räumen ein, dass das Horner-Schema zwar verdammt wenig Multiplikationen benötigt, aber die Benutzung der Formeln mit den Indizes ist doch lästig, das hält dann doch wieder auf und so wollen Sie doch lieber bei dem bleiben, was Sie schon kennen? Dann schauen Sie doch mal auf die folgende Anordnung:

	a_n	a_{n-1}	a_{n-2}	$\ldots$	a_1	a_0
	$\downarrow$	$+$	$+$	$\ldots$	$+$	$+$
x_0	$\downarrow$	$b_{n-1}x_0$	$b_{n-2}x_0$	$\ldots$	$b_1 x_0$	$b_0 x_0$
	$=$	$=$	$=$	$\ldots$	$=$	$=$
	$b_{n-1} \nearrow$	$b_{n-2} \nearrow$	$b_{n-3} \nearrow$	$\ldots$	$b_0 \nearrow$	$p(x_0)$

Sieht noch nicht überzeugend aus? Ein Beispiel wird helfen.

Beispiel 3.1

Sei $p(x) = x^3 + 5x^2 + 2x + 7$. Zu berechnen sei $p(2)$, d. h. wir haben $x_0 = 2$. Die Anwendung des Horner-Schemas liefert:

	$a_3 = 1$	$a_2 = 5$	$a_1 = 2$	$a_0 = 7$
	$\downarrow$	$+$	$+$	$+$
$x_0 = 2$	$\downarrow$	$1 \cdot 2$	$7 \cdot 2$	$16 \cdot 2$
	$=$	$=$	$=$	$=$
	$b_2 = 1 \nearrow$	$b_1 = 7 \nearrow$	$b_0 = 16 \nearrow$	$39 = p(x_0)$

Wir haben dabei 3 Multiplikationen durchgeführt. ■

Um es durchzuführen, benötigt man nur $n = \text{Grad}(p)$ Multiplikationen. Das Horner-Schema ist nichts anderes als eine geschickte Umstellung und Klammersetzung, z. B. ist für $n = 3$:

$$\sum_{i=0}^{3} a_i x^i = a_0 + x(a_1 + x(a_2 + a_3 x))$$

Die Formel auf der rechten Seite benötigt nur 3 Multiplikationen, während die auf der linken Seite, herkömmlich ausgewertet, deren 5 benötigt (und auch nur, wenn man zur Berechnung von x^3 das schon berechnete x^2 benutzt). Das bedeutet, dass clevere Leute das Horner-Schema überall benutzen, wo es auf möglichst geringen Rechenaufwand ankommt, z. B. beim Programmieren.

begin MATLAB

Polynome kann man in MATLAB einfach über ihre Koeffizienten definieren und mit der MATLAB-Funktion `polyval` auswerten.

Das Polynom $p(x) = 2x^3 + 7x^2 - 1$ definiert und danach ausgewertet an der Stelle -2.

```
>> p=[2 7 0 -1];
>> polyval(p,-2)

ans =

    11

>>
```

Verwendung zum Plotten: `plot(x,polyval(p,x))`.

end MATLAB

„*Viele Grundlagen und Errungenschaften haben wir vom Islam: Algebra, Dezimalsystem, und Döner-Sandwich. Um mal die drei wichtigsten zu nennen.*“

Jürgen Becker
Religion ist, wenn man trotzdem stirbt
Kiepenheuer und Witsch 2008

Anwendung – Umrechnung in andere Zahlensysteme

Die Umrechnung einer Dualzahl in das Dezimalsystem kann als Polynomauswertung angesehen werden. Beispielsweise steht die Dualzahl 1011_2 für die Dezimalzahl $1 \cdot 2^3 + 1 \cdot 2^1 + 1 \cdot 2^0 = p(2)$, wenn $p(x) := x^3 + x + 1$ ist. Damit geht die Umrechnung schnell, z. B. 1011011_2:

	1	0	1	1	0	1	1
	$\downarrow$	+	+	+	+	+	+
$x_0 = 2$	$\downarrow$	$1 \cdot 2$	$2 \cdot 2$	$5 \cdot 2$	$11 \cdot 2$	$22 \cdot 2$	$45 \cdot 2$
	=	=	=	=	=	=	=
	1 $\nearrow$	2 $\nearrow$	5 $\nearrow$	11 $\nearrow$	22 $\nearrow$	45 $\nearrow$	91

Der Index 2 bei 1011_2 soll andeuten, dass die Ziffernfolge als Dualzahl zu interpretieren ist. Analog Index 16 bei Hexadezimalzahlen.

1011011_2 entspricht also der Dezimalzahl 91. Im Hexadezimalsystem, also zur Basis 16, stehen die „Ziffern“ A, B,C, D, E, F für 10, 11, 12, 13, 14, 15. Was ist dann $3AF56_{16}$?

	3	A=10	F=15	5	6
	$\downarrow$	$+$	$+$	$+$	$+$
$x_0 = 16$	$\downarrow$	$3 \cdot 16$	$58 \cdot 16$	$943 \cdot 16$	$15093 \cdot 16$
	$=$	$=$	$=$	$=$	$=$
	3 $\nearrow$	58 $\nearrow$	943 $\nearrow$	15093 $\nearrow$	241494

$3AF56_{16}$ entspricht also der Dezimalzahl 241494.

begin MATLAB

Umrechnung ins Dezimalsystem in MATLAB und umgekehrt:

```
>> bin2dec('1011011')

ans =

    91

>> dec2bin(91)

ans =

1011011

>> hex2dec('3AF56')

ans =

      241494

>> dec2hex(241494)

ans =

3AF56
```

Umrechnung vom Dualsystem ins Dezimalsystem

Umrechnung vom Dezimalsystem ins Dualsystem

Umrechnung vom Hexadezimalsystem ins Dezimalsystem

Umrechnung vom Dezimalsystem ins Hexadezimalsystem

end MATLAB

Wir haben es beim Horner-Schema bisher nur auf den letzten berechneten Wert abgesehen, denn dieser ist ja der Wert des Polynoms an unserer Stelle x_0. Als Abfallprodukt wird aber auch noch ein Polynom q vom Grad $n-1$ berechnet, das wir bisher nicht weiterverwendet haben. Nun sollte man auch in der Mathematik den Recycling-Gedanken nicht vernachlässigen und tatsächlich gibt es durchaus sinnvolle Verwendungen für das Polynom q. Wir hatten mit dem Horner-Schema zu einem Polynom p und einer Stelle x_0 ein Polynom q berechnet, sodass $p(x) = (x-x_0)\,q(x) + p(x_0)$ für alle $x \in \mathbb{R}$.

Mit dem Horner-Schema kann man eine Polynomdivision

$$p(x) : (x - x_0) = q(x)$$

durchführen, wenn x_0 eine Nullstelle von p ist.

Insbesondere gilt, falls x_0 eine Nullstelle von p ist (d. h. $p(x_0) = 0$): $p(x) = (x - x_0)\,q(x)$ für alle $x \in \mathbb{R}$.
Falls p außer x_0 noch eine weitere Nullstelle $x_1 \neq x_0$ hat, so gilt: $0 = p(x_1) = (x_1 - x_0)\,q(x_1)$, d. h. x_1 muss Nullstelle von q sein. Alle weiteren (von x_0 verschiedenen) Nullstellen von p sind also auch Nullstellen von q. Wir können nun durch erneute Anwendung des Horner-Schemas, aber nun auf q, ein Polynom q_1 finden mit $q(x) = (x - x_1)\,q_1(x)$ für alle $x \in \mathbb{R}$. Dabei ist $\text{Grad}(q_1) = \text{Grad}(q) - 1 = n - 2$. D. h. $p(x) = (x - x_0)\,(x - x_1)\,q_1(x)$ für alle $x \in \mathbb{R}$. Der Grad der beteiligten Polynome reduziert sich also jeweils um 1, d. h. irgendwann endet dieser Algorithmus mit einem Polynom vom Grad 1. Wir haben also als Ergebnis:

Faktorisierung von Polynomen

Satz 3.2

Hat ein Polynom p mit reellen Koeffizienten vom Grad n Nullstellen $x_1, \ldots, x_n \in \mathbb{R}$, so lässt sich p schreiben als

$$p(x) = a_n\,(x - x_1)\,(x - x_2) \cdots (x - x_n) = a_n \prod_{i=1}^{n} (x - x_i).$$

Beispiel 3.2

Für die Nullstellen eines Polynoms dritten (oder höheren) Grades gibt es keine einfachen Formeln. Es gibt natürlich Methoden, Näherungswerte zu berechnen (siehe Kap. 5). Exakte Ergebnisse sind nur in Ausnahmefällen möglich. Wenn wir (woher auch immer) eine Nullstelle exakt kennen, können wir mit dem Horner-Schema ein Polynom q von einem um 1 erniedrigten Grad finden, das alle übrigen Nullstellen von p auch als Nullstellen hat.

- Wir hätten gerne die Nullstellen von $p(x) = x^3 - 39x + 70$ und nehmen an, ein freundlich auftretender Mensch hat uns verraten, dass 2 eine Nullstelle ist. Wir berechnen das Polynom q:

	1	0	−39	70
	↓	+	+	+
$x_0 = 2$	↓	$1 \cdot 2$	$2 \cdot 2$	$-35 \cdot 2$
	=	=	=	=
	1 ↗	2 ↗	−35 ↗	0

Hier wurde die Polynomdivision

$$\frac{x^3 - 39x + 70}{x - 2} = x^2 + 2x - 35$$

mit dem Horner-Schema durchgeführt.

Erstmal halten wir fest, dass unser Tippgeber recht hatte: 2 ist tatsächlich eine Nullstelle. Außerdem haben wir $q(x) = 1 \cdot x^2 + 2x - 35$, es gilt also: $p(x) = (x-2)\,q(x) + p(2) = (x-2)\,(x^2 + 2x - 35)$. Mit Ihren Vorkurs-Kenntnissen und der quadratischen Ergänzung (natürlich nicht mit der fehleranfälligen $p-q$-Formel) finden Sie schnell die beiden Nullstellen 5 und 7 von q. Insgesamt haben wir damit:

$$p(x) = (x-2)\,(x-5)\,(x-7)$$

was genau die in Satz 3.2 erwähnte Faktorisierung darstellt.

- Nun betrachten wir $p(x) = x^5 - 7x^4 - 13x^3 + 91x^2 + 36x - 252$, Ihr Professor verrät Ihnen, dass 7 eine Nullstelle ist. Natürlich sind Sie trotzdem desillusioniert: Sie wissen ja, dass ein mit dem Horner-Schema berechnetes Polynom q den Grad 4 hätte, und das bringt Sie kaum weiter, denn die Nullstellenberechnung von Polynomen vom Grad 4 ist ohne Weiteres nicht möglich. Also geben Sie auf und fragen gleich einen Kommilitonen, der aber auch nicht schlauer ist als Sie. So aber lernen Sie nichts, warum probieren wir nicht einfach mal und schauen wie q aussehen würde?

	1	-7	-13	91	36	-252
	$\downarrow$	$+$	$+$	$+$	$+$	$+$
$x_0 = 7$	$\downarrow$	$1 \cdot 7$	$0 \cdot 7$	$-13 \cdot 7$	$0 \cdot 7$	$36 \cdot 7$
	$=$	$=$	$=$	$=$	$=$	$=$
	$1 \nearrow$	$0 \nearrow$	$-13 \nearrow$	$0 \nearrow$	$36 \nearrow$	0

Hier wurde die Polynomdivision
$$\frac{x^5 - 7x^4 - 13x^3 + 91x^2 + 36x - 252}{x-7} = x^4 - 13x^2 + 36$$
mit dem Horner-Schema durchgeführt.

Tatsächlich ist 7 eine Nullstelle und das Polynom q lautet $q(x) = x^4 - 13x^2 + 36$. Erleichterung stellt sich ein, denn wenn ein Polynom vom Grad 4 so simpel gebaut ist, haben auch Sie als fleißige(r) Vorkursteilnehmer(in) die Nullstellen schnell zur Hand: $q(x) = (x^2-9)\,(x^2-4)$, also hat q die Nullstellen ± 3 und ± 2. p hat dann die Faktorisierung

$$p(x) = (x-7)\,(x-3)\,(x+3)\,(x-2)\,(x+2). \quad ■$$

In unseren Vorüberlegungen dazu haben wir angenommen, dass die Nullstellen verschieden sind. Satz 3.2 gilt aber auch für den Fall, dass die Nullstellen nicht alle verschieden sind. Man spricht dann von mehrfachen Nullstellen.

Mehrfache Nullstelle

Definition 3.1

Ein Polynom p hat eine ***k*-fache Nullstelle** in x_0, falls p sich schreiben lässt als $p(x) = (x - x_0)^k\, q(x)$, wobei q ein Polynom vom Grad $n - k$ ist. Die Nullstelle ist genau k-fach (also k-fach, aber nicht $k+1$-fach), wenn $q(x_0) \neq 0$ ist.

Beispiel 3.3

$p(x) = (x-2)^3\,(x-7)^5$ hat eine (genau) 3-fache Nullstelle in $x = 2$ und eine (genau) 5-fache Nullstelle in $x = 7$. ■

Bei mehrfachen Nullstellen können Sie zur Faktorisierung genauso vorgehen wie in Beispiel 3.2.

Es gibt natürlich Polynome, die haben gar keine reellen Nullstellen, z. B. $p(x) = x^2 + 1$ oder, wenn Ihnen das zu einfach ist und Sie eines mit höherem Grad bevorzugen: $p(x) = (x^2+1)^{25}$. Eine komplette Faktorisierung von p in Linearfaktoren der Form $x - x_i$ ist daher nicht immer möglich. Die komplexen Zahlen (siehe Kapitel 4) helfen dieser Unbequemlichkeit ab. Im Reellen kann man aber immerhin jedes Polynom zerlegen in Linearfaktoren $x - x_i$ und Polynome zweiten Grades der Form $x^2 + ax + b$, die keine rellen Nullstellen haben (für die also (Schulmathematik!) $a^2 - 4b < 0$ ist)[1].

Faktorisierung von Polynomen II

Satz 3.3

Jedes Polynom p mit reellen Koeffizienten vom Grad n lässt sich p schreiben als Produkt von Faktoren der Form

- $(x - x_i)^{k_i}$, wobei $x_i \in \mathbb{R}$ Nullstelle von p ist und k_i die Vielfachheit der Nullstelle x_i
- $(x^2 + a_i x + b_i)^{k_i}$, wobei $x^2 + a_i x + b_i$ keine Nullstellen in $\mathbb{R}$ hat, also $a_i^2 - 4b_i < 0$ ist.

[1] Wer Fremdworte liebt: solche Polynome nennt man irreduzibel in $\mathbb{R}$.

Beispiel 3.4

$p(x) = x^3 - 3x^2 + 4x - 12$ hat eine Nullstelle $x_0 = 3$. Eine Anwendung des Horner-Schemas bestätigt das und liefert $p(x) = (x-3)(x^2+4)$. Eine weitere Zerlegung ist nicht möglich, denn x^2+4 hat keine Nullstellen in $\mathbb{R}$. ■

Entwicklung von Polynomen nach Potenzen von $(x - x_0)$

Wir hatten bisher Polynome in der Form $p(x) = \sum\limits_{i=0}^{n} a_i x^i$ geschrieben, also als Summe von Vielfachen von Potenzen von x. Man sagt, das Polynom ist nach Potenzen von x entwickelt. Genausogut könnte man aber dasselbe Polynom nach Potenzen von $x - x_0$ entwickeln, wobei x_0 eine feste reelle Zahl ist, der sog. Entwicklungspunkt. Die Koeffizienten ändern sich dabei natürlich, sodass wir $p(x) = \sum\limits_{i=0}^{n} c_i (x-x_0)^i$ ansetzen müssten mit unbekannten Koeffizienten c_i. Auf solche Entwicklungen wird in Kapitel 8 noch genauer eingegangen. Hier wollen wir zeigen, wie man mit Hilfe einer Erweiterung des Horner-Schemas eine solche Entwicklung, d. h. die Koeffizienten c_i berechnen kann.

Das Horner-Schema liefert ein Polynom p_1 vom Grad $n-1$ mit

$$p(x) = (x-x_0)\,p_1(x) + p(x_0) \qquad \text{für alle } x.$$

Eine Anwendung des Horner-Schemas auf p_1 liefert ein Polynom p_2 vom Grad $n-2$ so, dass

$$p_1(x) = (x-x_0)\,p_2(x) + p_1(x_0) \qquad \text{für alle } x,$$

insgesamt hat man damit

$$\begin{aligned} p(x) &= (x-x_0)\,p_1(x) + p(x_0) \\ &= (x-x_0)\big((x-x_0)\,p_2(x) + p_1(x_0)\big) + p(x_0) \\ &= (x-x_0)^2\,p_2(x) + (x-x_0)\,p_1(x_0) + p(x_0). \end{aligned}$$

Führt man dieses Verfahren fort, so erhält man nach dem k-ten Ausführen des Horner-Schemas

$$\begin{aligned} p(x) = {} & (x-x_0)^k p_k(x) + (x-x_0)^{k-1} p_{k-1}(x_0) \\ & + (x-x_0)^{k-2} p_{k-2}(x_0) + \ldots (x-x_0) p_1(x_0) + p(x_0). \end{aligned}$$

Der Grad der Horner-Polynome p_k ist dabei aber $n-k$, sodass p_n den Grad 0 hat, also eine Konstante darstellt. Diese ist übrigens, wie man durch Koeffizientenvergleich (Koeffizient von x^n) sieht,

Das vollständige Horner-Schema dient zur Entwicklung eines Polynoms nach Potenzen von $x - x_0$.

gerade a_n. Damit hat man also die Entwicklung von p nach Potenzen von $x - x_0$ berechnet – die gesuchten Koeffizienten c_i sind gerade die $p_i(x_0)$. Die dazu verwendete mehrfache Benutzung des Horner-Schemas nennt man **vollständiges Horner-Schema**.

Beispiel 3.5

$p(x) = x^4 - x^2 - 3x - 1$ soll nach Potenzen von $x - 2$ entwickelt werden. Wir gehen also wie oben dargelegt vor. Der erste Schritt ist die bereits bekannte Anwendung des Horner-Schemas zur Berechnung von $p(x_0)$. Danach wird das Horner-Schema erneut angewendet; wir schreiben es dazu aber nicht noch einmal komplett neu auf, sondern verwenden gleich die letzte Zeile aus dem ersten Schritt, denn dort stehen ja schon die Koeffizienten des Polynoms p_1. Das erspart etwas Schreibarbeit, woran wir natürlich immer interessiert sind:

		$a_4 = 1$	$a_3 = 0$	$a_2 = -1$	$a_1 = -3$	$a_0 = -1$
	$x_0 = 2$	$\downarrow$	$+2$	$+4$	$+6$	$+6$
$p_1(x) = x^3 + 2x^2 + 3x + 3,\quad p(2) = 5$		$1 \nearrow$	$2 \nearrow$	$3 \nearrow$	$3 \nearrow$	$5 = p(2)$
		1	2	3	3	
	2	$\downarrow$	$+2$	$+8$	$+22$	
$p_2(x) = x^2 + 4x + 11,\quad p_1(2) = 25$		$1 \nearrow$	$4 \nearrow$	$11 \nearrow$	$25 = p_1(2)$	
		1	4	11		
	2	$\downarrow$	$+2$	$+12$		
$p_3(x) = x + 6,\quad p_2(2) = 23$		$1 \nearrow$	$6 \nearrow$	$23 = p_2(2)$		
		1	6			
	2	$\downarrow$	$+2$			
$p_4(x) = 1,\quad p_3(2) = 8$		$1 \nearrow$	$8 = p_3(2)$			
		$1 = p_4(2)$				

Die Polynome p_i selbst haben wir nur zur Kontrolle aufgeführt, uns interessieren hier nur die $p_i(x_0) = p_i(2)$. Die gesuchte Entwicklung ist damit

$$p(x) = \sum_{i=0}^{4} p_i(x_0)\,(x - x_0)^i = (x-2)^4 + 8\,(x-2)^3 + 23\,(x-2)^2 + 25\,(x-2) + 5.$$

Sie sind herzlich eingeladen, die Probe zu machen: Wenn Sie in dieser Entwicklung alle Klammern ausmultiplizieren, sollte das ursprüngliche Polynom (also das nach Potenzen von x entwickelte) herauskommen. ■

3.1.2 Multiplikation von Polynomen

Hat man zwei Polynome p und q vom Grad n bzw. m zu multiplizieren, so bleibt einem nichts anderes übrig, als einfach auszumultiplizieren, um das Produkt pq, welches ein Polynom vom Grad $n+m$ ist, zu erhalten, beispielsweise

$$p(x) = 3x^3 + 4x^2 - 5x + 1, \quad q(x) = 5x^4 - 3x^2 - 7x + 2 \implies$$
$$\begin{aligned} p(x)\,q(x) &= (3x^3 + 4x^2 - 5x + 1)\,(5x^4 - 3x^2 - 7x + 2) \\ &= 15x^7 + 20x^6 - 34x^5 - 28x^4 - 7x^3 + 40x^2 - 17x + 2 \end{aligned}$$

Ausmultiplizieren, Potenzen mit gleichem Exponenten zusammenfassen

Man kann das auch allgemein formulieren und erhält dabei eine nette Formel für die Koeffizienten des neues Polynoms pq:

$$\begin{aligned} p(x) &= \sum_{i=0}^{n} a_i x^i, \quad q(x) = \sum_{j=0}^{m} b_j x^j \implies \\ p(x)\,q(x) &= \Big(\sum_{i=0}^{n} a_i x^i\Big)\Big(\sum_{j=0}^{m} b_j x^j\Big) = \sum_{i=0}^{n}\sum_{j=0}^{m} a_i b_j x^{i+j} \\ &= \sum_{k=0}^{n+m} \underbrace{\sum_{l=0}^{k} a_l b_{k-l}}_{=:c_k} x^k = \sum_{k=0}^{n+m} c_k x^k \end{aligned}$$

Satz 3.4

Produkt von Polynomen

Seien p, q Polynome mit $p(x) = \sum_{i=0}^{n} a_i x^i$, $q(x) = \sum_{j=0}^{m} b_j x^j$. Dann ist pq ein Polynom vom Grad $n+m$ mit

$$p(x)\,q(x) = \sum_{k=0}^{n+m} c_k x^k \text{ mit } c_k = \sum_{l=0}^{k} a_l b_{k-l}.$$

Die Formel für die c_k spielt in der Elektrotechnik eine besondere Rolle, es handelt sich um eine **Faltung**.

begin MATLAB

In MATLAB können zwei Polynome mit `conv` miteinander multipliziert werden.

Faltung = convolution (engl.)

```
>> p=[3 4 -5 1];
>> q=[5 0 -3 -7 2];
>> conv(p,q)
```

$p(x) = 3x^3 + 4x^2 - 5x + 1$,
$q(x) = 5x^4 - 3x^2 - 7x + 2$.
Dann $p(x)\,q(x) = 15x^7 + 20x^6 - 34x^5 - 28x^4 - 7x^3 + 40x^2 - 17x + 2$.

```
ans =

    15    20   -34   -28    -7    40   -17     2
```

end MATLAB

3.2 Rationale Funktionen

Bekanntlich (siehe Kap. 1) ist eine rationale Funktion nichts anderes als ein Quotient zweier Polynome, also $\frac{p(x)}{q(x)}$ mit Polynomen p vom Grad n und q vom Grad m. Ist $n \geq m$, so kann man die rationale Funktion mittels Polynomdivision mit Rest schreiben als Summe eines Polynoms und einer rationalen Funktion, deren Zählergrad echt kleiner als der Nennergrad ist.

Polynomdivision mit Rest

Satz 3.5

Seien p, q Polynome vom Grad n bzw. m mit $n \geq m$, dann gibt es ein Polynom d vom Grad $n-m$ und r mit Grad $< m$ so, dass

$$\frac{p(x)}{q(x)} = d(x) + \frac{r(x)}{q(x)} \quad \text{für alle } x \in D$$

wobei $D := \mathbb{R} \setminus \{ x \mid q(x) = 0 \}$.

Beispiel 3.6

$$\begin{aligned}
\frac{2x^3+2x+7}{x^2+3} &= 2x + \frac{-4x+7}{x^2+3} \\
\frac{5x^5+11x^3+x^2+3x^4+x-4}{x^3+2x-1} &= 5x^2+3x+1+\frac{2x-3}{x^3+2x-1} \\
\frac{6x^4+x^2+4x+1}{3x^4+2x+2} &= 2+\frac{x^2-3}{3x^4+2x+2}
\end{aligned}$$

Wie man das rechnet, haben Sie im Vorkurs gelernt. ■

begin MATLAB

Die Polynommultiplikation entspricht einer Faltung, die Polynomdivision entsprechend einer Entfaltung. Sie kann in MATLAB mit dem Befehl `deconv` durchgeführt werden. Der erste Quotient in Beispiel 3.6 sieht in MATLAB folgendermaßen aus, wobei wir die Bezeichnungen wie in Satz 3.5 gewählt haben:

```
>> p=[2 0 2 7];
>> q=[1 0 3];
>> [d,r]=deconv(p,q)

d =

     2     0


r =

     0     0    -4     7
```

$$\frac{2x^3+2x+7}{x^2+3} = 2x + \ldots$$

$$\ldots + \frac{-4x+7}{x^2+3}$$

end MATLAB

Da wir uns mit Polynomen schon gut auskennen und etwas Neues lernen wollen, beschränken wir uns zunächst einmal auf den „Rest", also rationalen Funktionen vom Typ $\frac{r}{q}$, wobei r und q Polynome mit $\operatorname{Grad} r < \operatorname{Grad} q$. Je niedriger $\operatorname{Grad} q$ ist, desto leichter ist zu erkennen, wie sich die rationale Funktion verhält, beispielsweise für $x \to \pm\infty$ oder für $x \to x_0$, wo x_0 eine Definitionslücke ist (also eine Nullstelle des Nenners). Solche Fragestellungen treten beispielsweise in der Regelungstechnik auf. Unser Ziel ist es nun, eine rationale Funktion als Summe von rationalen Funktionen mit kleinerem Grad des Nennerpolynoms zu schreiben. Ganz einfaches Beispiel:

$$\frac{1}{x^2+3x} = \frac{1}{x(x+3)} = \frac{\frac{1}{3}}{x} + \frac{-\frac{1}{3}}{x+3}$$

Natürlich ist Ihnen klar, wie Sie von der rechten Seite dieser Gleichung zur linken gelangen, schließlich können Sie ja seit der Schule zwei Brüche auf den Hauptnenner bringen. Über die Funktionen $x \mapsto \frac{1}{x}$ und $x \mapsto \frac{1}{x+3}$ wissen Sie auch alles aus der Schule, sodass die Eigenschaften der rationalen Funktion auf der linken Seite leicht ablesbar sind.

Hier aber wollen wir von der rationalen Funktion auf der linken Seite zu der Zerlegung auf der rechten Seite kommen. Wie das geht, lernen Sie im nächsten Abschnitt.

3.2.1 Partialbruchzerlegung

Wie der Name schon sagt, geht es um die Zerlegung in Partialbrüche, also in „kleinere Brüche“. Die Nenner der Partialbrüche sollen so klein wie möglich sein, also nicht weiter zerlegbar (in wieder neue Partialbrüche). Das Prinzip kennen Sie schon aus der Bruchrechnung: Wenn Sie beispielsweise $\frac{5}{6}$ in Brüche mit kleinerem Nenner zerlegen wollen, müssen Sie nach den Primfaktoren des Nenners suchen, hier $6 = 2 \cdot 3$, und dann überlegen, wieviel Halbe plus wieviel Drittel die $\frac{5}{6}$ ergeben (Ergebnis natürlich: 1 Halbes plus 1 Drittel). Diese Zerlegung ist also quasi die Umkehrung des „auf den Hauptnenner bringen“. Auf rationale Funktionen übertragen heißt das, wir müssen das Nennerpolynom in Faktoren zerlegen, also als Produkt von Polynomen mit kleinerem Grad schreiben. Wie man dabei vorgeht, hängt von dieser Produktdarstellung des Nennerpolynoms ab, was wiederum von den Nullstellen des Nennerpolynoms abhängt. Wir müssen dabei verschiedene Fälle, die jeweils einen eigenen Ansatz erfordern, unterscheiden.

Partialbruchzerlegung ist die Umkehrung des „auf den Hauptnenner bringen“.

Im Folgenden gehen wir stets von einer rationalen Funktion $\frac{p(x)}{q(x)}$ mit $\operatorname{Grad} p < \operatorname{Grad} q$ aus.

Rationale Funktionen, deren Nenner nur reelle, voneinander verschiedene Nullstellen haben

Wir betrachten also eine rationale Funktion $\frac{p}{q}$ mit $\operatorname{Grad} p < \operatorname{Grad} q$, wobei q nur reelle Nullstellen hat, und die untereinander alle verschieden sind. D. h.

$$\frac{p(x)}{q(x)} \text{ mit } \operatorname{Grad} p < \operatorname{Grad} q \text{ und}$$

$$q(x) = (x - x_1)(x - x_2) \cdots (x - x_n) \text{ mit } x_i \neq x_j \text{ für } i \neq j.$$

Dann ist die Partialbruchzerlegung anzusetzen als

Bei reellen einfachen Nullstellen muss für jede Nullstelle ein Bruch angesetzt werden.

$$\frac{p(x)}{q(x)} = \frac{A_1}{x - x_1} + \frac{A_2}{x - x_2} + \ldots \frac{A_n}{x - x_n} \text{ mit Konstanten } A_1, \ldots, A_n$$

Die Kunst besteht nun darin, mit möglichst wenig Aufwand die Konstanten $A_1, \ldots, A_n$ zu bestimmen.

Beispiel: Zu bestimmen sind Konstanten[1] A, B so, dass für alle x (die nicht Nullstellen der auftretenden Nenner sind) gilt:

$$\frac{1}{x(x+3)} = \frac{A}{x} + \frac{B}{x+3}.$$

Auf den ersten Blick sieht das aus wie eine Gleichung mit zwei Unbekannten, also etwas, was nicht eindeutig lösbar ist. Auf den zweiten Blick sieht man aber, dass dies eine Gleichung ist, die für unendlich viele x gelten soll, und die für alle diese verschiedenen x mit den gleichen, von x unabhängigen Konstanten A, B gelten soll. Wir haben also vielmehr unendlich viele Gleichungen mit zwei Unbekannten vorliegen. Was dann aber wieder die Frage aufwirft, ob man überhaupt so viele Gleichungen mit nur zwei Unbekannten erfüllen kann. Im Allgemeinen ist dies in der Tat eine berechtigte Frage, aber im Zusammenhang mit der Partialbruchzerlegung kann gesagt werden, dass solche Konstanten immer existieren und sogar eindeutig sind – wenn der Ansatz der richtige ist.

Ein Weg, der immer funktioniert, ist folgender:

Wir bringen die rechte Seite, also die Brüche in der angesetzten Zerlegung, auf den Hauptnenner – das ist $q(x)$. Anschließend vergleichen wir die Zähler. Da die Zähler ja Polynome sind, kann dafür der Koeffizientenvergleich verwendet werden. Die Gleichheit der Koeffizienten gibt uns genau so viele Gleichungen, wie wir zur Bestimmung der unbekannten Konstanten $A_1, \ldots, A_n$ benötigen. Im Beispiel sieht das so aus:

$$\begin{aligned}
& \frac{1}{x(x+3)} &&= \frac{A}{x} + \frac{B}{x+3} && \text{auf den Hauptnenner bringen} \\
\Longleftrightarrow\quad & \frac{1}{x(x+3)} &&= \frac{A(x+3)+Bx}{x(x+3)} && \text{mit dem Nenner multiplizieren} \\
\Longleftrightarrow\quad & 1 &&= A(x+3)+Bx && \text{Koeffizientenvergleich} \\
\Longleftrightarrow\quad & 0x^1 + 1x^0 &&= (A+B)x^1 + 3Ax^0 && \\
\Longleftrightarrow\quad & 0 &&= A+B, \quad \text{und} \quad 1 = 3A && \\
\Longleftrightarrow\quad & A &&= \tfrac{1}{3} \quad \text{und} \quad B = -A = -\tfrac{1}{3}. &&
\end{aligned}$$

Eine schnellere Möglichkeit ist folgende: man multipliziert beide Seiten in der Ausgangsgleichung mit einem der Faktoren im Nenner. Dadurch verschwindet die Definitionslücke, die durch

[1] Wenn weniger als 26 Konstanten anzusetzen sind, ist es bequemer, die Konstanten $A, B, C, \ldots$ zu nennen anstelle $A_1, A_2, A_3, \ldots$.

die Nullstelle dieses Faktors entstanden war, und man kann diese Nullstelle nun für x einsetzen, was sofort eine der beiden gesuchten Konstanten liefert. Im Beispiel:

$$\frac{1}{x(x+3)} = \frac{A}{x} + \frac{B}{x+3} \iff \frac{1}{x} = \frac{A(x+3)}{x} + B$$
$$\implies \quad (x=-3 \text{ einsetzen}) \quad \frac{1}{-3} = B$$

analog mit dem anderen Faktor im Nenner:

$$\frac{1}{x(x+3)} = \frac{A}{x} + \frac{B}{x+3} \iff \frac{1}{x+3} = A + \frac{Bx}{x+3}$$
$$\implies \quad (x=0 \text{ einsetzen})$$

Dadurch erspart man sich den etwas aufwendigeren und rechenfehleranfälligeren Koeffizientenvergleich.

Beispiel 3.7

$\frac{2x-3}{x^2-3x+2}$ soll in Partialbrüche zerlegt werden. Zuerst muss der Nenner zerlegt werden: $x^2-3x+2=(x-1)(x-2)$, anzusetzen ist also:

$$\frac{2x-3}{x^2-3x+2} = \frac{A}{x-1} + \frac{B}{x-2} \iff \frac{2x-3}{x-1} = \frac{A(x-2)}{x-1} + B$$
$$\implies (x=2 \text{ einsetzen})\ B=1$$

und analog:

$$\frac{2x-3}{x^2-3x+2} = \frac{A}{x-1} + \frac{B}{x-2} \iff \frac{2x-3}{x-2} = A + \frac{B(x-1)}{x-2}$$
$$\implies (x=1 \text{ einsetzen})\ A=1$$

Ergebnis: $\frac{2x-3}{x^2-3x+2} = \frac{1}{x-1} + \frac{1}{x-2}$ ■

Mit etwas Übung (dringend angeraten!!) lassen sich die gesuchten Konstanten A, B in solchen Situationen bereits aus der Ausgangsgleichung durch scharfes Hinsehen ablesen.

Rationale Funktionen, deren Nenner nur reelle, aber dabei auch mehrfache Nullstellen haben

Wir betrachten also eine rationale Funktion $\frac{p}{q}$ mit $\operatorname{Grad} p < \operatorname{Grad} q$, wobei q nur reelle Nullstellen hat, und ein oder mehrere dieser Nullstellen mehrfach sind. D. h.

$$\frac{p(x)}{q(x)} \text{ mit } \operatorname{Grad} p < \operatorname{Grad} q \text{ und}$$

$$q(x) = (x - x_1)^k (x - x_2) \cdots (x - x_l) \text{ mit } x_i \neq x_j \text{ für } i \neq j.$$

Hier ist also x_1 k-fache Nullstelle. Für die einfachen Nullstellen sind die Partialbrüche wie vorher anzusetzen, für die mehrfachen sind zusätzliche Partialbrüche anzusetzen:

$$\frac{p(x)}{q(x)} = \frac{B_1}{x - x_1} + \ldots + \frac{B_k}{(x - x_1)^k} + \frac{A_2}{x - x_2} + \ldots \frac{A_n}{x - x_n}$$
mit Konstanten $B_1, \ldots, B_k, A_2, \ldots, A_n$

Bei reellen mehrfachen Nullstellen müssen für jede Nullstelle mehrere Brüche angesetzt werden.

Alles andere läuft ab wie vorher.

Beispiel 3.8

$$\begin{aligned} \frac{2x+3}{(x-1)^2} &= \frac{A}{x-1} + \frac{B}{(x-1)^2} \\ \iff \quad 2x+3 &= A\,(x-1) + B \quad \overset{x=1 \text{ einsetzen}}{\Longrightarrow} \quad B = 5 \\ \Longrightarrow \quad 2x+3 &= A\,(x-1) + 5 \quad \Longrightarrow \quad (x = 2 \text{ einsetzen}) \quad A = 2. \end{aligned}$$ ■

Man erkennt, dass sich auch hier mit scharfem Hinsehen viel Arbeit sparen lässt: Man multipliziert zuerst mit $(x - x_0)^k$, und setzt dann $x = x_0$ ein, was sofort eine der gesuchten Konstanten liefert. Die restlichen erhält man ähnlich durch geschicktes Multiplizieren und/oder geschicktes Einsetzen von Werten für x.

Rationale Funktionen, deren Nenner nicht nur reelle, sondern auch nicht-reelle Nullstellen, auch mehrfache haben

Wir betrachten wieder eine rationale Funktion $\frac{p}{q}$ mit $\operatorname{Grad} p < \operatorname{Grad} q$, wobei q nicht-reelle Nullstellen hat, die auch mehrfache sein können. In diesem Fall hat q den Faktor $x^2 + bx + c$ mit

$b^2 - 4c < 0$, und auch dieser Faktor kann wieder mehrfach vorkommen. Der quadratische Ausdruck $x^2 + bx + c$ hat dann keine reellen Nullstellen, kann also nicht weiter zerlegt werden in $(x - x_1)(x - x_2)$ mit reellen x_1, x_2. Wir reden also von:

$$\frac{p(x)}{q(x)} \text{ mit } \operatorname{Grad} p < \operatorname{Grad} q \text{ und } q(x) = (x^2 + bx + c)^k q_1(x),$$
$$\text{wobei } b^2 - 4c < 0 \text{ und } q_1 \text{ ein Polynom ist.}$$

Die reellen Nullstellen von q sind dann also Nullstellen von q_1. Für diese, egal ob einfach oder mehrfach, sind die Partialbrüche wieder wie vorher anzusetzen, für jeden quadratischen Ausdruck, der Faktor in q ist, sind zusätzliche Partialbrüche anzusetzen:

Bei nicht-reellen mehrfachen Nullstellen müssen für jede Nullstelle mehrere Brüche mit nicht-konstantem Zähler angesetzt werden.

$$\frac{p(x)}{q(x)} = \frac{A_1 x + B_1}{x^2 + bx + c} + \ldots + \frac{A_k x + B_k}{(x^2 + bx + c)^k} + \ldots$$
$$\text{mit Konstanten } A_1, \ldots, A_k, B_1, \ldots, B_k$$

Alles andere läuft ab wie vorher.

Zusammenfassung: Partialbruchzerlegung von $\frac{p(x)}{q(x)}$ mit $\operatorname{Grad} p < \operatorname{Grad} q$

- Für jede einfache Nullstelle $x_0 \in \mathbb{R}$ von q:

  Verwende $\ldots + \dfrac{A}{x - x_0} + \ldots$ in der Partialbruchzerlegung.

- Für jede k-fache Nullstelle $x_0 \in \mathbb{R}$ von q:

  Verwende $\ldots + \dfrac{A_1}{x - x_0} + \dfrac{A_2}{(x - x_0)^2} + \ldots + \dfrac{A_k}{(x - x_0)^k} + \ldots$ in der Partialbruchzerlegung.

- Für jeden Faktor $(x^2 + bx + c)^k$ von q mit $b^2 - 4c < 0$:

  Verwende $\ldots + \dfrac{A_1 x + B_1}{x^2 + bx + c} + \ldots + \dfrac{A_k x + B_k}{(x^2 + bx + c)^k} + \ldots$ in der Partialbruchzerlegung.

Andere Faktoren von q treten bei vollständiger Zerlegung in Faktoren nicht auf.

Beispiel 3.9

$\dfrac{2x^3+9x^2+4}{x^2\,(x^2+4)\,(x-1)}$ soll in Partialbrüche zerlegt werden. Das Nennerpolynom hat offensichtlich eine doppelte Nullstelle in 0 und eine einfache in 1 und enthält ansonsten nur noch den nicht weiter zerlegbaren Faktor x^2+4:

$$x^2+4 = x^2+bx+c \text{ mit } b=0,\, c=4, \text{ also } b^2-c=-4<0.$$

Damit ist der Ansatz klar:

$$\begin{aligned}\frac{2x^3+9x^2+4}{x^2\,(x^2+4)\,(x-1)} &= \frac{A}{x}+\frac{B}{x^2}+\frac{Cx+D}{x^2+4}+\frac{E}{x-1}\\ &\Longrightarrow (\cdot(x-1) \text{ und } x=1 \text{ einsetzen})\; E=\tfrac{15}{5}=3\\ &\Longrightarrow (\cdot x^2 \text{ und } x=0 \text{ einsetzen})\; B=\frac{4}{-4}=-1.\end{aligned}$$

Die Bestimmung der Konstanten A, C, D kann z. B. über einen Koeffizientenvergleich geschehen. Dazu bringt man die rechte Seite auf den Hauptnenner (d. h. $q(x)$), setzt die bereits bekannten Werte für B und E ein und vergleicht die Koeffizienten der x^i auf beiden Seiten der Gleichung. Dies führt auf:

$$\begin{aligned}\text{Koeffizient von } x^1: \quad 0 &= -4A-4 \Longrightarrow A=-1\\ \text{Koeffizient von } x^4: \quad 0 &= A+C+3=C+2 \Longrightarrow C=-2\\ \text{Koeffizient von } x^3: \quad 2 &= -A-1-C+D=2+D \Longrightarrow D=0.\end{aligned}$$

Auch das Ablesen dieser Koeffizienten geschieht mit etwas Übung durch scharfes Hinsehen. Ergebnis: $\dfrac{2x^3+9x^2+4}{x^2\,(x^2+4)\,(x-1)} = -\dfrac{1}{x}-\dfrac{1}{x^2}-\dfrac{2x}{x^2+4}+\dfrac{3}{x-1}$. ■

⚠ Die Konstanten müssen wirklich Konstanten sein – wer am Ende der Rechnung in seiner Konstante ein x findet, hat etwas falsch gemacht. Entweder liegt ein Rechenfehler vor, oder aber der Ansatz der Partialbrüche ist nicht richtig. Wenn der Ansatz falsch ist, geht die Sache nicht auf und man kann keine Konstanten erhalten.

3.2.2 Grenzwertverhalten von rationalen Funktionen

Sei $r := \frac{p}{q}$ eine rationale Funktion.Der Definitionsbereich ist natürlich $D_r = \mathbb{R} \setminus \{x \mid q(x)=0\}$, also $\mathbb{R}$ ohne die Nullstellen von q. Wenn eine Stelle x_0 Nullstelle von p und auch von q ist, so enthalten beide Polynome p und q den Faktor $x-x_0$ und man könnte diesen Faktor kürzen. Das wird man natürlich gerne tun, denn dann reduzieren sich die Grade von Zähler- und Nennerpolynome und die rationale Funktion erscheint gleich (etwas) freundlicher.

Beispiel 3.10

Die rationale Funktion r, gegeben durch $r(x) := \dfrac{x+1}{x^2-1}$, ist auf $\mathbb{R} \setminus \{-1, 1\}$ definiert. Für alle $x \neq -1$ ist aber $r(x) = \dfrac{1}{x-1}$. Diese Überlegungen kommen Ihnen sicherlich bekannt vor: In Kapitel 2 hatten wir gesagt, man kann r stetig in $x = -1$ ergänzen (siehe Beispiel 2.10).

$x_0 = -1$ ist sowohl Nullstelle des Zähler- als auch des Nennerpolynoms. Durch Kürzen kann man die Funktion in dieser Stelle stetig ergänzen.

Zur Untersuchung des Grenzwertverhaltens von rationalen Funktionen werden wir annehmen, dass die Funktion überall dort wo es möglich ist, stetig ergänzt wurde. Dies geschieht durch Kürzen gemeinsamer Faktoren, wie wir bereits gesehen haben. Wir werden also im Folgenden nur noch rationale Funktionen betrachten, bei denen die Nullstellen des Nennerpolynoms nicht gleichzeitig Nullstellen des Zählerpolynoms sind.

Polstellen einer rationalen Funktion

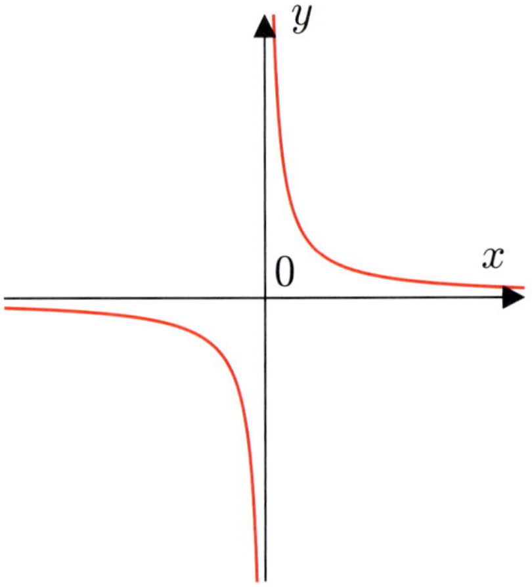

Bild 3.1 Polstelle mit Vorzeichenwechsel in $x = 0$

Definition 3.2

Sei $r = \frac{p}{q}$ eine rationale Funktion mit $q(x) = 0 \Longrightarrow p(x) \neq 0$ für alle $x \in \mathbb{R}$ (d. h. Nullstellen von q sind nicht gleichzeitig Nullstellen von p). Dann ist r auf $D_r = \mathbb{R} \setminus \{x \mid q(x) = 0\}$ stetig. In den Nullstellen von q ist r nicht stetig, diese nennt man **Polstellen** von r oder kurz **Pole** von r. Für eine Polstelle x_0 von r gilt dann

$$\lim_{x \to x_0+} r(x) = \infty \quad \text{oder} \quad \lim_{x \to x_0+} r(x) = -\infty$$

und

$$\lim_{x \to x_0-} r(x) = \infty \quad \text{oder} \quad \lim_{x \to x_0-} r(x) = -\infty$$

Wenn links- und rechtsseitiger Grenzwert von $r(x)$ an der Stelle x_0 unterschiedliches Vorzeichen haben, spricht man von einer **Polstelle mit Vorzeichenwechsel**, wenn sie dasselbe Vorzeichen haben, von **Polstelle ohne Vorzeichenwechsel**.

Beispiel 3.11

$r_1(x) = \frac{1}{x}$ hat in $x_0 = 0$ eine Polstelle mit Vorzeichenwechsel, $r_2(x) = \frac{1}{x^2}$ hat in $x_0 = 0$ eine Polstelle ohne Vorzeichenwechsel, siehe Bild 3.1 und Bild 3.2. ■

Mit Hilfe der Partialbruchzerlegung können wir nun auch kompliziertere Fälle angehen.

Beispiel 3.12

Das Verhalten der rationalen Funktion r, gegeben durch $r(x) = \dfrac{2x^3+9x^2+4}{x^2(x^2+4)(x-1)}$, an den Polstellen soll untersucht werden.

Die Polstellen, also die Nullstellen des Nenners, sind offensichtlich 0 und 1. In Beispiel 3.9 hatten wir schon eine Partialbruchzerlegung gefunden:

$$r(x) = \frac{2x^3+9x^2+4}{x^2(x^2+4)(x-1)} = -\frac{1}{x} - \frac{1}{x^2} - \frac{2x}{x^2+4} + \frac{3}{x-1}$$

Zur Bestimmung der Grenzwerte von r an den Polstellen können wir nun die Grenzwerte der Partialbrüche betrachten, was viel einfacher ist:

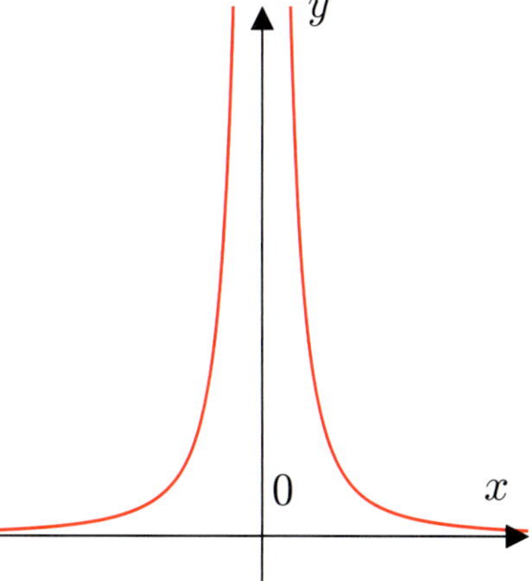

Bild 3.2 Polstelle ohne Vorzeichenwechsel in $x = 0$

- an der Stelle 1: Wir betrachten den vierten Partialbruch:

  $$\lim_{x\to 1+} \frac{3}{x-1} = \infty, \qquad \lim_{x\to 1-} \frac{3}{x-1} = -\infty$$

  und dieses Verhalten drückt sich wegen der Stetigkeit der ersten drei Partialbrüche in 1 auf r durch, sodass wir erhalten:

  $$\lim_{x\to 1+} r(x) = \infty, \qquad \lim_{x\to 1-} r(x) = -\infty,$$

  sodass 1 also eine Polstelle von r mit Vorzeichenwechsel ist.

- an der Stelle 0: Wir betrachten die ersten beiden Partialbrüche:

  $$\lim_{x\to 0+} -\frac{1}{x} = -\infty, \quad \lim_{x\to 0+} -\frac{1}{x^2} = -\infty, \qquad \text{also} \lim_{x\to 0+} -\frac{1}{x} - \frac{1}{x^2} = -\infty,$$

  woraus wegen der Stetigkeit des dritten und vierten Partialbruchs in 0 folgt: $\lim_{x\to 0+} r(x) = -\infty$. Für den linksseitigen Grenzwert müssen wir mehr tun:

  $$\lim_{x\to 0-} -\tfrac{1}{x} = \infty, \quad \lim_{x\to 0-} -\tfrac{1}{x^2} = -\infty$$

  woraus wir nicht so schnell etwas über $\lim_{x\to 0+} -\frac{1}{x} - \frac{1}{x^2}$ aussagen können. Sofort klar ist die Lage aber, wenn wir beide Brüche auf einen Nenner bringen:

  $$\lim_{x\to 0+} -\tfrac{1}{x} - \tfrac{1}{x^2} = \lim_{x\to 0+} -\tfrac{x+1}{x^2} = -\infty$$

  woraus wir wieder wie vorher $\lim_{x\to 0+} r(x) = -\infty$ schließen können. Damit ist klar, dass 0 eine Polstelle von r ohne Vorzeichenwechsel ist.

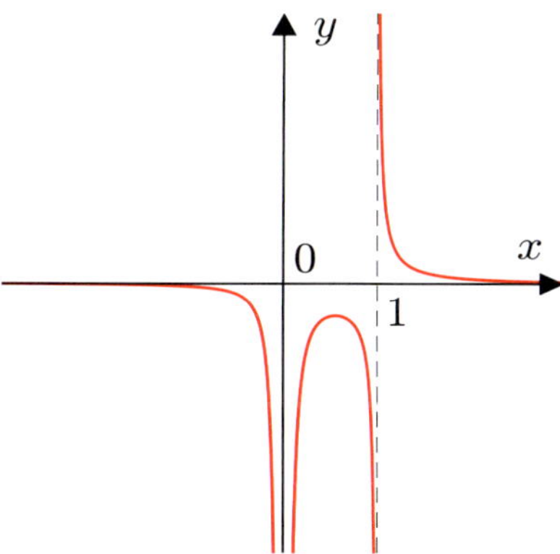

Bild 3.3 Pol ohne Vorzeichenwechsel in 0, Pol mit Vorzeichenwechsel in 1

Ergebnis: 0 ist eine Polstelle ohne Vorzeichenwechsel, 1 eine mit, was sich auch in Bild 3.3 bestätigt. ■

Aufgaben

3.1 Wandeln Sie die folgenden Dual- bzw. Hexadezimalzahlen mit Hilfe des Horner-Schemas um in Dezimalzahlen: 110101_2, 10111000_2, 10101110_2, $2A7C_{16}$, $4B69D_{16}$, $BC5E_{16}$

3.2 Faktorisieren Sie die folgenden Polynome mit Hilfe des Horner-Schemas, u. U. ist die mehrfache Anwendung nötig. Als Hilfe sind ein oder mehrere potenzielle Nullstellen vorgegeben. Zur Faktorisierung von Polynomen vom Grad 2 verwenden Sie natürlich die quadratische Ergänzung.

a) $x^3-5x^2-2x+24, \quad x_0=3$

b) $x^3+8.5x^2-60-3.5x, \quad x_0=-3$

c) $x^4-9.5x^3+17x^2+6.5x-21, x_0=-1, x_1=7$

d) $x^4-5x^3-9x^2+81x-108, \quad x_0=3$ (mehrfache Nullstelle)

3.3 Entwickeln Sie die folgenden Polynome mit dem Horner-Schema um den angegebenen Punkt x_0.

a) $x^4-3, \quad x_0=2$

b) $x^5-4x^4+2x^2-7, \quad x_0=-1$

c) $2x^4-3x^3+7x^2-x+1, \quad x_0=-2$

d) $x^5-3x+3, \quad x_0=3$

3.4 Zerlegen Sie die folgenden Ausdrücke in Partialbrüche

a) $\dfrac{2x^2+7x-3}{(x-1)(x-2)^2}$ **b)** $\dfrac{15x^3+76x-90}{x(x-2)(x^2+9)}$

c) $\dfrac{x(7x^3+14x-3x^2-6)}{(x-1)(x^2+1)^2}$ **d)** $\dfrac{9x^3-25x^2+33}{(x-1)^3(x-2)}$

3.5 Klassifizieren Sie die Polstellen der Ausdrücke aus Aufgabe 3.4.

Wahr oder falsch?

3.6 Multipliziert man ein Polynom vom Grad n mit einem Polynom vom Grad m, so erhält man immer ein Polynom vom Grad $n+m$.

3.7 Addiert man zwei Polynome vom Grad n, so erhält man stets wieder ein Polynom vom Grad n.

3.8 Potenziert man ein Polynom vom Grad n mit dem Exponenten k, so erhält man ein Polynom vom Grad n^k.

3.9 Auch die Wurzelfunktion $f(x)=\sqrt{x}$ ist eine rationale Funktion, denn man kann sie ja schreiben als ein Polynom vom Grad 1 dividiert durch ein Polynom vom Grad 2.

4 Vom Reellen zum Komplexen

Die Wurzel aus einer positiven Zahl zu ziehen, ist nicht besonders schwierig; das können schon die einfachsten Taschenrechner. Wie ist es aber mit der Wurzel aus einer negativen Zahl? Wir haben früher, auf der Schule oder im Vorkurs, gelernt, dass das gar nicht geht. Um das doch zu ermöglichen, brauchen wir etwas ganz Neues – etwas, das wir bisher nicht kennen: Die imaginäre Einheit und darauf aufbauend die komplexen Zahlen. Anwendungen dafür gibt es in Hülle und Fülle. In diesem Kapitel werden wir sehen, dass sich mit komplexen Zahlen viele Rechnungen einfacher durchführen lassen.

4.1 Komplexe Zahlen

„- Und was macht Herr Professor Grauß, wenn ich fragen darf?
Aber der wollte nicht verraten, worüber er nachdachte.
- Herr Grauß hat eine höchst wunderbare Entdeckung gemacht. Er beschäftigt sich mit einer völlig neuen Sorte von Zahlen. Wie haben Sie die genannt, lieber Freund?
-i, sagte der Herr mit dem strengen Blick, und das war alles, was er sagte.
- Das sind die eingebildeten Zahlen, erklärte Teplotaxl. Bitte, meine Herren, entschuldigen Sie die Störung."

Hans Magnus Enzensberger, Der Zahlenteufel, Hanser 1997

Wenn man eine Zahl quadriert, erhält man wieder eine Zahl. Das ist banal. Die Frage, welche Zahl man quadrieren muss, um eine vorgegebene Zahl zu erhalten, ist schon nicht mehr so banal. Auf die Frage, welche Zahl quadriert 4 ergibt, gibt es zwei Antworten, nämlich 2 und -2. Interessanter wird es, wenn man sich fragt, welche Zahl quadriert z. B. die Zahl 2 ergibt. Bekanntlich führt dies auf die irrationale Zahl $\sqrt{2}$. Irrationale Zahlen, vom Namen her „Zahlen, die sich der Vernunft entziehen", haben eine nichtabbrechende Dezimalbruchentwicklung. Kein Mensch kann diese unendlich vielen Stellen hinter dem Komma aufschreiben, auch kein Computer kann das, aber für die Praxis ist das auch uninteressant. Trotzdem ist es extrem nützlich, mit Zahlen wie $\sqrt{2}$, genauer gesagt, mit solchen Symbolen, zu rechnen, und das ist seit langem bekannt. Eine naheliegende Frage ist dann, welche Zahl quadriert -1 ergibt. Die Beschäftigung mit solchen Fragestellungen begann, wie so vieles in der Mathematik, mit Euler und Gauss. Keine rationale oder irrationale Zahl ergibt quadriert -1, man führte daher eine neue Zahl i ein mit der Eigenschaft $i^2 = -1$ und nannte sie „imaginäre Einheit", also wörtlich genommen, eine Zahl, die nur in unserer Einbildung existiert. Es wird sich zeigen, dass die Rechnung mit i trotzdem enorme Bequemlichkeit mit sich bringt; viele Rechnungen lassen sich damit

Das Zeichen i für eine Zahl, deren Quadrat -1 ist, wurde von Euler eingeführt.

schneller und einfacher durchführen. In diesem Kapitel werden wir davon schon einen ersten Eindruck bekommen. In Anwendungen werden die Endergebnisse natürlich keine nur in unserer Einbildung existierenden Zahlen mehr enthalten – wir wollen ja real existierende Ergebnisse erhalten. Dazu werden wir lernen, mit imaginären Zahlen zu rechnen und am Ende wieder auf reelle umzuschalten.

In der Elektrotechnik kann das Symbol i für die imaginäre Einheit zu Verwechslungen mit der Stromstärke führen (nicht wirklich, wenn man mitdenkt, aber ...). Es hat sich daher dort das Symbol j eingebürgert, welches wir von nun auch verwenden wollen.

Imaginäre Einheit

Definition 4.1

$\mathrm{j}^2 = -1$ ist eigentlich alles, was man wissen muss.

Mit j bezeichnen wir eine Lösung der Gleichung $x^2 + 1 = 0$. Da diese Gleichung in $\mathbb{R}$ keine Lösung besitzt, ist $\mathrm{j} \notin \mathbb{R}$. j wird als **imaginäre Einheit** bezeichnet. Es gilt $\mathrm{j}^2 = -1$.

⚠ Schreiben Sie nie $\sqrt{-1}$, denn das Rechnen mit dem Wurzelzeichen im Komplexen führt in Teufels Küche (sprich: zu falschen Ergebnissen).

Es sei davor gewarnt, die Notation $\mathrm{j} = \sqrt{-1}$ zu verwenden (auch wenn das in einigen Lehrbüchern getan wird!), denn das verleitet dazu, Rechenregeln anzuwenden, die gar nicht gelten. Kostprobe zur Abschreckung:

$$-1 = \mathrm{j}^2 = \sqrt{-1}\sqrt{-1} = \sqrt{(-1)(-1)} = \sqrt{1} = 1$$

und anderer Blödsinn ist die Folge.

Die Menge der komplexen Zahlen

Definition 4.2

Die Menge der komplexen Zahlen wird mit $\mathbb{C}$ bezeichnet und definiert als

$$\mathbb{C} := \{x + \mathrm{j}y \mid x, y \in \mathbb{R}\}.$$

Man kann $\mathbb{C}$ auch als Menge von Zahlenpaaren (x, y) mit $x, y \in \mathbb{R}$ ansehen. Dann entspricht $\mathbb{C}$ dem schon bekannten $\mathbb{R}^2$.
Für $z = x + \mathrm{j}y \in \mathbb{C}$ mit $x, y \in \mathbb{R}$ definieren wir:

$$\begin{aligned} \mathrm{Re}(z) &:= x \quad \textbf{Realteil von } z \\ \mathrm{Im}(z) &:= y \quad \textbf{Imaginärteil von } z \end{aligned}$$

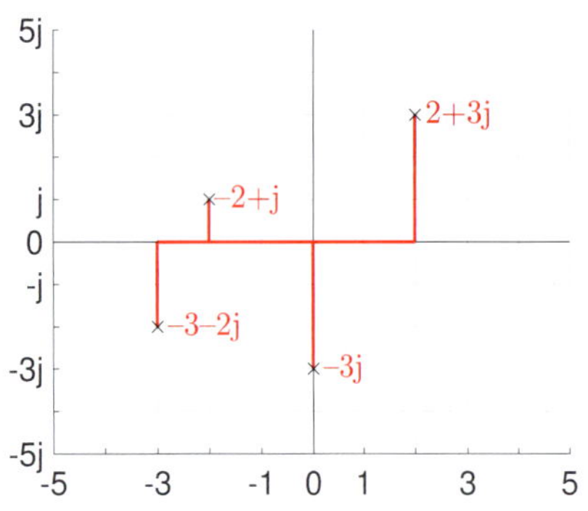

Bild 4.1 Ein paar komplexe Zahlen

Die Darstellung $z = x + \mathrm{j}\,y$ ist eindeutig, wenn $x, y \in \mathbb{R}$. Zwei komplexe Zahlen sind also genau dann gleich, wenn Realteil und Imaginärteil jeweils gleich sind:

$$x_1 + \mathrm{j}\,y_1 = x_2 + \mathrm{j}\,y_2 \iff x_1 = x_2 \text{ und } y_1 = y_2.$$

Komplexe Zahlen lassen sich in der **Gaußschen Zahlenebene** veranschaulichen, wobei auf der x-Achse der Realteil abgetragen wird und auf der y-Achse der Imaginärteil, siehe Bild 4.1.

Carl Friedrich Gauss, 1777–1855, deutscher Mathematiker Vielen Deutschen bekannt durch sein Porträt auf zwei Briefmarken (Ausgabe 1955 und 1977) und auf dem 10-DM-Schein und in jüngster Zeit als einer der beiden Protagonisten in Daniel Kehlmanns Bestseller „Die Vermessung der Welt“.

Definition 4.3

konjugiert komplex
Absolutbetrag

Für $z = \mathrm{Re}(z) + \mathrm{j}\,\mathrm{Im}(z) \in \mathbb{C}$ ist das **konjugiert komplexe** von z definiert als

$$\bar{z} := \mathrm{Re}(z) - \mathrm{j}\,\mathrm{Im}(z)$$

(in der Literatur auch manchmal mit z^* bezeichnet).
Der **Betrag** von z ist definiert als:

$$|z| := \sqrt{(\mathrm{Re}(z))^2 + (\mathrm{Im}(z))^2}$$

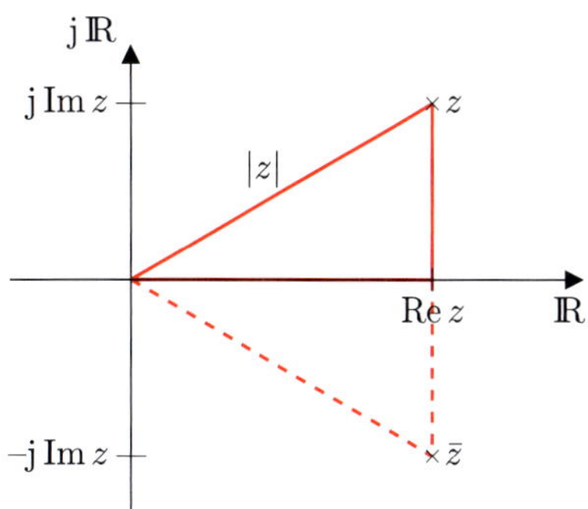

Bild 4.2 Absolutbetrag und konjugiert komplexes von $z \in \mathbb{C}$

$\bar{z}$ findet man in der Gaußschen Zahlenebene, indem man z an der reellen Achse (d. h. der x-Achse) spiegelt. $|z|$ ist der Abstand von z zum Nullpunkt, gemessen in der Gaußschen Zahlenebene, siehe Bild 4.2.

Wir versuchen nun einmal, mit komplexen Zahlen zu rechnen, genauso wie im Reellen. Bei Bedarf ersetzen wir j^2 durch -1.

Beispiel 4.1

$5 + 3\mathrm{j} + 7 - 2\mathrm{j} = 5 + 7 + (3-2)\mathrm{j} = 12 + \mathrm{j}$
$(5+3\mathrm{j})\,(7-2\mathrm{j}) = 5\cdot 7 + (3\cdot 7 - 5\cdot 2)\mathrm{j} - 3\cdot 2\mathrm{j}^2 = 35 + 11\mathrm{j} - 6\cdot(-1) = 41 + 11\mathrm{j}.$
$(4+3\mathrm{j})(4-3\mathrm{j}) = 4^2 - (3\mathrm{j})^2 = 16 - 9\mathrm{j}^2 = 16 + 9 = 25.$
Also wirklich völlig harmlose Rechnerei, alles wie in $\mathbb{R}$. ■

In den vier Grundrechenarten rechnet man in $\mathbb{C}$ genauso wie in $\mathbb{R}$. Man behandelt j einfach als eine Konstante und ersetzt bei Bedarf $\mathrm{j}^2 = -1$.

Satz 4.1

Rechenregeln in $\mathbb{C}$

Es gilt für alle $x_1, y_1, x_2, y_2 \in \mathbb{R}, z, z_1, z_2 \in \mathbb{C}$:

- Für $\lambda \in \mathbb{R}$ ist $\mathrm{Re}(\lambda z) = \lambda \mathrm{Re}(z)$, $\mathrm{Im}(\lambda z) = \lambda \mathrm{Im}(z)$, und $|\lambda z| = |\lambda| \cdot |z|$.
- $z \cdot \bar{z} = |z|^2$ (insbesondere ist $z \cdot \bar{z} \in \mathbb{R}$)

Zur Festigung: Diese Regeln nicht auswendig lernen, sondern selbst nachrechnen. Dabei an $\mathrm{j}^2 = -1$ denken und wie in $\mathbb{R}$ rechnen.

- $\overline{z_1 + z_2} = \overline{z_1} + \overline{z_2}$, $\overline{z_1 z_2} = \overline{z_1} \cdot \overline{z_2}$, $\overline{z^{-1}} = \overline{z}^{-1}$, $|\overline{z}| = |z|$
- $\mathrm{Re}(z) = \frac{z+\overline{z}}{2}$, $\mathrm{Im}(z) = \frac{z-\overline{z}}{2\mathrm{j}}$
- $|z| = 0 \iff z = 0$
- $|z_1 z_2| = |z_1| \cdot |z_2|$
- $|z_1 + z_2| \leq |z_1| + |z_2|$ (Dreiecksungleichung)
- $|\mathrm{Re}(z)| \leq |z|$, $|\mathrm{Im}(z)| \leq |z|$
- $\mathrm{Re}(z^{-1}) = \dfrac{\mathrm{Re}(z)}{|z|^2}$ und $\mathrm{Im}(z^{-1}) = \dfrac{-\mathrm{Im}(z)}{|z|^2}$, falls $z \neq 0$.

Die obigen Rechenregeln erlauben eine wichtige Aussage über die Nullstellen von Polynomen mit reellen Koeffizienten.

Satz 4.2

Sei p ein Polynom vom Grad n mit reellen Koeffizienten, also $p(z) = \sum\limits_{i=0}^{n} a_i z^i$ mit $a_i \in \mathbb{R}$ für alle i. Sei weiter z_0 eine Nullstelle von p. Dann ist auch $\overline{z_0}$ eine Nullstelle von p.

Dies rechnet man wie folgt nach (Arbeitstechniken beachten!). Aus $p(z_0) = \sum\limits_{i=0}^{n} a_i z_0^i = 0$ folgt:

$$p(\overline{z_0}) = \sum_{i=0}^{n} a_i \cdot \overline{z_0}^i = \sum_{i=0}^{n} a_i \cdot \overline{z_0^i} \overset{a_i \in \mathbb{R}}{=} \sum_{i=0}^{n} \overline{a_i z_0^i} = \overline{\sum_{i=0}^{n} a_i z_0^i} = \overline{p(z_0)} = 0.$$

Polardarstellung komplexer Zahlen

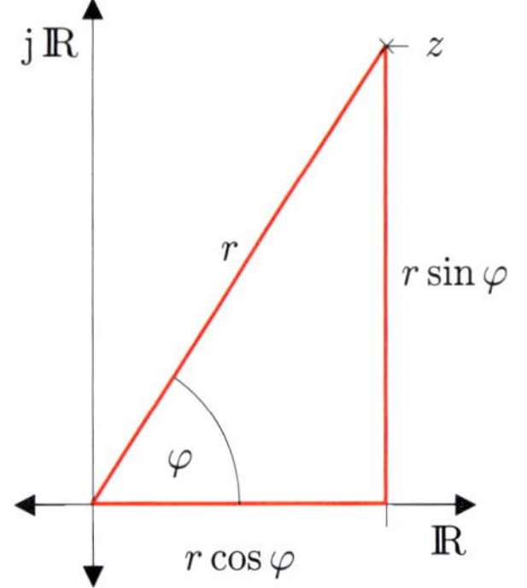

Bild 4.3 Polarkoordinaten einer komplexen Zahl z

Satz 4.3

Wie in $\mathbb{R}^2$ kann man analog auch komplexe Zahlen in Polarkoordinaten darstellen. Eine komplexe Zahl $z = \mathrm{Re}(z) + \mathrm{j}\,\mathrm{Im}(z)$ wird dann durch (r, φ) dargestellt mit $r > 0$, $\varphi \in [0, 2\pi)$. Dann ist offensichtlich $r = |z|$. Für den zu z gehörenden Winkel φ schreibt man auch $\varphi = \arg(z)$, das Argument von z. r und φ können, wie bereits bekannt, aus $\mathrm{Re}(z) = x$ und $\mathrm{Im}(z) = y$ berechnet werden. Dann gilt:

$$\mathrm{Re}(z) = r\cos\varphi = |z| \cos\arg(z)$$
$$\mathrm{Im}(z) = r\sin\varphi = |z| \sin\arg(z).$$

Es gilt die **Eulersche Formel** $e^{j\varphi} = \cos\varphi + j\sin\varphi$ und damit

$$z = \mathrm{Re}(z) + j\,\mathrm{Im}(z) = r\cos\varphi + j\,r\sin\varphi = r\,e^{j\varphi} = |z|\,e^{j\arg(z)}$$

Für e^z mit $z \in \mathbb{C}$ gelten dann die aus dem Reellen bekannten Potenzrechenregeln.

Die Eulersche Formel

$$e^{j\varphi} = \cos\varphi + j\sin\varphi$$

sollten Sie auswendig lernen. Sie verkörpert die grundlegende Idee der komplexen Zahlen in Polarform.

Beispiel 4.2

Vergleiche Beispiel 1.6, siehe Bild 4.4.

- Gesucht ist die Polardarstellung von $2+3j$. Klar ist nach Pythagoras: $r = \sqrt{2^2+3^2} = \sqrt{13}$. Aus Bild 4.4(a) sehen wir, dass $\tan\varphi = \frac{3}{2}$. Da wir sehen, dass $\varphi \in [0, \frac{\pi}{2}]$ liegen wird – dazu dient gerade das Bild – können wir gefahrlos den arctan verwenden und erhalten $\varphi = \arctan 1.5 \approx 0.9828$.
- Gesucht sind die Polarkoordinaten von $-3+2j$. Leicht ist $r = \sqrt{13}$. Den Hilfswinkel α in Bild 4.4(b) können wir mit arctan berechnen: $\alpha = \arctan\frac{2}{3}$. Aus dem Bild entnehmen wir, dass der gesuchte Winkel $\phi = \pi - \alpha$ ist. Also $\phi = \pi - \arctan\frac{2}{3} \approx 2.5536$.
- Gesucht sind die Polarkoordinaten von $-4-j$. Also $r = \sqrt{17}$. Der Hilfswinkel α in Bild 4.4(c) berechnet sich als $\alpha = \arctan\frac{1}{4}$. Aus dem Bild sehen wir, dass der gesuchte Winkel $\phi = \pi + \alpha$ ist. Also $\phi = \pi + \arctan\frac{1}{4} \approx 3.3866$.
- Gesucht sind die Polarkoordinaten von $3-j$. Also $r = \sqrt{10}$. Der Hilfswinkel α in Bild 4.4(d) berechnet sich als $\alpha = \arctan\frac{1}{3}$. Aus dem Bild sehen wir, dass der gesuchte Winkel $\phi = 2\pi - \alpha$ ist. Also $\phi = 2\pi - \arctan\frac{1}{3} \approx 5.9614$.

■

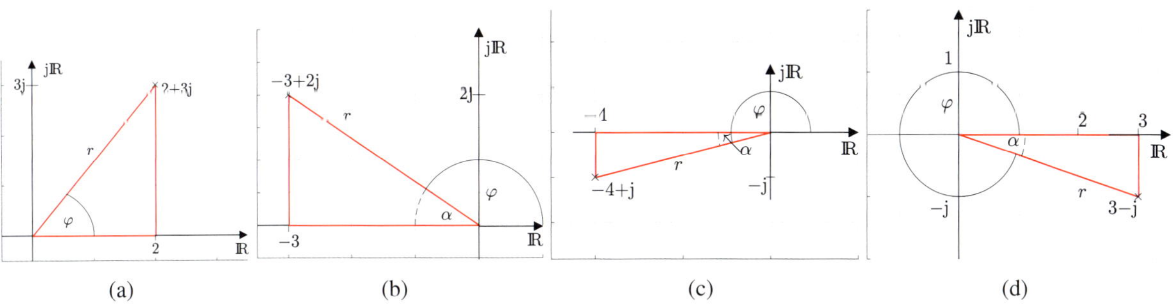

Bild 4.4 Beispiele zur Berechnung der Polardarstellung – Ähnlichkeiten mit Bild 1.13 sind nicht zufällig!

begin MATLAB

In MATLAB kann für die imaginäre Einheit sowohl `i` als auch `j` verwendet werden. Eine komplexe Zahl kann dann als `2+3*i`, aber auch als `2+3i` definiert werden.

⚠ Wenn Sie `i` als Laufindex in Schleifen benutzt haben, können Sie nicht mehr die Form `2+3*i` verwenden. Die Form `2+3i` kann noch verwendet werden. Dasselbe gilt für die Verwendung von `j`. Um dem Ganzen aus dem Weg zu gehen, kann man $x + \mathrm{j}\, y$ auch als `complex(x,y)` definieren.

Berechnung des Realteils

Berechnung des Imaginärteils

Berechnung des konjugiert Komplexen

Berechnung des Absolutbetrags

Berechnung des Winkels

```
>> z=5+7*i

z =

   5.0000 + 7.0000i

>> real(z)

ans =

     5

>> imag(z)

ans =

     7

>> conj(z)

ans =

   5.0000 - 7.0000i

>> z1=1-i;
>> abs(z1)

ans =

    1.4142

>> angle(z1)

ans =

   -0.7854

>>
```

Sie haben natürlich $|z1| = \sqrt{2}$ erwartet, aber $\arg(z1) = \frac{7}{4}\pi$. MATLAB liefert aber einen Winkel in $[-\pi, \pi]$. Da Sie aber verstanden haben, worauf es ankommt, haben Sie die nötige Flexibilität, um mit diesen Unterschieden umzugehen. Die Definition des Winkels ist offensichtlich nicht überall einheitlich, weder in Büchern noch bei Software.

⚠ Vorsicht beim Winkel in der Polardarstellung: Die Definition ist nicht überall einheitlich: mal $(-\pi, \pi]$, mal $[0, 2\pi]$.

end MATLAB

Satz 4.4

Folgerungen aus der Polardarstellung

Es gilt für alle $z, z_1, z_2 \in \mathbb{C}$:

- $z_1 z_2 = |z_1 z_2|\, e^{j(\arg(z_1)+\arg(z_2))}$
- für alle $r \in \mathbb{R}$ gilt: $z^r = |z|^r e^{j\, r \arg(z)}$
- $e^{j\pi/2} = j, \quad e^{j\pi} = -1, \quad e^{j\, 3\pi/2} = -j, \quad e^{j\, 2\pi} = 1$
- die Funktion $\varphi \mapsto e^{j\varphi}$ ist 2π-periodisch
- $|e^{j\varphi}| = 1$ für alle $\varphi \in \mathbb{R}$
- $\overline{z} = |z|\, e^{-j\varphi}$, $z^{-1} = r^{-1}\, e^{-j\varphi}$

Zur Festigung: Machen Sie sich diese Eigenschaften mit Hilfe der Potenzrechenregeln und der Polardarstellung klar.

Hervorheben wollen wir besonders $|e^{j\varphi}| = 1$ für alle $\varphi \in \mathbb{R}$. Die Zahlen $e^{j\varphi}$ haben in der Polardarstellung offensichtlich $r = 1$ und liegen damit stets auf dem Einheitskreis der komplexen Ebene. Der Ausdruck ist in φ 2π-periodisch, was man unter Benutzung der Eulerschen Formel erkennt. Mit wachsendem φ dreht sich also der Ausdruck $e^{j\varphi}$ auf dem Einheitskreis um den Nullpunkt herum, und zwar im Gegenuhrzeigersinn (weil Winkel in dieser Richtung gemessen werden). Wenn φ ein ganzzahliges Vielfaches von π ist, dann liegt $e^{j\varphi}$ auf der reellen Achse (der x-Achse). Wenn φ ein ungeradzahliges Vielfaches von $\frac{\pi}{2}$ ist, dann liegt $e^{j\varphi}$ auf der imaginären Achse (der y-Achse).

Flächeninhalt eines Dreiecks in $\mathbb{C}$

Mithilfe der Polardarstellung können wir eine schöne Formel für den Flächeninhalt eines Dreiecks in der komplexen Zahlenebene herleiten. Wir betrachten die drei Zahlen $0, z_1, z_2 \in \mathbb{C}$ und fragen nach der Fläche des so gebildeten Dreiecks, siehe Bild 4.5. Sei $z_1 = r_1\, e^{j\varphi_1}$, $z_2 = r_2\, e^{j\varphi_2}$. Der gesuchte Flächeninhalt ist dann

$$A = \tfrac{1}{2} h r_2$$

wobei $h = r_1 \sin(\varphi_1 - \varphi_2)$ die Höhe im Dreieck ist. Damit erhalten wir

$$\begin{aligned} A &= \tfrac{1}{2} h r_2 = \tfrac{1}{2} r_1 r_2 \sin(\varphi_1 - \varphi_2) \\ &= \tfrac{1}{2} r_1 r_2 \tfrac{1}{2j}\left(e^{j\,\varphi_1-\varphi_2)} - e^{-j(\varphi_1-\varphi_2)}\right) \\ &= \tfrac{1}{4j}\left(r_1 e^{j\varphi_1}\, r_2 e^{-j\varphi_2} - r_1 e^{-j\varphi_1}\, r_2 e^{j\varphi_2}\right) \\ &= \tfrac{1}{4j}\left(z_1 \overline{z_2} - \overline{z_1} z_2\right) = \tfrac{1}{4j}\left(z_1 \overline{z_2} - \overline{z_1 \overline{z_2}}\right) = \tfrac{1}{2}\, \mathrm{Im}(z_1 \overline{z_2}). \end{aligned}$$

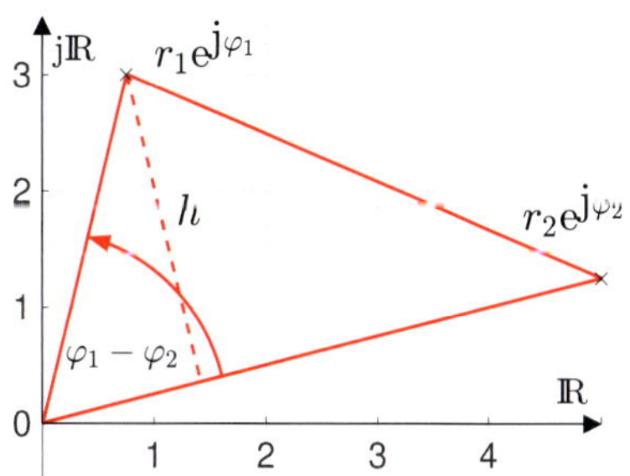

Bild 4.5 Dreieck, gebildet von zwei komplexen Zahlen und dem Nullpunkt

Je nach Lage der Punkte kann $\varphi_1 - \varphi_2$ negativ sein, was einen negativen Flächeninhalt zur Folge hätte. Um eine lageunabhängige Formel zu erhalten, müssen wir noch den Betrag des Ausdrucks bilden und erhalten:

Formel für den Flächeninhalt eines Dreiecks in $\mathbb{C}$

Satz 4.5

Der Flächeninhalt des von $0, z_1, z_2 \in \mathbb{C}$ gebildeten Dreiecks ist

$$A = \frac{1}{2}\,|\operatorname{Im}(z_1\,\overline{z_2})| = \frac{1}{2}\,|\operatorname{Re}(z_1)\operatorname{Im}(z_2) - \operatorname{Im}(z_1)\operatorname{Re}(z_2)|.$$

Rechenregeln für sin und cos

Satz 4.6

Für alle $x, y \in \mathbb{R}$ gilt:

$$\sin x = \operatorname{Im} e^{jx} = \frac{e^{jx} - \overline{e^{jx}}}{2j} = \frac{e^{jx} - e^{-jx}}{2j} \tag{4.1}$$

$$\cos x = \operatorname{Re} e^{jx} = \frac{e^{jx} + \overline{e^{jx}}}{2} = \frac{e^{jx} + e^{-jx}}{2} \tag{4.2}$$

$$\sin x = -j\sinh(jx), \quad \cos x = \cosh(jx) \tag{4.3}$$

$$\sin(x \pm y) = \sin x \cos y \pm \cos x \sin y \tag{4.4}$$

$$\cos(x \pm y) = \cos x \cos y \mp \sin x \sin y \tag{4.5}$$

Moivresche Formel:

$$(\cos x + j\sin x)^n = \cos(nx) + j\sin(nx) \tag{4.6}$$

Die Additionstheoreme (4.4) und (4.5) stehen schon in Satz 1.4, aber erst die komplexen Zahlen erlauben einen leichten Nachweis (siehe Aufgabe 4.2).

↪ Aufgabe 4.6

Abraham de Moivre, 1667-1754, franz. Mathematiker

Anwendung – Schwingungen

Aus Bild 1.10 kennen wir schon Schwingungen. Hat man zwei Schwingungen

$$f_1(t) := A_1\sin(\omega t + \varphi_1) \qquad \text{und} \qquad f_2(t) := A_2\sin(\omega t + \varphi_2)$$

(also mit gleicher Frequenz, aber möglicherweise verschiedenen Amplituden und Phasenwinkeln), so ist die Überlagerung, d. h. die Funktion $f(t) = f_1(t) + f_2(t)$, wieder eine Schwingung mit der gleichen Frequenz $\frac{\omega}{2\pi}$. D. h. es gibt A_3, φ_3 so, dass

$$f(t) = f_1(t) + f_2(t) = A_3\sin(\omega t + \varphi_3).$$

Das wollen wir jetzt nachweisen – nicht um Sie davon zu überzeugen, sondern weil der Nachweis eine Methode liefert, die neue Amplitude A_3 und die neue Phase φ_3 zu berechnen. Es gilt:

$$\begin{aligned} f(t) &= f_1(t)+f_2(t) = A_1\sin(\omega t+\varphi_1)+A_2\sin(\omega t+\varphi_2) \\ &\overset{(4.4)}{=} \sin(\omega t)\cdot(A_1\cos\varphi_1 + A_2\cos\varphi_2) \\ &\qquad + \cos(\omega t)\cdot(A_1\sin\varphi_1 + A_2\sin\varphi_2). \end{aligned}$$

Dies ist gleich $A_3\sin(\omega t+\varphi_3)$, falls

$$\begin{aligned} A_3\cos\varphi_3 &= A_1\cos\varphi_1 + A_2\cos\varphi_2 \qquad \text{und} \\ A_3\sin\varphi_3 &= A_1\sin\varphi_1 + A_2\sin\varphi_2 \end{aligned}$$

ist. Diese beiden Gleichungen kann man in einer komplexen Gleichung zusammenfassen: Man verwendet die erste Gleichung als Realteil und die zweite als Imaginärteil. Man erhält:

Trick: für $x, y, u, v \in \mathbb{R}$ gilt: $x = u, y = v \iff x + \mathrm{j}\,y = u + \mathrm{j}\,v$.

$$A_3\,\mathrm{e}^{\mathrm{j}\,\varphi_3} = A_1\,\mathrm{e}^{\mathrm{j}\,\varphi_1} + A_2\,\mathrm{e}^{\mathrm{j}\,\varphi_2}.$$

Daraus sieht man

$$\begin{aligned} A_3 &= |A_1\,\mathrm{e}^{\mathrm{j}\,\varphi_1} + A_2\,\mathrm{e}^{\mathrm{j}\,\varphi_2}| \qquad \text{und} \\ \varphi_3 &= \arg(A_1\,\mathrm{e}^{\mathrm{j}\,\varphi_1} + A_2\,\mathrm{e}^{\mathrm{j}\,\varphi_2}). \end{aligned}$$

Anwendung – Elektrotechnik: Zeigerdarstellung

In der Elektrotechnik bezeichnet man sin-förmige Ströme und Spannungen als Sinusgrößen. Diese kann man generell mit $f(t) = A\cos(\omega t+\varphi)$ beschreiben (da der cos ja nichts anderes als ein verschobener sin ist (siehe Satz 1.3), kann man sowohl sin- als auch cos-Schwingungen über den cos beschreiben). Es hat sich nun als zweckmäßig erwiesen, die Größe $f(t)$ zu komplexifizieren durch Übergang zu $\underline{f}$ definiert, als

$$\underline{f}(t) = A\,(\cos(\omega t+\varphi) + \mathrm{j}\sin(\omega t+\varphi)) = A\,\mathrm{e}^{\mathrm{j}(\omega t+\varphi)}.$$

Damit ist dann $f(t) = \mathrm{Re}\,\underline{f}(t)$. In der komplexen Ebene kann man $\underline{f}$ bei wachsendem t als einen im Gegenuhrzeigersinn rotierenden Zeiger ansehen. Die Projektion dieses Zeigers zu einem Zeitpunkt t senkrecht auf die x-Achse ergibt dann den Spannungswert f für diesen Zeitpunkt, also $f(t)$, siehe Bild 4.6.

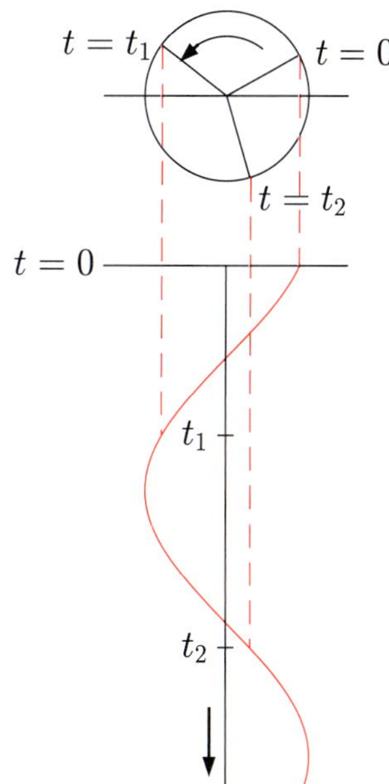

Bild 4.6 Der rotierende Zeiger projiziert eine cos-Schwingung auf die t-Achse.

Anwendung – Elektrotechnik: komplexe Widerstände

Am Ohmschen Widerstand ist der Zusammenhang zwischen Spannung und Strom durch die bekannte Formel $U = R \cdot I$ gegeben. Der Widerstand $R > 0$ ist also die Proportionalitätskonstante. Bei Kapazitäten und Induktivitäten sind Spannung und Strom nicht proportional zueinander. Im Falle von sin-förmigen Spannungen und Strömen kann man aber eine komplexe Proportionalitätskonstante zwischen den zugehörigen komplexen Größen finden:
Liegt an einer Kapazität C eine sin-Spannung $u(t) = A\cos(\omega t + \varphi)$ an, so fließt der Strom $i(t) = A\,\omega C\cos(\omega t + \varphi + \frac{\pi}{2})$[1]. Die zugehörigen komplexen Größen sind:

$$\underline{u}(t) = A\,\mathrm{e}^{\mathrm{j}(\omega t+\varphi)} \quad \text{und} \quad \underline{i}(t) = A\,\omega C\,\mathrm{e}^{\mathrm{j}(\omega t+\varphi+\frac{\pi}{2})}.$$

Damit haben wir: $$\frac{\underline{u}(t)}{\underline{i}(t)} = \frac{1}{\omega C}\,\mathrm{e}^{-\mathrm{j}\frac{\pi}{2}} = -\mathrm{j}\,\frac{1}{\omega C}.$$

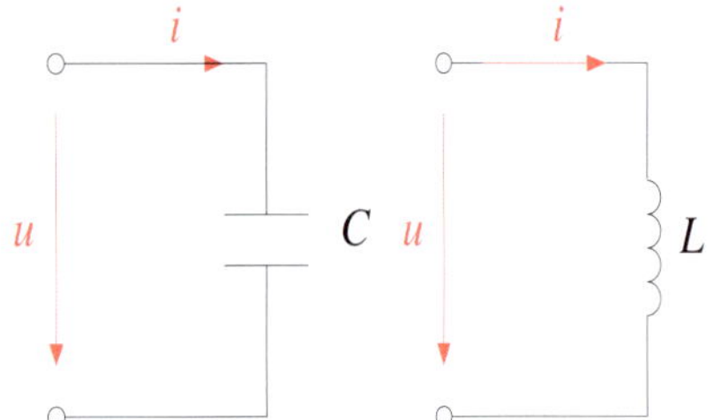

Bild 4.7 Kapazität und Induktivität

Fließt durch eine Induktivität L ein sin-Strom $i(t) = A\cos(\omega t + \varphi)$, so liegt dort die Spannung $u(t) = A\,\omega L\cos(\omega t + \varphi + \frac{\pi}{2})$ an. Die zugehörigen komplexen Größen sind:

$$\underline{i}(t) = A\,\mathrm{e}^{\mathrm{j}(\omega t+\varphi)} \quad \text{und} \quad \underline{u}(t) = A\,\omega L\,\mathrm{e}^{\mathrm{j}(\omega t+\varphi+\frac{\pi}{2})}.$$

Damit haben wir: $$\frac{\underline{u}(t)}{\underline{i}(t)} = \omega L\,\mathrm{e}^{\mathrm{j}\frac{\pi}{2}} = \mathrm{j}\,\omega L.$$

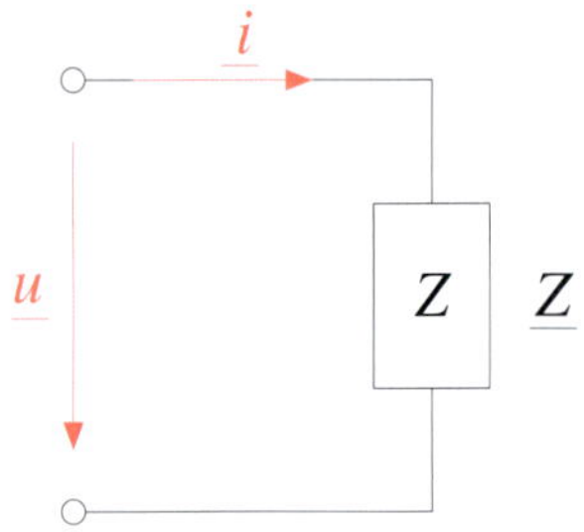

Bild 4.8 Komplexer Widerstand

Der Betrag des komplexen Widerstands wird Scheinwiderstand oder Impedanz genannt, sein Realteil ist der Wirkwiderstand, sein Imaginärteil der Blindwiderstand oder die Reaktanz. Der Betrag des komplexen Leitwerts (also des Kehrwerts des Widerstands) wird Scheinleitwert oder Admittanz genannt, sein Realteil ist der Wirkleitwert, sein Imaginärteil der Blindleitwert. Für weitere Details siehe z. B. [7].

Geometrische Deutung von Abbildungen komplexer Zahlen

Sei $z = r\mathrm{e}^{\mathrm{j}\beta}$. Betrachtet man z in der Gaußschen Zahlenebene, so entspricht die Multiplikation mit einer reellen Zahl $\lambda > 0$ einer Streckung um den Faktor λ (falls $\lambda < 1$, so redet man nicht von

[1] Dies lässt sich mit den Ableitungsregeln nachrechnen, siehe Tabelle 5.2.

einer Streckung, sondern von einer Stauchung). Die Multiplikation mit $e^{j\alpha}$ entspricht einer Drehung um den Winkel α gegen den Uhrzeigersinn (denn das Argument von z wird um α vergrößert, siehe Bild 4.9). Zum Beispiel wird eine Drehung um 90° gegen den Uhrzeigersinn erreicht durch Multiplikation mit $e^{j\pi/2}$. Es gilt $e^{j\pi/2} z = j\,z = -\operatorname{Im}(z) + j\operatorname{Re}(z)$.

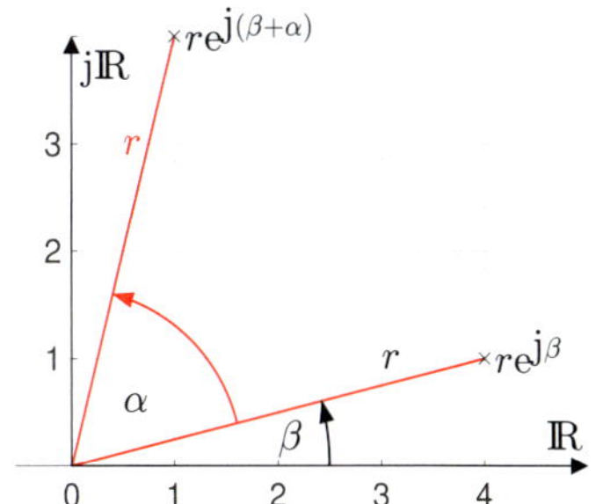

Bild 4.9 Drehung um den Winkel α

4.2 Wurzelrechnung

Sei $a = re^{j\varphi} \in \mathbb{C}$ gegeben ($r > 0$, $\varphi \in [0, 2\pi)$). Für ein gegebenes $n \in \mathbb{N}$ stellt sich dann die Frage: Für welche $z \in \mathbb{C}$ ist dann $z^n = a$? z wäre dann eine (nicht: die!!) n-te Wurzel von a. Es gilt:

Zur Erinnerung: Die n-te Wurzel von x ist die Zahl, die zur Potenz n erhoben, x ergibt (Stichwort: Umkehrfunktion).

$$z^n = a \iff \left(|z|\, e^{j\arg(z)}\right)^n = r\, e^{j\varphi} \iff |z|^n\, e^{j\,n\arg(z)} = r\, e^{j\varphi}.$$

Linke und rechte Seite sind in Polarform gegeben; Gleichheit gilt daher genau dann, wenn

$$|z|^n = r \qquad \text{und} \qquad n\arg(z) \in \{\varphi + 2k\pi \mid k \in \mathbb{Z}\}\ .$$

Damit ist klar, dass $|z| = \sqrt[n]{r}$ gelten muss. (Beachte: Dies ist die aus dem Reellen bekannte n-te Wurzel). $\arg(z)$ lässt sich nicht eindeutig bestimmen, vielmehr muss nur

$$\arg(z) \in \left\{\frac{\varphi + 2k\pi}{n} \mid k \in \mathbb{Z}\right\}$$

erfüllt sein (neben $|z| = \sqrt[n]{r}$), damit $z^n = a$ folgt. Man überzeugt sich aber leicht, dass es aufgrund der Periodizität für $\arg(z)$ nicht unendlich viele Möglichkeiten gibt, sondern nur n verschiedene, nämlich $\arg(z) = \frac{\varphi}{n}, \frac{\varphi+2\pi}{n}, \frac{\varphi+4\pi}{n}, \ldots, \frac{\varphi+2(n-1)\pi}{n}$. Wir haben damit gezeigt:

Satz 4.7

Die n-ten Wurzeln

Die Gleichung $z^n = a$ hat in $\mathbb{C}$ genau n verschiedene Lösungen. Diese lauten

$$z_k = \sqrt[n]{|a|}\, e^{j\,\frac{\arg(a)+2k\pi}{n}} \qquad \text{für } k = 0, \ldots, n-1.$$

begin MATLAB

In MATLAB kann man einzelne(!) komplexe Wurzeln als Potenz ausrechnen:

```
>>  (-8)^(1/3)

ans =

  1.00000000000000 + 1.73205080756888i
```

Natürlich ist dies kein exaktes Ergebnis, sondern nur ein gerundetes. Eine exakte Wurzel wäre $1+\sqrt{3}\,\mathrm{j}$. Man beachte aber, dass es in diesem, durchaus typischen Beispiel drei verschiedene Wurzeln gibt, von denen MATLAB nur eine auswählt, wenn man die Potenzschreibweise benutzt.

Will man alle Wurzeln berechnen, so konstruiert man einfach ein Polynom, das genau diese Wurzeln als Nullstellen hat und überlässt den Rest MATLAB. Wenn wir also die dritten Wurzeln aus -8 suchen, drängt sich das Polynom $p(x) = x^3 + 8$ auf (denn $x^3 = -8 \iff x^3 + 8 = 0$). Auf S. 70 haben wir schon gelernt, wie man Polynome in MATLAB definiert.

```
>> p = [1 0 0 8];
>> roots(p)

ans =

 -2.00000000000000
  1.00000000000000 + 1.73205080756888i
  1.00000000000000 - 1.73205080756888i
```

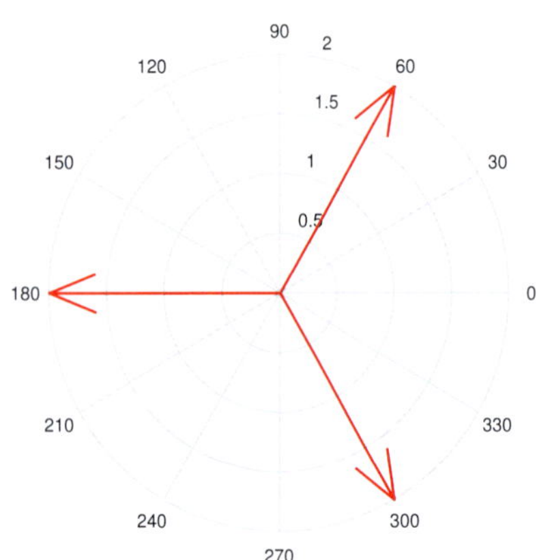

Bild 4.10 Kompass-Plot der dritten Wurzeln von -8

Da sehen wir die eine Wurzel, die wir schon über die Potenzfunktion gefunden hatten, aber auch die beiden anderen. Eine schnelle Darstellung in der komplexen Zahlenebene erhält man mit `compass(roots(p))`, siehe Bild 4.10.

end MATLAB

Beispiel 4.3

Welche Zahlen $z \in \mathbb{C}$ erfüllen $z^3 = 2$?

(Beachte: Im Reellen gibt es nur ein solches z). Schreibt man $z = r\,\mathrm{e}^{\mathrm{j}\varphi}$, so führt die Gleichung $z^3 = r^3\,\mathrm{e}^{3\mathrm{j}\varphi} = 2\,\mathrm{e}^{\mathrm{j}0}$ auf: $r = \sqrt[3]{2}$ und $\varphi \in \left\{\frac{0}{3}, \frac{2\pi}{3}, \frac{4\pi}{3}\right\}$. Die 3 Lösungen sind also:

$$z_1 = \sqrt[3]{2},\; z_2 = \sqrt[3]{2}\,\mathrm{e}^{\mathrm{j}\,2\pi/3},\; z_3 = \sqrt[3]{2}\,\mathrm{e}^{\mathrm{j}\,4\pi/3}. \quad ■$$

Die n Lösungen der Gleichung $z^n = 1$ bezeichnet man auch als n-te Einheitswurzeln. In der Gaußschen Zahlenebene dargestellt, bilden sie die Ecken eines regelmäßigen n-Ecks.

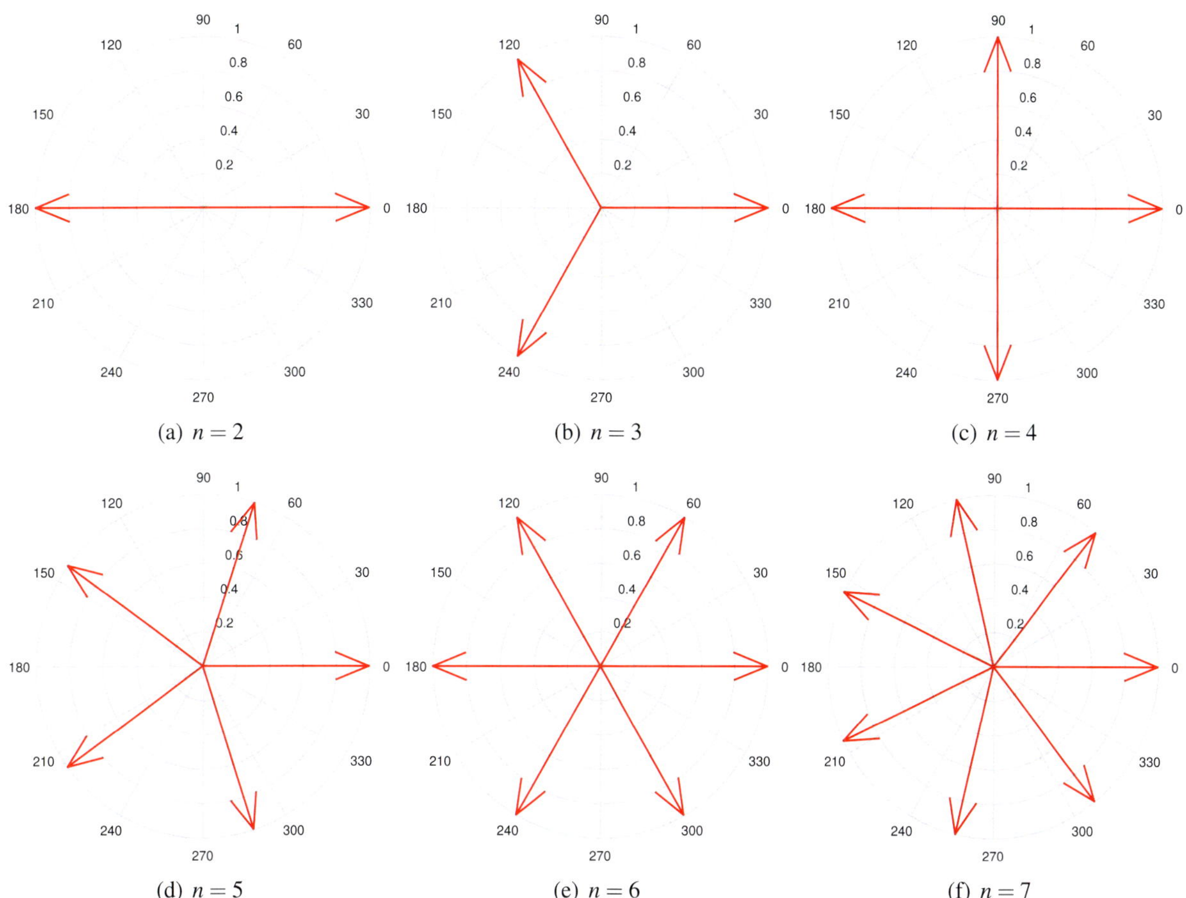

Bild 4.11 Die n ten Einheitswurzeln im Kompass-Plot

Satz 4.8 Fundamentalsatz der Algebra

Sei $p(z) = a_0 + a_1 z + a_2 z^2 + \ldots + a_n z^n = \sum_{i=0}^{n} a_i z^i$ Polynom vom Grad n mit $a_i \in \mathbb{C}$. Dann hat p genau n (nicht unbedingt verschiedene) Nullstellen $z_1, \ldots, z_n \in \mathbb{C}$ lässt sich schreiben als

$$p(z) = a_n (z - z_1)(z - z_2) \cdots (z - z_n) = a_n \prod_{i=1}^{n} (z - z_i).$$

Ist also eine Nullstelle z_0 bekannt, so kann man den Faktor $z - z_0$ abspalten (Polynomdivision mit Horner-Schema) und beschäftigt sich danach mit dem übrig gebliebenen Polynom, dessen Grad ja um 1 niedriger ist. Unter günstigen Umständen (z. B. in gut ausgedachten Übungsaufgaben) kann man auf diesem Weg alle Nullstellen bestimmen.

Beispiel 4.4

Es sollen alle Nullstellen $z \in \mathbb{C}$ von $p(z) := z^6 - 2z^5 + 2z^4 + 2z^2 - 4z + 4$ in Polarkoordinaten bestimmt werden, d. h. für jede der Nullstellen ist r und φ in der Form $r = ...$, $\varphi = ...$ mit $\varphi \in [0, 2\pi)$ anzugeben. Hinweis: möglicherweise ist $1 + \mathrm{j}$ eine Nullstelle.

Wir berechnen zuerst $p(1+\mathrm{j})$ um zu sehen, ob $1+\mathrm{j}$ wirklich eine Nullstelle ist. Dies geschieht natürlich am schnellsten mit dem Horner-Schema:

Nebenrechnung:
$(1+\mathrm{j})(-1+\mathrm{j}) = -2$
$(1+\mathrm{j})(-2+2\mathrm{j}) = -4$

	1	-2	2	0	2	-4	4
	$\downarrow$	$+$	$+$	$+$	$+$	$+$	$+$
$1+\mathrm{j}$	$\downarrow$	$1+\mathrm{j}$	-2	0	0	$2+2\mathrm{j}$	-4
	$=$	$=$	$=$	$=$	$=$	$=$	$=$
	1	$-1+\mathrm{j}$	0	0	2	$-2+2\mathrm{j}$	0
	$\downarrow$	$+$	$+$	$+$	$+$	$+$	
$1-\mathrm{j}$	$\downarrow$	$1-\mathrm{j}$	0	0	0	$2-2\mathrm{j}$	
	$=$	$=$	$=$	$=$	$=$	$=$	
	1	0	0	0	2	0	

$1+\mathrm{j}$ ist also tatsächlich Nullstelle. p erfüllt die Voraussetzungen von Satz 4.2, also ist auch $\overline{1+\mathrm{j}} = 1-\mathrm{j}$ Nullstelle von p und wir führen das Horner-Schema gleich weiter.

Übrig bleibt $p(z) = z^4 + 2$

Wir haben also schon zwei Nullstellen gefunden:

$$z_1 = 1+\mathrm{j}, \quad \text{also} \quad r = \sqrt{2},\ \varphi = \tfrac{\pi}{4}$$
$$z_2 = 1-\mathrm{j}, \quad \text{also} \quad r = \sqrt{2},\ \varphi = \tfrac{7\pi}{4}$$

Mit dem obigen Horner-Schema haben wir außerdem noch eine Faktorisierung von p gefunden:

$$p(z) = (z - z_1)(z - z_2)(z^4 + 2) = (z - (1+\mathrm{j}))(z - (1-\mathrm{j}))(z^4 + 2).$$

Die restlichen vier Nullstellen sind also die vier Nullstellen von $z^4 + 2$, also die vier vierten Wurzeln von -2. Wegen $-2 = 2\,\mathrm{e}^{\mathrm{j}\,\pi}$ erhalten wir nach Satz 4.7

$$z_3: \quad r = \sqrt[4]{2},\ \varphi = \tfrac{\pi}{4} \qquad z_4: \quad r = \sqrt[4]{2},\ \varphi = \tfrac{3\pi}{4}$$
$$z_5: \quad r = \sqrt[4]{2},\ \varphi = \tfrac{5\pi}{4} \qquad z_6: \quad r = \sqrt[4]{2},\ \varphi = \tfrac{7\pi}{4}$$

Damit sind alle sechs Nullstellen gefunden (da $\mathrm{Grad}(p) = 6$, erwarten wir ja sechs Nullstellen). ■

Einige Anmerkungen zur komplexen e-Funktion

Was ist nun e^z, $\ln z$ und a^z für $a, z \in \mathbb{C}$?
Wegen $z = \mathrm{Re}(z) + \mathrm{j}\,\mathrm{Im}(z)$ ist $\mathrm{e}^z = \mathrm{e}^{\mathrm{Re}(z)}\,\mathrm{e}^{\mathrm{j}\,\mathrm{Im}(z)}$. Man sieht also sofort:

$$|\,\mathrm{e}^z\,| = \mathrm{e}^{\mathrm{Re}(z)} \text{ und } \arg(\mathrm{e}^z) = \mathrm{Im}(z) + 2k\pi,$$

wobei k so gewählt ist, dass $\mathrm{Im}(z) + 2k\pi \in [0, 2\pi)$.

Sei nun $w = \ln z$ $(z \neq 0)$, d. h. $\mathrm{e}^w = z = |z|\,\mathrm{e}^{\mathrm{j}\arg(z)}$, d. h.

$$\mathrm{e}^{\mathrm{Re}(w)}\,\mathrm{e}^{\mathrm{j}\,\mathrm{Im}(w)} = |z|\,\mathrm{e}^{\mathrm{j}\arg(z)}.$$

Es folgt dann $\mathrm{e}^{\mathrm{Re}(w)} = |z|$ und $\mathrm{Im}(w) = \arg(z) + 2k\pi$ mit beliebigem $k \in \mathbb{Z}$. Der Realteil von $w = \ln z$ ist damit eindeutig festgelegt, nämlich $\mathrm{Re}(w) = \ln|z|$. Jedes w mit diesem Realteil und einem Imaginärteil $\mathrm{Im}(w) \in \{\arg(z) + 2k\pi \mid k \in \mathbb{Z}\}$ erfüllt also $\mathrm{e}^w = z$. Der komplexe Logarithmus hat also unendlich viele Werte; ln ist damit in $\mathbb{C}$ gar keine Funktion im eigentlichen Sinne. Es gilt: $\ln z = \ln|z| + \mathrm{j}\,(\arg(z) + 2k\pi), \quad k \in \mathbb{Z}$.

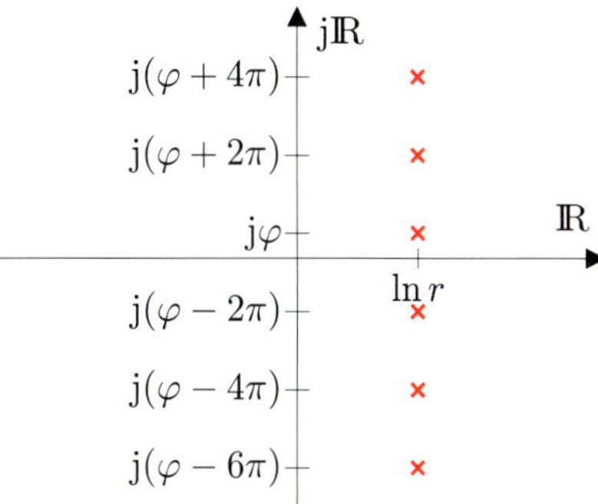

Bild 4.12 Einige der unendlich vielen Logarithmen von $r\,\mathrm{e}^{\mathrm{j}\varphi}$

Ist $\arg(z) \in [0, 2\pi)$, so bezeichnet man den Wert $\ln z = \ln|z| + \mathrm{j} \cdot \arg(z)$ auch als Hauptwert des komplexen Logarithmus.
$a^z = (\mathrm{e}^{\ln a})^z = \mathrm{e}^{z \ln a}$ hat damit auch unendlich viele Werte. Darauf wollen wir hier aber nicht weiter eingehen.

Aufgaben

4.1 Bestimmen Sie Realteil und Imaginärteil von

$$\frac{14+7\mathrm{j}}{\sqrt{3}-2\mathrm{j}}, \quad \frac{2-5\mathrm{j}}{1-3\mathrm{j}}, \quad \frac{-3+2\mathrm{j}}{2-\mathrm{j}}, \quad \frac{1+4\mathrm{j}}{8-6\mathrm{j}}$$

4.2 Weisen Sie die Moivresche Formel (siehe Satz 4.6) nach.

4.3 Weisen Sie für alle $x, y \in \mathbb{R}$ nach:

$$\sin x + \sin y = 2\sin\frac{x+y}{2}\cos\frac{x-y}{2}$$

Hinweis: Arbeitstechniken beachten.

4.4 Bestimmen Sie alle Lösungen der Gleichung
$z^2 + 3z + 3\mathrm{j} = -2\mathrm{j}\,z - 1$
mittels quadratischer Ergänzung.

4.5 Finden Sie alle Lösungen der folgenden Gleichungen und geben Sie sie jeweils sowohl in Polardarstellung als auch in kartesischer Darstellung an:

a) $z^2 - 4z + 2 + \mathrm{j}(3 - 2z) = 0$
b) $z^2 + (-1 - 0.5\sqrt{3} + 0.5\,\mathrm{j})\,z + \sqrt{2}\,\mathrm{e}^{\mathrm{j}\,23\pi/12} = 0$

4.6 Wenden Sie Satz 4.2 an auf die Gleichung

$$z^6 - 2z^5 + 2z^4 + 3z^2 - 6z = -6,$$

um alle Lösungen der Gleichung sowohl in Polarform als auch in kartesischer Form zu finden.
Hinweis: $z_1 = 1 + \mathrm{j}$ *ist eine Lösung.*

4.7 Bestimmen Sie alle Lösungen $z \in \mathbb{C}$ der folgenden Gleichungen in Polardarstellung – geben Sie jeweils r und $\varphi \in [0, 2\pi)$ an.

a) $z^6 - 2z^5 - 3\mathrm{j}z + 6\mathrm{j} = 0$.

b) $(\ln z)^2 - (3\mathrm{j}+1)\ln z + 2\mathrm{j} - 2 = 0$.

Hinweis: Bei richtiger Rechnung treten in dieser Aufgabe keine Winkel auf, die nicht Vielfache von $\frac{\pi}{4}$ sind, sodass Ihnen alle auftretenden Koordinatenumwandlungen leicht fallen sollten.

4.8 Bestimmen Sie alle Lösungen $z \in \mathbb{C}$ der folgenden Gleichungen in Polardarstellung – geben Sie jeweils r und $\varphi \in [0, 2\pi)$ explizit an.

a) $z^7 + z^6 + (-1 + \mathrm{j})z - 1 + \mathrm{j} = 0$.

b) $(\ln z)^2 + (-1 - \mathrm{j})\ln z + 5\mathrm{j} = 0$.

Hinweis zu b): Bei richtiger Rechnung treten in dieser Aufgabe keine Winkel auf, die nicht Vielfache von $\frac{\pi}{4}$ sind, sodass Ihnen alle auftretenden Koordinatenumwandlungen leicht fallen sollten; $\sin \frac{3\pi}{4} = 1/\sqrt{2}$.

Wahr oder falsch?

4.9 Ein Polynom hat stets eine Nullstelle $z \in \mathbb{C}$.

4.10 Wenn ein Polynom eine Nullstelle z hat, so ist auch $\bar{z}$ Nullstelle dieses Polynoms.

4.11 Die n n-ten Wurzeln einer komplexen Zahl sind stets alle verschieden.

4.12 Die n n-ten Wurzeln einer komplexen Zahl liegen in der komplexen Zahlenebene stets auf einem Kreis um 0.

4.13 Wenn z n-te Wurzel einer komplexen Zahl a ist, dann ist stets auch $\bar{z}$ n-te Wurzel derselben komplexen Zahl.

5 Differenzialrechnung

Geschwindigkeit ist keine Hexerei, sagt man. Jeder, der sich fortbewegt, sei es zu Fuß, mit dem Fahrrad oder mit dem Auto, hat ein intuitive Einschätzung über den Zusammenhang zwischen Geschwindigkeit und zurückgelegter Strecke. Die einen können es besser einschätzen als die anderen, aber grundsätzlich hat jeder ein Gespür dafür. Ein weiteres Beispiel für die Allgegenwart von Mathematik im Alltag, denn das bedeutet nichts anderes, als dass jeder ein Gespür für den Zusammenhang zwischen einer Funktion und deren Ableitung hat – ja, genau so ist es. Für den Alltag reicht dieses Gespür, aber jeder, der quantitativ arbeiten will, also insb. Ingenieure und Naturwissenschaftler, muss dieses Gespür quantifizieren können. Sprich, in Zahlen umsetzen, damit z. B. die Geschwindigkeit von Fahrzeugen präzise gesteuert werden kann und auch die Bremsen richtig dimensioniert werden können. Der zukünftige Ingenieur muss die Zusammenhänge also genau kennen und damit rechnen können. Da kommt ihm dieses Kapitel gerade recht.

5.1 Differenzierbarkeit und Ableitung

In der Differenzialrechnung dreht sich alles um die Steigung von Funktionen, genauer gesagt, die Steigung des Graphen einer Funktion. Hat man für eine Funktion f zwei Punkte auf dem Graphen einer Funktion, also $(x_0, f(x_0))$ und $(x_1, f(x_1))$, so ist die Steigung der Geraden durch diese beiden Punkte

$$m = \frac{f(x_1) - f(x_0)}{x_1 - x_0}.$$

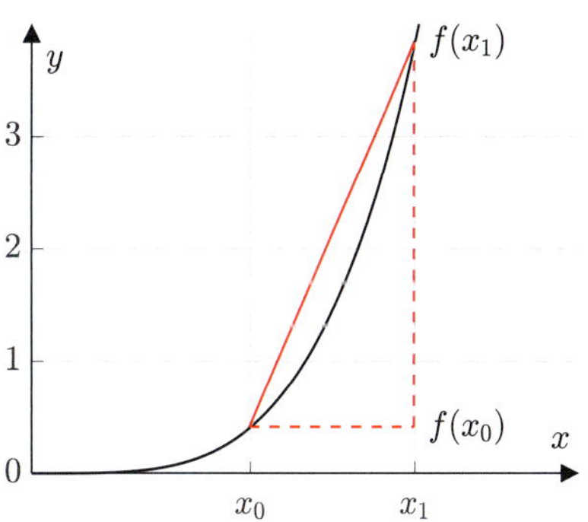

Bild 5.1 Ein Steigungsdreieck

Dies bezeichnet man auch als **Differenzenquotienten** von f. Ein positives m bedeutet Steigung im engeren Sinne, ein negatives m bedeutet Gefälle. Falls f eine Geradengleichung ist, d. h. $f(x) = a \cdot x + b$, so berechnet sich m nicht ganz unerwartet als

$$m = \frac{f(x_1) - f(x_0)}{x_1 - x_0} = \frac{a \cdot x_1 + b - (a \cdot x_0 + b)}{x_1 - x_0} = a.$$

Bei einer Geraden ist also die Steigung der Sekanten unabhängig von den gewählten Stellen x_0 und x_1 stets gleich der Steigung der Geraden selbst (klar, weil die Sekante ja genau die Gerade ist!). Dies ist jedoch nicht bei allen Funktionen so; die Graphen der meisten Funktionen ändern ihre Steigung in ihrem Verlauf. Beispielsweise ist für $f(x) = x^2$:

$$m = \frac{f(x_1) - f(x_0)}{x_1 - x_0} = \frac{x_1^2 - x_0^2}{x_1 - x_0} = x_1 + x_0.$$

Hier hängt die Steigung sehr wohl von x_0 und x_1 ab. Als Näherung für die Steigung einer Kurve zu einer Funktion f in der Nähe einer Stelle x_0 bietet sich die Steigung einer Sekanten durch die Punkte $(x_0, f(x_0))$ und $(x_1, f(x_1))$ an, wenn x_1 möglichst nahe bei x_0 liegt. Warum also nicht gleich den Grenzwert für $x_1 \to x_0$ dafür nehmen? Im Falle $f(x) = x^2$ haben wir offensichtlich:

$$\begin{aligned} m(x_0) &= \lim_{x_1 \to x_0} \frac{f(x_1) - f(x_0)}{x_1 - x_0} = \lim_{x_1 \to x_0} \frac{x_1^2 - x_0^2}{x_1 - x_0} \\ &= \lim_{x_1 \to x_0} (x_1 + x_0) = 2x_0. \end{aligned}$$

Man nennt dies die Ableitung der Funktion $f(x) = x^2$ an der Stelle x_0; dies ist die Steigung des Graphen der Funktion im Punkt $(x_0, f(x_0))$. Die Gerade, die durch diesen Punkt mit dieser Steigung läuft, ist die Tangente an den Graphen der Funktion.

Differenzierbarkeit, Ableitung

Definition 5.1

Eine Funktion f heißt in x_0 **differenzierbar**, wenn der Grenzwert $\lim_{x \to x_0} \frac{f(x)-f(x_0)}{x-x_0}$ existiert. Dieser heißt dann die **Ableitung** von f in x_0 und wird geschrieben als

$$f'(x_0) = \lim_{x \to x_0} \frac{f(x) - f(x_0)}{x - x_0}.$$

Es gilt dann auch

$$f'(x_0) = \lim_{h \to 0} \frac{f(x_0 + h) - f(x_0)}{h},$$

womit sich meist einfacher hantieren lässt.

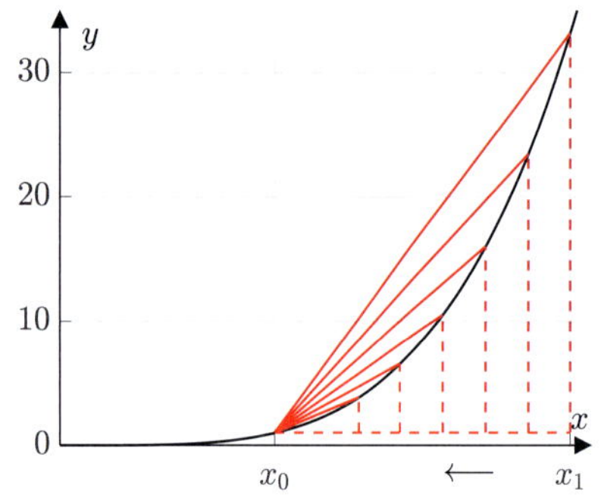

y
30
20
10
0
x
x_0 ⟵ x_1

Bild 5.2 Zur Definition der Ableitung

Tangente

Definition 5.2

Wenn eine Funktion f an einer Stelle x_0 differenzierbar ist, so heißt die Gerade

$$y = f'(x_0) \cdot x + f(x_0) - f'(x_0) \cdot x_0$$

die **Tangente** von f an der Stelle x_0 bzw. im Punkt $(x_0, f(x_0))$.

Zur Festigung: Verifizieren Sie, dass die Tangente die in der Definition genannten Eigenschaften hat.

Die Tangente, siehe Bild 5.3, ist eindeutig bestimmt als Gerade mit der Eigenschaft, dass sie durch den Punkt $(x_0, f(x_0))$ läuft und dieselbe Steigung hat wie der Graph von f an der Stelle x_0. Sie berührt den Graphen von f im Punkt $(x_0, f(x_0))$.

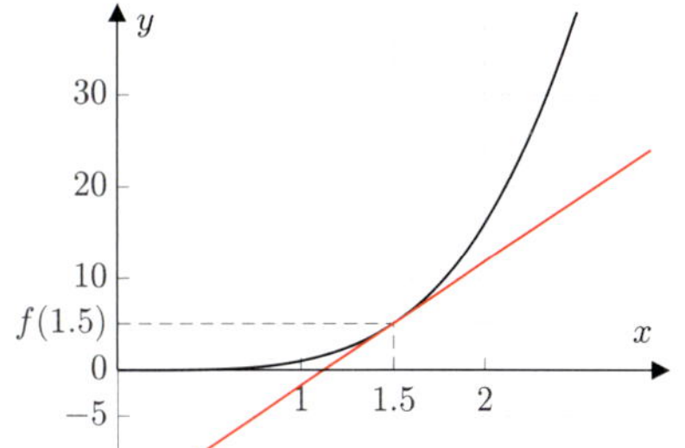

Bild 5.3 Tangente an einen Funktionsgraphen an der Stelle $x_0 = 1.5$

Anwendung – Physik: Geschwindigkeit I

Wir betrachten ein Fahrzeug, das zum Zeitpunkt $t = 0$ startet und bezeichnen mit $f(t)$ die nach t Stunden zurückgelegte Strecke in km. Wenn man etwa nach 2 h eine Strecke von 120 km zurückgelegt hat, also $f(2) = 120$, so kann daraus natürlich so gut wie nichts über die Geschwindigkeit des Fahrzeugs während der zweistündigen Fahrzeit gesagt werden. Man kann von einer Durchschnittsgeschwindigkeit von 60 km/h reden, d. h., dass die Strecke von 120 km in 2 h mit konstantem Tempo 60 km/h bewältigt werden. Eine konstante Geschwindigkeit ist aber bestenfalls auf abgesperrten kurvenlosen Teststrecken denkbar. In der Realität schwankt die Geschwindigkeit während der Fahrzeit, die Tachonadel zeigt mal diese, mal jene Geschwindigkeit an.

In Anwendungen stets die verwendeten physikalischen Einheiten angeben, etwa h (Stunden) und km. Andernfalls können die Zahlenwerte nicht sinnvoll in Relation zueinander gesetzt werden.

Setzt man nun die Herleitung der Ableitung mit der Folge von Steigungsdreiecken in diese Situation um, so erkennt man, dass die Folge der Steigungen eine Folge von Durchschnittsgeschwindigkeiten über immer kleinere Zeiträume ist, beginnend vom Zeitpunkt t_0 (in der Definition mit x_0 bezeichnet). Nimmt man die zurückgelegte Entfernung zur Zeit t_0, und dann die zum Zeitpunkt $t_0 + 10$ Sekunden und bildet dann die Durchschnittsgeschwindigkeit während dieser 10 Sekunden, so erhält man eine gute Näherung für die aktuelle Geschwindigkeit (also die um den Zeitpunkt t_0 herum). Die Steigungen haben auch die Einheit km/h, denn an der Formel sehen wir, dass im Zähler die Einheit km steht (für $f(x) - f(x_0)$ und im Nenner h (für $x - x_0$).

Ableitungen sind Geschwindigkeiten, wenn Funktionswerte zurückgelegte Strecken sind.

Zur Festigung: Warum kann in dieser Situation keine negative Ableitung auftauchen? Mathematisch ist das ja durchaus denkbar.

Die Ableitung an der Stelle t_0, also die Zahl $f'(t_0)$, ist also nichts anderes als die Geschwindigkeit des Fahrzeugs zum Zeitpunkt t_0. Sie hat daher auch die Einheit der Geschwindigkeit, geerbt von den Einheiten der x-Werte und der Funktionswerte.

In Anwendungen steht die x-Variable oft, wie hier, für die Zeit t. Dann schreibt man anstelle von $f'(t)$ auch $\dot{f}$.

Die Schreibweise $\dot{x}(t)$ für die Ableitung von x nach der Zeit t geht auf Newton zurück. Er bezeichnete zeitabhängige Größen $x(t)$ als „Fluenten" („Fließende") und deren Ableitungen als „Fluxionen".

Beispiel 5.1

- $f(x) = ax + b$:
  $f'(x_0) = \lim\limits_{x\to x_0} \frac{f(x)-f(x_0)}{x-x_0} = \lim\limits_{x\to x_0} a = a$, also ist f in allen $x_0 \in \mathbb{R}$ differenzierbar und es gilt $f'(x_0) = a$.
- $f(x) = x^2$ ist in allen $x_0 \in \mathbb{R}$ differenzierbar und es gilt $f'(x_0) = 2x_0$ (s. o.).
- $f(x) = x^n$ mit $n \in \mathbb{N}$:

$$\begin{aligned}\frac{f(x)-f(x_0)}{x-x_0} = \frac{x^n - x_0^n}{x-x_0} &\overset{(2.1)}{=} \sum_{i=0}^{n-1} x^{n-1-i} x_0^i \\ &\overset{x\to x_0}{\longrightarrow} \sum_{i=0}^{n-1} x_0^{n-1-i} x_0^i = \sum_{i=0}^{n-1} x_0^{n-1} = n \cdot x_0^{n-1}.\end{aligned}$$

  Also ist $f(x) = x^n$ in allen $x_0 \in \mathbb{R}$ differenzierbar und $f'(x_0) = n \cdot x_0^{n-1}$.
- $f(x) = \frac{1}{x}$:

$$\frac{f(x)-f(x_0)}{x-x_0} = \frac{\frac{1}{x} - \frac{1}{x_0}}{x-x_0} = -\frac{1}{x \cdot x_0} \quad \overset{x\to x_0}{\longrightarrow} \quad -\frac{1}{x_0^2},$$

  also ist $f(x) = \frac{1}{x}$ in allen $x_0 \neq 0$ differenzierbar und es gilt $f'(x_0) = -\frac{1}{x_0^2}$.
- $f(x) = \mathrm{e}^x$: Nach Aufgabe 2.7 (dort: f_4) gilt:

$$\lim_{x\to x_0} \frac{\mathrm{e}^x - \mathrm{e}^{x_0}}{x - x_0} = \mathrm{e}^{x_0},$$

  also ist $f(x) = \mathrm{e}^x$ in allen $x_0 \in \mathbb{R}$ differenzierbar und es gilt $f'(x_0) = \mathrm{e}^{x_0}$. Die e-Funktion ist also gleich ihrer Ableitung.
- $f(x) = \sin x$ ist in allen $x_0 \in \mathbb{R}$ differenzierbar und es gilt $f'(x_0) = \cos x_0$ (ohne Beweis).
- $f(x) = \cos x$: mit $y = x + \frac{\pi}{2}$, $y_0 = x_0 + \frac{\pi}{2}$ gilt

$$\begin{aligned}\frac{\cos x - \cos x_0}{x - x_0} &= \frac{\sin(x+\pi/2) - \sin(x_0+\pi/2)}{(x+\pi/2)-(x_0+\pi/2)} = \frac{\sin y - \sin y_0}{y - y_0} \\ &\overset{y\to y_0}{\longrightarrow} \cos y_0 = \cos(x_0+\pi/2) = -\sin x_0,\end{aligned}$$

  wobei wir benutzt haben, dass die Ableitung von sin schon als cos bekannt ist und $x \to x_0 \iff y \to y_0$ gilt. Es ist also $f(x) = \cos x$ ist in allen $x_0 \in \mathbb{R}$ differenzierbar und es gilt $f'(x_0) = -\sin x_0$.

- $f(x) = |x|$: Im Fall $x_0 > 0$ braucht man für $x \to x_0$ auch nur $x > 0$ zu betrachten, denn für eine Folge (x_n) mit $\lim x_n = x_0 > 0$ gilt ja $x_n > 0$ für schließlich alle n. Für $x_0 > 0$ hat man also

$$\frac{f(x)-f(x_0)}{x-x_0} = \frac{|x|-|x_0|}{x-x_0} \overset{x>0,\text{ s. o.}}{=} \frac{x-x_0}{x-x_0} = 1 \overset{x\to x_0}{\longrightarrow} 1$$

$f(x) = |x|$ ist in allen $x_0 > 0$ differenzierbar und es gilt dort $f'(x_0) = 1$. Analog sieht man, dass f in allen $x_0 < 0$ differenzierbar ist. Dort gilt: $f'(x_0) = -1$. Was aber passiert in $x_0 = 0$?

$$\lim_{x\to 0-} \frac{f(x)-f(0)}{x-0} = \lim_{x\to 0-} \frac{-x}{x} = -1$$
$$\lim_{x\to 0+} \frac{f(x)-f(0)}{x-0} = \lim_{x\to 0+} \frac{x}{x} = 1$$

woraus wir sehen, dass $\lim\limits_{x\to 0} \frac{f(x)-f(0)}{x-0}$ nicht existiert. Also ist $f(x) = |x|$ in $x_0 = 0$ nicht differenzierbar. ■

Anschaulich besagt Differenzierbarkeit, dass der Graph der Funktion keine Knicke hat, sondern seine Richtung sanft ändert. Der Graph der Funktion $f(x) = |x|$ hat ja aber einen Knick in $x_0 = 0$, d. h. dort springt die Steigung des Graphen schlagartig von -1 auf 1. Dieses letzte Beispiel motiviert folgende Definition.

Definition 5.3

Einseitige Differenzierbarkeit

f heißt in x_0 **linksseitig differenzierbar**, falls

$$\lim_{x\to x_0-} \frac{f(x)-f(x_0)}{x-x_0} = f_l'(x_0)$$

existiert. $f_l'(x_0)$ heißt die **linksseitige Ableitung** von f an der Stelle x_0. Analog definiert man **rechtsseitige Differenzierbarkeit** und **rechtsseitige Ableitung** $f_r'(x_0)$ über den rechtsseitigen Grenzwert des Differenzenquotienten.

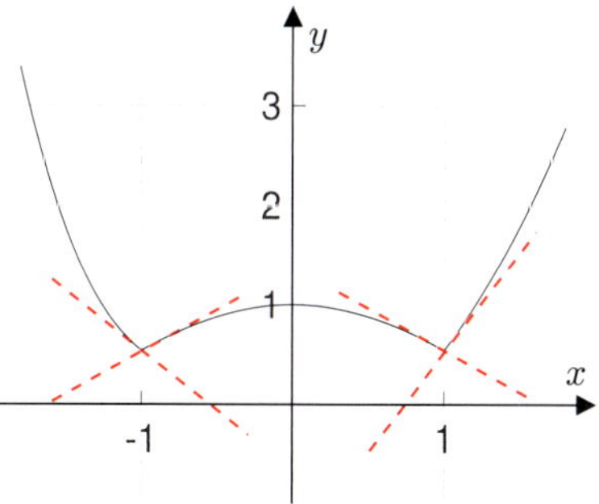

Bild 5.4 f ist nicht differenzierbar in -1 und 1: links- und rechtsseitige Ableitungen an diesen Stellen stimmen jeweils nicht überein

Satz 5.1

Eine Funktion f ist differenzierbar in x_0 genau dann, wenn sie in x_0 rechts- und linksseitig differenzierbar ist und die rechts- und linksseitige Ableitung gleich sind, d. h. $f_l'(x_0) = f_r'(x_0)$.

Beispiel 5.2

In Beispiel 5.1 haben wir $f(x) = |x|$ betrachtet und gesehen, dass f in $x_0 = 0$ links- und rechtsseitig differenzierbar ist. Wegen $f_l'(x_0) = -1 \neq 1 = f_r'(x_0)$ ist f aber in $x_0 = 0$ nicht differenzierbar.
Ein weiteres Beispiel ist in Bild 5.4 gegeben. An den beiden Stellen -1 und 1 stimmen die links- und rechtsseitigen Ableitungen nicht überein. Eine Tangente hat als Steigung die linksseitige Ableitung, die andere die rechtsseitige und diese stimmen nicht überein. Wäre die Funktion in diesen Stellen differenzierbar, würden die beiden Tangenten zusammenfallen. Man sieht also, dass eine Funktion dort nicht differenzierbar ist, wo der Graph einen Knick aufweist. ■

Differenzierbarkeit auf einem Intervall

Definition 5.4

Eine Funktion f heißt **differenzierbar** auf (a,b), wenn f differenzierbar in allen $x_0 \in (a,b)$ ist. f heißt differenzierbar auf $[a,b]$, wenn f differenzierbar auf (a,b), rechtsseitig differenzierbar in a und linksseitig differenzierbar in b ist.

In Kap. 2 haben wir als Faustregel festgehalten, dass eine Funktion stetig ist, wenn ihr Graph gezeichnet werden kann ohne den Stift abzusetzen (siehe S. 53). Es stellt sich nun die Frage, ob es eine ähnliche Faustregel auch für differenzierbare Funktionen gibt. Zunächst halten wir einmal fest:

Differenzierbare Funktionen sind zwangsläufig stetig.

Dies sieht man sofort ein, denn wenn f differenzierbar in x_0 ist, so gilt für $x \to x_0$:

$$f(x) = \underbrace{\frac{f(x) - f(x_0)}{x - x_0}}_{\to f'(x_0)} \cdot \underbrace{(x - x_0)}_{\to 0} + f(x_0) \to f'(x_0) \cdot 0 + f(x_0) = f(x_0),$$

also ist f auch stetig in x_0.
Wenn f nicht differenzierbar in x_0 ist, so sind nach Satz 5.1 die rechts- und linksseitigen Ableitungen in x_0 unterschiedlich (wenn

sie überhaupt existieren). Das bedeutet, wenn man den Graphen von f entlang läuft, springt die Tangentensteigung an der Stelle x_0 schlagartig um. Der Graph hat also an dieser Stelle einen Knick.

Faustregel: Eine Funktion ist differenzierbar, wenn ihr Graph gezeichnet werden kann ohne den Stift abzusetzen und wenn der Graph keine Knicke aufweist.

Schnittwinkel zweier Kurven

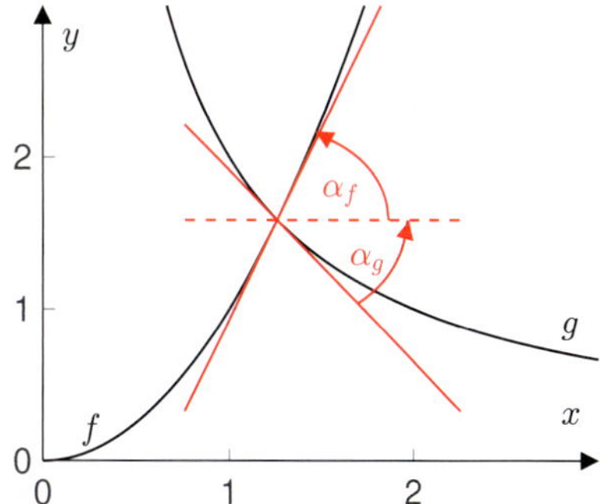

Bild 5.5 Schnittwinkel zweier Kurven

Für eine differenzierbare Funktion f gilt: Der Graph der Funktion hat in x_0 die Steigung $f'(x_0)$, d. h. der Winkel α_f gegenüber der Horizontalen erfüllt $\tan \alpha_f = f'(x_0)$. Schneiden sich also die Graphen zweier Funktionen f und g im Punkt (x_0, y_0) (d. h. $y_0 = f(x_0) = g(x_0)$), so ist der Schnittwinkel zwischen den Graphen, den man als Schnittwinkel der beiden Tangenten an die Graphen definiert, $\alpha = \alpha_f - \alpha_g$. Es gilt dann:

$$\tan \alpha = \tan(\alpha_f - \alpha_g) = \frac{\tan \alpha_f - \tan \alpha_g}{1 + \tan \alpha_f \cdot \tan \alpha_g} = \frac{f'(x_0) - g'(x_0)}{1 + f'(x_0) \cdot g'(x_0)},$$

woraus sich α unter Benutzung von arctan berechnen lässt. Die Formel ist aber im Fall $\alpha = \frac{\pi}{2}$ nicht verwendbar, denn dort ist $\tan \alpha$ nicht definiert. Dies bedeutet, dass sich die Graphen von f und g im rechten Winkel schneiden, also im Schnittpunkt senkrecht aufeinander stehen. Man erkennt aus der obigen Gleichung, dass das genau der Fall ist, wenn $f'(x_0) \cdot g'(x_0) = -1$ ist.

Beispiel 5.3

Sei $f(x) = x^2$ und $g(x) = \frac{2}{x}$. Die Graphen von f und g schneiden sich an der Stelle x_0, wenn $\frac{2}{x_0} = x_0^2$, also in $x_0 = \sqrt[3]{2}$. Wir haben

$$f'(x_0) = 2x_0 = 2\sqrt[3]{2} \text{ und } g'(x_0) = -2/x_0^2 = -2/(\sqrt[3]{2})^2,$$

damit ergibt sich für den Schnittwinkel α

$$\tan \alpha = \frac{f'(x_0) - g'(x_0)}{1 + f'(x_0) \cdot g'(x_0)} = -1.73798027\ldots,$$

was auf $\alpha \approx -1.049$ führt. Dieser Winkel entspricht ca. $-60°$. ■

Ableitungsregeln

Satz 5.2

Seien u, v zwei in x_0 differenzierbare Funktionen. Dann gilt:

- Die Funktion $u+v$ ist differenzierbar in x_0 und
$$(u+v)'(x_0) = u'(x_0) + v'(x_0).$$
- Sei $c \in \mathbb{R}$ eine Konstante. Dann ist die Funktion $c \cdot u$ differenzierbar in x_0 und es gilt:
$$(c \cdot u)'(x_0) = c \cdot u'(x_0).$$
- Die Funktion $u \cdot v$ ist differenzierbar in x_0 und es gilt

Produktregel
$$(u \cdot v)'(x_0) = u'(x_0) \cdot v(x_0) + v'(x_0) \cdot u(x_0)$$
- Falls $v(x_0) \neq 0$, ist die Funktion $\frac{u}{v}$ differenzierbar in x_0 und es gilt

Quotientenregel
$$\left(\frac{u}{v}\right)'(x) = \frac{u'(x_0) \cdot v(x_0) - v'(x_0) \cdot u(x_0)}{(v(x_0))^2}$$

Beispiel 5.4

Merke: Leitet man ein Produkt $e^x f(x)$ ab, so kann man auch beim Ergebnis wieder e^x ausklammern. Die Ableitung ist nach der Produktregel nämlich: $e^x(f(x) + f'(x))$.

- $f(x) = x^2 + e^x$ ist differenzierbar in allen $x_0 \in \mathbb{R}$, da die Funktionen $u(x) = x^2$ und $v(x) = e^x$ das sind, und es gilt $f'(x) = u'(x) + v'(x) = 2x + e^x$.
- $f(x) = e^x \sin x$ ist differenzierbar auf ganz $\mathbb{R}$, da die Funktionen $u(x) = e^x$ und $v(x) = \cos x$ das sind, und es gilt $f'(x) = (u \cdot v)'(x) = u'(x)v(x) + v'(x)u(x) = e^x \sin x + \cos x e^x = e^x(\sin x + \cos x)$.
- $f(x) = \frac{3x-1}{2x+1}$ ist nach der Quotientenregel differenzierbar in allen $x_0 \neq -0.5$ und es gilt mit $u(x) = 3x-1$, $v(x) = 2x+1$, $u'(x) = 3$, $v'(x) = 2$:
$$f'(x) = \frac{3 \cdot (2x+1) - 2 \cdot (3x-1)}{(2x+1)^2} = \frac{5}{(2x+1)^2} \text{ für } x \neq -0.5$$
- $f(x) = \frac{e^x}{x^2+1}$ ist nach der Quotientenregel differenzierbar in allen $x_0 \in \mathbb{R}$, denn $x^2+1 \neq 0$ auf $\mathbb{R}$. Mit $u(x) = e^x$, $v(x) = x^2+1$, $u'(x) = e^x$, $v'(x) = 2x$ gilt:
$$f'(x) = \frac{e^x(x^2+1) - 2x\, e^x}{(x^2+1)^2} = e^x \frac{x^2+1-2x}{(x^2+1)^2}$$
- $f = \tan$ ist nach der Quotientenregel differenzierbar in allen $x_0 \in D_{\tan}$ (vgl. Satz 1.5), es gilt $f'(x) = \frac{1}{\cos^2 x}$. ■

↪ Aufgabe 5.1

---

begin MATLAB

Aus den Rechenregeln sehen wir schon, dass Polynome immer differenzierbar sind. Mit MATLAB kann man die Ableitung ganz einfach ausrechnen:

```
>> p=[3 -7 5 -1];
>> polyder(p)

ans =

     9   -14     5
```

Definition von $p(x) = 3x^3 - 7x^2 + 5x - 1$ ergibt $p'(x) = 9x^2 - 14x + 5$.

end MATLAB

Sei u eine differenzierbare Funktion. Was ist dann $\left(\frac{1}{u}\right)'$? Diese Funktion ist nach obigem Satz 5.2 differenzierbar an den Stellen, an denen $u(x) \neq 0$ ist, und man könnte die Ableitung mit der Quotientenregel berechnen. Eine andere Herleitung wäre die folgende Überlegung, die davon ausgeht, dass wir bereits die Differenzierbarkeit von $\frac{1}{u}$ gesichert haben und nur noch die Frage, wie denn die Ableitung aussieht, zu klären ist:
Sei $v(x) := \frac{1}{u(x)}$. Dann gilt für alle x mit $u(x) \neq 0$: $1 = u(x) \cdot v(x)$. Wir können dann beide Seiten dieser Gleichung differenzieren und erhalten mit der Produktregel $0 = u'(x)\,v(x) + v'(x)\,u(x)$, also

$$v'(x) = \frac{-u'(x)v(x)}{u(x)} = \frac{-u'(x)}{(u(x))^2}.$$

⚠ Völlig überflüssig, dies auswendig zu lernen. Lernen Sie die Quotientenregel auswendig und verstehen Sie diese Überlegung.

Beispiel 5.5

- $f(x) = \mathrm{e}^{-x}$ ist differenzierbar, denn $f(x) = \frac{1}{\mathrm{e}^x}$, also $f'(x) = \frac{-\mathrm{e}^x}{\mathrm{e}^{2x}} = -\mathrm{e}^{-x}$.
- Damit können wir nun auch sinh und cosh ableiten, denn

  $f(x) = \sinh x = \frac{1}{2}(\mathrm{e}^x - \mathrm{e}^{-x})$ also $f'(x) = \frac{1}{2}(\mathrm{e}^x + \mathrm{e}^{-x}) = \cosh x$. Analog:

  $f(x) = \cosh x = \frac{1}{2}(\mathrm{e}^x + \mathrm{e}^{-x})$ also $f'(x) = \frac{1}{2}(\mathrm{e}^x - \mathrm{e}^{-x}) = \sinh x$.
- Mit der Quotientenregel können wir auch tanh und coth ableiten:

  $$\begin{aligned} \tanh x &= \frac{\sinh x}{\cosh x} \quad \text{also} \\ \tanh' x &= \frac{\sinh' x \cosh x - \cosh' x \sinh x}{\sinh^2 x} = \frac{\cosh^2 x - \sinh^2 x}{\sinh^2 x} = \frac{1}{\sinh^2 x}. \end{aligned}$$

  Alternativ kann man auch im letzten Schritt kürzen und erhält $\tanh' x = 1 - \tanh^2 x$. Weiter

  $$\begin{aligned} \coth x &= \frac{1}{\tanh x} \quad \text{also} \\ \coth' x &= \frac{-\tanh' x}{\tanh^2 x} = \frac{\tanh^2 - 1}{\tanh^2 x} = 1 - \frac{1}{\tanh^2 x} = 1 - \coth^2 x \end{aligned}$$

  Man kann das Ganze auch mit sinh und cosh umschreiben und erhält dann $\coth' x = -\frac{1}{\sinh^2 x}$. ■

Zur Festigung: Überprüfen Sie, ob Sie durch Ableiten von $\coth = \frac{\cosh}{\sinh}$ auf dasselbe Ergebnis kommen.

Kettenregel

Satz 5.3

Ist g in x_0 und f in $g(x_0)$ differenzierbar, so ist $f \circ g$ differenzierbar in x_0 und es gilt:

$$(f \circ g)'(x_0) = \underbrace{f'(g(x_0))}_{\text{äußere Ableitung}} \cdot \underbrace{g'(x_0)}_{\text{innere Ableitung}} .$$

Merkregel: äußere Ableitung mal innere Ableitung. Die äußere Ableitung ist die Ableitung der äußeren Funktion, die innere die der inneren. Es empfiehlt sich die Reihenfolge so herum einzuprägen. Sie werden beim Rechnen der Übungsaufgaben merken, warum.

Beispiel 5.6

- $f(x) = \sin x$, $g(x) = \omega x + \varphi$. Dann ist $f'(x) = \cos x$ und $g'(x) = \omega$. Es folgt: $(f \circ g)(x) = \sin(\omega x + \varphi)$ ist differenzierbar auf $\mathbb{R}$ und $(f \circ g)'(x) = \cos(\omega x + \varphi)\omega$.
- $f(x) = \sqrt{x}$, $g(x) = x^3 + 7x + 2$. Dann ist $f'(x) = 0.5/\sqrt{x}$ für $x > 0$ und $g'(x) = 3x^2 + 7$. Es folgt: $(f \circ g)(x) = \sqrt{x^3 + 7x + 2}$ ist differenzierbar an den Stellen x_0 mit $x_0^3 + 7x_0 + 2 > 0$ und es gilt: $(f \circ g)'(x) = 0.5(3x^2 + 7)/\sqrt{x^3 + 7x + 2}$.
- $f(x) = \mathrm{e}^x$, $g(x) = \sin x$. Dann ist für alle x $f'(x) = \mathrm{e}^x$ und $g'(x) = \cos x$. Es folgt $(f \circ g)(x) = \mathrm{e}^{\sin x}$ ist differenzierbar in allen x und es gilt: $(f \circ g)'(x) = \mathrm{e}^{\sin x} \cdot \cos x$.
- Sei $f(x) = \mathrm{e}^x$, $g(x) = \sin x$ wie oben. Dann ist auch $(g \circ f)(x) = \sin(\mathrm{e}^x)$ differenzierbar in allen x und es gilt: $(g \circ f)'(x) = \cos(\mathrm{e}^x) \cdot \mathrm{e}^x$.
- $h(x) = 2^x$. *Achtung*: Es ist **nicht** $h'(x) = x \cdot 2^{x-1}$, denn hier steht die Variable x im Exponenten und nicht in der Basis! Wir müssen zunächst h umschreiben, um zu erkennen, welche Regeln anwendbar sind: $h(x) = (\mathrm{e}^{\ln 2})^x = \mathrm{e}^{x \cdot \ln 2}$. Mit $f(x) = \mathrm{e}^x$ und $g(x) = x \cdot \ln 2$ ist dann also $h = f \circ g$. Die Kettenregel liefert dann: $h'(x) = \mathrm{e}^{x \cdot \ln 2} \cdot \ln 2 = 2^x \cdot \ln 2$. – Analog sieht man, dass für eine Konstante $a \in \mathbb{R}$ und $h(x) = a^x$ gilt: $h'(x) = a^x \cdot \ln a$. ■

↪ Aufgabe 5.5

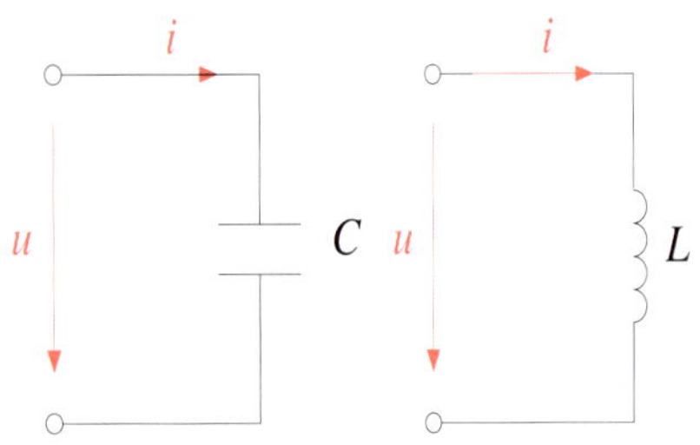

Bild 5.6 Kondensator und Spule

Anwendung – Elektrotechnik: Kondensator und Spule

Wir haben auf S. 98 schon Kondensator und Spule als komplexe Widerstände kennengelernt. Diese Interpretation ist aber nur für Wechselströme geeignet. Generell ist der Zusammenhang zwischen Spannung u und Strom i an einem Kondensator C bzw. an einer Spule L:

$$Cu' = i \qquad \text{bzw.} \qquad Li' = u \tag{5.1}$$

Auf S. 98 haben wir behauptet: Liegt an einer Kapazität C eine sin-Spannung $u(t) = A\cos(\omega t + \varphi)$ an, so fließt der Strom $i(t) = A\omega C\cos(\omega t + \varphi + \frac{\pi}{2})$. Mit (5.1) und den Ableitungsregeln können wir dies nachrechnen:

$$u(t) = A\cos(\omega t + \varphi) \Longrightarrow$$
$$i(t) = Cu'(t) = -CA\omega\sin(\omega t + \varphi) \overset{\text{Satz 1.3}}{=} CA\omega\cos(\omega t + \varphi + \tfrac{\pi}{2})$$

Entsprechendes gilt an der Spule.

Tabelle 5.1 Ein paar Ableitungen

Funktion	Ableitung
$f(x)$	$f'(x)$
x^r	$r \cdot x^{r-1}$ $(r \neq 0)$
e^x	e^x
a^x	$a^x \ln a$ $(a$ Konst.)
$\ln x$	$\frac{1}{x}$
$\sin x$	$\cos x$
$\cos x$	$-\sin x$
$\tan x$	$\frac{1}{\cos^2 x} = 1 + \tan^2 x$
$\sinh x$	$\cosh x$
$\cosh x$	$\sinh x$
$\arcsin x$	$\frac{1}{\sqrt{1-x^2}}$
$\arctan x$	$\frac{1}{1+x^2}$

Beispiel 5.7

- Was ist die Ableitung von $g(x) = \ln x$? Nehmen wir einfach einmal an, dass wir schon wüssten, dass ln differenzierbar ist. Mit $f(x) = e^x$ gilt dann ja für alle $x > 0$
$$(f \circ g)(x) = e^{\ln x} = x$$
(denn ln ist die Umkehrfunktion der e-Funktion). Differenzieren auf beiden Seiten ergibt für alle $x > 0$:
$$1 = e^{\ln x} \cdot (\ln)'(x), \text{ d. h. } 1 = x \cdot (\ln)'(x), \text{ also } (\ln)'(x) = \tfrac{1}{x}.$$
- $h(x) = x^x$. Hier greift weder unsere Kenntnis der Ableitung von a^x noch die der von x^a, weil die Variable x in der Basis **und** im Exponenten steht. Wir müssen uns daher etwas Neues einfallen lassen: $h(x) = (e^{\ln x})^x = e^{x \cdot \ln x}$. Mit der Kettenregel und der Produktregel folgt:
$$h'(x) = e^{x\ln x}(x\ln x)' = x^x(\ln x + x \cdot \frac{1}{x}) = x^x(\ln x + 1).$$
- Wie oben kann man allgemein die Ableitung einer Umkehrfunktion ausrechnen: Für alle geeigneten x gilt $x = (f \circ f^{-1})(x)$; nach Differenzieren auf beiden Seiten hat man: $1 = f'(f^{-1}(x)) \cdot (f^{-1})'(x)$, also $(f^{-1})'(x) = 1/f'(f^{-1}(x))$ ■

Satz 5.4

Ableitung der Umkehrfunktion

Falls eine Funktion f differenzierbar und umkehrbar ist, so ist auch die Umkehrfunktion f^{-1} differenzierbar und es gilt

$$(f^{-1})'(x) = \frac{1}{f'(f^{-1}(x))}.$$

Tabelle 5.2 Die Ableitungsregeln

Funktion	Ableitung	Name der Regel
f	f'	
$u+v$	$u'+v'$	Linearität
$c\cdot u$	$c\cdot u'$	Linearität (c Konstante)
$u\cdot v$	$u'\cdot v+v\cdot u'$	Produktregel
$\frac{u}{v}$	$\frac{u'\cdot v-v'\cdot u}{v^2}$	Quotientenregel
$u\circ v$	$(u'\circ v)\cdot v'$	Kettenregel
$u(v(x))$	$u'(v(x))\cdot v'(x)$	Kettenregel mit x
f^{-1}	$\frac{1}{f'(f^{-1})}$	Ableitung der Umkehrfunktion

Beispiel 5.8

- $f(x)=x^3$ ist auf ganz $\mathbb{R}$ differenzierbar und dort auch umkehrbar. Die Umkehrfunktion ist bekanntlich $f^{-1}(x)=\sqrt[3]{x}$. Nach obigem Satz 5.4 ist diese differenzierbar und es gilt:
$$(f^{-1})'(x)=\frac{1}{f'(f^{-1}(x))}=\frac{1}{3}(f^{-1}(x))^2=\frac{1}{3}x^{-2/3}.$$ Es gilt allgemein:

  Die Ableitung von $f(x)=x^a$ ($a\in\mathbb{R}$ Konstante) ist $f'(x)=a\cdot x^{a-1}$.
- Was ist die Ableitung von arcsin? Dies ist die Umkehrfunktion zu $f(x)=\sin x$. Nach dem obigem Satz 5.4 ist dann $f^{-1}(x)=\arcsin x$ im ganzen Definitionsbereich differenzierbar und es gilt:
$$(f^{-1})'(x)=\frac{1}{f'(f^{-1}(x))}=\frac{1}{\cos(\arcsin x)}=\frac{1}{\sqrt{1-x^2}}$$

↪ Aufgabe 5.1

- arctan ist differenzierbar auf ganz $\mathbb{R}$ und es gilt $\arctan'(x)=\frac{1}{1+x^2}$. ■

5.2 Extremwerte

Ein weites Anwendungsfeld für die Differenzialrechnung ist die Berechnung von Extremwerten. Es geht dabei darum, den größten oder kleinsten Funktionswert einer Funktion f über einem bestimmten Bereich zu finden. Und nicht nur das, meist interessiert nicht nur der Funktionswert, sondern auch das dazugehörige

x, also die Extremstelle, d. h. die Stelle, an der der Extremwert angenommen wird. Andererseits sind Anwendungen denkbar, in denen der Extremwert selbst nicht von Interesse ist, sondern die Stelle, an der er auftritt. Man unterscheidet dabei relative Extrema und absolute Extrema. Wie der Name schon sagt, sind relative Extrema nur relativ extrem. Das bedeutet, ein relatives Maximum ist nur relativ maximal, also in einer bestimmten Umgebung maximal, aber nicht überall. Beispielsweise wollen Sie als typischer Autofahrer auf der Landstraße nicht Ihre absolute Maximalgeschwindigkeit unter 100 km/h halten, also über Ihre gesamte Fahrstrecke, sondern nur relativ, z. B. in der Umgebung von Radarfallen. Ein relatives Extremum liegt also dann vor, wenn der Wert in einer gewissen Umgebung maximal oder minimal ist. Mathematisch bedeutet „Umgebung" einfach ein Teilintervall des Definitionsbereichs. Wir definieren nun präzise.

Definition 5.5

Relative und absolute Extrema

Sei $f : D \longrightarrow \mathbb{R}$ eine Funktion.
f hat in x_0 ein **relatives Maximum**, falls für ein $h > 0$ gilt:
$I := (x_0 - h, x_0 + h) \subset D$ und $f(x) \leq f(x_0)$ für alle $x \in I$.
f hat in x_0 ein **relatives Minimum**, falls für ein $h > 0$ gilt:
$I := (x_0 - h, x_0 + h) \subset D$ und $f(x) \geq f(x_0)$ für alle $x \in I$.
f hat in $x_0 \in D$ ein **absolutes Maximum**, falls gilt:
$f(x) \leq f(x_0)$ für alle $x \in D$.
f hat in $x_0 \in I$ ein **absolutes Minimum**, falls gilt:
$f(x) \geq f(x_0)$ für alle $x \in D$.
Auch die Sprechweise **lokal** anstelle von „relativ" und **global**" anstelle von „absolut" ist gebräuchlich.

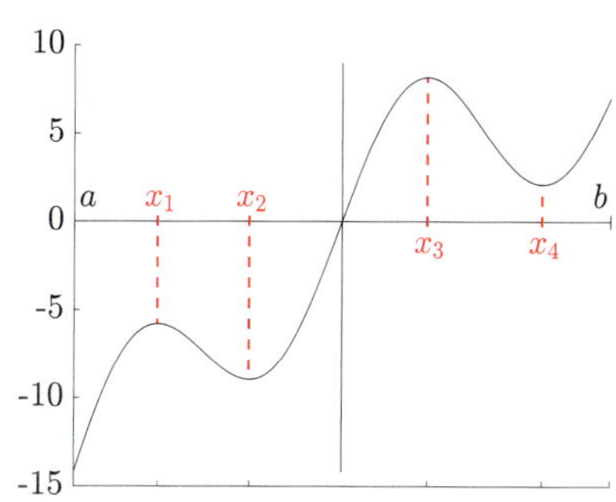

Bild 5.7 f hat in x_1 und x_3 lokale Maxima und in x_2 und x_4 lokale Minima. Auf $D = [a, b]$ hat f ein globales Maximum in x_3 und ein globales Minimum in a.

Der Begriff Extremum steht für Maximum oder Minimum. Insbesondere sind also alle absoluten Extrema auch relative Extrema, aber i. Allg. nicht umgekehrt.

Satz 5.5

Notwendige Bedingung für Extrema

Sei I ein Intervall, $f : I \longrightarrow \mathbb{R}$ eine differenzierbare Funktion. Wenn f ein relatives Extremum in $x_0 \in I$ hat, dann gilt: $f'(x_0) = 0$. Siehe Bild 5.8(a).

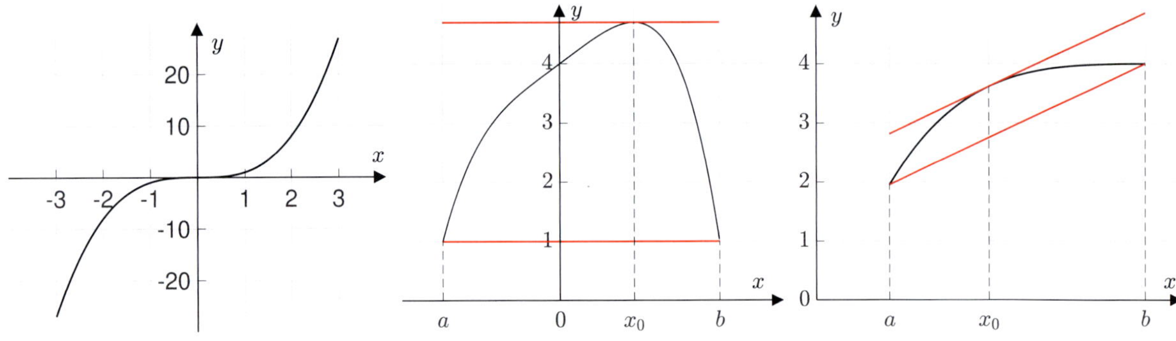

(a) $f'(0) = 0$, aber kein Extremum in 0

(b) Satz von Rolle: Es gibt eine Stelle x_0 mit horizontaler Tangente.

(c) Mittelwertsatz: Es gibt eine Stelle x_0, an der die Tangente dieselbe Steigung hat wie die Sekante.

Bild 5.8 Verschiedene Situationen an Funktionsgraphen und Tangenten

Der Satz liefert also ein notwendiges Kriterium dafür, dass eine differenzierbare Funktion ein relatives Extremum in x_0 besitzt. Dieses Kriterium ist aber nicht hinreichend, d. h. es gilt nicht, dass jede Nullstelle von f' auch ein relatives Extremum ist. Beispielsweise ist für $f(x) = x^3$ $x_0 = 0$ eine Nullstelle der Ableitung von f, aber trotzdem liegt in $x_0 = 0$ kein relatives Extremum vor. Ein Beispiel, wo das aber der Fall ist: $f(x) = \sin x$ hat offensichtlich relative Maxima in $x = \frac{\pi}{2} + 2k\pi$ für jedes $k \in \mathbb{Z}$, und relative Minima in $x = \frac{3\pi}{2} + 2k\pi$ für jedes $k \in \mathbb{Z}$. Diese Stellen sind auch genau die Nullstellen der Ableitung von sin.

Es ist anschaulich klar, dass eine Funktion, die am Anfang und Ende eines Intervalls den gleichen Funktionswert annimmt, zwischendurch eine Stelle mit horizontaler Tangente hat, s. Bild 5.8(b).

Satz von Rolle

Satz 5.6

Michel Rolle, 1652-1719, franz. Mathematiker

Sei $f : [a, b] \longrightarrow \mathbb{R}$ stetig, f sei differenzierbar auf (a, b), es gelte $f(a) = f(b)$. Dann gibt es ein $x_0 \in (a, b)$ mit $f'(x_0) = 0$.

Indem man Bild 5.8(b) schräg legt, erhält man eine Situation mit unterschiedlichen Funktionswerten an Anfang und Ende eines Intervalls, siehe Bild 5.8(c). Dann kann man natürlich keine horizontale Tangente mehr erwarten. Die neue Tangente ist nach wie vor parallel zur Sekanten – durch die Drehung des Bildes bleibt die Parallelität erhalten. Es gibt also mindestens eine Stelle $x_0 \in (a,b)$, in der die Tangente des Funktionsgraphen parallel zur Sekanten durch die Punkte $(a, f(a))$ und $(b, f(b))$ ist (d. h. diese Tangente und die Sekante haben die gleiche Steigung). Diese Situation wird im folgenden Satz beschrieben.

Satz 5.7

Mittelwertsatz der Differenzialrechnung

Sei $f : [a, b] \longrightarrow \mathbb{R}$ stetig, f sei differenzierbar auf (a, b). Dann gibt es ein $x_0 \in (a, b)$ mit

$$f'(x_0) = \frac{f(b) - f(a)}{b - a}.$$

Anwendung – Physik: Geschwindigkeit II

Wir betrachten wieder ein Fahrzeug, das zum Zeitpunkt $t = a$ startet und bezeichnen mit $f(t)$ die nach t Stunden zurückgelegte Strecke in km. Zum Zeitpunkt $t = b$ hat das Fahrzeug dann die Strecke $f(b) - f(a)$ zurückgelegt; die Durchschnittsgeschwindigkeit ist also $\frac{f(b)-f(a)}{b-a}$. Der Mittelwertsatz besagt dann: Es gibt einen Zeitpunkt $t = c$ zwischen a und b, in dem das Fahrzeug genau diese Durchschnittsgeschwindigkeit hat.

Anwendung – Fehlerfortpflanzung bei Funktionsauswertungen

Wir schreiben die Aussage des Mittelwertsatzes geringfügig um. Es gibt also $x_0 \in (a, b)$ mit

$$f(b) - f(a) = f'(x_0)\,(b - a)$$

Diese Formulierung ergibt einen Zusammenhang zwischen der Differenz zweier Funktionswerte und der Differenz der zugehörigen x-Werte. Das macht man sich in der Fehlerrechnung zunutze. Sei $\tilde{x}$ eine Näherung (z. B. ein Messwert) zu einem exakten Wert x. Dann bezeichnet man $|\tilde{x} - x|$ als **absoluten Fehler** der Näherung $\tilde{x}$. Angenommen, Sie wollen den sin-Wert eines fehlerbehafteten Wertes $\tilde{x}$ berechnen und fragen sich, wie weit dieser sin-

Wert vom sin-Wert des exakten Wertes x abweicht. Der Mittelwertsatz hilft:

$$|\sin\tilde{x} - \sin x| = \underbrace{|\cos x_0|}_{\leq 1} |\tilde{x} - x| \leq |\tilde{x} - x|$$

Daraus erkennt man, dass die sin-Werte nicht weiter auseinander liegen als die x-Werte. Der Fehler der x-Werte pflanzt sich natürlich in den sin-Werten fort, aber er ist nachher kleiner als vorher. Der Fehler wird also gedämpft. Das ist erfreulich. Jedoch muss man auch damit rechnen, dass der Fehler sich verstärkt. Verwendet man anstelle von sin beispielsweise die Funktion $f(x) = 5x$, so ist klar, dass der Fehler sich verfünffacht. In der Praxis auf dem Computer werden fehlerbehaftete Eingabewerte nacheinander in verschiedene Funktionen eingesetzt. Die Kunst des Anwenders besteht dann darin, abschätzen zu können, wie sich die Eingabefehler fortpflanzen. Das ist oft ein schwieriges Problem. Solche Fehlerabschätzungen sind aber in der Praxis unabdingbar, denn was nutzen die schönsten berechneten Zahlenwerte, wenn man nicht weiss, wie weit sie maximal von den exakten Ergebnissen abweichen können? Für eine vertiefte Diskussion dieser Fragestellung verweisen wir auf [6].

Folgerungen aus dem Mittelwertsatz

Funktionen mit identischer Ableitung können sich nur durch eine additive Konstante unterscheiden.

↪ Aufgabe 5.6

Das Vorzeichen der Ableitung zeigt das Monotonieverhalten:
positive Ableitung bedeutet steigende Funktionswerte, negative fallende.

Satz 5.8

Seien $f, g : [a,b] \longrightarrow \mathbb{R}$ stetig und auf (a, b) differenzierbar.

- Falls $f'(x) = 0$ für alle $x \in (a,b)$, so ist f konstant auf $[a,b]$.
- Falls $f'(x) = g'(x)$ für alle $x \in (a,b)$, so ist $f(x) = g(x) + c$ für alle $x \in [a,b]$ und eine Konstante c.
- Falls $f'(x) > 0$ für alle $x \in (a,b)$, so ist f streng monoton steigend auf $[a,b]$. Falls $f'(x) < 0$ für alle $x \in (a,b)$, so ist f streng monoton fallend auf $[a,b]$.

Beispiel 5.9

- Die Funktion $f(x) = \mathrm{e}^x$ ist streng monoton steigend auf ganz $\mathbb{R}$, denn es gilt $f'(x) = \mathrm{e}^x > 0$ für alle $x \in \mathbb{R}$.

- Wir betrachten die Funktion $f(x) = x - \lambda \sin x$.

  Für $\lambda = 0.5$ gilt: f hat höchstens eine Nullstelle in $\mathbb{R}$, denn sie ist auf $\mathbb{R}$ streng monoton steigend, was man aus $f'(x) = 1 - 0.5\cos x \geq 0.5 > 0$ für alle $x \in \mathbb{R}$ sieht.

  Für $\lambda = 2$ funktioniert diese Abschätzung nicht, kann auch gar nicht funktionieren, denn f ist nicht monoton (z. B. ist $f'(0) = 1 - 2\sin 0 = 1$ und $f'(\frac{\pi}{2}) = 1 - 2\sin\frac{\pi}{2} = -1$). Am Graphen (siehe Bild 5.9) sieht man das auch, und ebenso, dass f nun drei Nullstellen besitzt.

  In vielen Anwendungen (es wäre kaum übertrieben zu sagen: in allen) tauchen parameterabhängige Funktionen auf. Oft stellt sich dann die Frage, wie ein Parameter zu wählen ist, um bestimmte Eigenschaften der Funktion zu erzielen. ■

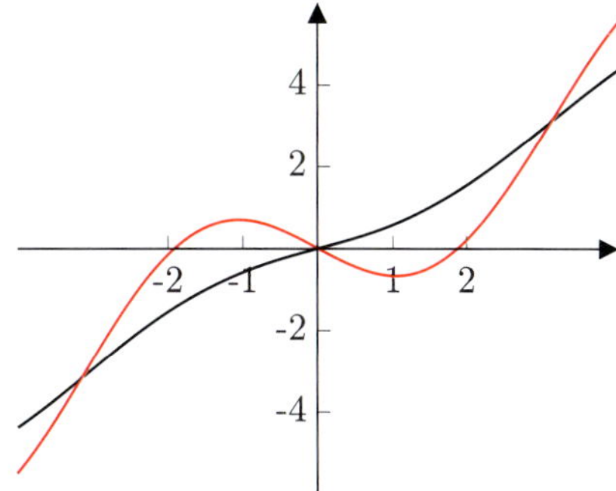

Bild 5.9 Parameterabhängige Funktionen unterscheiden sich in ihrem Verhalten je nach Wert dieses Parameters.

Beispiel 5.10

Sei $f(x) = -x^2 \cos x - 6\cos x + 2x\sin x - 6\sin x + 6x\cos x$.

Es sollen alle Bereiche innerhalb des Intervalls $[1, 5]$, auf denen f monoton ist, bestimmt werden. Anschließend sollen alle relativen Minima und Maxima in diesem Bereich bestimmt werden.

Wir bestimmen zunächst f' und faktorisieren gleich, um mögliche Nullstellen zu erkennen.

$f'(x) = \sin x\,(x^2 - 6x + 8) = \sin x\,(x-2)\,(x-4)$

Nach Satz 5.5 kommen nur die Nullstellen von f' als Extremstellen in Frage. In $[1, 5]$ hat sin nur die Nullstelle π, dazu kommen die offensichtlichen Nullstellen 2 und 4. Weitere Nullstellen hat f' nicht, also halten wir fest: Einzig mögliche relative Extremstellen in $[1, 5]$ sind also $2, \pi, 4$.

Zwischen diesen Stellen hat f' also konstantes Vorzeichen, dort ist also f streng monoton. Im Einzelnen:

Auf $(1, 2)$: $f'(x) = \underbrace{\sin x}_{>0}\,\underbrace{(x-2)}_{<0}\,\underbrace{(x-4)}_{<0} > 0$, also f streng monoton steigend.

Auf $(2, \pi)$: $f'(x) = \underbrace{\sin x}_{>0}\,\underbrace{(x-2)}_{>0}\,\underbrace{(x-4)}_{<0} < 0$, also f streng monoton fallend.

Auf $(\pi, 4)$: $f'(x) = \underbrace{\sin x}_{<0}\,\underbrace{(x-2)}_{>0}\,\underbrace{(x-4)}_{<0} > 0$, also f streng monoton steigend.

Auf $(4, 5)$: $f'(x) = \underbrace{\sin x}_{<0}\,\underbrace{(x-2)}_{>0}\,\underbrace{(x-4)}_{>0} < 0$, also f streng monoton fallend.

Aus der Monotonie folgt, dass in $x = 2$ und $x = 4$ jeweils ein relatives Maximum vorliegt und in $x = \pi$ ein relatives Minimum.

Diese berechneten Eigenschaften erkennen wir auch am Graphen von f wieder, siehe Bild 5.10.

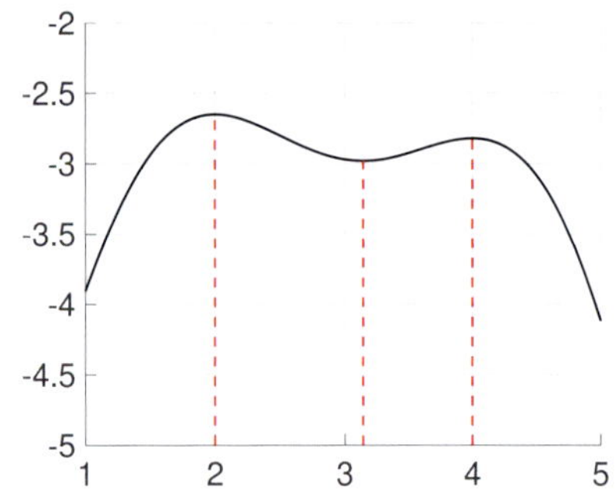

Bild 5.10 Relative Maxima in $x = 2$ und $x = 4$, relatives Minimum in $x = \pi$.

Wir wollen weiter noch die absoluten Extremalstellen von f in $[1, 5]$ finden. Nach Satz 2.9 wissen wir, dass es diese Stellen auf jeden Fall gibt. In Frage dafür kommen die relativen Extremalstellen sowie die Ränder des Definitionsbereichs. Da f auf $[1, 2]$ steigend und auf $[4, 5]$ fallend ist, kommen die Ränder nur als Minimalstellen in Frage. Ein absolutes Maximum kann also nur in 2 oder 4 vorliegen, und zwar an der Stelle, die den größeren Funktionswert liefert. Wir rechnen die Funktionswerte aus (Taschenrechner) und finden

$f(2) = -2.65\ldots, \quad -2.82\ldots = f(4).$

Das absolute Maximum von f in $[1, 5]$ ist also $f(2) = -2.65\ldots$ und tritt in $x = 2$ auf. Ein absolutes Minimum kann nur in π und an den Rändern des Intervalls auftreten. Wir finden

$f(1) = -3.906\ldots, \quad f(\pi) = -2.97995\ldots, \quad f(5) = -4.119\ldots.$

Das absolute Minimum von f in $[1, 5]$ ist also $f(5) = -4.119\ldots$ und tritt in $x = 5$ auf. ■

Anwendung – Mechanik: das Bierdosenproblem

Wir betrachten eine Bierdose mit variablem Füllstand $x \in [0, 1]$ und fragen, wo der Schwerpunkt S der Dose liegt, siehe Bild 5.11. Wenn die Dose vollständig gefüllt ist ($x = 1$) oder vollständig leer ist ($x = 0$), liegt der Schwerpunkt S genau in der Mitte, also 0.5 über der Grundlinie. Bei Füllstand $x \in (0, 1)$ ist dies nicht der Fall. Sei nun $s : [0, 1] \longrightarrow \mathbb{R}$ die Funktion, die dem Füllstand x die Höhe $s(x)$ des Schwerpunkts S über der Grundlinie zuordnet. Wir wissen dann schon: $s(0) = s(1) = 0.5$. Es ist klar, dass sich die Lage des Schwerpunkts stetig mit x verändert, und der Schwerpunkt in keiner Situation höher als 0.5 liegen kann. Nach Satz 2.9 gibt es dann mindestens ein x, für das der Schwerpunkt am tiefsten liegt, also $s(x)$ minimal wird. Nach Satz 5.6 gibt es auch eine Stelle in $[0, 1]$, in der die Ableitung von s verschwindet. Dort muss dann ein Extremum vorliegen. Wenn es nur eine solche Stelle gibt, liegt in dieser das Minimum vor.

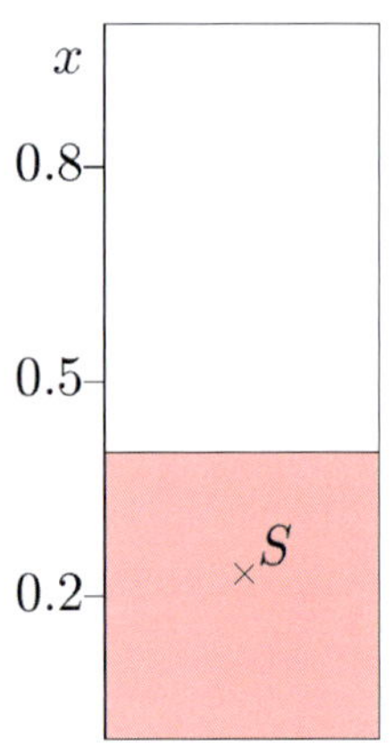

Bild 5.11 Bierdose mit Füllstand $x \in [0, 1]$

Dieses Beispiel ist [17] entnommen. Dort findet man eine ausführliche Herleitung der Formeln, zum einen aus physikalischen Überlegungen, zum anderen auf mathematischem Weg. In [15] wird für den Fall eines Dosengewichts von 25 g und einer maximalen Füllmenge von 500 g die folgende Formel hergeleitet:

$$s(x) = \frac{20x^2 + 1}{40x + 2}.$$

Bild 5.12 zeigt den Graph von s. Wir sehen, dass es genau ein Minimum von s gibt, welches bei $x \approx 0.2$ liegen sollte. Dieses wollen wir nun berechnen. Wir haben:

$$s'(x) = \frac{40x(40x+2) - 40(20x^2+1)}{(40x+2)^2} = \frac{800x^2+80x-40}{(40x+2)^2}$$

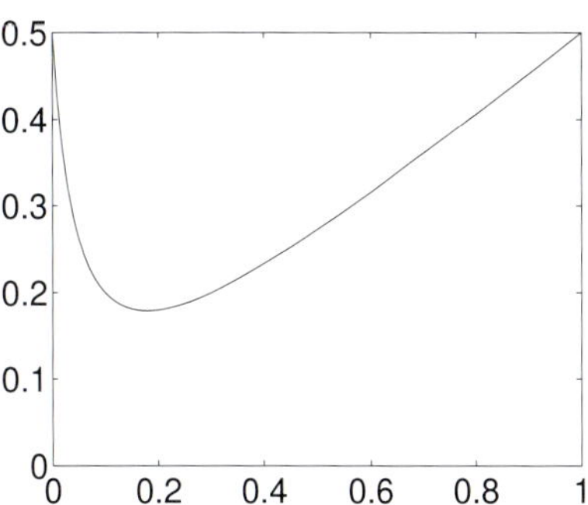

Bild 5.12 Die Bierdosenfunktion s

Die Nullstellen von s' sind die Nullstellen des Zählers (denn der Nenner ist für $x \in [0, 1]$ stets positiv). Damit finden wir:

$$s'(x) = 0 \iff 800x^2 + 80x - 40 = 0 \iff x^2 + 0.1x = 0.05$$
$$\iff x = -0.05 \pm \sqrt{0.0525}.$$

Die Lösung $-0.05 - \sqrt{0.0525}$ ist negativ und kommt daher hier nicht in Frage. Unser gesuchtes x ist

$$x_{min} = -0.05 + \sqrt{0.0525} = 0.1791\ldots$$

Ergebnis: Der Schwerpunkt S der Bierdose liegt am tiefsten bei einem Füllstand von ca. 0.179. Bei diesem Füllstand steht die Dose also am stabilsten auf dem Boden.
Es gilt übrigens $s(x_{min}) = x_{min}$, d. h. der Schwerpunkt liegt genau auf Höhe des Flüssigkeitspegels. Dass das aus physikalischen Gründen so sein muss, wird in [17] erklärt.

begin MATLAB

Mit dem Befehl `fminbnd` können in MATLAB Minimalstellen näherungsweise berechnet werden, also die Stellen, deren Funktionswert minimal ist. Beim Aufruf muss die Funktion übergeben werden und ein Intervall, in dem eine Minimalstelle gesucht wird.

```
>> f = @(t) t.*t-2;
>> fminbnd(f,-1,1)

ans =

   -1.110223024625157e-16

>>
```

Def. der Funktion $f(x) = x^2 - 2$
Suche Minimalstelle in $[-1, 1]$.

Das sieht danach aus, dass in 0 ein Minimum vorliegt. Das Minimum (also der minimale Funktionswert) ist dann $f(0) = -2$. Verwendet man eine schon in MATLAB implementierte Funktion oder eine mittels `function` selbstdefinierte Funktion, so muss der Funktionsname in Anführungszeichen gesetzt werden:

```
>> fzero('cos',0,6)

ans =

   3.14159268915185

>> fzero('cos',0,12)

ans =

   3.14159268915185
```

Achtung: cos hat in $[6, 12]$ zwei Minimalstellen. Es wird aber nur eine gefunden.

Zur Berechnung von Maximalstellen gibt es keinen MATLAB-Befehl. Wozu auch? Man kann ja einfach Minimalstellen von $-f$ suchen.

Wie man sieht, wird eine Minimalstelle gefunden, auch wenn es mehrere gibt. Und vielleicht ist es gerade die andere, nicht gefundene, die man eigentlich gerne hätte. Wiederum sehen Sie, dass man nicht blindlings dem Output von Rechnern vertrauen sollte.

end MATLAB

5.3 Numerische Bestimmung von Nullstellen: Newton- und Sekantenverfahren

Linearisierung

„Linearisierung“ bedeutet etwas linear machen. Es geht natürlich um Funktionen. Wie macht man Funktionen linear? Bei „linear“ denken Sie vielleicht an eine Gerade, und das ist auch ein guter Ansatzpunkt. Man könnte also eine Funktion linear machen, indem man ihren Graphen durch eine Gerade ersetzt. Wozu man das machen sollte? Aus der Schule erinnern Sie sich noch, dass mit Geraden alles viel einfacher war: Punkte auf einer Geraden berechnen, Ausrechnen von Schnittpunkten und Steigungen, prüfen auf Parallelität und vieles mehr. All’ diese Dinge sind bei nichtlinearen Funktionen schwieriger, teilweise sogar erheblich schwieriger. Die Schwierigkeiten steigen in dem Maß, in dem die nichtlineare Funktion von einer Gerade abweicht. Solange der Funktionsgraph aber einer Geraden ähnelt, sind die Ergebnisse der vereinfachten linearen Rechnung meist doch noch zu etwas nutze.

Hier bietet sich die Tangente an, siehe Bild 5.13. Die Tangente berührt den Graphen in einem Punkt und hat im Berührungspunkt dieselbe Steigung wie der Graph der Funktion, siehe Definition 5.2. Eine bessere Annäherung kann man nicht erzielen, jedenfalls nicht in der Nähe des Berührungspunkts. Wertet man also an einer Stelle x nicht die Funktion aus, sondern die Tangentengleichung, so erhält man eine brauchbare Näherung, sofern x nicht allzu weit entfernt von der Berührstelle ist. Es gilt also (vgl. Definition 5.2)

$$\begin{aligned} f(x) &\approx f'(x_0)x + f(x_0) - f'(x_0)x_0 && \text{für } x \text{ nahe bei } x_0 \\ &= f(x_0) + f'(x_0)(x - x_0) && \text{für } x \text{ nahe bei } x_0 \end{aligned}$$

oder äquivalent mit Bezeichnung $h := x - x_0$

$$f(x_0 + h) \approx f(x_0) + f'(x_0)h \qquad \text{für } h \text{ klein}$$

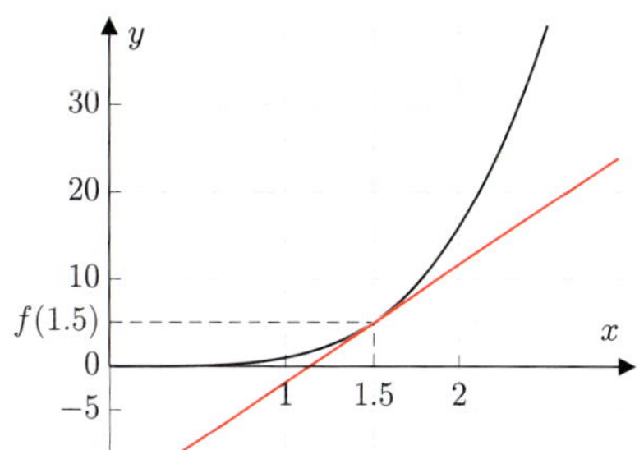

Bild 5.13 Tangente an einen Funktionsgraphen an der Stelle $x = 1.5$

Gegeben sei eine differenzierbare Funktion f, gesucht ist eine Nullstelle von f, d. h. ein Schnittpunkt des Graphen von f mit der x-Achse. Ausgangspunkt ist eine Stelle x_0, die, soweit es die Vorkenntnis erlaubt, in der Nähe der gesuchten Nullstelle liegt. In der Nähe von x_0 lässt sich aber der Graph der Funktion durch die Tangente an den Graphen durch den Punkt $(x_0, f(x_0))$ annähern. Das gibt Grund zu der Hoffnung, dass der Schnittpunkt dieser Tangente mit der x-Achse auch eine gute Näherung des Schnittpunktes des Graphen der Funktion mit der x-Achse ist. Zumindest sollte es eine bessere Näherung an die Nullstelle als x_0 selbst sein. Die besagte Tangente hat die Gleichung

$$y = f'(x_0) \cdot x + f(x_0) - f'(x_0) \cdot x_0,$$

sodass sich der Schnittpunkt mit der x-Achse (also $y = 0$ setzen) ergibt als

$$x = x_0 - \frac{f(x_0)}{f'(x_0)}.$$

Das geht natürlich nur, wenn $f'(x_0) \neq 0$ ist, d. h. wenn die Tangente nicht parallel zur x-Achse liegt. x sollte dann eine bessere Näherung an die Nullstelle von f sein. Man kann nun wieder die Tangente in x berechnen und dazu wieder den Schnittpunkt mit der x-Achse usw. Dies führt auf die folgende Iteration:

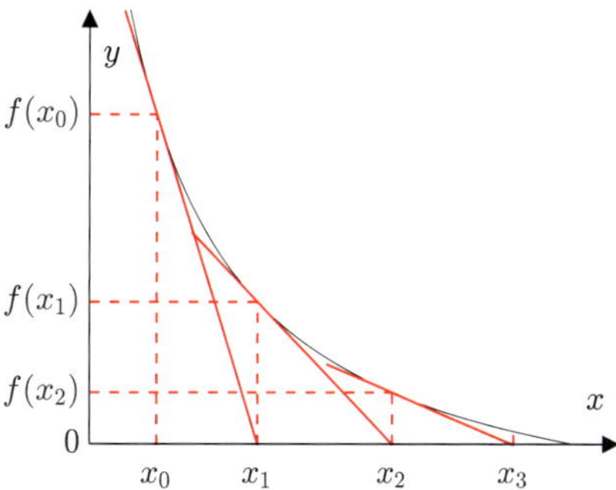

Bild 5.14 Newton-Verfahren

Definition 5.6 Newton-Verfahren

Gegeben sei eine Funktion f und ein $x_0 \in \mathbb{R}$. Die Iteration

$$x_{n+1} = x_n - \frac{f(x_n)}{f'(x_n)}, \qquad n = 0, 1, \ldots \tag{5.2}$$

heißt **Newton-Verfahren**. Die Folge (x_n) konvergiert in vielen Fällen gegen eine Nullstelle von f.

Es empfiehlt sich, den Startwert x_0 in der Nähe der Nullstelle zu wählen, um Aussicht auf eine schnelle Konvergenz zu haben. Aus Bild 5.14 erkennt man, dass das Newton-Verfahren sehr schnell Näherungswerte nahe an der Nullstelle liefert. Das ist oft so, aber nicht immer.

Beispiel 5.11

Wir wollen näherungsweise eine Nullstelle von $f(x) = x^2 - 2$ bestimmen. Die Iterationsvorschrift (5.2) lautet dann

$$x_{n+1} = x_n - \frac{x_n^2 - 2}{2x_n} = \frac{1}{2}x_n + \frac{1}{x_n}.$$

Zur Festigung: Probieren Sie einige andere Startwerte aus und überprüfen Sie, ob es scheint, dass das Newton-Verfahren eine konvergente Folge liefert und ob der Grenzwert eine Nullstelle ist.

Wir wählen den Startwert $x_0 = 2$ und erhalten

$$\begin{aligned}
x_1 &= \frac{1}{2}x_0 + \frac{1}{x_0} = 1 + \frac{1}{2} = 1.5 \\
x_2 &= \frac{1}{2}x_1 + \frac{1}{x_1} = 0.75 + \frac{2}{3} = \frac{17}{12} = 1.41666\ldots \\
x_3 &= \frac{1}{2}x_2 + \frac{1}{x_2} = \frac{17}{24} + \frac{12}{17} = 1.41421568627\ldots \\
x_4 &= \frac{1}{2}x_3 + \frac{1}{x_3} = 1.4142135623746\ldots
\end{aligned}$$

Zum Vergleich: $\sqrt{2} = 1.4142135623730\ldots$, d. h. in 4 Schritten haben wir die Nullstelle schon bis auf 10 Stellen hinter dem Komma genau berechnet. Das wissen wir aber nur, weil wir mal eben auf dem Taschenrechner geschaut haben, was rauskommen sollte – ein Verfahren, was in der Praxis nicht funktioniert (denn wenn Sie schon wüssten, was rauskommen soll, brauchten Sie ja kein Newton-Verfahren mehr).

Um den Fehler $|x - x_3|$ abzuschätzen, kann man den Zwischenwertsatz verwenden. In diesem Fall ist $f(x_3 - 10^{-5}) < 0$ und $f(x_3 + 10^{-5}) > 0$, sodass es nach dem Zwischenwertsatz eine Nullstelle $x \in [x_3 - 10^{-5}, x_3 + 10^{-5}]$ gibt. Dann gilt $|x - x_3| \leq 10^{-5}$. *Zum Vergleich*: Es gilt $|\sqrt{2} - x_3| \approx 2.1 \cdot 10^{-6}$. ■

Das Newton-Verfahren ist ein sehr beliebtes und sehr schnelles Verfahren; es hat aber den Nachteil, dass man in jedem Schritt eine Ableitung ausrechnen muss. Wenn man also Nullstellen einer Funktion sucht, deren Ableitung man nicht kennt, ist das Newton-Verfahren nicht anwendbar. Dann kann man zu verschiedenen Varianten greifen. Eine davon ist, nicht den Schnittpunkt von Tangenten in $(x_0, f(x_0))$ mit der x-Achse zu suchen, sondern den

Schnittpunkt von Sekanten durch jeweils zwei Punkte $(x_0, f(x_0))$ und $(x_1, f(x_1))$. Die Steigung $f'(x_0)$ in der Formel wird dann ersetzt durch die Steigung der Sekanten und man erhält im ersten Schritt

$$x_2 = x_0 - \frac{f(x_0)}{\frac{f(x_1)-f(x_0)}{x_1-x_0}} = x_1 - \frac{x_1 - x_0}{f(x_1) - f(x_0)} \cdot f(x_1).$$

Dies kann wieder iteriert werden, indem man x_3 aus x_2 und x_1 berechnet usw.

Definition 5.7

Sekantenverfahren

Gegeben sei eine Funktion f und Startwerte $x_0, x_1 \in \mathbb{R}$. Die Iteration

$$x_{n+1} = x_n - \frac{x_n - x_{n-1}}{f(x_n) - f(x_{n-1})} \cdot f(x_n), \qquad n = 1, 2, \ldots \quad (5.3)$$

heißt **Sekantenverfahren**. Die Folge (x_n) konvergiert in vielen Fällen gegen eine Nullstelle von f.

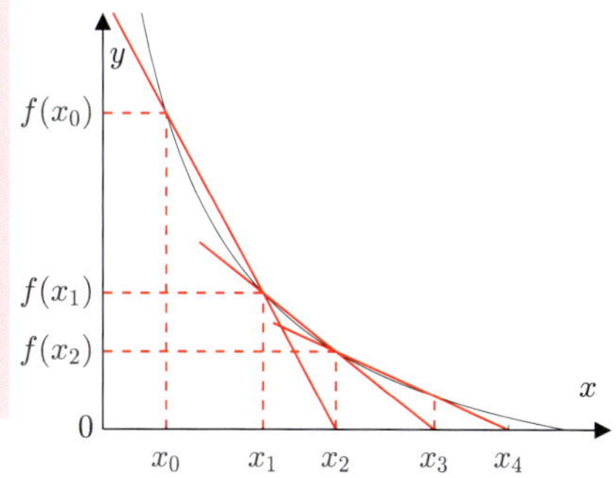

Bild 5.15 Das Sekantenverfahren

Beispiel 5.12

Wir greifen Beispiel 5.11 noch einmal auf, wollen diesmal aber das Sekantenverfahren verwenden. Es geht also wieder um die näherungsweise Berechnung einer Nullstelle von $f(x) = x^2 - 2$. Die Iterationsvorschrift (5.3) lautet dann

$$x_{n+1} = x_n - \frac{x_n - x_{n-1}}{x_n^2 - x_{n-1}^2} \cdot (x_n^2 - 2) = x_n - \frac{x_n^2 - 2}{x_n + x_{n-1}}$$

Wir wählen den Startwert $x_0 = 2$, $x_1 = 1$ und erhalten

$$\begin{aligned}
x_2 &= x_1 - \frac{x_1^2 - 2}{x_1 + x_0} = 1 + \frac{1}{3} = 1.3333333\ldots \\
x_3 &= x_2 - \frac{x_2^2 - 2}{x_2 + x_1} = \frac{4}{3} + \frac{\frac{2}{9}}{\frac{7}{3}} = \frac{10}{7} = 1.42857142857143\ldots \\
x_4 &= x_3 - \frac{x_3^2 - 2}{x_3 + x_2} = \frac{10}{7} - \frac{\frac{2}{49}}{\frac{58}{21}} = \frac{574}{406} = 1.4137931\ldots
\end{aligned}$$

Vergleichen wir mit $\sqrt{2} = 1.4142135623730\ldots$, so sehen wir, dass 4 Schritte mit dem Sekantenverfahren die Nullstelle bis auf 2 Stellen hinter dem Komma liefern. Das Newton-Verfahren lieferte nach 4 Schritten schon 10 Stellen hinter dem Komma. ■

Das Sekantenverfahren hat gegenüber dem Newton-Verfahren den Vorteil, dass keine Ableitungen benötigt werden. Dafür braucht es zwei Startwerte (was nicht so schwerwiegend ist) und ist nicht so schnell wie das Newton-Verfahren. Dies sieht man, wenn man Bild 5.14 und Bild 5.15 vergleicht: Beide Male liegt dieselbe Funktion f zugrunde, und die Werte x_0 und x_1 sind ebenfalls identisch. Man sieht, dass das x_3 aus dem Newton-Verfahren näher an der Nullstelle liegt als das x_4 aus dem Sekantenverfahren. Für Näheres zu diesen und anderen Verfahren, zu Fragen der Konvergenz und ggf. Konvergenzgeschwindigkeit siehe [6].

begin MATLAB

Mit dem Befehl `fzero` können in MATLAB Nullstellen näherungsweise berechnet werden. Beim Aufruf muss die Funktion übergeben werden und eine Stelle, in deren Nähe die Nullstelle anschließend gesucht wird.

Def. der Funktion $f(x) = x^2 - 2$
Suche Nullstelle nahe bei 1.
Suche Nullstelle nahe bei -2.

```
>> f = @(t) t.*t-2;
>> fzero(f,1)

ans =

   1.41421356237310

>> fzero(f,-2)

ans =

  -1.41421356237310
```

Es kann auch eine Nullstelle in einem Intervall $[a, b]$ gesucht werden. Dazu verwendet man `fzero(f,[a b])`. Fehlermeldungen fängt man sich ein, wenn man ein Intervall verwendet, an dessen Grenzen die Funktionswerte kein unterschiedliches Vorzeichen aufweisen (Sie erinnern sich natürlich an den Zwischenwertsatz) oder wenn der Wert, in dessen Nähe man die Nullstelle suchen lässt, zu weit von einer Nullstelle entfernt ist.
Verwendet man eine schon in MATLAB implementierte Funktion oder eine mittels `function` selbstdefinierte Funktion, so muss der Funktionsname in Anführungszeichen gesetzt werden:

```
>> fzero('sin',3)

ans =

   3.14159265358979

>>
```

MATLAB verwendet dabei eine Kombination verschiedener Techniken, u. a. auch Bisektion und das Sekantenverfahren.
Für Polynome kann man auch `roots` verwenden. Dieser Befehl liefert gleich alle Nullstellen des Polynoms. Man muss dann aber damit rechnen, auf komplexe Nullstellen zu stoßen (siehe Kap. 4).

```
>> f = [1 0 -2];
>> roots(fp)

ans =

   1.41421356237310
  -1.41421356237309

>>
```

Def. des Polynoms $f(x) = x^2 - 2$

Berechnung aller Nullstellen

end MATLAB

5.4 Regeln von L'Hospital

Bei der Grenzwertberechnung von Quotienten von Funktionen tritt gelegentlich (aber gar nicht einmal so selten) der Fall auf, dass sowohl der Zähler gegen 0 konvergiert und der Nenner ebenso. Beliebt – aber nichtsdestotrotz falsch – ist die Schlussfolgerung, dann müsse ja der Quotient gegen 1 gehen, denn „0 durch 0 ist ja 1". In dieser Situation kann gar nichts geschlossen werden, wie die folgenden Beispiele zeigen.

⚠ 0 durch 0 ist nicht 1. Im Bruch $\frac{0}{0}$ – der bei seriöser Rechnung ohnehin nie auftreten kann – darf nicht gekürzt werden.

Beispiel 5.13

- $\lim\limits_{x\to 0} \frac{x}{x}$ ist vom Typ „0 durch 0". Da man kürzen kann, ist die Lage hier klar: $\lim\limits_{x\to 0} \frac{x}{x} = \lim\limits_{x\to 0} 1 = 1$.
- Variante: $\lim\limits_{x\to 0} \frac{5x}{x}$ ist vom Typ „0 durch 0". Hier gilt: $\lim\limits_{x\to 0} \frac{5x}{x} = \lim\limits_{x\to 0} 5 = 5$.

- $\lim\limits_{x\to 0} \frac{x^2}{x}$ ist vom Typ „0 durch 0". Auch hier ist die Lage klar: $\lim\limits_{x\to 0} \frac{x^2}{x} = \lim\limits_{x\to 0} x = 0$.
- $\lim\limits_{x\to 0} \frac{x}{x^2}$ ist vom Typ „0 durch 0". Hier gilt: $\lim\limits_{x\to 0} \frac{x}{x^2} = \lim\limits_{x\to 0} \frac{1}{x} = \infty$. ■

Für die Klärung solcher Grenzwerte mit Hilfe der Differenzialrechnung gibt es die Regeln von L'Hospital.

1. Regel von L'Hospital: $\frac{0}{0}$

Satz 5.9

Seien f und g zwei in x_0 differenzierbare Funktionen, $\lim\limits_{x\to x_0} f(x) = \lim\limits_{x\to x_0} g(x) = 0$. Dann gilt

$$\lim_{x\to x_0} \frac{f(x)}{g(x)} = \lim_{x\to x_0} \frac{f'(x)}{g'(x)}$$

falls der Grenzwert auf der rechten Seite im eigentlichen oder uneigentlichen Sinne existiert. Die Regel gilt auch für $x_0 = \pm\infty$ und auch für einseitige Grenzwerte.

Guillaume François Antoine de L'Hospital (sprich: „Loppitall"), 1661-1704, franz. Mathematiker

Beispiel 5.14

- $\lim\limits_{x\to 0} \frac{e^{3x}-1}{5x} \overset{[\frac{0}{0}]}{=} \lim\limits_{x\to 0} \frac{3\,e^{3x}}{5} = \frac{3}{5}$.
- $\lim\limits_{x\to \pi} \frac{\cos(0.5x)}{x-\pi} \overset{[\frac{0}{0}]}{=} \lim\limits_{x\to \pi} \frac{-0.5\sin(0.5x)}{1} = -0.5$.
- $\lim\limits_{x\to x_0} \frac{h(x)-h(x_0)}{x-x_0} \overset{[\frac{0}{0}]}{=} \lim\limits_{x\to x_0} \frac{h'(x)}{1} = h'(x_0)$ (wie erwartet). ■

↪ Aufgabe 5.7

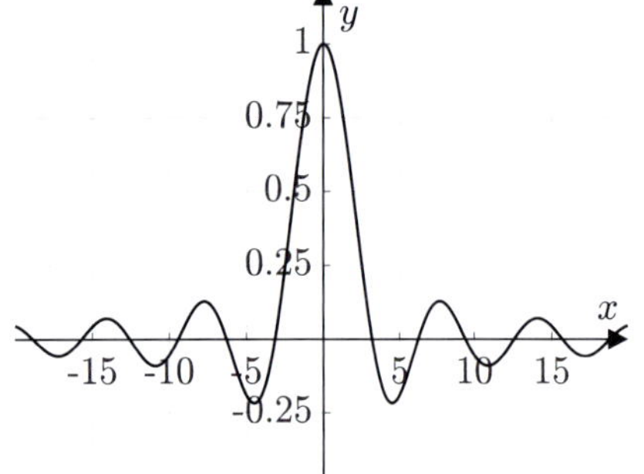

Bild 5.16 Die sinc-Funktion

Anwendung – Elektrotechnik: die sinc-Funktion

In der Elektrotechnik, genauer in der Signalübertragung, spielt die sinc-Funktion eine wichtige Rolle. Sie ist wie folgt definiert:

$$\operatorname{sinc} x := \begin{cases} \dfrac{\sin x}{x} & \text{falls } x \neq 0 \\ 1 & \text{falls } x = 0 \end{cases}$$

Es ist klar, dass sinc stetig ist in allen $x \neq 0$. Aber auch in $x = 0$ ist sinc stetig, denn mit der Regel von L'Hospital ist

$$\lim_{x\to 0}\frac{\sin x}{x} \overset{[\frac{0}{0}]}{=} \lim_{x\to 0}\frac{\cos x}{1} = \cos 0 = 1 = f(0).$$

Wenn Sie versuchen, Funktionen wie sinc mit MATLAB über einen Bereich zu plotten, der die „kritische" Stelle $x = 0$ enthält, dürfen Sie nicht erwarten, dass alles glatt geht. Es ist nicht ohne Weiteres klar, wie MATLAB (oder andere Software) bei der Division durch 0 verfährt. Im Fall von sinc erhalten Sie eine „warning", aber trotzdem einen schönen Plot. Das muss nicht immer so sein. In anderen Situationen mag das Ergebnis anders ausfallen, z. B. könnten Sie gar keinen Plot erhalten. Sie können bei Software nicht erwarten, dass Grenzwerte richtig ausgewertet werden. Das ist ja gerade der Grund, warum Sie die Hintergründe von Grenzwerten verstanden haben sollten, damit Sie das Verhalten von Software richtig einordnen können. Wie schon vorher gesagt: Finger weg von Software, wenn Sie nicht verstanden haben, was Sie tun.

⚠ Verlassen Sie sich nicht darauf, dass Software Divisionen durch 0 mathematisch angemessen handhabt. Legen Sie sich das nötige Hintergrundwissen über Grenzwerte zu, um Software seriös benutzen zu können.

Satz 5.10

2. Regel von L'Hospital: $\frac{\pm\infty}{\pm\infty}$

Seien f und g zwei in x_0 differenzierbare Funktionen, $\lim_{x\to x_0} f(x) = \pm\infty$ und $\lim_{x\to x_0} g(x) = \pm\infty$. Dann gilt

$$\lim_{x\to x_0}\frac{f(x)}{g(x)} = \lim_{x\to x_0}\frac{f'(x)}{g'(x)}$$

falls der Grenzwert auf der rechten Seite im eigentlichen oder uneigentlichen Sinne existiert. Die Regel gilt auch für $x_0 = \pm\infty$ und auch für einseitige Grenzwerte.

Beispiel 5.15

- $\lim_{x\to\infty}\frac{x^2}{e^x} \overset{[\frac{\infty}{\infty}]}{=} \lim_{x\to\infty}\frac{2x}{e^x} \overset{[\frac{\infty}{\infty}]}{=} \lim_{x\to\infty}\frac{2}{e^x} = 0$. Hier haben wir die 2. Regel von L'Hospital zweimal hintereinander angewendet, was manchmal eben notwendig ist.
- $\lim_{x\to 0+} x\cdot\ln x = ?$: Dieser Grenzwert ist vom Typ $[0\cdot -\infty]$, d. h. die beiden Regeln von L'Hospital sind nicht direkt anwendbar. Wir müssen daher erst einmal den Ausdruck auf die Form eines Bruches bringen:

$$\lim_{x\to 0+} x\cdot\ln x = \lim_{x\to 0+}\frac{\ln x}{\frac{1}{x}} \overset{[\frac{-\infty}{\infty}]}{=} \lim_{x\to 0+}\frac{\frac{1}{x}}{-\frac{1}{x^2}} = \lim_{x\to 0+} -x = 0.$$

Die Variante $\lim\limits_{x\to 0+} x\cdot \ln x = \lim\limits_{x\to 0+} \frac{x}{\frac{1}{\ln x}}$ führt übrigens nicht zum Ziel (wovon man sich aber einmal selbst überzeugen sollte).

- $\lim\limits_{x\to 0} \frac{1}{x} - \frac{1}{\sin x} =?$: Dieser Grenzwert ist vom Typ $[\infty - \infty]$, d. h. die beiden Regeln von L'Hospital sind nicht direkt anwendbar. Wir müssen daher wiederum zuerst den Ausdruck umschreiben:

$$\begin{aligned}\lim_{x\to 0}\frac{1}{x}-\frac{1}{\sin x} &= \lim_{x\to 0}\frac{\sin x - x}{x\sin x} \overset{[\frac{0}{0}]}{=} \lim_{x\to 0}\frac{\cos x - 1}{\sin x + x\cos x}\\ &\overset{[\frac{0}{0}]}{=} \lim_{x\to 0}\frac{-\sin x}{2\cos x - x\sin x} = \frac{0}{2} = 0.\end{aligned}$$

- $\lim\limits_{x\to 1+} (\ln x)^{x-1} =?$: Dieser Grenzwert ist vom Typ $[0^0]$, was aber hier nicht als 1 zu interpretieren ist, denn die Funktion $f(x) = 0^x$ ist ja nicht stetig in $x = 0$. Auch die beiden Regeln von L'Hospital sind nicht direkt anwendbar. Es gilt aber

$$(\ln x)^{x-1} = \left(\mathrm{e}^{\ln(\ln x)}\right)^{x-1} = \mathrm{e}^{(x-1)\ln(\ln x)}.$$

Da die e-Funktion stetig ist, liegt es nahe, den Grenzwert des Exponenten zu untersuchen:

$$\begin{aligned}\lim_{x\to 1+}(x-1)\ln(\ln x) &\overset{[0\cdot -\infty]}{=} \lim_{x\to 1+}\frac{\ln(\ln x)}{\frac{1}{x-1}} \overset{[\frac{-\infty}{\infty}]}{=} \lim_{x\to 1+}\frac{\frac{1}{\ln x}\cdot\frac{1}{x}}{-\frac{1}{(x-1)^2}}\\ &= \lim_{x\to 1+}\frac{-(x-1)^2}{x\ln x} \overset{[\frac{0}{0}]}{=} \lim_{x\to 1+}\frac{-2(x-1)}{1+\ln x}\\ &= \frac{0}{1} = 0\\ \Longrightarrow \lim_{x\to 1+}(\ln x)^{x-1} &= \mathrm{e}^{\lim_{x\to 1+}(x-1)\ln(\ln x)} = \mathrm{e}^0 = 1.\end{aligned}$$ ■

↪ Aufgabe 5.7

5.5 Höhere Ableitungen

Höhere Ableitungen, stetige Differenzierbarkeit

Definition 5.8

Falls für eine differenzierbare Funktion f die Ableitung f' auch wieder differenzierbar ist, so heißt $(f')' = f''$ die **zweite Ableitung** von f. Analog definiert man dritte, vierte usw. Ableitungen $f^{(3)}, f^{(4)}, \ldots$. Man setzt $f^{(0)} = f$.

Wenn die n-te Ableitung $f^{(n)}$ auf einem Intervall I existiert und dort auch stetig ist, so sagt man f ist n-mal **stetig differenzierbar**. Die Menge der auf einem Intervall I n-mal stetig differenzierbaren Funktionen bezeichnet man auch als $C^n(I)$. $C^\infty(I)$ ist die Menge der auf I beliebig oft differenzierbaren Funktionen. $C^0(I)$ ist die Menge der auf I stetigen Funktionen.

Beispiel 5.16

Für $f(x) = \mathrm{e}^x$ gilt: $f \in C^\infty(\mathbb{R})$, denn für alle n gilt $f^{(n)}(x) = \mathrm{e}^x$. Ebenso sind auch $\sin, \cos$ und alle Polynome in $C^\infty(\mathbb{R})$. ■

Anwendung – Physik: Beschleunigung

Wir setzen unsere Überlegungen zum Thema Geschwindigkeit (siehe S. 107) fort. Es geht also wieder um ein Fahrzeug, das zum Zeitpunkt $t = 0$ startet und bezeichnen mit $f(t)$ die nach t Stunden zurückgelegte Strecke in km[1]. Wir wissen schon, dass die Geschwindigkeit dann durch f' gegeben ist. Was ist dann f''? So wie die Geschwindigkeit die Änderung in der zurückgelegten Strecke angibt, so muss die zweite Ableitung die Änderung in der Geschwindigkeit darstellen. f' hat die Einheit km/h, dann hat f'' die Einheit km/h^2, denn

$$f''(t) = \lim_{t_1 \to t} \frac{f'(t_1) - f'(t)}{t_1 - t},$$

sodass noch ein weiteres Mal durch die Zeit dividiert wird.

f'' ist also die Beschleunigung. Diese wird üblicherweise eher in der Einheit m/s^2 als in km/h^2 angegeben, aber man kann sich nicht immer die Einheiten aussuchen und muss manchmal auch umrechnen. Eine negative Beschleunigung, also $f''(t) < 0$, bedeutet eine fallende Geschwindigkeit, also einen Bremsvorgang. Negative Beschleunigungen sind beim Rechnen kein Problem, in der Fahrzeugtechnik spricht man eher von Verzögerung.

Wenn Funktionswerte zurückgelegte Strecken sind, dann sind die zweiten Ableitungen die Beschleunigungen.

---

[1] Es sei hier daran erinnert, nie die Einheiten zu vergessen.

Höhere Ableitungen

Für $f(x) = x^n$ erhält man:
$f'(x) = n x^{n-1}$, $f''(x) = n(n-1)x^{n-2}, \ldots, f^{(n)}(x) = n!$,
$f^{(n+1)}(x) = 0$. Allgemein:

$$f^{(k)}(x) = \begin{cases} n(n-1)\cdots(n-(k-1))\,x^{n-k} & \text{falls } k \leq n \\ 0 & \text{falls } k > n \end{cases}$$

Insbesondere gilt $f^{(k)}(0) = 0$ für $k \neq n$ und $f^{(n)}(0) = n!$.
Sei nun p ein beliebiges Polynom vom Grad n, dann gilt:

$$p(x) = a_0 + a_1 x + a_2 x^2 + \ldots + a_n x^n \implies p^{(k)}(0) = a_k \cdot k!,$$

$$\text{also} \quad a_k = \frac{p^{(k)}(0)}{k!}.$$

Man kann also an der Darstellung von p als Summe von Potenzen x^k (man sagt: p ist nach Potenzen x^k entwickelt) gleich die höheren Ableitungen an der Stelle 0 ablesen. Was ist aber nun $p^{(k)}(x_0)$ für $x_0 \neq 0$? Hätte man eine Entwicklung nach Potenzen von $x - x_0$, so könnte man analog gleich die höheren Ableitungen an der Stelle 0 ablesen:

$$\begin{aligned} p(x) &= b_0 + b_1(x - x_0) + b_2(x - x_0)^2 + \ldots + b_n(x - x_0)^n \\ &\implies b_k = \frac{p^{(k)}(x_0)}{k!}. \end{aligned}$$

Wie findet man nun aber diese Entwicklung nach Potenzen von $x - x_0$? Hier erinnern wir uns gerne an das Horner-Schema.

Beispiel 5.17

$p(x) = x^4 - x^2 - 3x - 1$ soll nach Potenzen von $x - 2$ entwickelt und die Ableitungen $p^{(k)}(2)$ für $k = 0, 1, 2, 3, 4$ berechnet werden. Wie wir in Beispiel 3.5 gesehen haben, können wir beide Fliegen mit einer Klappe schlagen, die vollständiges Horner-Schema heißt.

↪ Aufgabe 5.20

$$\begin{aligned} p(x) &= (x-2)^4 + 8(x-2)^3 + 23(x-2)^2 + 25(x-2) + 5 \\ p(2) &= 5, \quad p'(2) = p_1(2) \cdot 1! = 25 \\ p''(2) &= p_2(2) \cdot 2! = 46, \quad p'''(2) = p_3(2) \cdot 3! = 48, \\ p^{(4)}(2) &= p_4(2) \cdot 4! = 24. \end{aligned}$$

■

Ein Polynom p vom Grad n lässt sich also stets schreiben als:

$$\begin{aligned} p(x) &= \sum_{i=0}^{n} \frac{p^{(i)}(x_0)}{i!}(x-x_0)^i \\ &= p(x_0)+p'(x_0)(x-x_0)+\tfrac{p''(x_0)}{2!}(x-x_0)^2+ \\ &\qquad \ldots+\frac{p^{(n)}(x_0)}{n!}(x-x_0)^n \end{aligned}$$

Im Fall $p(x_0)=p'(x_0)=p''(x_0)=\ldots=p^{(k-1)}(x_0)=0$ gilt dann:

$$p(x)=\sum_{i=k}^{n} \frac{p^{(i)}(x_0)}{i!}(x-x_0)^i=(x-x_0)^k \sum_{i=k}^{n} \frac{p^{(i)}(x_0)}{i!}(x-x_0)^{i-k}$$

Satz 5.11

Sei p ein Polynom vom Grad n. Dann gilt: $p(x_0)=p'(x_0)=p''(x_0)=\ldots=p^{(k-1)}(x_0)=0 \iff p$ lässt sich schreiben als $p(x)=(x-x_0)^k q(x)$, wobei q ein Polynom vom Grad $n-k$ ist.

Definition 5.9

Mehrfache Nullstelle

Eine Funktion f hat eine **k-fache Nullstelle** in x_0, falls $f(x_0)=f'(x_0)=f''(x_0)=\ldots=f^{(k-1)}(x_0)=0$.

Beispiel 5.18

- $p(x)=(x-2)^3(x-7)^5$ hat eine 3-fache Nullstelle in $x=2$ und eine 5-fache Nullstelle in $x=7$.
- $f(x)=x^2\,\mathrm{e}^x$ hat eine doppelte Nullstelle in $x=0$, denn $f(0)=0$ und $f'(x)=2x\,\mathrm{e}^x+x^2\,\mathrm{e}^x$, also $f'(0)=0$. ■

Satz 5.12

Hinreichende Kriterien für relative Extrema und Sattelpunkte

Sei $f \in C^k([a,b])$, $x_0 \in (a,b)$, $f'(x_0)=f''(x_0)=\ldots=f^{(k-1)}(x_0)=0$, $f^{(k)}(x_0)\neq 0$. Dann gilt:

- *Falls k gerade*: f hat in x_0 ein relatives Extremum, und zwar ein relatives Maximum, falls $f^{(k)}(x_0)<0$ bzw. ein relatives Minimum, falls $f^{(k)}(x_0)>0$.

- *Falls k ungerade*: f hat in x_0 kein relatives Extremum, sondern einen Sattelpunkt. f ist in der Umgebung von x_0 streng monoton und zwar steigend, falls $f^{(k)}(x_0) > 0$ bzw. fallend, falls $f^{(k)}(x_0) < 0$.

Beispiel 5.19

- Die Funktionen $f(x) = x^k$ für k gerade haben in $x_0 = 0$ ein relatives Minimum (das auch absolutes Minimum ist).
- Die Funktionen $f(x) = x^k$ für k ungerade haben in $x_0 = 0$ kein relatives Extremum, sondern einen Sattelpunkt, und sind in der Umgebung von $x_0 = 0$ streng monoton steigend.
- $f(x) = 5 + (x-3)^4$: $x_0 = 3$ ist die einzige Stelle mit $f'(x_0) = 0$. Es ist $f'(3) = f''(3) = f'''(3) = 0$ und $f^{(4)}(3) = 24 > 0$, also liegt in $x_0 = 3$ ein relatives Minimum vor. Wegen $f(3) = 5$ und $f(x) > 5$ für alle $x \neq 3$ ist $x_0 = 3$ auch absolutes Minimum, und zwar das einzige. Relative Maxima gibt es nicht (da es nur die eine Stelle $x_0 = 3$ gibt, an der $f'(x_0) = 0$ ist). Absolute Maxima gibt es auch nicht, da $\lim\limits_{x\to\infty} f(x) = \infty$ (d. h. der Wertebereich $f(\mathbb{R})$ ist nach oben unbeschränkt).
- $f(x) = \dfrac{x^4+1}{x^2}$: Es ist $f'(x) = 2(x^4-1)/x^3 = 2(x^2-1)(x^2+1)/x^3$, d. h. $f'(x_0) = 0 \iff x_0 = \pm 1$. Diese beiden Stellen sind die einzigen Kandidaten für relative Extrema. Es ist $f''(1) = f''(-1) = 8 > 0$, also liegt an beiden Stellen ein relatives Minimum vor. An den Rändern $\pm\infty$ gilt: $\lim\limits_{x\to\infty} f(x) = \lim\limits_{x\to-\infty} f(x)$, da f gerade ist. Es ist $\lim\limits_{x\to\infty} f(x) = \infty$ (siehe Satz 2.2). Also existiert kein absolutes Maximum. An den Rändern liegen keine Minima vor, also müssen die absoluten Minima im Innern liegen, d. h. eines der relativen Minima (oder beide) sein. Es ist $f(1) = f(-1)$, damit ist klar, dass sowohl in $x_0 = 1$ als auch in $x_0 = -1$ absolute Minima vorliegen (und sonst nirgends).

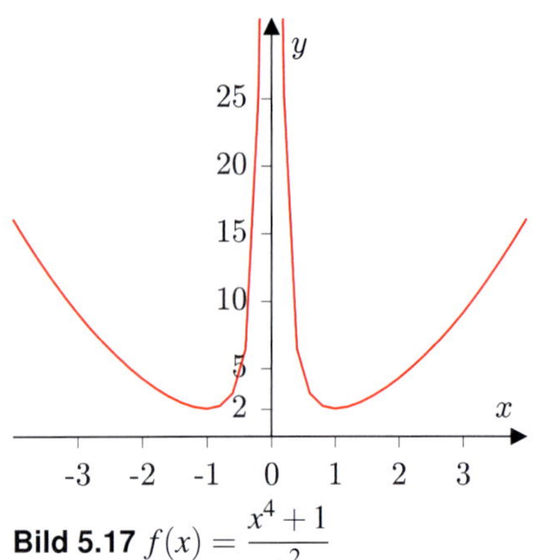

Bild 5.17 $f(x) = \dfrac{x^4+1}{x^2}$

↪ Aufgabe 5.19

- $f(x) = \sqrt{x^2(3-x)}$: Definitionsbereich ist $I = (-\infty, 3]$, es gilt $f(x) \geq 0$ für alle $x \in I$ und $f(x) = 0 \iff x \in \{0, 3\}$, sodass sofort klar ist, dass es genau zwei absolute Minima gibt, nämlich eben in $x = 0$ und $x = 3$. Suche nach möglichen weiteren Extrema: $f'(x) = \frac{3x(2-x)}{2\sqrt{x^2(3-x)}}$, sodass man sofort sieht $f'(2) = 0$. Da der Nenner von f' stets positiv ist, erkennt man das Vorzeichen von f' auch schon am Zähler von f': unmittelbar links von 2 ist $f'(x) > 0$ (da $2 - x > 0$), unmittelbar rechts von 2 ist $f'(x) < 0$ (da $2 - x < 0$). Also liegt in 2 ein relatives Maximum vor. Was ist aber nun in $x = 0$?

Man darf in f' nicht x (im Zähler) gegen $\sqrt{x^2}$ (im Nenner) kürzen, denn $\sqrt{x^2} = x$ gilt nur für $x \geq 0$. Für $x < 0$ gilt dagegen: $x = -\sqrt{x^2}$. Allgemein gilt $|x| = \sqrt{x^2}$, sodass

$$f'(x) = \frac{3x(2-x)}{2|x|\sqrt{3-x}} = \begin{cases} \dfrac{3(2-x)}{2\sqrt{3-x}} & \text{falls } x > 0 \\ \dfrac{3(2-x)}{-2\sqrt{3-x}} & \text{falls } x < 0 \end{cases}$$

Hieraus sieht man $f_l'(0) = -\sqrt{3}$, $f_r'(0) = \sqrt{3}$, also ist f in $x = 0$ gar nicht differenzierbar. Die Differenzialrechnung und ihr Kriterium $f'(x) = 0$ hilft uns also überhaupt nicht beim Nachweis, dass in $x = 0$ ein Extremum vorliegt. Dieser Nachweis muss auf anderem Weg geführt werden (was wir ja oben gemacht haben). An den Rändern gilt $f(3) = 0$ und $\lim\limits_{x \to -\infty} f(x) = \infty$. Also hat f kein absolutes Maximum, sondern nur, wie schon gezeigt, ein relatives in $x = 2$. ■

⚠ $\sqrt{x^2} \neq x$. Vielmehr ist $\sqrt{x^2} = |x|$. Sehr häufiger Fehler.

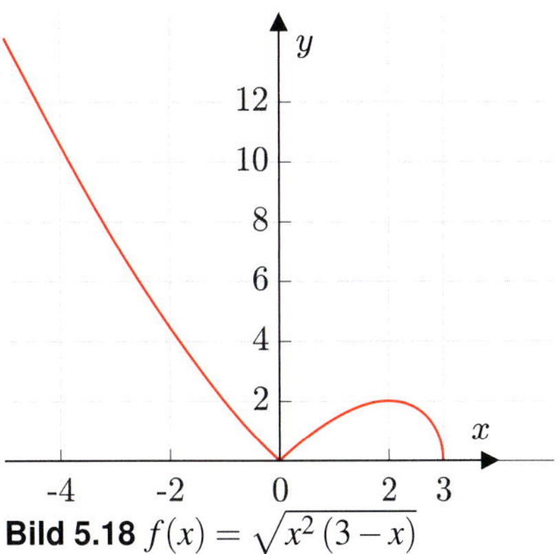

Bild 5.18 $f(x) = \sqrt{x^2(3-x)}$

Definition 5.10

Krümmungsverhalten: konvex, konkav

Sei $f \in C^2([a,b])$. Dann heißt
f **konvex** auf $[a,b]$, falls $f''(x) \geq 0$ für alle $x \in (a,b)$
und **konkav** auf $[a,b]$, falls $f''(x) \leq 0$ für alle $x \in (a,b)$.

Beispiel 5.20

- Die e-Funktion ist konvex auf ganz $\mathbb{R}$, denn $f''(x) = e^x > 0$ auf $\mathbb{R}$.
- sin ist konkav auf $[0, \pi]$, denn dort ist $f''(x) = -\sin x \leq 0$. sin ist konvex auf $[\pi, 2\pi]$, denn dort ist $f''(x) = -\sin x \geq 0$.
- $f(x) = x^2$ ist konvex auf $\mathbb{R}$.
- $f(x) = x^3$ ist für $x \leq 0$ konkav und für $x \geq 0$ konvex. ■

↪ Aufgabe 5.12
↪ Aufgabe 5.18

Man sieht sofort ein:

- f ist konkav genau dann, wenn $-f$ konvex ist.
- f konvex ist gleichbedeutend damit, dass f' monoton steigt, also dass die Steigung zunimmt. Man sagt auch, der Graph von f ist linksgekrümmt.
- f konkav ist gleichbedeutend damit, dass f' monoton fällt, also dass die Steigung abnimmt. Der Graph von f ist rechtsgekrümmt.

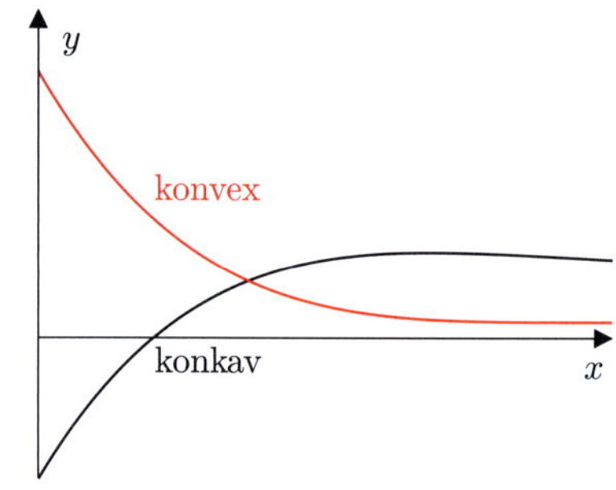

Bild 5.19 Konvexe Funktionen haben einen linksgekrümmten Graphen, konkave einen rechtsgekrümmten.

Wenn Sie Schwierigkeiten mit rechts und links haben, hier: Links- und Rechtskrümmung auseinanderzuhalten, dann stellen Sie sich einfach vor, Sie würden mit dem Fahrrad[1] auf dem Graphen von links nach rechts entlang fahren. Zeigt der Lenker nach rechts, liegt Rechtskrümmung vor, andernfalls Linkskrümmung.

Es ist klar, dass eine Funktion ihre Krümmung wechseln kann, also an einer Stelle x_0 von einer Rechtskrümmung in eine Linkskrümmung (oder umgekehrt). Solche Punkte, also die, in denen der Graph von f seine Krümmungsrichtung ändert, nennt man Wendepunkt.

Wendepunkt

Definition 5.11

Sei $f \in C^2([a,b])$, $x_0 \in (a,b)$ mit $f''(x_0) = 0$. Falls f'' einen Vorzeichenwechsel in x_0 hat oder $f'''(x_0) \neq 0$, dann hat f einen Wendepunkt in x_0.

Beispiel 5.21

Für $f(x) = \sin x$ ist jedes $x = k \cdot \pi$ $(k \in \mathbb{Z})$ Wendepunkt.

Für $f(x) = x^4 + x$ ist dagegen $x = 0$ kein Wendepunkt, denn es ist zwar $f''(0) = 0$, aber f'' hat keinen Vorzeichenwechsel in $x = 0$ (das sieht man aber nicht etwa daran, dass $f'''(0) = 0$ ist, sondern man muss vielmehr wirklich das Vorzeichen von f'' in der Nähe von $x = 0$ untersuchen. Das Kriterium $f''' \neq 0$ ist nur hinreichend für einen Wendepunkt, nicht notwendig). ■

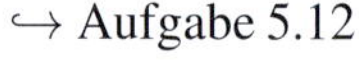
↪ Aufgabe 5.12
↪ Aufgabe 5.18

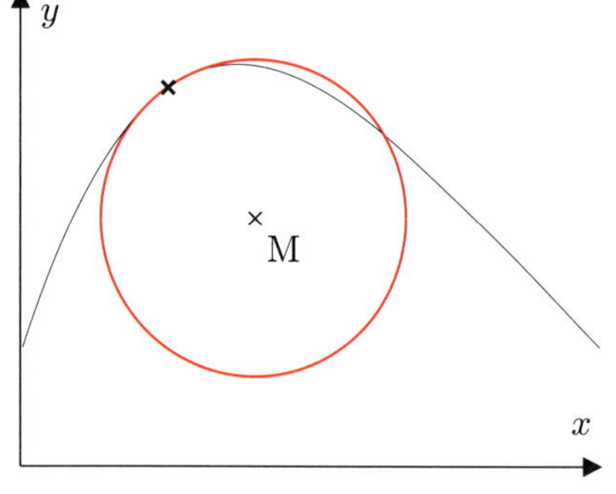

Bild 5.20 Krümmungkreis an den Graphen einer Funktion in einem Punkt

Krümmungskreise

Ein Krümmungskreis ist ein Kreis, der sich an einem Punkt bestmöglich an einen Funktionsgraphen anschmiegt, siehe Bild 5.20. Wir wollen einmal gemeinsam überlegen, wie wir diesen Krümmungskreis bestimmen können. Gegeben sei also eine Funktion f, zu deren Graphen wir einen Krümmungskreis suchen.
Ein Kreis kann, wie Sie aus dem Vorkurs wissen, als Graph von $g(x) = y_0 + \sqrt{r^2 - (x - x_0)^2}$ beschrieben werden (Kreis mit Mittelpunkt (x_0, y_0) mit Radius $r > 0$). Genau genommen ist dies

[1] Als Ingenieursstudent(in) dürfen Sie hier auch gerne ein Motorrad nehmen.

aber nur die obere Hälfte des Kreises, aber wir fangen damit an und schauen, wie weit wir kommen. Diese Kreisgleichung hat drei Unbekannte, den Radius r und die beiden Koordinaten des Mittelpunkts. Wir können also drei Bedingungen an den Kreis stellen und hoffen (garantiert ist das nicht wegen der Nichtlinearität der Gleichung), dass wir durch Anpassung der drei Parameter die drei Bedingungen erfüllen können. Zur bestmöglichen Anpassung an den Graphen von f an der Stelle x fordern wir daher:

- Der Kreis soll durch den Punkt $(x, f(x))$ verlaufen.
- Im Punkt $(x, f(x))$ sollen Kreis und Graph von f eine gemeinsame Tangente besitzen.
- Im Punkt $(x, f(x))$ sollen Kreis und Graph von f die gleiche zweite Ableitung haben.

Wir gehen nach den Arbeitstechniken in Kapitel 1 vor.

Gegeben: eine Stelle x, dazu $f(x)$, $f'(x)$, $f''(x)$.
Gesucht: r, x_0, y_0 so, dass mit $g(x) = y_0 + \sqrt{r^2 - (x - x_0)^2}$ gilt:

$$f(x) = g(x),\ f'(x) = g'(x).\ f''(x) = g''(x)$$

Es gilt: Durch Einsetzen von g finden wir, dass die obigen Bedingungen äquivalent sind zu:

$$f(x) = y_0 + \sqrt{r^2 - (x - x_0)^2} \tag{5.4}$$

$$f'(x) = \frac{-(x - x_0)}{\sqrt{r^2 - (x - x_0)^2}} \tag{5.5}$$

$$f''(x) = \frac{-r^2}{(r^2 - (x - x_0)^2)^{1.5}} \tag{5.6}$$

Zur Festigung: Überprüfen Sie diese Ableitungen – schon deshalb, weil hier ja ein Druckfehler sein könnte.

Durch Umstellen finden wir

$$r = -\frac{(1 + (f'(x))^2)^{1.5}}{f''(x)}$$

$$x_0 = x - f'(x)\,\frac{1 + (f'(x))^2}{f''(x)}$$

$$y_0 = y + \frac{1 + (f'(x))^2}{f''(x)}$$

Natürlich haben Sie jetzt an zwei Stellen Bedenken: Zum einen könnte mit der obigen Formel $r < 0$ werden, aber r muss ja als Radius positiv sein. Zum anderen muss durch $f''(x)$ dividiert werden, ist das denn überhaupt von 0 verschieden?

Zur Festigung: Auch das bitte zur Übung nachrechnen.

Im Einzelnen: Wir sehen, dass $r > 0$ wird, wenn $f''(x) < 0$ ist.

In diesem Fall ist alles in Ordnung. Im Falle $f''(x) > 0$ hat unsere Aufgabenstellung offensichtlich keine Lösung; es gibt einen solchen Kreis nicht. Das widerspricht aber unserer Intuition: Den gesuchten Kreis sollte es immer geben. Doch Halt, wir hatten ja nur den oberen Halbkreis betrachtet. Für den unteren Halbkreis müssen wir $g(x) = y_0 - \sqrt{r^2 - (x - x_0)^2}$ verwenden, und damit erhalten wir (bitte nachprüfen!) dieselbe Formel für r wie oben, nur mit anderem Vorzeichen. Die Formeln für x_0 und y_0 bleiben unverändert (bitte nachprüfen!).

Im Fall $f''(x) = 0$ lesen wir aus (5.6) ab, dass eigentlich $r = \infty$ sein sollte (denn $\lim_{r \to \infty} g''(x) = 0$). Man könnte einen solchen „Kreis" als Gerade ansehen, in diesem Sinne würde man dann auch einen Krümmungskreis finden.

↪ Aufgabe 5.7, f)

Ein Krümmungskreis mit $r = \infty$ kann als Gerade angesehen werden.

Satz 5.13

Der Krümmungskreis an den Graphen einer zweimal differenzierbaren Funktion f im Punkt $(x, f(x))$ mit $f''(x) \neq 0$ ist der Kreis um (x_0, y_0) mit Radius r, wobei

$$r = \frac{(1 + (f'(x))^2)^{1.5}}{|f''(x)|}$$

$$x_0 = x - f'(x)\,\frac{1 + (f'(x))^2}{f''(x)}$$

$$y_0 = y + \frac{1 + (f'(x))^2}{f''(x)}$$

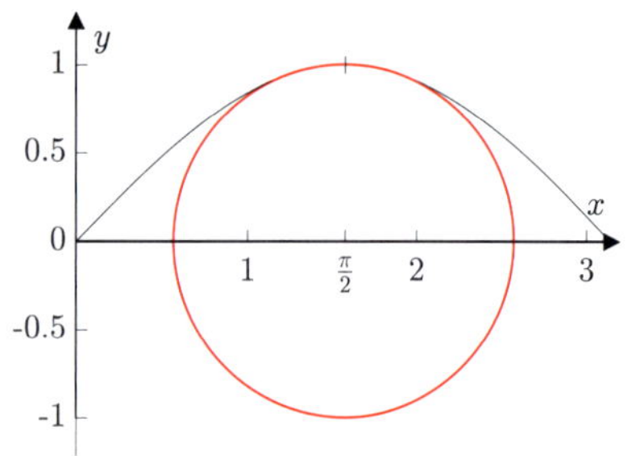

Bild 5.21 Krümmungskreis an den Graphen von sin in $(\frac{\pi}{2}, 1)$

Beispiel 5.22

Wir wollen den Krümmungskreis zu $f = \sin$ im Punkt $(\frac{\pi}{2}, 1)$ berechnen. Also haben wir $x = \frac{\pi}{2}$, $f(x) = 1$, $f'(x) = \cos\frac{\pi}{2} = 0$, $f''(x) = -\sin\frac{\pi}{2} = -1$ und für den Krümmungskreis erhalten wir:

$$r = \frac{(1 + (f'(x))^2)^{1.5}}{|f''(x)|} = \frac{1}{1} = 1$$

$$x_0 = x - f'(x)\,\frac{1 + (f'(x))^2}{f''(x)} = \frac{\pi}{2} - 0 = \frac{\pi}{2}$$

$$y_0 = y + \frac{1 + (f'(x))^2}{f''(x)} = 1 + \frac{1}{-1} = 0 \quad \blacksquare$$

Aufgaben

5.1 Berechnen Sie mit der Quotientenregel die Ableitung von $f = \tan$ und mit der Regel für die Ableitung der Umkehrfunktion die Ableitung von $f^{-1} = \arctan$.

5.2 Berechnen Sie die Ableitungen von

$$f_1(x) = \frac{(x^2+1)^3}{(x^2+2)^2} \qquad f_2(x) = \sin^3(2x)$$
$$f_3(x) = \tan^3(3x^2+1) \qquad f_4(x) = x^7\,\mathrm{e}^{-2x^2}$$
$$f_5(x) = \mathrm{e}^{3x}\ln x \qquad f_6(x) = 4^{-2x}$$
$$f_7(x) = \frac{2x+3}{\sqrt{x^2+3x+4}} \qquad f_8(x) = \sqrt{\frac{x-1}{x+1}}$$
$$f_9(x) = \cos(\ln(\tan \mathrm{e}^{3\sin x})) \qquad f_{10}(x) = x^{\sin x}$$
$$f_{11}(x) = \mathrm{e}^{\tan^2 x}$$
$$f_{12}(x) = \arctan(\sin(\sqrt{x^3+7x^2}))$$

5.3 Gesucht ist eine Nullstelle von $p(x) = x^{15} + 2x - 1$. Zeigen Sie, dass p genau eine reelle Nullstelle besitzt. Berechnen Sie diese bis auf einen absoluten Fehler von 10^{-3} (Nachweis!).

5.4 Für welche $\alpha > 0$ schneidet der Graph von $f(x) = \arctan(\alpha x)$ die x-Achse unter einem Winkel von mehr als $89°$?

5.5 Zeigen Sie: Wenn f eine gerade, differenzierbare Funktion ist, dann ist die Ableitung f' ungerade. *Tipp: Die neue Funktion $g(x) := f(-x)$ und deren Ableitung betrachten.*

5.6 Weisen Sie nach, dass für alle $x \in \mathbb{R}$ gilt:

$$\arctan x = \arcsin \frac{x}{\sqrt{1+x^2}}.$$

Vorschlag: Vergleichen Sie die Ableitungen der beiden Seiten der Gleichung.

5.7 Berechnen Sie die folgenden Grenzwerte, falls sie existieren.

a) $\lim\limits_{x\to 0} \frac{3^x - 2^x}{x}$ **b)** $\lim\limits_{x\to\pi/2} \frac{\ln(\sin x)}{1-\sin x}$

c) $\lim\limits_{x\to\pi/2} \left(\tan x - \frac{1}{\cos x}\right)$

d) $\lim\limits_{x\to 0} \left(\cot^2 x - \frac{1}{x^2}\right)$ (etwas Ausdauer nötig)

e) $\lim\limits_{x\to\infty} x\left(\arctan(3x) - \frac{\pi}{2}\right)$

f) $\lim\limits_{r\to\infty} \frac{r^2}{(r^2-(x-x_0)^2)^{1.5}}$

5.8 Bestimmen Sie den Punkt auf der Kurve $y = x^2$ mit dem kleinsten Abstand zum Punkt $(9,0)$ bis auf einen (nachgewiesenen!) absoluten Fehler von max. 10^{-3}.

5.9 Man zeige, dass für alle $x \in \mathbb{R}$ gilt:

$$\frac{2}{3} \le \frac{x^2+1}{x^2+x+1} \le 2.$$

5.10 In einen Halbkreis vom Radius r soll ein Rechteck mit möglichst großem Flächeninhalt gelegt werden. Berechnen Sie die beiden Seitenlängen und den Flächeninhalt des gesuchten Rechtecks.

5.11 Man untersuche die folgenden Funktionen auf absolute Extrema und bestimme diese ggf.

$f : (0,\infty) \longrightarrow \mathbb{R}$, def. durch $f(x) := \sqrt{x}\ln x$

$g : \mathbb{R} \longrightarrow \mathbb{R}$, def. durch

$$g(x) := \arctan x - \tfrac{1}{2}\ln(1+x^2)$$

$h : \mathbb{R} \longrightarrow \mathbb{R}$, def. durch $h(x) := \mathrm{e}^{-x^2}\cos(x^2)$.

5.12 Sei $f(x) = \frac{\ln x}{x}$ auf $\mathbb{R}_{>0}$. Bestimmen Sie alle Bereiche, auf denen f monoton ist und geben Sie an, ob f dort monoton steigend oder fallend ist. Bestimmen Sie außerdem alle absoluten und relativen Extrema (sofern sie existieren; falls etwas davon nicht existiert, formulieren Sie die Begründung dazu).
Berechnen Sie alle Wendepunkte von f und geben Sie an, auf welchen Bereichen f konvex bzw. konkav ist.

5.13 Sei $f(x) = \frac{\mathrm{e}^x}{\sqrt{x}}$ auf $\mathbb{R}_{>0}$. Bestimmen Sie die Bereiche, auf denen f monoton ist, sowie alle relativen Maxima und Minima (sofern sie existieren; falls etwas davon nicht existiert, formulieren Sie die Begründung dazu).

5.14 Sei $f(x) = x(-(\ln x)^2 + 5\ln x - 7)$ auf $\mathbb{R}_{>0}$. Bestimmen Sie alle Bereiche, auf denen f monoton ist und geben Sie an, ob f dort monoton steigend oder fallend ist. Bestimmen Sie alle relativen Minima und Maxima (falls etwas davon nicht existiert, formulieren Sie die Begründung dazu).
Hinweis: Bei richtiger Rechnung enthält f' nur die Unbekannte $\ln x$.

5.15 Gegeben ist $f(x) = e^x(\sin x - \cos x)$ auf $\mathbb{R}$.

a) Bestimmen Sie alle Bereiche, auf denen f monoton ist und geben Sie an, ob f dort monoton steigend oder fallend ist.

b) Bestimmen Sie alle relativen und absoluten Minima und Maxima (falls etwas davon nicht existiert, formulieren Sie die Begründung dazu).

5.16 Sei $f(x) = (x + \sqrt{10})\,(x - \sqrt{10})\,(\ln(10 - x^2) - 1)$.

a) Bestimmen Sie den Definitionsbereich D von f.

b) Bestimmen Sie alle Bereiche, auf denen f monoton ist und geben Sie an, ob f dort monoton steigend oder fallend ist. Bestimmen Sie alle relativen Minima und Maxima (falls etwas davon nicht existiert, formulieren Sie die Begründung dazu).
Hinweis: Dies ist nur dann glatt machbar, wenn Sie f fehlerfrei ableiten und zusammenfassen.

5.17 Ein Orientierungsläufer soll einen Markierungspunkt anlaufen, der 300 m östlich und 800 m nördlich von ihm liegt. Zwischen ihm und dem Punkt liegt ein wegloses Waldstück, in dem er nicht so schnell vorwärts kommt wie auf einem präparierten Weg. Er kann 160 m pro Minute auf dem Weg, aber nur 70 m pro Minute im Wald bewältigen. Seine Idee ist, erst ein Stück östlich auf dem Weg zu laufen und dann an einer bestimmten Stelle in gerader Linie den Wald zu durchqueren, um schnellstmöglich den Markierungspunkt zu erreichen. Finden Sie die beste Route für ihn. (Eine ähnliche Aufgabe in anderer Verkleidung („David Hasselhoff will Pamela Anderson vor dem Ertrinken retten") findet sich in [15]).
Hinweis: Arbeitstechniken (Kap. 1) beachten, Skizze.

5.18 Gegeben ist $f(x) = \dfrac{\ln x}{\sqrt{x}}$ auf $\mathbb{R}_{>0}$.

a) Bestimmen Sie alle Bereiche, auf denen f monoton ist und geben Sie an, ob f dort monoton steigend oder fallend ist.

b) Bestimmen Sie alle absoluten und relativen Extrema (sofern sie existieren; falls etwas davon nicht existiert, formulieren Sie die Begründung dazu).

c) Berechnen Sie alle Wendepunkte von f und geben Sie an, auf welchen Bereichen f konvex bzw. konkav ist.

5.19 Die Bierdosenfunktion $s(x) = \dfrac{20x^2 + 1}{40x + 2}$ hat in $x_{min} = -0.05 - \sqrt{0.0525} = 0.1791\ldots$ eine Nullstelle der ersten Ableitung (siehe S. 122). Wir hatten uns schon überlegt, dass dort nur ein Minimum vorliegen kann. Verifizieren Sie dies unter Benutzung der zweiten Ableitung von s.

5.20 Sei $p(x) = 4 + 7x^2 - 3x^5 - 2x^3 + 2x^6$.

a) Berechnen Sie $p(2)$ mit höchstens 6 Multiplikationen.

b) Berechnen Sie mit den Erkenntnissen aus a) und höchstens 10 weiteren Multiplikationen $p'(2)$ und $p''(2)$ (ohne p' allgemein zu berechnen!).

c) Entwickeln Sie p nach Potenzen von $x - 2$.

Wahr oder falsch?

5.21 Wenn eine Funktion f in x_0 nicht stetig ist, muss zwangsläufig $f'_l(x_0) \neq f'_r(x_0)$ gelten.

5.22 Man kann für eine differenzierbare Funktion f die Ableitung auch über

$$f'(x) = \lim_{h\to 0} \frac{f(x+h) - f(x-h)}{2h}$$

ausrechnen.

5.23 Leitet man ein Polynom vom Grad n $n-1$-mal ab, so erhält man eine Konstante.

5.24 Leitet man ein Polynom vom Grad n n-mal ab, so erhält man eine Konstante.

5.25 Wenn eine Funktion nach n-maligem Ableiten die Nullfunktion ergibt, so ist diese Funktion ein Polynom vom Grad n.

5.26 Eine Funktion, die nicht stetig ist, kann nicht monoton steigend sein, weil sie ja auch nicht differenzierbar ist.

6 Integralrechnung

In der Differenzialrechnung geht es darum, Steigungen veränderlicher Größen zu berechnen und zu analysieren. Aber auch die umgekehrte Fragestellung ist interessant: der Rückschluss von Steigungen auf die zugrunde liegende veränderliche Größe. Physikalisch bedeutet dies, aufgrund der Anzeige des Tachometers über einen bestimmten Zeitraum auf die zurückgelegte Strecke schließen zu können. Das geht durchaus – allerdings weiß man dann noch lange nicht, wo man angekommen ist. Der Rückschluss liefert also so ohne Weiteres keine eindeutigen Ergebnisse. Im Prinzip kann man aber so vorgehen, dass man die Momentangeschwindigkeiten summiert, dabei aber sorgfältig auf den Bezugszeitraum achtet. Die Sache ist also doch ein wenig komplizierter – in diesem Kapitel werden wir uns den Sachverhalt genauer anschauen.

6.1 Grundlagen

Stammfunktion

Definition 6.1

Eine Funktion F heißt **Stammfunktion** zu einer Funktion f, falls $F' = f$.

Auch ohne jemals vorher etwas davon gehört zu haben, werden Sie sofort ein paar einfache Stammfunktionen finden können: Zu $f(x) = x^2$ ist $F(x) = \frac{1}{3}x^3$ eine Stammfunktion. Ebenso ist $F(x) = \frac{1}{3}x^3 + 5$ zum selben f eine Stammfunktion. Wenn überhaupt, gibt es also zu jeder Funktion f mehrere Stammfunktionen; hat man eine solche gefunden, sagen wir F, so ist auch $F_2(x) := F(x) + C$, wobei C eine Konstante ist, eine Stammfunktion. Zum Glück ist das Addieren einer Konstante schon die einzige Möglichkeit, eine Vielfalt von Stammfunktionen zu erzeugen, denn wir wissen schon aus einer Folgerung des Mittelwertsatzes (Satz 5.7), dass sich zwei Funktionen, die die gleiche Ableitung haben (also Stammfunktionen zur selben Funktion sind), nur um eine Konstante unterscheiden. Für die Stammfunktion einer Funktion f schreiben wir daher

Wenn es zu f eine Stammfunktion F gibt, dann gibt es gleich unendlich viele weitere Stammfunktionen, die sich von F nur durch eine additive Konstante C unterscheiden.

$$\int f(x)\,\mathrm{d}x = F(x) + C \qquad \text{(lies: „Integral von } f(x)\,\mathrm{d}x\text{“)}$$

und nennen dies **das unbestimmte Integral** von f und C **die Integrationskonstante**. Das Bestimmen einer Stammfunktion nennt man **Integrieren**. Leitet man diese Stammfunktion wieder ab, so erhält man die Ausgangsfunktion zurück. Integrieren ist also die Umkehrung des Differenzierens. Im Englischen kommt das in der Begriffsbildung zum Ausdruck: „Ableitung“ heißt „derivative“, und „Stammfunktion“ heißt „antiderivative“.

Grundlegende Erkenntnis: Integration ist die Umkehrung der Differenziation.

Die Differenziation beruht auf einem Grenzübergang von Steigungen. Als dessen Umkehrung beruht auch die Integration auf einem Grenzübergang. Dazu werden immer feiner werdende Zerlegungen betrachtet.

Definition 6.2 Zerlegung eines Intervalls

Sei $[a, b]$ ein Intervall, $n \in \mathbb{N}$. Wir nennen

$$a = x_0 < x_1 < x_2 < \ldots < x_{n-1} < x_n = b$$

eine **Zerlegung** des Intervalls $[a, b]$. Durch die $n+1$ Werte $x_0, \ldots, x_n$ wird $[a, b]$ in n Teilintervalle $[x_{i-1}, x_i]$, $i = 1, \ldots, n$ zerlegt. Wenn alle Teilintervalle gleich groß sind, d. h. $x_i - x_{i-1} = h = const$ für alle $i = 1, \ldots, n$, dann spricht man von einer **äquidistanten Zerlegung**.

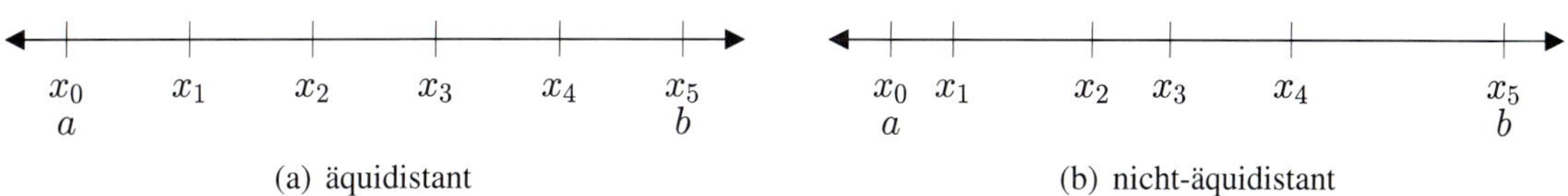

Bild 6.1 Zerlegungen eines Intervalls $[a, b]$

Seien nun $F, f : [a, b] \longrightarrow \mathbb{R}$, wobei F Stammfunktion zu f sei. Nach dem Mittelwertsatz (Satz 5.7) gibt es dann $z_i \in [x_{i-1}, x_i]$, sodass

$$\frac{F(x_i) - F(x_{i-1})}{x_i - x_{i-1}} = f(z_i), \qquad (i = 1, \ldots, n).$$

Damit haben wir:

$$\begin{aligned} f(z_i)(x_i - x_{i-1}) &= F(x_i) - F(x_{i-1}) \qquad (i = 1, \ldots, n) \\ \Longrightarrow \sum_{i=1}^{n} f(z_i)(x_i - x_{i-1}) &= \sum_{i=1}^{n} F(x_i) - F(x_{i-1}) \\ &= F(x_n) - F(x_0) = F(b) - F(a). \end{aligned}$$

Betrachtet man den Graphen einer Funktion f mit positiven Funktionswerten, so erkennt man, dass $f(z_i)(x_i - x_{i-1}) \approx A_i(f)$ ist, wobei $A_i(f)$ der Flächeninhalt der zwischen dem Graphen von f und der x-Achse eingeschlossenen Fläche über dem Intervall $[x_{i-1}, x_i]$ ist. In diesem Fall wird $A_i(f)$ durch den Flächeninhalt eines Rechtecks approximiert. Eine obere Schranke für $A_i(f)$ erhält man, wenn man $f(z_i)$ durch $M_i := \max\limits_{x\in[x_{i-1},x_i]} f(x)$ ersetzt, eine untere Schranke analog mit $m_i := \min\limits_{x\in[x_{i-1},x_i]} f(x)$, falls m_i und M_i existieren:

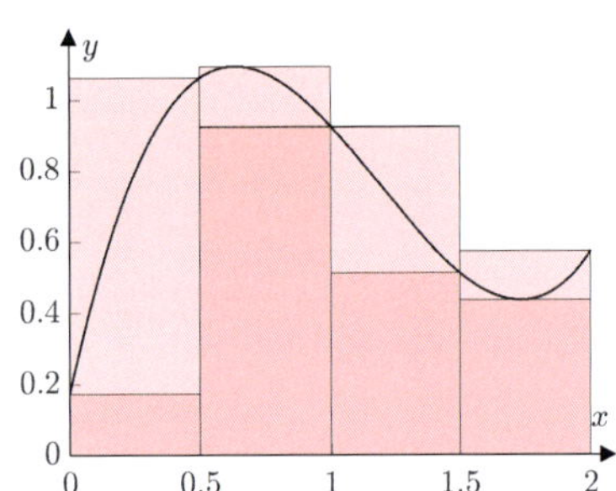

Bild 6.2 Ober- und Untersummen

$$m_i(x_i - x_{i-1}) \leq f(z_i)(x_i - x_{i-1}) \leq M_i(x_i - x_{i-1}), \quad (i = 1, \ldots, n),$$

woraus folgt

$$\underbrace{\sum_{i=1}^{n} m_i(x_i - x_{i-1})}_{=:\underline{S}} \leq \underbrace{\sum_{i=1}^{n} f(z_i)(x_i - x_{i-1})}_{=F(b)-F(a)} \leq \underbrace{\sum_{i=1}^{n} M_i(x_i - x_{i-1})}_{=:\overline{S}}$$

Wir nennen $\underline{S}$ **Untersumme** und $\overline{S}$ **Obersumme** zu der gegebenen Zerlegung $a = x_0 < \ldots x_n = b$. Die drei Terme sind jeweils Summen von Flächeninhalten von Rechtecken über dem Intervall $[x_{i-1}, x_i]$, wobei $\underline{S}$ kleiner als der zwischen Graph und x-Achse eingeschlossenen Fläche ist und $\overline{S}$ größer.

Bestimmtes Integral

Definition 6.3

Eine Funktion $f : [a, b] \longrightarrow \mathbb{R}$ heißt **integrierbar** , wenn $\underline{S}$ und $\overline{S}$ konvergieren für immer feiner werdende Zerlegungen, (d. h. $\lim\limits_{n\to\infty} \max\limits_{i=1,\ldots,n} x_i - x_{i-1} = 0$), und die Grenzwerte gleich sind, d. h. $\lim \underline{S} = \lim \overline{S}$. Diesen Grenzwert nennt man dann **das bestimmte Integral** von f über dem Intervall $[a, b]$ und schreibt:

$$\lim \underline{S} = \lim \overline{S} =: \int_a^b f(x)\,\mathrm{d}x.$$

Das Integral-Symbol entstand aus einem Summenzeichen „S“, wobei „dx“ als Symbol für eine Differenz von x-Werten benutzt wird:

$$\sum_{i=1}^{n} f(z_i) \underbrace{(x_i - x_{i-1})}_{=\text{„d}x\text{“}} = S_a^b f(x)\,\mathrm{d}x.$$

Beispiel 6.1

- Für $f(x) = c$ (konstante Funktion) ist offensichtlich unabhängig von der Zerlegung

$$\underline{S} = \sum_{i=1}^{n} m_i(x_i - x_{i-1}) = \sum_{i=1}^{n} c\,(x_i - x_{i-1}) = c \cdot \sum_{i=1}^{n} (x_i - x_{i-1}) = c\,(b - a)$$

und genauso ist auch $\overline{S} = c\,(b-a)$, also ist $\lim \underline{S} = \lim \overline{S} = c\,(b-a)$, also ist diese Funktion integrierbar und es ist $\int\limits_a^b f(x)\,\mathrm{d}x = c\,(b-a)$.

- Sei $f(x) := \begin{cases} 0 & \text{falls} x \neq 1 \\ 1 & \text{falls} x = 1 \end{cases}, \qquad g(x) := 0$ für alle x.

  Dann ist g integrierbar auf $[0, 2]$ (da konstant, s. o.), und $\int\limits_0^2 g(x)\,\mathrm{d}x = 0$. Für f gilt für eine beliebige Zerlegung $a = 0 = x_0 < x_1 < \ldots < x_n = 2 = b$:

$$\underline{S} = \sum_{i=1}^{n} m_i\,(x_i - x_{i-1}) = 0, \text{ da } m_i = 0 \text{ für alle } i = 1, \ldots, n,$$

  unabhängig von der Zerlegung. Also ist auch $\lim \underline{S} = 0$ für immer feiner werdende Zerlegungen.
  Sei nun j so gewählt, dass $1 \in [x_{j-1}, x_j]$. Dann gilt

$$\overline{S} = \sum_{i=1}^{n} M_i\,(x_i - x_{i-1}) = 1 \cdot (x_j - x_{j-1}) \text{ da } M_i = 0 \text{ für alle } i \neq j \text{ und } M_j = 1.$$

  Für immer feiner werdende Zerlegungen folgt damit $\overline{S} \to 0$ (denn $x_j - x_{j-1} \to 0$). Wir haben damit insgesamt: $\lim \underline{S} = \lim \overline{S} = 0$, also ist f auf $[0, 2]$ integrierbar und es ist $\int\limits_0^2 f(x)\,\mathrm{d}x = 0$.
  Aus dieser Herleitung sieht man, dass das Abändern einzelner Funktionswerte nichts an der Integrierbarkeit und am Wert des Integrals ändert – es ist $f(x) = g(x)$ für alle bis auf endlich viele x und f ist genauso wie g integrierbar. Ob $f(1) = 1$ ist oder $f(1) = 5$ oder $f(1) = 0$, ändert daran nichts, f bleibt integrierbar und $\int\limits_0^2 f(x)\,\mathrm{d}x = 0$. Diese Beobachtung führt auf folgenden Satz: ■

Satz 6.1

- Wenn $f : [a, b] \longrightarrow \mathbb{R}$ stückweise stetig ist, d. h. f ist stetig bis auf endlich viele Stellen in $[a, b]$, dann ist f integrierbar.
- Seien f, g beschränkt auf $[a, b]$ und $f(x) = g(x)$ für alle $x \in [a, b]$ bis auf endlich viele x. Dann gilt:

$$f \text{ integrierbar} \iff g \text{ integrierbar}$$

  und in diesem Fall ist $\displaystyle\int_a^b f(x)\,\mathrm{d}x = \int_a^b g(x)\,\mathrm{d}x$.

Einzelne Funktionswerte haben keinen Einfluss auf Integrierbarkeit und den Wert des Integrals.

Wie oben gesehen, gilt bei Funktionen mit positiven Funktionswerten für jede Zerlegung:
$\underline{S} \leq$ zwischen Funktionsgraph und x-Achse eingeschlossene Fläche $\leq \overline{S}$.
Wenn nun f integrierbar ist, so konvergieren $\underline{S}$ und $\overline{S}$ für immer feiner werdende Zerlegungen gegen den gleichen Wert, in der obigen Ungleichung ist aber der mittlere Term unabhängig von der gewählten Zerlegung, d. h. der mittlere Term muss gerade dieser Grenzwert sein.
Im Klartext heißt das: Bei integrierbaren Funktionen mit **ausschließlich positiven** Funktionswerten ist

⚠ Nur bei positiven Funktionswerten sind Flächeninhalt unter dem Graphen und Integral dasselbe – sonst nicht!

$$\int_a^b f(x)\,\mathrm{d}x = \left\{ \begin{array}{c} \text{Flächeninhalt der zwischen Funktionsgraph} \\ \text{und der } x\text{-Achse über dem Intervall } [a, b] \\ \text{eingeschlossenen Fläche} \end{array} \right.$$

Anwendung – Elektrotechnik: Integral einer Schaltfunktion I

Wir betrachten wieder die Schaltfunktion (vgl. S. 52)

$$f(t) := \begin{cases} 0 & \text{falls } t < 0 \text{ oder } t > 1 \\ 1 & \text{falls } t \in [0, 1] \end{cases}$$

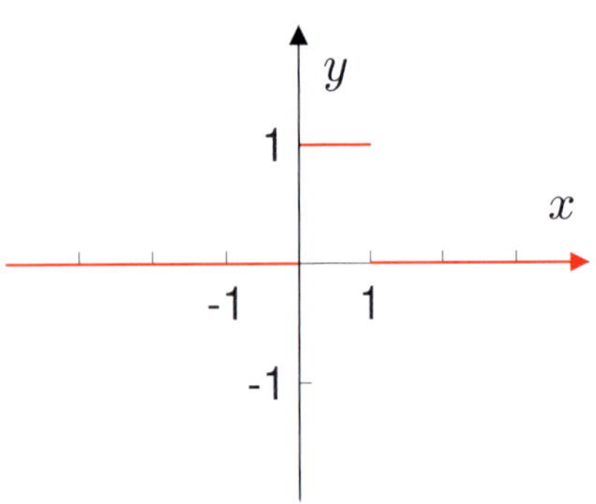

Bild 6.3 Eine Schaltfunktion

Die zwischen Graph und x-Achse eingeschlossene Fläche ist ein Rechteck mit Flächeninhalt 1, also ist $\int_{-3}^{3} f(t)\,dt = 1$. Da einzelne Funktionswerte den Wert des Integrals nicht ändern, erhalten wir denselben Wert des Integrals auch für

$$f_1(t) := \begin{cases} 0 & \text{falls } t \leq 0 \text{ oder } t > 1 \\ 1 & \text{falls } t \in (0, 1] \end{cases}$$

$$f_2(t) := \begin{cases} 0 & \text{falls } t \leq 0 \text{ oder } t \geq 1 \\ 1 & \text{falls } t \in (0, 1) \end{cases}$$

und sogar für

$$f_3(t) := \begin{cases} 0 & \text{falls } t < 0 \text{ oder } t > 1 \\ 1 & \text{falls } t \in (0, 1) \end{cases}$$

Beachten Sie, dass f_3 in 0 und 1 gar nicht definiert ist. Welche der 4 Schaltfunktionen ist denn eigentlich in Bild 6.3 dargestellt?

Können Sie das erkennen? Auch in der Praxis, wenn Sie beispielsweise Bild 6.3 auf einem Oszilloskop sehen, können Sie das nicht ablesen. Dies spielt aber in der Praxis auch gar keine Rolle. In schaltungstechnischen Anwendungen kommt es mehr auf das Integral an, und das ist ja ohnehin dasselbe.

Wir könnten nun sogar den Flächeninhalt krummlinig begrenzter Flächen berechnen, wären wir nur in der Lage, bestimmte Integrale zu berechnen. Wir wissen nun schon:
Wenn f eine Stammfunktion F besitzt, dann gilt für jede Zerlegung: $\underline{S} \leq F(b) - F(a) \leq \overline{S}$.
Wenn f stetig ist, ist f nach obigem Satz auch integrierbar und $\underline{S}$ und $\overline{S}$ konvergieren für immer feiner werdende Zerlegungen gegen den gleichen Wert; in der obigen Ungleichung ist aber der mittlere Term, also $F(b) - F(a)$, unabhängig von der gewählten Zerlegung, d. h. $F(b) - F(a)$ muss gerade dieser Grenzwert, also das bestimmte Integral sein.
Man kann sogar zeigen, dass jede stetige Funktion automatisch eine Stammfunktion besitzt. Dazu definiert man $F(x) := \int_a^x f(y)\,\mathrm{d}y$ für alle $x \in [a, b]$. Man kann dann zeigen (wir wollen das hier nicht tun), dass das so definierte F stetig differenzierbar ist und eine Stammfunktion zu f ist.
Wir können damit die neuen Erkenntnisse wie folgt zusammenfassen.

Satz 6.2 — Hauptsatz der Integralrechnung

Sei $f : [a, b] \longrightarrow \mathbb{R}$ stetig. Dann besitzt f eine Stammfunktion F und es gilt:

$$\int_a^b f(x)\,\mathrm{d}x = F(b) - F(a) =: F(x)\Big|_a^b .$$

Die Formel im Hauptsatz gilt für alle Stammfunktionen F zu f, d. h. der Wert des bestimmten Integrals hängt nicht von der Wahl der Stammfunktion ab (wir haben ja schon gesehen, dass es immer mehrere Stammfunktionen gibt). Denn sei F_2 eine weitere Stammfunktion zu f, so ist ja (s. o.) $F_2(x) = F(x) + C$ für alle x und eine Konstante C. Dann ist aber $F_2(b) - F_2(a) = F(b) - F(a)$.

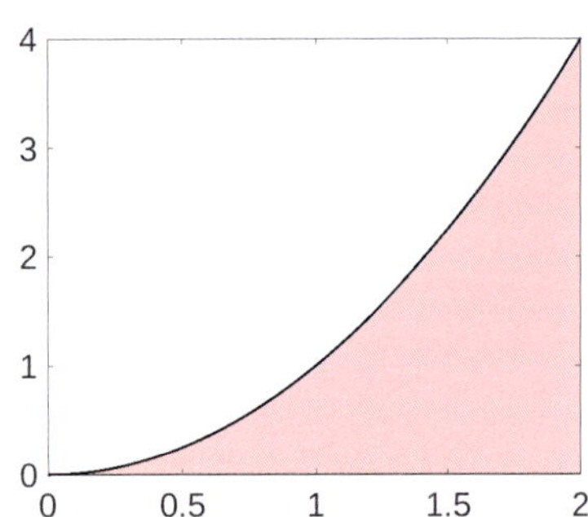

Bild 6.4 Die Fläche unter der Kurve $y = x^2$ hat die Größe $\frac{8}{3}$.

Beispiel 6.2

Wir wollen den Flächeninhalt unter der Kurve $y = x^2$ zwischen $x = 0$ und $x = 2$ ausrechnen, siehe Bild 6.4. Offensichtlich hat die Funktion $f(x) = x^2$ positive Funktionswerte über $[0, 2]$ und ist stetig, daher ist dieser Flächeninhalt gleich $\int_0^2 x^2 \, dx = F(b) - F(a)$, wenn wir eine Stammfunktion F zu $f(x) = x^2$ zur Hand hätten. Eine solche ist aber $F(x) = \frac{1}{3}x^3$ und damit ergibt sich

$$\int_0^2 x^2 \, dx = \frac{x^3}{3}\bigg|_0^2 = \frac{2^3}{3} - \frac{0^3}{3} = \frac{8}{3}.$$

Analog ergibt sich auch der Flächeninhalt unter der Kurve $y = x^2$ zwischen $x = -2$ und $x = 0$ zu $\frac{8}{3}$. ■

Numerische Berechnung von Integralen – die Trapezregel

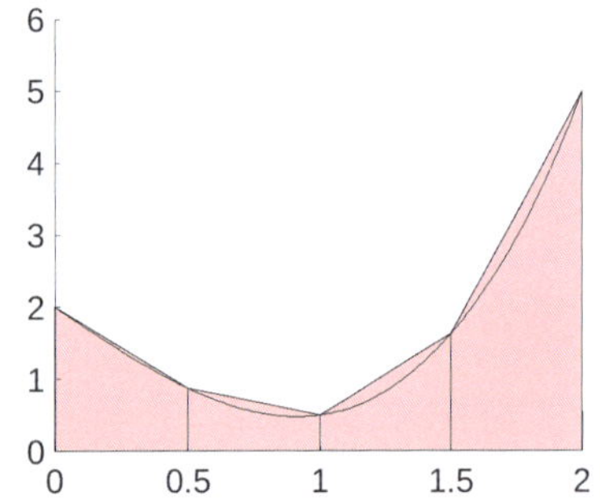

Bild 6.5 Trapezsummen bei Linkskrümmung

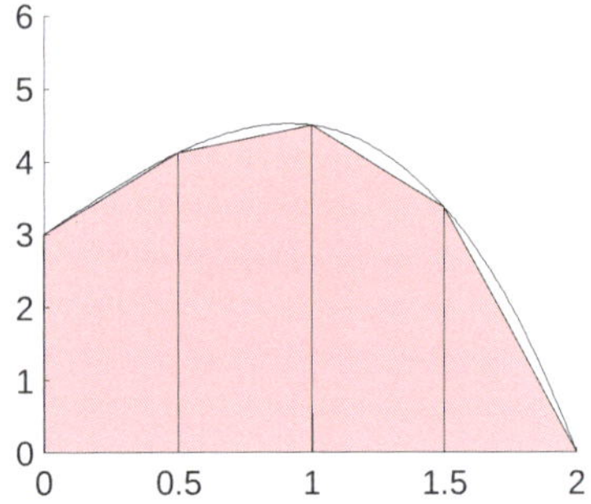

Bild 6.6 Trapezsummen bei Rechtskrümmung

Aus Bild 6.2 erkennt man, dass sowohl Ober- als auch Untersummen Näherungswerte für den Flächeninhalt unterhalb des Graphen einer Funktion liefern. Offensichtlich sind diese Näherungen umso genauer, je feiner die Zerlegung des Intervalls ist. Diese Beobachtung könnte man benutzen, um bestimmte Integrale näherungsweise zu berechnen. Leider aber sind die Ober- und Untersummen nicht so einfach zu berechnen, denn in jedem Teilintervall der Zerlegung muss Minimum und Maximum der Funktionswerte berechnet werden. Das aber ist praktisch unmöglich.
Einfacher ist es, wenn wir die säulenförmigen Rechtecke der Ober- und Untersummen durch säulenförmige Trapeze ersetzen, siehe Bild 6.5. Es fällt sofort auf, dass die Trapeze den Flächeninhalt unter der Kurve viel genauer wiedergeben als die Ober- oder Untersummen. In Bild 6.5 liefern die Trapeze einen Flächeninhalt, der größer ist als der Flächeninhalt unter der Kurve. Das liegt daran, dass unsere Kurve linksgekrümmt ist. Bei einer Rechtskrümmung liefern die Trapeze einen kleineren Flächeninhalt als den unter der Kurve, siehe Bild 6.6. Wir wollen nun einfach einmal die Trapezformeln aufstellen:
Ein einzelnes Trapez, sagen wir über dem Intervall $[x_i, x_{i+1}]$, hat den Flächeninhalt $A_i = \frac{1}{2}(f(x_{i+1}) + f(x_i))(x_{i+1} - x_i)$. Wir nehmen nun an, dass wir eine äquidistante Zerlegung vorliegen haben, also $h = x_{i+1} - x_i$ für alle $i = 0, \ldots, n-1$. Dann ist $A_i = \frac{h}{2}(f(x_{i+1}) + f(x_i))$. Um das Integral über $[a, b]$ anzunähern, müssen wir also eine äquidistante Zerlegung von $[a, b]$ zugrunde le-

gen und alle Trapezinhalte A_i addieren. In dieser Summe kommen alle Funktionswerte doppelt vor, außer dem ersten ($f(x_0) = f(a)$) und dem letzten ($f(x_n) = f(b)$) und so erhalten wir:

Trapezregel

Sei $f : [a, b] \longrightarrow \mathbb{R}$ stetig, $n \in \mathbb{N}$, $h = \frac{b-a}{n}, x_i := a + ih$ für $i = 0, \ldots, n$ (dann ist $a = x_0 < x_1 < x_2 < \ldots < x_{n-1} < x_n = b$ eine äquidistante Zerlegung von $[a, b]$). Dann liefert die Trapezregel den Wert

$$\begin{aligned} Tf(h) &:= \frac{h}{2} \sum_{i=1}^{n} f(x_{i-1}) + f(x_i) \\ &= h \left(\frac{f(a) + f(b)}{2} + \sum_{i=1}^{n-1} f(x_i) \right) \approx \int_a^b f(x)\,\mathrm{d}x \end{aligned}$$

Beispiel 6.3

Wir greifen Beispiel 6.2 noch einmal auf. Dort hatten wir gesehen: $\int_0^2 x^2\,\mathrm{d}x = \frac{8}{3}$. Wir berechnen dasselbe Integral näherungsweise mit der Trapezregel und $n = 5$, also $h = \frac{2-0}{5} = 0.4$, also mit fünf Teilintervallen jeweils der Länge 0.4:

$$\begin{aligned} Tf(0.4) &= 0.4 \left(\frac{f(0) + f(2)}{2} + \sum_{i=1}^{4} f(0.4i) \right) \\ &= 0.4 (2 + f(0.4) + f(0.8) + f(1.2) + f(1.6)) = 0.4 \cdot 6.8 = 2.72 \end{aligned}$$

Der Fehler ist damit $|Tf(0.4) - \frac{8}{3}| \leq 0.054$, was angesichts des geringen Aufwands nicht schlecht ist. Es handelt sich allerdings auch um eine recht einfache Funktion. ■

Weitere Verfahren und allgemeine Fehlerabschätzungen sind möglich und findet man in [6]. Das obige Beispiel soll nur eine Idee vermitteln, wie Verfahren zur näherungsweisen Berechnung von Integralen arbeiten.

---

begin MATLAB

Es ist möglich, mit MATLAB bestimmte Integrale näherungsweise zu berechnen. Die von MATLAB verwendete Methode ist eine Variante der Trapezregel, die keine äquidistante Zerlegung zugrunde legt, sondern die Zerlegung in manchen Teilen des Intervalls feiner wählt als in anderen. Dies geschieht in Abhängigkeit des Verhaltens der Funktion. Beispielsweise sieht man in Bild 6.5, dass das Trapez am linken Intervallrand den Flächeninhalt unter der Kurve genauer annähert als die drei anderen Trapeze. Die in MATLAB

implementierten Methoden sind in der Lage, dies selbst festzustellen und nur dort feinere Zerlegungen zu wählen, wo es nötig ist. Die Genauigkeit kann der Nutzer vorgeben (s. u.).
Die zu integrierende Funktion kann dabei direkt über einen *function handle* definiert sein:

```
>> fsqr=@(t) t.*t;
>> quad(fsqr,0,2)

ans =

   2.66666666666667
>>
```

Und schon haben wir das Integral aus dem vorigen Beispiel berechnet. Ist die zu integrierende Funktion über einen separaten m-File *quadrieren.m* definiert,

```
function y=quadrieren(x);
y=x.*x;
```

muss beim Aufruf von `quad` das @-Zeichen verwendet werden:

```
>> quad(@quadrieren,0,2)

ans =

   2.66666666666667
>>
```

Will man Standardfunktionen wie sin, cos usw. integrieren, so muss man diese erst über einen *function handle* definieren

```
>> neusin=@(t) sin(t);
```

Mit dem MATLAB-Befehl `quad` können Integrale näherungsweise berechnet werden. Die Bezeichnung quad in MATLAB rührt daher, dass man die Berechnung von Integralen auch als Quadratur bezeichnet.

und dann kann mit dem Aufruf `quad(neusin,a,b)` der Wert von $\int_a^b \sin x \, \mathrm{d}x$ berechnet werden. Der Aufruf `quad(fun,a,b)` berechnet $\int_a^b \mathrm{fun}(x) \, \mathrm{d}x$ näherungsweise bis auf einen (theoretischen) absoluten Fehler von 10^{-6}. `quad(fun,a,b,tol)` tut dasselbe aber bis auf einen (theoretischen) absoluten Fehler von *tol*. MATLAB stellt außer `quad` auch noch `quadl` bereit, was genauso wie `quad` verwendet wird, aber auf einem etwas anderen Rechenverfahren beruht.

end MATLAB

Die folgenden Eigenschaften folgen unmittelbar aus den entsprechenden Eigenschaften für die Unter- und Obersummen.

Satz 6.3

Eigenschaften des Integrals

Seien $f, g : [a, b] \longrightarrow \mathbb{R}$ integrierbare Funktionen. Dann gilt:

- Für alle $c \in [a, b]$ gilt: $\int_a^c f(x)\,dx + \int_c^b f(x)\,dx = \int_a^b f(x)\,dx$
- $\int_a^b f(x)\,dx + \int_a^b g(x)\,dx = \int_a^b (f(x)+g(x))\,dx$
- $\int_a^b c \cdot f(x)\,dx = c \int_a^b f(x)\,dx$ für alle Konstanten $c \in \mathbb{R}$.
- Auch die Funktion $|f|$ ist integrierbar und es gilt:
  $$\left| \int_a^b f(x)\,dx \right| \leq \int_a^b |f(x)|\,dx$$
- $f(x) \leq g(x)$ auf $[a, b] \implies \int_a^b f(x)\,dx \leq \int_a^b g(x)\,dx$

Dies gilt auch, falls $b \leq c$ oder $c \leq a$ gilt, wenn man setzt:
$$\int_b^a f(x)\,dx = -\int_a^b f(x)\,dx.$$

Zur Festigung: Warum folgt daraus $\int_a^a f(x)\,dx = 0$?

Beispiel 6.4

- $\int_{-2}^{2} x^2\,dx = \int_{-2}^{0} x^2\,dx + \int_0^2 x^2\,dx = \frac{8}{3} + \frac{8}{3} = \frac{16}{3}$.
- $\int_0^2 2x^2\,dx = 2\int_0^2 x^2\,dx = 2 \cdot \frac{8}{3}$.
- Auf $[0, 1]$ gilt: $x^2 \leq x$, also folgt $\frac{1}{3} = \int_0^1 x^2\,dx \leq \int_0^1 x\,dx = \left.\frac{x^2}{2}\right|_0^1 = \frac{1}{2}$.
- Was passiert bei Funktionen mit negativen Funktionswerten?
  $$f(x) = -x^2 : \quad \int_0^2 f(x)\,dx = \int_0^2 -x^2\,dx = -\int_0^2 x^2\,dx = -\frac{8}{3}.$$
  Bei Funktionen mit $f(x) \leq 0$ berechnet sich also der Flächeninhalt der zwischen Funktionsgraph und x-Achse über dem Intervall $[a, b]$ eingeschlossenen Fläche zu $-\int_a^b f(x)\,dx$. Auf diese Weise erhält man auch wieder eine positive Zahl, denn falls $f(x) \leq 0$ auf $[a, b]$, so folgt aus obigem Satz: $\int_a^b f(x)\,dx \leq \int_a^b 0\,dx = 0$.

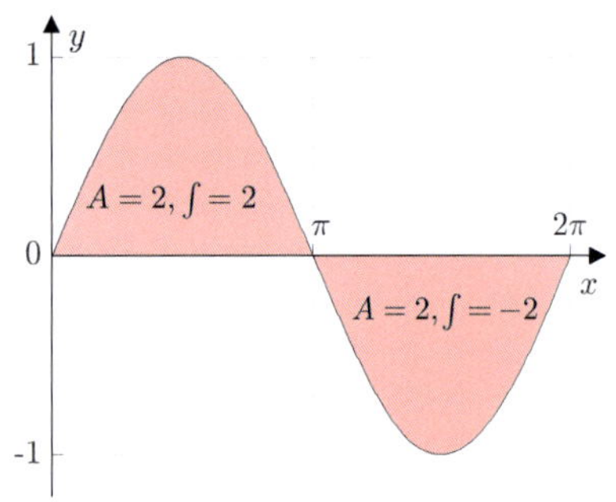

Bild 6.7 Unterschied zwischen Integral und Flächeninhalt A

- $f(x) = \sin x$: Eine Stammfunktion dazu ist $F(x) = -\cos x$. Damit ist

$$\int_0^{\pi} \sin x \, dx = -\cos \pi - (-\cos 0) = 2 \quad \text{und}$$

$$\int_{\pi}^{2\pi} \sin x \, dx = -\cos(2\pi) - (-\cos \pi) = -2$$

woraus wir erhalten $\int_0^{2\pi} \sin x \, dx = \int_0^{\pi} \sin x \, dx + \int_{\pi}^{2\pi} \sin x \, dx = 2 - 2 = 0.$

Die eingeschlossene Fläche hat aber den Flächeninhalt

$$\begin{aligned}\int_0^{2\pi} |\sin x| \, dx &= \int_0^{\pi} |\sin x| \, dx + \int_{\pi}^{2\pi} |\sin x| \, dx \\ &= \int_0^{\pi} \sin x \, dx + \int_{\pi}^{2\pi} -\sin x \, dx = 2 - (-2) = 4\end{aligned}$$

also $0 = \left| \int_0^{2\pi} \sin x \, dx \right| \leq \int_0^{2\pi} |\sin x| \, dx = 4.$ ■

6.2 Berechnung von Stammfunktionen

Vorweg: Generell kann man leicht überprüfen, ob eine gegebene Funktion F Stammfunktion zu einer Funktion f ist: Man leitet einfach F ab und prüft, ob $F' = f$ ist. Die Frage ist jedoch, wie kommt man zuerst an solch ein F? Die Integrationsregeln, die wir im Folgenden kennenlernen werden, sind dabei hilfreich, es ist aber nicht immer klar, in welcher Form sie angewandt werden sollen und ob eine Anwendung zum Ziel führt. Es gibt nämlich harmlos aussehende Funktionen, von denen man zeigen kann, dass sie eine Stammfunktion besitzen, man aber diese Stammfunktion nicht in Form eines geschlossenen Ausdrucks darstellen kann (was man auch beweisen kann). Bei diesen Funktionen ist also von Anfang an klar, dass die Integrationsregeln nicht zum Ziel führen können. Wir werden natürlich hier nur einfache Funktionen behandeln, bei denen die Anwendung der Integrationsregeln erfolgreich sein wird.

Beispiel 6.5

- $\int x\,\mathrm{d}x = \frac{1}{2}x^2 + C$, $\int x^2\,\mathrm{d}x = \frac{1}{3}x^3 + c$, $\int 2x\,\mathrm{d}x = x^2 + C$, $\int ax\,\mathrm{d}x = \frac{a}{2}x^2 + C$, $\int yx\,\mathrm{d}x = \frac{y}{2}x^2 + C$
- *Achtung*: $\int yx\,\mathrm{d}x = \frac{y}{2}x^2 + C$, aber $\int yx\,\mathrm{d}y = \frac{x}{2}y^2 + C$, denn in letzterem Fall ist y die Variable und nicht x. Es ist also i. Allg. $\int f(x,y)\,\mathrm{d}x \neq \int f(x,y)\,\mathrm{d}y$.
- $\int x^a\,\mathrm{d}x = \frac{x^{a+1}}{a+1} + C$, falls $a \in \mathbb{R}, a \neq -1$.
- Falls $a = -1$: $\int \frac{1}{x}\,\mathrm{d}x = \ln x + C$ auf $\mathbb{R}_{>0}$ (sonst ist ja $\ln x$ nicht definiert). Auf $\mathbb{R}_{<0}$ ist $(\ln(-x))' = \frac{-1}{-x} = \frac{1}{x}$, also dort: $\int \frac{1}{x}\,\mathrm{d}x = \ln(-x) + C$. Insgesamt kann man also sagen:
$$\int \frac{1}{x}\,\mathrm{d}x = \ln|x| + C \qquad \text{auf } \mathbb{R}\setminus\{0\}.$$
- $\int \mathrm{e}^x\,\mathrm{d}x = \mathrm{e}^x + C$.
- $\int \sin x\,\mathrm{d}x = -\cos x + C$, $\int \cos x\,\mathrm{d}x = \sin x + C$
- $\int \sin(\alpha x)\,\mathrm{d}x = -\frac{1}{\alpha}\cos(\alpha x) + c$ (falls $\alpha \neq 0$).
- $\int a^x\,\mathrm{d}x = \frac{1}{\ln a}a^x + C$. ■

⚠ Das $\mathrm{d}x$ beim Integral dient nicht der Zierde. Es sagt vielmehr, nach welcher Variablen integriert wird. Bei $\mathrm{d}x$ nach x, aber bei $\mathrm{d}y$ eben nach y. Das $\mathrm{d}x$ bzw. $\mathrm{d}y$ darf also nie weggelassen werden.

Zur Festigung: Überprüfen Sie diese Beispiele durch Ableiten!

begin MATLAB

Aus den Rechenregeln sehen wir, dass Polynome stets eine Stammfunktion besitzen. Mit MATLAB kann man eine Stammfunktion einfach ausrechnen:

```
>> p=[3 -6 5 -1];
>> polyint(p)

ans =

  Columns 1 through 2

   0.75000000000000  -2.00000000000000

  Columns 3 through 4

   2.50000000000000  -1.00000000000000

  Column 5

                  0
>>
```

Definition von $p(x) = 3x^3 - 6x^2 + 5x - 1$ ergibt eine Stammfunktion $P(x) = 0.75x^4 - 2x^3 + 2.5x^2 - x$.

end MATLAB

Anwendung – Physik: Geschwindigkeit III

Wir setzen die Diskussion der Anwendung von S. 107 fort. Dort hatten wir durch Ableiten aus der zurückgelegten Strecke s die Geschwindigkeit $v = s'$ (s und v sind Funktionen des Zeitpunktes t) erhalten. Umgekehrt kann man dann logischerweise aus der Geschwindigkeit v durch Integrieren (also Berechnung einer Stammfunktion) die zurückgelegte Strecke berechnen. Ist das wirklich so? Es gibt doch viele Stammfunktionen. Welche ist dann die richtige? Also ist klar, dass es nicht eindeutig geht. Nun ist also wieder systematisches Vorgehen angesagt (s. Kapitel 1).
Gegeben: v (Geschwindigkeit als Funktion des Zeitpunktes t)
Gesucht: s (zurückgelegte Strecke zum Zeitpunkt t)
Es gilt: $v = s'$, sei V eine Stammfunktion zu v, dann gilt: $s(t) = \int v(t)\,dt = V(t) + C$. Es ist klar, dass Sie nur mit einem Blick auf den Tacho nicht sagen können, wo Sie gerade sind. Zusätzlich müssen Sie noch wissen, wann Sie losgefahren sind bzw. wo Sie dann genau waren. Wenn wir also festlegen $s(0) = 0$, d. h. die Streckenmessung beginnt zum Zeitpunkt 0, dann ist die Sache eindeutig. *Mathematisch*: Mit dieser Bedingung lässt sich die Integrationskonstante C eindeutig festlegen und damit ist auch die Funktion s eindeutig. Genauer: $s(t) = V(t) - V(0)$ (prüfen Sie selbst, ob $s(0) = 0$ damit erfüllt ist). Als Anfänger hätten Sie bestimmt gar nicht an die Bedingung $s(0) = 0$ gedacht, und gleich die Funktion s passend bestimmt, weil diese Zusatzbedingung so oft dabei ist, dass sie einem gar nicht mehr bewusst ist. Es gibt aber immer wieder Situationen, in denen eine andere Bedingung gestellt wird. Damit hängt auch zusammen, dass Sie bei gegebenem v nicht sagen können, welche Strecke das Fahrzeug in einem Zeitraum von 5 Sekunden zurücklegt. Das geht nur bei konstanter Geschwindigkeit – in der Schule erst einmal eine hilfreiche Annahme, die aber im wirklichen Leben nie erfüllt ist. Man kann nur sagen, welche Strecke zwischen einem gegebenem Zeitpunkt t_1 und einem anderen Zeitpunkt $t_1 + 5$ (5 Sekunden später) zurückgelegt wird. Für einen anderen Zeitpunkt t_2 sieht die Sache wieder anders aus, kurz:

$$s(t_1 + 5) - s(t_1) \neq s(t_2 + 5) - s(t_2).$$

Es gibt also zwei Gründe, warum hier Verwirrung entstehen kann:

Aus der Geschwindigkeit kann man durch Integration die zurückgelegte Strecke berechnen.

⚠ Unbedingt die Zusatzbedingungen im Auge behalten und notieren!

⚠ Unbedingt Zeitpunkt (Uhrzeit, z. B. 10.15 Uhr) und Zeitraum (z. B. 5 Sekunden) auseinanderhalten. Wer einfach nur von „Zeit t“ spricht, öffnet Tür und Tor für einige Verwirrung.

1. Die Anfangsbedingung wird nicht eindeutig formuliert
2. Zeitraum und Zeitpunkt wird verwechselt.

Anwendung – Physik: Freier Fall

Wir knüpfen an das auf S. 133 zu Beschleunigungen gesagte an. Ein im Schwerefeld der Erde frei fallender Körper erfährt eine konstante Beschleunigung von $g = 9.81\frac{\text{m}}{\text{s}^2}$ (an der Erdoberfläche, alle anderen Effekte wie z. B. Luftwiderstand seien hier vernachlässigt). Wir haben also $a(t) = g$. Die Fallgeschwindigkeit $v(t)$ und auch die im Fall zurückgelegte Strecke $s(t)$ sind natürlich nicht konstant. Durch Integration erhalten wir

$$\begin{aligned} v(t) &= \int a(t)\,dt = \int g\,dt = gt + C_1 \\ s(t) &= \int v(t)\,dt = \int gt + C_1\,dt = \frac{1}{2}gt^2 + C_1 t + C_2 \end{aligned}$$

mit Konstanten C_1 und C_2. Ohne Kenntnis von C_1 und C_2 ist die Fallbewegung nicht eindeutig beschrieben – wie sollen wir auch jetzt schon sagen können, wo sich der fallende Körper zu einem bestimmten Zeitpunkt befindet? Es fehlen ja noch Angaben zum „Versuchsaufbau“: Wann wurde der Körper fallen gelassen, aus welcher Höhe und mit welcher Anfangsgeschwindigkeit?

Als späterer Anwender werden Sie die Erfahrung machen, dass das Suchen von Formeln und die eigentliche Berechnung der einfachere Teil Ihres Jobs ist. Aufwendig ist es dagegen oft, die Rahmenbedingungen eines Versuchsaufbaus physikalisch und mathematisch zu formulieren.

Wir nehmen als Zeitpunkt des Fallenlassens $t = 0$ an. Dies bedeutet nicht, dass der Körper um Mitternacht fallen gelassen wird – vielmehr setzen wir da einfach den Beginn unserer Zeitmessung fest (üblich, da bequem beim Rechnen). Als Anfangsgeschwindigkeit zum Zeitpunkt $t = 0$ nehmen wir $0\frac{\text{m}}{\text{s}}$ an, also $v(0) = 0$ (wenn man sicher ist, wie die Einheiten lauten, kann man sie bei der Rechnung auch weglassen – sonst aber nicht!). Als Höhe, von der der Körper fallen gelassen wird, nehmen wir 0 m an. Was wiederum nicht bedeutet, dass unsere Formeln nur für Meereshöhe gelten – vielmehr legen wir die Höhe 0 einfach auf diesen Ort fest. Wir haben also die Zusatzbedingungen $v(0) = 0$ und $s(0) = 0$. Offensichtlich ist $C_1 = v(0) = 0$ und $C_2 = s(0) = 0$, und wir erhalten

$s(t) = \frac{1}{2}gt^2$.

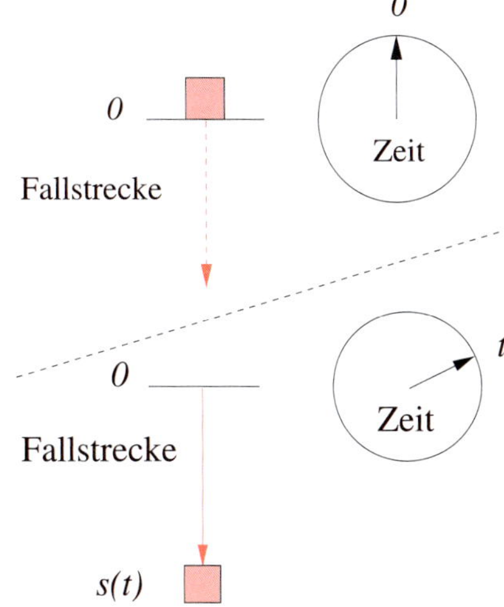

Bild 6.8 Freier Fall

Zur Festigung: Berechnen Sie $s(t)$ unter den Zusatzbedingungen $v(t_0) = v_0$ und $s(t_0) = s_0$, wobei t_0 der Zeitpunkt des Beginns des freien Falls ist.

Linearität des Integrals

Satz 6.4

Seien $u, v : [a, b] \longrightarrow \mathbb{R}$ stetig. Dann gilt auf $[a, b]$:

$$\int (u(x) + v(x))\,\mathrm{d}x = \int u(x)\,\mathrm{d}x + \int v(x)\,\mathrm{d}x$$

$$\int c \cdot u(x)\,\mathrm{d}x = c \cdot \int u(x)\,\mathrm{d}x \qquad c \in \mathbb{R} \text{ Konstante}$$

⚠ Nicht-konstante Faktoren (also Ausdrücke, die x bzw. die Integrationsvariable enthalten) dürfen nicht aus dem Integral herausgezogen werden.

Das Integral einer Summe ist also die Summe der Integrale. Und konstante Faktoren kann man aus dem Integral herausziehen. Das macht manches schon einfacher:

Beispiel 6.6

- $\int (5x^3 - 4x^2 + 7x - 3)\,\mathrm{d}x = 5\frac{1}{4}x^4 - 4\frac{1}{3}x^3 + 7\frac{1}{2}x^2 - 3x + C$
- $\int \frac{2}{5x^2}\,\mathrm{d}x = \frac{2}{5}\int x^{-2}\,\mathrm{d}x = \frac{2}{5}\frac{x^{-1}}{-1} + C = \frac{-2}{5x} + C.$
- $\int \frac{2x^4 - 3\sqrt{x}}{7\sqrt[3]{x^4}}\,\mathrm{d}x = \int \left(\frac{2}{7}x^{4-4/3} - \frac{3}{7}x^{1/2-4/3}\right)\mathrm{d}x$
  $= \frac{2}{7}\int x^{8/3}\,\mathrm{d}x - \frac{3}{7}\int x^{-5/6}\,\mathrm{d}x = \frac{2}{7} \cdot \frac{x^{11/3}}{11/3} - \frac{3}{7} \cdot \frac{x^{1/6}}{1/6} + C$
  $= \frac{6\sqrt[3]{x^{11}}}{77} - \frac{18\sqrt[6]{x}}{7} + C.$ ■

Tipp: Eigentlich würde man beim Ausrechnen von $\int f(x)\,\mathrm{d}x + \int g(x)\,\mathrm{d}x$ zwei Konstanten erhalten: $F(x) + C_1 + G(x) + C_2$. Diese kann man aber zu einer $C := C_1 + C_2$ zusammenfassen. Daher fügt man beim Ausrechnen einer Summe von Integralen die Konstante erst im letzten Schritt hinzu.

Da die Differenziation die Umkehrung der Integration ist, können wir aus den Ableitungsregeln (Typ: „Ableitung von <eine Funktion> ist <andere Funktion>") einfach Integrationsregeln erhalten, indem wir diese von rechts nach links lesen (Typ: „Stammfunktion von <andere Funktion> ist <eine Funktion>"). Bevor wir die komplizierteren Regeln anschauen, beginnen wir mit einigen Spezialfällen der Kettenregel, die aber sehr häufig auftreten.

Satz 6.5

Sei F Stammfunktion zu f, $\alpha \neq 0, \beta \in \mathbb{R}$. Dann gilt:

$$\int f(\alpha x + \beta)\,\mathrm{d}x = \frac{1}{\alpha}F(\alpha x + \beta) + C.$$

(natürlich nur, falls f und F in $\alpha x + \beta$ definiert sind).

⚠ Nicht voreilig verallgemeinern: Beispielsweise ist $\int f(\sin x)\,\mathrm{d}x \neq \frac{1}{\cos x}F(\sin x) + C$: Unbedingt nachprüfen durch Ableiten!

Beispiel 6.7

- $\int \sin(3x+2)\,dx = -\frac{1}{3}\cos(3x+2)+C.$
- $\int (2x-7)^{-1}\,dx = \frac{1}{2}\ln|2x-7|+C \quad$ falls $2x-7 \neq 0.$
- $\int \sqrt{3-5x}\,dx = -\frac{1}{5}\frac{2}{3}\sqrt{(3-5x)^3}+C.$
- $\int 2^{1-3x}\,dx = -\frac{1}{3}\frac{1}{\ln 2}2^{1-3x}+C.$
- $\int \frac{1}{x^2+6x+9}\,dx = \int (x+3)^{-2}\,dx = \frac{-1}{x+3}+C.$ ■

Zur Festigung: Bitte alle Beispiele durch Ableiten prüfen.

In Satz 6.5 hatten wir einen einfachen Ausdruck $\alpha x+\beta$ in f eingesetzt und konnten – wenn wir eine Stammfunktion F zu f zur Hand haben – auch dazu leicht eine Stammfunktion finden. Das ging deshalb so einfach, weil die Ableitung von $\alpha x+\beta$ eine Konstante ist. Bei komplizierteren Ausdrücken geht das nicht – wie Ihnen sofort klar ist, wenn Sie eine Kontrolle durch Ableiten durchführen. Bei der Kontrolle müssen Sie nämlich die Kettenregel anwenden.

Satz 6.6

Sei f stetig differenzierbar, $\alpha \in \mathbb{R}$. Dann gilt:

falls $\alpha \neq -1$: $\quad \int f'(x)\,(f(x))^{\alpha}\,dx = \frac{1}{\alpha+1}\,(f(x))^{\alpha+1}+C$

falls $\alpha = -1$: $\quad \int \frac{f'(x)}{f(x)}\,dx = \ln|f(x)|+C$, solange $f(x) \neq 0$

Beispiel 6.8

- $\int 2x(x^2-3)^5\,dx = \frac{1}{6}(x^2-3)^6+C.$
- $\int x^2\sqrt{5x^3-7}\,dx = \frac{1}{15}\int 15x^2(5x^3-7)^{0.5}\,dx = \frac{1}{15\cdot 1.5}(5x^3-7)^{1.5}\,dx$
  $= \frac{1}{22.5}\sqrt{(5x^3-7)^3}\,dx.$
- $\int \sin^4 x\cdot\cos x\,dx = \frac{1}{5}\sin^5 x+C.$
- $\int \frac{2x-3}{x^2-3x+7}\,dx = \ln|x^2-3x+7|+C,$ falls $x^2-3x+7 \neq 0.$
- $\int \tan x\,dx = \int \frac{\sin x}{\cos x}\,dx = -\int \frac{-\sin x}{\cos x}\,dx = -\ln|\cos x|+C,$ für $\cos x \neq 0.$ ■

6.2.1 Partielle Integration

Die partielle Integration ist nichts anderes als die Umkehrung der Produktregel beim Ableiten. Letztere lautet ja bekanntlich $(uv)' = u'v + v'u$, d. h. uv ist eine Stammfunktion zu $u'v + v'u$, d. h. $\int u'v + v'u \, \mathrm{d}x = uv + C$. Anders ausgedrückt:

Partielle Integration – die Umkehrung der Produktregel

Merkregel: $\int u'v = uv - \int v'u$

Satz 6.7

$$\int u'(x)v(x)\,\mathrm{d}x = u(x)v(x) - \int v'(x)u(x)\,\mathrm{d}x$$

und für bestimmte Integrale analog

$$\int_a^b u'(x)v(x)\,\mathrm{d}x = u(x)v(x)\Big|_a^b - \int_a^b v'(x)u(x)\,\mathrm{d}x.$$

Das erfolgreiche Benutzen dieser Regel bedarf einiger Übung. Die Regel liefert ja nicht gleich eine Stammfunktion, sondern man hat nach Anwendung immer noch ein Integral vorliegen. Dieses ist aber – bei geschickter Anwendung – oft ein bereits bekanntes oder zumindest ein leichter zu berechnendes als das Ausgangsintegral.

Beispiel 6.9

Durch die Wahl $v(x) = x, u'(x) = \mathrm{e}^x$ erhält man:

$$\int x\,\mathrm{e}^x\,\mathrm{d}x = x\,\mathrm{e}^x - \int 1 \cdot \mathrm{e}^x\,\mathrm{d}x = x\,\mathrm{e}^x - \mathrm{e}^x + C.$$

Unglückliche partielle Integration: $v(x) = \mathrm{e}^x$, $u'(x) = x$ und dann

$$\int x\,\mathrm{e}^x\,\mathrm{d}x = \frac{x^2}{2}\,\mathrm{e}^x - \int \frac{x^2}{2}\,\mathrm{e}^x\,\mathrm{d}x = ?$$

Das jetzt noch fehlende Integral ist schwieriger als das vorherige!

Das war offensichtlich geschickt gewählt. Generell ist es ratsam, die partielle Integration anzuwenden bei Funktionen vom Typ $x^n \cdot g(x)$ mit $v(x) = x^n$, wenn man zu g eine Stammfunktion G kennt. Denn nach Anwendung der partiellen Integration muss man „nur“ das Integral von $x^{n-1}G(x)$ bestimmen, und man kann hoffen, durch erneutes (und u.U. mehrfach wiederholtes) Anwenden der Regel, die Potenz von x auf $x^0 = 1$ zu reduzieren, was die Sache enorm vereinfachen würde bzw. erfolgreich abschließen würde. Wählt man dagegen in der gleichen Situation $u'(x) = x^n$, so muss man nach Anwendung der partiellen Integration das Integral von $x^{n+1}g'(x)$ berechnen, die Potenz von x hat sich also noch erhöht, was nichts Gutes ahnen lässt.

Aus dem gleichen Grund eignet sich die partielle Integration auch gut bei Funktionen vom Typ $\mathrm{e}^x\,g(x)$.

Manchmal kann man auch Zusammenhänge zwischen den auftretenden Funktionen benutzen, um zum Ziel zu gelangen:

$$\begin{aligned}\int \cos^2 x\,\mathrm{d}x &= \sin x\cos x + \int \sin^2 x\,\mathrm{d}x = \sin x\cos x + \int (1-\cos^2 x)\,\mathrm{d}x\\ &= \sin x\cos x + x - \int \cos^2 x\,\mathrm{d}x\\ \Longrightarrow \int \cos^2 x\,\mathrm{d}x &= \frac{1}{2}(\sin x\cos x + x) + C.\end{aligned}$$

Ein anderer Trick ist, einen der Faktoren als $u'(x) = 1$ zu setzen:

$$\int \ln x\,\mathrm{d}x = \int 1\cdot\ln x\,\mathrm{d}x = x\ln x - \int x\frac{1}{x}\,\mathrm{d}x = x\ln x - x + C.$$

Hätte man hier $v(x) = 1$ gesetzt, so hätte man auf der rechten Seite das Integral von $u'(x) = \ln x$ wieder erhalten, welches wir aber gerade suchen. ■

Bei der Anwendung der partiellen Integration taucht auf der rechten Seite manchmal das gesuchte Integral erneut auf und erlaubt die Berechnung durch einfache Umstellung:

$$\int f(x)\,\mathrm{d}x = g(x) + \alpha\int f(x)\,\mathrm{d}x$$

umstellen zu:

$$\int f(x)\,\mathrm{d}x = \frac{1}{1-\alpha}g(x) + C$$

wobei man im letzten Schritt die Konstante nicht vergessen darf. Das Ganze funktioniert natürlich nur, wenn $\alpha \neq 1$.

6.2.2 Integration von rationalen Funktionen

Vorweg die gute Nachricht: Man kann mit unseren Methoden für jede rationale Funktion eine Stammfunktion bestimmen. Die schlechte Nachricht: In einigen Fällen kann das etwas aufwendig werden.
Schauen wir uns erst einmal einige Beispiele an. Für einige rationale Funktionen haben wir schon Stammfunktionen gefunden, ohne uns groß anzustrengen.

Beispiel 6.10

- $\int \frac{1}{x}\,\mathrm{d}x = \ln|x| + C$. Mit Satz 6.5 erhalten wir dann sofort auch:
  $\int \frac{1}{ax+b}\,\mathrm{d}x = \frac{1}{a}\ln|ax+b| + C$. Insb. (was im Weiteren noch nützlich ist):
  $\int \frac{1}{x-x_0}\,\mathrm{d}x = \ln|x-x_0| + C$.
- Für $k \neq 1$ haben wir: $\int \frac{1}{x^k}\,\mathrm{d}x = \int x^{-k}\,\mathrm{d}x = \frac{x^{-k+1}}{-k+1} + C = \frac{1}{(1-k)x^{k-1}} + C$.

  Mit Satz 6.5 haben wir dann sofort auch:

  $$\int \frac{1}{(ax+b)^k}\,\mathrm{d}x = \frac{(ax+b)^{-k+1}}{a(-k+1)} + C = \frac{1}{a(1-k)(ax+b)^{k-1}} + C.$$

  Insb. also – auch das wird noch nützlich sein:

  $$\int \frac{1}{(x-x_0)^k}\,\mathrm{d}x = \frac{1}{-k+1}(x-x_0)^{-k+1} + C = \frac{1}{-k+1}\,\frac{1}{(x-x_0)^{k-1}} + C.$$
- $\int \frac{1}{x^2+6x+9}\,\mathrm{d}x = \int \frac{1}{(x+3)^2}\,\mathrm{d}x = \frac{-1}{x+3} + C.$
- $\int \frac{1}{x^2+1}\,\mathrm{d}x = \arctan x + C.$
- $\int \frac{2x-3}{x^2-3x+7}\,\mathrm{d}x = \ln|x^2-3x+7| + C$ (vgl. Beispiel 6.8)

- $\int \frac{1}{x^2+a^2}\,\mathrm{d}x = \frac{1}{a^2}\int \frac{1}{(\frac{x}{a})^2+1}\,\mathrm{d}x = \frac{1}{a}\arctan\frac{x}{a}+C.$ ■

Wir wollen das Problem nun systematisch angehen:
Dabei gehen wir wieder von einer rationalen Funktion $\frac{p}{q}$ mit Polynomen p und q aus. Falls $\operatorname{Grad} p \geq \operatorname{Grad} q$ ist, können wir nach Satz 3.5 $\frac{p}{q}$ schreiben als Summe eines Polynoms und einer rationalen Funktion („Rest"), bei der das Zählerpolynom einen echt kleineren Grad hat als das Nennerpolynom. Da wir Polynome locker (siehe Beispiel 6.6) integrieren können, müssen wir uns also nur noch um den „Rest" kümmern. Beispielsweise ist

$$\frac{x^3+2x^2+3}{x^2+1} = x+2+\frac{-x+1}{x^2+1}$$

also folgt:

1. Schritt:
Falls $\operatorname{Grad} p > \operatorname{Grad} q$: zuerst Polynomdivision mit Rest. Dann den Rest weiterbehandeln.

$$\begin{aligned}\int \frac{x^3+2x^2+3}{x^2+1}\,\mathrm{d}x &= \int (x+2)\,\mathrm{d}x + \int \frac{-x+1}{x^2+1}\,\mathrm{d}x \\ &= \frac{x^2}{2}+2x+\int \frac{-x+1}{x^2+1}\,\mathrm{d}x\end{aligned}$$

und das eigentliche Problem besteht darin, das letzte Integral zu bestimmen.
Wir wollen im Folgenden also versuchen, rationale Funktionen vom Typ $\frac{p(x)}{q(x)}$ mit $\operatorname{Grad}(p) < \operatorname{Grad}(q)$ zu integrieren.
Wenn $\operatorname{Grad} q = 1$ oder $\operatorname{Grad} q = 2$ wäre, könnten wir hoffen, mit den Fähigkeiten, die wir schon in Beispiel 6.10 demonstriert haben, durchzukommen. Was aber tun wir, wenn $\operatorname{Grad} q \geq 3$ ist?

2. Schritt:
Partialbruchzerlegung des Restes

Wir erinnern uns an Kapitel 3. Dort hatten wir solche rationale Funktion zerlegt in eine Summe von einfachen rationalen Funktionen, richtig, die Sache mit den Partialbrüchen. Da eine Summe von Integralen einfach die Summe der Integrale ist (nach Satz 6.5), müssen wir also „nur" schauen, dass wir die einzelnen Partialbrüche integrieren können. Wie sahen diese denn aus? Es gab zwei Typen

3. Schritt:
Integration der Partialbrüche

- $\frac{1}{(x-x_0)^k}$: Das können wir schon – siehe Beispiel 6.10.
- $\frac{Ax+B}{(x^2+bx+c)^k}$ mit $c-\frac{b^2}{4} > 0$. Das können wir noch nicht.

Zuerst behandeln wir den Fall $k = 1$. Einen Spezialfall kennen wir schon, aus Satz 6.6:

$$\int \frac{2x+b}{x^2+bx+c}\,\mathrm{d}x = \ln|x^2+bx+c| + C.$$

Anstelle von $2x+b$ haben wir aber $Ax+B$ vorliegen; mal sehen, ob uns das hilft:

Nicht auswendig lernen, sondern die Technik üben und verstehen.

$$\begin{aligned}\int \frac{Ax+B}{x^2+bx+c}\,\mathrm{d}x &= \int \frac{A}{2}\cdot\frac{2x+b}{x^2+bx+c} + \frac{B-\frac{bA}{2}}{x^2+bx+c}\,\mathrm{d}x\\ &= \frac{A}{2}\ln|x^2+bx+c| + (B-\frac{bA}{2})\int \frac{1}{x^2+bx+c}\,\mathrm{d}x.\end{aligned}$$

Nun wenden wir uns also $\frac{1}{x^2+bx+c}$ zu. Da $c - \frac{b^2}{4} > 0$:

$$\begin{aligned}\int \frac{1}{x^2+bx+c}\,\mathrm{d}x &= \int \frac{1}{(x+\frac{b}{2})^2 + c - \frac{b^2}{4}}\,\mathrm{d}x\\ &= \frac{1}{\sqrt{c-\frac{b^2}{4}}}\cdot\arctan\frac{x+\frac{b}{2}}{\sqrt{c-\frac{b^2}{4}}} + C.\end{aligned}$$

Damit können wir auch Partialbrüche vom Typ

$$\frac{Ax+B}{(x^2+bx+c)^k} \text{ mit } c - \frac{b^2}{4} > 0 \text{ und } k = 1$$

integrieren. Aufwendig (das Bisherige zählt nicht als aufwendig) wird es im Fall

$$\frac{Ax+B}{(x^2+bx+c)^k} \text{ mit } c - \frac{b^2}{4} > 0 \text{ und } k \geq 2.$$

Das werden wir hier aber nicht weiter verfolgen. Es gibt Rekursionsformeln, die das Integral eines solchen Ausdrucks auf das eines Ausdrucks vom gleichen Typ, aber mit niedrigerem k zurückführen. Damit hangelt man sich weiter hinunter zu immer niedrigeren k's, bis man bei $k = 1$ angelangt ist, was wir schon integrieren können. Das ist – je nach Größe von k – eine mühselige Angelegenheit, jedenfalls wenn man von Hand rechnet. Das wollen wir keinem zumuten. Wichtig ist zu verstehen, *dass* man so zum Ziel gelangt, und dass man weiß, wo man die Rekursionsformeln nachschlagen kann, z. B. in [3].

Zusammenfassung: Integration von rationalen Funktionen

- 1. Falls der Grad des Zählerpolynoms größer gleich dem Grad des Nennerpolynoms ist, verwende Polynomdivision mit Rest (Satz 3.5), um die Funktion als Summe eines Polynoms (leicht zu integrieren) und einer rationalen Funktion $r = \frac{p}{q}$ mit $\operatorname{Grad} p < \operatorname{Grad} q$ zu schreiben.
- 2. Zerlege den Rest r in Partialbrüche (siehe S. 84).
- 3. Die Partialbrüche vom Typ
$$\frac{1}{(x-x_0)^k} \text{ und } \frac{Ax+B}{x^2+bx+c} \text{ wobei } c-\frac{b^2}{4}>0$$
können mit den oben erläuterten Methoden integriert werden. Für Partialbrüche vom Typ
$$\frac{Ax+B}{(x^2+bx+c)^k} \text{ wobei } c-\frac{b^2}{4}>0 \text{ und } k \geq 2$$
verwendet man Rekursionsformeln (siehe z. B. [3]).

Beispiel 6.11

Gesucht ist eine Stammfunktion zu

$$f(x) = \frac{2x^5+15x^4+47x^3+47x^2+35x+25}{x^4+4x^3+5x^2}.$$

Da der Grad des Zählerpolynoms größer als der des Nennerpolynoms ist, steht zunächst Polynomdivision an. Wir erhalten

1. Schritt: Polynomdivision mit Rest

$$f(x) = 2x+7+\frac{9x^3+12x^2+35x+25}{x^4+4x^3+5x^2}$$

Das Nennerpolynom lässt sich faktorisieren als

$$x^4+4x^3+5x^2 = x^2\,(x^2+4x+5),$$

hat damit eine doppelte Nullstelle in 0 und keine weiteren Nullstellen (denn $x^2+4x+5 = x^2+4x+4+1 = (x+2)^2+1>0$ für alle $x \in \mathbb{R}$). Der Ansatz für die Partialbruchzerlegung ist daher:

2. Schritt: Partialbruchzerlegung des Restes

$$\frac{9x^3+12x^2+35x+25}{x^2\,(x^2+4x+5)} = \frac{A}{x}+\frac{B}{x^2}+\frac{Cx+D}{x^2+4x+5}$$

Man erhält: $A=3, B=5, C=6, D=-5$. Nur der dritte Summand bereitet ein wenig Arbeit bei der Integration:

3. Schritt: Integration der Partialbrüche

$$\begin{aligned}
\int \frac{6x-5}{x^2+4x+5}\,\mathrm{d}x &= \int 3\,\frac{2x+4}{x^2+4x+5}-\frac{17}{x^2+4x+5}\,\mathrm{d}x \\
&= 3\,\ln|x^2+4x+5|-17\int\frac{1}{(x+2)^2+1}\,\mathrm{d}x \\
&= 3\,\ln|x^2+4x+5|-17\,\arctan(x+2)+C.
\end{aligned}$$

Insgesamt erhalten wir:

$$\begin{aligned}\int f(x)\,\mathrm{d}x &= \int 2x+7+\frac{9x^3+12x^2+35x+25}{x^4+4x^3+5x^2}\,\mathrm{d}x\\ &= \int 2x+7\,\mathrm{d}x+\int \frac{3}{x}+\frac{5}{x^2}+\frac{6x-5}{x^2+4x+5}\,\mathrm{d}x\\ &= x^2+7x+3\ln|x|-\frac{5}{x}+3\ln|x^2+4x+5|-17\arctan(x+2)+C.\end{aligned}$$

■

↪ Aufgabe 6.5

6.2.3 Substitutionsregel

Die Substitutionsregel ist die Umkehrung der Kettenregel beim Ableiten. Die Kettenregel lautet – sicherlich erinnern Sie sich – $(F\circ g)'(x) = F'(g(x))\cdot g'(x)$, d. h. $F\circ g$ ist eine Stammfunktion zu $(F'\circ g)\cdot g'$, d. h.

Substitutionsregel – die Umkehrung der Kettenregel

$$\int F'(g(x))\cdot g'(x)\,\mathrm{d}x = F(g(x))+C$$

oder, mit $F' = f$:

$$\int f(g(x))\cdot g'(x)\,\mathrm{d}x = \int f(y)\,\mathrm{d}y+C, \qquad \text{wobei } y=g(x)$$

oder, für bestimmte Integrale:

$$\int_a^b f(g(x))\cdot g'(x)\,\mathrm{d}x = \int_{g(a)}^{g(b)} f(y)\,\mathrm{d}y$$

Die Anwendung der Substitutionsregel – sie heißt so, weil etwas ersetzt wird – geschieht dabei wie folgt:
Zu integrieren ist $\int f(g(x))\cdot g'(x)\,\mathrm{d}x$. Entscheidet man sich, $y = g(x)$ zu substituieren, so sieht man aus der Regel, dass man auch $g'(x)\,\mathrm{d}x$ durch $\mathrm{d}y$ zu ersetzen hat. Man kann daher als Merkregel festhalten, dass $\frac{\mathrm{d}y}{\mathrm{d}x} = g'(x)$ ist. – Der Hintergrund ist, dass ja $g'(x)$ als Grenzwert des Differenzenquotienten $\frac{g(x+h)-g(x)}{x+h-x}$ für $h\to 0$ definiert ist, und daher als Quotient der Differenz zweier unendlich naher y-Werte („$\mathrm{d}y$“) durch die Differenz zweier unendlich naher x-Werte („$\mathrm{d}x$“) angesehen werden kann. – Es ist also bei der Substitution zunächst $\mathrm{d}x$ durch $\frac{\mathrm{d}y}{g'(x)}$ zu ersetzen, und danach alle Vorkommen von x in dem zu integrierenden Ausdruck durch den entsprechenden Ausdruck in der neuen (substitutierten) Variablen y. Die Integrationsvariable des so entstandenen Integrals

Vorgehen bei der Substitution:

1. geeigneten Ausdruck in x finden
2. diesen Ausdruck als y setzen: $y = g(x)$
3. im $g'(x)\,\mathrm{d}x$ durch $\mathrm{d}y$ ersetzen (notfalls erweitern)
4. im zu integrierenden Ausdruck Übergang zur neuen Variablen $y = g(x)$
5. nun enthält der zu integrierende Ausdruck nur noch y und ist (hoffentlich) leichter zu integrieren als vorher.

ist dann y, die Variable x taucht nicht mehr auf. Man berechnet nun dieses Integral und setzt in der Stammfunktion, die man dabei erhält, am Ende wieder $g(x)$ für y ein.
In manchen Situationen ist es übersichtlicher, die Substitution $y = g(x)$ in der Form $x = h(y)$ auszudrücken (dann ist natürlich $h = g^{-1}$, also h die Umkehrfunktion zu g). Man ersetzt dann überall x durch $h(y)$ ersetzen und wegen $\frac{\mathrm{d}x}{\mathrm{d}y} = h'(y)$ auch $\mathrm{d}x$ durch $h'(y)\,\mathrm{d}y$.

Beispiel 6.12

- $\int \frac{3x^2}{x^3+1}\,\mathrm{d}x = ?$: Hier bietet sich die Substitution $y = g(x) = x^3+1$ an. Dann ist $\frac{\mathrm{d}y}{\mathrm{d}x} = g'(x) = 3x^2$, also $3x^2\,\mathrm{d}x = \mathrm{d}y$ und damit

$$\int \frac{3x^2}{x^3+1}\,\mathrm{d}x = \int \frac{1}{y}\,\mathrm{d}y = \ln|y| + C = \ln|x^3+1| + C.$$

  Bei einem bestimmten Integral hat man

$$\int_0^2 \frac{3x^2}{x^3+1}\,\mathrm{d}x = \int_{g(0)}^{g(2)} \frac{1}{y}\,\mathrm{d}y = \int_1^9 \frac{1}{y}\,\mathrm{d}y = \ln 9 - \ln 1 = \ln 9.$$

  Man kann genauso gut zuerst das unbestimmte Integral berechnen, zurück auf die Variable x gehen und dann die ursprünglichen Grenzen einsetzen.

- $\int \frac{\mathrm{e}^x+1}{\mathrm{e}^x+\mathrm{e}^{-x}}\,\mathrm{d}x = ?$: Hier bietet sich die Substitution $y = g(x) = \mathrm{e}^x$ an. Dann ist $\frac{\mathrm{d}y}{\mathrm{d}x} = g'(x) = \mathrm{e}^x$, also $\mathrm{d}x = \frac{\mathrm{d}y}{\mathrm{e}^x} = \frac{\mathrm{d}y}{y}$ und damit

$$\begin{aligned}\int \frac{\mathrm{e}^x+1}{\mathrm{e}^x+\mathrm{e}^{-x}}\,\mathrm{d}x &= \int \frac{y+1}{y\,(y+\frac{1}{y})}\,\mathrm{d}y = \int \frac{y+1}{y^2+1}\,\mathrm{d}y \\ &= 0.5\int \frac{2y}{y^2+1}\,\mathrm{d}y + \int \frac{1}{y^2+1}\,\mathrm{d}y \\ &= 0.5\ln|y^2+1| + \arctan y + C \\ &= 0.5\ln|\mathrm{e}^{2x}+1| + \arctan \mathrm{e}^x + C.\end{aligned}$$

- $\int \mathrm{e}^{\sqrt{x+1}}\,\mathrm{d}x = ?$: Hier bietet sich die Substitution $y = g(x) = \sqrt{x+1}$ an. Dann ist $\frac{\mathrm{d}y}{\mathrm{d}x} = g'(x) = \frac{1}{2\sqrt{x+1}} = \frac{1}{2y}$, also $\mathrm{d}x = 2y\,\mathrm{d}y$ und damit

$$\int \mathrm{e}^{\sqrt{x+1}}\,\mathrm{d}x = \int \mathrm{e}^y\,2y\,\mathrm{d}y = 2\,(y-1)\,\mathrm{e}^y + C = 2(\sqrt{x+1}-1)\,\mathrm{e}^{\sqrt{x+1}} + C.$$

  Bei einem bestimmten Integral:

$$\int_0^1 \mathrm{e}^{\sqrt{x+1}}\,\mathrm{d}x = \int_{\sqrt{0+1}}^{\sqrt{1+1}} \mathrm{e}^y\,2y\,\mathrm{d}y = 2\,(y-1)\,\mathrm{e}^y\Big|_1^{\sqrt{2}} = 2(\sqrt{2}-1)\,\mathrm{e}^{\sqrt{2}}.$$ ■

Sollten Sie sich fragen, warum sich im Beispiel die genannten Substitutionen „anbieten“: Weil es sich – nachher – herausstellt, dass diese zum Ziel führen. Das vorher zu erkennen, bedarf einiger Erfahrung. Es gibt keine geheimen Tricks dafür. Die nötige Erfahrung kann jede(r) durch Rechnen von Übungsaufgaben erlangen. Beim Üben spielt es keine(!) Rolle, ob Ihre Substitution zum Ziel führt. Auch eine, die in eine Sackgasse führt, vermehrt Ihre Erfahrung.

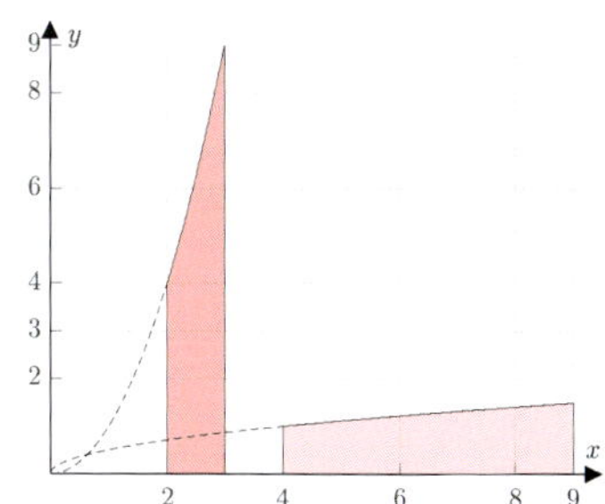

Bild 6.9 Substitution: Flächen mit gleichem Flächeninhalt

Denkt man bei bestimmten Integralen wieder an Flächeninhalte (zur Erinnerung: dies geht nur, wenn die Funktionsgraphen über der x-Achse liegen), dann sagt die Substitutionsregel, wie man zwei Flächeninhalte ineinander umrechnen kann. Beispielsweise ist mit der Substitution $y = x^2$, $\mathrm{d}y = 2\sqrt{y}\,\mathrm{d}x$:

$$\int_2^3 x^2\,\mathrm{d}x = \int_4^9 \frac{y}{2\sqrt{y}}\,\mathrm{d}y = \int_4^9 \frac{1}{2}\sqrt{y}\,\mathrm{d}y.$$

Die Flächen unter dem Graphen von $f(x) = x^2$ über $[2, 3]$ und dem von $f(x) = 2\sqrt{x}$ über $[4, 9]$ haben also denselben Flächeninhalt, siehe Bild 6.9.

Bei manchen Integralen empfehlen sich nicht gerade ins Auge springende Substitutionen. Z. B. kann man bei auftretenden Ausdrücken ähnlich wie $\sqrt{1-x^2}$ vorteilhaft $x = \sin y$ substituieren. Dann ist $\mathrm{d}x = \cos y\,\mathrm{d}y$ und insgesamt:

$$\begin{aligned}\int \sqrt{1-x^2}\,\mathrm{d}x &= \int \sqrt{1-\sin^2 y}\cos y\,\mathrm{d}y = \int \cos^2 y\,\mathrm{d}y\\ &= \tfrac{1}{2}(y+\sin y\cos y)+C\\ &= \tfrac{1}{2}(\arcsin x + x\cos\arcsin x)+C\\ &= \tfrac{1}{2}(\arcsin x + x\sqrt{1-x^2})+C.\end{aligned}$$

Hat man eine Funktion zu integrieren, die nur Ausdrücke von $\sin x$ und $\cos x$ enthält (und keine „allein“ auftretenden x), so hilft oft die Substitution $y = \tan\frac{x}{2}$. Wie man sich mit der Definition von tan am Einheitskreis veranschaulichen kann, gilt dann

$$\sin\frac{x}{2} = \frac{y}{\sqrt{1+y^2}} \quad \text{und} \quad \cos\frac{x}{2} = \frac{1}{\sqrt{1+y^2}}$$

und damit

$$\sin x = 2\sin\frac{x}{2}\cos\frac{x}{2} = \frac{2y}{1+y^2},\ \cos x = 2\cos^2\frac{x}{2} - 1 = \frac{1-y^2}{1+y^2},$$

$$\mathrm{d}x = \frac{2}{1+y^2}\,\mathrm{d}y.$$

Tabelle 6.1 Ein paar Stammfunktionen (Man könnte auch einfach die Tabelle mit den Ableitungen, Tabelle 5.1, andersherum lesen).

Funktion	Stammfunktion
$f(x)$	$\int f(x)\,\mathrm{d}x$
x^n	$\frac{x^{n+1}}{n+1}+C,\ n \neq -1$
$\frac{1}{x}$	$\ln\lvert x\rvert + C$
e^x	$\mathrm{e}^x + C$
$\ln x$	$x(\ln x - 1) + C$
$\sin x$	$-\cos x + C$
$\cos x$	$\sin x + C$
$\frac{1}{1+x^2}$	$\arctan x + C$

Durch diese Substitution gehen also $\sin x, \cos x$, $\mathrm{d}x$ über in rationale Funktionen in der Variablen y, und von da aus können wir wie bereits früher gelernt weiter vorgehen (Partialbruchzerlegung usw.). Beispiel:

$$\int \frac{1}{1+\sin x}\,\mathrm{d}x = \int \frac{1}{1+\frac{2y}{1+y^2}}\frac{2}{1+y^2}\,\mathrm{d}y = \int \frac{2}{1+y^2+2y}\,\mathrm{d}y$$
$$= 2\int \frac{1}{(1+y)^2}\,\mathrm{d}y = \frac{-2}{1+y}+C = \frac{-2}{1+\tan\frac{x}{2}}+C.$$

Differenzieren ist ein Handwerk, Integrieren ist eine Kunst.

Alte Weisheit

Wir haben nun die wichtigsten Integrationsregeln kennengelernt. Auch wenn vieles durch Übung kommt, muss man beim Integrieren gewisse Grenzen akzeptieren. Manche Integrale sind „elementar nicht lösbar", das bedeutet, nicht in einfacher Form darstellbar. Eines davon ist

$$\int e^{-x^2}\,\mathrm{d}x.$$

Die Mathematiker haben nachgewiesen, dass hier keine Chance besteht, durch Anwendung von Integrationsregeln einen einfachen Ausdruck zu finden. Mithilfe der unendlichen Reihen kann man doch eine Stammfunktion finden, allerdings sieht die dann anders aus als Sie jetzt vermutlich erwarten (siehe Kap. 8). In Tabelle 6.2 haben wir zum Abschluss die hier vorgestellten Regeln noch einmal zusammengefasst.

Tabelle 6.2 Die Integrationsregeln

Funktion	Stammfunktion	
$f(x)$	$\int f(x)\,\mathrm{d}x$	
$u+v$	$\int u(x)\,\mathrm{d}x + \int v(x)\,\mathrm{d}x$	Linearität
$c\cdot u$	$c\cdot\int u(x)\,\mathrm{d}x$	Linearität (c Konst.)
$u'\cdot v$	$u(x)\cdot v(x) - \int v'(x)\cdot u(x)\,\mathrm{d}x$	partielle Integration
$(u'\circ v)\cdot v'$	$u\circ v$	Substitutionregel
$f'(x)\,\big(f(x)\big)^{\alpha}$	$\frac{1}{\alpha+1}\big(f(x)\big)^{\alpha+1}$	
$\frac{f'(x)}{f(x)}$	$\ln\lvert f(x)\rvert$	

Anwendung – Mechanik: Massen, Momente, Schwerpunkt

Wir betrachten einen Balken, der eine ungleichmäßige Gewichtsverteilung aufweist, siehe Bild 6.10. Die Masse über der Stelle x hängt also von x ab, die Farbe deutet die Dichte an (dunklere Farbe zeigt höhere Dichte). Beachten Sie, dass wir davon ausgehen, dass die Dichte nur von x abhängt, nicht auch von y. Gesucht sei nun der Schwerpunkt dieses Balkens. Bei gleichmäßiger Dichte entlang der x-Achse wäre dieser in der Mitte, also bei $\frac{x}{2}$. Aus Bild 6.10 sehen wir, dass das rechte Ende des Balkens schwerer als das linke ist; wir erwarten daher, dass der Schwerpunkt rechts von der Mitte liegt. So weit so gut, aber wo genau liegt er denn?
Wir können den Balken als einen Hebel ansehen, der im Nullpunkt drehbar gelagert ist. An jeder Stelle x des Balkens zieht dann die Gewichtskraft senkrecht nach unten, der Betrag des Drehmoments an der Stelle x ist dann das Produkt aus x (Entfernung zum Drehpunkt) und $m(x)$, die Masse an der Stelle x (mehr zum Drehmoment auf S. 210). Wir müssen zunächst einmal alle Drehmomente (genauer: deren Beträge) im Balken addieren.

Bild 6.10 Ein Balken mit unregelmäßiger Dichte: je dunkler, desto größer die Dichte

Einfache Vorüberlegung: Wenn der Balken ein Arm einer Wippe ist, auf dem zwei Kinder sitzen, Lisa (Gewicht 30 kg, Entfernung zur Achse 2 m) und Peter (40 kg, 3 m Entfernung zur Achse), so ist das Gesamtdrehmoment 180 kg·m (denn $30 \cdot 2 + 40 \cdot 3 = 180$). Das ist natürlich grob vereinfacht, denn erstens haben wir das Eigengewicht der Wippe nicht berücksichtigt und zweitens kann man selbst kleine Kinder kaum als punktförmige Massen ansehen. Zum Glück kommt uns hier aber die Integralrechnung zu Hilfe.

Wir haben also nun die Masse kontinuierlich auf dem Balken verteilt. Angenommen, der Balken hat über der Stelle x die Masse $m(x)$. Wenn wir nun von x ein Stückchen $\Delta x > 0$ nach rechts wandern, vergrößert sich die Masse um $\rho \Delta x$, wenn ρ die Dichte auf dem Stück $[x, x + \Delta x]$ ist. Natürlich nur, wenn die Dichte ρ auf diesem Stück konstant ist. Wir haben aber eine nicht-konstante Dichte vorliegen, d. h. an der Stelle x soll die Dichte $\rho(x)$ vorliegen. Wir sehen aber, dass beim Grenzübergang $\Delta x \to 0$ der Massenzuwachs genau $\rho(x)$ wird (siehe Bild 5.2 und die Definition der Ableitung (Def. 5.1, S. 106)). Also ist $m'(x) = \rho(x)$, die Ableitung der Masse ist die Dichte. Umgekehrt, um die Masse zu er-

$$\text{Gesamtmasse} = \int_0^L \rho(x)\,\mathrm{d}x$$

halten, müssen wir die Dichte integrieren. Die Gesamtmasse des Balkens ist also das Integral über die Dichte entlang der gesamten Länge des Balkens.
Dem Beispiel in Bild 6.10 liegt die

$$\text{Dichte an der Stelle } x\text{: } \rho(x) = 1 - \frac{1}{2}x\sin 4x$$

zugrunde. In Bild 6.11 ist die Dichte über dem Balken aufgetragen. Die Gesamtmasse ist demnach

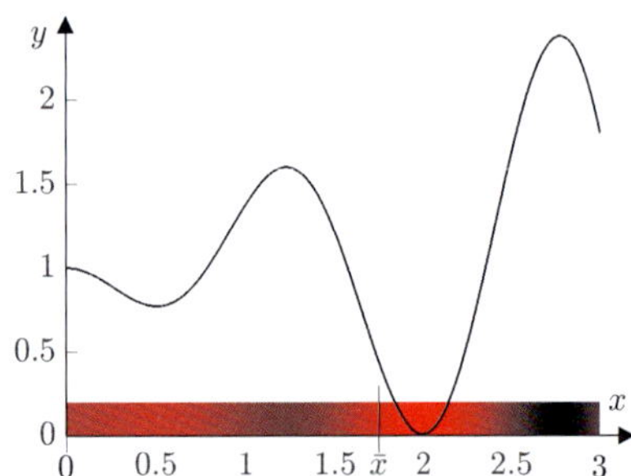

Bild 6.11 Derselbe Balken wie in Bild 6.10, aber mit eingezeichneter Dichteverteilung entlang der x-Achse und markiertem Schwerpunkt

$$\begin{aligned}\int_0^\pi \rho(x)\,\mathrm{d}x &= \int_0^\pi 1\,\mathrm{d}x - \frac{1}{2}\int_0^\pi x\sin 4x\,\mathrm{d}x\\ &= x\Big|_0^\pi - \frac{1}{2}\left(-\frac{1}{4}x\cos 4x\Big|_0^\pi + \frac{1}{4}\int_0^\pi \cos 4x\,\mathrm{d}x\right)\\ &= \pi + \frac{1}{8}\pi - \frac{1}{8}\frac{1}{4}\sin 4x\Big|_0^\pi = \frac{9}{8}\pi\end{aligned}$$

Genauso geht es mit den Momenten, welche Masse mal Entfernung sind. Das Gesamtmoment des Balkens ist demnach:

$$\text{Gesamtmoment} = \int_0^L x\rho(x)\,\mathrm{d}x$$

$$\begin{aligned}\int_0^\pi x\rho(x)\,\mathrm{d}x &= \int_0^\pi x - \frac{1}{2}x^2\sin 4x\,\mathrm{d}x\\ &= \frac{1}{2}x^2\Big|_0^\pi - \frac{1}{2}\left(-\frac{1}{4}x^2\cos 4x\Big|_0^\pi + \frac{1}{4}\int_0^\pi 2x\cos 4x\,\mathrm{d}x\right)\\ &= \frac{1}{2}\pi^2 + \frac{1}{8}\pi^2 - \frac{1}{4}\int_0^\pi x\cos 4x\,\mathrm{d}x = \frac{5}{8}\pi^2\end{aligned}$$

Wie findet man nun den Schwerpunkt? Bei der Wippe ist es so, dass sie im Gleichgewicht ist, wenn das Gesamtmoment rechts vom Drehpunkt genau gleich dem Gesamtmoment links vom Drehpunkt ist. Wenn man die Momente mit Vorzeichen verwendet[1], würde man die Momente links vom Drehpunkt negativ verwenden und könnte dann sagen, dass Gleichgewicht vorliegt, wenn das Gesamtmoment der Wippe Null ist.
Zurück zum Balken: Um den Balken ins Gleichgewicht zu bringen, müssen wir den Drehpunkt vom Nullpunkt soweit nach rechts

[1] was gut zur Definition des Drehmoments als Vektor passt, siehe S.210

verschieben, sagen wir bis $\bar{x}$, dass die Summe aller Momente Null wird. Es muss also gelten:

$$\int_0^\pi \rho(x)\,(x-\bar{x})\,\mathrm{d}x \stackrel{!}{=} 0,$$

der Schwerpunkt liegt dann bei $\bar{x}$. Nach Umstellung erhalten wir

$$\bar{x} = \frac{\int x\rho(x)\,\mathrm{d}x}{\int \rho(x)\,\mathrm{d}x}$$

Formel für den Schwerpunkt $\bar{x}$

In unserem Beispiel also: $\bar{x} = \dfrac{\int_0^\pi x\rho(x)\,\mathrm{d}x}{\int_0^\pi \rho(x)\,\mathrm{d}x} = \frac{5}{9}\pi = 1.7453\ldots$

Das erscheint plausibel, denn der Schwerpunkt ist wie erwartet etwas rechts von der Mitte.

In der Physik ist der Schwerpunkt oft ein nützliches Hilfsmittel: Wir können den Balken mit seiner unregelmäßigen Gewichtsverteilung durch einen gewichtslosen Balken mit einer punktförmigen Masse (die die Gesamtmasse des ursprünglichen Balkens ist) genau im Schwerpunkt ersetzen. Das Moment ist vorher wie nachher dasselbe. Die Vereinfachung der Situation durch Betrachtung von punktförmigen Lasten macht viele Überlegungen erheblich einfacher.

Zur Festigung: Überprüfen Sie, ob sich erwartungsgemäß bei konstanter Dichte ρ der Schwerpunkt $\bar{x}$ in der Mitte des Balkens einstellt.

Zur Erinnerung: Wir sind davon ausgangen, dass die Dichte unseres Balkens nur von x abhängt. Er kann also rechts schwerer oder leichter als links sein. Eine Abhängigkeit von y haben wir nicht zugelassen, d. h. er ist oben und unten gleich schwer. Wenn die Dichte von x *und* y abhängt, müssen wir mit Doppelintegralen (bei denen nacheinander in zwei Richtungen integriert wird) rechnen. Diese Technik werden wir erst in Band 2 kennenlernen.

Anwendung – Physik: Arbeit als Integral

Die aus der Schule bekannte Regel „Arbeit = Kraft mal Weg" ($W = F \cdot s$) gilt nur, wenn die Kraft entlang dieses Weges ausgeübt wird und wenn sie entlang des Weges konstant ist. Wenn sich die Kraft F kontinuierlich in Abhängigkeit von der zurückgelegten Wegstrecke s ändert, haben wir auf jedem kleinen Weg-

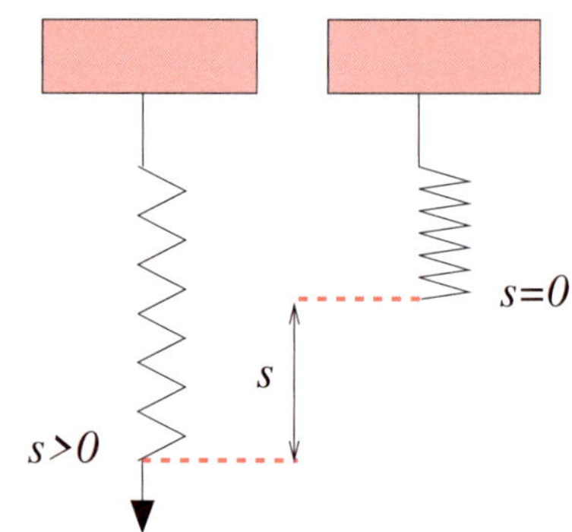

Bild 6.12 Eine Feder, in Ruhelage und ausgelenkt

Robert Hooke, 1635-1703, engl. Mathematiker und Physiker

stückchen $\mathrm{d}s$ die Kraft $F(s)$ vorliegen und müssen die Arbeitsstückchen $F(s)\,\mathrm{d}s$ addieren. Wir erhalten also für die Arbeit ein Integral, nämlich

$$W = \int_a^b F(s)\,\mathrm{d}s \qquad \text{Arbeitsintegral}$$

wenn die Arbeit entlang der Strecke von $s = a$ bis $s = b$ verrichtet wird. Wir betrachten dazu zwei Beispiele:

- Arbeit an einer elastischen Feder (siehe Bild 6.12): Eine Feder soll aus der Ruhelage ($s = 0$) ausgelenkt werden gegen die Spannung der Feder. Bei einer elastischen Feder kann bei nicht allzu großen Auslenkungen das Hookesche Gesetz angewandt werden, welches besagt, dass die Auslenkung proportional zur Kraft ist, also $F(s) = ks$. Die Konstante $k > 0$ heißt Federkonstante. Die verrichtete Arbeit bei der Auslenkung der Feder aus der Ruhelage ($s = 0$) bis zur Länge $s = s_1$ ist also

$$W = \int_a^b F(s)\,\mathrm{d}s = \int_0^{s_1} ks\,\mathrm{d}s = \frac{1}{2}ks^2\Big|_0^{s_1} = \frac{1}{2}ks_1^2.$$

- Arbeit im Gravitationsfeld der Erde (siehe Bild 6.13): Es geht darum, einen Körper der Masse m im Schwerefeld der Erde vom Erdmittelpunkt wegzubewegen, also entgegen der Schwerkraft. Es gelten hier die gleichen Überlegungen wie bei der Feder, nur wirkt anstelle der Federspannung nun die Gravitation der Bewegung entgegen. Die Kraft ist diesmal gegeben durch $F(s) = f\frac{mM}{s^2}$, wobei M die Masse der Erde ist, f die Gravitationskonstante und s die Entfernung vom Erdmittelpunkt (das ist der Ort, in dem bei der Feder die Gleichgewichtslage ist). Um einen Körper der Masse m, der sich in einer Entfernung s_0 vom Erdmittelpunkt befindet, geradlinig vom Erdmittelpunkt weg in die Entfernung $s_1 > s_0$ zu bringen, muss demnach folgende Arbeit verrichtet werden:

$$\begin{aligned} W &= \int_{s_0}^{s_1} F(s)\,\mathrm{d}s = \int_{s_0}^{s_1} f\frac{mM}{s^2}\,\mathrm{d}s = -fmM\frac{1}{s}\Big|_{s_0}^{s_1} \\ &= -fmM\left(\frac{1}{s_1} - \frac{1}{s_0}\right) = \frac{fmM(s_1 - s_0)}{s_1 s_0}. \end{aligned}$$

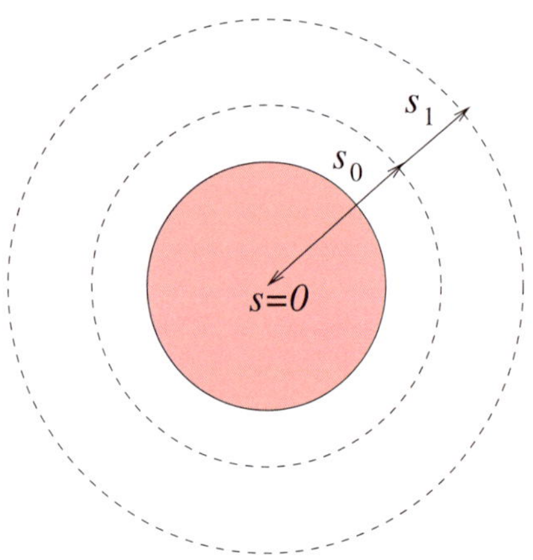

Bild 6.13 Gravitationsfeld der Erde

6.3 Mittelwertsatz der Integralrechnung

Nach dem Mittelwertsatz der Differenzialrechnung (Satz 5.7) existiert zu einer auf $[a, b]$ differenzierbaren Funktion f eine Zwischenstelle $c \in [a, b]$ mit $f'(c) = \frac{f(b)-f(a)}{b-a}$. Setzt man $u(x) = f'(x)$, d. h. f ist also Stammfunktion zu u, so ist $f(b) - f(a) = \int_a^b u(x)\,\mathrm{d}x$ und damit haben wir:

Satz 6.8

Mittelwertsatz der Integralrechnung

Sei $u : [a, b] \longrightarrow \mathbb{R}$ stetig. Dann gibt es $c \in [a, b]$ mit

$$u(c) = \frac{1}{b-a} \int_a^b u(x)\,\mathrm{d}x.$$

Die Größe auf der rechten Seite bezeichnet man auch als **Mittelwert** der Funktion u über $[a, b]$.

Zur Berechnung des Mittelwertes von n Zahlen addiert man bekanntlich alle n Zahlen und dividiert die Summe durch die Anzahl der Zahlen, also n. Den Mittelwert einer Funktion u kann man sich so vorstellen, dass man alle Funktionswerte $u(x)$ im Intervall $[a, b]$ addiert - dies ist die Bedeutung des bestimmten Integrals – und dividiert durch die Länge des Intervalls, also $b - a$. Der obige Mittelwertsatz besagt, dass der so berechnete Mittelwert von u auf $[a, b]$ an (mindestens) einer Stelle c im Intervall auch als Funktionswert $u(c)$ angenommen wird. (Dagegen ist der Mittelwert von n Zahlen i. Allg. nicht gleich einer der beteiligten n Zahlen.)

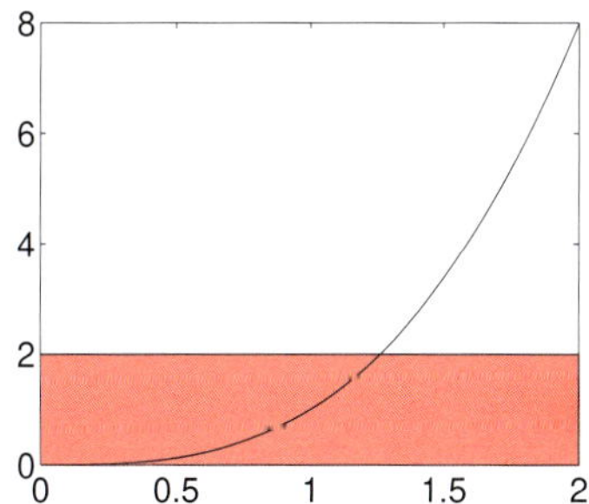

Bild 6.14 $f(x) = x^3$ hat über $[0, 2]$ den Mittelwert 2; die Fläche unter dem Graphen ist gleich der Fläche des Rechtecks mit der Breite 2.

Beispiel 6.13

Für $u(x) = x$ ist der Mittelwert auf $[-1, 1]$ gerade $0.5 \int_{-1}^{1} x\,\mathrm{d}x = 0 = u(c)$ für $c = 0$. Übrigens hat auch jede andere ungerade Funktion auf jedem Intervall vom Typ $[-a, a]$ $(a > 0)$ den Mittelwert 0.

Für $u(x) = x^2$ ist der Mittelwert auf $[-1, 1]$ gerade $0.5 \int_{-1}^{1} x^2\,\mathrm{d}x = 1/3 = u(c)$ für $c = 1/\sqrt{3}$, aber auch für $c = -1/\sqrt{3}$. ■

Der Mittelwert von n Zahlen charakterisiert in gewisser Weise die Zahlenmenge und wird daher in der Statistik verwendet. Analog charakterisiert auch der Mittelwert einer Funktion u diese Funktion in gewisser Weise und wird ebenfalls in der Statistik verwendet. Geometrisch ist der Mittelwert gerade die Breite des Rechtecks der Länge $b-a$, das den gleichen Flächeninhalt wie die vom Graphen der Funktion u und der x-Achse eingeschlossene Fläche hat (bei Funktionen u mit $u(x) \geq 0$ auf $[a, b]$).

Anwendung – Elektrotechnik: Gleichwert, Wechselstrom

Der Mittelwert eines periodischen Stroms i wird auch Gleichwert $\bar{i}$ genannt. Also $\bar{i} = \frac{1}{T}\int_0^T i(t)\,\mathrm{d}t$. Ist $\bar{i} = 0$, so spricht man von einem Wechselstrom. Entsprechendes gilt für periodische Spannungen und Wechselspannung.

Anwendung – Elektrotechnik: Wirkleistung und Effektivwert

Ein Ohmscher Widerstand R wird durch einen zeitabhängigen Strom i erwärmt. Die zugehörige Leistung $P(t)$ ist dann zeitabhängig: $P(t) = R\,(i(t))^2$. Der Mittelwert dieser Leistung

$$P = \frac{R}{T}\int_0^T (i(t))^2\,\mathrm{d}t$$

wird dann als **Wirkleistung** bezeichnet. Die Größe

$$I_{eff} := \sqrt{\frac{1}{T}\int_0^T (i(t))^2\,\mathrm{d}t},$$

der sog. **Effektivwert**, ist die Stromstärke eines Gleichstroms, der dieselbe Wirkleistung am Widerstand R erzeugt. Dieser ist nicht der Mittelwert des Stroms; man bezeichnet die Größe aber als quadratischer Mittelwert. Kennt man also I_{eff}, so kann man die Wirkleistung P einfach über $P = R\,I_{eff}^2$ ausrechnen. Entsprechend kann man natürlich auch einen Effektivwert U_{eff} für die Spannung angeben.

6.4 Uneigentliche Integrale

Wir haben schon gesehen, dass die Existenz eines bestimmten Integrals und dessen Wert nicht von einzelnen Unstetigkeitstellen im Integrationsbereich abhängt. Wir wollen diese Situation nun genauer erkunden und gleich die Frage einbeziehen, was denn passiert, wenn wir versuchen über ganz $\mathbb{R}$ oder $\mathbb{R}_+$ integrieren. Es wird sich herausstellen, dass das, bei etwas Umsicht, durchaus machbar ist – und dazu noch viele Anwendungen erlaubt.

Definition 6.4

Uneigentliches Integral

Ein bestimmtes Integral $\int_a^b f(x)\,\mathrm{d}x$ heißt **uneigentliches Integral**, wenn $a = -\infty$ oder $b = \infty$ oder $\lim\limits_{x\to x_0} f(x) = \pm\infty$ für ein $x_0 \in [a, b]$ gilt. Die Bedeutung dahinter ist:

$$\begin{aligned}
\int_a^\infty f(x)\,\mathrm{d}x &:= \lim_{b\to\infty}\int_a^b f(x)\,\mathrm{d}x,\\
\int_{-\infty}^b f(x)\,\mathrm{d}x &:= \lim_{a\to-\infty}\int_a^b f(x)\,\mathrm{d}x,\\
\int_{-\infty}^\infty f(x)\,\mathrm{d}x &:= \int_{-\infty}^0 f(x)\,\mathrm{d}x + \int_0^\infty f(x)\,\mathrm{d}x\\
&= \lim_{a\to-\infty}\int_a^0 f(x)\,\mathrm{d}x + \lim_{b\to\infty}\int_0^b f(x)\,\mathrm{d}x
\end{aligned}$$

bzw., falls $\lim\limits_{x\to x_0} f(x) = \pm\infty$ für ein $x_0 \in [a, b]$:

$$\int_a^b f(x)\,\mathrm{d}x := \lim_{t\to x_0-}\int_a^t f(x)\,\mathrm{d}x + \lim_{t\to x_0+}\int_t^b f(x)\,\mathrm{d}x,$$

falls die jeweiligen Grenzwerte auf den rechten Seiten existieren. In diesem Fall sagt man, das jeweilige uneigentliche Integral **konvergiert**. Ist das nicht der Fall, sagt man, das uneigentliche Integral **divergiert**.

Etwas salopp gesagt: Den Wert eines uneigentlichen Integrals erhält man, indem man das Integral auf einem beschränkten Intervall betrachtet, auf dem es sicher existiert (z. B. weil die Funktion dort stetig ist), und dann eine der Grenzen gegen die „kritische" Grenze laufen lässt und schaut, was passiert.

Beispiel 6.14

- $\displaystyle\int_1^\infty \frac{1}{x^2}\,\mathrm{d}x = \lim_{b\to\infty}\int_1^b \frac{1}{x^2}\,\mathrm{d}x = \lim_{b\to\infty}\left.\frac{-1}{x}\right|_1^b = \lim_{b\to\infty}\frac{-1}{b} + 1 = 1.$

  Wir haben damit den Flächeninhalt einer unendlich langen Fläche berechnet, und festgestellt, dass er gleich 1 ist. Das liegt daran, dass die Fläche gegen ∞ hin zwar unendlich lang ist, aber auch unendlich schmal wird. Die Fläche muss sozusagen schnell genug schmal werden, um das Langwerden wieder wettzumachen, wenn sie endlich sein will.

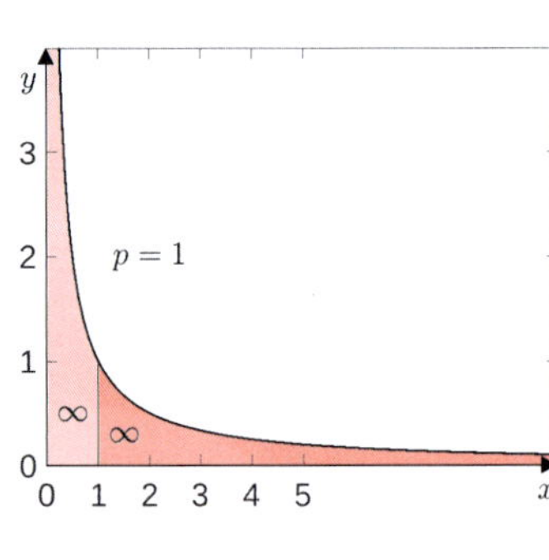

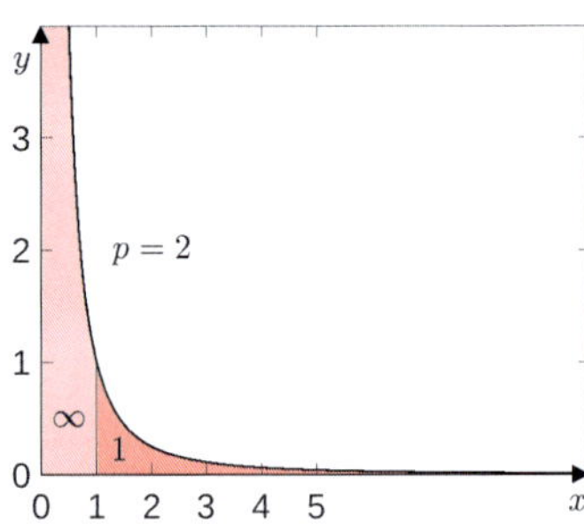

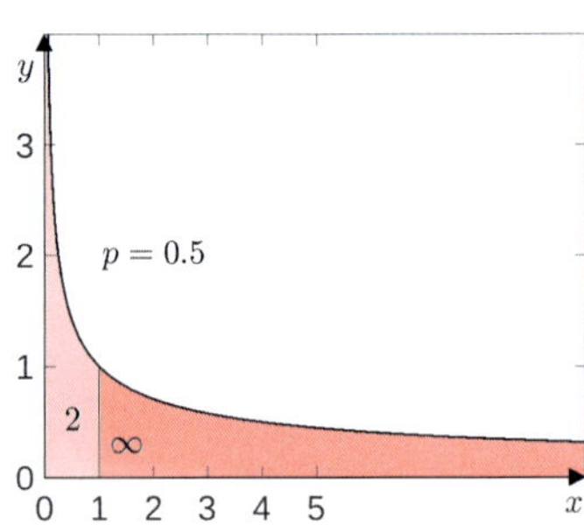

Bild 6.15 Flächeninhalte unter dem Graphen von $f(x) = \frac{1}{x^p}$

- $\int_1^\infty \frac{1}{x}\,\mathrm{d}x = \lim_{b\to\infty} \int_1^b \frac{1}{x}\,\mathrm{d}x = \lim_{b\to\infty} \ln|x|\Big|_1^b = \lim_{b\to\infty} \ln b = \infty.$

Hier wird also die Fläche nicht schnell genug schmal, mit der Folge, dass der Flächeninhalt nicht endlich ist. Das uneigentliche Integral divergiert also. Die gleiche Situation liegt vor bei:

- $\int_1^\infty \frac{1}{\sqrt{x}}\,\mathrm{d}x = \lim_{b\to\infty} \int_1^b \frac{1}{\sqrt{x}}\,\mathrm{d}x = \lim_{b\to\infty} 2\sqrt{x}\Big|_1^b = \lim_{b\to\infty} 2\sqrt{b} - 2 = \infty.$

Ausschlagggebend ist dabei die Potenz von x im Nenner. Für $p \neq 1$ gilt:

$$\begin{aligned} \int_1^\infty \frac{1}{x^p}\,\mathrm{d}x &= \lim_{b\to\infty} \int_1^b x^{-p}\,\mathrm{d}x = \lim_{b\to\infty} \frac{x^{1-p}}{1-p}\Big|_1^b \\ &= \lim_{b\to\infty} \frac{b^{1-p}-1}{1-p} = \begin{cases} \frac{1}{p-1} & \text{falls } p > 1 \\ \infty & \text{falls } p < 1 \end{cases}. \end{aligned}$$

Wie sieht es dagegen bei $a = 0$ aus?

$$\int_0^1 \frac{1}{x}\,\mathrm{d}x = \lim_{a\to 0+} \int_a^1 \frac{1}{x}\,\mathrm{d}x = \lim_{a\to 0+} \ln|x|\Big|_a^1 = \lim_{a\to 0+} (0 - \ln a) = \infty$$

Und die Situation für $p \neq 1$ ist genau umgekehrt wie die für $b = \infty$:

$$\begin{aligned} \int_0^1 \frac{1}{x^p}\,\mathrm{d}x &= \lim_{a\to 0+} \int_a^1 x^{-p}\,\mathrm{d}x = \lim_{a\to 0+} \frac{x^{1-p}}{1-p}\Big|_a^1 \\ &= \lim_{a\to 0+} \frac{1-a^{1-p}}{1-p} = \begin{cases} \infty & \text{falls } p > 1 \\ \frac{1}{1-p} & \text{falls } p < 1 \end{cases}. \end{aligned}$$

- $\int_{-\infty}^0 \mathrm{e}^x\,\mathrm{d}x = \lim_{a\to-\infty} \int_a^0 \mathrm{e}^x\,\mathrm{d}x = \lim_{a\to-\infty} \mathrm{e}^x\Big|_a^0 = \lim_{a\to-\infty} (1 - \mathrm{e}^a) = 1.$
- $\int_0^\infty \sin x\,\mathrm{d}x = \lim_{b\to\infty} \int_0^b \sin x\,\mathrm{d}x = \lim_{b\to\infty} -\cos b + 1,$

und dieser Grenzwert existiert nicht (siehe Beispiel 2.15). Dies ist ein Beispiel für ein uneigentliches Integral, welches zwar nicht konvergiert, aber auch nicht ∞ oder $-\infty$ ist.

- $$\int_{-\infty}^{\infty} x\,\mathrm{d}x = \lim_{a\to-\infty}\int_a^0 x\,\mathrm{d}x + \lim_{b\to\infty}\int_0^b x\,\mathrm{d}x = \lim_{a\to-\infty} -\frac{a^2}{2} + \lim_{b\to\infty}\frac{b^2}{2}$$

  und diese Grenzwerte existieren beide nicht, d. h. $\int_{-\infty}^{\infty} x\,\mathrm{d}x$ konvergiert nicht. Dazu hätte auch schon gereicht, dass einer der beiden Grenzwerte nicht existiert. Man darf auf jeden Fall nicht $\int_{-\infty}^{\infty} x\,\mathrm{d}x = \lim_{a\to\infty}\int_{-a}^{a} x\,\mathrm{d}x$ rechnen und damit den Wert 0 erhalten. Die beiden Grenzen müssen voneinander unabhängig gegen ∞ bzw. $-\infty$ laufen.

- $$\int_{-\infty}^{\infty} \sin x\,\mathrm{d}x = \lim_{a\to-\infty}\int_a^0 \sin x\,\mathrm{d}x + \lim_{b\to\infty}\int_0^b \sin x\,\mathrm{d}x$$

  $$= \lim_{a\to-\infty} -\cos 0 + \cos(-a) + \lim_{b\to\infty} -\cos b + \cos 0.$$

  Auch hier existieren beide Grenzwerte nicht, d. h. $\int_{-\infty}^{\infty} \sin x\,\mathrm{d}x$ divergiert.

Die beiden letzten Beispiele scheinen im Ergebnis etwas der Intuition zu widersprechen: Man möchte ja meinen, dass die beiden uneigentlichen Integrale existieren und den Wert 0 haben, denn die Integrale links und rechts der y-Achse sind ja betragsmäßig gleich. In manchen Anwendungen, z. B. bei Integraltransformationen, ist es hilfreich, ein solches Verrechnen der Integrale doch zuzulassen. Man definiert dann

$$\int_{-\infty}^{\infty} f(x)\,\mathrm{d}x := \lim_{a\to\infty}\int_{-a}^{a} f(x)\,\mathrm{d}x$$

und bezeichnet diesen Wert als den **Cauchyschen Hauptwert** des uneigentlichen Integrals. ■

Anwendung – Elektrotechnik: Integral einer Schaltfunktion II

Auf S. 148 hatten wir schon die Schaltfunktion kennengelernt,

$$f(t) := \begin{cases} 0 & \text{falls } t < 0 \text{ oder } t > 1 \\ 1 & \text{falls } t \in [0, 1] \end{cases}$$

Hier ist sofort klar, dass $\int_{-\infty}^{\infty} f(t)\,dt$ existiert, denn

$$\begin{aligned} \int_{-\infty}^{\infty} f(t)\,\mathrm{d}t &= \lim_{a\to-\infty}\int_a^0 f(t)\,\mathrm{d}t + \lim_{b\to\infty}\int_0^b f(t)\,\mathrm{d}t \\ &= 0 + \int_0^1 f(t)\,\mathrm{d}t = 1. \end{aligned}$$

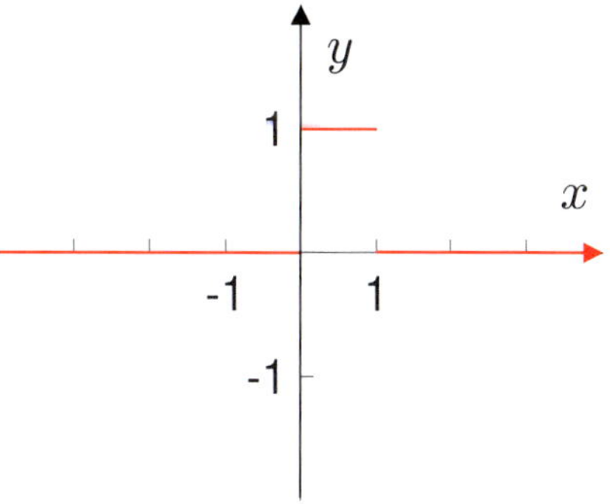

Bild 6.16 Schaltfunktion

Dieses Beispiel ist gar nicht untypisch: In der Schaltungstechnik rechnet man oft mit uneigentlichen Integralen wie diesen, bei denen sich die Konvergenzfrage nicht ernsthaft stellt.

Die bisherigen Untersuchungen beruhten darauf, dass wir einfach das Integral in festen Grenzen berechnet haben und dann die eine Grenze gegen die kritische Grenze laufen ließen. Dies geht natürlich nur dann, wenn wir das zugehörige unbestimmte Integral kennen (oder berechnen können). Es gibt aber auch die Möglichkeit, ein uneigentliches Integral auf Konvergenz zu untersuchen, indem wir es nach oben oder nach unten gegen ein anderes, dessen Konvergenzverhalten wir schon kennen, abschätzen. Dabei soll die Abschätzformel aus Satz 6.3 verwendet werden.

Vergleichskriterium

Satz 6.9

Seien f, g auf $[a, t]$ für jedes $t > a$ integrierbar. Dann gilt:

- Falls $|f(x)| \leq g(x)$ für alle $x \geq a$ und $\int_a^\infty g(x)\,\mathrm{d}x$ konvergiert, dann konvergiert auch $\int_a^\infty |f(x)|\,\mathrm{d}x$ und $\int_a^\infty f(x)\,\mathrm{d}x$.
- Falls $0 \leq g(x) \leq f(x)$ für alle $x \geq a$ und $\int_a^\infty g(x)\,\mathrm{d}x = \infty$, dann ist auch $\int_a^\infty f(x)\,\mathrm{d}x = \infty$.

Diese Kriterien liefern zwar nicht den Wert des uneigentlichen Integrals, aber in vielen Fällen eine Möglichkeit, ohne die Kenntnis einer Stammfunktion auf Konvergenz zu entscheiden.

Beispiel 6.15

- $\int\limits_1^\infty \frac{1}{x^2+4x}\,\mathrm{d}x$ konvergiert, denn für $x \geq 1$ gilt $\frac{1}{x^2+4x} \leq \frac{1}{x^2}$ und $\int\limits_1^\infty \frac{1}{x^2}\,\mathrm{d}x$ konvergiert.
- $\int\limits_1^\infty \frac{1}{\sqrt{x}+1}\,\mathrm{d}x$ konvergiert nicht, denn für $x \geq 1$ gilt $\frac{1}{\sqrt{x}+1} \geq \frac{1}{\sqrt{x}+\sqrt{x}}$ und $\int\limits_1^\infty \frac{1}{2\sqrt{x}}\,\mathrm{d}x$ divergiert. ■

6.5 Berechnung von Längen von Kurven

Zunächst nehmen wir einmal an, dass die zu untersuchende Kurve der Graph einer Funktion f über einem Intervall $[a, b]$ ist, d. h. die Kurve ist $\{(x, f(x)) \mid x \in [a, b]\}$. Bei der Längenberechnung machen natürlich die Bögen Probleme – einfach wäre es ja, wenn die Kurve nur aus geraden Stücken besteht. Wir können aber das Intervall $[a, b]$ in $a = x_0 < x_1 < \ldots < x_n = b$ zerlegen und die Kurve annähern durch einen Streckenzug, d. h. durch die Verbindungsstrecken der Punkte $(x_i, f(x_i))$, $i = 0, \ldots, n$, siehe Bild 6.17. Die Länge der Verbindungsstrecke zweier solcher benachbarter Punkte ist nach Pythagoras gerade

$$d_i = \sqrt{(x_i - x_{i-1})^2 + (f(x_i) - f(x_{i-1}))^2}$$

und wenn man diese alle addiert, sollte man eine gute Näherung für die Länge l der Kurve erhalten:

$$\begin{aligned} l &\approx \text{Länge des Streckenzugs durch } (x_i, f(x_i)),\ i = 0, \ldots, n \\ &= \sum_{i=1}^{n} d_i = \sum_{i=1}^{n} \sqrt{(x_i - x_{i-1})^2 + (f(x_i) - f(x_{i-1}))^2} \\ &= \sum_{i=1}^{n} \sqrt{1 + \left(\frac{f(x_i) - f(x_{i-1})}{x_i - x_{i-1}}\right)^2} \cdot (x_i - x_{i-1}) \\ &= \sum_{i=1}^{n} \sqrt{1 + (f'(z_i))^2} \cdot (x_i - x_{i-1}) \end{aligned}$$

wobei $z_i \in [x_{i-1}, x_i]$ nach dem Mittelwertsatz (der Differenzialrechnung, Satz 5.7) gewählt ist. Dieser letzte Ausdruck erinnert uns an die Herleitung des bestimmten Integrals und wir wissen daher, dass er für immer feiner werdende Zerlegungen gegen das bestimmte Integral, hier $\int_a^b \sqrt{1 + (f'(x))^2}\,\mathrm{d}x$ konvergiert, was dann zwangsläufig die Länge l der Kurve sein muss (denn je feiner die Zerlegung, desto besser nähert der Streckenzug die Kurve an).

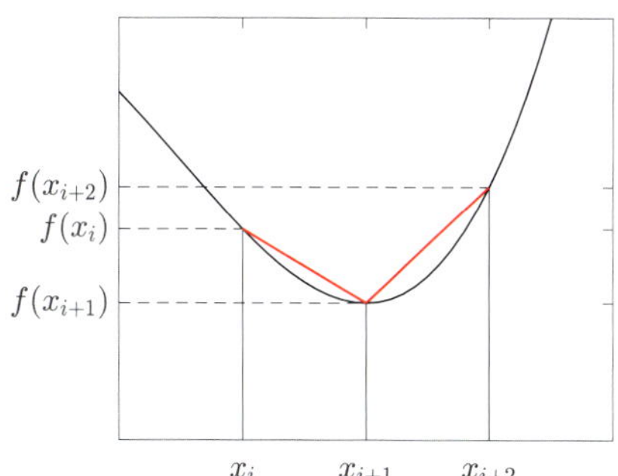

Bild 6.17 Annäherung an die Kurvenlänge durch einen Streckenzug

Definition 6.5

Bogenlänge von Kurven

Falls $f : [a, b] \longrightarrow \mathbb{R}$ stetig differenzierbar ist, so ist

$$l = \int_a^b \sqrt{1 + (f'(x))^2}\,\mathrm{d}x$$

die **Bogenlänge** der Kurve $\{\,(x, f(x)) \mid x \in [a, b]\,\}$.

Beispiel 6.16

- $f(x) = x$ auf $[1, 2]$. Da die durch f beschriebene Kurve eine Gerade ist, können wir die Länge schon mit Schulmathematik ausrechnen. Es ist nämlich

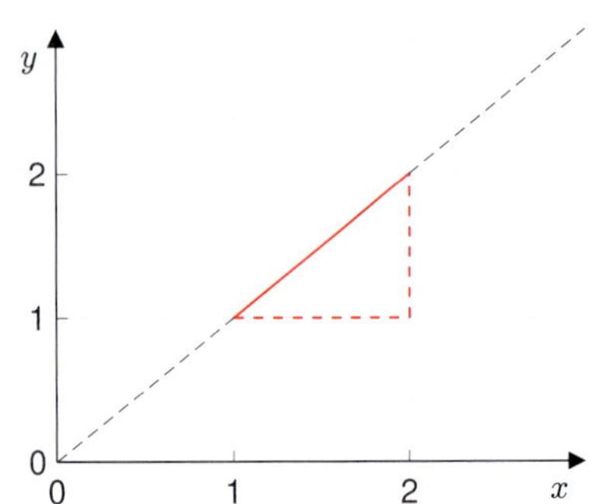

Bild 6.18 Bogenlänge ist $\sqrt{2}$ (auch über Pythagoras berechenbar).

$l = \sqrt{1^2+1^2} = \sqrt{2}$, siehe Bild 6.18. Mit der oben hergeleiteten Formel für die Bogenlänge sollten wir das Gleiche erhalten:

$$l = \int_a^b \sqrt{1+(f'(x))^2}\,\mathrm{d}x = \int_1^2 \sqrt{1+1}\,\mathrm{d}x = \sqrt{2}(2-1) = \sqrt{2}.$$

- Die Länge eines Viertelkreisbogens vom Radius r soll berechnet werden. Da der volle Kreisumfang $U = 2\pi r$ ist, sollten wir als Länge $l = \frac{U}{4} = \frac{\pi r}{2}$ erhalten. Typisch in dieser Situation ist, dass wir zwar wissen, wie die Kurve aussieht, deren Länge wir berechnen wollen, wir wissen aber oft nicht, welche Funktion $y = f(x)$ und welches dazugehörige Intervall $[a, b]$ dieser Kurve zugrunde liegt. Hier ist das aber nicht so schwierig: $f(x) = \sqrt{r^2-x^2}$ für $x \in [0, r]$, siehe Bild 6.19, und damit $f'(x) = \frac{-x}{\sqrt{r^2-x^2}}$. Die Formel für die Bogenlänge ergibt:

$$\begin{aligned} l &= \int_a^b \sqrt{1+(f'(x))^2}\,\mathrm{d}x = \int_0^r \sqrt{1+\frac{x^2}{r^2-x^2}}\,\mathrm{d}x = \int_0^r \frac{r}{\sqrt{r^2-x^2}}\,\mathrm{d}x \\ &= \lim_{b\to r} \int_0^b \frac{r}{\sqrt{r^2-x^2}}\,\mathrm{d}x = \lim_{b\to r} r\arcsin\frac{x}{r}\Big|_0^b = \lim_{b\to r} r\arcsin\frac{b}{r} \\ &= r\arcsin 1 = r\frac{\pi}{2}, \end{aligned}$$

– eine schöne Anwendung uneigentlicher Integrale. ■

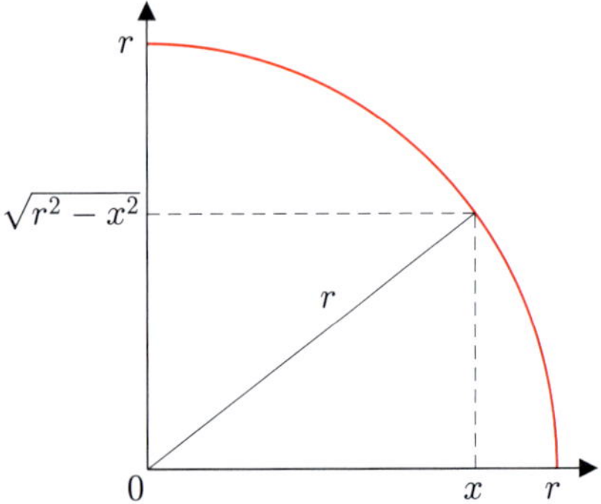

Bild 6.19 Bogenlänge ist ein Viertel des Kreisumfangs, also $0.5\,\pi\, r$.

6.6 Rotationskörper

Hat man eine stetige Funktion $f: [a, b] \longrightarrow \mathbb{R}$ und lässt den Graphen der Funktion um den Winkel 360° um die x-Achse rotieren, so schließt die rotierende Kurve (d. h. der Graph) einen Körper ein, dessen Querschnitte (quer zur x-Achse geschnitten) Kreise sind. Einen solchen Körper nennt man Rotationskörper. Beispielsweise liefert ein Geradenstück, $f(x) = x$, $x \in [0, 1]$, nach Rotation um die x-Achse einen Kreiskegel, siehe Bild 6.20. Lässt man einen Viertelkreis $f(x) = \sqrt{r^2-x^2}$, $x \in [0, r]$ um die x-Achse rotieren, so erhält man eine Halbkugel. Das Volumen eines solchen Körpers lässt sich mit den Mitteln der Integralrechnung berechnen. Schneidet man nämlich den Körper an der Stelle x quer zur x-Achse, so erhält man einen Kreis der Fläche $\pi(f(x))^2$. Um

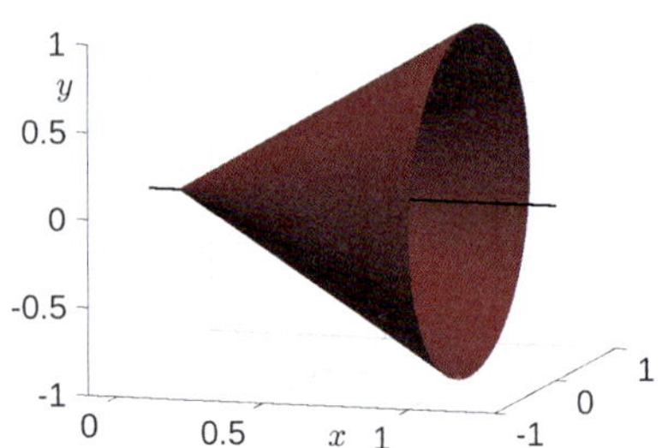

Bild 6.20 Kreiskegel, entstanden durch Rotation von $f(x) = x$ über $[0, 1]$ um die x-Achse

das Volumen des Körpers zu erhalten, müsste man diese Flächen über alle $x \in [a, b]$ addieren, multipliziert mit ihrer (unendlich dünnen) Dicke, d. h. von der Dicke $\mathrm{d}x$. Damit haben wir sofort die Formel:

Satz 6.10

Volumen eines Rotationskörpers

Sei $f : [a, b] \longrightarrow \mathbb{R}$ stetig. Der Rotationskörper, der durch Rotation des Graphen von f über $[a, b]$ um 360° um die x-Achse entsteht, hat das Volumen

$$V = \pi \int_a^b (f(x))^2 \, \mathrm{d}x.$$

Beispiel 6.17

Die Rotation des Graphen von $f(x) = \sqrt{r^2 - x^2}$, $x \in [0, r]$ um die x-Achse liefert eine Halbkugel. Deren Volumen berechnet sich dann zu

$$V = \pi \int_a^b (f(x))^2 \, \mathrm{d}x = \pi \int_0^r (r^2 - x^2) \, \mathrm{d}x = \pi (r^2 x - \frac{x^3}{3}) \Big|_0^r = \pi (r^3 - \frac{r^3}{3}) = \frac{2}{3} \pi r^3.$$

Das ist hoffentlich das von Ihnen erwartete Ergebnis (Schulmathematik). ■

Wie geht man nun vor, wenn man statt der Rotation um die x-Achse lieber eine um die y-Achse hätte? Eine solche Rotation ist natürlich nur sinnvoll, wenn f im betrachteten Intervall umkehrbar ist (machen Sie sich bitte klar, dass es sonst keinen vernünftig definierten Rotationskörper geben würde). Wir gehen also jetzt von $f : [a, b] \longrightarrow \mathbb{R}$ umkehrbar aus.

Da Sie ja die einleitenden Erläuterungen über das Addieren der Kreisscheibchen verstanden haben, brauchen Sie jetzt keine neuen Formeln zu lernen, sondern können die bereits bekannte einfach übertragen: Die Scheibchen haben nun den Radius x und die Dicke $\mathrm{d}y$, damit ergibt sich analog zu schon Gesagtem:

$$V = \pi \int_{f(a)}^{f(b)} x^2 \, \mathrm{d}y.$$

Hierbei haben wir $f(a) < f(b)$ angenommen, damit wir $V \geq 0$ erhalten (andernfalls müssen wir die Grenzen vertauschen, also von $f(b)$ bis $f(a)$ integrieren). Der Zusammenhang zwischen y und x ist natürlich $y = f(x)$ (was sonst?) und da wir ja von einem

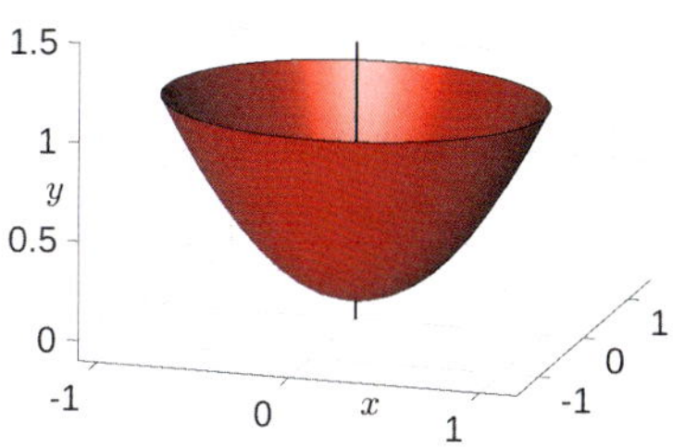

Bild 6.21 Paraboloid, entstanden durch Rotation von $f(x) = x^2$ über $[0, 1]$ um die y-Achse

umkehrbaren f ausgehen, können wir auch Volumenintegral nun umgeschrieben werden:

$$V = \pi \int_{f(a)}^{f(b)} x^2 \,\mathrm{d}y = \pi \int_{f(a)}^{f(b)} (f^{-1}(y))^2 \,\mathrm{d}y$$

also das Volumen des Rotationskörpers, der bei Rotation des Graphen der Umkehrfunktion um die x-Achse entsteht.

Das haben Sie natürlich sowieso erwartet, denn aus dem Vorkurs erinnern Sie sich ja noch, dass beim Übergang von einer Funktion zur Umkehrfunktion einfach x- und y-Achse vertauscht werden, womit aus der Rotation um die x-Achse eine solche um die y-Achse wird (und umgekehrt).

Unschön daran ist, dass wir die Umkehrfunktion kennen müssen. Wir können aber einfach in obiger Formel $x = f^{-1}(y)$ und damit $y = f(x)$ substituieren, (also $\frac{\mathrm{d}y}{\mathrm{d}x} = f'(x)$) und erhalten dann:

$$V = \pi \int_{f(a)}^{f(b)} x^2 \,\mathrm{d}y = \pi \int_a^b x^2 f'(x) \,\mathrm{d}x.$$

Zur Erinnerung: Wir hatten $f(a) < f(b)$ angenommen, was f streng monoton steigend, also $f'(x) > 0$ bedeutet. Im Falle $f(a) > f(b)$ wäre f streng monoton fallend, also $f'(x) < 0$. Unter Benutzung von $|f'(x)|$ können wir beide Fälle wieder zusammenführen und erhalten:

Volumen eines Rotationskörpers um die y-Achse

$$V = \pi \int_a^b x^2 |f'(x)| \,\mathrm{d}x.$$

Mantelfläche eines Rotationskörpers

Satz 6.11

Sei $f : [a,b] \longrightarrow \mathbb{R}$ stetig differenzierbar. Die Mantelfläche (Oberfläche) des Rotationskörpers, der durch Rotation des Graphen von f über $[a,b]$ um 360° um die x-Achse entsteht, hat den Flächeninhalt

$$O = 2\pi \int_a^b |f(x)| \sqrt{1 + (f'(x))^2} \,\mathrm{d}x.$$

Beispiel 6.18

Die Rotation des Graphen von $f(x) = \sqrt{r^2 - x^2}$, $x \in [0, r]$ um die x-Achse liefert eine Halbkugel. Zur Berechnung der Oberfläche benötigen wir

$$\sqrt{1 + (f'(x))^2} = \sqrt{1 + \frac{x^2}{r^2 - x^2}} = \sqrt{\frac{r^2}{r^2 - x^2}} = \frac{r}{\sqrt{r^2 - x^2}}.$$

Damit berechnet sich die Oberfläche dieser Halbkugel zu

$$\begin{aligned} O &= \int_a^b 2\pi |f(x)| \sqrt{1 + (f'(x))^2}\,\mathrm{d}x = \int_0^r 2\pi \sqrt{r^2 - x^2} \frac{r}{\sqrt{r^2 - x^2}}\,\mathrm{d}x \\ &= \int_0^r 2\pi r\,\mathrm{d}x = 2\pi r^2. \end{aligned}$$

Auch dieses Ergebnis haben Sie sicherlich aufgrund Ihrer schulmathematischen Kenntnisse erwartet. ■

6.7 Kurven in Parameterform

Bisher haben wir nur Kurven betrachtet, die Graphen einer Funktion $y = f(x)$ über einem Intervall $[a, b]$ sind. Es kommt jedoch häufig vor, dass Kurven in einer anderen Darstellung gegeben sind, und auch mit solchen sollten wir umgehen können. Z. B. ist $\{(u, u^2) \mid u \in [1, 2]\}$ ein Stück eines Parabelbogens (von $y = f(x) = x^2$); die gleiche Kurve kann aber auch durch $\{(\sqrt{t}, t) \mid t \in [1, 4]\}$ beschrieben werden. Zeichnet man beide Kurven, so ist kein Unterschied zu sehen (insbesondere sind dann auch die Bogenlängen gleich). Einmal ist der Parameter u und einmal t, und man kann beide als eine Parametrisierung der Zeit ansehen: Zum Zeitpunkt u bzw. t zeichnet man den Punkt (u, u^2) bzw. $(\sqrt{t}, t)$. Die Kurve wird in verschiedenen Zeitskalen durchlaufen. Ist die Zeiteinheit z. B. 1 Std., so ist die Kurve in der u-Parametrisierung schon in 1 Std. ganz durchlaufen, aber in der t-Parametrisierung erst bis $(\sqrt{2}, 2)$. In der u-Parametrisierung wird die Kurve also schneller durchlaufen (verglichen mit der t-Parametrisierung).

Ein anderes Beispiel: Ein Viertelkreis mit Radius 1 ist gegeben durch $\{(u, \sqrt{1 - u^2}) \mid u \in [0, r]\}$ oder auch durch $\{(\cos t, \sin t) \mid t \in [0, \frac{\pi}{2}]\}$. Hier ist nicht nur die Geschwindigkeit anders, auch die Durchlaufrichtung ist unterschiedlich. Wir wollen auch für

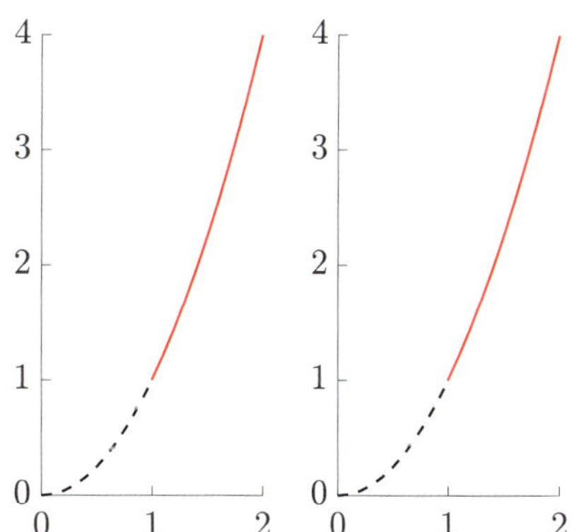

Bild 6.22 Die Kurven $\{(u, u^2) \mid u \in [1, 2]\}$ (links) und $\{(\sqrt{t}, t) \mid t \in [1, 4]\}$ (rechts). Wo ist der Unterschied? Richtig: es gibt keinen.

den Fall einer beliebigen Parametrisierung einer Kurve eine Formel für die Bogenlänge herleiten.
Sei also im Folgenden eine Kurve gegeben durch $\{(x(t), y(t)) \mid t \in [a, b]\}$. Zur Herleitung der Bogenlänge gehen wir genauso vor wie früher bei Graphen von Funktionen $y = f(x)$. Das Intervall $[a, b]$ sei zerlegt in $a = t_0 < t_1 < \ldots < t_n = b$ und die Kurve wird angenähert durch einen Streckenzug durch die Punkte $(x(t_i), y(t_i))$, $i = 0, \ldots, n$. Wir betrachten eine einzelne dieser Strecken ($i \in \{1, \ldots, n\}$):

$$\begin{aligned} d_i &= \sqrt{(x(t_i) - x(t_{i-1}))^2 + (y(t_i) - y(t_{i-1}))^2} \\ &= \sqrt{\left(\frac{(x(t_i) - x(t_{i-1}))}{t_i - t_{i-1}}\right)^2 + \left(\frac{(y(t_i) - y(t_{i-1}))}{t_i - t_{i-1}}\right)^2}\,(t_i - t_{i-1}) \\ &= \sqrt{(x'(u_i))^2 + (y'(v_i))^2}\,(t_i - t_{i-1}) \end{aligned}$$

wobei $u_i, v_i \in [t_{i-1}, t_i]$ nach dem Mittelwertsatz (der Differenzialrechnung, Satz 5.7) gewählt ist. Für den gesamten Streckenzug haben wir dann:

$$\begin{aligned} l &\approx \text{Länge des gesamten Streckenzugs} = \sum_{i=1}^{n} d_i \\ &= \sum_{i=1}^{n} \sqrt{(x'(u_i))^2 + (y'(v_i))^2} \cdot (t_i - t_{i-1}) \end{aligned}$$

Genauso wie in der früheren Herleitung finden wir dann:

Bogenlänge von Kurven

Definition 6.6

Falls $x, y : [a, b] \longrightarrow \mathbb{R}$ stetig differenzierbar sind, so ist

$$l = \int_a^b \sqrt{(x'(t))^2 + (y'(t))^2}\,\mathrm{d}t$$

die **Bogenlänge** der Kurve $\{\, (x(t), y(t)) \mid t \in [a, b] \,\}$.
Die Steigung der Kurve zu einem Zeitpunkt t, also im Punkt $(x(t), y(t))$, ist gegeben durch

$$\frac{y'(t)}{x'(t)}, \quad \text{falls } x'(t) \neq 0.$$

Beispiel 6.19 Zykloide

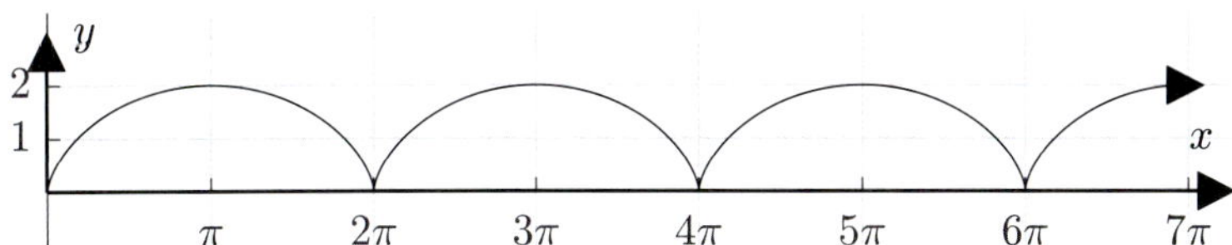

Bild 6.23 Zykloide: So bewegt sich ein Punkt auf dem Rand eines rollenden Rades

Wir betrachten eine Zykloide gegeben durch $x(t) = t - \sin t$, $y(t) = 1 - \cos t$ für $t \in [0, 2\pi]$. Eine solche Kurve wird von einem festen Punkt auf dem Rand eines auf der x-Achse rollenden Rades, gesehen von einem festen Standpunkt, beschrieben. Dabei ist $(x(0), y(0)) = (0,0)$ und $(x(2\pi), y(2\pi)) = (2\pi, 0)$. Hätte man die Kurve in der Form $(x, f(x))$ gegeben (der Versuch, so ein f zu finden, ist nicht angeraten!), so müsste f offensichtlich periodisch sein. Diese Funktion f könnte man aber punktweise numerisch berechnen. Für die Bogenlänge eines dieser Bögen erhalten wir laut Definition 6.6

$$\begin{aligned} l &= \int_a^b \sqrt{(x'(t))^2 + (y'(t))^2}\,\mathrm{d}t = \int_0^{2\pi} \sqrt{(1-\cos t)^2 + \sin^2 t}\,\mathrm{d}t \\ &= \sqrt{2}\int_0^{2\pi} \sqrt{1-\cos t}\,\mathrm{d}t = \sqrt{2}\int_0^{2\pi} \sqrt{2\sin^2\frac{t}{2}}\,\mathrm{d}t = 2\int_0^{2\pi} |\sin\frac{t}{2}|\,\mathrm{d}t \\ &= 2\int_0^{2\pi} \sin\frac{t}{2}\,\mathrm{d}t = -4\cos\frac{t}{2}\Big|_0^{2\pi} = -4(\cos\pi - \cos 0) = 8. \end{aligned}$$

Die Steigung der Kurve in $t = 0$ wäre formal $\frac{y'(0)}{x'(0)} = \frac{\sin 0}{1-\cos 0}$, also vom Typ $[\frac{0}{0}]$, hier ist also die Anwendung der Regeln von l'Hospital nötig:

$$\lim_{t\to 0+} \frac{y'(t)}{x'(t)} = \lim_{t\to 0+} \frac{\sin t}{1-\cos t} \overset{[\frac{0}{0}]}{=} \lim_{t\to 0+} \frac{\cos t}{\sin t} = \infty,$$

was anschaulich bedeutet, dass die Kurve senkrecht nach oben aus dem Nullpunkt herausläuft.

Hätte man die Kurve in der Form $(x, y(x))$, $x \in [0, 2\pi]$ gegeben, wäre es einfach, den Flächeninhalt der zwischen dem Zykloidenbogen und der x-Achse eingeschlossenen Fläche zu berechnen. Die Tatsache, dass wir ein solches $y(x)$ nicht kennen, hindert uns aber nicht daran, es trotzdem zu versuchen, und der Versuch ist hier lohnenswert, denn mit der Substitutionsregel können wir auf die neue Variable t übergehen, in der sich alles sehr angenehm darstellt:

$$
\begin{aligned}
A &= \int_0^{2\pi} y(x)\,\mathrm{d}x \\
&\quad \text{nun Substitution: } x = t - \sin t \Longrightarrow y(x) = 1 - \cos t,\ \tfrac{\mathrm{d}x}{\mathrm{d}t} = 1 - \cos t \\
&= \int_0^{2\pi} (1 - \cos t)^2\,\mathrm{d}t = \int_0^{2\pi} 1 - 2\cos t + \cos^2 t\,\mathrm{d}t \\
&= \left(t - 2\sin t + \frac{1}{2}(t + \sin t \cos t)\right)\Big|_0^{2\pi} = 3\pi. \quad \blacksquare
\end{aligned}
$$

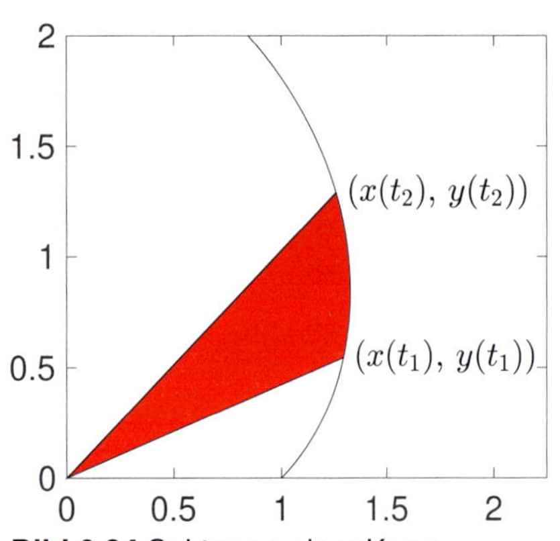

Bild 6.24 Sektor an einer Kurve

Den Flächeninhalt von Sektoren, die eine Kurve in Parameterform, also $(x(t), y(t))$, $t \in [a, b]$, überstreicht, kann man wie folgt berechnen: Die Sektoren (vgl. Bild 6.24) werden näherungsweise als Dreiecke angesehen. Betrachten wir zwei Zeitpunkte $t, t + \Delta t$ (wobei $\Delta t > 0$), so wird das Dreieck offensichtlich durch die Punkte $(0, 0)$, $(x(t), y(t))$ und $(x(t + \Delta t), y(t + \Delta t))$ gebildet. Ein solches Dreieck hat den Flächeninhalt (vgl. Satz 4.5)

$$
\begin{aligned}
A_{Dreieck} &= \frac{1}{2}\left|x(t)y(t+\Delta t) - y(t)x(t+\Delta t)\right| \\
&= \frac{1}{2}\frac{\left|x(t)y(t+\Delta t) - y(t)x(t+\Delta t)\right|}{\Delta t}\Delta t \\
&= \frac{1}{2}\left|x(t)\frac{y(t+\Delta t)}{\Delta t} - y(t)\frac{x(t+\Delta t)}{\Delta t}\right|\Delta t.
\end{aligned}
$$

Mit dem Grenzübergang $\Delta t \to 0$ erhalten wir wegen

$$\frac{y(t+\Delta t)}{\Delta t} \to y'(t) \text{ und } \frac{x(t+\Delta t)}{\Delta t} \to x'(t)$$

den folgenden Satz:

Satz 6.12 Leibnizsche Sektorformel

Gottfried Wilhelm Leibniz, 1646-1716, deutscher Mathematiker

Gegeben sei eine Kurve in Parameterform $(x(t), y(t))$, wobei $x, y : [a, b] \longrightarrow \mathbb{R}$ stetig differenzierbar seien. Dann ist der Flächeninhalt der zwischen den Zeitpunkten t_1 und t_2 überstrichenen Fläche

$$A = \frac{1}{2}\int_{t_1}^{t_2} \left|x(t)y'(t) - x'(t)y(t)\right|\mathrm{d}t$$

Beispiel 6.20

Wir wollen den Flächeninhalt eines Ellipsensektors mit den Halbachsen a und b berechnen. Die Parameterdarstellung einer Ellipse mit Mittelpunkt $(0, 0)$ ist bekanntlich $(a \cos t, b \sin t)$, $t \in [0, 2\pi]$. Wir haben also $x(t) = a \cos t$ und $y(t) = b \sin t$. Der Flächeninhalt des zwischen den Zeitpunkten t_1 und t_2 überstrichenen Sektors ist dann nach Satz 6.12

$$\begin{aligned} A &= \frac{1}{2} \int_{t_1}^{t_2} |x(t)y'(t) - x'(t)y(t)|\,\mathrm{d}t = \frac{1}{2} \int_{t_1}^{t_2} |a \cos t\, b \cos t + a \sin t\, b \sin t|\,\mathrm{d}t \\ &= \frac{1}{2} \int_{t_1}^{t_2} ab\,\mathrm{d}t = \frac{1}{2} ab(t_2 - t_1). \end{aligned}$$

Einfacher geht's kaum! Falls Sie es noch nicht wussten: Der Flächeninhalt der kompletten Ellipse ist πab, was Sie sofort aus der obigen Formel mit $t_1 = 0$, $t_2 = 2\pi$ ablesen. ■

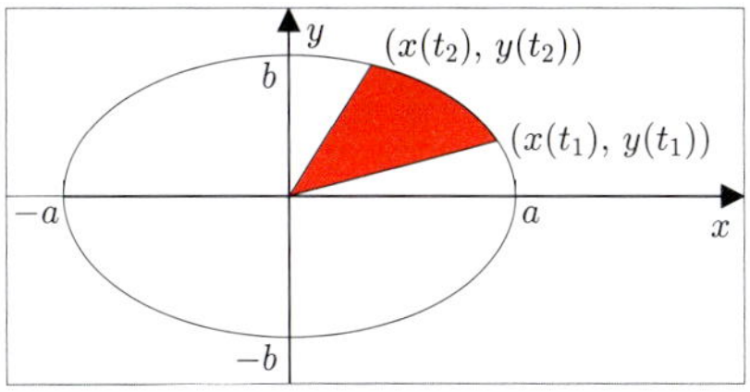

Bild 6.25 Ellipsensektor

6.8 Integration von Funktionen über Polarkoordinaten

In manchen Situationen liegt eine Funktion nicht in Form der (aus der Schule bekannten) Zuordnung $y = f(x)$ vor (x, y kartesische Koordinaten), sondern die Zuordnung geschieht über Polarkoordinaten in der Form $r = r(\varphi)$ mit Polarkoordinaten $r > 0$ (Abstand vom Nullpunkt) und dem Winkel φ. Im Fall $r : [a, b] \longrightarrow \mathbb{R}$ ist der Graph der Funktion dann

$$\begin{aligned} &\{(r(\varphi), \varphi) \mid \varphi \in [a, b]\} && \text{in Polarkoordinaten} \\ &\{(r(\varphi) \cos \varphi, r(\varphi) \sin \varphi) \mid \varphi \in [a, b]\} && \text{in kart. Koordinaten} \end{aligned}$$

Die Polarform bietet sich an, wenn sie einfacher ist als die kartesische Form (logisch), und das ist oft bei kreis- oder spiralförmigen Graphen der Fall. Beispielsweise ergibt die Funktion $r = \varphi$, bei der man also einfach den Winkel als Radius nimmt, eine hübsche Spirale, die sog. **archimedische Spirale**: Mit wachsendem Winkel wird (logischerweise) auch der Radius größer, die Spirale dreht sich also nach außen, siehe Bild 6.26. Sie sehen sofort, dass diese Kurve gar nicht mit einer Funktion in kartesischen Koordinaten beschrieben werden kann, denn es sind ja einem x teilweise mehrere y-Werte zugeordnet[1]. Bild 6.26 zeigt den Graphen für

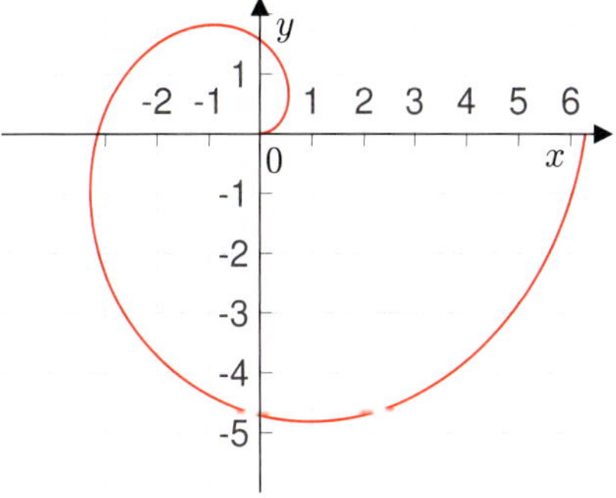

Bild 6.26 Die archimedische Spirale – der Graph der Funktion $r = \varphi$

Archimedes, 287(?)-212 v. Chr., griechischer Mathematiker

[1] Wenn Ihnen diese Bemerkung schleierhaft vorkommt, ist dringend die Wiederholung des Funktionsbegriffs (Schulstoff bzw. Wiederholung im Vorkurs) angesagt.

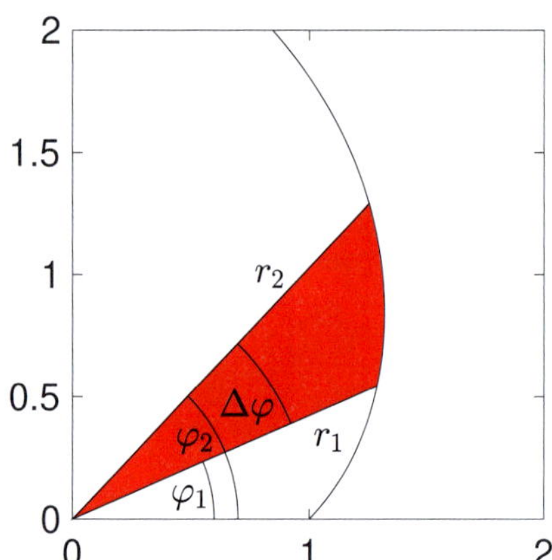

Bild 6.27 Die überstrichene Fläche ist näherungsweise ein Kreissektor.

$\varphi \in [0, 2\pi]$ – keiner hindert einen daran, φ auch darüber hinauslaufen zu lassen. Bei der Integration einer solchen Funktion muss das veränderte Koordinatensystem berücksichtigt werden. Angenommen, wir wollen das Integral einer Funktion $r = r(\varphi)$ von φ_1 bis φ_2 berechnen. Das entspricht der in Bild 6.27 markierten Fläche.

Wäre der Radius r in diesem Bereich konstant, also $r = r(\varphi) = const$ für alle $\varphi \in [\varphi_1, \varphi_2]$, dann wäre die markierte Fläche ein Kreissektor zum Winkel $\Delta\varphi = \varphi_2 - \varphi_1$ mit Flächeninhalt $A = \pi \frac{\Delta\varphi}{2\pi} r^2 = \frac{1}{2} r^2 \Delta\varphi$ (Dreisatz: Der Vollkreis (Winkel 2π) hat bekanntlich den Flächeninhalt πr^2). Durch den üblichen Grenzübergang erhalten wir dann:

Satz 6.13

Sei eine Funktion $r = r(\varphi)$ in Polarkoordinaten gegeben. Dann ist der Flächeninhalt der zwischen zwei Winkeln φ_1 und φ_2 überstrichenen Fläche

$$A = \frac{1}{2} \int_{\varphi_1}^{\varphi_2} (r(\varphi))^2 \, d\varphi.$$

Beispiel 6.21

Wir wollen den Flächeninhalt berechnen, der von der Spirale in Bild 6.26 im Intervall $[0, 2\pi]$ überstrichen wird. Aber vorher sollten Sie, gerade als angehende(r) Ingenieur(in), einmal ernsthaft eine Schätzung abgeben, welchen Flächeninhalt Sie in etwa erwarten. Wenn Sie das getan haben, fangen wir an zu rechnen.

Wenn Sie soweit sind, setzen wir $r(\varphi) = \varphi$ in die Formel aus Satz 6.13 ein:

$$A = \frac{1}{2} \int_0^{2\pi} \varphi^2 \, d\varphi = \frac{1}{2} \left. \frac{\varphi^3}{3} \right|_0^{2\pi} = \frac{1}{6} 8\pi^3 = 41.3417\ldots$$

Und, sind Sie zufrieden mit Ihrer Schätzung? ■

Die Bogenlänge einer Kurve in Polarkoordinaten, also $r = r(\varphi)$ mit $\varphi \in [a, b]$, können wir aus Definition 6.6 herleiten:

In kartesischen Koordinaten haben wir die Kurvendarstellung

$$(x(\varphi), y(\varphi)) \text{ mit } x(\varphi) = r(\varphi)\cos\varphi \text{ und } y(\varphi) = r(\varphi)\sin\varphi.$$

Damit haben wir

$$\begin{aligned}\sqrt{(x'(\varphi))^2+(y'(\varphi))^2} \\ &= \sqrt{(r'(\varphi)\cos\varphi - r(\varphi)\sin\varphi)^2+(r'(\varphi)\sin\varphi + r(\varphi)\cos\varphi)^2} \\ &= \sqrt{(r'(\varphi))^2+(r(\varphi))^2}.\end{aligned}$$

Setzen wir dies in Definition 6.6 ein, so erhalten wir das Ergebnis:

Satz 6.14

Bogenlänge von Kurven in Polarkoordinaten

Hat man eine Kurve $r = r(\varphi)$ mit $\varphi \in [a, b]$ in Polarkoordinaten gegeben, so berechnet sich die Bogenlänge zu:

$$l = \int_a^b \sqrt{(r'(\varphi))^2+(r(\varphi))^2}\, d\varphi.$$

Beispiel 6.22

- Wir wollen uns das Obige am stets beliebten Viertelkreisbogen mit Radius R anschauen. Für diese Kurve ist die Polarkoordinaten-Parametrisierung optimal, denn einfacher geht es nicht mehr: diese Kurve hat in Polarkoordinaten die Darstellung $r(\varphi) = R$, $\varphi \in [0, \frac{\pi}{2}]$, d. h. r ist konstant. Mit der obigen Formel berechnet sich dann die Kurvenlänge ganz einfach zu

$$l = \int_a^b \sqrt{(r'(\varphi))^2+(r(\varphi))^2}\, d\varphi = \int_0^{\frac{\pi}{2}} \sqrt{0^2+R^2}\, d\varphi = \int_0^{\frac{\pi}{2}} R\, d\varphi = \frac{\pi}{2} R.$$

- Die sog. logarithmische Spirale ist der Graph der in Polarkoordinaten gegebenen Funktion $r = r(\varphi) = \mathrm{e}^{-\varphi}$, $\varphi \geq 0$, siehe Bild 6.28. Diese Spirale hat zwar einen Anfangspunkt in $r = 1$, $\varphi = 0$, aber keinen Endpunkt – sie dreht sich immer weiter auf den Nullpunkt zu (dies erkennt man besser nach einer Skalierung (Kapitel 1), siehe Bild 6.29). Wir wollen einmal ihre Länge berechnen und erwarten naiv Länge ∞. Gut, wir werden ja sehen:

$$\begin{aligned} l &= \int_0^\infty \sqrt{(r'(\varphi))^2+(r(\varphi))^2}\, d\varphi = \int_0^\infty \sqrt{\mathrm{e}^{-2\varphi}+\mathrm{e}^{-2\varphi}}\, d\varphi \\ &= \sqrt{2}\int_0^\infty \mathrm{e}^{-\varphi}\, d\varphi = \sqrt{2}\lim_{t\to\infty}\int_0^t \mathrm{e}^{-\varphi}\, d\varphi \\ &= \sqrt{2}\lim_{t\to\infty} -\mathrm{e}^{-\varphi}\Big|_0^t = \sqrt{2}\lim_{t\to\infty} -\mathrm{e}^{-t}+1 = \sqrt{2}\end{aligned}$$

Die Rechnung zeigt: Die Kurve hat eine Länge von $\sqrt{2}$, also doch ein ganzes Stück weniger als unendlich. Wenn Ihnen das jetzt als Indiz dafür, dass

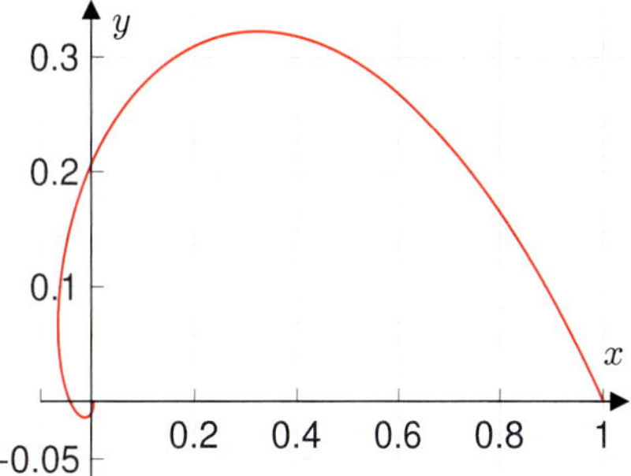

Bild 6.28 Die logarithmische Spirale, der Graph der Funktion $r = \mathrm{e}^{-\varphi}$, $\varphi \geq 0$

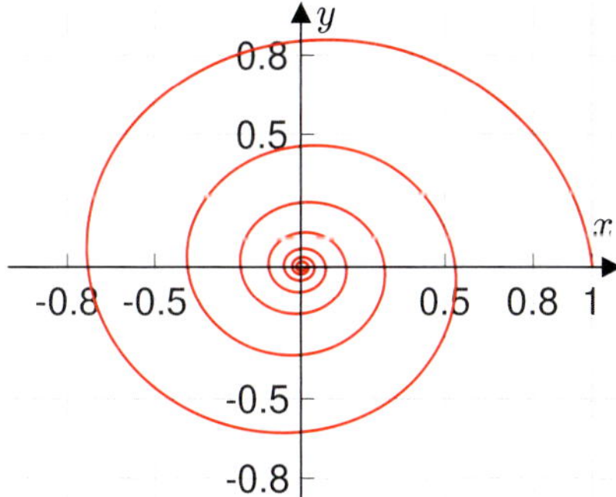

Bild 6.29 Die logarithmische Spirale, skaliert in x-Richtung um den Faktor 5, also der Graph der Funktion $r = \mathrm{e}^{-0.2\varphi}$, $\varphi \geq 0$

↪ Aufgabe 6.15

Mathematik nichts mit der Wirklichkeit zu tun hat, erscheint, haben Sie die Lektionen aus Kapitel 2 noch nicht gelernt: Dort haben Sie doch schon gesehen, dass etwas, das immer größer wird, nicht beliebig groß werden muss. Warum sollte das hier nicht auch passieren? Je weiter wir die Kurve entlang laufen, desto länger wird sie. Aber sie hat eine endliche Länge. ■

Aufgaben

6.1 Berechnen Sie folgende bestimmte Integrale:

a) $\int_{-2}^{2}(x^5-4x^3+3x)\,\mathrm{d}x$ **b)** $\int_{1}^{2}(\frac{1}{x}+\sin(\pi x))\,\mathrm{d}x$

c) $\int_{-1}^{1}\frac{1}{3x-4}\,\mathrm{d}x$ **d)** $\int_{0}^{3}\frac{1}{1+4x^2}\,\mathrm{d}x$

6.2 Berechnen Sie folgende unbestimmte Integrale:

a) $\int x\cdot \mathrm{e}^{x^2}\,\mathrm{d}x$ **b)** $\int \frac{\cos(3x)}{1+\sin(3x)}\,\mathrm{d}x$

c) $\int \frac{\mathrm{e}^x}{(1+\mathrm{e}^x)^3}\,\mathrm{d}x$ **d)** $\int x\ln x\,\mathrm{d}x$

e) $\int x^2\cdot\sin(x^3)\,\mathrm{d}x$ **f)** $\int \frac{x}{\sqrt{4-9x^2}}\,\mathrm{d}x$

g) $\int \arcsin x\,\mathrm{d}x$

Hinweis zu g): partielle Integration

6.3 Leiten Sie für eine Funktion f, die eine Stammfunktion F besitzt, die folgende Formel her:

$$\int_a^b f(-x)\,\mathrm{d}x = -\int_{-a}^{-b} f(x)\,\mathrm{d}x.$$

Was bedeutet das für $\int_{-b}^{b} f(x)\,\mathrm{d}x \quad (b>0)$, wenn f eine gerade oder eine ungerade Funktion ist?
Hinweis: $a=0$ benutzen.
Berechnen Sie damit

a) $\int_{-5}^{5} x^n\,\mathrm{d}x$ **b)** $\int_{-3}^{3}(x^n+x^{n+1})\,\mathrm{d}x$

c) $\int_{-4}^{4} x^2\sin x\,\mathrm{d}x$ **d)** $\int_{-1}^{1} x^4\,|x|\,(\sin x+\tan x)\,\mathrm{d}x$

6.4 Berechnen Sie folgende unbestimmte Integrale:

a) $\int \sin\sqrt{2x}\,\mathrm{d}x$ **b)** $\int \frac{1}{1+\tan x}\,\mathrm{d}x$

c) $\int \frac{1}{\sin x+\cos x}\,\mathrm{d}x$ **d)** $\int \frac{\sin x}{\sqrt{\cos(2x)}}\,\mathrm{d}x$

e) $\int \frac{\cos(\ln x)}{x}\,dx$ **f)** $\int \frac{1}{x(9+4(\ln x)^2)}\,\mathrm{d}x$

g) $\int \frac{1}{\sqrt{1+x^2}}\,\mathrm{d}x$ **h)** $\int \frac{1}{\sqrt{7+x^2}}\,\mathrm{d}x$

i) $\int \sqrt{1+x^2}\,\mathrm{d}x$

Hinweis zu g) und i): Substitution $x=\sinh y$.

6.5 Berechnen Sie folgende unbestimmte Integrale:

a) $\int \frac{2x^2+4}{x^3-x^2+x-1}\,\mathrm{d}x$ **b)** $\int \frac{x^2+2x+3}{x^3-x}\,\mathrm{d}x$

c) $\int \frac{x+5}{x^3-3x+2}\,\mathrm{d}x$ **d)** $\int \frac{3x^3-2x^2-8}{x^5+4x^3}\,\mathrm{d}x$

e) $\int \frac{x^3+4x^2+6x-18}{x^2(x-3)}\,\mathrm{d}x$

f) $\int \frac{22x^3+3x^5-20x^2-4x^4+18x-5}{x(x-1)(1+x^2)}\,\mathrm{d}x$

6.6 **a)** Berechnen Sie $\int \sin(px)\sin(qx)\,\mathrm{d}x$.

Hinweis: Für alle $p,q,x\in\mathbb{R}$ gilt:
$\sin(px)\sin(qx) = -\frac{1}{2}\cos((p+q)x)+\frac{1}{2}\cos((p-q)x).$
Auch die Fälle $p=q$, $p=-q$ und $p=q=0$ müssen erfasst sein.

b) Berechnen Sie mit dem Ergebnis aus a)

$$\lim_{p\to\infty}\int_a^b \sin^2(px)\,\mathrm{d}x \quad \text{und} \quad \lim_{p\to 0}\int_a^b \sin^2(px)\,\mathrm{d}x$$

6.7 Gegeben ist $f(x) = (x^2-1)\sin x$. Berechnen Sie den Flächeninhalt, der zwischen dem Graphen der Funktion und der x-Achse im Bereich $[-\pi,\pi]$ eingeschlossen wird. Das Ergebnis ist soweit wie möglich zu vereinfachen.

6.8 Gegeben ist $f(x) := \dfrac{\sin(\ln x)}{x}$. Berechnen Sie den Flächeninhalt der zwischen dem Graphen von f und der x-Achse im Intervall $[\mathrm{e}^{-\pi/2}, \mathrm{e}^{\pi/2}]$ eingeschlossenen Fläche. Explizite Zahlenangabe erforderlich.

6.9 Gegeben ist $f(x) = x(-(\ln x)^2 + 5\ln x - 7)$ auf $\mathbb{R}_{>0}$. Berechnen Sie den Flächeninhalt der zwischen dem Graphen von f und der x-Achse im Intervall $[1, \mathrm{e}^2]$ eingeschlossenen Fläche.

6.10 Berechnen Sie die folgenden uneigentlichen Integrale, falls sie existieren:

$$\int_{-\infty}^{\infty} \frac{1}{x^2+2x+2}\,\mathrm{d}x \qquad \int_0^{\infty} x\,\mathrm{e}^{-x^2}\,\mathrm{d}x \qquad \int_{-\infty}^{0} \frac{1}{1+x^2}\,\mathrm{d}x$$

6.11 Finden Sie eine Funktionsvorschrift zu folgendem Graphen, prüfen Sie, ob das Integral über die gesamte x-Achse existiert und berechnen Sie es ggf.

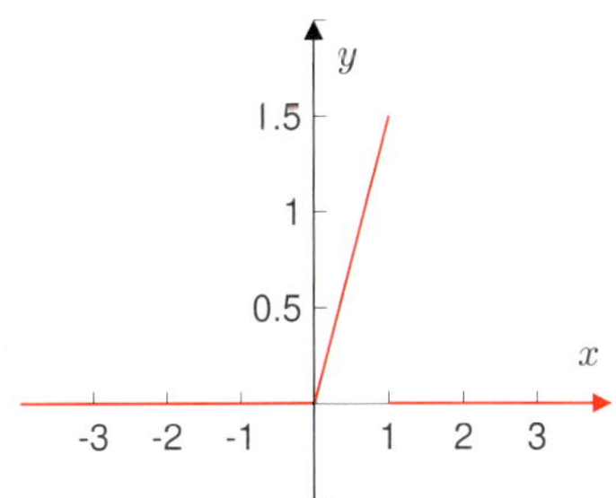

6.12 Gegeben ist $f(x) = \dfrac{\ln x}{x}$ auf $\mathbb{R}_{>0}$.

a) Berechnen Sie den Flächeninhalt der zwischen dem Graphen von f und der x-Achse im Intervall $[\mathrm{e}^{-1}, \mathrm{e}^2]$ eingeschlossenen Fläche (explizite Zahlenangabe!).

b) Prüfen Sie, ob der Flächeninhalt der gesamten, über der x-Achse und unter dem Graphen von f liegenden, Fläche endlich ist und berechnen Sie ihn ggf.. Lösen Sie die gleiche Aufgabenstellung für die Fläche unter der x-Achse und über dem Graphen von f.

c) Berechnen Sie das Volumen des Rotationskörpers, der durch Rotation des Graphen von f um die x-Achse über dem Intervall $[1, \mathrm{e}]$ entsteht.
Tipp: Einmal substitutieren und danach zweimal partiell integrieren.

6.13 Gegeben ist $f(x) = \mathrm{e}^x(\sin x - \cos x)$ auf $\mathbb{R}$. Berechnen Sie den Flächeninhalt der zwischen dem Graphen von f und der x-Achse im Intervall $[0, 2\pi]$ eingeschlossenen Fläche.
Prüfen Sie, ob das uneigentliche Integral $\displaystyle\int_{-\infty}^{0} f(x)\,\mathrm{d}x$ existiert und berechnen Sie es ggf.

6.14 Gegeben ist $f(x) = \dfrac{\ln x}{\sqrt{x}}$ auf $\mathbb{R}_{>0}$.

a) Berechnen Sie den Flächeninhalt der zwischen dem Graphen von f und der x-Achse im Intervall $[0.25, 4]$ eingeschlossenen Fläche.
Hinweis: Bei richtiger Rechnung können Sie am Ende alles in einem Ausdruck mit der einzigen „Unbekannten" $\ln 4$ zusammenfassen.

b) Prüfen Sie, ob der Flächeninhalt der gesamten, über der x-Achse und unter dem Graphen von f liegenden, Fläche endlich ist und berechnen Sie ihn ggf.. Lösen Sie die gleiche Aufgabenstellung für die Fläche unter der x-Achse und über dem Graphen von f.

c) Berechnen Sie das Volumen des Rotationskörpers, der durch Rotation des Graphen von f um die x-Achse über dem Intervall $[1, \mathrm{e}^2]$ entsteht.

6.15 Berechnen Sie die Länge der archimedischen Spirale (Bild 6.26), zum einen für den Bereich $\varphi \in [0, 2\pi]$, zum anderen für $\varphi \geq 0$, falls sie existiert.

Wahr oder falsch?

6.16 Integriert man eine Funktion f und leitet das Ergebnis wieder ab, so erhält man wieder f.

6.17 Differenziert man eine Funktion f und integriert das Ergebnis anschließend, so erhält man wieder die Funktion f.

6.18 Jede differenzierbare Funktion ist auch integrierbar.

6.19 Jede integrierbare Funktion ist auch differenzierbar.

6.20 (identisch mit Aufgabe 5.25) Wenn eine Funktion nach n-maligem Ableiten die Nullfunktion ergibt, so ist diese Funktion ein Polynom vom Grad n.

7 Lineare Algebra

Der Begriff „Algebra“ stammt vom arabischen *al-ğabr*, eine Bezeichnung für Rechenmethode aus dem Buch von Al-Chwarizmi (siehe auch S. 46). Dabei ging es um das Auflösen einfacher Gleichungen. Heute wird „Algebra“ in einem allgemeineren Sinne verwendet, in diesem Kapitel soll es uns aber um lineare Gleichungen gehen. Vielleicht fällt Ihnen, wenn Sie „linear“ hören, eine Gerade ein. Prima, dann haben Sie schon den Ausgangspunkt der Sache erfasst. Es geht also um das Rechnen mit Geraden. Geraden sind – zumindest in der Schule – geometrische Objekte des $\mathbb{R}^2$, natürlich interessieren Sie sich auch für räumliche Objekte. Auch im $\mathbb{R}^3$ gibt es Geraden, aber dazu auch Ebenen. Alles, was über den $\mathbb{R}^3$ hinausgeht, entzieht sich unserer Anschauung. Höherdimensionale Räume klingen für den Neuling wie Science-Fiction, und in der Tat, genauso spannend wird die Sache auch. Natürlich geht es nun nicht mehr um eine Gleichung, sondern viele, und damit wird es mathematisch noch interessanter. Dabei finden sich zahlreiche aktuelle Anwendungen für die betrachteten linearen Systeme mit vielen Parametern, beispielsweise komplizierte mechanische Systeme und elektrische Schaltungen. Mit den hier vorgestellten Werkzeuge werden wir uns einige Einsicht in die auftretenden Phänomene erarbeiten.

7.1 Vektorrechnung

7.1.1 Grundlagen

Aus der Schule wissen Sie schon, dass man einen Punkt im $\mathbb{R}^2$ mit zwei Koordinaten eindeutig beschreiben kann. Man schreibt dann $P = (1, 2)$ und findet P, indem von 1 auf der x-Achse hochläuft bis auf die Höhe von 2 auf der y-Achse. Eine andere Schreibweise ist $P = \begin{pmatrix} 1 \\ 2 \end{pmatrix}$, einfach die Koordinaten untereinander geschrieben statt nebeneinander. Um von diesem Punkt P zum Punkt $Q = (3, -4)$ auf direktem Wege zu gelangen, muss man sich in x-Richtung um $3 - 1 = 2$ nach rechts bewegen und in y-Richtung um $-4 - 2 = -6$ nach oben – Letzteres bedeutet um 6 nach unten. Das kennen Sie alles schon. Eine solche Bewegung wird durch einen **Vektor** beschrieben, und den notieren wir als $\boldsymbol{v} = \begin{pmatrix} 2 \\ -6 \end{pmatrix}$.

Derselbe Vektor $\boldsymbol{v}$ kann auch benutzt werden, um vom Punkt $P_1 = (23, -17)$ zum Punkt $Q = (25, -23)$ zu gelangen. Sie er-

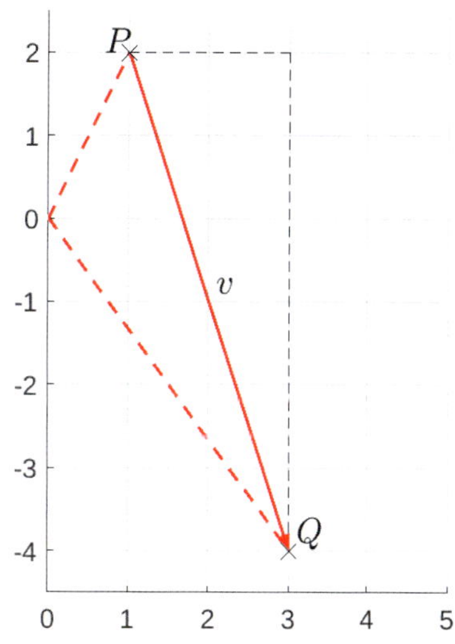

Bild 7.1 So kommt man von P nach Q.

kennen, dass es bei einem Vektor auf zwei Dinge ankommt: auf seine Richtung und seine Länge.

Man kann natürlich auch auf verschnörkelten Wegen von einem Punkt zum anderen gelangen. Das ist in vielen Anwendungen auch interessant, ist aber eine nichtlineare Angelegenheit und daher nicht Gegenstand der linearen Algebra (sondern der mehrdimensionalen Differenzial- und Integralrechnung). Hier wollen wir nur Bewegungen entlang eines geraden Linie betrachten, also so etwas wie eine Verschiebung.

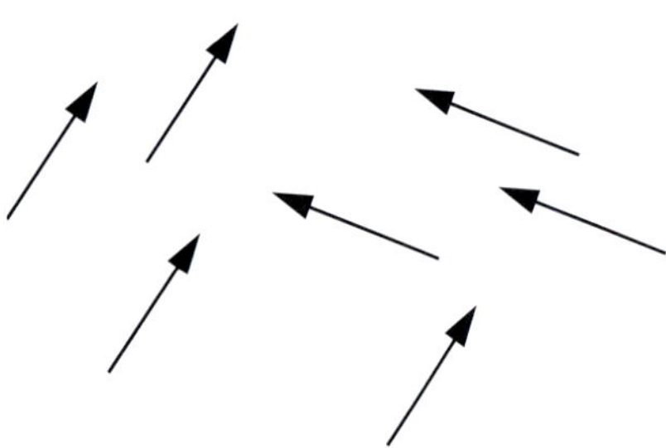

Bild 7.2 Hier sehen Sie: sieben Pfeile, aber nur zwei Vektoren (die Vektoren sind aber drei bzw. viermal gezeichnet).

Diese Idee kann man gleich auf den $\mathbb{R}^n$ übertragen und damit Verschiebungen von einem Punkt im $\mathbb{R}^n$ zu einem anderen beschreiben. Eine solche Verschiebung kann auf einen beliebigen Punkt im Raum angewandt werden. Wenn man sie als Pfeil zeichnet, muss man sich dabei aber im Klaren sein, dass die Lage des Pfeils nicht festgelegt ist. Die Verschiebung kann an jedem Punkt im Raum angreifen, dagegen hat ein Pfeil einen festgelegten Anfangs- und Endpunkt.

Vektor

Definition 7.1

Ein **Vektor** $\boldsymbol{x} = \begin{pmatrix} x_1 \\ \vdots \\ x_n \end{pmatrix}$ steht für jede direkte Bewegung von einem Punkt $P = \begin{pmatrix} p_1 \\ \vdots \\ p_n \end{pmatrix}$ zu einem Punkt $Q = \begin{pmatrix} q_1 \\ \vdots \\ q_n \end{pmatrix}$ entlang einer Strecke, für die $x_i = q_i - p_i$ für $i = 1, \ldots, n$ gilt.

Den Vektor $\boldsymbol{o} := \begin{pmatrix} 0 \\ \vdots \\ 0 \end{pmatrix}$ nennt man den **Nullvektor**.

Den Vektor $\begin{pmatrix} p_1 \\ \vdots \\ p_n \end{pmatrix}$, der vom Nullpunkt $\begin{pmatrix} 0 \\ \vdots \\ 0 \end{pmatrix}$ zum Punkt $P =$

Wir bezeichnen Vektoren mit fettgedruckten Buchstaben, wie international üblich. Diese Schreibweise ist aber einigermaßen lästig, wenn man mit der Hand schreibt (z. B. Professoren an der Tafel oder auf Folien, oder Studierende beim Mitschreiben in der Vorlesung). Sie werden daher im wirklichen Leben gelegentlich auch noch auf die Schreibweise $\vec{x}$ anstelle von $\boldsymbol{x}$ treffen.

$\begin{pmatrix} p_1 \\ \vdots \\ p_n \end{pmatrix}$ gerichtet ist, nennt man den **Ortsvektor** des Punktes P.

Die Notation $\begin{pmatrix} x \\ y \end{pmatrix}$ steht sowohl für den Punkt $\begin{pmatrix} x \\ y \end{pmatrix}$ im $\mathbb{R}^2$ als auch für den Ortsvektor dieses Punktes. Ein und dieselbe Schreibweise steht also für zwei unterschiedliche Objekte, nämlich einen Punkt und einen Vektor (Entsprechendes gilt im $\mathbb{R}^n$). Das mag am Anfang verwirrend sein, aber man gewöhnt sich daran. Was gemeint ist, geht jeweils aus dem Zusammenhang hervor.

Das Hintereinanderausführen von zwei Verschiebungen wird als **Vektoraddition** definiert. Eine Verlängerung oder Verkürzung einer Verschiebung entlang der ursprünglichen Richtung wird durch eine Multiplikation des Vektors mit einer Zahl realisiert.

⚠ $\begin{pmatrix} x \\ y \end{pmatrix}$ kann ein Vektor oder auch ein Punkt sein. Machen Sie sich bei jedem Auftreten klar, ob Sie einen Punkt oder einen Vektor meinen. Die Richtigkeit Ihrer Rechnung hängt entscheidend davon ab.

Definition 7.2

Rechenregeln im $\mathbb{R}^n$

Für $x_i, y_i \in \mathbb{R}, i = 1, \ldots, n$ und $\lambda \in \mathbb{R}$ sei:

$$\begin{pmatrix} x_1 \\ x_2 \\ \vdots \\ x_n \end{pmatrix} + \begin{pmatrix} y_1 \\ y_2 \\ \vdots \\ y_n \end{pmatrix} = \begin{pmatrix} x_1 + y_1 \\ x_2 + y_2 \\ \vdots \\ x_n + y_n \end{pmatrix}, \quad \lambda \cdot \begin{pmatrix} x_1 \\ x_2 \\ \vdots \\ x_n \end{pmatrix} = \begin{pmatrix} \lambda \cdot x_1 \\ \lambda \cdot x_2 \\ \vdots \\ \lambda \cdot x_n \end{pmatrix}$$

Es wird also einfach komponentenweise gerechnet. Damit übertragen sich die aus $\mathbb{R}$ bekannten Rechenregeln wie Kommutativ-, Assoziativ- und Distributivgesetz:

$$\begin{aligned} \boldsymbol{x} + \boldsymbol{y} &= \boldsymbol{y} + \boldsymbol{x} \\ \boldsymbol{x} + (\boldsymbol{y} + \boldsymbol{z}) &= (\boldsymbol{x} + \boldsymbol{y}) + \boldsymbol{z} \\ \lambda(\boldsymbol{x} + \boldsymbol{y}) &= \lambda \boldsymbol{x} + \lambda \boldsymbol{y} \end{aligned}$$

Beispiel für das komponentenweise Rechnen:

$$\begin{pmatrix} 1 \\ 2 \\ 3 \end{pmatrix} + \begin{pmatrix} -3 \\ 1 \\ -5 \end{pmatrix} = \begin{pmatrix} 1-3 \\ 2+1 \\ 3-5 \end{pmatrix} = \begin{pmatrix} -2 \\ 3 \\ -2 \end{pmatrix},$$

$$5 \cdot \begin{pmatrix} 1 \\ 2 \\ 3 \end{pmatrix} = \begin{pmatrix} 5 \cdot 1 \\ 5 \cdot 2 \\ 5 \cdot 3 \end{pmatrix} = \begin{pmatrix} 5 \\ 10 \\ 15 \end{pmatrix}.$$

Anwendung – Vektoren

- **Klassisch geometrisch:** Vektoren geben Richtungen im Raum an oder Punkte im Raum. Dabei wird man sich in der Regel nur in den Räumen $\mathbb{R}^2$ und $\mathbb{R}^3$ bewegen.
- **Elektrotechnik, Schaltungsanalyse:** Man kann den momentanen Zustand einer Schaltung beschreiben, indem man jedem Knoten im Netzwerk sein momentanes Potenzial (Spannung gegen Masse) zuordnet und diese Zahlen in einem Vektor speichert. Wenn die Schaltung n Knoten hat, ist dieser Vektor dann im $\mathbb{R}^n$, bei hochintegrierten Schaltungen kann n also in die Zehntausende gehen. In Abhängigkeit von der Zeit ändert sich dann das Potenzial in den Knoten und damit der Zustandsvektor. In der Schaltungssimulation geht es darum, diese Zustandsübergange mathematisch zu beschreiben. Dazu ist das Rechnen mit den Zustandsvektoren erforderlich. Zusammenhänge zwischen Knotenpotenzialen zum selben Zeitpunkt sind durch die Kirchhoffschen Gesetze gegeben, siehe auch die Knotenpotenzialmethode (S. 231).
- **Elektrotechnik, Digitale Signale:** Aus einem kontinuierlichen Signal f (mathematisch nichts anderes als eine Funktion) wird durch Abtastung zu bestimmten Zeitpunkten ein diskretes Signal (was nichts anderes als ein Vektor ist). Tastet man beispielsweise $f = \sin$ zu den Zeitpunkten $t_i = i\Delta$ ab für $i = 0, 1, 2, \ldots, 100$ und ein festes $\Delta > 0$, so erhält man die Werte $f(t_i)$ für $i = 0, 1, 2, \ldots, 100$ und damit ein diskretes Signal der Länge 101, das in einem Vektor aus dem $\mathbb{R}^{101}$ abgelegt werden kann. Die Methoden der Signalverarbeitung wie z. B. Filter sind dann nichts anderes als Operationen mit Vektoren – und genauso werden sie auch beschrieben. Mehr dazu erfahren Sie auf S. 274.

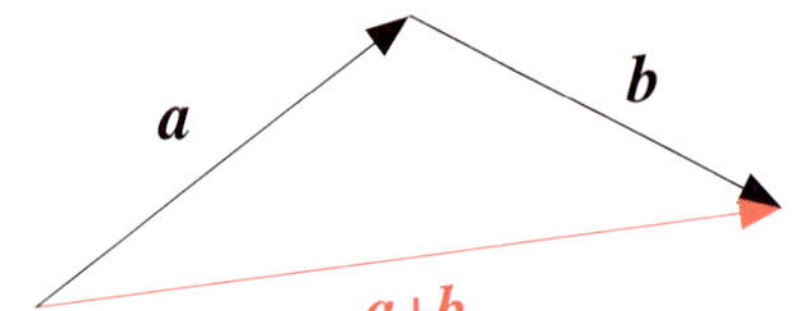

Bild 7.3 So addiert man Vektoren.

Für zwei Vektoren $\boldsymbol{x}, \boldsymbol{y} \in \mathbb{R}^n$ und $\lambda \in \mathbb{R}$ ist die Summe $\boldsymbol{x} + \boldsymbol{y}$ und das Produkt $\lambda \boldsymbol{x}$ definiert entsprechend den Rechenregeln im $\mathbb{R}^n$ (s.o.). Damit folgt sofort für Punkte $P, Q, R \in \mathbb{R}^n$:

$$\overrightarrow{PQ} + \overrightarrow{QR} = \overrightarrow{PR}, \quad \text{insb. } \overrightarrow{PQ} + \overrightarrow{QP} = \boldsymbol{o}.$$

Definition 7.3

Norm (Länge) eines Vektors

Die Länge eines Vektors $\boldsymbol{x} = \begin{pmatrix} x_1 \\ \vdots \\ x_n \end{pmatrix} \in \mathbb{R}^n$ heißt **Norm** des Vektors $\boldsymbol{x}$ und ist definiert als $\|\boldsymbol{x}\| := \sqrt{\sum_{i=1}^{n} x_i^2}$.

↪ Aufgabe 7.1, a)

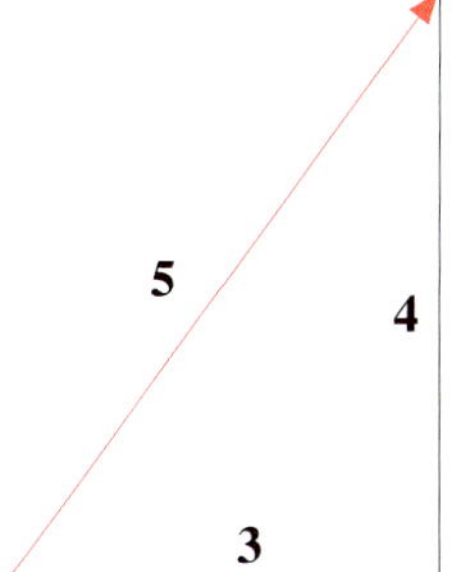

Bild 7.4 Norm (Länge) eines Vektors

Beispiel 7.1

$\left\| \begin{pmatrix} 3 \\ 4 \end{pmatrix} \right\| = \sqrt{3^2+4^2} = 5$, $\left\| \begin{pmatrix} 3 \\ 4 \\ -3 \end{pmatrix} \right\| = \sqrt{3^2+4^2+3^2} = \sqrt{34}$. Im $\mathbb{R}^2$ ist das der aus der Schule bekannte Satz des Pythagoras, in $\mathbb{R}^n$ mit $n \geq 2$ muss man den Satz des Pythagoras mehrfach anwenden, um die Länge eines Vektors zu berechnen. ■

Anwendung – Physik: Kräfte

In der Physik stehen Vektoren oft für Kräfte. Sie erinnern sich hoffentlich noch aus der Schule, dass eine Kraft durch eine Richtung und eine bestimmte Größe gegeben ist. Die Größe wird dabei in N (Newton) angegeben. Die Angaben, die also eine Kraft eindeutig festlegen, sind genau die gleichen, die einen Vektor festlegen: Ein Vektor hat eine bestimmte Richtung und eine bestimmte Länge. Die Länge des Vektors dient also dazu, die Größe der Kraft zu veranschaulichen.

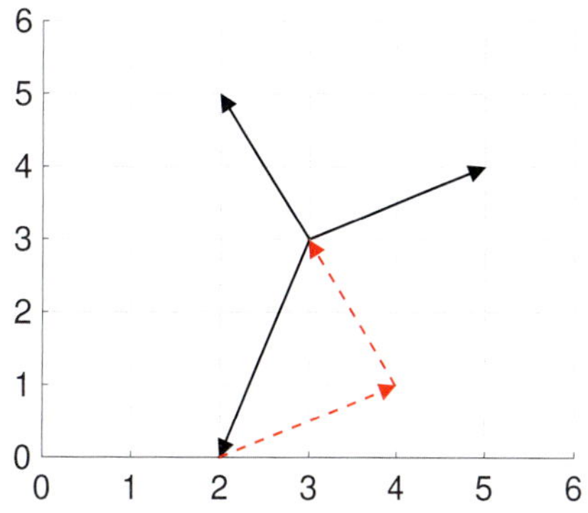

Bild 7.5 Drei Kräfte addieren sich zu Null.

Anwendung – Physik: Tangentenvektor

Bewegt sich ein Objekt entlang einer gekrümmten Kurve, so gibt der Tangentenvektor zu jedem Zeitpunkt t die momentane Richtung der Bewegung an. Ist die Kurve der Graph einer Funktion f, so wissen wir schon, dass die Steigung der Kurve zum Zeitpunkt t die Ableitung ist, also $f'(t)$. Der Richtungsvektor ist dann $\begin{pmatrix} 1 \\ f'(t) \end{pmatrix}$, denn „Steigung" ist ja die Differenz der y-Werte, wenn die Differenz der x-Werte 1 ist.

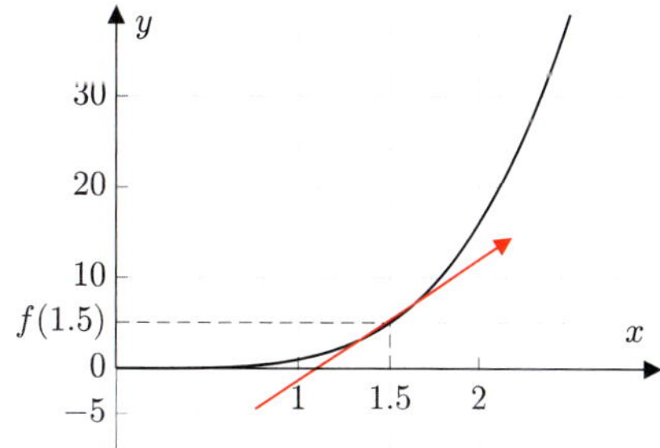

Bild 7.6 Tangentenvektor an einen Funktionsgraphen an der Stelle $x = 1.5$

begin MATLAB

Definition von Vektoren in MATLAB:

definiert $a = \begin{pmatrix}1\\2\\3\end{pmatrix}$, $b = \begin{pmatrix}2\\3\\0\end{pmatrix}$

Zugriff auf b_2

```
>> a = [1; 2; 3]; b = [2; 3; 0];
>> b(2)

ans =

     3
```

Spezielle Vektoren:

Der Vektor $\boldsymbol{e} \in \mathbb{R}^6$ aus lauter Einsen. $\boldsymbol{z}$ ist der Nullvektor aus $\mathbb{R}^7$.

```
>> e=ones(6,1);
>> z=zeros(7,1);
```

Vektoren aus demselben Raum können einfach addiert werden:

```
>> c = a+b

c =

     3
     5
     3
```

Produkt „Zahl mal Vektor“ ergibt hier das Dreifache des Vektors $\boldsymbol{a}$

Norm von $\boldsymbol{a}$

```
>> 3*a;
>> norm(a)

ans =

    3.7417
```

Man kann Teile eines Vektors „ausschneiden“, und neue erhalten.

ergibt den Vektor $\begin{pmatrix}b_2\\b_3\end{pmatrix} \in \mathbb{R}^2$.

```
>> b(2:3)

ans =

     3
     0
```

end MATLAB

Rechenregeln für die Norm

Satz 7.1

Für alle $\boldsymbol{x}, \boldsymbol{y} \in \mathbb{R}^n$ und alle $\lambda \in \mathbb{R}$ gilt:

$$\|\boldsymbol{x}\| \geq 0, \text{ und } (\|\boldsymbol{x}\| = 0 \iff \boldsymbol{x} = \boldsymbol{o}) \qquad (7.1)$$

Dreiecksungleichung

$$\|\boldsymbol{x}+\boldsymbol{y}\| \leq \|\boldsymbol{x}\| + \|\boldsymbol{y}\| \qquad (7.2)$$

$$\|\lambda \cdot \boldsymbol{x}\| = |\lambda| \cdot \|\boldsymbol{x}\| \qquad (7.3)$$

$$\left\| \frac{1}{\|\boldsymbol{x}\|} \cdot \boldsymbol{x} \right\| = 1 \quad \text{falls } \boldsymbol{x} \neq \boldsymbol{o} \tag{7.4}$$

$\frac{1}{\|\boldsymbol{x}\|} \cdot \boldsymbol{x}$ heißt **Einheitsvektor** in Richtung von $\boldsymbol{x}$.

Dividiert man einen Vektor durch seine eigene Norm, so erhält man einen Vektor derselben Richtung mit der Länge 1.

Die in Def. 7.3 definierte Norm nennt man **Euklidische Norm**. Woraus Sie gleich schließen können, dass es anscheinend auch andere Normen gibt. Richtig.

Der Zahlenwert der Euklidischen Norm entspricht genau dem, was man sich üblicherweise und intuitiv unter der Länge vorstellt. Die Formel mit den Quadraten und der Wurzel ist jedoch rechnerisch manchmal etwas umständlich. Damit andere Normen als die Euklidische nicht dem intuitiven Längenbegriff widersprechen, fordert man einfach von einer Norm die Gültigkeit der in Satz 7.1 genannten Rechenregeln. Darauf basierend haben Mathematiker andere Längenbegriffe, also andere Definitionen von Normen, entwickelt, die in vielen Situationen nützlicher und einfacher anzuwenden sind. Diese sind insbesondere aus der Numerischen Mathematik nicht mehr wegzudenken. Interessierte finden dazu Näheres in [6].

Definition 7.4

Skalarprodukt

Für Vektoren $\boldsymbol{x}, \boldsymbol{y} \in \mathbb{R}^n$ ist das Skalarprodukt $\boldsymbol{x} \cdot \boldsymbol{y}$ definiert als

$$\boldsymbol{x} \cdot \boldsymbol{y} := \sum_{i=1}^{n} x_i y_i.$$

Man schreibt oft kürzer $\boldsymbol{x}\,\boldsymbol{y}$ (der Malpunkt wird weggelassen). Das Skalarprodukt wird auch als „inneres Produkt“ bezeichnet.

Das Skalarprodukt zweier Vektoren ist stets eine Zahl, kein Vektor.

Satz 7.2

Eigenschaften des Skalarprodukts

Seien $\boldsymbol{x}, \boldsymbol{y}, \boldsymbol{z} \in \mathbb{R}^n$, $\lambda \in \mathbb{R}$. Dann gilt:

$$\boldsymbol{x} \cdot \boldsymbol{x} = \|\boldsymbol{x}\|^2 \tag{7.5}$$

$$\boldsymbol{x} \cdot \boldsymbol{y} = \boldsymbol{y} \cdot \boldsymbol{x} \tag{7.6}$$

$$\boldsymbol{x} \cdot (\boldsymbol{y} + \boldsymbol{z}) = \boldsymbol{x} \cdot \boldsymbol{y} + \boldsymbol{x} \cdot \boldsymbol{z} \tag{7.7}$$

$$(\lambda \boldsymbol{x}) \cdot \boldsymbol{y} = \boldsymbol{x} \cdot (\lambda \boldsymbol{y}) = \lambda(\boldsymbol{x} \cdot \boldsymbol{y}) \tag{7.8}$$

Zur Festigung: Weisen Sie (7.5)–(7.9) durch Nachrechnen nach. Leiten Sie (7.11) aus (7.10) her.

$$\|\boldsymbol{x}-\boldsymbol{y}\|^2 = \|\boldsymbol{x}\|^2+\|\boldsymbol{x}\|^2-2\boldsymbol{x}\,\boldsymbol{y} \tag{7.9}$$

$$\boldsymbol{x}\cdot\boldsymbol{y} = \|\boldsymbol{x}\|\cdot\|\boldsymbol{y}\|\cdot\cos\varphi \tag{7.10}$$

$$\boldsymbol{x}\cdot\boldsymbol{y}=0 \iff \boldsymbol{x}\perp\boldsymbol{y} \tag{7.11}$$

wobei φ der von $\boldsymbol{x}$ und $\boldsymbol{y}$ eingeschlossene Winkel ist.

Zwei Vektoren stehen senkrecht aufeinander, wenn ihr Skalarprodukt Null ist.

$$\begin{pmatrix}1\\2\\2\end{pmatrix}\perp\begin{pmatrix}-2\\5\\-4\end{pmatrix}, \text{ denn } \begin{pmatrix}1\\2\\2\end{pmatrix}\cdot\begin{pmatrix}-2\\5\\-4\end{pmatrix}=0$$

Besondere Beachtung verdient (7.11): So kann man schnell nachprüfen, ob zwei Vektoren senkrecht aufeinander stehen: Einfach das Skalarprodukt ausrechnen und schauen, ob es Null ist. Anstelle von „senkrecht" sagt man auch „orthogonal".

Satz 7.3

a) Ein rechtwinkliges Dreieck habe die Seitenlängen a, b, c, wobei der rechte Winkel von den Seiten mit den Längen a und b eingeschlossen wird. Dann gilt

$$a^2+b^2=c^2. \tag{7.12}$$

b) Für alle $\boldsymbol{x}, \boldsymbol{y} \in \mathbb{R}^n$ gilt:

$$|\boldsymbol{x}\cdot\boldsymbol{y}| \leq \|\boldsymbol{x}\|\cdot\|\boldsymbol{y}\| \tag{7.13}$$

oder ausgeschrieben und quadriert:

$$\left(\sum_{i=1}^{n} x_i y_i\right)^2 \leq \sum_{i=1}^{n} x_i^2 \cdot \sum_{i=1}^{n} y_i^2.$$

Satz des Pythagoras

Man nennt die Seiten mit den Längen a und b auch Katheten und die Seite mit der Länge c Hypotenuse.

↪ Aufgabe 7.4

Cauchy-Schwarzsche Ungleichung

↪ Aufgabe 7.4

Augustin Louis Cauchy (sprich: „Kohschi"), 1789-1857, franz. Mathematiker
Hermann A. Schwarz, 1843-1921, deutscher Mathematiker

Anwendung – Physik: Arbeit (mit Vektoren)

Aus der Schulphysik kennt man die Regel „Arbeit = Kraft mal Weg". Dies gilt aber nur, wenn die Kraft $\boldsymbol{F}$ in Richtung des Weges $\boldsymbol{s}$ ausgeübt wird (und wenn sie entlang dieses Weges konstant bleibt; mehr dazu später, S. 171). Oft aber wirkt die Kraft in einer anderen Richtung, siehe Bild 7.7. Dann müssen wir die allgemeine Formel

$$W = \|\boldsymbol{F_s}\|\cdot\|\boldsymbol{s}\|$$

verwenden, wobei $\|\boldsymbol{F}_s\|$ der Betrag der Komponente von $\boldsymbol{F}$ in Richtung von $\boldsymbol{s}$ ist, also $\|\boldsymbol{F}_s\| = \|\boldsymbol{F}\|\cdot\cos\alpha$. Damit ist dann wegen (7.10):

$$W = \|\boldsymbol{F}\|\cdot\|\boldsymbol{s}\|\cdot\cos\alpha = \boldsymbol{F}\cdot\boldsymbol{s}$$

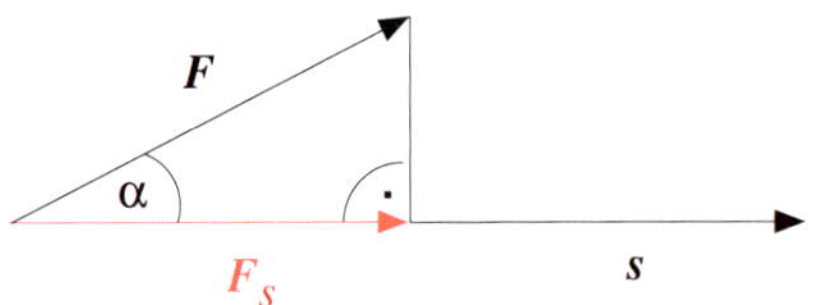

Bild 7.7 Zur Arbeit: $\|\boldsymbol{F}_s\| = \|\boldsymbol{F}\|\cdot\cos\alpha$

also letztlich doch wieder „Arbeit = Kraft mal Weg“, aber diesmal eben mit dem Skalarprodukt. Arbeit ist also eine skalare Größe, deren Betrag von der Länge des Weges, der Größe der Kraft und dem Winkel α zwischen beiden abhängt. Die Arbeit ist maximal, wenn $\cos\alpha = 1$ ist, also $\boldsymbol{s}$ und $\boldsymbol{F}$ in dieselbe Richtung wirken ($\alpha = 0$).

7.1.2 Geraden

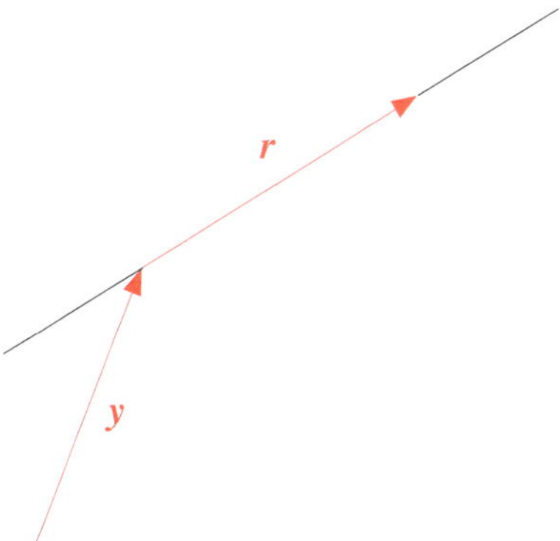

Bild 7.8 Eine Gerade: Der Ortsvektor $\boldsymbol{y}$ führt zu einem Punkt auf der Geraden, der Vektor $\boldsymbol{r}$ gibt die Richtung der Geraden an.

Aus der Schule erinnern Sie sich noch, dass eine Gerade g eindeutig festgelegt ist durch die Angabe zweier verschiedener Punkte, durch die die Gerade laufen soll. Außerdem fällt Ihnen noch ein, dass man eine Gerade damals auch als $y = ax + b$ geschrieben hat. Nun wollen wir aber genauer hinschauen: Zunächst ist eine Gerade etwas anderes als eine Gleichung. Eine Gerade ist eine Punktmenge in einem Raum, die sich von einem Punkt aus in eine bestimmte Richtung erstreckt (genauer gesagt: in zwei entgegengesetzte Richtungen). Eine Gerade ist also ein geometrisches Objekt, und was das mit der Gleichung $y = ax + b$ zu tun hat, werden wir noch sehen. Geometrisch gesehen ist eine Gerade also durch einen Punkt, der auf der Geraden liegen soll, und eine Richtung, in die sich die Gerade erstrecken soll, eindeutig festgelegt.

Definition 7.5

Parameterdarstellung von Geraden

Sei $\boldsymbol{y}$ ein Ortsvektor eines Punktes einer Geraden g und $\boldsymbol{r}$ ein Richtungsvektor dieser Geraden. Dann heißt

$$g : \boldsymbol{y} + \lambda \boldsymbol{r}$$

Parameterdarstellung der Geraden g.

Beispiel 7.2

Gegeben seien zwei Punkte $A = \begin{pmatrix} 3 \\ 4 \\ 1 \end{pmatrix}$ und $B = \begin{pmatrix} 2 \\ 4 \\ -1 \end{pmatrix}$ im $\mathbb{R}^3$. Gesucht sei eine Parameterdarstellung der Geraden g, die durch diese beiden Punkte verläuft.

Als Ortsvektor eines Punktes auf g können wir einfach $\boldsymbol{y} = \begin{pmatrix} 3 \\ 4 \\ 1 \end{pmatrix}$ wählen, als Richtungsvektor den Vektor

$$\boldsymbol{r} = \overrightarrow{AB} = \begin{pmatrix} 2 \\ 4 \\ -1 \end{pmatrix} - \begin{pmatrix} 3 \\ 4 \\ 1 \end{pmatrix} = \begin{pmatrix} -1 \\ 0 \\ -2 \end{pmatrix}.$$

g hat dann die Parameterdarstellung $\quad g:\ \boldsymbol{y} + \lambda\boldsymbol{r} = \begin{pmatrix} 3 \\ 4 \\ 1 \end{pmatrix} + \lambda \begin{pmatrix} -1 \\ 0 \\ -2 \end{pmatrix}$

und besteht aus den Punkten mit den Ortsvektoren

$$\left\{ \begin{pmatrix} 3 \\ 4 \\ 1 \end{pmatrix} + \lambda \begin{pmatrix} -1 \\ 0 \\ -2 \end{pmatrix} \;\middle|\; \lambda \in \mathbb{R} \right\} = \left\{ \begin{pmatrix} 3-\lambda \\ 4 \\ 1-2\lambda \end{pmatrix} \;\middle|\; \lambda \in \mathbb{R} \right\}.$$

Merke: Durch zwei Punkte ist eine Gerade eindeutig festgelegt, aber diese Gerade kann durch beliebig viele Parameterdarstellungen beschrieben werden.

Weitere Punkte auf g wären demnach

$$\begin{pmatrix} 1 \\ 4 \\ -3 \end{pmatrix} \ (\lambda = 2), \qquad \begin{pmatrix} 0 \\ 4 \\ -5 \end{pmatrix} \ (\lambda = 3), \qquad \begin{pmatrix} 4 \\ 4 \\ 3 \end{pmatrix} \ (\lambda = -1), \text{ usw.}$$

Dieselbe Gerade g kann auch durch die Parameterdarstellungen

$$\begin{pmatrix} 2 \\ 4 \\ -1 \end{pmatrix} + \lambda \begin{pmatrix} -1 \\ 0 \\ -2 \end{pmatrix}, \qquad \begin{pmatrix} 2 \\ 4 \\ -1 \end{pmatrix} + \lambda \begin{pmatrix} -5 \\ 0 \\ -10 \end{pmatrix}, \text{ usw.}$$

beschrieben werden. ■

Zur Festigung: Finden Sie drei weitere verschiedene Parameterdarstellungen für dieselbe Gerade g.

Wo ist denn nun die Geradengleichung $y = ax + b$ aus der Schule geblieben? Dazu müssen wir uns alles im $\mathbb{R}^2$ anschauen.

Beispiel 7.3

Sei durch $y = ax + b$ eine Gerade g im $\mathbb{R}^2$ gegeben, also mit Steigung a und y-Achsenabschnitt b. Die Gerade besteht dann aus der Punktmenge

$$\left\{ \begin{pmatrix} x \\ y \end{pmatrix} \middle| \, y = ax + b \right\}.$$

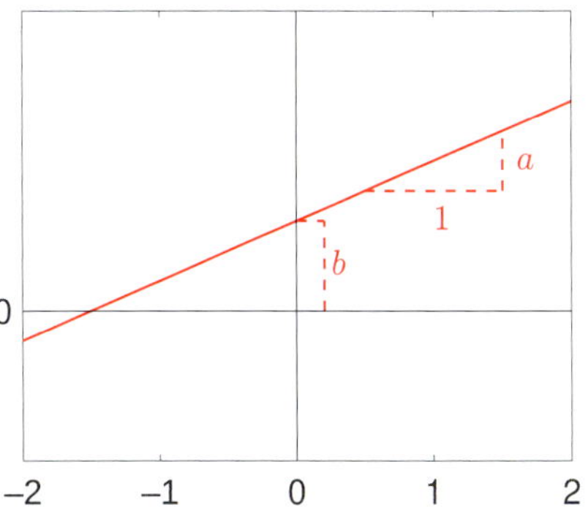

Bild 7.9 Eine Gerade $y = ax + b$ wie aus dem Schulbuch

So weit, so gut. Eine Parameterdarstellung dazu finden wir leicht. Zuerst benötigen wir einen Punkt auf g, z. B. $\begin{pmatrix} 0 \\ b \end{pmatrix}$. Ein Richtungsvektor ist auch schnell gefunden: $\boldsymbol{r} = \begin{pmatrix} 1 \\ a \end{pmatrix}$. Also hat g die Parameterdarstellung

$$g: \begin{pmatrix} 0 \\ b \end{pmatrix} + \lambda \begin{pmatrix} 1 \\ a \end{pmatrix}.$$

Umgekehrt: Sei durch die Parameterdarstellung

$$g: \boldsymbol{y} + \lambda \boldsymbol{r} = \begin{pmatrix} y_1 \\ y_2 \end{pmatrix} + \lambda \begin{pmatrix} r_1 \\ r_2 \end{pmatrix}$$

eine Gerade im $\mathbb{R}^2$ gegeben. Aus dem Richtungsvektor $\boldsymbol{r} = \begin{pmatrix} r_1 \\ r_2 \end{pmatrix}$ können wir als Steigung $a = \frac{r_2}{r_1}$ berechnen, denn das Motto ist ja „r_1 nach rechts, r_2 nach oben" (aber aufgepasst, wenn z. B. r_1 negativ ist, geht es nicht nach rechts, sondern nach links). Die Gerade schneidet die y-Achse, wenn die erste Komponente 0 ist. Die Gleichung $0 = y_1 + \lambda r_1$ führt auf $\lambda = -\frac{y_1}{r_1}$; dieses in die zweite Komponente eingesetzt ergibt: $y_2 + \lambda r_2 = y_2 - \frac{y_1}{r_1} r_2 =: b$. Die Gerade hat also die „schulmathematische" Gleichung

$$y = ax + b = \tfrac{r_2}{r_1} x + y_2 - \frac{y_1}{r_1} r_2.$$

Wer noch skeptisch ist, kann selbst ein paar Punkte ausrechnen und schauen, ob diese zur Parameterdarstellung passen.

Sicherlich haben Sie aber gemerkt, dass die beiden Darstellungen nicht 100%ig gleichwertig sind. Man kann zwar die „Schulbuchgleichung" umrechnen in eine Parameterdarstellung, aber umgekehrt geht es nicht immer. Denn Ihnen ist natürlich nicht entgangen, dass man dabei durch r_1 dividieren muss, was bekanntlich nicht immer geht. Nämlich dann nicht, wenn $r_1 = 0$ ist. Ein Richtungsvektor $\boldsymbol{r} = \begin{pmatrix} 0 \\ r_2 \end{pmatrix}$ bedeutet, dass die Gerade parallel zur y-Achse verläuft, also quasi eine unendliche Steigung besitzt. Insb. ist eine solche Gerade nicht der Graph einer Funktion, kann also gar nicht mit $y = f(x)$ beschrieben werden. Es bleibt also festzuhalten: Mit der Parameterform können alle Geraden im $\mathbb{R}^2$ beschrieben werden, mit der Form $y = ax + b$ geht das nicht. ■

Mit der Gleichung $y = ax + b$ können **nicht** alle Geraden in $\mathbb{R}^2$ beschrieben werden.

Halten Sie gut die Geraden und ihre Richtungsvektoren auseinander – dies sind grundverschiedene geometrische Objekte.

Mit Hilfe der Parameterdarstellung können wir bekannte geometrische Sätze herleiten. Der folgende Satz ist ein Beispiel dafür.

Satz 7.4

Im Parallelogramm halbieren sich die Diagonalen gegenseitig.

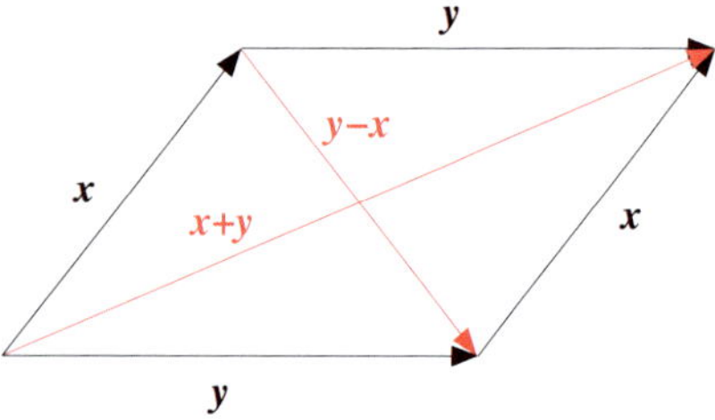

Bild 7.10 Ein Parallelogramm wird von $\boldsymbol{x}$ und $\boldsymbol{y}$ aufgespannt und die Richtungsvektoren der Diagonalen sind $\boldsymbol{x} + \boldsymbol{y}$ und $\boldsymbol{y} - \boldsymbol{x}$.

Nachweis: Sei das Parallelogramm aufgespannt von den Vektoren $\boldsymbol{x}$ und $\boldsymbol{y}$. Der Schnittpunkt der Diagonalen ist der Schnittpunkt der beiden Geraden $\boldsymbol{x} + \lambda(\boldsymbol{y} - \boldsymbol{x})$ und $\mu(\boldsymbol{x} + \boldsymbol{y})$. Zur Bestimmung des Ortsvektors des Schnittspunktes setzen wir die beiden Parameterdarstellungen gleich (da der Schnittpunkt ja auf beiden Geraden liegen soll, muss er beide Gleichungen erfüllen):

$$\boldsymbol{x} + \lambda(\boldsymbol{y} - \boldsymbol{x}) = \mu(\boldsymbol{x} + \boldsymbol{y})$$

Nach einer kleinen Umstellung führt dies auf:

$$(1 - \lambda - \mu)\boldsymbol{x} = (\mu - \lambda)\boldsymbol{y}$$

Wäre nun $\mu - \lambda \neq 0$, so könnte man beide Seiten durch $\mu - \lambda$ dividieren und erhielte, dass $\boldsymbol{y}$ ein Vielfaches von $\boldsymbol{x}$ ist:

$$\frac{1 - \lambda - \mu}{\mu - \lambda}\boldsymbol{x} = \boldsymbol{y}$$

Dann wären $\boldsymbol{x}$ und $\boldsymbol{y}$ parallel und könnten kein Parallelogramm aufspannen (sondern nur ein entartetes). Also muss $\mu = \lambda$ sein. Genauso muss auch $1 - \lambda - \mu = 0$ sein. Aus diesen beiden Gleichungen erhält man aber $\lambda = \mu = 0.5$, was bedeutet, dass man genau bei der halben Länge von $\boldsymbol{x} + \boldsymbol{y}$ bzw. $\boldsymbol{y} - \boldsymbol{x}$ auf den Schnittpunkt trifft. Also halbieren sich die Diagonalen.

An den Parametern λ und μ kann man erkennen, ob ein Punkt der Ebene sogar im aufgespannten Parallelogramm liegt: Dazu muss $\lambda, \mu \in [0, 1]$ gelten.

Zur Festigung: Machen Sie sich die Lage der Punkte in der Ebene für verschiedene Werte von λ und μ klar.

Sie sehen, mit Hilfe der Vektorrechnung sind die Herleitungen von vielen klassischen geometrischen Sätzen kleine Logikübungen – komplizierte Konstruktionen und Rechnungen sind gar nicht erforderlich.

↪ Aufgabe 7.1, b)
↪ Aufgabe 7.1, c)
↪ Aufgabe 7.2

7.1.3 Ebenen

Wir gehen von einer Geraden aus, und fügen noch eine weitere Richtung hinzu. Eine Gerade erstreckt sich nur in eine Richtung, eine Ebene in zwei. Dies führt in natürlicher Weise auf

Definition 7.6 Parameterdarstellung von Ebenen

Sei $\boldsymbol{y}$ ein Ortsvektor eines Punktes einer Ebene p und $\boldsymbol{r}$, $\boldsymbol{s}$ zwei Richtungsvektoren dieser Ebenen. Dann heißt

$$p: \ \boldsymbol{y} + \lambda \boldsymbol{r} + \mu \boldsymbol{s}$$

Parameterdarstellung der Ebene p. Die Ebene besteht also aus allen Punkten, deren Ortsvektor die Form $\boldsymbol{y} + \lambda \boldsymbol{r} + \mu \boldsymbol{s}$ hat. Die Parameterdarstellung wird aus naheliegenden Gründen auch als **Punkt-Richtungs-Form** der Ebene bezeichnet.

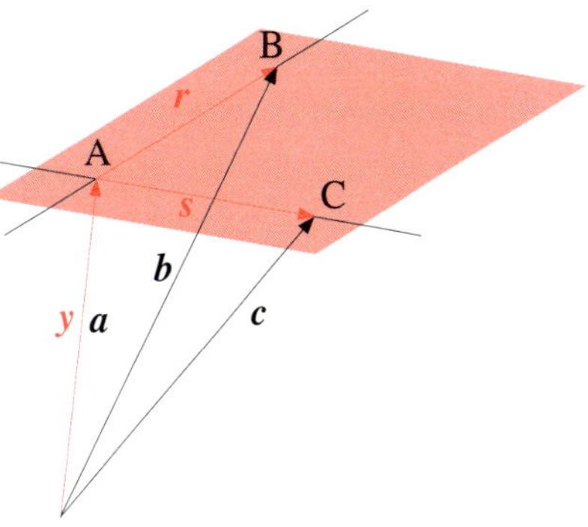

Bild 7.11 Eine Ebene: Der Ortsvektor $\boldsymbol{y}$ führt zu einem Punkt auf der Ebene, die Vektoren $\boldsymbol{r}$ und $\boldsymbol{s}$ sind zwei Richtungsvektoren der Ebene.

Bekanntlich ist eine Ebene durch drei Punkte eindeutig bestimmt. Die Parameterform der Ebene erhält man daraus ganz leicht: Seien die drei Punkte gegeben durch ihre Ortsvektoren $\boldsymbol{a}$, $\boldsymbol{b}$, $\boldsymbol{c}$. Dann wählt man als Richtungsvektor $\boldsymbol{r} := \boldsymbol{b} - \boldsymbol{a}$ und $\boldsymbol{s} := \boldsymbol{c} - \boldsymbol{a}$ und $\boldsymbol{y} := \boldsymbol{a}$. Dann führt der Ortsvektor $\boldsymbol{y}$ zu einem Punkt in der Ebene und die beiden Richtungsvektoren $\boldsymbol{r}$ und $\boldsymbol{s}$ liegen in der Ebene, wie gewünscht.

Beispiel 7.4

Wir suchen eine Parameterdarstellung für die Ebene p, die durch die folgenden drei Punkte verläuft:

$$\begin{pmatrix} 1 \\ 2 \\ 3 \end{pmatrix}, \quad \begin{pmatrix} 3 \\ -1 \\ 3 \end{pmatrix}, \quad \begin{pmatrix} 4 \\ -3 \\ 0 \end{pmatrix}.$$

Wir wählen

$$\boldsymbol{y} := \begin{pmatrix} 1 \\ 2 \\ 3 \end{pmatrix}, \quad \boldsymbol{r} := \begin{pmatrix} 3 \\ -1 \\ 3 \end{pmatrix} - \begin{pmatrix} 1 \\ 2 \\ 3 \end{pmatrix} = \begin{pmatrix} 2 \\ -3 \\ 0 \end{pmatrix}, \quad \boldsymbol{s} := \begin{pmatrix} 4 \\ -3 \\ 0 \end{pmatrix} - \begin{pmatrix} 1 \\ 2 \\ 3 \end{pmatrix} = \begin{pmatrix} 3 \\ -5 \\ -3 \end{pmatrix}.$$

Dann hat p die Parameterdarstellung $\quad p: \ \boldsymbol{y} + \lambda \boldsymbol{r} + \mu \boldsymbol{s}$. ■

↪ Aufgabe 7.1, c)

Eine andere Darstellungsform von Ebenen beruht auf der Idee, dass es einen Vektor gibt, der auf der Ebene senkrecht steht. Mit

„auf der Ebene senkrecht steht“ ist hier gemeint, dass dieser Vektor auf allen in der Ebene liegenden Vektoren senkrecht steht. Dazu reicht es, dass er auf den beiden die Ebene aufspannenden Vektoren senkrecht steht. Einen solchen Vektor nennt man **Normalenvektor**.

Normalenvektoren sind senkrecht zu allen in der Ebene liegenden Vektoren.

Im $\mathbb{R}^3$ ist die Richtung dieses Normalenvektors eindeutig. Mehrere Normalenvektoren zur selben Ebene können sich nur in der Länge und in ihrer Orientierung unterscheiden (zeigt der Normalenvektor nach oben oder nach unten).

Ein Punkt liegt genau dann in der Ebene, wenn der Vektor, der von diesem Punkt auf einen in der Ebene liegenden Punkt zeigt, senkrecht zum Normalenvektor ist, siehe Bild 7.12. Zusammengefasst:

Normalenform von Ebenen

Definition 7.7

Auch Hessesche Normalenform oder Hesse-Form genannt
Ludwig Otto Hesse, 1811-1874, deutscher Mathematiker

Sei $\boldsymbol{n} \neq \boldsymbol{o}$ ein Normalenvektor einer Ebene p, $\boldsymbol{y}$ ein Ortsvektor eines Punktes in dieser Ebene. Dann heißt

$$p:\ \boldsymbol{n}(\boldsymbol{x}-\boldsymbol{y}) = 0$$

Normalenform der Ebene p. Die Ebene besteht also aus allen Punkten, deren Ortsvektor $\boldsymbol{x}$ diese Gleichung erfüllt.

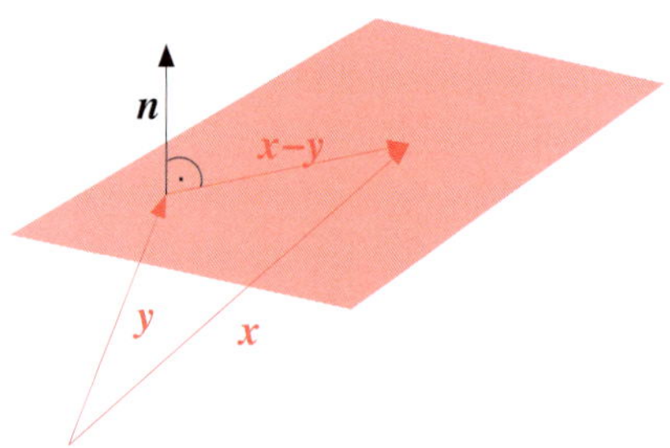

Bild 7.12 Eine Ebene: Der Ortsvektor $\boldsymbol{y}$ führt zu einem Punkt auf der Ebene, der Ortsvektor $\boldsymbol{x}$ führt zu einem Punkt in der Ebene, wenn $\boldsymbol{x}-\boldsymbol{y}$ senkrecht zum Normalenvektor $\boldsymbol{n}$ ist.

Umrechnung zwischen den beiden Formen

Beispiel 7.5

- Wir wollen die Ebene $p:\ \boldsymbol{y}+\lambda\boldsymbol{r}+\mu\boldsymbol{s}$ aus Beispiel 7.4 in Normalenform darstellen. $\boldsymbol{y}$ kann so bleiben, es fehlt nur ein Normalenvektor $\boldsymbol{n}$. Dieser muss senkrecht auf $\boldsymbol{r}$ und auf $\boldsymbol{s}$ stehen, d. h. es muss gelten:

$$\boldsymbol{n}\bot\boldsymbol{r} = 0 \quad \text{und} \quad \boldsymbol{n}\bot\boldsymbol{s} = 0, \quad \text{also:}$$
$$2n_1 - 3n_2 = 0 \quad \text{und} \quad 3n_1 - 5n_2 - 3n_3 = 0.$$

Zur Festigung: Warum muss es hier mehrere Möglichkeiten für den Normalenvektor geben? Wieviele sind es denn? Wie unterscheiden die sich?

Eine Möglichkeit ist[1] $n_1 = 9, n_2 = 6, n_3 = -1$. Die Ebene p lautet dann in

[1] Wir werden gleich noch sehen, wie wir so ein $\boldsymbol{n}$ berechnen können. Nehmen Sie es für den Moment einfach mal hin (aber prüfen Sie, ob das angegebene $\boldsymbol{n}$ auch die Bedingungen erfüllt).

Normalenform

$$p: \begin{pmatrix} 9 \\ 6 \\ -1 \end{pmatrix} \left(\boldsymbol{x} - \begin{pmatrix} 1 \\ 2 \\ 3 \end{pmatrix} \right) = 0$$

oder gleich ausgeschrieben:

$$\begin{aligned} p: \begin{pmatrix} 9 \\ 6 \\ -1 \end{pmatrix} \begin{pmatrix} x_1 \\ x_2 \\ x_3 \end{pmatrix} - \begin{pmatrix} 9 \\ 6 \\ -1 \end{pmatrix} \begin{pmatrix} 1 \\ 2 \\ 3 \end{pmatrix} &= 0 \\ \iff \quad p: 9x_1 + 6x_2 - x_3 - 18 &= 0 \\ \iff \quad p: 9x_1 + 6x_2 - x_3 &= 18 \end{aligned}$$

- Wir wollen die Normalenform der Ebene $p: \begin{pmatrix} 9 \\ 6 \\ -1 \end{pmatrix} \left(\boldsymbol{x} - \begin{pmatrix} 1 \\ 2 \\ 3 \end{pmatrix} \right) = 0$ umrechnen in eine Parameterform $p: \boldsymbol{y} + \lambda \boldsymbol{r} + \mu \boldsymbol{s}$.

  Aus der Normalenform lesen wir sofort $\boldsymbol{n} = \begin{pmatrix} 9 \\ 6 \\ -1 \end{pmatrix}$ und $\boldsymbol{y} = \begin{pmatrix} 1 \\ 2 \\ 3 \end{pmatrix}$ ab.

  $\boldsymbol{y}$ (welches ja Ortsvektor eines Punkt der Ebene ist) kann direkt übernommen werden. Wir benötigen noch zwei Richtungsvektoren $\boldsymbol{r}$ und $\boldsymbol{s}$.

  Das geschieht am einfachsten, indem wir zwei weitere Punkte in p ausrechnen und dann die bereits bekannte Methode verwenden, um aus drei Punkten der Ebene eine Parameterdarstellung herzuleiten. Wie finden wir nun zwei weitere Punkte in p?
  Die Normalenform lautet ausgeschrieben (s. o.): $p: 9x_1 + 6x_2 - x_3 = 18$.

  Jeder Punkt $\begin{pmatrix} x_1 \\ x_2 \\ x_3 \end{pmatrix}$, der das erfüllt, liegt in der Ebene. Es handelt sich hier um eine Gleichung mit drei Unbekannten; bei Festlegung von Zahlenwerten für zwei der Unbekannten können wir also erwarten, die dritte Unbekannte ausrechnen zu können. Es bliebe dann ja nur eine Gleichung mit einer Unbekannten übrig (normalerweise; wenn eine der drei Komponenten von $\boldsymbol{n}$

Null ist, ist etwas Flexibilität gefragt, siehe Aufgabe 7.3).
Natürlich wollen wir möglichst wenig rechnen und setzen ganze Zahlen ein:

$$x_1 = 0,\ x_2 = 0 \Longrightarrow x_3 = 18; \quad \text{und} \quad x_1 = 0,\ x_3 = 0 \Longrightarrow x_2 = 3.$$

Wir haben damit drei Punkte in der Ebene gefunden: $\begin{pmatrix} 1 \\ 2 \\ 3 \end{pmatrix}, \begin{pmatrix} 0 \\ 0 \\ 18 \end{pmatrix}, \begin{pmatrix} 0 \\ 3 \\ 0 \end{pmatrix}$.

Zur Festigung: Führen Sie die verbleibenden Schritte zur Berechnung einer Parameterdarstellung von p durch.

Aus diesen können wir die Parameterdarstellung auf dem bereits bekannten Weg berechnen.
Sollte die Normalenform nur in der ausgeschriebenen Form vorliegen (sodass Sie nicht wie oben gleich einen Punkt der Ebene ablesen können), können Sie problemlos durch geschicktes Festlegen der beiden Unbekannten einen dritten Punkt berechnen. In diesem Fall z. B. mit $x_1 = 2$, $x_2 = 0$: Dann muss $x_3 = 0$ sein. ■

Tabelle 7.1 Vergleich der beiden Darstellungen für Ebenen

	Parameterdarstellung	Normalenform
Punkte der Ebene lassen sich	leicht ausrechnen	nicht direkt ausrechnen
Richtungen der Ebene sind	leicht erkennbar	nicht direkt erkennbar
Test, ob ein gegebener Punkt in der Ebene liegt, ist	aufwendig	leicht
Prüfung, ob zwei Ebenen parallel sind,	erfordert Rechnung	einfach

Kreuzprodukt

Definition 7.8

Für zwei Vektoren $\boldsymbol{x}, \boldsymbol{y} \in \mathbb{R}^3$ ist das Kreuzprodukt $\boldsymbol{x} \times \boldsymbol{y}$ (lies: „$\boldsymbol{x}$ kreuz $\boldsymbol{y}$") definiert als

$$\boldsymbol{x} \times \boldsymbol{y} := \begin{pmatrix} x_2 y_3 - x_3 y_2 \\ -x_1 y_3 + x_3 y_1 \\ x_1 y_2 - x_2 y_1 \end{pmatrix}.$$

Das Kreuzprodukt wird auch als „Vektorprodukt" sowie als „äußeres Produkt" bezeichnet.

Das Kreuzprodukt (Vektorprodukt) gibt es nur im $\mathbb{R}^3$; es liefert wieder einen Vektor in $\mathbb{R}^3$.

Satz 7.5 Eigenschaften des Kreuzprodukts

Seien $\boldsymbol{x}, \boldsymbol{y}, \boldsymbol{z} \in \mathbb{R}^3$, $\lambda \in \mathbb{R}$. Dann gilt:

$$\boldsymbol{x} \times \boldsymbol{y} = -\boldsymbol{y} \times \boldsymbol{x} \tag{7.14}$$

$$(\lambda \boldsymbol{x}) \times \boldsymbol{y} = \boldsymbol{x} \times (\lambda \boldsymbol{y}) = \lambda(\boldsymbol{x} \times \boldsymbol{y}) \tag{7.15}$$

$$\boldsymbol{x} \times (\boldsymbol{y} + \boldsymbol{z}) = (\boldsymbol{x} \times \boldsymbol{y}) + (\boldsymbol{x} \times \boldsymbol{z}) \tag{7.16}$$

$$\text{Sind } \boldsymbol{x} \text{ und } \boldsymbol{y} \text{ parallel, so ist } \quad \boldsymbol{x} \times \boldsymbol{y} = \boldsymbol{o} \tag{7.17}$$

$$(\boldsymbol{x} \times \boldsymbol{y}) \perp \boldsymbol{x} \quad \text{und} \quad (\boldsymbol{x} \times \boldsymbol{y}) \perp \boldsymbol{y} \tag{7.18}$$

$$\|\boldsymbol{x} \times \boldsymbol{y}\| = \|\boldsymbol{x}\| \cdot \|\boldsymbol{y}\| \cdot \sin\alpha \tag{7.19}$$

wobei α der von $\boldsymbol{x}$ und $\boldsymbol{y}$ eingeschlossene Winkel ist.

Praktisch ist beim Kreuzprodukt, dass es wegen (7.18) eine einfache Möglichkeit (im $\mathbb{R}^3$) liefert, einen zu zwei gegebenen Vektoren senkrechten Vektor auszurechnen. Von der Länge dieses senkrechten Vektors einmal abgesehen, gibt es noch zwei Varianten, einmal den nach oben (von $\boldsymbol{x}$ und $\boldsymbol{y}$ aus gesehen) und einmal den nach unten gerichteten Vektor. Wegen (7.14) sind das die Richtungen von $\boldsymbol{x} \times \boldsymbol{y}$ bzw. die von $\boldsymbol{y} \times \boldsymbol{x}$. Um sich zu merken, wohin $\boldsymbol{x} \times \boldsymbol{y}$ zeigt, gibt es die **rechte-Hand-Regel**:
Zeigt der Zeigefinger der rechten Hand in Richtung von $\boldsymbol{x}$ und der Mittelfinger in Richtung von $\boldsymbol{y}$, dann zeigt der senkrecht dazu abgespreizte Daumen in Richtung von $\boldsymbol{x} \times \boldsymbol{y}$.

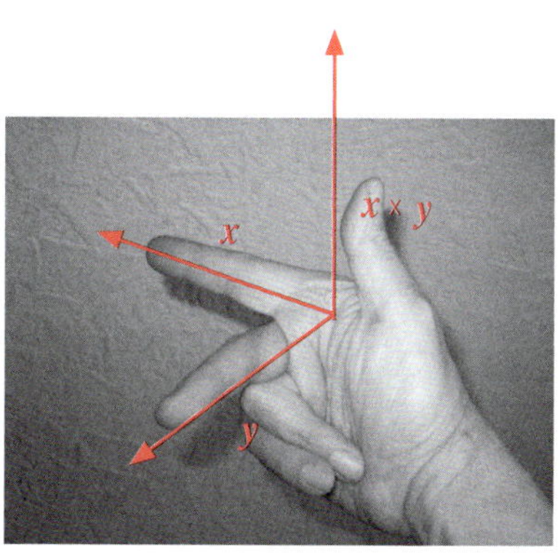

Bild 7.13 Rechte-Hand-Regel

Beispiel 7.6

$$\begin{pmatrix} 1 \\ 0 \\ 3 \end{pmatrix} \times \begin{pmatrix} 2 \\ -3 \\ 4 \end{pmatrix} = \begin{pmatrix} 9 \\ 2 \\ -3 \end{pmatrix}, \qquad \begin{pmatrix} 1 \\ 2 \\ 3 \end{pmatrix} \times \begin{pmatrix} 2 \\ 4 \\ 6 \end{pmatrix} = \begin{pmatrix} 0 \\ 0 \\ 0 \end{pmatrix}$$

Am folgenden Beispiel können Sie überprüfen, ob die Finger an Ihrer rechten Hand an der richtigen Stelle sitzen (und außerdem erkennen, dass man im Kreuzprodukt nicht die Faktoren vertauschen darf[1])

$$\begin{pmatrix} 1 \\ 0 \\ 0 \end{pmatrix} \times \begin{pmatrix} 0 \\ 1 \\ 0 \end{pmatrix} = \begin{pmatrix} 0 \\ 0 \\ 1 \end{pmatrix}, \qquad \begin{pmatrix} 0 \\ 1 \\ 0 \end{pmatrix} \times \begin{pmatrix} 1 \\ 0 \\ 0 \end{pmatrix} = \begin{pmatrix} 0 \\ 0 \\ -1 \end{pmatrix}$$

■

[1] Genauer: Man darf die Faktoren schon vertauschen, aber nicht erwarten, dass das Kreuzprodukt dasselbe bleibt.

Flächeninhalt eines Parallelogramms

Satz 7.6

> Das von zwei Vektoren $\boldsymbol{x}, \boldsymbol{y} \in \mathbb{R}^3$ aufgespannte Parallelogramm hat den Flächeninhalt $\|\boldsymbol{x} \times \boldsymbol{y}\|$.

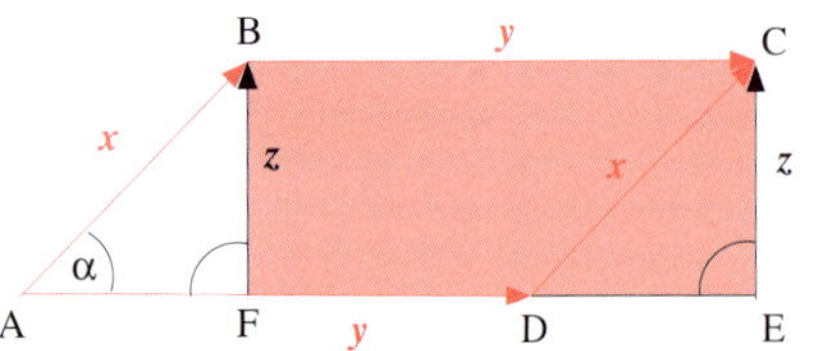

Bild 7.14 Fläche des Parallelogramms ABCD ist gleich der Fläche des Rechtecks BCEF $= \|y\| \cdot \|z\|$, $\|z\| = \|x\| \sin \alpha$.

Dies leuchtet ein, wenn man das Parallelogramm in ein Rechteck mit gleichem Flächeninhalt überführt, siehe Bild 7.14.
Als Spezialfall erhalten wir daraus auch eine Formel für den Flächeninhalt eines Parallelogramms im $\mathbb{R}^2$ (siehe auch Satz 4.5). Dazu setzen wir die dritte Koordinate auf Null und betrachten das von den Vektoren

$$\boldsymbol{x} = \begin{pmatrix} x_1 \\ x_2 \\ 0 \end{pmatrix} \text{ und } \boldsymbol{y} = \begin{pmatrix} y_1 \\ y_2 \\ 0 \end{pmatrix}$$

aufgespannte Parallelogramm. Nach Satz 7.6 hat es den Flächeninhalt

Formel für den Flächeninhalt eines Parallelogramms im $\mathbb{R}^2$

$$|\boldsymbol{x} \times \boldsymbol{y}| = \left| \begin{pmatrix} x_1 \\ x_2 \\ 0 \end{pmatrix} \times \begin{pmatrix} y_1 \\ y_2 \\ 0 \end{pmatrix} \right| = |x_1 y_2 - y_1 x_2|.$$

Anwendung – Physik: Drehmoment

Greift eine Kraft $\boldsymbol{F}$ am Rand einer drehbar gelagerten Scheibe im Punkt mit dem Ortsvektor $\boldsymbol{r}$ an (siehe Bild 7.15), so spricht man vom Drehmoment $\boldsymbol{M} := \boldsymbol{r} \times \boldsymbol{F}$. Der Betrag des Drehmoments ist nach (7.19)

$$\|\boldsymbol{M}\| := \|\boldsymbol{r} \times \boldsymbol{F}\| = \|\boldsymbol{r}\| \cdot \|\boldsymbol{F}\| \cdot \sin \varphi$$

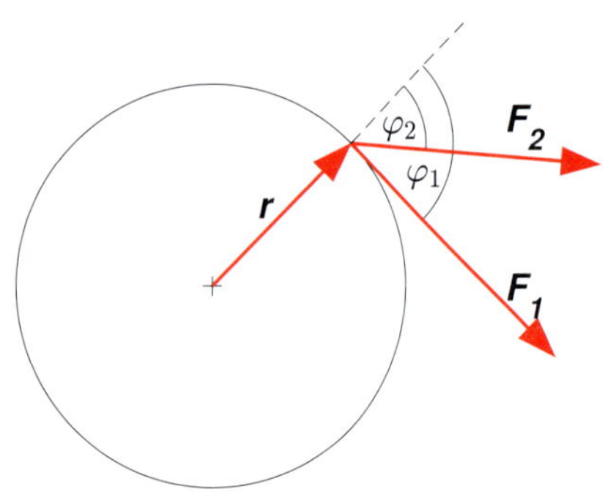

Bild 7.15 F_1 hat maximales Drehmoment, F_2 nicht

und hat damit die Einheit N m (Newtonmeter). In der Umgangssprache unterscheidet man nicht immer streng das Drehmoment und seinen Betrag: Wenn ein Drehmoment in N m angegeben ist, so ist damit genauer der Betrag des Drehmoments gemeint. Man erkennt, dass der Betrag des Drehmoments maximal wird, wenn $\sin \varphi = 1$ ist, also $\boldsymbol{r}$ und $\boldsymbol{F}$ senkrecht zueinander sind. Es ist gleich Null, wenn $\boldsymbol{r}$ und $\boldsymbol{F}$ die gleiche Richtung haben. Das Drehmoment (diesmal: der Vektor) gibt die Richtung der Drehachse an, um die die Scheibe rotiert, wenn die Kraft $\boldsymbol{F}$ angreift.

Offensichtlich haben also Drehmoment (genauer: der Betrag des Drehmoments) und Arbeit dieselbe Einheit. Man beachte aber, dass das Drehmoment eine gerichtete Größe (mathematisch: ein Vektor) ist, und die Arbeit eine ungerichtete (mathematisch: eine Zahl).

Eine Wippe, Bild 7.16, oder Balkenwaage, ist im Gleichgewicht, wenn die Drehmomente auf beiden Seiten den gleichen Betrag haben. Da die Kräfte senkrecht am Hebelarm angreifen, ist der Betrag des Drehmoments nach obiger Formel einfach das Produkt aus der Kraft (genauer: Größe der Kraft) mit der Länge des Hebelarms. Wer am längeren Hebel sitzt, braucht bekanntlich weniger Kraft, um das gleiche Drehmoment zu erzeugen und die Wippe im Gleichgewicht zu halten.

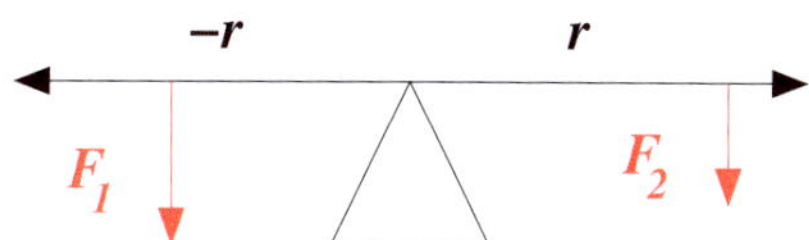

Bild 7.16 Die Wippe ist im Gleichgewicht, da die Drehmomente auf beiden Seiten betragsmäßig gleich sind.

Satz 7.7 Spatprodukt

Ein durch drei Vektoren $\boldsymbol{a}, \boldsymbol{b}, \boldsymbol{c} \in \mathbb{R}^3$ aufgespanntes Parallelotop (Spat, siehe Bild 7.17) hat das Volumen $V = |\boldsymbol{a} \cdot (\boldsymbol{b} \times \boldsymbol{c})|$. Den Ausdruck $\boldsymbol{a} \cdot (\boldsymbol{b} \times \boldsymbol{c})$ bezeichnet man auch als **Spatprodukt** der drei Vektoren.

Schauen wir uns das Spatprodukt einmal komponentenweise an:

Seien, wie üblich $\boldsymbol{a} = \begin{pmatrix} a_1 \\ a_2 \\ a_3 \end{pmatrix}$, $\boldsymbol{b} = \begin{pmatrix} b_1 \\ b_2 \\ b_3 \end{pmatrix}$, $\boldsymbol{c} = \begin{pmatrix} c_1 \\ c_2 \\ c_3 \end{pmatrix}$.

Das Spatprodukt berechnet sich dann zu

$$\begin{aligned} \boldsymbol{a} \cdot (\boldsymbol{b} \times \boldsymbol{c}) &= a_1(b_2c_3 - b_3c_2) + a_2(b_3c_1 - b_1c_3) + a_3(b_1c_2 - b_2c_1) \\ &= a_1b_2c_3 + a_2b_3c_1 + a_3b_1c_2 - a_1b_3c_2 - a_2b_1c_3 - a_3b_2c_1 \\ &= a_1b_2c_3 + b_1c_2a_3 + c_1a_2b_3 - c_1b_2a_3 - a_1c_2b_3 - b_1a_2c_3 \end{aligned}$$

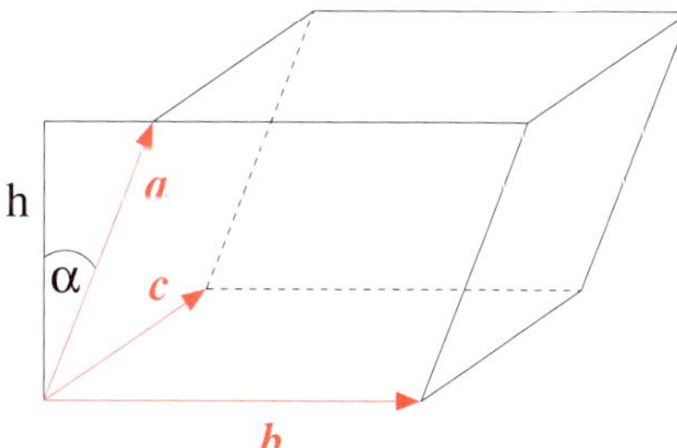

Bild 7.17 Parallelotop (Spat), aufgespannt von den Vektoren $\boldsymbol{a}$, $\boldsymbol{b}$, $\boldsymbol{c}$

Im letzten Schritt haben wir nur etwas umsortiert. Der Sinn der Umsortierung erschließt sich nicht auf den ersten Blick, aber auf den zweiten, wenn wir nämlich die Vektoren in einem Schema nebeneinander schreiben und rechts nochmals die Vektoren $\boldsymbol{a}$ und $\boldsymbol{b}$ anhängen:

$$\begin{pmatrix} a_1 & b_1 & c_1 \\ a_2 & b_2 & c_2 \\ a_3 & b_3 & c_3 \end{pmatrix} \longrightarrow \text{rechts ergänzen} \left(\begin{array}{ccc|cc} a_1 & b_1 & c_1 & a_1 & b_1 \\ a_2 & b_2 & c_2 & a_2 & b_2 \\ a_3 & b_3 & c_3 & a_3 & b_3 \end{array}\right)$$

$$\begin{pmatrix} a_1 & & b_1 & & c_1 & & a_1 & & b_1 \\ & \searrow & & \times & & \times & & \swarrow & \\ a_2 & & b_2 & & c_2 & & a_2 & & b_2 \\ & \swarrow & & \times & & \times & & \searrow & \\ a_3 & & b_3 & & c_3 & & a_3 & & b_3 \end{pmatrix}$$

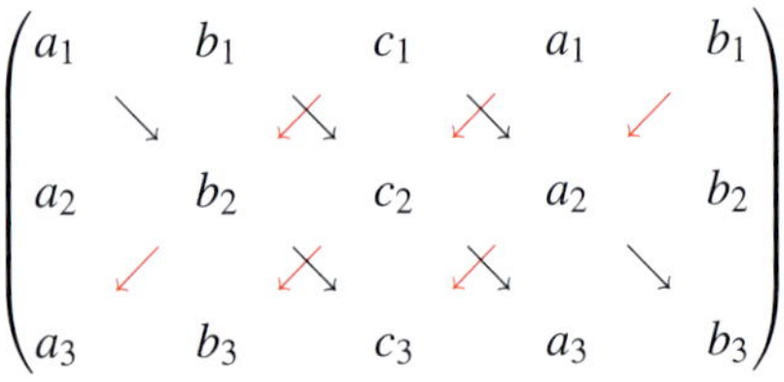

Bild 7.18 Rechenwege bei der Berechnung des Spatprodukts dreier Vektoren: Die Produkte aus den roten Richtungen werden subtrahiert, die aus den schwarzen addiert.

Sieht nett aus, aber Sie fragen sich immer noch, was das soll? Dann nehmen Sie einmal den ersten Summanden aus obiger Summe, also $a_1b_2c_3$. Diesen erhält man, wenn man im ergänzten Zahlenschema oben links beginnt und dann schräg nach rechts unten die Faktoren sucht. Den zweiten Summanden $b_1c_2a_3$ findet man, indem man beim Element b_1 daneben beginnt und schräg nach rechts unten weiter geht. Den dritten analog beginnend bei c_1. Diese müssen alle addiert werden. Die zu subtrahierenden Terme findet man, indem man bei c_1 beginnend nach schräg links unten fortschreitet und das Ganze genauso beginnend bei a_1 und bei b_1. Das Zahlenschema mit den 9 Zahlen ist ein Beispiel für eine Matrix, und das zugehörige Spatprodukt ist ein Spezialfall einer Determinante. Darauf kommen wir später nochmals zurück. Die obige Regel wird auch **Sarrussche Regel** genannt.

Pierre Frédéric Sarrus, 1798-1861, franz. Mathematiker

Beispiel 7.7

Es soll das Spatprodukt der Vektoren $\boldsymbol{a} = \begin{pmatrix} 1 \\ 2 \\ 3 \end{pmatrix}$, $\boldsymbol{b} = \begin{pmatrix} 2 \\ -5 \\ 5 \end{pmatrix}$, $\boldsymbol{c} = \begin{pmatrix} 7 \\ 4 \\ 2 \end{pmatrix}$

berechnet werden. Wir ergänzen also zum Zahlenschema:

$$\begin{pmatrix} 1 & 2 & 7 \\ 2 & -5 & 4 \\ 3 & 5 & 2 \end{pmatrix} \longrightarrow \text{rechts ergänzen} \left(\begin{array}{ccc|cc} 1 & 2 & 7 & 1 & 2 \\ 2 & -5 & 4 & 2 & -5 \\ 3 & 5 & 2 & 3 & 5 \end{array}\right)$$

Nun suchen wir über die Schrägzeilen die zu multiplizierenden Zahlen zusammen und erhalten die Summanden: Addiert wird das, was aus Schrägen nach rechts unten kommt, subtrahiert das aus den Schrägen nach links unten. Wir erhalten also:

$\boldsymbol{a} \cdot (\boldsymbol{b} \times \boldsymbol{c}) = 1 \cdot (-5) \cdot 2 + 2 \cdot 4 \cdot 3 + 7 \cdot 2 \cdot 5 - 7 \cdot (-5) \cdot 3 - 1 \cdot 4 \cdot 5 - 2 \cdot 2 \cdot 2 = 161$

Mit etwas Übung gelingt einem diese Rechnung auch ohne das ergänzte Zahlenschema zu notieren, nur in dem man die drei Vektoren nebeneinander schreibt. Beobachten Sie einmal, welche Zahlen im nicht-ergänzten Zahlenschema multipliziert werden: In jeder Zeile wird immer genau eine Zahl gewählt und in jeder Spalte auch genau eine. Dabei werden alle Kombinationen durchgespielt. Die Richtung der (gedachten) Schrägen gibt einem noch das nötige Vorzeichen. ■

7.1.4 Abstandsberechnungen

Abstand Punkt-Punkt

Der Abstand zweier Punkte X und Y ist leicht zu berechnen. Seien $\boldsymbol{x}$ und $\boldsymbol{y}$ die zugehörigen Ortsvektoren. Dann ist der Abstand zwischen X und Y: $\operatorname{dist}(X,Y) = \|\overrightarrow{XY}\| = \|\boldsymbol{x}-\boldsymbol{y}\|$.

Abstand Punkt-Ebene

Da eine Ebene aus vielen Punkten besteht, stellt sich die Frage, welcher zur Abstandsberechnung herangezogen werden soll. Die einzig sinnvolle Antwort ist: der Punkt der Ebene, der dem anderen Punkt am nächsten liegt.

Definition 7.9

Abstand Punkt-Ebene

Sei p eine Ebene, X ein Punkt. Unter dem **Abstand des Punktes X zur Ebene p** versteht man den kürzest möglichen Abstand von X zu Punkten in p (siehe Bild 7.19):

$$\operatorname{dist}(X,p) = \min\{\|\overrightarrow{XP}\| \mid P \in p\}$$

Der Punkt L in p, für den gilt $\operatorname{dist}(X,p) = \operatorname{dist}(X,L) = \|\overrightarrow{XL}\|$, wird **Fußpunkt** genannt, siehe Bild 7.19.

Gegeben: eine Ebene p mit Normalenvektor $\boldsymbol{n}$ und einem Ortsvektor $\boldsymbol{y}$ zu einem Punkt in der Ebene. Weiter sei X ein Punkt, der nicht in der Ebene liegt, sowie sei Ortsvektor $\boldsymbol{x}$.
Gesucht: der Punkt L in der Ebene, der X am nächsten liegt.
Zur Berechnung des Abstands stellen wir zunächst die Bedingungen an den Fußpunkt L auf: L soll in der Ebene liegen, also muss sein Ortsvektor $\boldsymbol{l}$ die Normalengleichung der Ebene erfullen:

$$\boldsymbol{n}(\boldsymbol{l}-\boldsymbol{y}) = 0$$

Andererseits muss man von X ausgehend zweifellos in Richtung des Normalenvektors $\boldsymbol{n}$ auf die Ebene zugehen, um auf L zu treffen, was bedeutet

$$\boldsymbol{l} = \boldsymbol{x} - \lambda\boldsymbol{n}.$$

Setzt man letzteres in ersteres ein, so erhält man:

$$\boldsymbol{n}(\boldsymbol{x} - \lambda\boldsymbol{n} - \boldsymbol{y}) = 0.$$

In dieser Gleichung ist nun alles bekannt außer λ; eine Gleichung

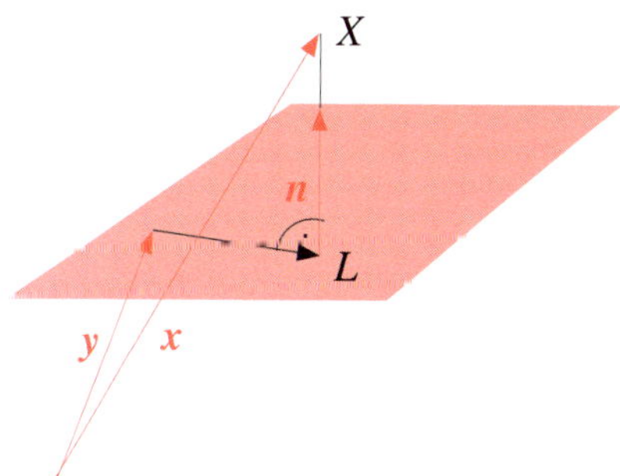

Bild 7.19 Der Punkt L ist derjenige Punkt der Ebene, der X am nächsten liegt.

mit einer Unbekannten, das sollte Sie vor kein Problem stellen. Umstellung nach λ ergibt:

$$\lambda = \frac{\boldsymbol{n}(\boldsymbol{x}-\boldsymbol{y})}{\boldsymbol{n}\boldsymbol{n}}$$

⚠ Achtung: Hier nicht durch $\boldsymbol{n}$ kürzen – man kann nicht durch Vektoren teilen. Nach Kürzen würde ein Quotient zweier Vektoren übrig bleiben, was zum Teufel soll das sein?

Die Division durch $\boldsymbol{n}^2$ ist kein Problem, denn $\boldsymbol{n}^2$ ist eine Zahl, nämlich das Quadrat der Länge von $\boldsymbol{n}$ und dies ist positiv (ein Normalenvektor kann nicht die Länge 0 haben).
Mit diesem gefundenen λ finden wir

$$\boldsymbol{l} = \boldsymbol{x} - \lambda\boldsymbol{n} = \boldsymbol{x} - \frac{\boldsymbol{n}(\boldsymbol{x}-\boldsymbol{y})}{\boldsymbol{n}\boldsymbol{n}} \cdot \boldsymbol{n}.$$

Der Abstand des Punktes L von X ist dann

$$\begin{aligned} \|\boldsymbol{l}-\boldsymbol{x}\| &= \left|\frac{\boldsymbol{n}(\boldsymbol{x}-\boldsymbol{y})}{\boldsymbol{n}\boldsymbol{n}} \cdot \boldsymbol{n}\right| = \left|\frac{\boldsymbol{n}(\boldsymbol{x}-\boldsymbol{y})}{\boldsymbol{n}\boldsymbol{n}}\right| \cdot \|\boldsymbol{n}\| \\ &= \frac{|\boldsymbol{n}(\boldsymbol{x}-\boldsymbol{y})|}{\|\boldsymbol{n}\|^2} \cdot \|\boldsymbol{n}\| = \frac{|\boldsymbol{n}(\boldsymbol{x}-\boldsymbol{y})|}{\|\boldsymbol{n}\|} \end{aligned}$$

Unser oben hergeleitetes Ergebnis lautet damit:

Formel für Abstand Punkt-Ebene

Satz 7.8

Sei p eine Ebene mit Normalenvektor $\boldsymbol{n}$ und $\boldsymbol{y}$ ein Ortsvektor zu einem Punkt Y in p, X ein beliebiger Punkt mit Ortsvektor $\boldsymbol{x}$. Dann gilt

$$\begin{aligned} \boldsymbol{l} &= \boldsymbol{x} - \frac{\boldsymbol{n}(\boldsymbol{x}-\boldsymbol{y})}{\boldsymbol{n}\boldsymbol{n}} \cdot \boldsymbol{n} \quad \text{und} \\ \operatorname{dist}(X,p) &= \|\boldsymbol{l}-\boldsymbol{x}\| = \frac{|\boldsymbol{n}(\boldsymbol{x}-\boldsymbol{y})|}{\|\boldsymbol{n}\|}. \end{aligned}$$

$\boldsymbol{l}$ ist der Ortsvektor zu dem Punkt in p, der X unter allen Punkten von p am nächsten liegt, dem Fußpunkt.

Zur Festigung: Prüfen Sie die Abstandsformel für den Fall, dass X in der Ebene p liegt.

↪ Aufgabe 7.1, c)
↪ Aufgabe 7.7
↪ Aufgabe 7.11

Abstand Gerade-Ebene

Abstand Gerade-Ebene

Definition 7.10

Unter dem **Abstand einer Geraden** g **zu einer Ebene** p versteht man den kürzest möglichen Abstand zwischen einem Punkt auf g und in p:

$$\begin{aligned} \operatorname{dist}(g,p) &= \min\{\|\overrightarrow{XY}\| \mid X \in g, Y \in p\} \\ &= \min\{\operatorname{dist}(X,p) \mid X \in g\} \end{aligned}$$

Für die Lage einer Geraden g zu einer Ebene p gibt es im $\mathbb{R}^3$ zwei Fälle:

- Die Gerade schneidet die Ebene (durchstößt sie).
- Die Gerade liegt parallel zur Ebene.

Im ersten Fall ist der Abstand zwischen der Geraden und der Ebene 0. Im zweiten Fall hat jeder Punkt der Geraden denselben Abstand zur Ebene. Dieser Abstand kann also einfach mit der Formel aus Satz 7.8 und einem beliebigen Punkt X der Geraden verwendet werden (siehe Bild 7.20).

Die beiden Fälle unterscheidet man am einfachsten so:

Die Gerade ist genau dann parallel zur Ebene, wenn ein Normalenvektor der Ebene senkrecht auf ihr steht (siehe Bild 7.20). Das bedeutet, der Normalenvektor muss senkrecht auf dem Richtungsvektor der Geraden stehen. Ist dies nicht der Fall, schneidet die Gerade die Ebene (1. Fall). Also:

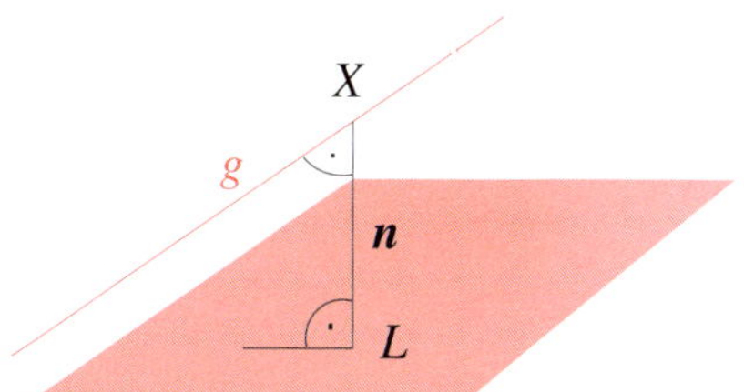

Bild 7.20 Die Gerade g ist parallel zur Ebene. Damit hat jeder Punkt der Geraden denselben Abstand zur Ebene, und an der Verbindungslinie treten sowohl an der Geraden als auch an der Ebene rechte Winkel auf.

Satz 7.9

Formel für Abstand Gerade-Ebene

Sei p eine Ebene mit Normalenvektor $\boldsymbol{n}$ und $g: \boldsymbol{y} + \lambda \boldsymbol{r}$ eine Gerade. Dann gilt:

$$\operatorname{dist}(g,p) = \begin{cases} 0 & \text{falls } \boldsymbol{n} \perp \boldsymbol{r} \neq 0 \\ \operatorname{dist}(X,p) & \text{falls } \boldsymbol{n} \perp \boldsymbol{r} = 0 \end{cases}$$

wobei X ein beliebiger Punkt von g ist (z. B. der zum Ortsvektor $\boldsymbol{y}$ gehörende Punkt Y).

Abstand Punkt-Gerade

Definition 7.11

Abstand Punkt Gerade

Sei g eine Gerade, X ein Punkt. Unter dem **Abstand des Punktes X zur Geraden** g versteht man den kürzest möglichen Abstand von X zu Punkten auf g:

$$\operatorname{dist}(X,g) = \min\{\|\overrightarrow{XP}\| \mid P \in g\}$$

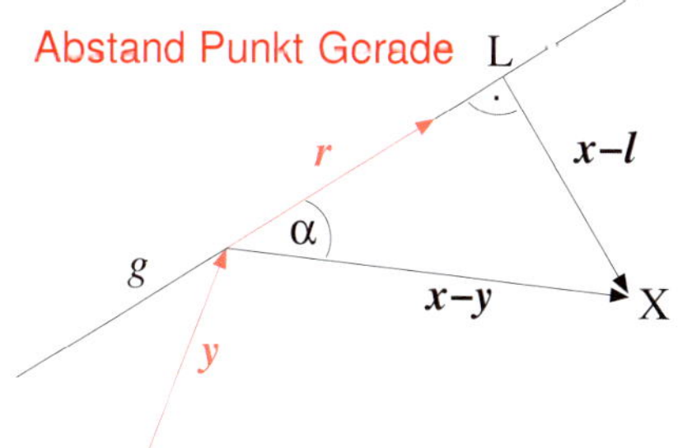

Bild 7.21 Der Punkt L ist derjenige Punkt auf der Geraden, der X am nächsten liegt.

Aus Bild 7.21 sieht man: $\sin\alpha = \frac{\|\boldsymbol{x}-\boldsymbol{l}\|}{\|\boldsymbol{x}-\boldsymbol{y}\|}$ (rechtwinkliges Dreieck).

Andererseits gilt nach (7.19) im $\mathbb{R}^3$:
$\|\boldsymbol{r} \times (\boldsymbol{x} - \boldsymbol{y})\| = \|\boldsymbol{r}\| \cdot \|\boldsymbol{x} - \boldsymbol{y}\| \cdot \sin\alpha$. Damit erhalten wir

$$\|\boldsymbol{x} - \boldsymbol{l}\| = \|\boldsymbol{x} - \boldsymbol{y}\| \cdot \sin\alpha = \frac{\|\boldsymbol{r} \times (\boldsymbol{x} - \boldsymbol{y})\|}{\|\boldsymbol{r}\|}$$

Wir haben damit:

Formel für Abstand Punkt-Gerade im $\mathbb{R}^3$

Satz 7.10

Sei $g : \boldsymbol{y} + \lambda\boldsymbol{r}$ eine Gerade im $\mathbb{R}^3$, X ein Punkt mit Ortsvektor $\boldsymbol{x} \in \mathbb{R}^3$. Dann gilt

$$\operatorname{dist}(X, g) = \frac{\|\boldsymbol{r} \times (\boldsymbol{x} - \boldsymbol{y})\|}{\|\boldsymbol{r}\|}.$$

Zur Festigung: Prüfen Sie die Abstandsformel für den Fall, dass X auf der Geraden g liegt.

↪ Aufgabe 7.1, c)

Abstand Gerade-Gerade

Abstand Gerade-Gerade

Definition 7.12

Unter dem Abstand einer Geraden g_1 zu einer Geraden g_2 versteht man den kürzest möglichen Abstand zwischen zwei Punkten auf g_1 und g_2.

$$\operatorname{dist}(g_1, g_2) = \min\{\|\overrightarrow{X_1Y_1}\| \mid X_1 \in g_1, X_2 \in g_2\}$$

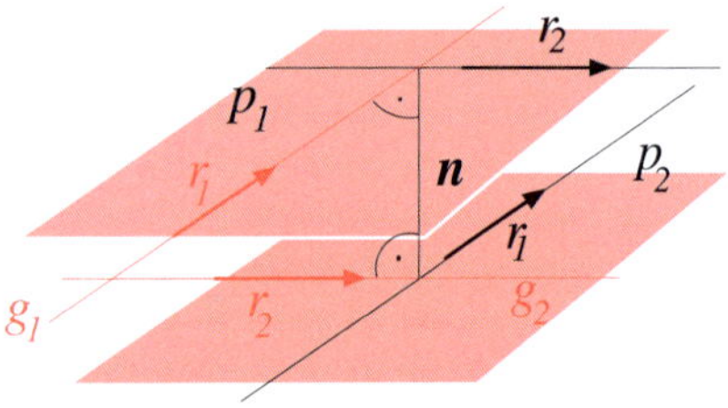

Bild 7.22 Die beiden Geraden g_1 und g_2 werden in Ebenen p_1 bzw. p_2 so eingebettet, dass die Ebenen parallel sind.

Seien die beiden Geraden gegeben durch Parameterdarstellungen $g_1 : \boldsymbol{y_1} + \lambda\boldsymbol{r_1}$ und $g_2 : \boldsymbol{y_2} + \lambda\boldsymbol{r_2}$. Wenn $\boldsymbol{r_1}$ und $\boldsymbol{r_2}$ parallel sind (also Vielfache voneinander – das ist leicht zu erkennen), dann sind auch die Geraden parallel und der Abstand der beiden Geraden voneinander ist gleich dem Abstand eines beliebigen Punktes der einen Geraden zur anderen Geraden. Im $\mathbb{R}^3$ können wir dann einfach die schon bekannte Formel für den Abstand eines Punktes zu einer Geraden verwenden.
Wenn die Geraden nicht parallel sind, hilft uns folgende Idee:
Wir erweitern jede der Geraden zu einer Ebene und betrachten die folgenden Ebenen:

$$p_1 : \boldsymbol{y_1} + \lambda\boldsymbol{r_1} + \mu\boldsymbol{r_2} \quad \text{und} \quad p_2 : \boldsymbol{y_2} + \lambda\boldsymbol{r_1} + \mu\boldsymbol{r_2}.$$

Dann sind die beiden Ebenen offensichtlich parallel und g_1 liegt in p_1 .und g_2 liegt in p_2. Alle Punkte von p_1 haben den gleichen Abstand zu p_2 und dieser Abstand ist gleich dem Abstand der beiden Geraden voneinander. Für die Formel verwenden wir also einfach die Formel für den Abstand eines Punktes zu einer Ebene aus Satz 7.8 mit dem Ortsvektor $\boldsymbol{y_1}$ und die Ebene p_2 (die im $\mathbb{R}^3$ den Normalenvektor $\boldsymbol{r_1} \times \boldsymbol{r_2}$ hat) und erhalten:

Zwei Geraden, die sich nicht schneiden und nicht parallel sind, nennt man auch **windschief**.

Satz 7.11

Formel für Abstand Gerade-Gerade im $\mathbb{R}^3$

Seien zwei nicht parallele Geraden im $\mathbb{R}^3$ gegeben durch: $g_1 : \boldsymbol{y_1} + \lambda \boldsymbol{r_1}$ und $g_2 : \boldsymbol{y_2} + \lambda \boldsymbol{r_2}$. Dann gilt:

$$\operatorname{dist}(g_1, g_2) = \frac{|(\boldsymbol{r_1} \times \boldsymbol{r_2}) \cdot (\boldsymbol{y_2} - \boldsymbol{y_1})|}{\|\boldsymbol{r_1} \times \boldsymbol{r_2}\|}.$$

---

begin MATLAB

```
>> a = [1; 2; 3]; b = [2; 3; 0];
>> dot(a,b)

ans =

    32
>> cross(a,b)

ans =

    -3
     6
    -3
>> a=[1;2;3]; b=[2;-5;5]; c=[7;4;2];
>> dot(a,cross(b,c))

ans =

   161

>>
```

Definition zweier Vektoren

Berechnung des Skalarprodukts (engl.: dot product)

Berechnung des Kreuzprodukts (engl.: cross product)

Berechnung des Spatvolumens aus Beispiel 7.7

end MATLAB

7.2 Vektorräume und ihre Darstellung

Unterraum

Anstelle von Unterraum ist auch „Teilraum“ gebräuchlich.

Definition 7.13

Eine $X \subseteq \mathbb{R}^n$ heißt **Unterraum von** $\mathbb{R}^n$, wenn gilt:

- für alle $\boldsymbol{x} \in X$ und alle $\lambda \in \mathbb{R}$ gilt: $\lambda \boldsymbol{x} \in X$
- für alle $\boldsymbol{x}, \boldsymbol{y} \in X$ gilt: $\boldsymbol{x} + \boldsymbol{y} \in X$

Mit anderen Worten: Für jedes Element eines Unterraums sind auch deren Vielfache wieder im Unterraum und für zwei beliebige Elemente ist auch deren Summe wieder im Unterraum. Das bedeutet, dass i. Allg. ein Unterraum unendlich viele Elemente hat. Die einzigen Ausnahmen: $\emptyset$ ist stets ein Unterraum. Und $\{\boldsymbol{o}\}$ ist auch ein Unterraum.
Kombiniert man die Bedingungen aus Def. 7.13, so erhält man:

Satz 7.12

Eine Menge $X \subseteq \mathbb{R}^n$ ist ein Unterraum von $\mathbb{R}^n$, wenn gilt:
für alle $k \in \mathbb{N}$, $\boldsymbol{x}_1, \ldots, \boldsymbol{x}_k \in X$, und alle $\lambda_1, \ldots, \lambda_k \in \mathbb{R}$ gilt:

$$\sum_{i=1}^{k} \lambda_i \boldsymbol{x}_i \in X.$$

Man nennt die obige Summe auch eine **Linearkombination** der Vektoren $\boldsymbol{x}_1, \ldots, \boldsymbol{x}_k$. Dann ist X ein Unterraum, wenn jede Linearkombination von Elementen aus X wieder ein Element von X ist.
Weiter gilt: Für jede Menge $M \subseteq \mathbb{R}^n$ ist die Menge aller Linearkombinationen, die mit Elementen von M erzeugt werden können, ein Unterraum von $\mathbb{R}^n$, d. h.

$$X := \left\{ \sum_{i=1}^{k} \lambda_i \boldsymbol{x}_i \;\middle|\; k \in \mathbb{N},\, \boldsymbol{x}_1, \ldots, \boldsymbol{x}_k \in M,\, \lambda_1, \ldots, \lambda_k \in \mathbb{R} \right\}$$

ist stets ein Unterraum von $\mathbb{R}$.
Man sagt auch: X ist der von M erzeugte, oder aufgespannte Unterraum und schreibt: $X = \operatorname{span} M$. Auch die Bezeichnungen „lineare Hülle von M“ und „Erzeugnis von M“ sowie die Schreibweise $X =< M >$ sind gebräuchlich.

Beispiel 7.8

- $M = \emptyset$. Dann ist $X = \operatorname{span} M = M = \emptyset$.
- $M = \{\boldsymbol{o}\}$. Dann ist $X = \operatorname{span} M = M = \{\boldsymbol{o}\}$. Dieser Unterraum besteht also nur aus einem Element, dem Nullvektor.
- $M = \left\{ \begin{pmatrix} 2 \\ 3 \\ 1 \end{pmatrix} \right\} \subset \mathbb{R}^3$. Dann ist $X = \operatorname{span} M = \left\{ \lambda \begin{pmatrix} 2 \\ 3 \\ 1 \end{pmatrix} \middle| \lambda \in \mathbb{R} \right\}$.

  X ist die Gerade im $\mathbb{R}^3$, die durch den Nullpunkt und den Punkt $\begin{pmatrix} 2 \\ 3 \\ 1 \end{pmatrix}$ läuft.

  Klar, denn die Parameterdarstellung dieser Geraden ist $\begin{pmatrix} 0 \\ 0 \\ 0 \end{pmatrix} + \lambda \begin{pmatrix} 2 \\ 3 \\ 1 \end{pmatrix}$, und genau das ist der Ausdruck in der obigen Menge.
- $M = \left\{ \begin{pmatrix} 1 \\ 0 \\ 0 \end{pmatrix}, \begin{pmatrix} 0 \\ 1 \\ 0 \end{pmatrix} \right\} \subset \mathbb{R}^3$. Dann ist $V = \operatorname{span} M =$

  $$\left\{ \lambda_1 \begin{pmatrix} 1 \\ 0 \\ 0 \end{pmatrix} + \lambda_2 \begin{pmatrix} 0 \\ 1 \\ 0 \end{pmatrix} \middle| \lambda_1, \lambda_2 \in \mathbb{R} \right\} = \left\{ \begin{pmatrix} \lambda_1 \\ \lambda_2 \\ 0 \end{pmatrix} \middle| \lambda_1, \lambda_2 \in \mathbb{R} \right\}$$

  V ist die x-y-Ebene im $\mathbb{R}^3$. Klar, denn die Parameterdarstellung dieser Ebene ist ja $\begin{pmatrix} 0 \\ 0 \\ 0 \end{pmatrix} + \lambda_1 \begin{pmatrix} 1 \\ 0 \\ 0 \end{pmatrix} + \lambda_2 \begin{pmatrix} 0 \\ 1 \\ 0 \end{pmatrix}$, und genau das ist ja der Ausdruck in der obigen Menge.
- $M = \left\{ \begin{pmatrix} 1 \\ 0 \\ 0 \end{pmatrix}, \begin{pmatrix} 2 \\ 0 \\ 0 \end{pmatrix} \right\} \subset \mathbb{R}^3$. Dann ist

$$\begin{aligned} W &= \operatorname{span} M = \left\{ \lambda_1 \begin{pmatrix} 1 \\ 0 \\ 0 \end{pmatrix} + \lambda_2 \begin{pmatrix} 2 \\ 0 \\ 0 \end{pmatrix} \,\middle|\, \lambda_1, \lambda_2 \in \mathbb{R} \right\} \\ &= \left\{ \begin{pmatrix} \lambda_1 + 2\lambda_2 \\ 0 \\ 0 \end{pmatrix} \,\middle|\, \lambda_1, \lambda_2 \in \mathbb{R} \right\} \overset{\mu=\lambda_1+2\lambda_2}{=} \left\{ \mu \begin{pmatrix} 1 \\ 0 \\ 0 \end{pmatrix} \,\middle|\, \mu \in \mathbb{R} \right\} \end{aligned}$$

X ist die Gerade im $\mathbb{R}^3$, die durch den Nullpunkt und den Punkt $\begin{pmatrix} 1 \\ 0 \\ 0 \end{pmatrix}$ läuft, also die x-Achse. Wir sehen also, dass das Aufspannen eines Unterraums aus einer zweielementigen Menge nicht immer zu einer Ebene führt. ■

Im letzten Beispiel führte das Aufspannen eines Unterraums aus zwei Vektoren offensichtlich deshalb nicht zu einer Ebene, weil die beiden aufspannenden Vektoren Vielfache voneinander waren. Natürlich will man zur Beschreibung eines Unterraums möglichst wenige Vektoren verwenden. In der aufspannenden Menge sollten nicht Vektoren zusammen mit ihren Vielfachen enthalten sein. Da der Unterraum ja aus allen Linearkombinationen der aufspannenden Vektoren besteht, tragen auch Linearkombinationen von aufspannenden Vektoren beim Aufspannen nichts Neues bei. Beispielsweise spannen die beiden Mengen

$$M_1 = \{\boldsymbol{x}, \boldsymbol{y}, 3\boldsymbol{x} - 7\boldsymbol{y}\} \text{ und } M_2 = \{\boldsymbol{x}, \boldsymbol{y}\}$$

denselben Raum auf, denn der Vektor $3\boldsymbol{x} - 7\boldsymbol{y}$ ist sowieso in $\operatorname{span} M_2$ enthalten. Mit seiner Verwendung kann man also keine neuen Vektoren erzeugen. Wenn wir als Mengen von aufspannenden Vektoren mit möglichst wenig Elementen suchen, sollten wir darauf achten, dass die Vektoren in der Menge nicht Linearkombinationen voneinander sind. Bezeichnen wir eine solche Menge mit $M = \{\boldsymbol{x_1}, \boldsymbol{x_2}, \ldots, \boldsymbol{x_k}\}$, so muss also gelten:

> Zum Aufspannen von Räumen verwendet man zweckmäßigerweise nur Vektoren, die nicht Linearkombinationen voneinander sind.

$$\text{für alle } i = 1, \ldots, k \text{ gilt} : \boldsymbol{x_i} \neq \sum_{\substack{j=1 \\ j \neq i}}^{k} \lambda_j \boldsymbol{x_j} \text{ für alle } \lambda_j \in \mathbb{R}.$$

Jedes $\boldsymbol{x_i}$ ist also nie eine Linearkombination der anderen $\boldsymbol{x_j}$. Sicher stimmen Sie mir zu, dass das etwas kompliziert aufgeschrieben erscheint. Es geht auch eleganter, wenn man erkennt, dass

$$\boldsymbol{x_i} \neq \sum_{\substack{j=1\\j\neq i}}^{k} \lambda_j \boldsymbol{x_j} \iff \boldsymbol{x_i} - \sum_{\substack{j=1\\j\neq i}}^{k} \lambda_j \boldsymbol{x_j} \neq \boldsymbol{o}$$

und dass wir also den Nullvektor nicht auf diese Weise als Linearkombination darstellen können. Diese Beobachtung führt auf die folgende Definition:

Definition 7.14

Lineare Unabhängigkeit

Eine Menge von Vektoren $\{\boldsymbol{x}_1, \boldsymbol{x}_2, \ldots, \boldsymbol{x}_k\} \subseteq \mathbb{R}^n$ heißt linear unabhängig, wenn für alle $\lambda_1, \lambda_2, \ldots, \lambda_k \in \mathbb{R}$ gilt:

$$\sum_{i=1}^{k} \lambda_i \boldsymbol{x}_i = \boldsymbol{o} \quad \Longrightarrow \quad \lambda_1 = \lambda_2 = \ldots \lambda_k = 0.$$

Aus einer linear unabhängigen Menge kann der Nullvektor nur auf triviale Weise als Linearkombination dargestellt werden.

Die lineare Unabhängigkeit sorgt also dafür, dass wir beim Aufspannen keine unnützen Vektoren mit an Bord haben. Nun muss das Ganze nur noch in Beziehung zum aufgespannten Raum gesetzt werden.

Definition 7.15

Basis

Eine Menge von Vektoren $\{\boldsymbol{x}_1, \boldsymbol{x}_2, \ldots, \boldsymbol{x}_k\} \subseteq \mathbb{R}^n$ heißt **Basis** von $X \subseteq \mathbb{R}^n$, wenn gilt:

- $\{\boldsymbol{x}_1, \boldsymbol{x}_2, \ldots, \boldsymbol{x}_k\}$ ist linear unabhängig
- für jedes $\boldsymbol{x} \in X$ gibt es $\lambda_1, \lambda_2, \ldots, \lambda_k \in \mathbb{R}$ mit $\boldsymbol{x} = \sum_{i=1}^{k} \lambda_i \boldsymbol{x}_i$.

Eine Menge ist eine Basis von X, wenn sie linear unabhängig ist und den Unterraum X aufspannt.

Beispiel 7.9

- Die Vektoren $\left\{ \begin{pmatrix} 1 \\ 0 \end{pmatrix}, \begin{pmatrix} 0 \\ 1 \end{pmatrix} \right\}$ bilden eine Basis für den $\mathbb{R}^2$, denn:

  1. Aus $\lambda_1 \begin{pmatrix} 1 \\ 0 \end{pmatrix} + \lambda_2 \begin{pmatrix} 0 \\ 1 \end{pmatrix} = \boldsymbol{o}$ folgt (bitte selbst nachprüfen!) zwingend: $\lambda_1 = 0$ und $\lambda_2 = 0$. Also sind die beiden Vektoren linear unabhängig.

2. Sei $\boldsymbol{x} = \begin{pmatrix} x_1 \\ x_2 \end{pmatrix} \in \mathbb{R}^2$ beliebig. Dann gibt es $\lambda_1, \lambda_2 \in \mathbb{R}$ mit $\boldsymbol{x} = \lambda_1 \begin{pmatrix} 1 \\ 0 \end{pmatrix} + \lambda_2 \begin{pmatrix} 0 \\ 1 \end{pmatrix}$: $\lambda_1 = x_1, \lambda_2 = x_2$ erfüllen nämlich das verlangte. Also ist jeder Vektor aus $\mathbb{R}^2$ als Linearkombination der beiden Vektoren darstellbar.

Damit sind beide Bedingungen aus obiger Definition erfüllt.

- Die Vektoren $\left\{ \begin{pmatrix} 1 \\ 2 \end{pmatrix}, \begin{pmatrix} 2 \\ 1 \end{pmatrix} \right\}$ bilden eine Basis für den $\mathbb{R}^2$, denn:

1. $\lambda_1 \begin{pmatrix} 1 \\ 2 \end{pmatrix} + \lambda_2 \begin{pmatrix} 2 \\ 1 \end{pmatrix} = \boldsymbol{o} \iff \lambda_1 = -2\lambda_2, 2\lambda_1 + \lambda_2 = 0$
$\iff \lambda_1 = -2\lambda_2, -4\lambda_2 + \lambda_2 = 0 \iff \lambda_1 = -2\lambda_2, -3\lambda_2 = 0$
$\iff \lambda_1 = -2\lambda_2, \lambda_2 = 0 \iff \lambda_1 = \lambda_2 = 0.$
Also sind die beiden Vektoren linear unabhängig.

2. Sei $\boldsymbol{x} = \begin{pmatrix} x_1 \\ x_2 \end{pmatrix} \in \mathbb{R}^2$ beliebig. Wir suchen $\lambda_1, \lambda_2 \in \mathbb{R}$ mit $\boldsymbol{x} = \lambda_1 \begin{pmatrix} 1 \\ 2 \end{pmatrix} + \lambda_2 \begin{pmatrix} 2 \\ 1 \end{pmatrix}$. Dies ist aber äquivalent zu
$x_1 = \lambda_1 + 2\lambda_2, x_2 = 2\lambda_1 + \lambda_2$
$\iff \lambda_1 = x_1 - 2\lambda_2, x_2 = 2\lambda_1 + \lambda_2$
$\iff \lambda_1 = x_1 - 2\lambda_2, x_2 = 2(x_1 - 2\lambda_2) + \lambda_2$
$\iff \lambda_1 = x_1 - 2\lambda_2, x_2 = 2x_1 - 3\lambda_2$
$\iff \lambda_1 = x_1 - 2\lambda_2, \lambda_2 = \frac{1}{3}(2x_1 - x_2)$
$\iff \lambda_1 = x_1 - \frac{2}{3}(2x_1 - x_2) = \frac{1}{3}(-x_1 + 2x_2)\lambda_2 = \frac{1}{3}(2x_1 - x_2).$
Wir haben also für jeden(!) Vektor aus $\mathbb{R}^2$ geeignete Koeffizienten λ_1, λ_2 gefunden. Also ist jeder Vektor aus $\mathbb{R}^2$ als Linearkombination der beiden Vektoren darstellbar.
Damit sind beide Bedingungen aus obiger Definition erfüllt.

- Die Vektoren $\boldsymbol{e_i} \in \mathbb{R}^n$, die die i-te Komponente 1 haben und sonst nur aus Nullen bestehen, $i = 1, \ldots, n$ bilden eine Basis für $\mathbb{R}^n$, die sog. **Standardbasis**. Den Vektor $\boldsymbol{e_i}$ bezeichnet man auch als i-ten **Einheitsvektor**.Im ersten Beispiel oben haben wir den Nachweis für die Standardbasis im $\mathbb{R}^2$ geführt. Der Nachweis für allgemeines n geschieht analog. ■

Die Standardbasis des $\mathbb{R}^3$:

$$\begin{pmatrix} 1 \\ 0 \\ 0 \end{pmatrix}, \begin{pmatrix} 0 \\ 1 \\ 0 \end{pmatrix}, \begin{pmatrix} 0 \\ 0 \\ 1 \end{pmatrix}$$

↪ Aufgabe 7.6

Satz 7.13

Dimension

Zwei Basen für dieselbe Menge $X \subseteq \mathbb{R}^n$ haben stets dieselbe Anzahl Elemente. Diese Anzahl nennt man **Dimension** von X.

Es gibt viele Basen für einen Raum, aber alle haben die gleiche Anzahl von Elementen.

Satz 7.14

Koordinatendarstellung

Sei $\{\boldsymbol{x}_1, \boldsymbol{x}_2, \ldots, \boldsymbol{x}_k\} \subseteq \mathbb{R}^n$ eine Basis für einen Unterraum $X \subseteq \mathbb{R}^n$. Dann gibt es zu jedem $\boldsymbol{x} \in X$ genau eine Wahl von $\lambda_1, \lambda_2, \ldots, \lambda_k \in \mathbb{R}$ mit

$$\boldsymbol{x} = \sum_{i=1}^{k} \lambda_i \boldsymbol{x}_i. \tag{7.20}$$

Mit anderen Worten: Jedes $\boldsymbol{x} \in X$ lässt sich eindeutig als Linearkombination der Basiselemente darstellen. Man nennt die Zahlen $\lambda_1, \lambda_2, \ldots, \lambda_k$ dann die **Koordinaten** von $\boldsymbol{x}$ bez. der Basis $\{\boldsymbol{x}_1, \boldsymbol{x}_2, \ldots, \boldsymbol{x}_k\}$.

Jedes Element eines Raumes lässt sich eindeutig als Linearkombination von Basiselementen darstellen. Die dabei verwendeten λ's heißen Koordinaten.

Schreibt man (7.20) komponentenweise auf, so erhält man

$$\boldsymbol{x}_j = \sum_{i=1}^{n} \lambda_i (\boldsymbol{x}_i)_j \quad \text{für } j = 1, \ldots, n.$$

Definition 7.16

Matrizenschreibweise

Hat man einen Vektor $\boldsymbol{x} \in \mathbb{R}^n$ dargestellt als Linearkombination von Vektoren $\{\boldsymbol{x}_1, \boldsymbol{x}_2, \ldots, \boldsymbol{x}_m\}$, also $\boldsymbol{x} = \sum_{i=1}^{m} \lambda_i \boldsymbol{x}_i$, so schreibt man dafür auch

$$\boldsymbol{x} = \Big(\boldsymbol{x}_1, \boldsymbol{x}_2, \ldots, \boldsymbol{x}_m\Big) \begin{pmatrix} \lambda_1 \\ \lambda_2 \\ \vdots \\ \lambda_m \end{pmatrix}.$$

Dabei bedeutet $\Big(\boldsymbol{x}_1, \boldsymbol{x}_2, \ldots, \boldsymbol{x}_m\Big)$, dass man die Vektoren $\boldsymbol{x}_1, \boldsymbol{x}_2, \ldots, \boldsymbol{x}_m$ einfach nebeneinander schreibt und die Klammern weglässt. Damit entsteht ein Rechteck von Zahlen, das

Das Nebeneinanderschreiben von Vektoren aus demselben Raum ergibt eine Matrix.

Man beachte: Die Mehrzahl von Matrix lautet Matrizen. Die Einzahl von Matrizen lautet übrigens in der Mathematik Matrix – den Begriff „Matrize“ gibt es in der Mathematik nicht, wohl aber in der Drucktechnik.

n Zeilen und m Spalten hat. Ein solches Zahlen-Schema nennt man **Matrix**, in diesem Fall spricht von einer $n \times m$-Matrix (lies: „n kreuz m“).

Matrix

Definition 7.17

Das Zahlenschema

$$A = \begin{pmatrix} a_{11} & a_{12} & \cdots & a_{1m} \\ a_{21} & a_{22} & \cdots & a_{2m} \\ \vdots & \vdots & & \vdots \\ a_{n1} & a_{n2} & \cdots & a_{nm} \end{pmatrix}$$

Merkregel für a_{ij}: erst der Zeilenindex (i), dann der Spaltenindex (j): ZVS = Zeile vor Spalte

heißt $n \times m$-**Matrix**. Es hat n Zeilen und m Spalten. Das Element, das in der i-ten Zeile und in der j-ten Spalte steht, ist a_{ij}. Die Matrix, für die alle Elemente gleich Null sind, also $a_{ij} = 0$ für alle i, j, heißt **Nullmatrix**. Die $n \times n$-Matrix I_n, in der die Diagonalelemente $a_{ii} = 1$ sind, und alle anderen Elemente 0, heißt **Einheitsmatrix**:

$$I_n = \begin{pmatrix} 1 & 0 & \cdots & 0 & 0 \\ 0 & 1 & \cdots & 0 & 0 \\ \vdots & \vdots & \ddots & \vdots & \vdots \\ 0 & 0 & \cdots & 1 & 0 \\ 0 & 0 & \cdots & 0 & 1 \end{pmatrix}$$

begin MATLAB

Definition von Matrizen in MATLAB:
Matrizen werden einfach zeilenweise eingegeben:

```
>> A = [1 2 3; 4 5 6]

A =

     1     2     3
     4     5     6
```

definiert die 2×3-Matrix $\boldsymbol{A} = \begin{pmatrix} 1 & 2 & 3 \\ 4 & 5 & 6 \end{pmatrix}$. Auch Kommata zwischen den Zahlen sind erlaubt: Die Eingabe

```
A = [1, 2, 3; 4, 5, 6]
```

liefert dieselbe Matrix wie vorher.

```
>> size(A)

ans =

     2     3

>>
```

Größe einer Matrix: $\boldsymbol{A}$ ist eine 2×3-Matrix.

Auf einzelne Elemente der Matrix kann zugegriffen werden:

```
>> a23 = A(2,3)

a23 =

     6

>>
```

Man kann aus einer Matrix Zeilen und Spalten als Teilmatrizen ausschneiden, ähnlich wie wir es bei Vektoren gesehen haben, ebenso Teile von Zeilen oder Spalten durch Angabe der Indizes:

```
>> A(:,3)

ans =

     3
     6

>> A(2,:)

ans =

     4     5     6

>> A(2,2:3)

ans =

     5     6

>>
```

Dritte Spalte von $\boldsymbol{A}$

Zweite Zeile von $\boldsymbol{A}$

Teil der zweiten Zeile von $\boldsymbol{A}$

Mit diesen kann man weiterrechnen wie Vektoren (kein Wunder, es sind ja Vektoren!). Spezielle Matrizen stehen zur Verfügung:

Def. einer 3×4-Matrix aus lauter Einsen

Def. der 3×4-Nullmatrix

Def. der 5×5-Einheitsmatrix $\boldsymbol{I_5}$

```
>> E = ones(3,4)

E =

     1     1     1     1
     1     1     1     1
     1     1     1     1

>> Z = zeros(3,4)

Z =

     0     0     0     0
     0     0     0     0
     0     0     0     0

>> I5 = eye(5,5)

I5 =

     1     0     0     0     0
     0     1     0     0     0
     0     0     1     0     0
     0     0     0     1     0
     0     0     0     0     1
```

end MATLAB

Wir greifen die in Def. 7.16 festgelegte Schreibweise jetzt noch einmal auf.

Matrix mal Vektor

Definition 7.18

Sei $\boldsymbol{A} = (\boldsymbol{a}_1, \boldsymbol{a}_2, \ldots, \boldsymbol{a}_m)$ eine $n \times m$-Matrix mit Spalten $\boldsymbol{a}_i \in \mathbb{R}^n$, $i = 1, \ldots, m$, $\boldsymbol{x} \in \mathbb{R}^n$ mit Komponenten x_i, $i = 1, \ldots, n$. Dann ist $\boldsymbol{Ax} \in \mathbb{R}^m$ definiert als

$$\boldsymbol{Ax} := \sum_{i=1}^{m} \boldsymbol{a}_i x_i$$

$\boldsymbol{Ax}$ ist also nichts anderes als eine Linearkombination der Spalten von $\boldsymbol{A}$, wobei die verwendeten Koeffizienten die Komponenten von $\boldsymbol{x}$ sind.

Beispiel 7.10

$$\boldsymbol{A} = \begin{pmatrix} 2 & 3 & 4 \\ 1 & -2 & 0 \\ 0 & 1 & 7 \end{pmatrix}, \ \boldsymbol{x} = \begin{pmatrix} 1 \\ 2 \\ 3 \end{pmatrix} \Longrightarrow \boldsymbol{Ax} = \begin{pmatrix} 20 \\ -3 \\ 23 \end{pmatrix}$$

Die Rechnung läuft also wie folgt:

$$\boldsymbol{A}\boldsymbol{x} = \begin{pmatrix} 2 \to 3 \to 4 \\ 1 \to -2 \to 0 \\ 0 \to 1 \to 7 \end{pmatrix} \begin{pmatrix} 1 \\ \downarrow \\ 2 \\ \downarrow \\ 3 \end{pmatrix} = \begin{pmatrix} 2\cdot 1 + 3\cdot 2 + 4\cdot 3 \\ 1\cdot 1 - 2\cdot 2 + 0\cdot 3 \\ 0\cdot 1 + 1\cdot 2 + 7\cdot 3 \end{pmatrix} = \begin{pmatrix} 20 \\ -3 \\ 23 \end{pmatrix}$$

Genauso berechnet man

$$\begin{pmatrix} 2 & 3 & 4 \\ 1 & -2 & 0 \\ 0 & 1 & 7 \end{pmatrix} \begin{pmatrix} -3 \\ 4 \\ 5 \end{pmatrix} = \begin{pmatrix} 26 \\ -11 \\ 39 \end{pmatrix}$$ ■

Mit dem Raum, der von den Spalten einer Matrix aufgespannt wird, werden wir noch allerhand zu tun haben. Da wir in der Mathematik auf kurze und klare Bezeichnungen Wert legen, bekommt dieser Raum einen eigenen, natürlich naheliegenden Namen.

Definition 7.19

Spaltenraum

Der von den Spalten einer $n \times m$-Matrix $\boldsymbol{A}$ aufgespannte Raum, also $\operatorname{span}\{\boldsymbol{a}_1, \boldsymbol{a}_2, \ldots, \boldsymbol{a}_m\}$, heißt **Spaltenraum** der Matrix. Man kann auch schreiben:
Der Spaltenraum von $\boldsymbol{A}$ ist die Menge $\{\boldsymbol{A}\boldsymbol{x} \mid \boldsymbol{x} \in \mathbb{R}^m\}$.
Die Dimension des Spaltenraums nennt man **Rang** von $\boldsymbol{A}$, kurz: $\operatorname{rg} \boldsymbol{A}$.

Der Spaltenraum einer Matrix $\boldsymbol{A}$ ist die Menge aller Linearkombinationen aus den Spalten von $\boldsymbol{A}$.

Definition 7.20

Matrix mal Matrix

Sei $\boldsymbol{A}$ eine $n \times m$-Matrix, $\boldsymbol{B}$ eine $m \times k$-Matrix mit Spalten $\boldsymbol{b}_i \in \mathbb{R}^m$, $i = 1, \ldots, k$. Dann ist die $n \times k$-Matrix $\boldsymbol{A}\boldsymbol{B}$ definiert als

$$\boldsymbol{A}\boldsymbol{B} := (\boldsymbol{A}\boldsymbol{b}_1\ \boldsymbol{A}\boldsymbol{b}_2\ \ldots \boldsymbol{A}\boldsymbol{b}_k)$$

Beim Produkt zweier Matrizen wird die linke Matrix nacheinander mit den Spalten der rechten Matrix multipliziert.

Beispiel 7.11

Um es uns einfach zu machen, greifen wir auf Beispiel 7.10 zurück.

$$\begin{pmatrix} 2 & 3 & 4 \\ 1 & -2 & 0 \\ 0 & 1 & 7 \end{pmatrix} \begin{pmatrix} 1 & -3 \\ 2 & 4 \\ 3 & 5 \end{pmatrix} = \begin{pmatrix} 20 & 26 \\ -3 & -11 \\ 23 & 39 \end{pmatrix}$$

Wie erwartet, stellt sich das Produkt dieser 3×3-Matrix mit der 3×2-Matrix als 3×2-Matrix heraus.

Wir sehen, die Multiplikaton zweier Matrizen ist nichts wirklich Neues: Es handelt sich um eine mehrfach ausgeführte Multiplikation der Matrix mit einem Vektor. Also: Wer Matrizen mit Vektoren multiplizieren kann, braucht hier nichts Neues lernen. ■

Die Matrix $\boldsymbol{A}$ wird also nacheinander mit allen Spalten von $\boldsymbol{B}$ multipliziert und die Ergebnisse, die ja Vektoren sind, nebeneinander als neue Matrix geschrieben und diese $\boldsymbol{A}\boldsymbol{B}$ genannt. $\boldsymbol{A}\boldsymbol{B}$ hat also genauso viele Zeilen wie $\boldsymbol{A}$ (denn die Spalten von $\boldsymbol{A}\boldsymbol{B}$ sind Linearkombinationen der Spalten von $\boldsymbol{A}$) und genauso viele Spalten wie $\boldsymbol{B}$ (denn jede Spalte von $\boldsymbol{B}$ ergibt eine Linearkombination, die eine Spalte von $\boldsymbol{A}\boldsymbol{B}$ wird. Somit ist klar, dass $\boldsymbol{A}\boldsymbol{B}$ eine $n \times k$-Matrix ist.

Man kann also ein Produkt $\boldsymbol{A}\boldsymbol{B}$ nur bilden, wenn die Spaltenzahl von $\boldsymbol{A}$ gleich der Zeilenzahl von $\boldsymbol{B}$ ist.

Komponentenweise sieht das Produkt $\boldsymbol{C} = \boldsymbol{A}\boldsymbol{B}$ so aus (wobei $\boldsymbol{A} = (a_{ij})$, $\boldsymbol{B} = (b_{ij})$, $\boldsymbol{C} = (C_{ij})$ mit den Größen der Matrizen wie in der obigen Definition):

$$c_{ij} = \sum_{l=1}^{m} a_{il}\, b_{lj} \quad \text{für } i = 1, \ldots, n,\ j = 1, \ldots, k$$

Diese Formel ist nützlich, wenn Matrizen elementweise in Abhängigkeit von Zeilen- bzw. Spaltenindex i bzw. j gegeben sind und Sie damit hantieren müssen. Eine solche finden Sie später in Beispiel 7.26. Weiter ist sie hilfreich, sollten Sie einmal in die Verlegenheit geraten, die Matrixmultiplikation komponentenweise programmieren zu müssen. Mit anderen Worten: Auswendiglernen dieser Formel ist überflüssig. Für Rechnungen auf dem Papier dauert das Herumsuchen in den Indizes viel zu lange. Wichtig ist, dass man das Prinzip verinnerlicht hat. Dann geht die Matrixmultiplikation – nach etwas Übung(!) – ganz leicht von der Hand.

Satz 7.15

Rechenregeln für Matrizen

Seien $\boldsymbol{A}$, $\boldsymbol{B}$, $\boldsymbol{C}$ Matrizen. Dann gilt:

$$\begin{aligned}\boldsymbol{A}+(\boldsymbol{B}+\boldsymbol{C}) &= (\boldsymbol{A}+\boldsymbol{B})+\boldsymbol{C}=\boldsymbol{A}+\boldsymbol{B}+\boldsymbol{C}\\ \boldsymbol{A}(\boldsymbol{B}+\boldsymbol{C}) &= \boldsymbol{A}\boldsymbol{B}+\boldsymbol{A}\boldsymbol{C}\\ \boldsymbol{A}(\boldsymbol{B}\boldsymbol{C}) &= (\boldsymbol{A}\boldsymbol{B})\boldsymbol{C}=\boldsymbol{A}\boldsymbol{B}\boldsymbol{C}\end{aligned}$$

Vermissen Sie hier die Regel, dass, wie es sich für ein Produkt gehört, auch die Reihenfolge der Faktoren vertauscht werden kann? Zunächst ist klar, dass, wenn das Produkt $\boldsymbol{A}\boldsymbol{B}$ existiert, das Produkt $\boldsymbol{B}\boldsymbol{A}$ gar nicht existieren muss. Wenn beispielsweise $\boldsymbol{A}$ eine 2×3-Matrix ist und $\boldsymbol{B}$ eine 3×4-Matrix, so ist das Produkt $\boldsymbol{A}\boldsymbol{B}$ eine 2×4-Matrix, aber das Produkt $\boldsymbol{B}\boldsymbol{A}$ existiert nicht, denn die Spaltenzahl von $\boldsymbol{A}$ ist nicht gleich der Zeilenzahl von $\boldsymbol{B}$.
Betrachten wir nun einmal die Situation mit zwei $n\times n$-Matrizen $\boldsymbol{A}$ und $\boldsymbol{B}$. Dann können beide Produkte $\boldsymbol{A}\boldsymbol{B}$ und $\boldsymbol{B}\boldsymbol{A}$ gebildet werden. Aber sind sie auch gleich?
Ein einfaches Beispiel zeigt, dass das i. Allg. nicht der Fall ist:

Bei Matrizen gilt i. Allg.: $\boldsymbol{A}\boldsymbol{B}\neq\boldsymbol{B}\boldsymbol{A}$.

Sei $\boldsymbol{A}=\begin{pmatrix}2&1\\3&4\end{pmatrix}$, $\quad\boldsymbol{B}=\begin{pmatrix}1&2\\3&4\end{pmatrix}$.

Dann ist $\boldsymbol{A}\boldsymbol{B}=\begin{pmatrix}5&8\\15&22\end{pmatrix}$, $\quad\boldsymbol{B}\boldsymbol{A}=\begin{pmatrix}8&9\\18&19\end{pmatrix}$.

7.3 Lineare Gleichungssysteme

Definition 7.21

Lineares Gleichungssystem

Ein **lineares Gleichungssystem** ist ein System von n Gleichungen mit m Unbekannten $x_1, x_2, \ldots, x_m$ der Form:

$$\begin{aligned}a_{11}x_1+a_{12}x_2+\cdots a_{1m}x_m &= b_1\\ a_{21}x_1+a_{22}x_2+\cdots a_{2m}x_m &= b_2\\ \vdots &= \vdots\\ a_{n1}x_1+a_{n2}x_2+\cdots a_{nm}x_m &= b_n\end{aligned}\tag{7.21}$$

Hierbei sind $a_{11}, a_{12}, \ldots, a_{nm}$ und $b_1, \ldots, b_n$ vorgegebene reelle Zahlen und $x_1, x_2, \ldots, x_m$ gesucht, die (7.21) erfüllen.
In Matrixnotation kann (7.21) elegant formuliert werden als

$$\begin{pmatrix} a_{11} & a_{12} & \cdots & a_{1m} \\ a_{21} & a_{22} & \cdots & a_{2m} \\ \vdots & \vdots & & \vdots \\ a_{n1} & a_{n2} & \cdots & a_{nm} \end{pmatrix} \cdot \begin{pmatrix} x_1 \\ x_2 \\ \vdots \\ x_m \end{pmatrix} = \begin{pmatrix} b_1 \\ b_2 \\ \vdots \\ b_n \end{pmatrix}$$

und damit noch kürzer als: $\boldsymbol{A}\boldsymbol{x} = \boldsymbol{b}$,
wobei $\boldsymbol{A} = (a_{ij})$ eine $n \times m$-Matrix ist und $\boldsymbol{b}$ der Vektor auf der rechten Seite. $\boldsymbol{A}$ wird als Koeffizientenmatrix bezeichnet.

Anwendung – Elektrotechnik: Eintor, Zweitor

In der Elektrotechnik (siehe z. B. [7]) bezeichnet man eine Schaltung mit zwei funktionell zusammengehörigen Klemmen als Eintor. Wenn der Zusammenhang zwischen Parametern an der einen und an der anderen Klemme linear ist, spricht man von einem linearen Eintor. Typisches Beispiel ist ein Ohmscher Widerstand ($U = I \cdot R$), der mit einer linearen Gleichung beschrieben werden kann. Eine Verallgemeinerung ist ein Zweitor, ein Bauteil mit zwei funktionell zusammengehörigen Klemmenpaaren. Ein lineares Zweitor wird durch zwei lineare Gleichungen beschrieben, z. B. in der sog. Widerstandsform:

Bild 7.23 Ein Zweitor mit erfüllter Strombedingung ([7])

$$\begin{aligned} U1 &= Z_{11}\, I1 + Z_{12}\, I2 \\ U2 &= Z_{21}\, I1 + Z_{22}\, I2 \end{aligned} \quad \Longleftrightarrow \quad \begin{pmatrix} U1 \\ U2 \end{pmatrix} = \begin{pmatrix} Z_{11} & Z_{12} \\ Z_{21} & Z_{22} \end{pmatrix} \begin{pmatrix} I1 \\ I2 \end{pmatrix}$$

Hat man also außer den Kenngrößen $Z_{11}, Z_{12}, Z_{21}, Z_{22}$ des Zweitors die Spannungen $U1$ und $U2$ gegeben und sucht die unbekannten Ströme $I1$ und $I2$, so hat man ein lineares Gleichungssystem mit zwei Gleichungen und zwei Unbekannten zu lösen.

Anwendung – Elektrotechnik: Knotenpotenzialmethode

Die Knotenpotenzialmethode ist ein Verfahren der Schaltungsberechnung. Ziel ist die Berechnung der Potenziale aller Knoten in einer Schaltung. Einem Bezugsknoten, hier $K0$, wird das Potenzial 0 zugeordnet (Masse), und jedem anderen Knoten sein Potenzial gegenüber diesem Bezugsknoten, sein Knotenpotenzial, welches gleich der Spannung zwischen Knoten und Bezugsknoten ist. Wir bezeichnen mit $U_{i,0}$ die Spannung zwischen dem Knoten Ki und $K0$. Dann werden in jedem Knoten $Ki, i = 1, \ldots, 3$ die Knotengleichungen nach der Kirchhoffschen Knotenregel aufgestellt. Zur Vereinfachung verwenden wir hier die Leitwerte der Widerstände $G_i = \frac{1}{Ri}$ und erhalten für die Brückenschaltung:

$$\begin{aligned} k1: \quad & G_1(U_{1,0} - U_{2,0}) + G_3(U_{1,0} - U_{3,0}) &=& \; Iq \\ k2: \quad & G_2 U_{2,0} + G_5(U_{2,0} - U_{3,0}) &=& \; G_1(U_{1,0} - U_{2,0}) \\ k3: \quad & G_3(U_{1,0} - U_{3,0}) + G_5(U_{2,0} - U_{3,0}) &=& \; G_4 U_{3,0} \end{aligned}$$

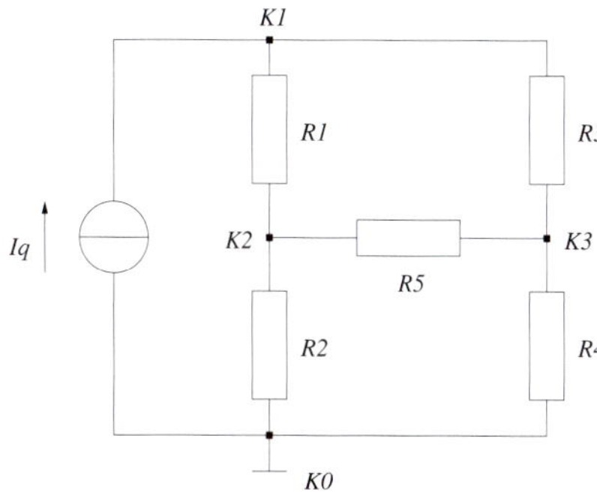

Bild 7.24 Eine Brückenschaltung (entnommen aus [7])

Die Unbekannten sind hier die Knotenpotenziale $U_{i,0}$, und wir erkennen, dass die obigen Gleichungen linear in den Unbekannten sind (die Stromquelle Iq sowie die Leitwerte G_i werden natürlich als bekannt angesehen). Es handelt sich also um ein lineares Gleichungssystem mit drei Gleichungen und drei Unbekannten, welches sich somit auch in Matrixform schreiben lässt:

$$\begin{pmatrix} G_1 + G_3 & -G_1 & -G_3 \\ -G_1 & G_1 + G_2 + G_3 & -G_5 \\ -G_3 & -G_5 & G_3 + G_4 + G_5 \end{pmatrix} \begin{pmatrix} U_{1,0} \\ U_{2,0} \\ U_{3,0} \end{pmatrix} = \begin{pmatrix} Iq \\ 0 \\ 0 \end{pmatrix}$$

Dass die Gleichungen linear in den Unbekannten sind, liegt u. a. daran, dass den Widerständen als Ohmschen Widerständen ein linearer Zusammenhang zwischen Strom und Spannung zugrundeliegt ($U = I \cdot R$). Würde hier ein nichtlinearer Zusammenhang vorliegen, wie es z. B. bei Dioden der Fall ist, würden die Gleichungen (genauer: einige der Gleichungen) nichtlinear in den Unbekannten. Dann wäre das ganze Gleichungssystem nicht mehr linear und könnte auch nicht mehr in Matrixform geschrieben werden und eine Berechnung der Lösung des Systems würde damit erheblich aufwendiger.

Satz 7.16

Einfache, aber fundamentale Beobachtung

Gegeben sei das lineare Gleichungssystem (7.21). Dann gilt:

$$\boldsymbol{x} \text{ ist Lösung von (7.21)} \iff \sum_{j=1}^{n} a_{ij} x_j = b_i \text{ für alle } i = 1, \ldots, n$$

oder, in Vektoren zusammengefasst:

$$\boldsymbol{x} \text{ ist Lösung von (7.21)} \iff \sum_{j=1}^{n} \boldsymbol{a}_j x_j = \boldsymbol{b}$$

wobei $\boldsymbol{a}_j$ die j-te Spalte von $\boldsymbol{A}$ ist.

Die allererste Frage, die sich bei der Betrachtung von linearen Gleichungssystemen stellt, ist natürlich: Ist es überhaupt lösbar? Daran anschließend: Wenn ja, wie viele Lösungen gibt es denn?

Beispiel 7.12

- $$\begin{aligned} x+1 &= 0 \\ x+1 &= 1 \end{aligned}$$
  Zwei Gleichungen, eine Unbekannte, nicht lösbar.
- $$\begin{aligned} x+y &= 0 \\ x+y &= 1 \end{aligned}$$
  Zwei Gleichungen, zwei Unbekannte, nicht lösbar.
- $$\begin{aligned} x+y &= 0 \\ x+2\,y &= 1 \\ 2\,x+4\,y &= 2 \end{aligned}$$
  Drei Gleichungen, zwei Unbekannte, eindeutig lösbar ($x = -1$, $y = 1$).
- $$\begin{aligned} x+y+z &= 0 \\ x+y+z &= 2 \end{aligned}$$
  Zwei Gleichungen, drei Unbekannte, nicht lösbar.
- $$\begin{aligned} x+y &= 0 \\ 2\,x+2\,y &= 0 \end{aligned}$$
  Zwei Gleichungen, zwei Unbekannte, unendlich viele Lösungen: Lösungsmenge ist $\{(x, -x) \mid x \in \mathbb{R}\}$. ■

Diese ganz einfachen Beispiele machen schon deutlich, was alles passieren kann. Es ist dringend empfohlen, diese sich genau anzuschauen, denn erstens sind die Beispiele extrem einfach und zweitens verdeutlichen sie dem Leser dauerhaft die möglichen Varianten der Lösungsmenge.

⚠ Vorsicht bei voreiligen Schlüssen aus Über- oder Unterbestimmtheit.

Man vergleicht auch gerne die Anzahl der Gleichungen n mit der Anzahl der Unbekannten m und spricht von einem unterbestimmten Gleichungssystem, wenn $n < m$ und von einem überbestimmten, wenn $n > m$ ist. Dies gibt einen Hinweis auf die Gestalt der Lösungsmenge: Man könnte vermuten, dass es keine Lösung gibt,

wenn mehr Gleichungen als Unbekannte vorliegen ($n > m$) und dass es mehrere Lösungen gibt, wenn weniger Gleichungen als Unbekannte ($n < m$) vorliegen. Oft ist das auch so, aber nicht immer, also Vorsicht.
Beispielsweise kann man bei einem eindeutig lösbaren System mit $n = m$ einfach ein paar der Gleichungen mehrfach hinschreiben, dann wird die Anzahl der Gleichungen größer, das System sieht dann überbestimmt aus. Die Lösungsmenge bleibt aber unverändert, die Lösung ist also nach wie vor eindeutig.
Man muss die ganze Situation also einmal genauer betrachten, und das werden wir nun tun.
In obigem Beispiel haben wir unsere Betrachtung auf das Zusammenspiel der Gleichungen und deren Vereinbarkeit bezogen. Man kann das Ganze auch geometrisch betrachten:

Beispiel 7.13

Beispiel 7.12 geometrisch

Das erste Gleichungssystem aus Beispiel 7.12 lassen wir weg; da wäre eine geometrische Betrachtung an den Haaren herbeigezogen. Aber ab dem zweiten wird es interessant:

- $$\begin{aligned} x+y &= 0 \\ x+y &= 1 \end{aligned}$$

  Dies kann nämlich als Bedingung für die Schnittmenge zweier Geraden angesehen werden. Sie sehen keine Gerade? Gut, hier ist auch keine. Aber eine Geradengleichung, oder deren zwei? Nein? Sie meinen, eine Gerade ist doch $y = ax + b$? Ist es sicherlich nicht: Eine Gerade ist eine gewisse Punktmenge, und das andere Ding ist eine Gleichung. Es ist wichtig, das auseinanderzuhalten – ein und dieselbe Punktmenge (z. B. eben eine Gerade) kann nämlich durch mehrere Gleichungen beschrieben werden.

  Eine Gerade ist eine Punktmenge und keine Gleichung.
  $y = ax + b$ ist eine Geradengleichung, aber keine Gerade.

  Die erste Gleichung kann als $y = -x$ geschrieben werden, die zweite als $y = -x + 1$. Dies sind Geraden*gleichungen*, die zwei parallele Geraden mit Steigung -1 beschreiben. Die Lösungsmenge der ersten Gleichung ist $\{(x, y) \mid y = -x\}$, das ist die eine Gerade im $\mathbb{R}^2$, die andere ist $\{(x, y) \mid y = -x - 1\}$[1].
  Gleichungs*system* bedeutet ja, für die Lösung müssen *alle* Gleichungen erfüllt sein, logischerweise (siehe Vorkurs!) ist die Lösungsmenge eines Gleichungssystems also die Schnittmenge der Lösungsmengen aller beteiligten Gleichungen.

---

[1] Wenn Ihnen das merkwürdig oder gar spitzfindig vorkommt, dann sollten Sie noch einmal in die Vorkursbücher schauen, denn ohne Verständnis dieser elementaren Begriffe wird Ihnen das Folgende auch nicht recht einleuchten.

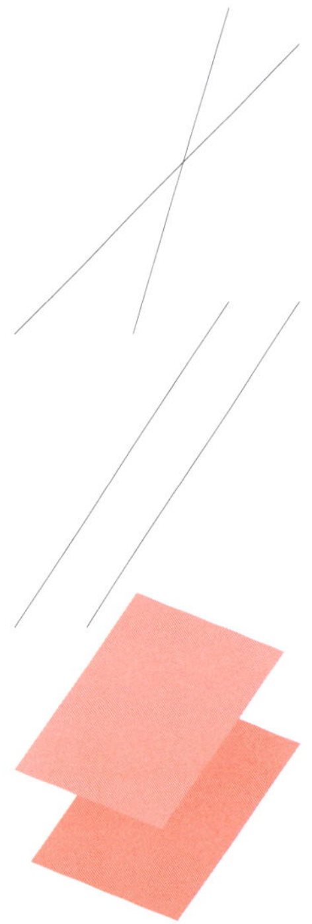

Bild 7.25 Einige der in Beispiel 7.13 diskutierten Situationen

Zur Festigung: Ordnen Sie die drei Skizzen in Bild 7.25 den entsprechenden Gleichungssystemen aus Beispiel 7.13 zu. Schauen Sie dabei nur die Gleichungssysteme und die Skizzen an, lesen Sie nicht den erklärenden Text. Nachdem Sie sich auf eine Zuordnung festgelegt haben, überprüfen Sie anhand des erklärenden Texts, ob Sie recht hatten.

Die beiden Geraden haben die gleiche Steigung, aber sind gegeneinander verschoben, also ist die Schnittmenge der beiden Geraden (eine Punktmenge!) leer, also ist die Schnittmenge der beiden Gleichungen auch leer, also ist die Lösungsmenge des Gleichungssystems leer.

Hat man das einmal verstanden, erkennt man bei den folgenden Beispielen sofort wie der Hase läuft.

- $$\begin{aligned} x+y &= 0 \\ x+2y &= 1 \\ 2x+4y &= 2 \end{aligned}$$

  Drei Gleichungen mit jeweils zwei Unbekannten, wir haben also drei Geradengleichungen vor uns: $y = -x$, $y = -0.5x + 0.5$, $y = -0.5x + 0.5$. Letzteres ist natürlich kein Tippfehler, sondern die dritte Gleichung führt nach Umstellung nach y auf dieselbe Geradengleichung wie die zweite. Die dritte Gleichung bringt also nichts Neues, kann also genauso gut weggelassen werden. Übrig bleiben zwei Geradengleichungen; die beiden Geraden haben diesmal unterschiedliche Steigungen, sind also nicht parallel, und haben daher genau einen Schnittpunkt. Diesen muss man nun aber ausrechnen – geometrisch lässt er sich nicht bestimmen.

  Sie meinen, das ginge doch? Betrachten Sie das einmal genauer: Sie können die beiden Geraden ausschnittsweise zeichnen und den Schnittpunkt ablesen. Nein, nicht den Schnittpunkt, Sie können nur sehen, wo er ungefähr liegt. Je sorgfältiger Sie zeichnen, desto genauer geht es. Aber wie genau, das lässt sich nicht angeben. Denken Sie daran, in der realen Welt treten selten glatte Zahlen auf!

- $$\begin{aligned} x+y+z &= 0 \\ x+y+z &= 2 \end{aligned}$$

  Zwei Gleichungen, aber mit jeweils drei Unbekannten. Das sind nun sicherlich keine Geradengleichungen mehr. Aber was ist es dann?

  Hätten Sie nicht den vorigen Abschnitt durchgearbeitet, würden Sie diese Gleichungen nicht geometrisch zuordnen können. Es handelt sich um zwei Ebenengleichungen im $\mathbb{R}^3$, und zwar in Normalenform. Beide Ebenen haben denselben Normalenvektor, nämlich $\begin{pmatrix} 1 \\ 1 \\ 1 \end{pmatrix}$. Die Ebenen sind demnach parallel, aber identisch sind sie nicht. Die Lösungsmenge des Gleichungssystems ist also die Schnittmenge zweier paralleler, nicht-identischer Ebenen, also leer.

- $$\begin{aligned} x+y &= 0 \\ 2x+2y &= 0 \end{aligned}$$
  Zur Entspannung nochmals zwei Geradengleichungen, nämlich $y=-x$ und, ja, genau, nochmal $y=-x$. Also zwei identische Geraden. Die Schnittmenge zweier identischer Geraden ist aber die Gerade selbst. Also hat die Lösungsmenge des Gleichungssystems unendlich viele Elemente. Auch die können zeichnerisch nicht bestimmt werden, sondern nur rechnerisch. ■

Mit Satz 7.16 und den Erkenntnissen aus 7.2 ist aber sofort klar:

Satz 7.17

Lösbarkeit von linearen Gleichungssystemen

Das lineare Gleichungssystem (7.21) ist genau dann lösbar, wenn die rechte Seite $\boldsymbol{b}$ im Spaltenraum von $\boldsymbol{A}$ liegt. Liegt Lösbarkeit vor, so ist die Lösung eindeutig, wenn die Spalten von $\boldsymbol{A}$ eine Basis des Spaltenraums von $\boldsymbol{A}$ bilden. In diesem Fall ist der aus den Koordinaten von $\boldsymbol{b}$ bez. dieser Basis gebildete Vektor der Lösungsvektor $\boldsymbol{x}$. Kurz:

$$\boldsymbol{A}\boldsymbol{x}=\boldsymbol{b} \text{ ist lösbar} \iff \boldsymbol{b}\in \operatorname{span}\{\boldsymbol{a}_1,\boldsymbol{a}_2,\ldots,\boldsymbol{a}_m\}$$

$$\boldsymbol{A}\boldsymbol{x}=\boldsymbol{b} \text{ ist eindeutig lösbar} \iff$$

$$\boldsymbol{b}\in \operatorname{span}\{\boldsymbol{a}_1,\boldsymbol{a}_2,\ldots,\boldsymbol{a}_m\} \text{ und } \operatorname{rg}\boldsymbol{A}=m.$$

Für eine einprägsame Formulierung wird auch gerne eine erweiterte $n\times(m+1)$-Matrix $(\boldsymbol{A}\,|\,\boldsymbol{b})$ benutzt, die entsteht, wenn man die Spalte $\boldsymbol{b}$ rechts an die Matrix anfügt. Dann gilt:

$$\operatorname{rg}(\boldsymbol{A}\,|\,\boldsymbol{b})=\operatorname{rg}\boldsymbol{A} \iff \boldsymbol{b}\in \operatorname{span}\{\boldsymbol{a}_1,\boldsymbol{a}_2,\ldots,\boldsymbol{a}_m\}$$

und damit: $\boldsymbol{A}\boldsymbol{x}=\boldsymbol{b}$ ist lösbar $\iff \operatorname{rg}(\boldsymbol{A}\,|\,\boldsymbol{b})=\operatorname{rg}\boldsymbol{A}$.

Die Eindeutigkeitsbedingung aus Satz 7.17 macht klar, dass lineare Gleichungssysteme auch dann eindeutig lösbar sein können, wenn die Anzahl der Unbekannten m kleiner als die Anzahl der Gleichungen n ist. Allerdings haben solche Gleichungssysteme in der Praxis ihre Tücken, wie das folgende Beispiel zeigt.

Beispiel 7.14

Ein schlecht gestelltes Problem

Wir greifen eines der einfachen Beispiele noch einmal auf (siehe Beispiel 7.12):

$$\begin{aligned} x+y &= 0 \\ x+2y &= 1 \\ 2x+4y &= 2 \end{aligned}$$

Drei Gleichungen, zwei Unbekannte, eindeutig lösbar ($x = -1, y = 1$). Also $n = 3, m = 2$, in Matrizenschreibweise sieht das Ganze dann so aus:

$$\begin{pmatrix} 1 & 1 \\ 1 & 2 \\ 2 & 4 \end{pmatrix} \begin{pmatrix} x \\ y \end{pmatrix} = \begin{pmatrix} 0 \\ 1 \\ 2 \end{pmatrix}.$$

Die Spalten der Matrix sind linear unabhängig (denn sie sind keine Vielfachen voneinander, sieht man ja), also hat die Matrix den Rang 2. Die Lösung ist eindeutig. Man sieht, dass die dritte Gleichung das doppelte der zweiten Gleichung ist. Das bedeutet, ist die zweite Gleichung für ein Paar (x, y) erfüllt, so ist die dritte automatisch auch erfüllt (und umgekehrt).

Bei schlecht gestellten Problemen hängt Lösbarkeit und Lösung empfindlich von den Zahlenwerten ab.

Nehmen wir nun an, wir haben eine kleine Störung in den Zahlenwerten vorliegen, z. B.

$$\begin{pmatrix} 1 & 1 \\ 1 & 2 \\ 2 & 4 \end{pmatrix} \begin{pmatrix} x \\ y \end{pmatrix} = \begin{pmatrix} 0 \\ 1 \\ 2.0000000001 \end{pmatrix}.$$

so ist das System sofort nicht mehr lösbar (denn die rechte Seite liegt nicht mehr im Spaltenraum). Überzeugen Sie sich selbst davon!

In der Praxis stammen die verwendeten Zahlenwerte oft aus Messungen oder anderen, mit Unsicherheiten behafteten Quellen. 100%ig exakte Werte gibt es im wirklichen Leben nicht[1]. Das ist nicht weiter tragisch, man muss das aber immer im Kopf behalten, um nicht unnötig euphorisch über Ergebnisse zu werden. Es sollte vernünftigerweise so sein, dass kleine Änderungen in den verwendeten Zahlenwerten auch kleine Änderungen in den Lösungswerten zur Folge haben. Damit könnten wir gut leben[2].

In obigem Beispiel aber sorgt eine winzige Störung (Sie können die Störung gerne noch kleiner machen und schauen, was passiert) dafür, dass aus einem lösbaren System ein unlösbares wird. Man bezeichnet solche Systeme als „schlecht gestellt". Abhilfe besteht darin, das System anders zu formulieren, oder spezielle Lösungsmethoden für schlecht gestellte Probleme zu verwenden. ■

Wir sehen: Das lineare Gleichungssystem (7.21) ist genau dann für alle rechten Seiten $\boldsymbol{b} \in \mathbb{R}^n$ lösbar, wenn der Spaltenraum der $n \times m$-Matrix $\boldsymbol{A}$ der $\mathbb{R}^n$ ist. Dazu muss man aber mindestens n

[1] ausgenommen natürlich in Übungsaufgaben in Lehrbüchern

[2] Manchmal ist es nötig zu wissen, was denn eigentlich „klein" genau heißt.

Spalten haben. Die Lösung ist eindeutig, wenn die Spalten von $\boldsymbol{A}$ eine Basis des Spaltenraums bilden. Also müssen es genau n Spalten sein, d. h. $n = m$. Insgesamt haben wir:

Satz 7.18

Lösbarkeit von linearen Gleichungssystemen für beliebige rechte Seiten

Das lineare Gleichungssystem $\boldsymbol{A}\boldsymbol{x} = \boldsymbol{b}$, wobei $\boldsymbol{A}$ eine $n \times n$-Matrix ist, $\boldsymbol{x} \in \mathbb{R}^n$, ist genau dann für alle rechten Seiten $\boldsymbol{b} \in \mathbb{R}^n$ eindeutig lösbar, wenn die Spalten von $\boldsymbol{A}$ linear unabhängig sind. In diesem Fall bilden also die Spalten eine Basis von $\mathbb{R}^n$. Eine $n \times n$-Matrix mit linear unabhängigen Spalten heißt **regulär**. Sind die Spalten linear abhängig, heißt sie **singulär**.

Wir betrachten nun die Lösungsmenge eines linearen Gleichungssystems genauer. Dabei unterscheiden wir den Fall, wo die rechte Seite der Nullvektor ist, und den, wo das nicht der Fall ist.

Definition 7.22

Homogene und inhomogene lineare Gleichungssysteme

Ein lineares Gleichungssystem $\boldsymbol{A}\boldsymbol{x} = \boldsymbol{o}$, also mit dem Nullvektor auf der rechten Seite, heißt **homogenes lineares Gleichungssystem**. Ein lineares Gleichungssystem $\boldsymbol{A}\boldsymbol{x} = \boldsymbol{b}$ mit $\boldsymbol{b} \neq \boldsymbol{o}$ heißt **inhomogenes lineares Gleichungssystem**.

Ein homogenes lineares Gleichungssystem hat stets den Nullvektor als Lösung, denn $\boldsymbol{A}\boldsymbol{o} = \boldsymbol{o}$. Interessanter ist die Frage, ob es noch weitere Lösungen gibt, und wenn ja, welche denn?

7.3.1 Die Lösungsmenge von homogenen linearen Gleichungssystemen

Satz 7.19

Nullraum

Für ein homogenes lineares Gleichungssystem $\boldsymbol{A}\boldsymbol{x} = \boldsymbol{o}$ gilt:

$$\begin{aligned} \boldsymbol{A}\boldsymbol{x} = \boldsymbol{o} &\implies \boldsymbol{A}(\lambda\boldsymbol{x}) = \boldsymbol{o} \quad \text{für alle } \lambda \in \mathbb{R} \\ \boldsymbol{A}\boldsymbol{x} = \boldsymbol{o},\ \boldsymbol{A}\boldsymbol{y} = \boldsymbol{o} &\implies \boldsymbol{A}(\boldsymbol{x} + \boldsymbol{y}) = \boldsymbol{o} \end{aligned}$$

In Worten: Jedes Vielfache einer Lösung eines homogenen linearen Gleichungssystems ist wieder eine Lösung desselben

Systems. Die Summe zweier Lösungen eines homogenen linearen Gleichungssystems ist ebenfalls wieder eine Lösung desselben Systems.
Damit ist klar: Die Lösungsmenge eines homogenen linearen Gleichungssystems bildet einen Unterraum, den so genannten **Nullraum** der Matrix $\boldsymbol{A}$, kurz: $N(\boldsymbol{A})$.

Dimension des Nullraums

Satz 7.20

Sei $\boldsymbol{A}$ eine $m \times n$-Matrix. Dann gilt: $\dim N(\boldsymbol{A}) = n - \operatorname{rg} \boldsymbol{A}$.

Die Anzahl der Freiheitsgrade in der allgemeinen Lösung des linearen Gleichungssystems $\boldsymbol{A}\boldsymbol{x} = \boldsymbol{0}$ ist gleich der Anzahl der Gleichungen minus der Anzahl der linear unabhängigen Spalten von $\boldsymbol{A}$.

Diese Formel beschreibt die Lösungsmenge eines homogenen linearen Gleichungssystems vollständig. Die Lösungsmenge ist ja der Nullraum von $\boldsymbol{A}$; jede Lösung (genauer: jeder Lösungsvektor) lässt sich als Linearkombination von Basisvektoren des Nullraums darstellen. In dieser Linearkombination kommen genauso viele Parameter (Freiheitsgrade) vor, wie die Dimension des Nullraums angibt.

Beispiel 7.15

- Sei $\boldsymbol{A}$ die 3×3-Nullmatrix. Dann ist $N(\boldsymbol{A}) = \mathbb{R}^3$; jedes $x \in \mathbb{R}^3$ ist Lösung des Systems $\boldsymbol{A}\boldsymbol{x} = \boldsymbol{o}$, also jedes $\boldsymbol{x}$ der Form

  $$\boldsymbol{x} = \sum_{i=1}^{3} \lambda_i \boldsymbol{b_i},$$

  wobei $\boldsymbol{b_1}, \boldsymbol{b_2}, \boldsymbol{b_3}$ irgendeine Basis des $\mathbb{R}^3$ ist. Die Lösung hat also drei Freiheitsgrade.
  Wir vergleichen mit der Formel aus Satz 7.20:
  Wir haben: $\dim N(\boldsymbol{A}) = 3$, $n = 3$, $\operatorname{rg} \boldsymbol{A} = 0$: passt!
- Sei $\boldsymbol{A} = I_3$, also die 3×3-Einheitsmatrix. Dann ist $N(\boldsymbol{A}) = \{\boldsymbol{o}\}$; die Lösungsmenge von $\boldsymbol{A}\boldsymbol{x} = \boldsymbol{o}$ besteht also nur aus dem Nullvektor.
  Vergleich mit der Formel: $\dim N(\boldsymbol{A}) = 0$, $n = 3$, $\operatorname{rg} \boldsymbol{A} = 3$: passt!
- Die beiden bisherigen Beispiele waren natürlich so einfach, dass wir die Anzahl der Freiheitsgrade in der Lösung auch ohne die Formel schnell bestimmen konnten. Aber damit sind wir nun schon etwas vertrauter mit der Formel und wagen uns nun an ein nicht so einfaches Beispiel:

$$\begin{pmatrix} 1 & 1 & 2 & 3 \\ 1 & 2 & 3 & 5 \\ 2 & 4 & 6 & 10 \end{pmatrix} \begin{pmatrix} x_1 \\ x_2 \\ x_3 \\ x_4 \end{pmatrix} = \begin{pmatrix} 0 \\ 0 \\ 0 \end{pmatrix}$$

Das Gleichungssystem besteht aus 3 Gleichungen mit 4 Unbekannten, die Matrix hat $n = 4$ Spalten. Die dritte Spalte ist gleich der Summe der ersten beiden Spalten, die vierte Spalte ist gleich der Summe der zweiten und der dritten Spalte (und damit gleich der Summe der ersten Spalte und dem Doppelten der zweiten Spalte). Die ersten beiden Spalten sind linear unabhängig voneinander (da sie nicht Vielfache voneinander sind). Also wird der Spaltenraum von den ersten beiden Spalten aufgespannt, wir haben also $\operatorname{rg} \boldsymbol{A} = 2$. Mit der Formel aus Satz 7.20 erhalten wir:

$$\dim N(\boldsymbol{A}) = n - \operatorname{rg} \boldsymbol{A} = 4 - 2 = 2.$$

Demnach müsste die Lösungsmenge zwei Freiheitsgrade aufweisen. Die dritte Gleichung ist das Doppelte der zweiten Gleichung; sie trägt also nichts Neues zur Lösung bei. Subtrahiert man die erste Gleichung von der zweiten, so erhält man:

$$\begin{aligned} x_1 + x_2 + 2x_3 + 3x_4 &= 0 \quad \text{(erste Gleichung)} \\ x_2 + x_3 + 2x_4 &= 0 \quad \text{(zweite Gleichung minus erste Gleichung)} \end{aligned}$$

Um Parameter in die Lösung bekommen, benennen wir einfach um: $a := x_3$, $b := x_4$. Mit diesen Parametern berechnen sich nun x_1 und x_2 zu:

$$\begin{aligned} x_2 &= -x_3 - 2x_4 = -a - 2b \\ x_1 &= -x_2 - 2x_3 - 3x_4 = -(-a-2b) - 2a - 3b = -a - b \end{aligned}$$

Die Lösungsmenge $N(\boldsymbol{A})$ ist damit

$$\left\{ \begin{pmatrix} x_1 \\ x_2 \\ x_3 \\ x_4 \end{pmatrix} \middle| \; x_1 = -a - b, x_2 = -a - 2b, x_3 = a, x_4 = b, a, b \in \mathbb{R} \right\}$$

$$= \left\{ \begin{pmatrix} -a-b \\ -a-2b \\ a \\ b \end{pmatrix} \middle| \; a, b \in \mathbb{R} \right\} = \left\{ a \begin{pmatrix} -1 \\ -1 \\ 1 \\ 0 \end{pmatrix} + b \begin{pmatrix} -1 \\ -2 \\ 0 \\ 1 \end{pmatrix} \middle| \; a, b \in \mathbb{R} \right\}$$

$$= \operatorname{span}\left\{\begin{pmatrix}-1\\-1\\1\\0\end{pmatrix}, \begin{pmatrix}-1\\-2\\0\\1\end{pmatrix}\right\}.$$

Die Lösungsmenge hat also zwei freie Parameter, der Nullraum ist demnach – wie von unserer Formel vorhergesagt – zweidimensional. ■

Bei der Rangbestimmung von Matrizen ist oft folgende kleine Regel hilfreich:

Zeilenrang = Spaltenrang

Die Anzahl der linear unabhängigen Spalten einer Matrix ist stets gleich der Anzahl ihrer linear unabhängigen Zeilen.

Satz 7.21

Sei $\boldsymbol{A}$ eine $m \times n$-Matrix. Dann gilt:

$$\operatorname{rg} \boldsymbol{A} = \text{Anzahl der linear unabhängigen Zeilen von } \boldsymbol{A}.$$

Die Größe auf der rechten Seite wird auch **Zeilenrang** der Matrix genannt, die auf der linken Seite **Spaltenrang**. Da beide Zahlen gleich sind, spricht man einfach nur von **Rang**.

Beispiel 7.16

Wir greifen das vorige Beispiel noch einmal auf:

$$\boldsymbol{A} = \begin{pmatrix}1 & 1 & 2 & 3\\1 & 2 & 3 & 5\\2 & 4 & 6 & 10\end{pmatrix}$$

Wir sehen sofort, dass die dritte Zeile das Doppelte der zweiten ist. Die beiden ersten Zeilen sind voneinander linear unabhängig (da sie nicht Vielfache voneinander sind), also enthält $\boldsymbol{A}$ zwei linear unabhängige Zeilen; der Zeilenrang ist damit 2. Also ist $\operatorname{rg} \boldsymbol{A} = 2$. Über die Betrachtung der Zeilen haben wir den Rang schneller bestimmen können als über die Spalten (wie im vorigen Beispiel). ■

7.3.2 Die Lösungsmenge von inhomogenen linearen Gleichungssystemen

Die Lösungsmenge eines inhomogenen linearen Gleichungssystems bildet offensichtlich keinen Unterraum:

Ein Unterraum enthält immer den Nullvektor, aber der Nullvektor ist nie Lösung von $\boldsymbol{A}\boldsymbol{x} = \boldsymbol{b}$ mit $\boldsymbol{b} \neq \boldsymbol{o}$. Außerdem ist die Summe zweier Lösungen von $\boldsymbol{A}\boldsymbol{x} = \boldsymbol{b}$ nicht wieder eine Lösung dieses Systems, denn:
Sei $\boldsymbol{A}\boldsymbol{x} = \boldsymbol{b} = \boldsymbol{A}\boldsymbol{z}$, also $\boldsymbol{x}$ und $\boldsymbol{z}$ zwei Lösungen des inhomogenen Systems. Dann ist

$$\boldsymbol{A}(\boldsymbol{x}+\boldsymbol{z}) = \boldsymbol{A}\boldsymbol{x} + \boldsymbol{A}\boldsymbol{z} = 2\boldsymbol{b} \neq \boldsymbol{b}.$$

Wenn die Lösungsmenge eines inhomogenen linearen Gleichungssystems kein Unterraum ist, was ist sie dann?
Bei der Klärung dieser Frage hilft das Superpositionsprinzip, also so etwas wie ein Überlagerungsprinzip. Es erklärt, wie sich eine Lösung des homogenen Systems mit einer des inhomogenen Systems zu einer neuen Lösung des inhomogenen Systems überlagert[1].

Satz 7.22

Superpositionsprinzip

Gegeben sei ein lineares Gleichungssystem $\boldsymbol{A}\boldsymbol{x} = \boldsymbol{b}$. Dann gilt:

$$\boldsymbol{A}\boldsymbol{x}_1 = \boldsymbol{b}_1,\ \boldsymbol{A}\boldsymbol{x}_2 = \boldsymbol{b}_2 \Longrightarrow \boldsymbol{A}(\boldsymbol{x}_1 + \boldsymbol{x}_2) = \boldsymbol{b}_1 + \boldsymbol{b}_2$$

Interessant ist auch der Spezialfall $\boldsymbol{b}_1 = \boldsymbol{o}$:

$$\boldsymbol{A}\boldsymbol{x}_0 = \boldsymbol{o},\ \boldsymbol{A}\boldsymbol{x} = \boldsymbol{b} \Longrightarrow \boldsymbol{A}(\boldsymbol{x}_0 + \boldsymbol{x}) = \boldsymbol{b}$$

In Worten: Addiert man zu einer Lösung eines linearen Gleichungssystems einen Vektor aus dem Nullraum, so erhält man wieder eine Lösung desselben linearen Gleichungssystems.

Anwendung – Elektrotechnik: Überlagerungssatz

Für die Berechnung von Spannungen und Strömungen in linearen Schaltungen wird in der Elektrotechnik u. a. der Überlagerungssatz von Helmholtz benutzt. Diese Methode ist nur bei linearen Problemen anwendbar, also nicht bei Schaltungen, die beispielsweise Dioden enthalten. Der Überlagerungssatz besagt, dass man

Hermann von Helmholtz, 1821-1894, deutscher Physiker

[1] Der aufmerksame Leser hat sicher bemerkt, dass hier auf einmal „System" und nicht mehr „Gleichungssystem" steht. Der Grund ist, dass das Superpositionsprinzip auch in anderen Situationen auftritt, beispielsweise bei der Lösung von Differerenzialgleichungen. Dazu mehr im zweiten Band.

die in der Schaltung vorkommenden Strom- und Spannungsquellen einzeln berücksichtigen kann. Man geht dabei so vor, dass man alle Quellen bis auf eine einzige ausblendet (d. h. jede andere Spannungsquelle wird durch einen Kurzschluss und jede andere Stromquelle durch eine Leitungsunterbrechung ersetzt) und dann die resultierenden Ströme und Spannungen berechnet. Dieses spielt man mit allen vorhandenen Quellen durch und erhält am Ende die Ströme und Spannungen in der Gesamtschaltung durch Addition der einzelnen aus den Teilschaltungen resultierenden Ströme und Spannungen.

Der Überlagerungssatz von Helmholtz basiert auf dem Superpositionsprinzip.

Das Superpositionsprinzip erklärt, warum diese Methode funktioniert. Wir haben schon gesehen (siehe S. 231), dass bei der Aufstellung der Gleichungen für Spannungen und Ströme in einer linearen Schaltung ein lineares Gleichungssystem $\boldsymbol{A}\boldsymbol{x} = \boldsymbol{b}$ (der Vektor $\boldsymbol{x}$ enthält die unbekannten Ströme und Spannungen, die Matrix $\boldsymbol{A}$ die Kenngrößen der verwendeten Widerstände und die rechte Seite $\boldsymbol{b}$ die Spannungen und Ströme aus den in der Schaltung verwendeten Spannungs- bzw. Stromquellen. Das Vorgehen entsprechend dem Überlagerungssatz bedeutet nun nichts anderes als einzelne Größen in der rechten Seite $\boldsymbol{b}$ auf Null zu setzen und das verbleibende vereinfachte System zu lösen. Hat man also $\boldsymbol{A}\boldsymbol{x} = \boldsymbol{b}$ zu lösen, so zerlegt man damit die rechte Seite $\boldsymbol{b}$ in eine Summe einfacherer Vektoren, etwa

$$\boldsymbol{b} = \begin{pmatrix} I_1 \\ I_2 \\ U_3 \end{pmatrix} = \underbrace{\begin{pmatrix} I_1 \\ 0 \\ 0 \end{pmatrix}}_{=:\boldsymbol{b_1}} + \underbrace{\begin{pmatrix} 0 \\ I_2 \\ 0 \end{pmatrix}}_{=:\boldsymbol{b_2}} + \underbrace{\begin{pmatrix} 0 \\ 0 \\ U_3 \end{pmatrix}}_{=:\boldsymbol{b_3}}.$$

Wir haben hier zwei Stromquellen I_1 und I_2 und eine Spannungsquelle U_3 angenommen. Zunächst löst man die Gleichungssysteme $\boldsymbol{A}\boldsymbol{x_i} = \boldsymbol{b_i}$, also die mit den einfacheren rechten Seiten. Die Lösung von $\boldsymbol{A}\boldsymbol{x} = \boldsymbol{b}$ ist dann $\boldsymbol{x} = \boldsymbol{x_1} + \boldsymbol{x_2} + \boldsymbol{x_3}$, denn nach dem Superpositionsprinzip gilt:

$$\begin{aligned} \boldsymbol{A}\boldsymbol{x} &= \boldsymbol{A}(\boldsymbol{x_1} + \boldsymbol{x_2} + \boldsymbol{x_3}) \\ &= \boldsymbol{A}\boldsymbol{x_1} + \boldsymbol{A}\boldsymbol{x_2} + \boldsymbol{A}\boldsymbol{x_3} = \boldsymbol{b_1} + \boldsymbol{b_2} + \boldsymbol{b_3} = \boldsymbol{b}. \end{aligned}$$

Ob die Gleichungssysteme $\boldsymbol{A}\boldsymbol{x_i} = \boldsymbol{b_i}$ einfacher zu lösen sind als das Gesamtsystem $\boldsymbol{A}\boldsymbol{x} = \boldsymbol{b}$, ist vom mathematischen Aufwand gesehen eher fraglich. Für die Elektrotechniker ist es jedenfalls einfacher, eine Schaltung mit nur einer Quelle durchzurechnen als eine mit mehreren (siehe [7]).

Genauso ist die Differenz zweier Lösungen von $\boldsymbol{A}\boldsymbol{x} = \boldsymbol{b}$ stets eine Lösung des zugehörigen homogenen Systems, also von $\boldsymbol{A}\boldsymbol{x} = \boldsymbol{o}$ (siehe Aufgabe 7.14). Was haben wir damit gewonnen? Wenn wir eine einzige Lösung eines inhomogenen Systems haben und den Nullraum (also die Lösungsmenge des homogenen Systems), dann erhalten wir die Lösungsmenge des inhomogenen Systems.

Satz 7.23

Lösungsmenge eines inhomogenen linearen Gleichungssystems

Gegeben sei ein lineares Gleichungssystem $\boldsymbol{A}\boldsymbol{x} = \boldsymbol{b}$ und eine(!) Lösung $\boldsymbol{x}_p$. Dann ist die Lösungsmenge des Systems:

$$\begin{aligned}\{\boldsymbol{x} \mid \boldsymbol{A}\boldsymbol{x} = \boldsymbol{b}\} &= \{\boldsymbol{x}_p + \boldsymbol{x}_0 \mid \boldsymbol{A}\boldsymbol{x}_0 = \boldsymbol{o}\} \\ &= \{\boldsymbol{x}_p + \boldsymbol{x}_0 \mid \boldsymbol{x}_0 \in N(\boldsymbol{A})\}.\end{aligned}$$

Kennt man also eine(!) Lösung eines inhomogenen Systems sowie alle(!) Lösungen des homogenen Systems, so sind damit auch alle(!) Lösungen des inhomogenen Systems einfach darstellbar[1]. Mit dieser Form der Lösung können wir nun auch die Frage nach der Gestalt der Lösungsmenge eines inhomogenen Systems beantworten – diese bildet ja keinen Unterraum. Vielmehr ist sie ein um einen Vektor $\boldsymbol{x}_p$ vom Nullpunkt aus verschobener Unterraum. Verdeutlichen wir uns das am Beispiel eines zweidimensionalen Nullraums: Geometrisch ist dies eine Ebene durch den Nullpunkt. Dann ist die Lösungsmenge des inhomogenen Systems eine Ebene durch den Punkt, dessen Ortsvektor $\boldsymbol{x}_p$ ist.

Die allgemeine Lösung eines inhomogenen Systems ist gleich einer(!) Lösung des inhomogenen Systems plus die allgemeine Lösung des homogenen Systems.

Solche gegenüber dem Nullpunkt verschobene Unterräume bezeichnet man auch als „affiner Raum“.

Man beachte aber, dass das nicht bedeutet, dass ein inhomogenes lineares Gleichungssystem überhaupt lösbar ist. Die soeben elegant beschriebene Lösungsmenge kann durchaus leer sein – wie wir schon an den ganz einfachen Beispielen zu Anfang gesehen haben.

Ein lineares Gleichungssystem hat entweder gar keine Lösung, eine einzige oder unendlich viele Lösungen.

[1] Dieses Prinzip wird uns wörtlich(!) genauso noch einmal bei der Lösung linearer Differenzialgleichungen begegnen, dazu mehr im zweiten Band.

Beispiel 7.17

Wir greifen Beispiel 7.15 auf, nun aber in einer inhomogenen Version:

$$\boldsymbol{A}\boldsymbol{x} := \begin{pmatrix} 1 & 1 & 2 & 3 \\ 1 & 2 & 3 & 5 \\ 2 & 4 & 6 & 10 \end{pmatrix} \begin{pmatrix} x_1 \\ x_2 \\ x_3 \\ x_4 \end{pmatrix} = \boldsymbol{b}.$$

Wir wissen bereits, dass $\dim N(\boldsymbol{A}) = 2$ und haben auch schon eine Darstellung von $N(\boldsymbol{A})$ hergeleitet. Es lohnt sich hier, noch einmal zu vergegenwärtigen, dass diese Vorüberlegungen unabhängig von der rechten Seite $\boldsymbol{b}$ ist.

In Beispiel 7.15 hatten wir schon $\operatorname{rg} \boldsymbol{A} = 2$ berechnet. Wenn Sie dort noch einmal nachschauen, können Sie aus den Überlegungen zum Rang auch den Spaltenraum von $\boldsymbol{A}$ entnehmen; dieser ist

$$\operatorname{span}\left\{ \begin{pmatrix} 1 \\ 1 \\ 2 \end{pmatrix}, \begin{pmatrix} 1 \\ 2 \\ 4 \end{pmatrix} \right\}.$$

Aus Satz 7.17 wissen wir schon, dass das inhomogene System nicht lösbar ist, wenn die rechte Seite $\boldsymbol{b}$ nicht in diesem Spaltenraum liegt. Dies ist beispielsweise für

$$\boldsymbol{b} = \begin{pmatrix} 2 \\ 3 \\ 7 \end{pmatrix}, \boldsymbol{b} = \begin{pmatrix} 0 \\ 1 \\ 3 \end{pmatrix}$$

der Fall. Das ist keine große Neuigkeit, wenden wir uns lieber dem Fall zu, dass es Lösungen gibt. Dazu nehmen wir eine rechte Seite aus dem Spaltenraum (andernfalls ist die Hoffnung auf Lösbarkeit vergeblich!).

$$\boldsymbol{b} = \begin{pmatrix} 2 \\ 3 \\ 6 \end{pmatrix}$$

Lösungen sind beispielsweise (Berechnung mit der bewährten Methode des scharfen Hinsehens):

$$\boldsymbol{x} = \begin{pmatrix} 1 \\ 1 \\ 0 \\ 0 \end{pmatrix} \quad \text{und} \quad \boldsymbol{x} = \begin{pmatrix} 0 \\ 0 \\ 1 \\ 0 \end{pmatrix}$$

Laut dem vorher Gesagten müsste die Differenz im Nullraum von $\boldsymbol{A}$ liegen, was auch der Fall ist:

$$\begin{pmatrix} 1 \\ 1 \\ -1 \\ 0 \end{pmatrix} = -1 \cdot \begin{pmatrix} -1 \\ -1 \\ 1 \\ 0 \end{pmatrix} + 0 \cdot \begin{pmatrix} -1 \\ -2 \\ 0 \\ 1 \end{pmatrix} \in \operatorname{span} \left\{ \begin{pmatrix} -1 \\ -1 \\ 1 \\ 0 \end{pmatrix}, \begin{pmatrix} -1 \\ -2 \\ 0 \\ 1 \end{pmatrix} \right\} = N(\boldsymbol{A}).$$

Für die Formulierung der Lösungsmenge des inhomogenen Systems benötigen wir nur eine Lösung und halten damit fest:

$$\{\boldsymbol{x} \mid \boldsymbol{A}\boldsymbol{x} = \boldsymbol{b}\} = \left\{ \begin{pmatrix} 1 \\ 1 \\ 0 \\ 0 \end{pmatrix} + \lambda_1 \cdot \begin{pmatrix} -1 \\ -1 \\ 1 \\ 0 \end{pmatrix} + \lambda_2 \cdot \begin{pmatrix} -1 \\ -2 \\ 0 \\ 1 \end{pmatrix} \;\middle|\; \lambda_1, \lambda_2 \in \mathbb{R} \right\}$$

Zur Festigung: Überzeugen Sie sich davon, dass die Verwendung der zweiten Lösung auf dieselbe Lösungsmenge (anders geschrieben, aber trotzdem ist es dieselbe Menge) führt.

■

begin MATLAB

Wir versuchen, das lineare Gleichungssystem aus Beispiel 7.17 mit MATLAB zu lösen. Zur Lösung des linearen Gleichungssystems $\boldsymbol{A}\boldsymbol{x} = \boldsymbol{b}$ kann `linsolve(A,b)` verwendet werden.

Ein unlösbares System mit drei Gleichungen und vier Unbekannten.

```
>> A = [1 1 2 3; 1 2 3 5; 2 4 6 10];
>> b = [2; 3; 7];
>> linsolve(A,b)
Warning: Rank deficient, rank = 2, tol =  1.0281e-14.

ans =

  -0.10000000000000
                  0
                  0
   0.70000000000000
```

Wie gut, dass wir erstens genau die Rückmeldung von MATLAB lesen und zweitens schon vorher wissen, dass es eigentlich für diese rechte Seite gar keine Lösung geben sollte. MATLAB warnt, dass die Matrix nicht vollen Rang hat und gibt den Rang an (wir hatten oben auch schon $\operatorname{rg} \boldsymbol{A} = 2$ gefunden). Die angegebene Toleranz ist ein Maß für die Genauigkeit der Rangberechnung. Offensichtlich berechnet MATLAB aber trotzdem eine „Lösung". Die angegebene „Lösung" ist aber keine Lösung im herkömmlichen Sinn (davon kann man sich mit einer Probe überzeugen). Vielmehr wird ein Vektor gesucht, der das System in einem gewissen

Sinne „fast“ löst. Genaueres findet man in der online-Hilfe zu MATLAB.

Verwenden wir nun eine rechte Seite, für die das System lösbar ist (und wir wissen schon, dass es dann gleich unendlich viele Lösungen gibt), so erhalten wir:

Ein lösbares System mit drei Gleichungen und vier Unbekannten.

```
>> A = [1 1 2 3; 1 2 3 5; 2 4 6 10];
>> b = [2; 3; 6];
>> linsolve(A,b)
Warning: Rank deficient, rank = 2, tol =  1.0281e-14.

ans =

   0.50000000000000
                  0
                  0
   0.50000000000000
```

Dies ist tatsächlich eine Lösung des Systems (Probe!), aber wir wissen, dass es davon unendlich viele gibt. Zum Glück haben wir schon das Hintergrundwissen um die Ausgabe von MATLAB richtig einzuordnen. Ein Programm bedienen zu können befreit, also keineswegs davon, das zugrunde liegende Problem in seiner Struktur verstanden zu haben. Ohne Hintergrundwissen kann man sonst leicht Fehlinterpretationen aufsitzen. Damit soll keine Kritik an MATLAB geübt werden – es liegt in der Natur der Dinge, dass ein Programm grundsätzlich dem Nutzer nicht das Denken abnehmen kann. Man sollte daher simple Beispiele wie das obige grundsätzlich verstanden haben – in der Realität treten solche Phänomene gar nicht so selten auf. Dann kann man die Phänomene bei größeren Systemen, die nicht so einfach mit Papier und Bleistift überprüft werden können, besser einordnen.

Die Benutzung von Programmen ohne ein solides Grundverständnis ist eine gefährliche Sache und sollte unterbleiben.

end MATLAB

Die inverse Matrix

Sei $\boldsymbol{A}$ eine reguläre $n \times n$-Matrix. Dann ist also das lineare Gleichungssystem $\boldsymbol{A}\boldsymbol{x} = \boldsymbol{b}$ für beliebige rechte Seiten $\boldsymbol{b} \in \mathbb{R}^n$ eindeutig lösbar. Wir betrachten die rechten Seiten $\boldsymbol{b} = \boldsymbol{e}_i$, der i-te Einheitsvektor. Es gibt also eindeutige Vektoren $\boldsymbol{x}_i \in \mathbb{R}^n$ so, dass $\boldsymbol{A}\boldsymbol{x}_i = \boldsymbol{e}_i$. Bilden wir aus diesen eine $n \times n$-Matrix $\boldsymbol{X}$, also $\boldsymbol{X} = (\boldsymbol{x}_1 \boldsymbol{x}_2 \ldots \boldsymbol{x}_n)$, so gilt

$$\boldsymbol{A}\boldsymbol{X} = \boldsymbol{A}(\boldsymbol{x}_1 \boldsymbol{x}_2 \ldots \boldsymbol{x}_n) = (\boldsymbol{e}_1 \boldsymbol{e}_2 \ldots \boldsymbol{e}_n) = \boldsymbol{I}_n.$$

Definition 7.23

Inverse Matrix

Sei $\boldsymbol{A}$ eine reguläre $n \times n$-Matrix. Dann gibt es eine eindeutige Matrix $\boldsymbol{A}^{-1}$, die **inverse Matrix zu $\boldsymbol{A}$**, mit der Eigenschaft

$$\boldsymbol{A}\,\boldsymbol{A}^{-1} = \boldsymbol{A}^{-1}\,\boldsymbol{A} = \boldsymbol{I}_n.$$

Für den Fall $n = 2$ kann man die inverse Matrix gleich hinschreiben (ohne zu rechnen):

Satz 7.24

Inverse einer 2×2-Matrix

Sei $\boldsymbol{A} = \begin{pmatrix} a_{11} & a_{12} \\ a_{21} & a_{22} \end{pmatrix}$. Dann gilt:

$$\boldsymbol{A} \text{ ist regulär} \iff a_{11}\,a_{22} - a_{21}\,a_{12} \neq 0$$

und wenn $\boldsymbol{A}$ regulär ist, dann gilt:

$$\boldsymbol{A}^{-1} = \frac{1}{a_{11}\,a_{22} - a_{21}\,a_{12}} \begin{pmatrix} a_{22} & -a_{12} \\ -a_{21} & a_{11} \end{pmatrix}.$$

Anwendung – Elektrotechnik: Zweitor

Auf S. 230 haben wir die Gleichungen für ein Zweitor in Widerstandsform formuliert:

$$\begin{pmatrix} U1 \\ U2 \end{pmatrix} = \begin{pmatrix} Z_{11} & Z_{12} \\ Z_{21} & Z_{22} \end{pmatrix} \begin{pmatrix} I1 \\ I2 \end{pmatrix}$$

Hier sind also die Spannungen in Abhängigkeit der Ströme ausgedrückt. Manchmal ist es aber nötig, die Ströme in Abhängigkeit der Spannungen auszudrücken. Diese Form nennt man Leitwertform und entsteht einfach durch Inversion der Z-Matrix:

$$\begin{aligned} \begin{pmatrix} I1 \\ I2 \end{pmatrix} &= \begin{pmatrix} Z_{11} & Z_{12} \\ Z_{21} & Z_{22} \end{pmatrix}^{-1} \begin{pmatrix} U1 \\ U2 \end{pmatrix} \\ &= \frac{1}{Z_{11}Z_{22} - Z_{21}Z_{12}} \begin{pmatrix} Z_{22} & -Z_{12} \\ -Z_{21} & Z_{11} \end{pmatrix} \begin{pmatrix} U1 \\ U2 \end{pmatrix} \end{aligned}$$

Mit der inversen Matrix kann man die Lösung eines linearen Gleichungssystems $\boldsymbol{A}\boldsymbol{x} = \boldsymbol{b}$ ganz schnell hinschreiben (vorausgesetzt natürlich $\boldsymbol{A}$ ist regulär):

$$\begin{aligned} \boldsymbol{A}\boldsymbol{x} &= \boldsymbol{b} \\ \Longleftrightarrow \text{ beide Seiten mit } \boldsymbol{A}^{-1} \text{ multiplizieren } \boldsymbol{A}^{-1}\boldsymbol{A}\boldsymbol{x} &= \boldsymbol{A}^{-1}\boldsymbol{b} \\ \Longleftrightarrow \boldsymbol{x} &= \boldsymbol{A}^{-1}\boldsymbol{b} \end{aligned}$$

⚠ Benutzen Sie **nie** die inverse Matrix zur Lösung von linearen Gleichungssystemen!

Und schon ist das System gelöst. Aber nur in der Theorie. Denn um die inverse Matrix zu bestimmen, ist ja die Lösung von n Gleichungssystemen erforderlich. Und wer ist schon so naiv, n Gleichungssysteme zu lösen, um ein Werkzeug zu erhalten, mit dem er dann eines lösen kann?

Außer im Falle $n = 2$ (s. o.) tut das aber kein vernünftiger Mensch. Die inverse Matrix hat also für die Lösung von linearen Gleichungssystemen nur theoretische Bedeutung. Sie werden daher hier keine Beispiele oder Übungsaufgaben zur Berechnung von inversen Matrizen finden. Die inverse Matrix ist kein geeignetes Mittel, um ein Gleichungssystem zu lösen. Wir brauchen etwas anderes.

7.3.3 Der Gauß-Algorithmus – Praktische Lösung von linearen Gleichungssystemen

Eine wichtige Teilaufgabe vieler praktischer Problemstellungen ist die Lösung eines linearen Gleichungssystems. In üblichen Anwendungen haben wir es mit einer relativ großen Anzahl von Gleichungen zu tun, nicht selten geht die Zahl in die tausende, und damit auch die Anzahl der Unbekannten (normalerweise hat man ebenso viele Gleichungen wie Unbekannte, um eindeutige Lösbarkeit gesichert zu haben). Wir benötigen also ein Verfahren, mit dessen Hilfe man systematisch und effizient diese eindeutige Lösung berechnen kann.

Bei der numerischen Lösung solcher Systeme unterscheidet man zwei Grundtypen von Verfahren:

- Direkte Verfahren

  Das sind solche, die in endlich vielen Rechen-Schritten eine exakte Lösung des obigen Systems liefern.
- Iterative Verfahren

  Das sind solche, die eine Folge von Vektoren erzeugen, die gegen die Lösung des obigen Systems konvergiert.

Iterative Verfahren sind nur auf dem Rechner praktikabel; sie werden in Büchern zur Numerischen Mathematik, siehe z. B. [6], behandelt. Ein direktes Verfahren, das auch für die Rechnung per Hand geeignet ist (wenn man es nicht mit zu vielen Gleichungen zu tun hat), werden wir hier vorstellen. Es basiert auf der Idee, dass man das obige System in ein leichter zu lösendes anderes System äquivalent umformt (d. h. ohne dass sich dabei die Lösungsmenge ändert).

Beispiel 7.18

Es soll folgendes System gelöst werden

$$\begin{pmatrix} 1 & 2 & -1 \\ 0 & -10 & 10 \\ 0 & 0 & -2 \end{pmatrix} \cdot \boldsymbol{x} = \begin{pmatrix} 9 \\ -40 \\ 2 \end{pmatrix}, \text{ ausgeschrieben: } \begin{array}{rcr} x_1 + 2x_2 - x_3 & = & 9 \\ -10x_2 + 10x_3 & = & -40 \\ -2x_3 & = & 2 \end{array}$$

Aus der dritten Gleichung erhalten wir sofort: $x_3 = -1$. Setzt man dies in die zweite Gleichung ein, so lautet diese: $-10x_2 - 10 = -40$, d. h. $x_2 = 3$. Wir kennen nun schon x_2 und x_3. Nach Einsetzen der schon bekannten Werte in die erste Gleichung bleibt in dieser nur noch eines unbekannt, nämlich x_1: $x_1 + 6 + 1 = 9$, also $x_1 = 2$. Der Lösungsvektor ist also $\boldsymbol{x} = \begin{pmatrix} 2 \\ 3 \\ -1 \end{pmatrix}$. Da hier die Komponenten des Lösungsvektors von unten nach oben berechnet werden, nennt man dieses Verfahren auch **Rückwärtseinsetzen**. Dieses Verfahren ist hier natürlich nur anwendbar, weil das System eine angenehme Dreiecksgestalt hat. ■

Definition 7.24

Dreieckssystem

Das Gleichungssystem

$$\boldsymbol{A}\boldsymbol{x} = \boldsymbol{b}: \quad \begin{pmatrix} a_{11} & a_{12} & a_{13} & \cdots & a_{1n} \\ 0 & a_{22} & a_{23} & \cdots & a_{2n} \\ 0 & 0 & a_{33} & \cdots & a_{3n} \\ \vdots & \vdots & & \ddots & \vdots \\ 0 & 0 & \cdots & 0 & a_{nn} \end{pmatrix} \cdot \begin{pmatrix} x_1 \\ x_2 \\ x_3 \\ \vdots \\ x_n \end{pmatrix} = \begin{pmatrix} b_1 \\ b_2 \\ b_3 \\ \vdots \\ b_n \end{pmatrix}$$

heißt **Dreieckssystem**. Genauer spricht man von einem rechtsoberen Dreieckssystem.

Es gilt also $a_{ij} = 0$ für alle $i > j$, d. h. die Elemente unterhalb der Diagonalen von links oben nach rechts unten sind Null.

Aufwand für die Berechnung der Lösung eines rechts-oberen Dreieckssystems durch Rückwärtseinsetzen:

$\frac{n(n+1)}{2}$ Punktoperationen.

Die letzte Gleichung, $a_{nn}x_n = b_n$ enthält nur eine Unbekannte, nämlich x_n. Sie kann daher einfach nach x_n aufgelöst werden: $x_n = \frac{b_n}{a_{nn}}$. Mit dem nun bekannten x_n gibt es in der vorletzten Gleichung nur noch eine Unbekannte x_{n-1}, nach der aufgelöst werden kann. Mit den bekannten Komponenten x_{n-1} und x_n geht man nun in die drittletzte Gleichung, bestimmt x_{n-2} usw. Wir erhalten:
Lösung eines rechts-oberen Dreieckssystems

$$x_n := \frac{b_n}{a_{nn}}; \tag{7.22}$$

$$\text{für } i = n-1 \text{ bis } 1: \quad x_i := \frac{1}{a_{ii}}\left(b_i - \sum_{j=i+1}^{n} a_{ij}x_j\right) \tag{7.23}$$

Welche Voraussetzungen müssen erfüllt sein, damit die Lösung eines rechts-oberen Dreieckssystems mit der obigen Methode berechnet werden kann?
In analoger Weise kann man links-untere Dreiecksmatrizen und -systeme definieren und zur Lösung die Methode des „Vorwärtseinsetzen“ verwenden.

Ziel: Überführe $\boldsymbol{A}\boldsymbol{x} = \boldsymbol{b}$ mit Zeilenoperationen in ein äquivalentes rechts-oberes Dreieckssystem.

Was nützt das nun für die Lösung von Systemen $\boldsymbol{A}\boldsymbol{x} = \boldsymbol{b}$, bei denen $\boldsymbol{A}$ keine Dreiecksmatrix ist? Ganz einfach: In diesem Fall versucht man, das System ohne Veränderung der Lösungsmenge in ein rechts-oberes Dreieckssystem zu überführen. Das ist die Idee des Gauß-Algorithmus.

⚠ Das Multiplizieren einer Zeile mit einem Faktor ist **keine** zulässige Operation.

Bei diesem Verfahren sind folgende Umformungen zugelassen:
- $z_j := z_j - \lambda \cdot z_i$ mit $i < j$, $\lambda \in \mathbb{R}$, wobei z_i die i-te Zeile des Systems bezeichnet
- $z_i \longleftrightarrow z_j$: Vertauschen der i-ten und j-ten Zeile im System

Es sind also nur Zeilenvertauschungen erlaubt sowie die Subtraktion des λ-fachen einer Zeile von einer darunter stehenden Zeile. Mit diesen beiden Operationen kann jede Matrix $\boldsymbol{A}$ in eine rechts-obere Dreiecksmatrix überführt werden (natürlich müssen zur Lösung von $\boldsymbol{A}\boldsymbol{x} = \boldsymbol{b}$ die Umformungen auch auf die rechte Seite $\boldsymbol{b}$ angewandt werden). Damit das Verfahren programmiert werden kann, ist eine präzise Formulierung nötig, die eindeutig festlegt, welche Operation wann vorgenommen wird. Man geht dabei wie folgt vor:
Zuerst erzeugt man Nullen in der ersten Spalte, unterhalb von a_{11}, unter Verwendung der ersten Zeile und der ersten der beiden oben aufgeführten Umformungen. Also:

- $z_j := z_j - \frac{a_{j1}}{a_{11}} \cdot z_1$ für $j = 2 \ldots n$

Dies geht immer dann, wenn $a_{11} \neq 0$ gilt. Ist $a_{11} = 0$, so vertauschen wir die erste Zeile mit der i-ten Zeile, wobei i so gewählt ist, dass $a_{i1} \neq 0$ ist. Das „neue" a_{11} ist dann das „alte" a_{i1} und die obige Umformung kann ausgeführt werden. In dem Fall, dass alle Zeilen der Matrix in der ersten Spalte eine Null besitzen, hilft natürlich auch das Vertauschen nichts. In diesem Fall ist die Matrix aber nicht regulär, d. h. das Gleichungssystem ist nicht eindeutig lösbar oder sogar unlösbar. Die Lösungsmenge kann leer sein, oder auch unendlich viele Elemente enthalten.
Hat man in der ersten Spalte unterhalb der Diagonalen nun Nullen erzeugt, so geht man analog vor, um in der zweiten Spalte unterhalb der Diagonalen Nullen zu erzeugen. Zum Eliminieren der Elemente wird dabei die zweite Zeile benutzt. Setzt man das Verfahren fort, so erhält man schließlich eine rechts-obere Dreiecksmatrix.

Muster der Eliminationsschritte:

$$\begin{pmatrix} * & * & * & * & * \\ * & * & * & * & * \\ * & * & * & * & * \\ * & * & * & * & * \\ * & * & * & * & * \end{pmatrix} = \begin{pmatrix} * \\ * \\ * \\ * \\ * \end{pmatrix}$$

$\downarrow$ ein Schritt

$$\begin{pmatrix} * & * & * & * & * \\ 0 & * & * & * & * \\ * & * & * & * & * \\ * & * & * & * & * \\ * & * & * & * & * \end{pmatrix} = \begin{pmatrix} * \\ * \\ * \\ * \\ * \end{pmatrix}$$

$\downarrow$ drei weitere Schritte

$$\begin{pmatrix} * & * & * & * & * \\ 0 & * & * & * & * \\ 0 & * & * & * & * \\ 0 & * & * & * & * \\ 0 & * & * & * & * \end{pmatrix} = \begin{pmatrix} * \\ * \\ * \\ * \\ * \end{pmatrix}$$

$\downarrow$ ein Schritt

$$\begin{pmatrix} * & * & * & * & * \\ 0 & * & * & * & * \\ 0 & 0 & * & * & * \\ 0 & * & * & * & * \\ 0 & * & * & * & * \end{pmatrix} = \begin{pmatrix} * \\ * \\ * \\ * \\ * \end{pmatrix}$$

$\downarrow$ zwei weitere Schritte

$$\begin{pmatrix} * & * & * & * & * \\ 0 & * & * & * & * \\ 0 & 0 & * & * & * \\ 0 & 0 & * & * & * \\ 0 & 0 & * & * & * \end{pmatrix} = \begin{pmatrix} * \\ * \\ * \\ * \\ * \end{pmatrix}$$

$\downarrow$ drei weitere Schritte

$$\begin{pmatrix} * & * & * & * & * \\ 0 & * & * & * & * \\ 0 & 0 & * & * & * \\ 0 & 0 & 0 & * & * \\ 0 & 0 & 0 & 0 & * \end{pmatrix} = \begin{pmatrix} * \\ * \\ * \\ * \\ * \end{pmatrix}$$

Beispiel 7.19

Das Gleichungssystem

$$\boldsymbol{A}\boldsymbol{x} = \boldsymbol{b} \qquad \text{mit} \quad \boldsymbol{A} := \begin{pmatrix} 1 & 2 & -1 \\ 4 & -2 & 6 \\ 3 & 1 & 0 \end{pmatrix}, \quad \boldsymbol{b} = \begin{pmatrix} 9 \\ -4 \\ 9 \end{pmatrix}$$

soll mit dem Gauß-Algorithmus auf rechts-obere Dreiecksform transformiert werden und anschließend das entstandene Dreieckssystem gelöst werden.
Der Übersicht halber schreibt man die Matrix und die rechte Seite zusammen in ein Schema:

$$(\boldsymbol{A} \mid \boldsymbol{b}) = \begin{pmatrix} 1 & 2 & -1 & | & 9 \\ 4 & -2 & 6 & | & -4 \\ 3 & 1 & 0 & | & 9 \end{pmatrix} \xrightarrow{z_2 := z_2 - 4z_1} \begin{pmatrix} 1 & 2 & -1 & | & 9 \\ 0 & -10 & 10 & | & -40 \\ 3 & 1 & 0 & | & 9 \end{pmatrix}$$

$$\xrightarrow{z_3 := z_3 - 3z_1} \begin{pmatrix} 1 & 2 & -1 & | & 9 \\ 0 & -10 & 10 & | & -40 \\ 0 & -5 & 3 & | & -18 \end{pmatrix} \xrightarrow{z_3 := z_3 - 0.5z_2} \begin{pmatrix} 1 & 2 & -1 & | & 9 \\ 0 & -10 & 10 & | & -40 \\ 0 & 0 & -2 & | & 2 \end{pmatrix}$$

Das entstandene Dreieckssystem haben wir schon in Beispiel 7.18 gelöst und dabei $\boldsymbol{x} = \begin{pmatrix} 2 \\ 3 \\ -1 \end{pmatrix}$ erhalten. ■

Gauß-Algorithmus

- Für $i = 1, \dots, n-1$:
  erzeuge Nullen unterhalb des Diagonalelements in der i-ten Spalte
  - *falls erforderlich und möglich, sorge durch Zeilenvertauschung für* $a_{ii} \neq 0$:

    $\begin{cases} \text{wenn } a_{ii} \neq 0\text{: tue nichts} \\ \text{wenn } a_{ii} = 0\text{:} \end{cases}$

    $\begin{cases} \text{wenn } a_{ji} = 0 \text{ für alle } j = i+1, \dots, n\text{:} \\ \qquad \boldsymbol{A} \text{ ist nicht regulär; stop;} \\ \text{wenn } a_{ji} \neq 0 \text{ für ein } j = i+1, \dots, n\text{:} \\ \qquad \text{sei } j \geq i+1 \text{ der kleinste Index mit } a_{ji} \neq 0\text{;} \\ \qquad z_i \longleftrightarrow z_j \end{cases}$
  - *Eliminationsschritt:*
    für $j = i+1, \dots, n$: *eliminiere Element* a_{ji}:

$$z_j := z_j - \frac{a_{ji}}{a_{ii}} \cdot z_i \tag{7.24}$$

Aufwand für die Transformation einer regulären $n \times n$-Matrix auf rechts-obere Dreiecksform mit dem Gauß-Algorithmus:
$\frac{n^3}{3} - \frac{n}{3}$ Punktoperationen.

Hat man $\boldsymbol{A}\boldsymbol{x} = \boldsymbol{b}$ bereits mit dem Gauß-Algorithmus gelöst, und soll nun das System noch einmal mit einer anderen rechten Seite $\boldsymbol{c}$ lösen, so führt man nicht erneut den Gauß-Algorithmus für das ganze System durch, sondern wendet die bereits bekannten Operationen nur noch auf die neue rechte Seite $\boldsymbol{c}$ an.

Beispiel 7.20

Es soll das Gleichungssystem $\boldsymbol{A}\boldsymbol{x} = \boldsymbol{c}$ mit der Matrix $\boldsymbol{A}$ aus Beispiel 7.19 und $\boldsymbol{c} = \begin{pmatrix} 0 \\ -10 \\ -9 \end{pmatrix}$ gelöst werden. Die nötigen Umformungen sind bereits aus

Beispiel 7.19 bekannt, wir lesen sie dort ab und wenden sie auf $\boldsymbol{c}$ an:

$$\boldsymbol{c} = \begin{pmatrix} 0 \\ -10 \\ -9 \end{pmatrix} \overset{z_2:=z_2-4z_1}{\longrightarrow} \begin{pmatrix} 0 \\ -10 \\ -9 \end{pmatrix} \overset{z_3:=z_3-3z_1}{\longrightarrow} \begin{pmatrix} 0 \\ -10 \\ -9 \end{pmatrix} \overset{z_3:=z_3-0.5z_2}{\longrightarrow} \begin{pmatrix} 0 \\ -10 \\ -4 \end{pmatrix}$$

Als Lösung erhält man analog zu Beispiel 7.19 $\boldsymbol{x} = \begin{pmatrix} -4 \\ 3 \\ 2 \end{pmatrix}$. ■

begin MATLAB

Lösung von linearen Gleichungssystemen in MATLAB:
Wir verwenden die Zahlen aus Beispiel 7.19.

```
>> A = [ 1 2 -1; 4 -2 6; 3 1 0]

A =

   1     2    -1
   4    -2     6
   3     1     0
>> b = [9; -4; 9]

b =

   9
  -4
   9
>> x = A \ b

x =

   2
   3
  -1
```

Matrix $\boldsymbol{A}$ definieren

rechte Seite $\boldsymbol{b}$ definieren

Lösung berechnen

MATLAB benutzt übrigens auch eine Variante des Gauß-Algorithmus zur Berechnung der Lösung.

end MATLAB

7.4 Determinanten

Die Determinante einer $n \times n$-Matrix ist eine Art Kenngröße der Matrix. An dieser Kenngröße kann beispielsweise abgelesen werden, ob die Matrix vollen Rang hat, was, wie Sie schon wissen, et-

In Anwendungen sind nur sehr selten wirklich Determinanten zu berechnen; in diesen wenigen Fällen sollte man sie mit dem Gauß-Algorithmus berechnen.

was über die Lösbarkeit von Gleichungssystemen, die diese Matrix als Koeffizientenmatrix haben, schließen lässt. Bevor wir dazu kommen, zunächst die formale Definition. Wir verwenden zur Definition den Gauß-Algorithmus, denn diese Methode ist in der Praxis anderen Methoden überlegen – und uns kommt es ja auf die Praxis an.

Determinante

Definition 7.25

Es sei $\boldsymbol{A}$ eine $n \times n$-Matrix, für die der Gauß-Algorithmus durchführbar ist. Am Ende erhält man also eine rechts-obere Dreiecksmatrix $\boldsymbol{R} = (r_{ij})$. Dann ist die **Determinante** von $\boldsymbol{A}$ definiert als

$$\det \boldsymbol{A} = (-1)^l \det \boldsymbol{R} = (-1)^l \prod_{i=1}^{n} r_{ii},$$

wobei l die Anzahl der im Laufe des Gauß-Algorithmus vorgenommenen Zeilenvertauschungen ist.
Ist der Gauß-Algorithmus nicht durchführbar, so ist $\det \boldsymbol{A} = 0$.

Beispiel 7.21

Es soll für die Matrix $\boldsymbol{A}$ aus Beispiel 7.19 die Determinante berechnet werden. In Beispiel 7.19 ist $\boldsymbol{A}$ bereits auf rechts-obere-Dreiecksform transformiert worden. Da keine Zeilenvertauschungen vorgenommen wurden, gilt

$$\det \boldsymbol{A} = 1 \cdot (-10) \cdot (-2) = 20. \quad ■$$

begin MATLAB

Berechnung von Determinanten in MATLAB:

Eingabe der Matrix $\boldsymbol{A}$; das Semikolon am Zeilenende unterdrückt die Ausgabe der Matrix (wir haben sie jetzt oft genug gesehen)

```
>> A = [ 1 2 -1; 4 -2 6; 3 1 0];
>> det(A)

ans =

    20
```

MATLAB verwendet übrigens genau die hier vorgestellte Methode über den Gauß-Algorithmus zur Berechnung der Determinanten.

end MATLAB

Satz 7.25

Determinante von 2×2- und 3×3-Matrizen

$$\det \begin{pmatrix} a_{11} & a_{12} \\ a_{21} & a_{22} \end{pmatrix} = a_{11}a_{22} - a_{12}a_{21}$$

Ist $\boldsymbol{A} = (\boldsymbol{a}\,\boldsymbol{b}\,\boldsymbol{c})$ eine 3×3-Matrix mit Spalten $\boldsymbol{a}$, $\boldsymbol{b}$, $\boldsymbol{c} \in \mathbb{R}^3$, so gilt $\det \boldsymbol{A} = \boldsymbol{a} \cdot (\boldsymbol{b} \times \boldsymbol{c})$.

Beispiel 7.22

$$\det \begin{pmatrix} 4 & 3 \\ 3 & 4 \end{pmatrix} = 4 \cdot 4 - 3 \cdot 3 = 5, \qquad \det \begin{pmatrix} 1 & 2 & 7 \\ 2 & -5 & 4 \\ 3 & 5 & 2 \end{pmatrix} \overset{\text{siehe Beispiel 7.7}}{=} 161. \quad ■$$

Wann ist das Spatprodukt 0, also das Volumen eines Spats? Klar, dies ist genau dann der Fall, wenn die drei Vektoren, die den Spat aufspannen, in einer Ebene liegen. Der Spat hat dann Länge, Breite, oder Höhe 0. Also ist die Determinante einer 3×3-Matrix 0, wenn die drei Spalten linear abhängig sind.

Satz 7.26

Rechenregeln für Determinanten

Seien $\boldsymbol{A}$, $\boldsymbol{B}$ $n \times n$-Matrizen. Dann gilt

$$\begin{aligned} \det(\boldsymbol{A} \cdot \boldsymbol{B}) &= \det \boldsymbol{A} \cdot \det \boldsymbol{B} \\ \text{Falls } \det \boldsymbol{A} \neq 0 : \det \boldsymbol{A}^{-1} &= \frac{1}{\det \boldsymbol{A}} \end{aligned}$$

Zur Festigung: Prüfen Sie an Beispielen, ob $\det(\boldsymbol{A} + \boldsymbol{B}) = \det \boldsymbol{A} + \det \boldsymbol{B}$ gilt.

↪ Aufgabe 7.17

Wo wir gerade bei Determinanten sind: Ein untaugliches Mittel zur Lösung von linearen Gleichungssystemen ist die **Cramersche Regel**. Wir erwähnen diese Regel hier nur der Vollständigkeit halber, da sie noch in vielen Büchern auftaucht. Sie kann bestenfalls nützlich sein, wenn man bei einem linearen Gleichungssystem nur eine einzige Komponente des Lösungsvektors sucht (was in manchen Anwendungen auftreten mag).

Gabriel Cramer, 1704-1752, schweizer Mathematiker

$$\begin{aligned} & \boldsymbol{A}\boldsymbol{x} = (\boldsymbol{a}_1 \dots \boldsymbol{a}_n)\boldsymbol{x} = \boldsymbol{b} \\ \iff & x_i = \frac{\det(\boldsymbol{a}_1 \dots \boldsymbol{a}_{i-1}\, \boldsymbol{b}\, \boldsymbol{a}_{i+1} \dots \boldsymbol{a}_n)}{\det \boldsymbol{A}} \qquad \text{für alle } i = 1, \dots, n \end{aligned}$$

⚠ Benutzen Sie **nie** die Cramersche Regel zur Lösung von linearen Gleichungssystemen!

Beispiel 7.23

Wir greifen noch einmal Beispiel 7.19 auf. Gegeben ist

$$\boldsymbol{A}\boldsymbol{x} = \boldsymbol{b} \qquad \text{mit} \quad \boldsymbol{A} := \begin{pmatrix} 1 & 2 & -1 \\ 4 & -2 & 6 \\ 3 & 1 & 0 \end{pmatrix}, \quad \boldsymbol{b} = \begin{pmatrix} 9 \\ -4 \\ 9 \end{pmatrix}$$

und wir wollen mit der Cramerschen Regel die zweite Komponente des Lösungsvektors $\boldsymbol{x}$ berechnen. Wir nehmen also die Matrix $\boldsymbol{A}$, ersetzen in ihr die zweite Spalte durch die rechte Seite $\boldsymbol{b}$:

$$(\boldsymbol{a_1}\,\boldsymbol{b}\,\boldsymbol{a_3}) = \begin{pmatrix} 1 & 9 & -1 \\ 4 & -4 & 6 \\ 3 & 9 & 0 \end{pmatrix},$$

welche die Determinante 60 hat (Sarrussche Regel). Ebenfalls mit der Sarrusschen Regel erhalten wir $\det \boldsymbol{A} = 20$. Nach der Cramerschen Regel ist dann $x_2 = \frac{60}{20} = 3$. ■

Transponierte Matrix

Definition 7.26

Sei $\boldsymbol{A}$ eine $n \times m$-Matrix. Wir bilden aus $\boldsymbol{A}$ eine neue Matrix $\boldsymbol{A^T}$ wie folgt:

$$\boldsymbol{A} = \begin{pmatrix} a_{11} & a_{12} & \cdots & a_{1m} \\ a_{21} & a_{22} & \cdots & a_{2m} \\ \vdots & \vdots & & \vdots \\ a_{n1} & a_{n2} & \cdots & a_{nm} \end{pmatrix} \Longrightarrow \boldsymbol{A^T} = \begin{pmatrix} a_{11} & a_{21} & \cdots & a_{m1} \\ a_{12} & a_{22} & \cdots & a_{m2} \\ \vdots & \vdots & & \vdots \\ a_{1n} & a_{2n} & \cdots & a_{mn} \end{pmatrix}$$

$\boldsymbol{A^T}$ heißt die zu $\boldsymbol{A}$ **transponierte Matrix** (lies „A transponiert“). $\boldsymbol{A}$ heißt **symmetrisch**, falls $\boldsymbol{A}$=$\boldsymbol{A^T}$.

Die Zahl, die in $\boldsymbol{A}$ an Position ij steht, steht in $\boldsymbol{A^T}$ an Position ji.

Aus einer Matrix $\boldsymbol{A}$ erhält man also einfach die transponierte Matrix $\boldsymbol{A^T}$, indem man die Spalten von $\boldsymbol{A}$ in die Zeilen von $\boldsymbol{A^T}$ schreibt. Dadurch ändert sich natürlich die Zeilen- und die Spaltenanzahl: $\boldsymbol{A^T}$ hat genauso viele Spalten wie $\boldsymbol{A}$ Zeilen hat und genauso viele Zeilen wie $\boldsymbol{A}$ Spalten hat.

Beispiel 7.24

$$A = \begin{pmatrix} 1 & 2 \\ 3 & 4 \\ 5 & 6 \\ 7 & 8 \end{pmatrix} \quad \text{ergibt nach Transposition:} \quad A^T = \begin{pmatrix} 1 & 3 & 5 & 7 \\ 2 & 4 & 6 & 8 \end{pmatrix}$$ ■

Laut Definition ist eine Matrix symmetrisch, wenn sie gleich ihrer transponierten ist. Wie wir oben gesehen haben, bedeutet das, dass die i-Spalte der Matrix gleich der i-ten Zeile ist, für alle i. Sofort ist klar, dass das nur sein kann, wenn die Anzahl der Zeilen und die der Spalten gleich sind, also $m = n$.

Beispiel 7.25

Wir betrachten

$$A = \begin{pmatrix} 1 & 2 & 3 \\ 4 & 5 & 6 \\ 7 & 8 & 9 \end{pmatrix} \quad \text{und} \quad B = \begin{pmatrix} 1 & 2 & 3 \\ 2 & -5 & 6 \\ 3 & 6 & 13 \end{pmatrix}$$

A ist nicht symmetrisch, denn die erste Zeile ist nicht gleich der ersten Spalte. B ist symmetrisch, denn die i-te Zeile ist gleich der i-ten Spalte für $i = 1, 2, 3$. ■

In der Mathematik sind die Begriffe meist so, dass man sie sich leicht merken kann: „Symmetrisch" bedeutet bekanntlich, dass etwas gleich seinem Spiegelbild ist. Dies gilt auch für Matrizen. Merken muss man sich nur, woran gespiegelt wird. Aus obigem Beispiel sieht man, dass eine Matrix symmetrisch ist, wenn sie durch Spiegelung an der Diagonalen von links oben nach rechts unten unverändert bleibt. Formal bedeutet das, dass das Element an Position ij gleich dem an Position ji ist, für alle $i, j = 1, \ldots, n$. Die Überprüfung, ob eine vorliegende Matrix symmetrisch ist, kann also in der Regel durch scharfes Hinsehen geschehen.

Eine $n \times n$-Matrix A ist symmetrisch, wenn $a_{ij} = a_{ji}$ für alle $i, j = 1, \ldots, n$ gilt.

Beispiel 7.26

In der Bildverarbeitung spielt die $n \times n$-Matrix K, gegeben durch

$$K_{ij} = hC\, e^{-\frac{((i-j)h)^2}{2\gamma^2}}, \quad i, j = 1, \ldots, n.$$

eine Rolle bei der Beschreibung von weichzeichnenden Effekten durch atmospärische Störungen. Hierbei sind h, C, γ konstante Parameter. Wir wollen prüfen, ob $\boldsymbol{K}$ symmetrisch ist.

Wer Matrizen nur als symmetrisch erkennen kann, wenn sie ausgeschrieben vor ihm stehen, hat hier ein Problem – in Anwendungen ist n sehr groß, z. B. $n = 1000$ ist eher noch tief gegriffen. Wer $\boldsymbol{K}$ erst einmal aufschreiben muss, um Symmetrie zu erkennen, dem wünscht der Autor viel Vergnügen. Hilfreich ist hier das eben hergeleitete Kriterium, das sich direkt auf das Element K_{ij} bezieht. Wir haben:

$$K_{ji} = hC\,\mathrm{e}^{-\frac{((j-i)h)^2}{2\gamma^2}}, \quad i,\ j = 1, \ldots, n$$

und wir sehen sofort, dass $K_{ij} = K_{ji}$ für alle i, j ist (bitte nachprüfen!). ■

begin MATLAB

Zu einer $n \times m$-Matrix $\boldsymbol{A}$ liefert

```
>> B = A'
```

die transponierte Matrix, also hier $\boldsymbol{B} = \boldsymbol{A}^T$.

end MATLAB

Rechenregeln für transponierte Matrizen

Satz 7.27

Seien $\boldsymbol{A}$, $\boldsymbol{B}$ $n \times m$-Matrizen, $\boldsymbol{C}$ eine $m \times k$-Matrix. Dann gilt:

$$\begin{aligned} (\boldsymbol{A}+\boldsymbol{B})^T &= \boldsymbol{A}^T + \boldsymbol{B}^T \\ (\boldsymbol{A}\boldsymbol{C})^T &= \boldsymbol{C}^T \boldsymbol{A}^T \\ \det \boldsymbol{A} &= \det \boldsymbol{A}^T \quad \text{falls } n = m \end{aligned}$$

7.5 Orthogonalbasen

Wir haben im vorigen Abschnitt gesehen, dass die Bestimmung von Koordinaten eines Vektors bez. einer Basis bedeutet, ein lineares Gleichungssystem zu lösen. Das ist eine lästige Sache und so ist man motiviert zu überlegen, ob es nicht auch einfacher gehen kann. Im Falle der Standardbasis geht das nicht einfacher, die Koordinaten lassen sich gleich im Vektor ablesen. Man kann nicht erwarten, dass das immer so geht (wie sollte es auch, es gibt ja nur eine Standardbasis), aber etwas einfacher als durch Lösung eines lineares Gleichungssystems geht es ja vielleicht doch.

Was ist denn das Besondere an der Standardbasis? Zum einen enthalten die Vektoren e_i der Standardbasis viele Nullen und jeweils nur eine 1. Die Zahl 1 macht die Rechnung einfach, aber wenn wir z. B. eine Basis hätten, deren Vektoren die doppelten Standardbasisvektoren wären (also die Standardbasis, wenn man die Einsen durch Zweien ersetzt), so wäre das immer noch sehr angenehm: Zur Koordinatenbestimmung müsste man nur die Komponenten des darzustellenden Vektors durch 2 dividieren.
Der eigentliche Vorteil in der Standardbasis sind also die vielen Nullen. Hintergrund ist, dass die Vektoren der Standardbasis alle paarweise aufeinander senkrecht stehen.
Die Orthogonalität (das Aufeinander-senkrecht-stehen) von Vektoren hat übrigens deren lineare Unabhängigkeit zur Folge:

Satz 7.28

Seien die k Vektoren $\boldsymbol{x}_1, \boldsymbol{x}_2, \dots, \boldsymbol{x}_k \in \mathbb{R}^n \setminus \{\boldsymbol{o}\}$ paarweise senkrecht aufeinander (formal: $\boldsymbol{x}_i \cdot \boldsymbol{x}_j = 0$ für alle $i, j = 1, \dots, k$ mit $i \neq j$). Dann sind $\boldsymbol{x}_1, \boldsymbol{x}_2, \dots, \boldsymbol{x}_k$ linear unabhängig.

Orthogonale Vektoren sind stets linear unabhängig voneinander.

Woran liegt das? Aus dem Nachweis dieser Eigenschaft können wir erkennen, warum orthogonale Vektoren so praktisch sind:
Seien $\lambda_1, \lambda_2, \dots, \lambda_n \in \mathbb{R}$ beliebig mit $\sum\limits_{j=1}^{n} \lambda_j \boldsymbol{x}_j = \boldsymbol{o}$. Wir müssen nachweisen, dass $\lambda_1 = \lambda_2 = \dots \lambda_n = 0$ gilt. Das ist ganz einfach, wenn wir die Gleichung skalar mit dem Vektor x_i für ein beliebiges i multiplizieren und die Rechenregeln für das Skalarprodukt beachten:

$$\begin{aligned}\sum_{j=1}^{n} \lambda_j \boldsymbol{x}_j = \boldsymbol{o} \quad \Longrightarrow \quad (\sum_{j=1}^{n} \lambda_j \boldsymbol{x}_j) \cdot \boldsymbol{x}_i &= \boldsymbol{o} \cdot \boldsymbol{x}_i \\ \Longrightarrow \quad \sum_{j=1}^{n} \lambda_j (\boldsymbol{x}_j \cdot \boldsymbol{x}_i) &= 0\end{aligned}$$

Da die $\boldsymbol{x}_i$ paarweise orthogonal sind, besteht diese Summe nur aus dem i-ten Summanden, d. h. $\lambda_i(\boldsymbol{x}_i \cdot \boldsymbol{x}_i) = 0$, also $\lambda_i \|\boldsymbol{x}_i\|^2 = 0$. Da wir angenommen haben, dass keiner der $\boldsymbol{x}_i$ ein Nullvektor ist, ist dies gleichbedeutend mit $\lambda_i = 0$. Da i beliebig war, gilt die obige Überlegung für alle i und wir erhalten am Ende, dass alle λ_i Null sind, wie gefordert bei linearer Unabhängigkeit.

Aus obiger Überlegung sieht man auch sofort, wie man die Koordinaten eines Vektors bez. einer Menge von orthogonalen Vektoren bestimmen kann (orthogonale Vektoren sind ja, da linear unabhängig, automatisch eine Basis für den von ihnen aufgespannten Unterraum).

Satz 7.29

Gegeben seien k Vektoren $\boldsymbol{x}_1, \boldsymbol{x}_2, \ldots, \boldsymbol{x}_k \in \mathbb{R}^n \setminus \{\boldsymbol{o}\}$, die paarweise aufeinander senkrecht stehen und ein Vektor $\boldsymbol{y} \in U := \operatorname{span}\{\boldsymbol{x}_1, \boldsymbol{x}_2, \ldots, \boldsymbol{x}_k\}$. Dann gilt für die Koordinaten $\lambda_1, \lambda_2, \ldots, \lambda_k$ von $\boldsymbol{y}$ bez. der Basis $\boldsymbol{x}_1, \boldsymbol{x}_2, \ldots, \boldsymbol{x}_k$ von U:

$$\lambda_i = \frac{\boldsymbol{y} \cdot \boldsymbol{x}_i}{\boldsymbol{x}_i \cdot \boldsymbol{x}_i}$$

und folglich gilt: $\boldsymbol{y} = \sum_{i=1}^{n} \lambda_i \boldsymbol{x}_i = \sum_{i=1}^{n} \frac{\boldsymbol{x}_i \cdot \boldsymbol{y}}{\boldsymbol{x}_i \cdot \boldsymbol{x}_i} \boldsymbol{x}_i.$

Die Koordinaten eines Vektors bez. einer Orthogonalbasis lassen sich leicht mittels Skalarprodukten ausrechnen.

Der Nachweis geschieht fast wörtlich wie der Nachweis der linearen Unabhängigkeit oben. Die linken Seiten der Gleichungen sind dieselben, nur steht auf der rechten Seite zu Anfang nicht $\boldsymbol{o}$, sondern $\boldsymbol{y}$. Am Ende erhält man aufgrund der Orthogonalität $\lambda_i(\boldsymbol{x}_j \cdot \boldsymbol{x}_i) = \boldsymbol{y} \cdot \boldsymbol{x}_i$, woraus die Behauptung sofort folgt.

Übrigens muss man hier unbedingt der Versuchung widerstehen zu kürzen!

Nie in einem Quotienten zweier Skalarprodukte kürzen!

$$\frac{\boldsymbol{y} \cdot \boldsymbol{x}_i}{\boldsymbol{x}_i \cdot \boldsymbol{x}_i} \neq \frac{\boldsymbol{y}}{\boldsymbol{x}_i},$$

denn man kann nicht zwei Vektoren durcheinander dividieren. Das wäre also schon deshalb Quatsch, weil die rechte Seite gar keinen Sinn ergibt.

Beispiel 7.27

Die Vektoren $\boldsymbol{x}_1 = \begin{pmatrix} 1 \\ -2 \\ 2 \end{pmatrix}$, $\boldsymbol{x}_2 = \begin{pmatrix} 2 \\ 0 \\ -1 \end{pmatrix}$, $\boldsymbol{x}_3 = \begin{pmatrix} 2 \\ 5 \\ 4 \end{pmatrix}$ sind orthogonal zueinander. Nach Satz 7.28 sind sie also linear unabhängig, bilden also eine Basis des $\mathbb{R}^3$. Wir wollen die Koordinaten von $\boldsymbol{y} = \begin{pmatrix} 1 \\ -3 \\ 4 \end{pmatrix}$

Zur Festigung: Bitte nachprüfen, ob $\boldsymbol{x}_1\boldsymbol{x}_2 = \boldsymbol{x}_1\boldsymbol{x}_3 = \boldsymbol{x}_2\boldsymbol{x}_3 = 0$ ist.

bez. dieser Basis berechnen.

Wir gehen nach Satz 7.29 vor und berechnen die benötigten Skalarprodukte:

$$x_1x_1 = 9,\ x_2x_2 = 5,\ x_3x_3 = 45,\ yx_1 = 15,\ yx_2 = -2,\ yx_3 = 3$$

Die Koordinaten von y in der Basis x_1, x_2, x_3 sind dann

$$\lambda_1 = \frac{yx_1}{x_1x_1} = \frac{15}{9},\ \lambda_1 = \frac{yx_1}{x_1x_1} = \frac{-2}{5},\ \lambda_1 = \frac{yx_1}{x_1x_1} = \frac{3}{45}$$

Mit diesen Werten gilt also $y = \lambda_1 x_1 + \lambda_2 x_2 + \lambda_3 x_3$. ■

Zur Festigung: Bitte Probe, ist dies wirklich erfüllt?

Hat man also eine Basis aus orthogonalen Vektoren vorliegen und sucht die Koordinaten eines Vektors bez. dieser Basis, so braucht man kein lineares Gleichungssystem zu lösen, sondern nur eine Reihe von Skalarprodukten zu berechnen. Man sieht, dass die ganze Sache noch einfacher würde, wenn die Basisvektoren nicht nur untereinander orthogonal sind, sondern auch durchweg die Länge 1 haben. Dann wären die Nenner in Satz 7.29 alle 1. Solche Vektoren nennt man **orthonormal**.

Orthonormale Vektoren sind solche, die untereinander orthogonal sind und jeweils die Länge 1 haben.

Satz 7.30

Koordinaten bei orthonormalen Basisvektoren

Gegeben seien k Vektoren $x_1, x_2, \dots, x_k \in \mathbb{R}^n \setminus \{o\}$, die paarweise aufeinander senkrecht stehen und alle die Länge 1 haben. Sei $y \in U := \operatorname{span}\{x_1, x_2, \dots, x_k\}$. Dann gilt für die Koordinaten $\lambda_1, \lambda_2, \dots, \lambda_k$ von y bez. der Basis $x_1, x_2, \dots, x_k$ von U:

$$\lambda_i = x_i \cdot y$$

und folglich gilt: $y = \sum_{i=1}^{n} \lambda_i x_i = \sum_{i=1}^{n} (x_i \cdot y)\, x_i.$

Die Koordinaten eines Vektors bez. einer Orthonormalbasis lassen sich noch leichter mittels Skalarprodukten ausrechnen.

↪ Aufgabe 7.18
↪ Aufgabe 7.19

Beispiel 7.28

Variante von Beispiel 7.27 mit orthonormalen Vektoren:

Die Vektoren x_i aus Beispiel 7.27 haben nicht die Länge 1, sondern – wie wir schon berechnet haben – 3 bzw. $\sqrt{5}$ bzw. $\sqrt{45}$. Wenn wir die x_i durch ihre eigene Länge dividieren, bekommen sie die Länge 1 (siehe Satz 7.1, (7.4)). Die Orthogonalität wird dadurch nicht verändert.

Ergebnis: Die Vektoren

$$z_1 = \frac{1}{3}\begin{pmatrix} 1 \\ -2 \\ 2 \end{pmatrix},\ x_2 = \frac{1}{\sqrt{5}}\begin{pmatrix} 2 \\ 0 \\ -1 \end{pmatrix},\ x_3 = \frac{1}{\sqrt{45}}\begin{pmatrix} 2 \\ 5 \\ 4 \end{pmatrix}$$

sind orthonormal zueinander. Nach Satz 7.30 können wir die Koordinaten von

$y = \begin{pmatrix} 1 \\ -3 \\ 4 \end{pmatrix}$ bez. der Basis x_1, x_3, x_3 also wie folgt berechnen:

$$\lambda_1 = yx_1 = \frac{15}{9},\ \lambda_1 = yx_1 = \frac{-2}{5},\ \lambda_1 = yx_1 = \frac{3}{45}$$

Sie merken schon, dass das nicht wirklich überraschend ist. Die Faktoren $x_i x_i$ sind nach wie vor da (muss ja so sein) – im Vergleich zu Beispiel 7.27 sind sie nur aus der Formel für die λ_i in die Vektoren x_i gewandert. ■

Orthogonalbasis, Orthonormalbasis

Definition 7.27

Eine Menge von k Vektoren $x_1, x_2, \ldots, x_k \in \mathbb{R}^n \setminus \{o\}$, die paarweise aufeinander senkrecht stehen, heißt **Orthogonalbasis** für den von ihnen aufgespannten Raum.
Gilt darüber hinaus $\|x_i\| = 1$ für alle $i = 1, \ldots, k$, so heißt die Menge **Orthonormalbasis** für den aufgespannten Raum.

Die Frage, die Ihnen sicherlich jetzt unter den Nägeln brennt, lautet: Wie komme ich denn an so eine tolle Basis? Dazu dient die

Gram-Schmidt-Orthonormalisierung

Sei $x_1, x_2, \ldots, x_k \in \mathbb{R}^n \setminus \{o\}$ eine Basis, die einen Unterraum $U \subseteq \mathbb{R}^n$ aufspannt. Wir suchen eine Orthonormalbasis $q_1, q_2, \ldots, q_k \in \mathbb{R}^n \setminus \{o\}$, die denselben Unterraum U aufspannt.
Wir bauen die neue Basis sukzessive auf. Dazu definieren wir Unterräume U_i $(i = 1, \ldots, k)$ durch: $U_i := \text{span}\{x_1, x_2, \ldots, x_i\}$. Dann ist also $U_k = U$. Wir konstruieren die neue Basis so, dass $U_i = \text{span}\{q_1, q_2, \ldots, q_i\}$ und das geht so:

Der erste Vektor der Orthogonalbasis ist der erste Vektor der alten Basis, nur normiert auf Länge 1 (vgl. (7.4)).

$$y_1 := x_1, \quad q_1 := \frac{1}{\|y_1\|} y_1.$$

Der erste Vektor wird also unverändert übernommen, und dann normiert. Generell werden wir rekursiv einen Vektor y_i definieren, der dann auf Länge 1 normiert den Vektor q_i definiert.
Der erste war einfach, nun erst wird es interessant:
Die Bedingungen an y_2 lauten: $y_2 y_1 = 0$ und $\text{span}\{y_1, y_2\} = U_2$. Aber $U_2 = \text{span}\{x_1, x_2\} = \text{span}\{q_1, x_2\}$, also muss y_2 eine Linearkombination von q_1 und x_2 sein. Wir setzen an: $y_2 = \lambda q_1 + x_2$. Den zweiten Koeffizienten (also den von x_2) haben wir dabei

gleich als 1 angenommen (wäre er 0, hätten wir keine Chance mit diesem $\boldsymbol{y}_2$ den Raum U_2 aufzuspannen). Damit ist die zweite Bedingung abgedeckt. Um die erste zu erfüllen, muss gelten:

$$0 = \boldsymbol{y}_2\boldsymbol{q}_1 = (\lambda\boldsymbol{q}_1 + \boldsymbol{x}_2)\boldsymbol{q}_1 = \lambda\boldsymbol{q}_1\boldsymbol{q}_1 + \boldsymbol{x}_2\boldsymbol{q}_1 = \lambda + \boldsymbol{x}_2\boldsymbol{q}_1$$

Also muss $\lambda = -\boldsymbol{x}_2\boldsymbol{q}_1$ sein und damit

$$\boldsymbol{y}_2 = \boldsymbol{x}_2 - (\boldsymbol{x}_2\boldsymbol{q}_1)\boldsymbol{q}_1, \quad \boldsymbol{q}_2 := \frac{1}{\|\boldsymbol{y}_2\|}\boldsymbol{y}_2.$$

Zum besseren Verständnis fassen wir diesen Schritt in Worte[1]: Man erhält $\boldsymbol{y}_2$, indem man von $\boldsymbol{x}_2$ den Anteil von $\boldsymbol{x}_2$ in Richtung von $\boldsymbol{y}_1$ entfernt (rechnerisch: subtrahiert). Durch Normierung auf Länge 1 erhalten wir aus $\boldsymbol{y}_2$ dann $\boldsymbol{q}_2$. Der erste Schritt sorgt für die Orthogonalität zu $\boldsymbol{y}_1$ (siehe Bild 7.26), der zweite normiert die Länge auf 1.

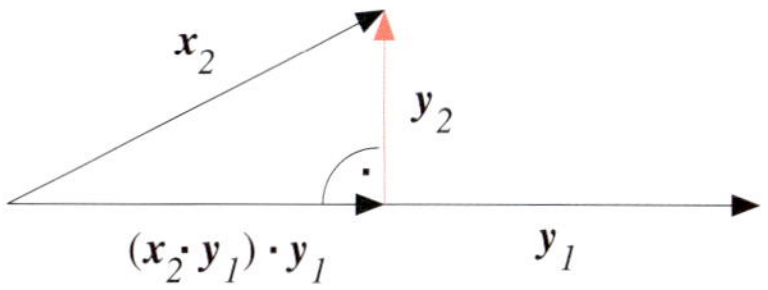

Bild 7.26 Orthogonalisieren von $\boldsymbol{x}_2$ bez. $\boldsymbol{y}_1$, wenn $\boldsymbol{y}_1$ die Länge 1 hat.

Hat man das verstanden, sind die weiteren Schritte naheliegend: Um $\boldsymbol{y}_i$ zu erhalten, muss man von $\boldsymbol{x}_i$ die Anteile von $\boldsymbol{x}_i$ in Richtung von $\boldsymbol{y}_j$, $j = 1, \ldots, i-1$ entfernen und dann noch auf Länge 1 normieren. Wir haben also:

Gram-Schmidt-Verfahren zur Orthonormalisierung

Gegeben eine Menge linear unabhängiger Vektoren $\boldsymbol{x}_1, \boldsymbol{x}_2, \ldots, \boldsymbol{x}_k \in \mathbb{R}^n$.

Input: $\boldsymbol{x}_1, \boldsymbol{x}_2, \ldots, \boldsymbol{x}_k \in \mathbb{R}^n$ linear unabhängig

$\boldsymbol{y}_1 := \boldsymbol{x}_1$

$\boldsymbol{q}_1 := \dfrac{1}{\|\boldsymbol{y}_1\|}\boldsymbol{y}_1$

for $i = 2, \ldots, n$ **do**

  $\boldsymbol{y}_i := \boldsymbol{x}_i - \sum_{j=1}^{i-1}(\boldsymbol{x}_i\boldsymbol{q}_j)\boldsymbol{q}_j$

  $\boldsymbol{q}_i := \dfrac{1}{\|\boldsymbol{y}_i\|}\boldsymbol{y}_i$

end for

Output: $\boldsymbol{q}_1, \boldsymbol{q}_2, \ldots, \boldsymbol{q}_k \in \mathbb{R}^n$ orthonormal

---

Dann sind die Vektoren $\boldsymbol{q}_1, \boldsymbol{q}_2, \ldots, \boldsymbol{q}_k \in \mathbb{R}^n$ orthonormal und spannen denselben Raum wie die $\boldsymbol{x}_i$ auf.

Jørgen Pedersen Gram, 1850-1916, dänischer Mathematiker
Erhard Schmidt, 1876-1959, deutscher Mathematiker

[1] Ein sehr empfehlenswertes Verfahren – mit bloßem Anstarren von Formeln wird einem meist gar nichts klar.

Beispiel 7.29

Wir betrachten $\boldsymbol{x}_1 = \begin{pmatrix} 1 \\ 2 \\ 2 \\ 0 \end{pmatrix}, \quad \boldsymbol{x}_2 = \begin{pmatrix} 2 \\ 0 \\ 2 \\ 1 \end{pmatrix}, \quad \boldsymbol{x}_3 = \begin{pmatrix} 3 \\ 1 \\ -1 \\ 2 \end{pmatrix}$,

welche einen dreidimensionalen Unterraum von $\mathbb{R}^4$ aufspannen. (Dass die Vektoren linear unabhängig sind, sieht man nicht auf den ersten Blick, dazu müsste man etwas rechnen, aber mittlerweile wissen Sie ja, was zu tun wäre). Zur Bestimmung einer Orthonormalbasis gehen wir genau nach der obigen Formulierung des Gram-Schmidt-Verfahrens vor:

$\boldsymbol{x}_1$ normieren und als $\boldsymbol{q}_1$ nehmen

$$\boldsymbol{y}_1 := \boldsymbol{x}_1, \quad \boldsymbol{q}_1 = \frac{1}{\|\boldsymbol{y}_1\|}\boldsymbol{y}_1 = \frac{1}{3}\begin{pmatrix} 1 \\ 2 \\ 2 \\ 0 \end{pmatrix}$$

Von $\boldsymbol{x}_2$ die Komponente in Richtung von $\boldsymbol{y}_1$ subtrahieren

$$\boldsymbol{y}_2 := \boldsymbol{x}_2 - (\boldsymbol{x}_2\boldsymbol{q}_1)\boldsymbol{q}_1 = \boldsymbol{x}_2 - 2\boldsymbol{q}_1 = \begin{pmatrix} \frac{4}{3} \\ -\frac{4}{3} \\ \frac{2}{3} \\ 1 \end{pmatrix}$$

normieren

$$\boldsymbol{q}_2 := \frac{1}{\|\boldsymbol{y}_2\|}\boldsymbol{y}_2 = \frac{1}{\sqrt{5}}\begin{pmatrix} \frac{4}{3} \\ -\frac{4}{3} \\ \frac{2}{3} \\ 1 \end{pmatrix} = \frac{1}{\sqrt{45}}\begin{pmatrix} 4 \\ -4 \\ 2 \\ 3 \end{pmatrix}$$

Von $\boldsymbol{x}_3$ die Komponenten in Richtung von $\boldsymbol{y}_1$ und $\boldsymbol{y}_2$ subtrahieren

$$\boldsymbol{y}_3 := \boldsymbol{x}_3 - (\boldsymbol{x}_3\boldsymbol{q}_1)\boldsymbol{q}_1 - (\boldsymbol{x}_3\boldsymbol{q}_2)\boldsymbol{q}_2 = \boldsymbol{x}_3 - \boldsymbol{q}_1 - \sqrt{3.2}\,\boldsymbol{q}_2 = \begin{pmatrix} 1.6 \\ 1.4 \\ -2.2 \\ 1.2 \end{pmatrix}$$

normieren

$$\boldsymbol{q}_3 := \frac{1}{\|\boldsymbol{y}_3\|}\boldsymbol{y}_3 = \frac{1}{\sqrt{10.8}}\begin{pmatrix} 1.6 \\ 1.4 \\ -2.2 \\ 1.2 \end{pmatrix}$$

■

Definition 7.28

orthogonale Matrizen

Eine $n \times m$-Matrix $\boldsymbol{A}$ heißt **orthogonal**[1], wenn $\boldsymbol{A}^T \cdot \boldsymbol{A} = \boldsymbol{I}_m$ ist. Man sagt auch kurz, $\boldsymbol{A}$ ist eine **Orthogonalmatrix**.

Was wird denn da genau in $\boldsymbol{A}^T \cdot \boldsymbol{A}$ miteinander multipliziert? Klar, die Zeilen von $\boldsymbol{A}^T$ mit den Spalten von $\boldsymbol{A}$ (Skalarprodukt!), also die Spalten von $\boldsymbol{A}$ mit den Spalten von $\boldsymbol{A}$, und zwar jede mit jeder. Wenn das Produkt die Einheitsmatrix sein soll, bedeutet das, dass die Spaltenvektoren paarweise senkrecht zueinander sind und jeweils die Länge 1 haben. Die Spalten bilden also eine Orthonormalbasis des Spaltenraums.

Die Spalten einer Orthogonalmatrix bilden eine Orthonormalbasis des Spaltenraums.

Beispiel 7.30

Im vorigen Beispiel hatten wir eine Orthonormalbasis berechnet. Wenn wir diese Basisvektoren als Spalten in eine Matrix schreiben, erhalten wir demnach eine orthogonale Matrix:

$$\boldsymbol{A} = \begin{pmatrix} \frac{1}{3} & \frac{4}{\sqrt{45}} & \frac{1.6}{\sqrt{10.8}} \\ \frac{2}{3} & -\frac{4}{\sqrt{45}} & \frac{1.4}{\sqrt{10.8}} \\ \frac{2}{3} & \frac{2}{\sqrt{45}} & -\frac{2.2}{\sqrt{10.8}} \\ 0 & \frac{3}{\sqrt{45}} & \frac{1.2}{\sqrt{10.8}} \end{pmatrix}$$

Wer Langeweile hat oder noch skeptisch ist, kann ja die behauptete Eigenschaft $\boldsymbol{A}^T \cdot \boldsymbol{A} = \boldsymbol{I}_3$ nachprüfen (es stimmt tatsächlich!). ■

↪ Aufgabe 7.20

begin MATLAB

Man kann das Gram-Schmidt-Verfahren in MATLAB sehr einfach umsetzen. Wir erinnern uns, dass $\sum_{j=1}^{0} \ldots := 0$. Dann kann man das Verfahren noch einfacher als vorher formulieren. Sei $\boldsymbol{X}$ eine $n \times m$-Matrix mit Spalten $\boldsymbol{x}_i$, $i = 1, \ldots, m$. Die nach Gram-Schmidt orthogonalisierte Matrix $\boldsymbol{Q}$ kann dann wie folgt berechnet werden:

[1] Man beachte, dass es den Begriff „orthonormale Matrix“ nicht gibt. Das, was man naheliegender Weise für eine „orthonormale Matrix“ halten würde, heißt gleich orthogonale Matrix.

Gram-Schmidt-Verfahren (Programmierversion)

für $i = 1, \ldots, n$:

$$\boldsymbol{q}_i := \frac{1}{\left\| \boldsymbol{x}_i - \sum\limits_{j=1}^{i-1} (\boldsymbol{x}_i \boldsymbol{q}_j) \boldsymbol{q}_j \right\|} \cdot \left(\boldsymbol{x}_i - \sum_{j=1}^{i-1} (\boldsymbol{x}_i \boldsymbol{q}_j) \boldsymbol{q}_j \right)$$

Der folgende m-file gram.m

```
function Q=gram(A);
[n,m]=size(A);
 for i=1:m,
     sum=A(:,i);
     for j=1:i-1 sum=sum-(A(:,i)'*Q(:,j))*Q(:,j); end;
     Q(:,i)=sum/norm(sum);
 end;
```

führt dann die Orthogonalisierung durch und liefert das Ergebnis in der Matrix $\boldsymbol{Q}$.

```
>> X = [ 1 2 3; 2 0 1; 2 2 -1; 0 1 2];
>> gram(X)

ans =

   0.33333333333333   0.59628479399994   0.48686449556015
   0.66666666666667  -0.59628479399994   0.42600643361513
   0.66666666666667   0.29814239699997  -0.66943868139520
                  0   0.44721359549996   0.36514837167011
```

Es gibt aber auch eine in MATLAB bereits eingebaute Orthogonalisierungsmethode, welche mit `orth` aufgerufen werden kann.

```
>> A = [ 1 2 3; 2 0 1; 2 2 -1; 0 1 2];
>> orth(A)

ans =

  -0.79232068877940  -0.22222222222222  -0.16293837419854
  -0.34152191950139   0.22222222222222   0.90302909362444
  -0.27240917133695   0.88888888888889  -0.34227367421827
  -0.42589194404654  -0.33333333333333  -0.20208481936672
```

Hoppla, das ist ein anderes Ergebnis als das aus Beispiel 7.30. Was ist hier schief gelaufen? Erst einmal heißt es Ruhe bewahren, denn natürlich gibt es viele verschiedene Orthonormalbasen für ein und denselben Raum. Wir hatten vorher eine mit dem Gram-Schmidt-Verfahren ausgerechnet, MATLAB hat einfach eine andere ausgerechnet (offensichtlich mit einem anderen Verfahren).

end MATLAB

Satz 7.31

Sei $\boldsymbol{A}$ eine orthogonale $n \times m$-Matrix.
Dann gilt für alle $x \in \mathbb{R}^m$ $\quad \|\boldsymbol{A}\boldsymbol{x}\| = \|\boldsymbol{x}\|$.

Die Multiplikation mit einer orthogonalen Matrix ändert die Länge eines Vektors nicht.

↪ Aufgabe 7.21

Die Eigenschaft, Längen von Vektoren nicht zu verändern, macht orthogonale Matrizen zur Verwendung in numerischen Berechnungen besonders attraktiv. Die Fehler, mit denen die Zahlenwerte behaftet sind (u. a. durch Rundung) werden bei Multiplikation mit orthogonalen Matrizen nicht verstärkt.

7.6 Spezielle Matrizen

Rotationsmatrizen

Wir betrachten einen Vektor $\boldsymbol{x} = \begin{pmatrix} x_1 \\ x_2 \end{pmatrix} \in \mathbb{R}^2$ und lassen ihn vom Nullpunkt ausgehen. Der Endpunkt von $\boldsymbol{x}$ kann als komplexe Zahl interpretiert werden:

$$\begin{pmatrix} x_1 \\ x_2 \end{pmatrix} \triangleq x_1 + \mathrm{j}\, x_2.$$

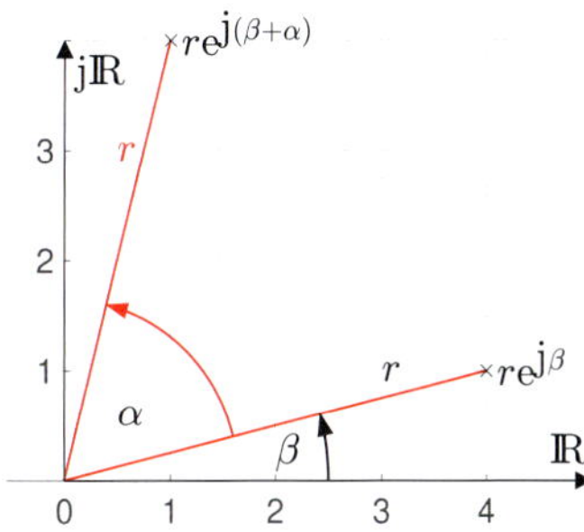

Bild 7.27 Drehung um den Winkel α

Bild 7.27 ist identisch mit Bild 4.9 – wir hatten schon die Drehung um den Winkel φ mit Hilfe komplexer Zahlen beschrieben: durch Multiplikation mit $\mathrm{e}^{\mathrm{j}\,\varphi}$. Wir erhalten damit

$$\begin{aligned}
(x_1 + \mathrm{j}\,x_2)\,\mathrm{e}^{\mathrm{j}\,\varphi} &= (x_1 + \mathrm{j}\,x_2)(\cos\varphi + \mathrm{j}\sin\varphi) \\
&= x_1\cos\varphi - x_2\sin\varphi + \mathrm{j}\,(x_1\sin\varphi + x_2\cos\varphi) \\
&\triangleq \begin{pmatrix} x_1\cos\varphi - x_2\sin\varphi \\ x_1\sin\varphi + x_2\cos\varphi \end{pmatrix} \\
&= \begin{pmatrix} \cos\varphi & -\sin\varphi \\ \sin\varphi & \cos\varphi \end{pmatrix} \begin{pmatrix} x_1 \\ x_2 \end{pmatrix}.
\end{aligned}$$

Rotation

Definition 7.29

$f: \mathbb{R}^2 \longrightarrow \mathbb{R}^2$ heißt **Rotation**, wenn es ein $\varphi \in [0, 2\pi)$ gibt mit

$$f(\boldsymbol{x}) = \begin{pmatrix} \cos\varphi & -\sin\varphi \\ \sin\varphi & \cos\varphi \end{pmatrix} \boldsymbol{x} \quad \text{für alle } \boldsymbol{x} \in \mathbb{R}^2.$$

Die Matrix $\boldsymbol{A}_\varphi = \begin{pmatrix} \cos\varphi & -\sin\varphi \\ \sin\varphi & \cos\varphi \end{pmatrix}$ heißt **Rotationsmatrix**.

Eigenschaften von Rotationsmatrizen

Satz 7.32

Für Rotationsmatrizen $\boldsymbol{A}_\varphi$ gilt:

$$\boldsymbol{A}_\varphi = -(\boldsymbol{A}_\varphi)^T, \qquad (\boldsymbol{A}_\varphi)^{-1} = -\boldsymbol{A}_\varphi = \boldsymbol{A}_{-\varphi} \qquad \det \boldsymbol{A}_\varphi = 1$$

Daraus sehen wir auch, dass Rotationsmatrizen orthogonal sind, und daher ein Vektor, der mit einer Rotationsmatrix multipliziert wird, seine Länge nicht ändert. Etwas anderes hatten wir auch nicht erwartet, denn wenn wir einen Vektor drehen, sollte sich seine Länge dabei nicht ändern.

Außerdem erkennen wir, dass die Inverse einer Rotationsmatrix zum Winkel φ die entsprechende Rotationsmatrix zum Winkel $-\varphi$ ist. Auch klar: Denn eine Drehung um den Winkel φ wird natürlich gerade durch eine Drehung um den Winkel $-\varphi$ rückgängig gemacht.

Auch in Räumen $\mathbb{R}^n$ mit $n > 2$ gibt es natürlich Rotationen – viele sogar. Man kann ja hier in verschiedenen Richtungen drehen, nicht nur im Uhrzeigersinn oder Gegenuhrzeigersinn wie im $\mathbb{R}^2$. Da Sie aber das Prinzip dahinter im $\mathbb{R}^2$ schon verstanden haben, fällt es Ihnen leicht, beispielsweise eine Drehung um die z-Achse im $\mathbb{R}^3$ mit einer Matrix zu beschreiben, nämlich mit

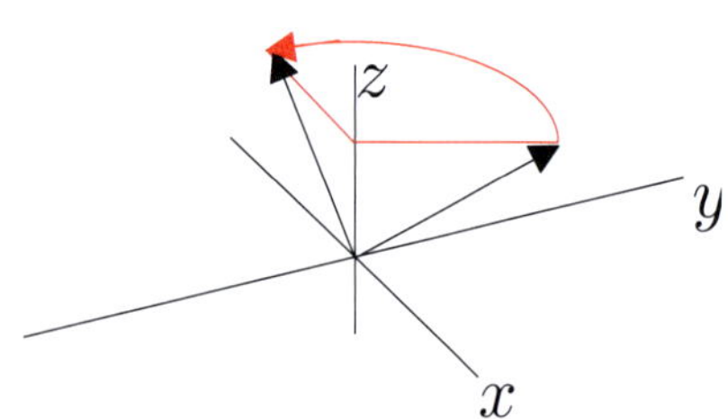

Bild 7.28 Drehung um z-Achse im $\mathbb{R}^3$

$$A = \begin{pmatrix} \cos\varphi & -\sin\varphi & 0 \\ \sin\varphi & \cos\varphi & 0 \\ 0 & 0 & 1 \end{pmatrix}$$

Das Nachvollziehen, warum die Matrix gerade so aussehen muss, ist eine gute Übung für das räumliche Vorstellungsvermögen: Man betrachtet einfach das Koordinatensystem senkrecht von oben. Die z-Achse erscheint dann als Punkt, und genau um diesen Punkt wird in bekannter Weise gedreht.

Zur Festigung: Beschreiben Sie die Drehungen um die x- und um die y-Achse im $\mathbb{R}^3$ ebenfalls mit Matrizen.

Permutationsmatrizen

Definition 7.30

Permutationsmatrix

Sei $n \in \mathbb{N}, k, l \in \{1, 2, \dots, n\}$. Die $n \times n$-Matrix $\boldsymbol{P}$ definiert durch:

$$\begin{aligned} \boldsymbol{P}_{ii} &= 1 \quad \text{für alle } i = 1, \dots, n,\ i \neq k, i \neq l \\ \boldsymbol{P}_{kl} &= \boldsymbol{P}_{lk} = 1, \end{aligned}$$

alle anderen Elemente seien Null, heißt **Permutationsmatrix**.

Permutationsmatrizen enthalten also nur Nullen und Einsen, und zwar in jeder Zeile genau eine Eins (ansonsten Nullen), und ebenfalls in jeder Spalte genau eine (ansonsten Nullen).

Zur Festigung: Wie viele verschiedene $n \times n$-Permutationsmatrizen gibt es?

↪ Aufgabe 7.28

Beispiel 7.31

Für $n = 3, k = 2, l = 3$ erhält man $\boldsymbol{P}_{23} = \begin{pmatrix} 1 & 0 & 0 \\ 0 & 0 & 1 \\ 0 & 1 & 0 \end{pmatrix}$.

Was widerfährt denn Vektoren bei der Multiplikation mit so einem $\boldsymbol{P}$? Zum Glück kann in der Mathematik jeder einfach alles ausprobieren, also los:

$$\begin{aligned} \boldsymbol{P}_{23} \begin{pmatrix} 4 \\ 5 \\ 7 \end{pmatrix} &= \begin{pmatrix} 1 & 0 & 0 \\ 0 & 0 & 1 \\ 0 & 1 & 0 \end{pmatrix} \begin{pmatrix} 4 \\ 5 \\ 7 \end{pmatrix} = \begin{pmatrix} 4 \\ 7 \\ 5 \end{pmatrix} \\ \begin{pmatrix} 4 & 5 & 7 \end{pmatrix} \boldsymbol{P}_{23} &= \begin{pmatrix} 4 & 5 & 7 \end{pmatrix} \begin{pmatrix} 1 & 0 & 0 \\ 0 & 0 & 1 \\ 0 & 1 & 0 \end{pmatrix} = \begin{pmatrix} 4 & 7 & 5 \end{pmatrix} \end{aligned}$$

Zur Festigung: Multiplizieren Sie $\boldsymbol{P}_{24}$ von rechts mit Vektoren und von links mit Zeilen und schauen Sie, was passiert.

Für $n = 4, k = 2, l = 4$ erhält man $\boldsymbol{P}_{24} = \begin{pmatrix} 1 & 0 & 0 & 0 \\ 0 & 0 & 0 & 1 \\ 0 & 0 & 1 & 0 \\ 0 & 1 & 0 & 0 \end{pmatrix}$. ■

Eigenschaften von Permutationsmatrizen

Satz 7.33

Zur Festigung: Machen Sie sich alle diese Eigenschaften an Beispielen klar, oder weisen Sie sie allgemein nach.

Seien $n, k, l \in \mathbb{N}, k, l \leq n$. Dann gilt:

- $\boldsymbol{P}_{kl}$ entsteht aus der Einheitsmatrix $\boldsymbol{I}$, indem man die k-te und die l-te Spalte vertauscht.
- $\boldsymbol{P}_{kl}$ entsteht aus der Einheitsmatrix $\boldsymbol{I}$, indem man die k-te und die l-te Zeile vertauscht.
- $\boldsymbol{P}_{kl}$ ist symmetrisch.
- $\boldsymbol{P}_{kl} = \boldsymbol{P}_{kl}^{-1}$.
- $\boldsymbol{P}_{kl}$ ist orthogonal.
- Für jedes $\boldsymbol{x} \in \mathbb{R}^n$ gilt:
  Multiplikation von $\boldsymbol{x}$ von links mit $\boldsymbol{P}_{kl}$ bewirkt die Vertauschung der k-ten und l-ten Komponente von $\boldsymbol{x}$.
- Für jede $n \times n$-Matrix $\boldsymbol{A}$ gilt:
  Multiplikation von $\boldsymbol{A}$ von rechts mit $\boldsymbol{P}_{kl}$ bewirkt die Vertauschung der k-ten und l-ten Spalte von $\boldsymbol{A}$.
  Multiplikation von $\boldsymbol{A}$ von links mit $\boldsymbol{P}_{kl}$ bewirkt die Vertauschung der k-ten und l-ten Zeile von $\boldsymbol{A}$.

Projektionsmatrizen

Projektionsmatrix

Definition 7.31

Eine $n \times n$-Matrix $\boldsymbol{P}$ mit $\boldsymbol{P} \cdot \boldsymbol{P} = \boldsymbol{P}$ heißt **Projektionsmatrix**.

↪ Aufgabe 7.22

Sie sehen nicht, wo hier etwas wohin projiziert wird? Sei U der Spaltenraum von $\boldsymbol{P}$. Dann gilt für alle $\boldsymbol{x}$: $\boldsymbol{Px} \in U$. Das ist zunächst nichts Besonderes, denn es gilt für jede Matrix $\boldsymbol{P}$, auch wenn sie keine Projektionsmatrix ist (Sie erinnern sich sicher noch an die Definition der Matrixmultiplikation). Das besondere ist, dass für $\boldsymbol{x} \in U$ gilt: $\boldsymbol{Px} = \boldsymbol{x}$.. Vektoren aus U werden also unverändert gelassen. Man sagt, $\boldsymbol{P}$ projiziert auf U.

Beispiel 7.32

$P = \begin{pmatrix} 1 & 0 & 0 \\ 0 & 1 & 0 \\ 0 & 0 & 0 \end{pmatrix}$ ist eine Projektionsmatrix, denn $P \cdot P = P$ (bitte selbst prüfen, hier muss nichts geglaubt werden!). Der Spaltenraum ist $U = \mathbb{R}^2 \times \{0\}$, also alle Vektoren in $\mathbb{R}^3$, die in der dritten Komponente eine Null haben. Nach dem eben erklärten müsste P also Elemente von U unverändert lassen; testen wir das einmal:

$$P \begin{pmatrix} 4 \\ 3 \\ 0 \end{pmatrix} = \begin{pmatrix} 1 & 0 & 0 \\ 0 & 1 & 0 \\ 0 & 0 & 0 \end{pmatrix} \begin{pmatrix} 4 \\ 3 \\ 0 \end{pmatrix} = \begin{pmatrix} 4 \\ 3 \\ 0 \end{pmatrix}.$$

Jeder Vektor x wird durch Linksmultiplikation mit P in U abgebildet, beispielsweise

$$P \begin{pmatrix} 4 \\ 3 \\ 7 \end{pmatrix} = \begin{pmatrix} 1 & 0 & 0 \\ 0 & 1 & 0 \\ 0 & 0 & 0 \end{pmatrix} \begin{pmatrix} 4 \\ 3 \\ 7 \end{pmatrix} = \begin{pmatrix} 4 \\ 3 \\ 0 \end{pmatrix}.$$

Es sei daran erinnert, dass aber der Spaltenraum U nicht der $\mathbb{R}^2$ ist. ■

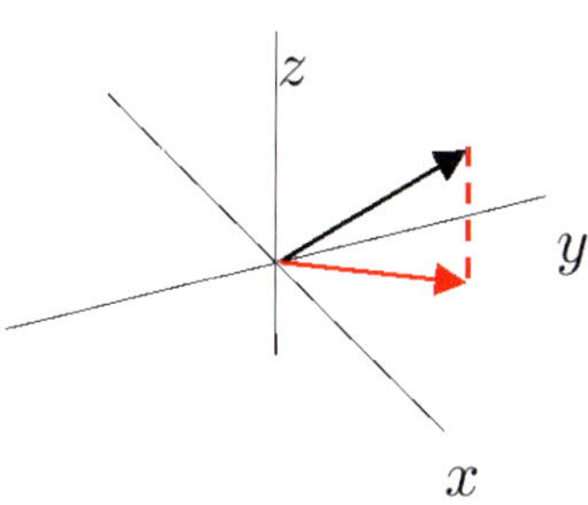

Bild 7.29 Projektion im $\mathbb{R}^3$ auf die x-y-Ebene

Householder-Matrizen

Satz 7.34

Householder-Matrizen

Sei $u \in \mathbb{R}^n$ mit $\|u\| = 1$ und $H := I_n - 2uu^T$. Die $n \times n$-Matrix H heißt dann **Householder-Matrix**. Es gilt:

- H ist symmetrisch und orthogonal.
- Für alle $x \perp u$, $c \in \mathbb{R}$ gilt: $H(x + cu) = x - cu$.

Alston S. Householder, 1904-1993, US-amerikanischer Mathematiker

↪ Aufgabe 7.23

uu^T ist eine $n \times n$-Matrix (hier wird ja eine Spalte mit einer Zeile multipliziert) mit Elementen $(uu^T)_{ij} = u_i u_j$, diese Matrix ist also symmetrisch und daher ist auch H symmetrisch.

Die zweite Eigenschaft in Satz 7.34 bedeutet, dass Hx ein Spiegelbild zu x ist. Bild 7.30 zeigt die Situation im $\mathbb{R}^2$. In diesem Fall ist an der Geraden durch den Nullpunkt gespiegelt, die dieselbe Richtung wie x hat. Im $\mathbb{R}^2$ gibt es ja nur eine Richtung, die senkrecht auf u steht. Im $\mathbb{R}^n$ gibt es $n-1$ solche Richtungen (denn die Gleichung $ux = 0$ ist eine Gleichung mit n Unbekannten, hat also $n-1$ unabhängige Lösungsvektoren). Dann findet

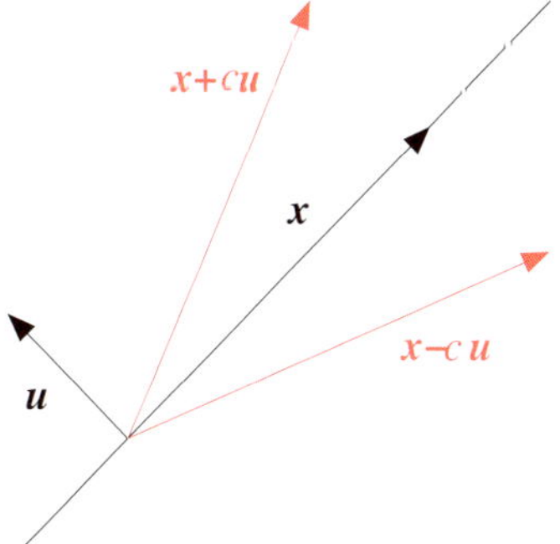

Bild 7.30 Householder-Spiegelung im $\mathbb{R}^2$

die Spiegelung an der Ebene, die durch diese $n-1$ Richtungen gegeben ist und durch den Nullpunkt verläuft, statt.
Householder-Matrizen werden in modernen Verfahren zur Orthogonalisierung von Matrizen verwendet (das Gram-Schmidt-Verfahren ist dieser Methode in einigen Punkten unterlegen). Ein Vorteil der Householder-Matrizen ist, dass wegen

$$\boldsymbol{H}\,\boldsymbol{x} = \boldsymbol{x} - 2\,\boldsymbol{u}\,\boldsymbol{u}^T\boldsymbol{x} = \boldsymbol{x} - 2\,\boldsymbol{u}\,(\boldsymbol{u}^T\boldsymbol{x}) = \boldsymbol{x} - 2\,(\boldsymbol{u}^T\boldsymbol{x})\,\boldsymbol{u}$$

$\boldsymbol{H}\,\boldsymbol{x}$ ohne Verwendung der Matrix $\boldsymbol{H}$ berechnet werden kann. Man benötigt nur das Skalarprodukt $\boldsymbol{u}\cdot\boldsymbol{x} = \boldsymbol{u}^T\boldsymbol{x}$.

7.7 Lineare Abbildungen

Lineare Abbildung

Definition 7.32

Eine Funktion $f : \mathbb{R}^m \longrightarrow \mathbb{R}^n$ heißt **linear**, wenn für alle $\boldsymbol{x}, \boldsymbol{y} \in \mathbb{R}^m$ und alle $\lambda \in \mathbb{R}$ gilt:

$$\begin{aligned} f(\boldsymbol{x}+\boldsymbol{y}) &= f(\boldsymbol{x})+f(\boldsymbol{y}) \\ f(\lambda\boldsymbol{x}) &= \lambda f(\boldsymbol{x}) \end{aligned}$$

Satz 7.35

Alle linearen Abbildungen zwischen Räumen $\mathbb{R}^m$ und $\mathbb{R}^n$ können als Matrixmultiplikation beschrieben werden.

Sei $f : \mathbb{R}^m \longrightarrow \mathbb{R}^n$ eine lineare Abbildung.
Dann gibt es eine $n \times m$-Matrix $\boldsymbol{A}$ so, dass

$$f(\boldsymbol{x}) = \boldsymbol{A}\boldsymbol{x} \quad \text{für alle } \boldsymbol{x} \in \mathbb{R}^m$$

Umgekehrt ist auch jede Abbildung, die sich so schreiben lässt, eine lineare Abbildung.

Beispiel 7.33

- Permutationen, Rotationen und Projektionen sind lineare Abbildungen, weil sie sich als Multiplikation mit einer Matrix $\boldsymbol{A}$ schreiben lassen.
- Die Abbildung, die einem Vektor den arithmetischen Mittelwert seiner Komponenten zuordnet, ist eine lineare Abbildung, denn:

$$\boldsymbol{A}\,\boldsymbol{x} = \frac{1}{n}\sum_{i=1}^{n} x_i \iff \boldsymbol{A} = \begin{pmatrix} \frac{1}{n} & \frac{1}{n} & \dots & \frac{1}{n} \end{pmatrix}$$

Da die Mittelwertbildung einem Vektor aus dem $\mathbb{R}^n$ eine Zahl zuordnet, ist $\boldsymbol{A}$ eine $1 \times n$-Matrix.

- Die Abbildung f, die einem Vektor den geometrischen Mittelwert seiner Komponenten zuordnet, also $f(\boldsymbol{x}) = \sqrt[n]{x_1 x_2 \ldots, x_n}$, ist nicht linear, denn

$$f\left(\begin{pmatrix}1\\2\end{pmatrix}\right) = \sqrt{2}, \quad f\left(\begin{pmatrix}2\\1\end{pmatrix}\right) = \sqrt{2}, \quad \text{aber}$$

$$f\left(\begin{pmatrix}1\\2\end{pmatrix} + \begin{pmatrix}2\\1\end{pmatrix}\right) = f\left(\begin{pmatrix}3\\3\end{pmatrix}\right) = 3 \neq 2\sqrt{2} = f\left(\begin{pmatrix}1\\2\end{pmatrix}\right) + f\left(\begin{pmatrix}2\\1\end{pmatrix}\right)$$

Abbildungen, die auf Datenvektoren operieren, kann man auch als Filter ansehen. Es gibt lineare und nichtlineare Filter. Die Analyse linearer Filter ist erheblich einfacher, da man dafür das gesamte Arsenal der linearen Algebra zur Verfügung hat.

- Die Abbildung, die einem Vektor den Median seiner Komponenten zuordnet, ist keine lineare Abbildung. Der Median eines Vektors $\boldsymbol{x} \in \mathbb{R}^n$ ist definiert als

$$Median(\boldsymbol{x}) = \begin{cases} y_{\frac{n+1}{2}} & \text{falls } n \text{ ungerade} \\ \frac{1}{2}\left(y_{\frac{n}{2}} + y_{\frac{n}{2}+1}\right) & \text{falls } n \text{ gerade} \end{cases}$$

wobei der Vektor $\boldsymbol{y}$ dieselben Komponenten hat wie $\boldsymbol{x}$, nur nach der Größe sortiert. Der Median eines Vektors ist also im Fall n ungerade die mittlere der nach Größe sortierten Komponenten, und im Fall n gerade der arithmetische Mittelwert der beiden mittleren nach Größe sortierten Komponente. Die Linearität ist verletzt, denn

$$f\left(\begin{pmatrix}1\\2\\4\end{pmatrix}\right) = 2, \quad f\left(\begin{pmatrix}6\\3\\2\end{pmatrix}\right) = 3$$

$$f\left(\begin{pmatrix}1\\2\\4\end{pmatrix} + \begin{pmatrix}6\\3\\2\end{pmatrix}\right) = f\left(\begin{pmatrix}7\\5\\6\end{pmatrix}\right) = 6 \neq 5 = f\left(\begin{pmatrix}1\\2\\4\end{pmatrix}\right) + f\left(\begin{pmatrix}6\\3\\2\end{pmatrix}\right)$$

Beispiel zum Median:

$$\begin{pmatrix}1\\3\\-4\\5\\0\end{pmatrix} \xrightarrow{sortieren} \begin{pmatrix}-4\\0\\1\\3\\5\end{pmatrix}$$

Also ist der Median 1.

Der Median spielt in der Signalverarbeitung eine Rolle, und die Tatsache, dass er über eine nichtlineare Abbildung definiert ist, macht die Analyse der Vorgänge schwieriger. ■

Anwendung – Elektrotechnik: Signalverarbeitung mit Filtern

Glättung eines Signals: Auf S. 196 haben Sie schon gehört, dass man diskrete Signale als Vektoren ansehen kann. Nehmen wir an, Sie haben so ein Signal, also einen Vektor $\boldsymbol{x}$ mit vielen Komponenten (d. h. aus $\mathbb{R}^n$ mit großem n). Sie wollen nun die Daten glätten, also die Unterschiede zwischen zwei benachbarten Komponenten verkleinern. Das kann beispielsweise bewerkstelligt werden, wenn man jeweils den Mittelwert zweier benachbarter Komponenten bildet und diesen der ersten der beiden Komponenten zuweist. Die letzte Komponente lassen wir einfach unverändert. Beispiel ($n = 5$):

$$\begin{pmatrix} 4 \\ 2 \\ -6 \\ 3 \\ 4 \end{pmatrix} \longrightarrow \begin{pmatrix} 3 \\ -2 \\ -1.5 \\ 3.5 \\ 4 \end{pmatrix} \longrightarrow \begin{pmatrix} 0.5 \\ -1.75 \\ 1 \\ 3.75 \\ 4 \end{pmatrix} \longrightarrow \begin{pmatrix} -0.675 \\ -0.375 \\ 2.375 \\ 3.875 \\ 4 \end{pmatrix}$$

Wir haben hier gleich dreimal nacheinander geglättet. Man erkennt, die Daten liegen nicht mehr so weit auseinander wie vorher. Glättet man immer weiter, so erhält man am Ende einen konstanten Vektor – alle Komponenten sind 4. „Am Ende“, damit meinen wir nach unendlich vielen Anwendungen der Glättung, was praktisch natürlich nicht durchgeführt werden kann. Bei dieser Glättung handelt es sich um eine lineare Abbildung von $\mathbb{R}^5$ nach $\mathbb{R}^5$, die also durch eine 5×5-Matrix beschrieben werden kann, nämlich:

$$\boldsymbol{A} = \begin{pmatrix} 0.5 & 0.5 & 0 & 0 & 0 \\ 0 & 0.5 & 0.5 & 0 & 0 \\ 0 & 0 & 0.5 & 0.5 & 0 \\ 0 & 0 & 0 & 0.5 & 0.5 \\ 0 & 0 & 0 & 0 & 1 \end{pmatrix}$$

Der Vektor $\boldsymbol{x}$ wird also durch die Glättung zu $\boldsymbol{A}\boldsymbol{x}$, durch eine dreifache Glättung entsprechend zu $\boldsymbol{A}\boldsymbol{A}\boldsymbol{A}\boldsymbol{x} = \boldsymbol{A}^3\boldsymbol{x}$. Mit dem Übergang $n \to \infty$ erhielte man mit obigem Beispiel

$$\lim_{n\to\infty} \boldsymbol{A}^n \boldsymbol{x} = \begin{pmatrix} 4 \\ 4 \\ 4 \\ 4 \\ 4 \end{pmatrix}, \text{ und } \lim_{n\to\infty} \boldsymbol{A}^n = \begin{pmatrix} 0 & 0 & 0 & 0 & 1 \\ 0 & 0 & 0 & 0 & 1 \\ 0 & 0 & 0 & 0 & 1 \\ 0 & 0 & 0 & 0 & 1 \\ 0 & 0 & 0 & 0 & 1 \end{pmatrix}$$

In der Bildverarbeitung, was nichts anderes als Signalverarbeitung von zweidimensionalen Signalen ist, würde man von einem Weichzeichner-Effekt sprechen: Die Konturen des Bildes werden verwischt.

Aufrauung von Signalen: Dies ist so etwas wie das Gegenteil von Glättung, hier sollen die Unterschiede zwischen benachbarten Komponenten verstärkt werden. Jede Komponente wird ersetzt durch ihre Differenz zur nachfolgenden Komponente, also

$$\begin{pmatrix} 4 \\ 2 \\ -6 \\ 3 \\ 4 \end{pmatrix} \longrightarrow \begin{pmatrix} 2 \\ 8 \\ -9 \\ -1 \\ 4 \end{pmatrix} \longrightarrow \begin{pmatrix} -6 \\ 17 \\ -8 \\ -5 \\ 4 \end{pmatrix} \longrightarrow \begin{pmatrix} -23 \\ 25 \\ -3 \\ -9 \\ 4 \end{pmatrix}$$

wiederum nach dreimaliger Anwendung. Auch diese Aufrauung ist eine lineare Abbildung und die zugehörige Matrix lautet

$$\boldsymbol{A} = \begin{pmatrix} 1 & -1 & 0 & 0 & 0 \\ 0 & 1 & -1 & 0 & 0 \\ 0 & 0 & 1 & -1 & 0 \\ 0 & 0 & 0 & 1 & -1 \\ 0 & 0 & 0 & 0 & 1 \end{pmatrix}$$

Bei wiederholtem Anwenden dieser Aufrauung werden die Komponenten des Vektors betragsmäßig immer größer (ausgenommen die letzte Komponente natürlich), ein „Grenzvektor“ existiert daher in diesem Fall nicht.

In der Bildverarbeitung werden Varianten dieser Aufrauung benutzt, um Konturen im Bild hervorzuheben (eben das Gegenteil eines Weichzeichners).

Nachdem wir das Prinzip nun verstanden haben, wollen wir uns das Ganze an einem aufwendigeren Beispiel veranschaulichen:

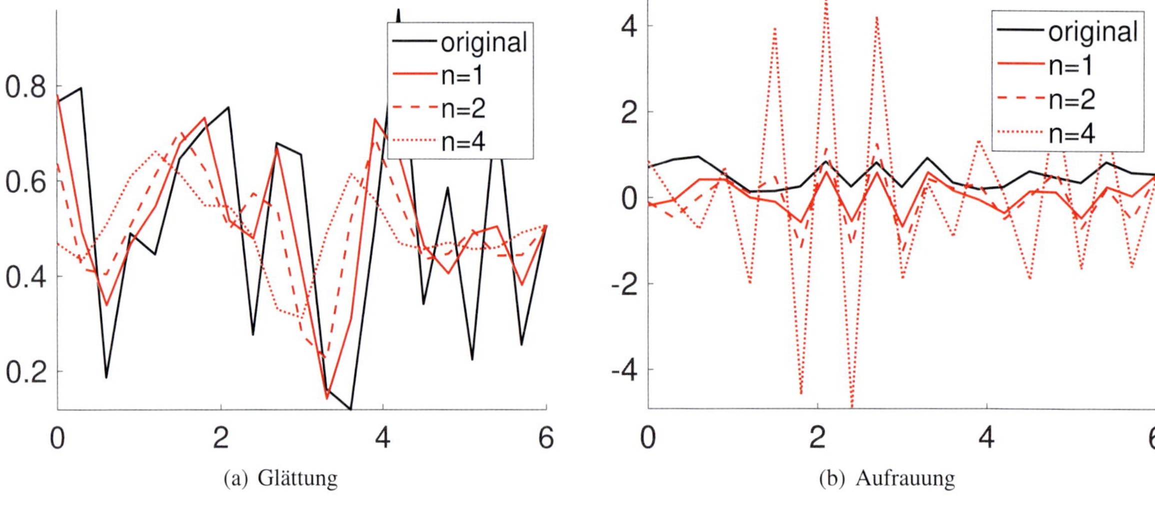

(a) Glättung (b) Aufrauung

Bild 7.31 Glättung und Aufrauung von Zufallsdaten

In Bild 7.31(a)[1] sehen wir als Zufallszahlen erzeugte Originaldaten zusammen mit den n-mal geglätteten (d. h. den mit $\boldsymbol{A}^n$ multiplizierten Datenvektor). Der glättende Effekt ist deutlich zu erkennen.

In Bild 7.31(b)[1] sehen wir ein entsprechendes Beispiel im Original zusammen mit den n-mal aufgerauten Daten. Auch hier erkennt man gut die zunehmenden Schwankungen in den aufgerauten Daten.

Aufgaben

7.1 Gegeben sind die Punkte

$$A = \begin{pmatrix} 1 \\ 2 \\ 3 \end{pmatrix}, B = \begin{pmatrix} 3 \\ 1 \\ 3 \end{pmatrix}, C = \begin{pmatrix} 5 \\ 4 \\ 6 \end{pmatrix}.$$

Fertigen Sie für die Bearbeitung der Aufgabe eine(!) saubere, großzügige Skizze an, in der aber die konkrete Lage der Punkte keine Rolle spielt (also keine räumliche Skizze – Sie sollen die Aufgabe ja nicht zeichnerisch lösen). Diese Skizze verwenden Sie für sämtliche Unterpunkte dieser Aufgabe.

a) Bestimmen Sie einen Punkt D so, dass die Punkte A, B, C, D ein Parallelogramm bilden. Berechnen Sie Seitenlängen dieses Parallelogramms und die Längen der Diagonalen. Verifizieren Sie, dass die Summe der Quadrate aller vier Seitenlängen gleich der Summe der Quadrate der Diagonalenlängen ist.

b) Berechnen Sie den Schnittpunkt E der Diago-

[1] Die Werte sind hier zur besseren Sichtbarkeit durch Streckenzuge miteinander verbunden.

nalen und die Länge der Strecken AE und CE. Verifizieren Sie, dass sich die Diagonalen gegenseitig halbieren.

c) Sei p die durch die Punkte A, B, C definierte Ebene. Geben Sie diese Ebene in Parameterform an. Für jeden einzelnen der Punkte

$$X = \begin{pmatrix} 0 \\ 0 \\ 0 \end{pmatrix}, Y = \begin{pmatrix} 1 \\ 2 \\ 4 \end{pmatrix}, Z = \begin{pmatrix} 1 \\ 6 \\ 6 \end{pmatrix}, U = \begin{pmatrix} \frac{13}{3} \\ 3 \\ 5 \end{pmatrix}$$

- prüfen Sie, ob er in der Ebene p liegt
- prüfen Sie, ob er innerhalb des Parallelogramms $ABCD$ liegt
- berechnen Sie seinen Abstand zur Geraden g durch die Punkte A und C
- berechnen Sie den Punkt auf g, der ihm am nächsten liegt
- berechnen Sie seinen Abstand zur Ebene p
- berechnen Sie den Punkt in p, der ihm am nächsten liegt, und prüfen Sie, ob der berechnete Punkt innerhalb des Parallelogramms $ABCD$ liegt.

7.2 Weisen Sie nach, dass in einem Parallelogramm die Summe der Quadrate aller vier Seitenlängen gleich der Summe der Quadrate der Diagonalenlängen ist.
Hinweis: Benennen Sie die beiden aufspannenden Seiten des Parallelogramms mit $\boldsymbol{x}$ und $\boldsymbol{y}$. Dann Arbeitstechniken (Kap. 1) beachten.

7.3 Gegeben ist eine Ebene p im $\mathbb{R}^3$ in Normalenform $p: 5x_1 + 2x_2 = 7$. Berechnen Sie eine Parameterdarstellung dieser Ebene.

7.4 Seien $\boldsymbol{x}, \boldsymbol{y} \in \mathbb{R}^n$. Zeigen Sie:

a) $\|\boldsymbol{x}+\boldsymbol{y}\|^2 = \|\boldsymbol{x}\|^2 + \|\boldsymbol{y}\|^2 + 2\,\boldsymbol{x}\,\boldsymbol{y}$.

b) $\|\boldsymbol{x}+\boldsymbol{y}\|^2 = \|\boldsymbol{x}\|^2 + \|\boldsymbol{y}\|^2 \iff \boldsymbol{x} \perp \boldsymbol{y}$

Anmerkung: Die Richtung von rechts nach links ist nicht anderes als der Satz der Pythagoras.

c) $\|\boldsymbol{x}+\boldsymbol{y}\| = \|\boldsymbol{x}\| + \|\boldsymbol{y}\| \iff$
es gibt $\lambda \geq 0$ mit $\boldsymbol{y} = \lambda \cdot \boldsymbol{x}$ oder $\boldsymbol{x} = \lambda \cdot \boldsymbol{y}$

d) $|\boldsymbol{x} \cdot \boldsymbol{y}| \leq \|\boldsymbol{x}\| \cdot \|\boldsymbol{y}\|$

7.5 Seien A, B, C, D Punkte des $\mathbb{R}^n$. Zeigen Sie: Verbindet man die Mittelpunkte der Seiten des Vierecks $ABCD$, so erhält man ein Parallelogramm.
Hinweis: Arbeitstechniken beachten, Skizze und nicht mehr als zwei Zeilen rechnen.

7.6 **a)** Prüfen Sie, ob die folgenden Mengen linear abhängig oder linear unabhängig sind (Begründung formulieren). Finden Sie jeweils eine Basis für die durch diese Mengen erzeugten Unterräume und geben Sie die Dimension an.

$$M_1 = \left\{ \begin{pmatrix} 0 \\ 3 \\ 1 \end{pmatrix}, \begin{pmatrix} 3 \\ 0 \\ -2 \end{pmatrix}, \begin{pmatrix} 0 \\ 4 \\ 1 \end{pmatrix} \right\}$$

$$M_2 = \left\{ \begin{pmatrix} 1 \\ 3 \\ 1 \end{pmatrix}, \begin{pmatrix} 3 \\ 2 \\ -2 \end{pmatrix}, \begin{pmatrix} 11 \\ 19 \\ 1 \end{pmatrix} \right\}$$

$$M_3 = \left\{ \begin{pmatrix} -2 \\ 0 \\ 0 \\ 0 \end{pmatrix}, \begin{pmatrix} 0 \\ 3 \\ 2 \\ -2 \end{pmatrix} \begin{pmatrix} 0 \\ 11 \\ 19 \\ 1 \end{pmatrix}, \begin{pmatrix} 0 \\ 1 \\ 3 \\ 1 \end{pmatrix} \right\}$$

b) Zeigen Sie, dass die folgenden Mengen eine Basis des $\mathbb{R}^3$ bilden:

$$B_1 = \left\{ \begin{pmatrix} 3 \\ 0 \\ 0 \end{pmatrix}, \begin{pmatrix} 2 \\ 3 \\ 0 \end{pmatrix}, \begin{pmatrix} 1 \\ 5 \\ 7 \end{pmatrix} \right\}$$

$$B_2 = \left\{ \begin{pmatrix} 6 \\ 3 \\ 1 \end{pmatrix}, \begin{pmatrix} 0 \\ 3 \\ 2 \end{pmatrix}, \begin{pmatrix} 0 \\ 0 \\ 7 \end{pmatrix} \right\}$$

c) Bestimmen Sie die Koordinaten der folgenden Vektoren in jeder der beiden Basen aus b):

$$\begin{pmatrix} 7 \\ 12 \\ 21 \end{pmatrix}, \quad \begin{pmatrix} 30 \\ 27 \\ 6 \end{pmatrix}$$

7.7 Gegeben sind die beiden Ebenen

$$p_1: \begin{pmatrix}1\\2\\6\end{pmatrix} + \lambda \begin{pmatrix}1\\-2\\1\end{pmatrix} + \mu \begin{pmatrix}a\\-1\\2\end{pmatrix}$$

$$p_2: \begin{pmatrix}1\\4\\c\end{pmatrix} + \lambda \begin{pmatrix}2\\1\\2\end{pmatrix} + \mu \begin{pmatrix}b\\1\\5\end{pmatrix}$$

mit (zunächst) unbekannten Konstanten a, b, c. Bestimmen Sie die Konstanten a, b so, dass die beiden Ebenen parallel sind. Bestimmen Sie (mit den so gefundenen Werten für a und b) alle Werte von c so, dass die beiden Ebenen den Abstand $\sqrt{2}$ haben.

7.8 Gegeben sind die beiden Geraden

$$g_1: \begin{pmatrix}1\\11\\15\end{pmatrix} + \lambda \begin{pmatrix}a\\1\\c\end{pmatrix}, \quad g_2: \begin{pmatrix}1\\2\\3\end{pmatrix} + \lambda \begin{pmatrix}0\\3\\4\end{pmatrix}.$$

Hierbei sind a und c unbekannte Konstanten mit $a \neq 0$.

a) Berechnen Sie den Schnittpunkt der beiden Geraden.
Bestimmen Sie die Konstanten a, c so, dass der Vektor $\begin{pmatrix}a\\1\\c\end{pmatrix}$ die Länge $\sqrt{12}$ hat und die beiden Geraden sich in einem Winkel von $30°$ schneiden. – *Hinweis:* $\cos 30° = \sqrt{3}/2$.

b) Sei nun $a = 2$, aber c unbekannt. Bestimmen Sie c so, dass der Punkt $\begin{pmatrix}9\\-3\\11\end{pmatrix}$ in der Ebene liegt, die g_1 und g_2 enthält.

7.9 Gegeben sind die beiden Ebenen

$$p_1: \begin{pmatrix}2\\1\\14\end{pmatrix} + \lambda \begin{pmatrix}1\\3\\4\end{pmatrix} + \mu \begin{pmatrix}3\\11\\16\end{pmatrix}$$

$$p_2: \begin{pmatrix}7\\20\\50\end{pmatrix} + \lambda \begin{pmatrix}-2\\-9\\-17\end{pmatrix} + \mu \begin{pmatrix}2\\5\\7\end{pmatrix}.$$

Berechnen Sie die Schnittmenge der beiden Ebenen und geben Sie sie in Parameterform an. Welche geometrische Form hat diese Schnittmenge (ein Wort genügt)? Vorüberlegung: Was erwarten Sie für eine Lösung?

7.10 Gegeben ist eine Gerade g und eine Ebene p:

$$g: \begin{pmatrix}2\\1\\14\end{pmatrix} + \lambda \begin{pmatrix}0\\3\\4\end{pmatrix}$$

$$p: \begin{pmatrix}2\\1\\14\end{pmatrix} + \lambda \begin{pmatrix}0\\3\\4\end{pmatrix} + \mu \begin{pmatrix}3\\10\\5\end{pmatrix}.$$

Offensichtlich liegt g in der Ebene p. Bestimmen Sie eine Gerade h (in Punkt-Richtungs-Form), die durch den Punkt $\begin{pmatrix}2\\1\\14\end{pmatrix}$ geht, in p liegt, und senkrecht auf g steht.

7.11 Gegeben ist eine Gerade g und eine Ebene p:

$$g: \begin{pmatrix}1\\2\\4\end{pmatrix} + \lambda \begin{pmatrix}3\\1\\-1\end{pmatrix}$$

$$p: \begin{pmatrix}2\\4\\-1\end{pmatrix} + \mu_1 \begin{pmatrix}-2\\1\\1\end{pmatrix} + \mu_2 \begin{pmatrix}1\\2\\-2\end{pmatrix}$$

Bestimmen Sie alle Punkte der Geraden g, die von der Ebene p den Abstand $d = \sqrt{2}$ haben.

7.12 Gegeben ist eine Gerade g und eine Ebene p:

$$g: \begin{pmatrix}1\\2\\s\end{pmatrix} + \lambda \begin{pmatrix}3\\r\\4\end{pmatrix}$$

$$p: \begin{pmatrix}2\\3\\0\end{pmatrix} + \mu_1 \begin{pmatrix}-1\\2\\3\end{pmatrix} + \mu_2 \begin{pmatrix}0\\3\\1\end{pmatrix}$$

Bestimmen Sie die Größen r und s so, dass die Gerade g vollständig in der Ebene p liegt.

7.13 Gegeben sind zwei Ebenen p_1 und p_2:

$$p_1: \begin{pmatrix}1\\2\\4\end{pmatrix} + \lambda \begin{pmatrix}1\\2\\4\end{pmatrix} + \mu \begin{pmatrix}2\\1\\a\end{pmatrix}$$

$$p_2: \begin{pmatrix}-2\\1\\-4\end{pmatrix} + \lambda \begin{pmatrix}4\\a\\3\end{pmatrix} + \mu \begin{pmatrix}-1\\1\\3\end{pmatrix}$$

mit einem zunächst unbekannten reellen Parameter a. Bestimmen Sie alle Werte von a, für die die beiden Ebenen senkrecht aufeinander stehen.

7.14 Weisen Sie nach, dass die Differenz zweier Lösungen von $\boldsymbol{A}\boldsymbol{x} = \boldsymbol{b}$ stets eine Lösung des zugehörigen homogenen Systems, also von $\boldsymbol{A}\boldsymbol{x} = \boldsymbol{o}$ ist.

7.15 Bestimmen Sie mit dem Gaußschen Algorithmus den Rang und die Determinante der Matrizen sowie alle Lösungen der folgenden linearen Gleichungssysteme, wobei jeweils zwei rechte Seiten zu betrachten sind. Klassifizieren Sie die Lösungsmengen (falls nicht leer) als Punkt/Gerade/Ebene , und im Fall Gerade oder Ebene geben Sie die Lösungsmenge in Punkt-Richtungs-Form an.

a) $\begin{pmatrix}1 & 2 & -1\\4 & -2 & 6\\3 & 1 & 0\end{pmatrix}\boldsymbol{x} = \begin{pmatrix}9\\-4\\9\end{pmatrix}$ bzw. $\begin{pmatrix}0\\-10\\-9\end{pmatrix}$

b) $\begin{pmatrix}-1 & 3 & 5\\0 & 3 & 4\\3 & 4 & 5\end{pmatrix}\boldsymbol{x} = \begin{pmatrix}-16\\-11\\-5\end{pmatrix}$ bzw. $\begin{pmatrix}9\\12\\25\end{pmatrix}$

c) $\begin{pmatrix}2 & 1 & 3\\4 & 3 & 1\\8 & 5 & 7\end{pmatrix}\boldsymbol{x} = \begin{pmatrix}1\\1\\1\end{pmatrix}$ bzw. $\begin{pmatrix}1\\1\\3\end{pmatrix}$

d) $\begin{pmatrix}1 & 2 & 1\\2 & 4 & 2\\-2 & -4 & -2\end{pmatrix}\boldsymbol{x} = \begin{pmatrix}1\\2\\4\end{pmatrix}$ bzw. $\begin{pmatrix}1\\2\\-2\end{pmatrix}$

7.16 Gegeben ist

$$\boldsymbol{A} = \begin{pmatrix}7 & 2 & 2\\-35 & -13 & -8\\28 & 11-9\mu & -6\end{pmatrix},$$

$$\boldsymbol{b}_1 = \begin{pmatrix}23\\-83\\30\end{pmatrix}, \quad \boldsymbol{b}_2 = \begin{pmatrix}-23\\117\\-106\end{pmatrix}.$$

Berechnen Sie mit dem Gauß-Algorithmus det $\boldsymbol{A}$. Für welche Werte von μ ist das System $\boldsymbol{A}\boldsymbol{x} = \boldsymbol{b}$ für beliebige rechte Seiten $\boldsymbol{b} \in \mathbb{R}^3$ eindeutig lösbar?

Bestimmen Sie die Lösungsmenge von $\boldsymbol{A}\boldsymbol{x} = \boldsymbol{b}_1$ für den Fall $\mu = 1$.

Bestimmmen Sie die Lösungsmenge von $\boldsymbol{A}\boldsymbol{x} = \boldsymbol{b}_2$ für alle Werte von μ, für die das System nicht eindeutig lösbar ist. Falls sie nicht leer ist, geben Sie die Lösungsmenge in Parameterform an und beschreiben Sie die geometrische Form mit einem Wort.

7.17 Weisen Sie Satz 7.26 für 2×2-Matrizen nach.

7.18 Überzeugen Sie sich von der Richtigkeit der in Satz 7.30 angegebenen Formeln für die Koordinaten.

7.19 Wir haben gelernt, dass die Bestimmung von Koordinaten bez. einer Orthogonalbasis nur die Berechnung einer Reihe von Skalarprodukten erfordert. Angenommen, wir reden über den $\mathbb{R}^n$ und eine Orthogonalbasis eines Unterraums aus $k < n$ Vektoren.

a) Wie viele Skalarprodukte sind zu berechnen und wie viele Multiplikationen und Divisionen sind zur Bestimmung aller Koordinaten erforderlich?

b) Wie ist die obige Frage zu beantworten, wenn es sich sogar um eine Orthonormalbasis handelt?

7.20 Orthogonalisieren Sie die Spalten von

$$\boldsymbol{A} = \begin{pmatrix} 1 & 2 & 2 \\ -2 & 0 & 1 \\ 2 & -1 & -3 \\ 0 & 2 & 1 \end{pmatrix}, \quad \boldsymbol{B} = \begin{pmatrix} 1 & 9 & 10 \\ -2 & -6 & 12 \\ 2 & 3 & 25 \end{pmatrix}$$

mit dem Gram-Schmidt-Verfahren.

7.21 Weisen Sie Satz 7.31 nach. *Hinweis: Es ist einfacher, wenn Sie* $\|\boldsymbol{A}\boldsymbol{x}\|^2 = \|\boldsymbol{x}\|^2$ *nachweisen.*

7.22 Sei $\boldsymbol{P}$ eine $n \times n$-Projektionsmatrix, U der Spaltenraum von $\boldsymbol{P}$. Weisen Sie nach, dass für alle $\boldsymbol{x} \in U$ gilt: $\boldsymbol{P}\boldsymbol{x} = \boldsymbol{x}$.

7.23 Weisen Sie Satz 7.34 nach.

Wahr oder falsch?

7.24 Zwei Ebenen im $\mathbb{R}^3$ schneiden sich stets in einer Geraden.

7.25 Zwei Ebenen im $\mathbb{R}^n$, $n > 3$, schneiden sich stets in einer Geraden.

7.26 Das Volumen eines Spats ist gleich der Determinante der Matrix, die aus den den Spat aufspannenden Vektoren gebildet wird.

7.27 Es gibt lineare Gleichungssysteme, die genau zwei Lösungen haben.

7.28 Eine Matrix, die nur Nullen und Einsen enthält, wobei in jeder Zeile genau eine Eins (ansonsten Nullen) steht, und in jeder Spalte auch genau eine Eins (ansonsten Nullen), ist eine Permutationsmatrix.

8 Unendliche Reihen

Nun sind wir bereit in ein Kapitel einzutreten, indem die bisher vorgestellten Techniken zusammenkommen. Wir finden hier Fragen der Konvergenz (offensichtlich hat das Thema ja was mit dem Unendlichen zu tun) wieder – Reihen sind nichts anderes als spezielle Folgen. Unter diesen sind die Potenzreihen wiederum speziell; sie sind gewissermaßen Verallgemeinerungen von Polynomen. Damit sind wir bei Funktionen, die wir auch differenzieren und integrieren können. Dieses Kapitel hat also alles, was man sich wünschen kann. Und dazu kommen vielfältige Anwendungen, speziell in der Numerischen Mathematik und Informatik: Reihen können nämlich zur näherungsweisen Berechnung von Funktionswerten benutzt werden. So motiviert, wollen wir gleich in das Thema einsteigen.

8.1 Grundlagen

Definition 8.1

Unendliche Reihe

Sei (a_n) eine Folge. Die daraus gebildete neue Folge (s_n) der Partialsummen,

$$s_n := \sum_{i=1}^{n} a_i$$

heißt (unendliche) Reihe, und man schreibt dafür auch $\sum\limits_{i=1}^{\infty} a_i$. Falls die Folge (s_n) konvergiert, so heißt die Reihe konvergent mit Reihenwert

$$S = \sum_{i=1}^{\infty} a_i := \lim s_n.$$

Falls (s_n) nicht konvergiert, heißt die Reihe divergent.

Der Beginn einer Reihe bei $i = 1$ ist nicht zwingend notwendig. Wir werden oft auch Reihen ab $i = 0$ oder ab anderen Startindizes betrachten.

Das Symbol $\sum\limits_{i=1}^{\infty} a_i$ wird sowohl als Bezeichnung für die Folge (s_n) als auch für deren Grenzwert verwendet (aber daran gewöhnt man sich schnell).

Reihen lassen sich übrigens bequem auch rekursiv definieren:

$$s_n := \sum_{i=1}^{n} a_i \iff s_1 := a_1,\ s_{i+1} := s_i + a_{i+1} \text{ für } i = 1, \ldots, n-1$$

Für die Konvergenz ist, wie Sie schon aus Kapitel 2 wissen, der Zuwachs von s_{n-1} auf s_n ausschlaggebend. Damit ist klar, dass es auf a_n ankommt, den n-ten Summanden.

Die **geometrische Reihe** $\sum_{i=0}^{n} q^i$ ist ein vielseitig anwendbares Hilfsmittel bei Reihenentwicklungen. Es empfiehlt sich daher, diese Reihe mit ihren Eigenschaften auswendig zu beherrschen.

Beispiel 8.1

- Wir haben bereits (siehe Satz 2.5) die geometrische Reihe kennengelernt

$$s_n := \sum_{i=0}^{n} q^i = 1+q+q^2+\ldots+q^n = \begin{cases} \dfrac{1-q^{n+1}}{1-q} & \text{falls } q \neq 1 \\ n+1 & \text{falls } q = 1 \end{cases}$$

Dabei haben wir auch gelernt, dass diese Reihe genau dann konvergiert, wenn $|q| < 1$ ist. Es ist

$$\sum_{i=0}^{\infty} q^i = \frac{1}{1-q} \qquad \text{falls } |q| < 1.$$

Mit $q = 0.1$ ergibt sich beispielsweise

$$\sum_{i=0}^{\infty} 0.1^i = 1+0.1+0.01+0.001+\ldots = 1.11111\ldots = \frac{10}{9} = \frac{1}{1-0.1}.$$

Die geometrische Reihe liefert also eine Darstellung der Funktion $f(x) = \frac{1}{1-x}$ als Reihe; diese Darstellung gilt aber nur für $|x| < 1$ (denn andernfalls konvergiert die Reihe ja gar nicht). Man sagt, die Funktion besitzt die Reihenentwicklung

$$f(x) = \frac{1}{1-x} = \sum_{i=0}^{\infty} x^i \quad \text{für } |x| < 1.$$

Man kann aber auch die geometrische Reihe benutzen, um eine Reihenentwicklung von $f(x)$ für $|x| > 1$ zu erhalten:

$$\begin{aligned} f(x) &= \frac{1}{1-x} = -\frac{1}{x} \cdot \frac{1}{1-\frac{1}{x}} \\ &= -\frac{1}{x} \cdot \sum_{i=0}^{\infty} \left(\frac{1}{x}\right)^i = -\sum_{i=0}^{\infty} \left(\frac{1}{x}\right)^{i+1} = -\sum_{i=1}^{\infty} \left(\frac{1}{x}\right)^i \quad \text{für } |x| > 1. \end{aligned}$$

Man kann also durchaus für ein und dieselbe Funktion zwei verschiedene Reihenentwicklungen haben, die sich aber darin unterscheiden, für welche x sie jeweils gelten (d. h. für welche x die Reihen konvergieren).

Weitere Beispiele für den weitreichenden Nutzen der geometrischen Reihe:

$$\frac{1}{2-x} = \frac{1}{2} \cdot \frac{1}{1-\frac{x}{2}} = \frac{1}{2} \cdot \sum_{i=0}^{\infty} \left(\frac{x}{2}\right)^i \quad \text{für } \left|\frac{x}{2}\right| < 1, \text{ d. h. } |x| < 2.$$

$$\begin{aligned} \frac{1}{x^2+2x+5} &= \frac{1}{4+(x+1)^2} = \frac{1}{4} \cdot \frac{1}{1-(-0.25(x+1)^2)} \\ &= \frac{1}{4} \sum_{i=0}^{\infty} (-0.25(x+1)^2)^i = \frac{1}{4} \sum_{i=0}^{\infty} (-1)^i \left(\frac{x+1}{2}\right)^{2i} \\ &\quad \text{für } |x+1| < 2, \text{ d. h. } x \in (-3,1). \end{aligned}$$

- Die Reihe $\sum_{i=1}^{\infty} \frac{1}{i(i+1)}$ konvergiert gegen 1, denn

$$\begin{aligned} s_n = \sum_{i=1}^{n} \frac{1}{i(i+1)} = \sum_{i=1}^{n} \left(\frac{1}{i} - \frac{1}{i+1}\right) &= \sum_{i=1}^{n} \frac{1}{i} - \sum_{i=1}^{n} \frac{1}{i+1} \\ &= 1 - \frac{1}{n+1} \longrightarrow 1 \quad \text{für } n \longrightarrow \infty. \end{aligned}$$

↪ Aufgabe 8.1

- Die Reihe $\sum_{i=1}^{\infty} \frac{1}{i}$ heißt **harmonische Reihe** und konvergiert nicht. Wir werden das in Kürze nachweisen (ab S. 286). Obwohl die Summanden immer kleiner werden, ist die Folge der Partialsummen nicht beschränkt. ■

Die harmonische Reihe $\sum_{i=1}^{\infty} \frac{1}{i}$ konvergiert **nicht**.

begin MATLAB

Wir wollen mit MATLAB einige Partialsummen der harmonischen Reihe ausrechnen. Dazu definieren wir eine *function*.

```
function harmsum(n);
sum=0; for i=1:n; sum=sum+1/i; end;
sum
```

und können nun mit dem Aufruf `harmsum(100)` (beispielsweise) die Summe der ersten 100 Summanden der harmonischen Reihe berechnen. Wir erhalten damit die Werte in Tabelle 8.1. Die Reihe wächst offensichtlich sehr langsam. Von den Zahlen her wäre eine Prognose auf Konvergenz oder gar die Vorhersage eines Grenzwerts gewagt. Ein Vorteil der Mathematik – sie liefert gesicherte Aussagen.

Tabelle 8.1 Einige Partialsummen der harmonischen Reihe

n	`harmsum(n)`
1	1
2	1.5
10	2.92896825396825...
20	3.59773965714368...
50	4.49920533832942...
100	5.18737751763962...
1000	7.48547086055034...
10000	9.78760603604435...

end MATLAB

Übrigens gilt für alle $n_0 \in \mathbb{N}$:

$$\sum_{i=1}^{\infty} a_i \quad \text{konvergiert} \quad \Longleftrightarrow \quad \sum_{i=n_0}^{\infty} a_i \quad \text{konvergiert.}$$

Grund dafür ist, dass sich die Partialsummen der beiden Reihen ja nur um eine additive Konstante C unterscheiden, nämlich um $C = \sum_{i=1}^{n_0-1} a_i$. Wenn aber eine Folge (s_n) konvergiert, so konvergiert auch die Folge $(s_n + c)$. Das Konvergenzverhalten ist also unberührt vom Startindex der Reihe. Dies hat zur Folge, dass alle Konvergenzkriterien, die wir im Folgenden vorstellen, gültig bleiben, wenn man den Startindex der Reihe abändert. Der Einfachheit halber formulieren wir aber die Kriterien für den Startindex 0.

Alle Konvergenzkriterien sind auch anwendbar, wenn das geforderte Kriterium nicht gleich ab $i = 0$ oder $i = 1$, sondern erst ab einem späteren Index erfüllt ist.

In vielen Fällen kann man für eine Reihe keinen geschlossenen Ausdruck der n-ten Partialsumme s_n finden, sodass man sich etwas anderes einfallen lassen muss, wenn man Reihen auf Konvergenz oder Divergenz prüfen will. Man kann natürlich die gängigen Konvergenzkriterien für Folgen auch für unendliche Reihen benutzen – Reihen sind ja nur Spezialfälle von Folgen. Andererseits kann man das Konvergenzverhalten einer Reihe erkunden, indem man ihre Summanden mit denen von anderen Reihen mit bekanntem Konvergenzverhalten vergleicht. Wenn die Summanden einer Reihe schneller kleiner werden als die einer konvergenten Reihe, wird sie auch konvergieren. Wenn ihre Summanden langsamer kleiner werden (oder gar größer werden) als die einer unbeschränkten Reihe, besteht dagegen keine Hoffnung auf Konvergenz. Es hängt also alles davon ab, wie schnell bzw. wie langsam die Summanden gegen Null gehen.

Konvergenzkriterien für Reihen

Satz 8.1

Seien $\sum_{i=0}^{\infty} a_i$ und $\sum_{i=0}^{\infty} b_i$ zwei Reihen und $c \in \mathbb{R}$. Dann gilt:

Eine Reihe kann nur konvergieren, wenn ihre Summanden gegen Null gehen.

- Falls $\sum_{i=0}^{\infty} a_i$ konvergiert, so ist (a_n) eine Nullfolge. Dies wird gerne benutzt, um Divergenz zu zeigen: denn wenn (a_n) keine Nullfolge ist, kann auch $\sum_{i=0}^{\infty} a_i$ nicht konvergieren.
- Falls $\sum_{i=0}^{\infty} a_i$ und $\sum_{i=0}^{\infty} b_i$ konvergieren, so konvergiert auch $\sum_{i=0}^{\infty} (a_i + b_i)$ und $\sum_{i=0}^{\infty} c \cdot a_i$ und es ist
$$\sum_{i=0}^{\infty}(a_i+b_i) = \sum_{i=0}^{\infty} a_i + \sum_{i=0}^{\infty} b_i \qquad \text{und} \qquad \sum_{i=0}^{\infty} c \cdot a_i = c \cdot \sum_{i=0}^{\infty} a_i.$$

Absolute Konvergenz

- Falls $\sum_{i=0}^{\infty} |a_i|$ konvergiert – man sagt dann, die Reihe ist „absolut konvergent"–, so konvergiert auch $\sum_{i=0}^{\infty} a_i$.

Vergleichskriterium

- Falls $|a_i| \leq b_i$ für schließlich alle i und $\sum_{i=0}^{\infty} b_i$ konvergiert, so konvergiert auch $\sum_{i=0}^{\infty} |a_i|$.

  Falls $0 \leq b_i \leq a_i$ für schließlich alle i und $\sum_{i=0}^{\infty} b_i$ divergiert, dann divergiert auch $\sum_{i=0}^{\infty} a_i$.

Quotientenkriterium

- Falls $\left|\frac{a_{i+1}}{a_i}\right| \leq q < 1$ für schließlich alle i und ein festes q, oder falls $\lim_{i\to\infty} \left|\frac{a_{i+1}}{a_i}\right| < 1$, so konvergiert $\sum_{i=0}^{\infty} a_i$.

Falls man nur weiß, dass $\left|\frac{a_{i+1}}{a_i}\right| \leq 1$ für schließlich alle i gilt (also das Ganze ohne q dazwischen), so ist keine Aussage möglich, ebenso im Fall $\lim\limits_{i\to\infty}\left|\frac{a_{i+1}}{a_i}\right| = 1$.

Falls aber $\left|\frac{a_{i+1}}{a_i}\right| \geq 1$ für schließlich alle i, so divergiert $\sum\limits_{i=0}^{\infty} a_i$.

- Falls $\sqrt[i]{|a_i|} \leq q < 1$ für schließlich alle i und ein festes q, oder falls $\lim\limits_{i\to\infty}\sqrt[i]{|a_i|} < 1$, so konvergiert $\sum\limits_{i=0}^{\infty} a_i$.

  Falls man nur weiß, dass $\sqrt[i]{|a_i|} \leq 1$ für schließlich alle i gilt (also das Ganze ohne q dazwischen), so ist keine Aussage möglich, ebenso im Fall $\lim\limits_{i\to\infty}\sqrt[i]{|a_i|} = 1$.

  Falls aber $|a_i| > c > 0$ für unendlich viele i und ein festes $c > 0$, so divergiert $\sum\limits_{i=0}^{\infty} a_i$.

Wurzelkriterium

Beispiel 8.2

- Die Reihe $\sum\limits_{i=0}^{\infty}(-1)^i$ konvergiert nicht, denn $(-1)^i$ ist keine Nullfolge.
- Die Reihe $\sum\limits_{i=0}^{\infty}\frac{i}{i+1}$ konvergiert nicht, denn $\frac{i}{i+1}$ ist keine Nullfolge.
- Die Reihe $\sum\limits_{i=1}^{\infty}\frac{1}{i^k}$ konvergiert für $k \geq 2$, denn

$$\frac{1}{i^k} \leq \frac{1}{i^2} \leq \frac{1}{i^2-i} = \frac{1}{i\,(i-1)} \qquad \text{für } i \geq 2$$

↪ Aufgabe 8.2

  Die Reihe $\sum\limits_{i=2}^{\infty}\frac{1}{i\,(i-1)}$ konvergiert aber, denn $\sum\limits_{i=2}^{\infty}\frac{1}{i\,(i-1)} = \sum\limits_{i=1}^{\infty}\frac{1}{i\,(i+1)}$ und letzteres ist nach Beispiel 8.1 konvergent. Das Vergleichskriterium ist damit anwendbar und garantiert die Konvergenz der Reihe $\sum\limits_{i=1}^{\infty}\frac{1}{i^k}$.

  Das Quotientenkriterium bringt hier übrigens nichts, denn z. B. für $k = 2$ ist

$$\lim_{i\to\infty}\left|\frac{a_{i+1}}{a_i}\right| = \lim_{i\to\infty}\frac{i^2}{(i+1)^2} = 1.$$

- Die Reihe $\sum\limits_{i=1}^{\infty}\frac{1}{\ln i}$ divergiert nach Vergleichskriterium, denn es gilt $\frac{1}{\ln i} \geq \frac{1}{i}$ (wegen $\mathrm{e}^i \geq i$). Die Summanden sind damit größer als die der harmonischen Reihe, welche bekanntlich divergiert.
- Die Reihe $\sum\limits_{i=1}^{\infty}\frac{\cos i}{i^2}$ konvergiert nach Vergleichskriterium, denn es gilt $|\frac{\cos i}{i^2}| \leq \frac{1}{i^2}$ und die Reihe über letzteres konvergiert.
- $\sum\limits_{i=0}^{\infty}\frac{1}{i!}$ konvergiert, wie das Quotientenkriterium zeigt:

$$\lim_{i\to\infty}\left|\frac{a_{i+1}}{a_i}\right| = \lim_{i\to\infty}\frac{1}{i+1} = 0 < 1.$$

- $\sum\limits_{i=0}^{\infty}\frac{i}{2^i}$ konvergiert, wie das Quotientenkriterium zeigt:

$$\lim_{i\to\infty}\left|\frac{a_{i+1}}{a_i}\right| = \lim_{i\to\infty}\frac{i+1}{2i} = 0.5 < 1.$$

- $\sum\limits_{i=1}^{\infty}\frac{1}{i^i}$ konvergiert, wie das Wurzelkriterium zeigt:

$$\lim_{i\to\infty}\sqrt[i]{|a_i|} = \lim_{i\to\infty}\frac{1}{i} = 0 < 1. \quad ■$$

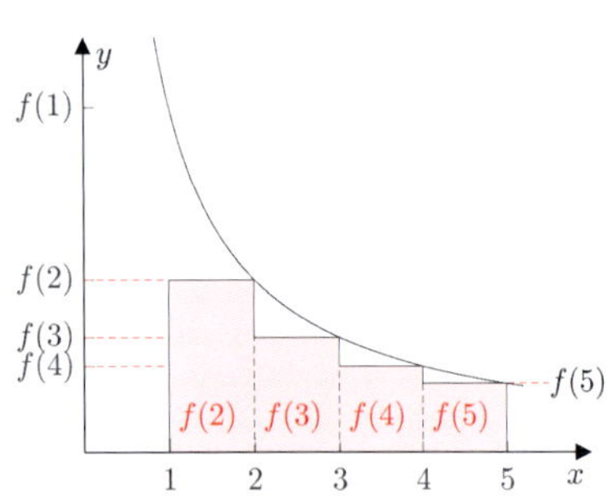

Bild 8.1 Flächeninhalt unter der Kurve $\leq \int\limits_1^n f(x)\,\mathrm{d}x,\ n = 5$

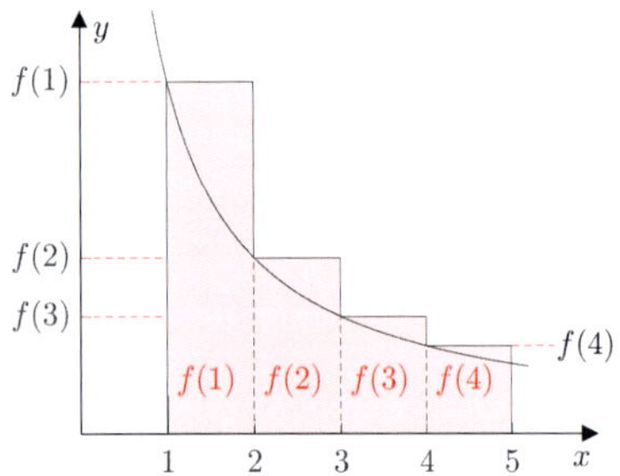

Bild 8.2 Flächeninhalt über der Kurve $\geq \int\limits_1^{n+1} f(x)\,\mathrm{d}x,\ n = 4$

$\sum\limits_{i=1}^{\infty}\frac{1}{i^p}$ konvergiert $\iff p > 1$

Hier sieht man deutlich, dass es auf die Geschwindigkeit ankommt, mit der die Summanden gegen Null gehen. Geht das nicht schnell genug, ist die Reihe divergent.

Wir wollen nun nochmals auf die **harmonische Reihe** eingehen. Um die Divergenz nachzuweisen, hilft das Quotientenkriterium nichts. Sieht man aber die Summanden $\frac{1}{i}$ als Funktionswerte von $f(x) = \frac{1}{x}$ an den Stellen $x = 1, 2, \ldots$ an, so erkennt man aus dem Zusammenhang des Integrals mit Untersummen, siehe Bild 8.1:

$$\frac{1}{2}+\frac{1}{3}+\frac{1}{4}+\ldots+\frac{1}{n} \leq \int\limits_1^n \frac{1}{x}\,\mathrm{d}x = \ln n.$$

Eine analoge Überlegung mit den Obersummen, siehe Bild 8.2, ergibt:

$$\sum_{i=1}^{n}\frac{1}{i} = 1+\frac{1}{2}+\frac{1}{3}+\frac{1}{4}+\ldots+\frac{1}{n} \geq \int\limits_1^{n+1}\frac{1}{x}\,\mathrm{d}x = \ln(n+1) \overset{n\longrightarrow\infty}{\longrightarrow} \infty$$

was die Divergenz der harmonischen Reihe nachweist. Analog kann man für die Reihe $\sum\limits_{i=1}^{\infty}\frac{1}{i^p}$ vorgehen: Die Betrachtung der Untersummen zeigt, dass aus der Konvergenz von $\int\limits_1^{\infty}\frac{1}{x}\,\mathrm{d}x$ die Konvergenz der Reihe $\sum\limits_{i=1}^{\infty}\frac{1}{i^p}$ folgt. Die Betrachtung der Obersummen zeigt, dass aus der Divergenz von $\int\limits_1^{\infty}\frac{1}{x}\,\mathrm{d}x$ die Divergenz der Reihe $\sum\limits_{i=1}^{\infty}\frac{1}{i^p}$ folgt. Insgesamt haben wir damit gezeigt:

$$\sum_{i=1}^{\infty}\frac{1}{i^p} \text{ konvergiert} \iff \int\limits_1^{\infty}\frac{1}{x^p}\,\mathrm{d}x \text{ konvergiert} \overset{\text{s. S. 176}}{\iff} p > 1$$

Insbesondere konvergiert also $\sum\limits_{i=1}^{\infty}\frac{1}{i^2}$.

Um den Wert der Reihe (also $\lim\limits_{n\to\infty}\sum\limits_{i=1}^{n}\frac{1}{i^p}$) näherungsweise zu bestimmen (für $p>1$ natürlich), können wir die obigen Abschätzungen mit den Unter- und Obersummen benutzen, es gilt ja:

$$\sum_{i=2}^{n}\frac{1}{i^p}\leq\int_1^n\frac{1}{x^p}\,\mathrm{d}x\leq\int_1^{n+1}\frac{1}{x^p}\,\mathrm{d}x\leq\sum_{i=1}^{n}\frac{1}{i^p},$$

mit $n\longrightarrow\infty$ folgt:

$$\sum_{i=2}^{\infty}\frac{1}{i^p}\leq\int_1^\infty\frac{1}{x^p}\,\mathrm{d}x=\frac{1}{p-1}\leq\sum_{i=1}^{\infty}\frac{1}{i^p}$$

woraus folgt:

$$\frac{1}{p-1}\leq\sum_{i=1}^{\infty}\frac{1}{i^p}\leq\frac{1}{p-1}+1,\quad \text{d. h. z. B. für } p=2:\ 1\leq\sum_{i=1}^{\infty}\frac{1}{i^2}\leq 2.$$

Das ist noch keine besonders genaue Näherung für den Wert der Reihe mit $p=2$. Die Genauigkeit hängt natürlich davon ab, wie genau die Unter- und Obersummen den Wert des uneigentlichen Integrals annähern. Eine höhere Genauigkeit erzielt man, wenn man dieselbe Überlegung nicht schon ab $i=1$ durchführt, sondern erst ab einem höheren i, denn dort weichen die Unter- und Obersummen nicht mehr so stark vom Integralwert ab. Beispielsweise überlegt man sich auf demselben Weg

$$\sum_{i=4}^{\infty}\frac{1}{i^p}\leq\int_3^\infty\frac{1}{x^p}\,\mathrm{d}x=\frac{3^{1-p}}{p-1}\leq\sum_{i=3}^{\infty}\frac{1}{i^p}$$

Zur Festigung: Leiten Sie diese Abschätzung her.

woraus folgt:

$$\frac{3^{1-p}}{p-1}+1+\frac{1}{2^p}\leq\sum_{i=1}^{\infty}\frac{1}{i^p}\leq\frac{3^{1-p}}{p-1}+1+\frac{1}{2^p}+\frac{1}{3^p}.$$

Für $p=2$ bedeutet das: $1.583333\leq\sum\limits_{i=1}^{\infty}\frac{1}{i^2}\leq 1.6944444$. In analoger Weise kann man die Näherungen weiter verbessern und letztlich erhält man: $\sum\limits_{i=1}^{\infty}\frac{1}{i^2}=1.644934068\ldots$. Dass diese Zahl genau $\frac{\pi^2}{6}$ ist, können wir mit unseren Mitteln noch nicht nachweisen.

Die Entscheidung der Konvergenz einer Reihe über uneigentliche Integrale ist sogar generell für monoton fallende Funktionen möglich, siehe den folgenden Satz. Ob auch die obigen Abschätzungen möglich sind, ist eine andere Frage, die nicht so einfach beantwortet werden kann (für weiteres dazu siehe [6]).

Integralkriterium

Satz 8.2

Sei $f : [1,\infty) \to \mathbb{R}_+$ monoton fallend. Dann gilt:

$$\sum_{i=1}^{\infty} f(i) \text{ konvergiert} \iff \int\limits_1^{\infty} f(x)\,\mathrm{d}x \text{ konvergiert.}$$

Für Reihen, bei denen das Vorzeichen der a_i wechselt, so genannte **alternierende Reihen**, gibt es ein spezielles Kriterium, das oft greift, wo die anderen Kriterien nicht greifen:

Leibnizkriterium

Satz 8.3

Ist (a_i) eine monoton fallende Nullfolge, so konvergiert die Reihe $\sum\limits_{i=1}^{\infty}(-1)^i a_i$.

Beispiel 8.3

↪ Aufgabe 8.2, d)

$a_i = \frac{1}{i}$ ist monoton fallende Nullfolge, also konvergiert nach dem Leibnizkriterium die Reihe

$$\sum_{i=1}^{\infty}(-1)^i \frac{1}{i} = -1 + \frac{1}{2} - \frac{1}{3} + \frac{1}{4} - \dots$$

Diese Reihe ist also ein Beispiel für eine Reihe, die konvergent, aber nicht absolut konvergent ist, denn die harmonische Reihe $\sum\limits_{i=1}^{\infty} \frac{1}{i}$ konvergiert natürlich weiterhin nicht. Wir werden übrigens später (Beispiel 8.7) sehen, dass diese Reihe den Wert $-\ln 2$ hat. ■

Die Reihe $\sum\limits_{i=1}^{\infty}(-1)^i \frac{1}{i}$ ist konvergent, aber nicht absolut konvergent.

8.2 Taylor-Reihen

Bisher haben wir Reihen als spezielle Folgen behandelt und dabei schon ein Verständnis für das Konvergenzverhalten erlangt. Wir werden nun die Brücke zu Funktionen schlagen. Aus einem Ausdruck kann man natürlich einfach eine Funktion erhalten, indem man ein x hineinsteckt. Reihen, in denen eine Variable x auftaucht, haben wir sogar schon kennengelernt: Die geometrische Reihe ist ein Beispiel, an dem man auch sieht, dass das Konvergenzverhalten vom Wert von x abhängt. Wir werden diesen Gedanken jetzt weiterverfolgen.

Wir hatten schon gesehen (siehe S. 135), dass für Polynome p vom Grad n gilt:

$$p(x) = a_0 + a_1 x + a_2 x^2 + \ldots + a_n x^n = \sum_{i=0}^{n} a_i x^i \text{ mit } a_i = \frac{p^{(i)}(0)}{i\,!}$$

und sogar allgemeiner:

$$p(x) = \sum_{i=0}^{n} b_i (x - x_0)^i \text{ mit } b_i = \frac{p^{(i)}(x_0)}{i\,!}.$$

Für eine beliebige Funktion f ist natürlich:

$$f(x) \neq \sum_{i=0}^{n} \frac{f^{(i)}(x_0)}{i\,!}(x - x_0)^i,$$

denn auf der rechten Seite steht ja ein Polynom in x, aber auf der linken eine beliebige Funktion.

Definition 8.2

Taylorpolynom, Taylor-Reihe

Sei $n \in \mathbb{N}_0$, $x_0 \in \mathbb{R}$, f eine in x_0 n-mal differenzierbare Funktion. Dann heißt

$$T_n(x) := \sum_{i=0}^{n} \frac{f^{(i)}(x_0)}{i\,!}(x - x_0)^i$$

das n-te Taylorpolynom von f um x_0. Die Reihe

$$\lim_{n \to \infty} T_n(x) = \sum_{i=0}^{\infty} \frac{f^{(i)}(x_0)}{i\,!}(x - x_0)^i$$

heißt die **Taylor-Reihe von f um x_0**. x_0 heißt **Entwicklungspunkt** der Reihe.
Im Falle $x_0 = 0$ wird die Taylor-Reihe auch „Maclaurinsche Reihe“ genannt.

Brook Taylor, 1685-1731, engl. Mathematiker
Colin Maclaurin, 1698-1746,

Beispiel 8.4

- $f(x) = \mathrm{e}^x$: Dann gilt $f^{(i)}(x) = \mathrm{e}^x$, also $f^{(i)}(0) = \mathrm{e}^0 = 1$, für alle i, also sind die Taylorpolynome zur e-Funktion um $x_0 = 0$
$$T_n(x) = \sum_{i=0}^{n} \frac{f^{(i)}(0)}{i\,!} x^i = \sum_{i=0}^{n} \frac{1}{i\,!} x^i.$$
An Bild 8.3 sieht man, dass anscheinend die Taylorpolynome T_n die Funktion im Entwicklungspunkt immer besser annähern, je größer n ist. Ob das wirklich so ist, werden wir noch untersuchen.

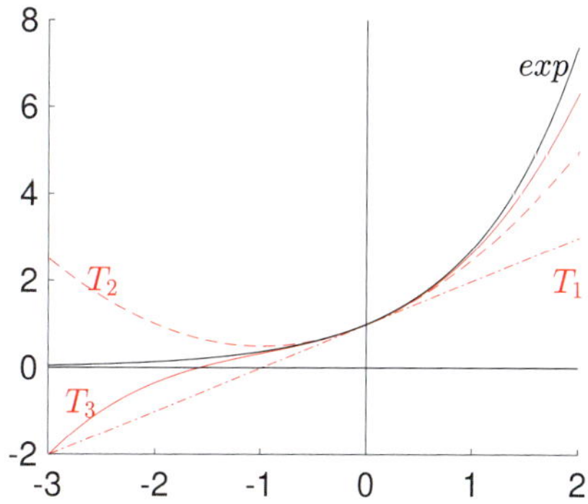

Bild 8.3 e-Funktion und Taylorpolynome T_1, T_2, T_3 um $x_0 = 0$

- $f(x) = \frac{1}{1-x}$ um $x_0 = 0$. Man überlegt sich leicht, dass

$$f^{(i)}(x) = \frac{i\,!}{(1-x)^{i+1}}, \text{ also } \frac{f^{(i)}(0)}{i\,!} = 1 \text{ für alle } i \in \mathbb{N}_0.$$

Das Taylorpolynom um $x_0 = 0$ lautet also $T_n(x) = \sum_{i=1}^{n} x^i$. Da T_n per Definition immer ein Polynom ist, gilt übrigens stets (s. o.):

$$T_n^{(i)}(x_0) = f^{(i)}(x_0) \text{ für } i = 0, \ldots, n$$

d. h. die ersten n Ableitungen von T_n und f in x_0 stimmen überein (nicht aber die Ableitungen an irgendeiner anderen Stelle x). Wenn man sich also auch damit abfinden muss, dass $T_n(x) = f(x)$ für alle x nur für Polynome gelten kann (sofern $n \geq \text{Grad}(f)$ ist), so ist doch immerhin in diesem Fall

$$f(x) = \frac{1}{1-x} = \sum_{i=0}^{\infty} x^i = \lim_{n\to\infty} T_n(x) \qquad \text{falls } |x| < 1.$$

Die Taylor-Reihe konvergiert also und stellt auch die Funktion dar, aber nur für solche x mit $|x| < 1$. ■

„Eine ganze Menge von den Dingen, die wir besprochen haben, tauchen hier mit Macht wieder auf. In meiner Arbeit programmiere ich einen Mikrocontroller […]. Hinzu kommen die aus der Mathevorlesung bekannten Sachen wie […], Taylorreihen um die e-Funktion im Mikrocontroller nachzubilden.“
Dipl. Ing. Jörg Schirmbeck, im Jahr 2005 Diplomand bei einem Automobilzulieferer, in einer E-Mail an den Autor

Ohne Weiteres ist für eine beliebige Funktion f nicht klar, ob und wenn ja, für welche x, die Taylor-Reihe konvergiert und die Funktion darstellt. Es gilt aber auf jeden Fall:

Satz von Taylor

Satz 8.4

Sei $f \in C^{n+1}([a,b])$, $x, x_0 \in [a,b]$. Dann gibt es ein z zwischen x_0 und x so, dass

$$f(x) = \underbrace{\sum_{i=0}^{n} \frac{f^{(i)}(x_0)}{i\,!}(x-x_0)^i}_{=T_n(x)} + \underbrace{\frac{f^{(n+1)}(z)}{(n+1)\,!}(x-x_0)^{n+1}}_{=:R_{n+1}(x)} \quad (8.1)$$

R_{n+1} heißt auch **Taylorsches Restglied**. Es hat genau die gleiche Gestalt wie der $n+1$-te Summand in der Taylor-Reihe, nur dass die Ableitung an einer unbekannten Stelle z und nicht am Entwicklungspunkt x_0 genommen wird. Diese Form des Restglieds wird auch “Restglied nach Lagrange“ genannt.

Zur Festigung: Überzeugen Sie sich davon, dass man für den Fall $n = 0$ den Mittelwertsatz der Differenzialrechnung (Satz 5.7) erhält.

Joseph Louis Lagrange (sprich: „Lagronch“), 1736-1813, ital. Mathematiker

Mit $h := x - x_0$ kann man (8.1) auch formulieren als

$$f(x_0+h) = \sum_{i=0}^{n} \frac{f^{(i)}(x_0)}{i\,!} h^i + \frac{f^{(n+1)}(z)}{(n+1)\,!} h^{n+1} \quad (8.2)$$

wobei $z \in [x_0, x_0+h]$.

Die Aussage des Satzes von Taylor lässt sich recht handlich mit dem Landau-Symbol $O(.)$ formulieren. In Def. 2.5 hatten wir das Landau-Symbol für Folgen definiert, wir erweitern diese Definition nun für Funktionen.

Definition 8.3 Landau–Symbol für Funktionen

Seien f, g zwei Funktionen. Man sagt,

$$f(x) = O(g(x)) \quad \text{für } x \to x_0$$

wenn es $C > 0$, $\varepsilon > 0$ gibt so, dass

$$|f(x)| \leq C\,|g(x)| \quad \text{für alle } x \text{ mit } |x - x_0| < \varepsilon.$$

Satz 8.5 Satz von Taylor (Landau-Version)

Sei $f \in C^{n+1}([a, b])$, $x, x_0 \in [a, b]$. Dann gilt

$$f(x_0 + h) = \sum_{i=0}^{n} \frac{f^{(i)}(x_0)}{i!} h^i + O(h^{n+1}) \quad \text{für } h \to 0. \tag{8.3}$$

Beispiel 8.5

$f(x) = \sin x$ um $x_0 = 0$:

$f'(x) = \cos x$, $f''(x) = -\sin x$, $f'''(x) = -\cos x$, $f^{(4)}(x) = \sin x \Longrightarrow$

$$T_n(x) = \sum_{i=0}^{n} \frac{f^{(i)}(0)}{i!} x^i = x - \frac{1}{3!}x^3 + \frac{1}{5!}x^5 - \frac{1}{7!}x^7 + \ldots + \frac{f^{(n)}(0)}{n!}x^n$$

$$\Longrightarrow \quad T_{2m+1}(x) = T_{2m+2}(x) = \sum_{i=0}^{m} \frac{(-1)^i}{(2i+1)!} x^{2i+1}.$$

Damit ist dann für $x \in \mathbb{R}$ und z zwischen 0 und x:

$$|\sin x - T_n(x)| = |R_{n+1}(x)| = \frac{|f^{(n+1)}(z)|}{(n+1)!}|x|^{n+1} \leq \frac{|x|^{n+1}}{(n+1)!} \longrightarrow 0 \text{ für } n \to \infty$$

da $|f^{(n+1)}(z)| \leq \max\{|\sin z|, |\cos z|\} \leq 1$ und $\lim x^n/n! = 0$ (nach Aufgabe 2.3).

Also $\sin x = \lim\limits_{n\to\infty} T_n(x) = \sum\limits_{i=0}^{\infty} \frac{(-1)^i}{(2i+1)!} x^{2i+1}$.

↪ Aufgabe 8.3
↪ Aufgabe 8.7, b)

Mit dem Landau-Symbol können wir schreiben ($x_0 = 0$, $x := h$):

$$\begin{aligned}
\sin x &= x + O(x^2) \\
\sin x &= x - \frac{1}{6}x^3 + O(x^4) \\
\sin x &= x - \frac{1}{6}x^3 + \frac{1}{120}x^5 + O(x^6) \\
\sin x &= x - \frac{1}{6}x^3 + \frac{1}{120}x^5 - \frac{1}{5040}x^7 + O(x^8) \text{ usw.}
\end{aligned}$$

■

Reihen der Form $\sum_{i=0}^{\infty} a_i(x-x_0)^i$ heißen **Potenzreihen** um den Punkt x_0. Ob und für welche x diese Reihe konvergiert, ist nicht ohne Weiteres klar. Klar ist nur, dass die Reihe in $x = x_0$ konvergiert, denn es ist ja $\sum_{i=0}^{\infty} a_i(x_0 - x_0)^i = a_0$. Der folgende Satz beschreibt das Konvergenzverhalten von Potenzreihen:

Konvergenz von Potenzreihen

Satz 8.6

Falls $\sum_{i=0}^{\infty} a_i y^i$ konvergiert für ein $y \in \mathbb{R}$, dann konvergiert auch $\sum_{i=0}^{\infty} a_i x^i$ für alle $x \in \mathbb{R}$ mit $|x| \leq |y|$ absolut.

Für eine Potenzreihe $\sum_{i=0}^{\infty} a_i(x-x_0)^i$ tritt genau einer der drei folgenden Fälle auf:

- Die Reihe konvergiert *nur* in $x = x_0$ (d. h. für alle $x \neq x_0$ nicht).
- Die Reihe konvergiert für *alle* $x \in \mathbb{R}$ absolut.
- Es gibt ein $\rho > 0$ so, dass die Reihe für alle x mit $|x-x_0| < \rho$ absolut konvergiert und für alle x mit $|x-x_0| > \rho$ divergiert. (Über die Konvergenz für $|x-x_0| = \rho$ lässt sich ohne Weiteres nichts sagen.) ρ heißt **Konvergenzradius** der Reihe.

Man kann die drei Fälle auch kurz mit $\rho = 0$, $\rho = \infty$, $0 < \rho < \infty$ charakterisieren. Man kann ρ berechnen; es gilt:

$$\rho = \lim_{i\to\infty} \left| \frac{a_i}{a_{i+1}} \right| \qquad \text{oder} \qquad \rho = \lim_{i\to\infty} \frac{1}{\sqrt[i]{|a_i|}}$$

aber nur, falls diese Grenzwerte im eigentlichen oder uneigentlichen Sinne existieren.

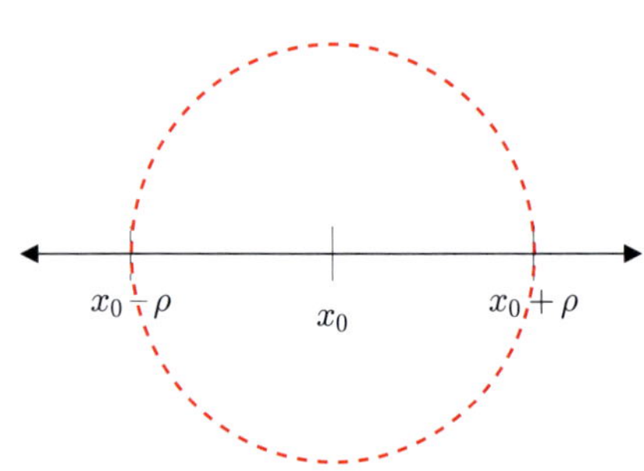

Bild 8.4 Entwicklungspunkt x_0, Konvergenzradius ρ

⚠ Unbedingt vor Anwendung dieser Formeln prüfen, ob die Grenzwerte wirklich existieren – das tun sie nämlich oft genug nicht (was gerne übersehen wird).

Beispiel 8.6

- Gegeben die Potenzreihe $\sum_{i=1}^{\infty} \frac{1}{i} x^i$, d. h. $a_i = \frac{1}{i}$ für $i \geq 1$, $a_0 = 0$, $x_0 = 0$. Frage: Für welche $x \in \mathbb{R}$ konvergiert die Reihe?

Mittels Quotientenkriterium:

$$\left|\frac{x^{i+1}}{i+1}\cdot\frac{i}{x^i}\right| = \frac{i}{i+1}|x| \longrightarrow |x| \quad \text{für } i\to\infty,$$

also konvergiert die Reihe, falls $|x| < 1$ ist, und sie divergiert, falls $|x| > 1$ ist. Der Fall $|x| = 1$ muss getrennt untersucht werden:

$$\begin{aligned} x=1: \quad & \sum_{i=1}^{\infty}\frac{1}{i}x^i &=& \sum_{i=1}^{\infty}\frac{1}{i} && \text{divergent (harmonische Reihe)}\\ x=-1: \quad & \sum_{i=1}^{\infty}\frac{1}{i}x^i &=& \sum_{i=1}^{\infty}\frac{1}{i}(-1)^i && \text{konvergent (Leibniz-Kriterium)}\end{aligned}$$

Ergebnis: Die Reihe konvergiert $\iff x\in[-1,1)$.

Alternativ mit den oben angegebenen Formeln für den Konvergenzradius ρ:

$$\left|\frac{a_i}{a_{i+1}}\right| = \frac{i+1}{i} \longrightarrow 1 =: \rho,$$

d. h. die Reihe $\sum\limits_{i=1}^{\infty}\frac{1}{i}x^i$ konvergiert, falls $|x-0| < 1$ ist und divergiert, falls $|x-0| > 1$. Der Fall $|x| = 1$ müsste wieder extra untersucht werden (s. o.).

- Gegeben die Potenzreihe $\sum\limits_{i=0}^{\infty}(-1)^i\frac{x^{2i+1}}{(2i+1)!} = \sin x$. Weiter oben haben wir schon gesehen, dass diese Reihe für alle $x\in\mathbb{R}$ konvergiert, es ist also $\rho=\infty$. Die oben angegebenen Formeln für ρ können hier nicht (direkt) angewendet werden, denn es ist jedes zweite $a_i = 0$ wegen

$$\sin x = \sum_{i=0}^{\infty}a_i x^i \Longrightarrow a_i = \begin{cases}(-1)^{(i-1)/2}\frac{1}{i!} & \text{falls } i \text{ ungerade}\\ 0 & \text{falls } i \text{ gerade}\end{cases}. \quad ■$$

↪ Aufgabe 8.4

Da wir nun Funktionen als Reihe dargestellt haben, drängt sich die Frage auf, ob man über die Reihendarstellung auch Ableitungen und Stammfunktionen ausrechnen kann. Dabei würden natürlich neue Reihen entstehen, und es ist erst einmal unklar, ob diese auch konvergieren. Wir probieren einfach aus, was dabei rauskommen würde (und denken später über die Konvergenz der neuen Reihen nach). Ausgangspunkt ist die Potenzreihe

$$f(x) := \sum_{i=0}^{\infty}a_i(x-x_0)^i$$

Zuerst das Ableiten dieser Potenzreihe:

$$\begin{aligned} f'(x) &= \left(\sum_{i=0}^{\infty}a_i(x-x_0)^i\right)' = \sum_{i=0}^{\infty}(a_i(x-x_0)^i)'\\ &= \sum_{i=0}^{\infty}a_i\cdot i\,(x-x_0)^{i-1} = \sum_{i=1}^{\infty}a_i\cdot i\,(x-x_0)^{i-1}\end{aligned}$$

$$= \sum_{i=0}^{\infty} a_{i+1} \cdot (i+1)(x-x_0)^i$$

Da das gar nicht schlecht aussieht, fühlen wir uns ermutigt, auch gleich die zweite Ableitung auszuprobieren:

$$\begin{aligned} f''(x) &= \left(\sum_{i=0}^{\infty} a_{i+1}(i+1)(x-x_0)^i \right)' = \sum_{i=0}^{\infty} (a_{i+1} \cdot (i+1)(x-x_0)^i)' \\ &= \sum_{i=1}^{\infty} a_{i+1}(i+1)i(x-x_0)^{i-1} \\ &= \sum_{i=0}^{\infty} a_{i+2}(i+2)(i+1)(x-x_0)^i \end{aligned}$$

Soweit so gut. Nun integrieren wir die Potenzreihe, lassen dabei ausnahmsweise zunächst die Integrationskonstante C weg:

$$\begin{aligned} \int f(x)\,\mathrm{d}x &= \int \left(\sum_{i=0}^{\infty} a_i(x-x_0)^i \right) \mathrm{d}x = \sum_{i=0}^{\infty} \int a_i(x-x_0)^i\,\mathrm{d}x \\ &= \sum_{i=0}^{\infty} a_i \frac{(x-x_0)^{i+1}}{i+1}. \end{aligned}$$

Am besten schreibt man die Integrationskonstante C erst jetzt dazu und zwar erkennbar außerhalb der Summe:

$$\int f(x)\,\mathrm{d}x = C + \sum_{i=0}^{\infty} a_i \frac{(x-x_0)^{i+1}}{i+1}$$

Lieber $C + \sum \ldots$ schreiben anstelle von $\sum \ldots + C$, damit man gar nicht erst in Versuchung kommt, dass C mit zu summieren.

Zum Glück haben vor vielen Jahren schon Mathematiker herausgefunden, dass die dabei entstehenden Reihen auch konvergieren. Insgesamt können wir damit folgenden Satz formulieren.

Differenziation und Integration von Potenzreihen

Potenzreihen lassen sich innerhalb des Konvergenzradius beliebig oft differenzieren und integrieren. Ableitungen und Integrale können summandenweise berechnet werden und der Konvergenzradius bleibt erhalten.

Satz 8.7

Sei die Potenzreihe $\sum_{i=0}^{\infty} a_i(x-x_0)^i$ konvergent mit $\rho > 0$ oder $\rho = \infty$. Dann ist durch

$$f(x) := \sum_{i=0}^{\infty} a_i(x-x_0)^i$$

eine Funktion $f : (x_0 - \rho, x_0 + \rho) \longrightarrow \mathbb{R}$ gegeben, die beliebig oft differenzierbar und integrierbar ist. Die Ableitungen und Integrale können summandenweise berechnet werden:

$$f'(x) = \sum_{i=0}^{\infty} a_{i+1}(i+1)(x-x_0)^i$$

$$f''(x) = \sum_{i=0}^{\infty} a_{i+2}(i+2)(i+1)(x-x_0)^i$$

$$\int f(x)\,\mathrm{d}x = C + \sum_{i=0}^{\infty} a_i \frac{(x-x_0)^{i+1}}{i+1}.$$

Der Konvergenzradius der Reihen für die Ableitungen und Integrale ist dabei wieder ρ.

Beispiel 8.7

- Wir hatten schon in Beispiel 8.6 gesehen, dass die Potenzreihe $f(x) = \sum_{i=1}^{\infty} \frac{1}{i} x^i$ den Konvergenzradius $\rho = 1$ hat. Dann ist nach Satz 8.7 f differenzierbar und es gilt für f' die folgende Potenzreihendarstellung mit $\rho = 1$:

  $$f'(x) = \sum_{i=1}^{\infty} \left(\frac{1}{i} x^i\right)' = \sum_{i=1}^{\infty} x^{i-1} = \sum_{i=0}^{\infty} x^i.$$

  Der Konvergenzradius dieser Potenzreihe ist übrigens auch ohne den Satz schon bekannt als $\rho = 1$, da es sich ja um die geometrische Reihe handelt. Damit wissen wir auch sofort, dass $f'(x) = \frac{1}{1-x}$ ist (für $|x| < 1$), woraus wir sofort mittels Integrieren schließen, dass $f(x) = -\ln(1-x) + C$ sein muss. Da $f(0) = \sum_{i=1}^{\infty} \frac{1}{i} 0^i = 0$ ist, muss $C = 0$ sein, d. h. $f(x) = -\ln(1-x)$ für $|x| < 1$. Wir haben also den obigen Satz benutzt, um eine als Potenzreihe gegebene Funktion in geschlossener Form darzustellen.

↪ Aufgabe 8.5

↪ Aufgabe 8.8, b)

- Wir hatten früher (S. 130) schon die Funktion sinc betrachtet: $\operatorname{sinc} x := \frac{\sin x}{x}$. Mit den L'Hospitalschen Regeln hatten wir gesehen, dass sinc in $x = 0$ stetig ergänzbar ist. Mit Satz 8.7 erhalten wir leicht, dass sinc sogar beliebig oft auf ganz $\mathbb{R}$ differenzierbar ist. Und das geht so:

  Aus Beispiel 8.5 wissen wir schon $\sin x = \sum_{i=0}^{\infty} \frac{(-1)^i}{(2i+1)!} x^{2i+1}$ für alle $x \in \mathbb{R}$ (also $\rho = \infty$). Dann gilt ebenso für alle $x \in \mathbb{R}$:

  $$\operatorname{sinc} x = \frac{\sin x}{x} = \sum_{i=0}^{\infty} \frac{1}{x} \frac{(-1)^i}{(2i+1)!} x^{2i+1} = \sum_{i=0}^{\infty} \frac{(-1)^i}{(2i+1)!} x^{2i}$$

  Damit haben wir eine Potenzreihe für sinc um $x_0 = 0$ gefunden. Nach Satz 8.7 ist die so dargestellte Funktion beliebig oft differenzierbar. Wir haben also unter Benutzung der Potenzreihen ganz einfach ein viel stärkeres Ergebnis als seinerzeit (S. 130) mit der L'Hospitalschen Regel erhalten.

  Der ausschlaggebende Punkt ist hier, dass nach Division durch x immer noch eine Potenzreihe bleibt – x kann gekürzt werden und in der Reihe treten keine negativen Exponenten auf. Für die Funktion $x \mapsto \frac{\sin x}{x^2}$ würde das nicht mehr klappen. ■

Mit Potenzreihen kann stetige und auch differenzierbare Ergänzbarkeit oft ganz einfach überprüft werden.

↪ Aufgabe 8.6, c)

Sei nun eine beliebige Funktion gegeben als Potenzreihe $f(x) = \sum_{i=0}^{\infty} a_i(x-x_0)^i$. Natürlich ist dann $f(x_0) = a_0$, und nach obigem Satz gilt außerdem:

$$\begin{aligned} f'(x) &= \sum_{i=0}^{\infty} a_{i+1}(i+1)(x-x_0)^i \Longrightarrow f'(x_0) = a_1 \\ f^{(n)}(x) &= \sum_{i=0}^{\infty} a_i\left((x-x_0)^i\right)^{(n)} \Longrightarrow f^{(n)}(x_0) = a_n \cdot n! \end{aligned}$$

Wir haben damit folgenden wichtigen Satz:

Potenzreihen sind Taylor-Reihen

Satz 8.8

Sei f gegeben durch die Potenzreihe $f(x) = \sum_{i=0}^{\infty} a_i(x-x_0)^i$. Dann ist diese Reihe die Taylor-Reihe von f um den Punkt x_0, d. h. insbesondere sind die Koeffizienten a_i die Koeffizienten der Taylor-Reihe: $a_i = \frac{f^{(i)}(x_0)}{i!}$ für alle $i \in \mathbb{N}_0$. Es gibt also für eine Funktion f eine eindeutige Darstellung als Potenzreihe um den Punkt x_0, und das ist eben die Taylor-Reihe.

Wie gelangt man leicht an Reihenentwicklungen?

Generell ist nach wie vor nicht klar, ob eine Taylor-Reihe konvergiert bzw. für welche x sie das tut. Wir haben aber schon gesehen, dass für alle $x \in \mathbb{R}$:

$$\sin x = \sum_{i=0}^{\infty} (-1)^i \frac{x^{2i+1}}{(2i+1)!}.$$

Da $\sin' = \cos$, folgt bequem die Reihendarstellung von $\cos x$ für alle $x \in \mathbb{R}$:

$$\cos x = (\sin)'x = \sum_{i=0}^{\infty} (-1)^i \frac{(x^{2i+1})'}{(2i+1)!} = \sum_{i=0}^{\infty} (-1)^i \frac{x^{2i}}{(2i)!}.$$

Solche Herleitungen von Reihen sind normalerweise einfacher als das Ausrechnen der Koeffizienten $a_i = \frac{f^{(i)}(x_0)}{i!}$ und das Zusammensetzen der Reihe gemäß Def. 8.2. Nur in wenigen Situationen führt diese letztere Methode schnell zum Ziel. Beispielsweise ist für $f(x) = \mathrm{e}^x$ für alle i $f^{(i)}(x) = \mathrm{e}^x$ und damit ist die Taylor-Reihe zu $f(x) = \mathrm{e}^x$ um $x_0 = 0$ die Reihe $\sum_{i=0}^{\infty} \frac{x^i}{i!}$. Diese Reihe konvergiert für alle $x \in \mathbb{R}$.

Es empfiehlt sich Reihen aus anderen, schon bekannten Reihen herleiten anstelle zu versuchen, n-te Ableitungen auszurechnen.

Man kann auch neue Reihen aus schon bekannten herleiten, indem man einfache Ausdrücke anstelle von x verwendet. Aus der Reihe für sin erhalten wir beispielsweise eine für $f(x) = \sin 3x$:

$$f(x) = \sin 3x = \sum_{i=0}^{\infty} (-1)^i \frac{(3x)^{2i+1}}{(2i+1)!} = \sum_{i=0}^{\infty} (-1)^i \frac{3^{2i+1} x^{2i+1}}{(2i+1)!}.$$

Die Reihe für sin konvergiert für $x \in \mathbb{R}$, die Reihe für unser neues f dann, wenn $3x \in \mathbb{R}$ ist, also nach wie vor für $x \in \mathbb{R}$. Natürlich bleibt der Konvergenzbereich nur unverändert, wenn er vorher ganz $\mathbb{R}$ ist. Die geometrische Reihe für $f(x) = \frac{1}{1-x}$ konvergiert nur für $|x| < 1$. Wenn wir also hier $f(3x) = \frac{1}{1-3x}$ betrachten, dann konvergiert diese neue Reihe nur für $|3x| < 1$, also für $|x| < \frac{1}{3}$. Der Konvergenzbereich verändert sich also. Das ist aber für Sie nichts Neues, Ähnliches haben wir schon ganz zu Anfang dieses Kapitels betrachtet.

Anwendung – Statistik: Gaußsches Fehlerintegral

Wir betrachten $f(x) = \mathrm{e}^{-x^2}$, siehe auch S. 63. f besitzt (da stetig) eine Stammfunktion auf ganz $\mathbb{R}$, aber man kann zeigen, dass sich diese nicht in geschlossener Form angeben lässt. Da wir mittlerweile die Reihendarstellung für e^x kennen, haben wir auch sofort eine für $f(x)$ zur Hand, nämlich

$$f(x) = \mathrm{e}^{-x^2} = \sum_{i=0}^{\infty} \frac{(-x^2)^i}{i!} = \sum_{i=0}^{\infty} \frac{(-1)^i x^{2i}}{i!} \quad \text{für alle } x \in \mathbb{R}.$$

Damit lässt sich dann eine Stammfunktion von f schreiben als

$$\begin{aligned} F(x) &= \int_0^x e^{-t^2}\,\mathrm{d}t = \int_0^x \sum_{i=0}^{\infty} \frac{(-1)^i t^{2i}}{i!}\,\mathrm{d}t \\ &= \sum_{i=0}^{\infty} \int_0^x \frac{(-1)^i t^{2i}}{i!}\,\mathrm{d}t = \sum_{i=0}^{\infty} \frac{(-1)^i x^{2i+1}}{i!(2i+1)}. \end{aligned}$$

Wir haben also eine Potenzreihendarstellung für F und können damit einzelne Funktionswerte $F(x)$ numerisch (d. h. mit Computerhilfe) über diese Reihe berechnen.

Aufgaben

8.1 Gegeben ist $s_n := \sum_{i=1}^{n} \frac{1}{(2i-1)(2i+1)}$. Berechnen Sie mittels Partialbruchzerlegung eine explizite (d.h. summenfreie) Darstellung von s_n. Prüfen Sie damit, ob die Reihe $\sum_{i=1}^{\infty} \frac{1}{(2i-1)(2i+1)}$ konvergiert.

8.2 Prüfen Sie die folgenden Reihen auf Konvergenz. Ob Ihr Ergebnis plausibel erscheint, können Sie experimentell überprüfen (mit Nachschauen in der Lösung lernt man ja nichts). Dazu addieren Sie mit einem programmierbaren Taschrenrechner einige Summanden auf und schauen, wie sich die Partialsumme entwickelt.

a) $\sum_{i=1}^{\infty} \frac{\sqrt{i}}{i+3}$ **b)** $\sum_{i=1}^{\infty} \frac{i+1}{i^3}$ **c)** $\sum_{i=1}^{\infty} \frac{2}{2^i+3}$

d) $\sum_{i=1}^{\infty} (-1)^i \frac{1}{\sqrt{i}}$ **e)** $\sum_{i=1}^{\infty} \frac{i+1}{i2^i}$ **f)** $\sum_{i=1}^{\infty} \frac{i^4}{i}$

8.3 Bestimmen Sie das vierte Taylorpolynom T_4 zu $f(x) = \sqrt[3]{x}$ um $x_0 = 8$. Bestimmen Sie damit einen Näherungswert für $\sqrt[3]{7}$ und schätzen Sie den dabei entstehenden Fehler mit der Restgliedformel ab. Vergleichen Sie die Fehlerabschätzung mit dem exakten Fehler.

8.4 Bestimmen Sie alle x, für die die folgenden Potenzreihen konvergieren.

a) $\sum_{i=0}^{\infty} (-1)^i (i+1) x^i$ **b)** $\sum_{i=0}^{\infty} (i+1) x^i$

c) $\sum_{i=1}^{\infty} \frac{(x-1)^i}{2^i i^3}$ **d)** $\sum_{i=1}^{\infty} i^2 (x-1)^i$

e) $\sum_{i=1}^{\infty} (-1)^{i-1} \frac{(x+4)^i}{3^i \sqrt{i}}$ **f)** $\sum_{i=1}^{\infty} \left(\frac{x}{2}\right)^{i^2}$

8.5 Entwickeln Sie die folgenden Funktionen in Taylor-Reihen um $x_0 = 0$, und differenzieren Sie diese Taylor-Reihen. Überprüfen Sie Ihr Ergebnis, indem Sie die Funktion alternativ zuerst differenzieren, und anschließend in eine Taylor-Reihe um x_0 entwickeln.

$$f(x) = \mathrm{e}^{x^2} \qquad g(x) = \sin x^3 \qquad h(x) = \int_0^x \mathrm{e}^{y^2}\,\mathrm{d}y$$

8.6 **a)** Leiten Sie die Entwicklung der Funktion $f(x) = \frac{1}{1+x^2}$ in eine Potenzreihe um $x_0 = 0$ her und geben Sie die Koeffizienten a_i in $f(x) = \sum_{i=0}^{\infty} a_i x^i$ explizit an. Geben Sie den Konvergenzradius an. *Hinweis: Geometrische Reihe.*

b) Benutzen Sie das Ergebnis aus a) um die Taylor-Reihe von $g(x) = \arctan x$ um $x_0 = 0$ herzuleiten. Berechnen Sie $g^{(25)}(0)$.

Hinweis: Benutzen Sie $\arctan x = \int_0^x \frac{1}{1+t^2}\,dt$.

c) Gegeben sei $h(x) := \frac{1}{x} \arctan(3x)$. Berechnen Sie mit Hilfe von b) die Taylor-Reihe von h um $x_0 = 0$. Zeigen Sie mit dieser Taylor-Reihe, dass h in $x = 0$ stetig ergänzbar ist und mit welchem Wert. Berechnen Sie außerdem $h^{(22)}(0)$.

8.7 **a)** Leiten Sie die Entwicklung der Funktion $f(x) = \cosh x$ in eine Potenzreihe um $x_0 = 0$ her und geben Sie die Koeffizienten a_i in $\cosh x = \sum_{i=0}^{\infty} a_i x^i$ explizit an. Woran erkennen Sie an der Potenzreihe, dass es sich bei cosh um eine gerade Funktion handelt?
Hinweis: Benutzen Sie dazu die Definition von $\cosh x$.

b) Geben Sie das Taylorpolynom T_4 (also vom Grad 4) um $x_0 = 0$ zu $f(x) = \cosh x$ an. Wie groß ist der absolute Fehler höchstens, wenn man $\cosh x$ durch $T_4(x)$ annähert, wobei $x \in [0,2]$?

c) Benutzen Sie das Ergebnis aus a), um die Funktion $g(x) = \cosh\sqrt{x}$ in eine Potenzreihe um $x_0 = 0$ zu entwickeln und geben Sie die Koeffizienten b_i in $g(x) = \sum_{i=0}^{\infty} b_i x^i$ explizit an. Berechnen Sie den Konvergenzradius dieser Reihe. Berechnen Sie mit Hilfe der Reihe $g^{(13)}(0)$.

8.8 **a)** Leiten Sie die Entwicklung der Funktion $f(x) = \dfrac{1}{9+4x^2}$ in eine Potenzreihe um $x_0 = 0$ unter Benutzung der geometrischen Reihe her und geben Sie die Koeffizienten a_i in $f(x) = \sum_{i=0}^{\infty} a_i x^i$ explizit an. Geben Sie den Konvergenzradius an (mit Begründung). Geben Sie das Taylorpolynom T_2 um $x_0 = 0$ zu f an.

b) Gegeben ist $g(x) := \arctan\left(\dfrac{2}{3}x\right)$.

Benutzen Sie Ihre Kenntnis von g', Ihre Erfahrung bei der Integration von Potenzreihen und das Ergebnis aus a) um die Taylor-Reihe von g um $x_0 = 0$ herzuleiten.

8.9 Eine Potenzreihe hat ganz allgemein die Form $\sum_{i=0}^{\infty} a_i (x-x_0)^i$. Bestimmen Sie für die folgenden Potenzreihen x_0, a_0, a_3, a_4 und a_i (für beliebiges i). Überprüfen Sie Ihr a_i, indem Sie in die allgemeine Form (s.o.) einsetzen und die ersten fünf Summanden (nur die ungleich Null zählen) aufschreiben.

Dies ist eine wichtige Übung, um Vertrautheit mit der Notation in einer Reihe zu erlangen (unabdingbar für Programmierer). Sie sollten solange üben, bis Sie die allgemeine Formel für a_i für die gesamte Aufgabe in 10 Min. aufschreiben können.

a) $\sum_{i=0}^{\infty} \dfrac{2}{3i+1}(x-1)^i$ **b)** $\sum_{i=0}^{\infty} \dfrac{(-1)^i}{(3i)}(x-2)^i$

c) $\sum_{i=4}^{\infty} \dfrac{(-1)^i}{(i+1)}(x+1)^i$ **d)** $\sum_{i=0}^{\infty} \dfrac{\sqrt{i+1}}{i^2+3}(x-1)^{2i}$

e) $\sum_{i=0}^{\infty} \dfrac{\sqrt{i+2}}{i^2+3}(x-3)^{2i+4}$ **f)** $\sum_{i=2}^{\infty} \dfrac{\sqrt{i-1}}{i^3+1}(x+2)^{i^2}$

g) $\sum_{i=-1}^{\infty} \dfrac{\sqrt{i^3+1}}{i+3}(x-1)^{i+2}$ **h)** $\sum_{i=1}^{\infty} \dfrac{x\sin(i\frac{\pi}{2})}{i^2+3}x^{3i-1}$

i) $3\sum_{i=0}^{\infty} \dfrac{x^2\cos(i\frac{\pi}{2})}{i^3+2}x^{i^2+2}$

Wahr oder falsch?

8.10 Zu jeder stetigen Funktion kann man ihre Taylor-Reihe aufstellen.

8.11 Für jede unendlich oft differenzierbare Funktion f konvergiert die Taylor-Reihe gegen $f(x)$.

8.12 Die Formeln für den Konvergenzradius ρ (siehe Satz 8.6) versagen, sobald ein a_i Null wird.

8.13 Man kann Potenzreihen auch wie normale Reihen behandeln, d. h. deren Konvergenz mit Vergleichs-, Quotienten- und Wurzelkriterium untersuchen, erhält dann aber i. Allg. noch eine Bedingung an x.

Lösungen

1.1 Vor.: f, g ungerade Funktionen (also $f(x) = -f(-x)$, $g(x) = -g(-x)$ für alle $x \in \mathbb{R}$.
Zu zeigen: $\frac{f}{g}$ ist eine gerade Funktion, also $\frac{f(-x)}{g(-x)} = \frac{f(x)}{g(x)}$.
Es gilt: (kompliziertere Seite der nachzuweisenden Gleichung hinschreiben!):

$$\frac{f(-x)}{g(-x)} \overset{\text{nach Vor.}}{=} \frac{-f(x)}{-g(x)} = \frac{f(x)}{g(x)}.$$

1.2 Zu zeigen: $\sinh(x \pm y) = \sinh x \cosh y \pm \cosh x \sinh y$.

$$\begin{aligned}\text{Es gilt:}\quad \sinh x \cosh y \pm \cosh x \sinh y &= \tfrac{1}{2}\left(\mathrm{e}^{x} - \mathrm{e}^{-x}\right)\tfrac{1}{2}\left(\mathrm{e}^{y} + \mathrm{e}^{-y}\right) \pm \tfrac{1}{2}\left(\mathrm{e}^{x} + \mathrm{e}^{-x}\right)\tfrac{1}{2}\left(\mathrm{e}^{y} - \mathrm{e}^{-y}\right)\\ &= \tfrac{1}{4}\left(\left(\mathrm{e}^{x+y} + \mathrm{e}^{x-y} - \mathrm{e}^{-x+y} - \mathrm{e}^{-x-y}\right) \pm \left(\mathrm{e}^{x+y} - \mathrm{e}^{x-y} + \mathrm{e}^{-x+y} - \mathrm{e}^{-x-y}\right)\right)\\ &= \left\{\begin{array}{ll} \tfrac{1}{4}\left(2\,\mathrm{e}^{x+y} - 2\,\mathrm{e}^{-x-y}\right) & \text{„+“} \\ \tfrac{1}{4}\left(2\,\mathrm{e}^{x-y} - 2\,\mathrm{e}^{-x+y}\right) & \text{„−“} \end{array}\right\} = \sinh(x \pm y)\end{aligned}$$

Zu zeigen: $\cosh(x \pm y) = \cosh x \cosh y \pm \sinh x \sinh y$.

$$\begin{aligned}\text{Es gilt:}\quad \cosh x \cosh y \pm \sinh x \sinh y &= \tfrac{1}{2}\left(\mathrm{e}^{x} + \mathrm{e}^{-x}\right)\tfrac{1}{2}\left(\mathrm{e}^{y} + \mathrm{e}^{-y}\right) \pm \tfrac{1}{2}\left(\mathrm{e}^{x} - \mathrm{e}^{-x}\right)\tfrac{1}{2}\left(\mathrm{e}^{y} - \mathrm{e}^{-y}\right)\\ &= \tfrac{1}{4}\left(\left(\mathrm{e}^{x+y} + \mathrm{e}^{x-y} + \mathrm{e}^{-x+y} + \mathrm{e}^{-x-y}\right) \pm \left(\mathrm{e}^{x+y} - \mathrm{e}^{x-y} - \mathrm{e}^{-x+y} + \mathrm{e}^{-x-y}\right)\right)\\ &= \left\{\begin{array}{ll} \tfrac{1}{4}\left(2\,\mathrm{e}^{x+y} + 2\,\mathrm{e}^{-x-y}\right) & \text{„+“} \\ \tfrac{1}{4}\left(2\,\mathrm{e}^{x-y} + 2\,\mathrm{e}^{-x+y}\right) & \text{„−“} \end{array}\right\} = \cosh(x \pm y)\end{aligned}$$

1.3 Es gilt: $y = \sinh x = \frac{1}{2}\mathrm{e}^{x} - \mathrm{e}^{-x} \iff 2y = \mathrm{e}^{x} - \mathrm{e}^{-x} \iff 2y\,\mathrm{e}^{x} = \mathrm{e}^{2x} - 1 \iff \mathrm{e}^{2x} - 2y\,\mathrm{e}^{x} - 1 = 0$
$\iff (\mathrm{e}^{x} - y)^2 = y^2 + 1 \iff \mathrm{e}^{x} = y \pm \sqrt{y^2 + 1}$.
Da $y - \sqrt{y^2+1} < y - \sqrt{y^2} = y - |y| \le 0$, kommt $\mathrm{e}^{x} = y - \sqrt{y^2+1}$ nicht in Frage, denn e^{x} ist ja immer positiv.
Wir fahren also mit der verbleibenden Möglichkeit fort: $\mathrm{e}^{x} = y + \sqrt{y^2+1} \iff x = \ln(y + \sqrt{y^2+1})$.
Wir konnten also die Gleichung $y = \sinh x$ eindeutig nach x umstellen. Das bedeutet sinh ist umkehrbar und aus dem Ergebnis der Umstellung erhalten wir: $\operatorname{arsinh} x = \ln(x + \sqrt{x^2+1})$.

2.1 Wir teilen die Summe auf in zwei Summen: $\sum_{i=-N}^{N} x^i = \sum_{i=-N}^{-1} x^i + \sum_{i=0}^{N} x^i$.
Die zweite Summe ist die geometrische Summe in der üblichen Form. Schauen wir uns die erste Summe an:

$$\sum_{i=-N}^{-1} x^i = \frac{1}{N} \cdot \sum_{i=-N}^{-1} x^{i+N} = \frac{1}{x^N} \cdot \sum_{i=0}^{N-1} x^i = \frac{1}{x^N} \cdot \frac{1 - x^N}{1 - x}$$

Insgesamt erhalten wir

$$\sum_{i=-N}^{N} x^i = \sum_{i=-N}^{-1} x^i + \sum_{i=0}^{N} x^i = \frac{1}{x^N} \cdot \frac{1 - x^N}{1 - x} + \frac{1 - x^{N+1}}{1 - x} = \frac{1 - x^N + x^N - x^{2N+1}}{x^N(1 - x)} = \frac{x^{-N} - x^{N+1}}{1 - x}.$$

2.2 $a_n = \dfrac{1}{2^n - 50} = \dfrac{\frac{1}{2^n}}{1 - \frac{50}{2^n}} \to \dfrac{0}{1 - 50 \cdot 0} = 0$, da $\dfrac{1}{2^n} \to 0$ nach Satz 2.4.

$$b_n = \frac{2n^3+2n-\sqrt{n}+7}{3n^3-5n+3} = \frac{2+\frac{2}{n^2}-\frac{1}{n^2\sqrt{n}}+\frac{7}{n^3}}{3-5\frac{1}{n^2}+\frac{3}{n^3}} \to \frac{2+2\cdot 0-0+7\cdot 0}{3-5\cdot 0+0} = \frac{2}{3}.$$

$$c_n = \frac{\sqrt{n}}{n^2+3} = \frac{\frac{1}{n\sqrt{n}}}{1+\frac{3}{n^2}} \to \frac{0}{1+3\cdot 0} = 0, \quad d_n = \frac{n-4}{\sqrt{n^3}-n+2} = \frac{\frac{1}{\sqrt{n}}-\frac{4}{\sqrt{n^3}}}{1-\frac{1}{\sqrt{n}}+\frac{2}{\sqrt{n^3}}} \to \frac{0-4\cdot 0}{1-0+2\cdot 0} = 0.$$

$\lim x_n = 0$, da (x_n) Produkt einer beschränkten Folge mit einer Nullfolge ist.

2.3 $a_n = 2\cdot 2^n(2^n-50)^{-1} = 2(1-50\cdot 2^{-n})^{-1}$. Da (2^n) monoton steigend ist, ist $(1-50\cdot 2^{-n})$ auch monoton steigend und damit (a_n) monoton fallend, falls $1-50\cdot 2^{-n} > 0$, d.h. $2^n > 50$, also ab $n = 6$. Da $\lim 2^{-n} = 0$ ist, folgt: $\lim a_n = 2(1-50\cdot \lim 2^{-n})^{-1} = 2$.

Es gilt $b_{n+1} = \frac{3^{n+1}}{(n+1)!} = \frac{3\cdot 3^n}{(n+1)n!} = \frac{3}{n+1}b_n$. Daraus sieht man sofort, dass (beachte: $b_n > 0$, warum?) $b_{n+1} \leq b_n$, falls $n+1 \geq 3$, d.h. ab $n = 2$ ist die Folge monoton fallend. Wegen $b_n \geq 0$ für alle $n \in \mathbb{N}$, ist (b_n) nach unten beschränkt und damit konvergent. Sei $b := \lim b_n$. Dann gilt: $b = \lim b_n = \lim b_{n+1} = \lim(\frac{3}{n+1}b_n) = \lim \frac{3}{n+1}\cdot \lim b_n = 0\cdot b = 0$.

Der Nachweis, dass (c_n) schließlich monoton fallend ist und konvergent mit $\lim c_n = 0$ geschieht genauso (ersetze 3 durch x in der Argumentation).

2.4 Linksseitige Stetigkeit in $x_0 = 0$: sei (x_n) eine Folge mit $\lim x_n = 0$ und $x_n < 0$ (Annäherung von links). Dann gilt $f(x_n) = |x_n - 1|$, also aufgrund der Grenzwertsätze $\lim f(x_n) = |0-1| = 1$. Also ist $\lim\limits_{x\to 0-} f(x) = 1$. f wird also durch die Ergänzung $f(0) = 1$ in 0 linksseitig stetig. Rechtsseitige Stetigkeit in $x_0 = 0$: sei (x_n) eine Folge mit $\lim x_n = 0$ und $x_n > 0$ (Annäherung von rechts). Dann gilt $f(x_n) = 2(e^{x_n}-1)/x_n$, was gegen 2 konvergiert (siehe (2.2)). Also $\lim\limits_{x\to 0+} f(x) = 2$. f wird also durch die Ergänzung $f(0) = 2$ in 0 rechtsseitig stetig. Damit f in 0 stetig sein kann, muss insbesondere $\lim\limits_{x\to 0-} f(x) = \lim\limits_{x\to 0+} f(x)$ gelten. Dies ist aber hier nicht der Fall, d. h. f kann in $x_0 = 0$ nicht stetig ergänzt werden.

2.5 f ist auf $(-\infty, 1]$ und $(1, \infty)$ stetig. In $x_0 = 1$ gilt: Es gilt $\lim\limits_{x\to 1-} f(x) = 2$, $\lim\limits_{x\to 1+} f(x) = a+3$. Stetigkeit liegt dann vor, wenn diese beiden Werte gleich sind, und zwar gleich dem Funktionswert $f(x_0)$, d. h. es muss $2 = a+3$ gelten, d. h. $a = -1$.

g ist auf $(-\infty, 0)$ und $[0, \infty)$ stetig. In $x_0 = 0$ gilt: $\lim\limits_{x\to 0-} f(x) = 1$ (siehe (2.2)), $\lim\limits_{x\to 0+} f(x) = a\sqrt{3}$. Stetigkeit liegt vor, wenn $1 = a\sqrt{3}$ gilt, d. h. $a = 1/\sqrt{3}$.

2.6 $\lim\limits_{x\to 0} \frac{x+1}{x}$ existiert nicht, denn z. B. gilt für $x_n = \frac{1}{n}$: $\frac{x_n+1}{x_n} = n(\frac{1}{n}+1) = 1+n$, was bekanntlich nicht konvergiert.

Auch $\lim\limits_{x\to 0} \sin\frac{1}{x}$ existiert nicht, denn z. B. ist $x_n = (0.5\pi n)^{-1} \to 0$, aber die Folge $(\sin\frac{1}{x_n})$ hat die Folgenglieder $1, 0, -1, 0, 1, 0, -1, \ldots$, konvergiert also nicht.

$\lim\limits_{x\to 0} x\cdot \sin\frac{1}{x} = 0$, denn $(\sin\frac{1}{x_n})$ ist immer eine beschränkte Folge, und im Produkt mit einer Nullfolge (x_n) ergibt sich als Grenzwert 0.

Es gilt: $\sin\left(\frac{2+x\pi}{2x}\right) = \sin\left(\frac{1}{x}+\frac{\pi}{2}\right) = \cos\frac{1}{x}$. Damit ist:

$$\sqrt{\sin^2\frac{1}{x}+\sin^2\left(\frac{2+x\pi}{2x}\right)} = \sqrt{\sin^2\frac{1}{x}+\cos^2\frac{1}{x}} = \sqrt{1} = 1 \longrightarrow 1.$$

2.7 $f_1(x) = \dfrac{x^2 - \frac{1}{4} + \frac{1}{4}\cos^2 x}{x - \frac{1}{2}\sin x} = x + \dfrac{1}{2}\sin x$. Damit ist f_1 in $x_0 = 0$ stetig ergänzbar mit Wert $x_0 + \frac{1}{2}\sin x_0 = 0$.

Für f_2, f_3, f_4, f_5 benutzen wir (siehe (2.2)): $\lim\limits_{y\to 0} \dfrac{e^y - 1}{y} = 1$.

Zu $f_2(x) = \dfrac{e^{2x}-1}{2x}$: Sei (x_n) eine Folge mit $\lim x_n = 0$. Dann gilt für $y_n := 2x_n$ auch $\lim y_n = 0$, also folgt: $\dfrac{e^{2x_n}-1}{2x_n} = \dfrac{e^{y_n}-1}{y_n} \stackrel{\text{(s. o.)}}{\longrightarrow} 1$. Also ist f_2 in $x_0 = 0$ stetig ergänzbar mit Wert $f_2(0) = 1$.

Zu $f_3(x) = \dfrac{e^{x-1}-1}{x-1}$: Sei (x_n) eine Folge mit $\lim x_n = 1$. Dann gilt für $y_n := x_n - 1$: $\lim y_n = 0$, also folgt wie oben: $\lim\limits_{x\to 0} \dfrac{e^{x-1}-1}{x-1} = \lim\limits_{y\to 0} \dfrac{e^y-1}{y} \stackrel{\text{(s. o.)}}{=} 1$. Also ist f_3 in $x_0 = 1$ stetig ergänzbar mit Wert $f_3(1) = 1$.

Zu $f_4(x) = \dfrac{e^x - e^{x_0}}{x - x_0} = e^{x_0}\,\dfrac{e^{x-x_0}-1}{x-x_0}$. Argumentiert man wie bei f_3, nur mit x_0 anstelle 1, so hat man $\lim\limits_{x\to x_0} \dfrac{e^{x-x_0}-1}{x-x_0} = 1$. Also $\lim\limits_{x\to x_0} f_4(x) = e^{x_0}$, d. h. f_4 ist in x_0 stetig ergänzbar mit Wert $f_4(x_0) = e^{x_0}$.

$f_5(x) = e^{-x} f_2(x)$, also ist f_5 in 0 stetig ergänzbar mit Wert $e^{-0} f_2(0) = 1$.

2.8 Beide Funktionen sind in $x \neq 0$ stetig, denn dort sind sie aus stetigen Funktionen zusammengesetzt. Es gilt für alle x: $|\arctan(1/x)| \leq \pi/2$, d.h. für $x \to 0$ ist $\arctan(1/x)$ beschränkt, und damit $\lim\limits_{x\to 0} x\arctan(1/x) = 0$ (denn beschränkte Folge mal Nullfolge ist Nullfolge). Setzt man also $a = 0$, so ist f auch in $x = 0$ stetig. Für g haben wir

$$\lim_{x\to 0+} g(x) = \lim_{x\to 0+} \frac{\sin x}{x} \stackrel{[\frac{0}{0}]}{=} \lim_{x\to 0+} \frac{\cos x}{1} = 1 \quad \text{und} \quad \lim_{x\to 0-} g(x) = \lim_{x\to 0-} \frac{\sin(-x)}{x} = -\lim_{x\to 0-} \frac{\sin x}{x} \stackrel{\text{s. o.}}{=} -1.$$

Wegen $\lim\limits_{x\to 0+} g(x) \neq \lim\limits_{x\to 0-} g(x)$ ist g in $x = 0$ nicht stetig ergänzbar, d. h. es gibt kein b mit der verlangten Eigenschaft.

2.9 Falsch. Vor diesem Trugschluss wurde in Satz 2.3 ausdrücklich gewarnt.

2.10 Falsch. Sei $x_n = n$ und $y_n = -n$. Dann sind beide Folgen unbeschränkt, aber die Summe ist die konstante Folge $x_n + y_n = 0$.

2.11 Wahr. Die Folge (a_{n+3}) hat, wenn man sie durch Aufzählung der Folgenglieder notiert, 3 Folgenglieder weniger als die Folge (a_n). Die ersten drei fehlen. Bei Konvergenz kommt es nur darauf an, was die Folge für schließlich alle n tut, und das ist bei beiden Folgen dasselbe. Das n_0, ab dem etwas auftritt, ist nur um 3 verschoben.

3.1 53, 184, 174, 10876, 308893, 48222

3.2 **a)** $(x-3)(x+2)(x-4)$, **b)** $(x+3)(x-2.5)(x+8)$ **c)** $(x-7)(x+1)(x-2)(x-1.5)$
d) $(x-3)^3(x+4)$

3.3 **a)** $(x-2)^4 + 8(x-2)^3 + 24(x-2)^2 + 32x - 51$
b) $(x+1)^5 - 9(x+1)^4 + 26(x+1)^3 - 32(x+1)^2 + 17(x+1) - 10$
c) $2(x+2)^4 - 19(x+2)^3 + 73(x+2)^2 - 129(x+2) + 87$
d) $(x-3)^5 + 15(x-3)^4 + 90(x-3)^3 + 270(x-3)^2 + 402(x-3) + 237$

3.4 **a)** $-\dfrac{4}{x-2}+\dfrac{6}{x-1}+\dfrac{19}{(x-2)^2}$ **b)** $\dfrac{5}{x}+\dfrac{3x+16}{x^2+9}+\dfrac{7}{x-2}$ **c)** $\dfrac{3}{x-1}+\dfrac{4x+1}{x^2+1}+\dfrac{5x+2}{(x^2+1)^2}$
d) $\dfrac{4}{x-1}+\dfrac{6}{(x-1)^2}-\dfrac{17}{(x-1)^3}+\dfrac{5}{x-2}$

3.5 **a)** 1 ist Polstelle mit Vorzeichenwechsel, 2 ohne **b)** 0 und 2 sind Polstellen mit Vorzeichenwechsel
c) 1 ist Polstelle mit Vorzeichenwechsel **d)** 1 und 2 sind Polstellen mit Vorzeichenwechsel

3.6 Wahr. Der Term mit der höchsten Potenz des einen Polynoms ist ja $a_n x^n$ mit $a_n \neq 0$, der des anderen $b_m x^m$ mit $b_m \neq 0$. Der Term mit der höchsten Potenz im Produkt der beiden ergibt sich dann aus $(a_n x^n + \ldots)(b_m x^m + \ldots) = a_n b_m x^{n+m} + \ldots$ zu $a_n b_m x^{n+m}$ mit $a_n b_m \neq 0$, also ist das Produkt ein Polynom vom Grad $n+m$.

3.7 Falsch. Sei $p_1(x) = x^n$ und $p_2(x) = -x^n$. Dann ist die Summe 0 und damit kein Polynom vom Grad n. Die Summe bleibt zwar ein Polynom, aber der Grad kann sich ändern.

3.8 Falsch. Der Term mit der höchsten Potenz des Polynoms ist ja mit $a_n x^n$ mit $a_n \neq 0$. Beim Potenzieren wird daraus $(a_n x^n + \ldots)^k = a_n^k (x^n)^k + \ldots = a_n^k x^{nk} + \ldots$, also ein Polynom vom Grad nk, und nicht n^k.

3.9 Falsch. Die Potenzrechenregeln lauten anders, wie aus der Schulzeit bekannt ist. Durch Division von Potenzen mit ganzzahligen Exponenten können nie Potenzen mit nicht-ganzzahligen Exponenten entstehen.

4.1 Es gilt
$$\begin{aligned} z^2+3z+3\,\mathrm{j} &= -2\,\mathrm{j}\,z-1 \iff z^2+z(3+2\,\mathrm{j}) = -1-3\,\mathrm{j}\\ \iff z^2+z(3+2\,\mathrm{j})+\tfrac14(3+2\,\mathrm{j})^2 &= -1-3\,\mathrm{j}+\tfrac14(3+2\,\mathrm{j})^2\\ \iff (z+\tfrac12(3+2\,\mathrm{j}))^2 &= -1-3\,\mathrm{j}+\tfrac14(5+12\,\mathrm{j}) = \tfrac14\\ \iff z+\tfrac12(3+2\,\mathrm{j}) &= \pm\tfrac12 \iff z=-1-\mathrm{j} \text{ oder } z=-2-\mathrm{j}\end{aligned}$$

4.2 $(\cos x + \mathrm{j}\sin x)^n = (\mathrm{e}^{\mathrm{j}x})^n = \mathrm{e}^{\mathrm{j}nx} = \cos(nx) + \mathrm{j}\,\sin(nx)$

4.3 $2\,\sin\dfrac{x+y}{2}\cos\dfrac{x-y}{2} = \dfrac{1}{2\mathrm{j}}(\mathrm{e}^{\mathrm{j}\frac{x+y}{2}} - \mathrm{e}^{-\mathrm{j}\frac{x+y}{2}})(\mathrm{e}^{\mathrm{j}\frac{x-y}{2}} + \mathrm{e}^{-\mathrm{j}\frac{x-y}{2}}) = \dfrac{1}{2\mathrm{j}}(\mathrm{e}^{\mathrm{j}x} + \mathrm{e}^{\mathrm{j}y} - \mathrm{e}^{-\mathrm{j}y} - \mathrm{e}^{-\mathrm{j}x}) = \sin x + \sin y$

4.4 $z = \dfrac{14+7\,\mathrm{j}}{\sqrt3-2\,\mathrm{j}} = \dfrac{(14+7\,\mathrm{j})(\sqrt3+2\,\mathrm{j})}{(\sqrt3-2\,\mathrm{j})(\sqrt3+2\,\mathrm{j})} = \dfrac{14\sqrt3-14+\mathrm{j}(7\sqrt3+28)}{7} = 2\sqrt3-2+\mathrm{j}(\sqrt3+4).$
Also: $\mathrm{Re}(z) = 2\sqrt3-2$, $\mathrm{Im}(z) = \sqrt3+4$. Analog erhält man:
$\mathrm{Re}\left(\dfrac{2-5\,\mathrm{j}}{1-3\,\mathrm{j}}\right) = 1.7,\quad \mathrm{Im}\left(\dfrac{2-5\,\mathrm{j}}{1-3\,\mathrm{j}}\right) = 0.1,\quad \mathrm{Re}\left(\dfrac{-3+2\,\mathrm{j}}{2-\mathrm{j}}\right) = -1.6,\quad \mathrm{Im}\left(\dfrac{-3+2\,\mathrm{j}}{2-\mathrm{j}}\right) = 0.2,$
$\mathrm{Re}\left(\dfrac{1+4\,\mathrm{j}}{8-6\,\mathrm{j}}\right) = -0.16,\quad \mathrm{Im}\left(\dfrac{1+4\,\mathrm{j}}{8-6\,\mathrm{j}}\right) = 0.38.$

4.5 **a)** $z^2-4z+2+\mathrm{j}(3-2z)=0 \iff$ (quadr. Erg.!) $(z-(2+\mathrm{j}))^2 = 1+\mathrm{j} \overset{\text{Skizze!}}{=} \sqrt2\,\mathrm{e}^{\mathrm{j}\,\pi\,\frac14}$.
Also: $z_{1/2} = 2 \pm \sqrt[4]{2}\cos(\pi\,\tfrac18) + \mathrm{j}(1 \pm \sqrt[4]{2}\sin(\pi\,\tfrac18)) \iff$
$z_1 = 3.423321448\,\mathrm{e}^{0.4390194078}$ oder $z_2 = 1.053231878\,\mathrm{e}^{0.5437743152}$.
b) $z^2+(-1-0.5\sqrt3+0.5\,\mathrm{j})z+\sqrt2\,\mathrm{e}^{\mathrm{j}\,23\pi/12} = 0 \iff (z+\tfrac12(-1-0.5\sqrt3+0.5\,\mathrm{j}))^2 = 0.5670\,\mathrm{e}^{3.3198\,\mathrm{j}}$
$\iff z+\tfrac12(-1-0.5\sqrt3+0.5\,\mathrm{j}) = \pm\sqrt{0.5670}\,\mathrm{e}^{3.3198\,\mathrm{j}/2} \iff z = \tfrac14(2+\sqrt3-\mathrm{j}) \pm \sqrt{0.5670}\,\mathrm{e}^{1.6599\,\mathrm{j}}$
Also: $\mathbb{L} = \{z_1, z_2\}$ mit $z_1 = 1-\mathrm{j} = \sqrt2\,\mathrm{e}^{7\pi\mathrm{j}/4}$, $z_2 = \sqrt{0.75}+0.5\,\mathrm{j} = \mathrm{e}^{\pi\mathrm{j}/6}$

4.6 Die Gleichung ist die Nullstellengleichung des Polynoms $p(z) = z^6 - 2z^5 + 2z^4 + 3z^2 - 6z + 6$. p hat nur reelle Koeffizienten, nach Satz 4.2 ist dann mit $z_1 = 1 + \mathrm{j}$ auch $z_2 = \overline{z_1} = 1 - \mathrm{j}$ eine Nullstelle von p. p lässt sich also schreiben als $p(z) = (z - z_1)(z - z_2)q(z) = (z^2 - 2z + 2)q(z)$, wobei q ein Polynom vom Grad $6 - 2 = 4$ ist. q lässt sich entweder durch zweimaliges Anwenden des Horner-Schemas bestimmen oder durch Polynomdivision:

$$q(z) = \frac{z^6 - 2z^5 + 2z^4 + 3z^2 - 6z + 6}{z^2 - 2z + 2} = z^4 + 3.$$

Damit ergeben sich die Nullstellen unter Beachtung von $-3 = 3\,\mathrm{e}^{\mathrm{j}\,\pi}$ wie folgt:

$$\begin{aligned} z_1 &= 1 + \mathrm{j} = \sqrt{2}\,\mathrm{e}^{\mathrm{j}\,\pi/4}, & z_2 &= 1 - \mathrm{j} = \sqrt{2}\mathrm{e}^{\mathrm{j}7\pi/4} = \overline{z_1}, \\ z_3 &= \sqrt[4]{3}\,\mathrm{e}^{\mathrm{j}\,\pi/4} = \sqrt[4]{0.75} + \sqrt[4]{0.75}\,\mathrm{j}, & z_4 &= \sqrt[4]{3}\,\mathrm{e}^{\mathrm{j}\,3\pi/4} = -\sqrt[4]{0.75} + \sqrt[4]{0.75}\,\mathrm{j} = -\overline{z_3}, \\ z_5 &= \sqrt[4]{3}\,\mathrm{e}^{\mathrm{j}\,5\pi/4} = -\sqrt[4]{0.75} - \sqrt[4]{0.75}\,\mathrm{j} = \overline{z_4} = -z_3, & z_6 &= \sqrt[4]{3}\,\mathrm{e}^{\mathrm{j}\,7\pi/4} = \sqrt[4]{0.75} - \sqrt[4]{0.75}\,\mathrm{j} = \overline{z_3} = -z_4. \end{aligned}$$

4.7 **a)** Durch Raten (Auswerten mit Horner-Schema!) findet man $z = 2$, d.h. $r = 2$, $\varphi = 0$ als eine Lösung. Mittels Horner-Schema, (ist am schnellsten und man hat's ja schon fertig!) findet man $z^6 - 2z^5 - 3\,\mathrm{j}\,z + 6\,\mathrm{j} = (z - 2)(z^5 - 3\,\mathrm{j})$. Die restlichen 5 Lösungen sind also die 5 fünften Wurzeln von $3\mathrm{j} = 3\,\mathrm{e}^{\frac{\pi}{2}\mathrm{j}}$ (Diese Darstellung findet man am schnellsten und sichersten mit einer kleinen Skizze, von anderen Methoden wird dringend abgeraten!), also:

$z_1 = \sqrt[5]{3}\,\mathrm{e}^{\frac{\pi}{10}\mathrm{j}}$, $z_2 = \sqrt[5]{3}\,\mathrm{e}^{\frac{5\pi}{10}\mathrm{j}}$, $z_3 = \sqrt[5]{3}\,\mathrm{e}^{\frac{9\pi}{10}\mathrm{j}}$, $z_4 = \sqrt[5]{3}\,\mathrm{e}^{\frac{13\pi}{10}\mathrm{j}}$, $z_5 = \sqrt[5]{3}\,\mathrm{e}^{\frac{17\pi}{10}\mathrm{j}}$, d. h. $r_1 = r_2 = r_3 = r_4 = r_5 = \sqrt[5]{3}$ und $\varphi_1 = \frac{\pi}{10}$, $\varphi_2 = \frac{5\pi}{10}$, $\varphi_3 = \frac{9\pi}{10}$, $\varphi_4 = \frac{13\pi}{10}$, $\varphi_5 = \frac{17\pi}{10}$.

b) Wir setzen $y = \ln z$ und lösen zuerst $y^2 - (3\,\mathrm{j} + 1)y + 2\,\mathrm{j} - 2 = 0$:

$$\begin{aligned} & y^2 - (3\,\mathrm{j}+1)y + 2\,\mathrm{j} - 2 = 0 \iff y^2 - 2\frac{3\,\mathrm{j}+1}{2}y + \frac{(3\,\mathrm{j}+1)^2}{4} = 2 - 2\,\mathrm{j} + \frac{9\,\mathrm{j}^2 + 6\,\mathrm{j} + 1}{4} = -\frac{\mathrm{j}}{2} \\ & \iff \left(y - \frac{3\,\mathrm{j}+1}{2}\right)^2 = -\frac{\mathrm{j}}{2} = \frac{1}{2}\,\mathrm{e}^{\frac{3\pi\mathrm{j}}{2}} \\ & \iff y = \frac{3\,\mathrm{j}+1}{2} \pm \frac{1}{\sqrt{2}}\,\mathrm{e}^{\frac{3\pi\mathrm{j}}{4}} = \frac{3\,\mathrm{j}+1}{2} \pm \frac{1}{\sqrt{2}}\frac{1}{\sqrt{2}}(-1+\mathrm{j}) = \frac{1 + 3\,\mathrm{j} \pm (-1+\mathrm{j})}{2}. \end{aligned}$$

Wir haben also für y die Lösungen $y_1 = 2\,\mathrm{j}$, $y_2 = 1 + \mathrm{j}$. Die Lösungen für z sind dann $z_1 = \mathrm{e}^{y_1} = \mathrm{e}^{2\,\mathrm{j}}$ (also $r = 1$, $\varphi = 2$), und $z_2 = \mathrm{e}^{y_2} = \mathrm{e}^{1+\mathrm{j}} = \mathrm{e} \cdot \mathrm{e}^{\mathrm{j}}$ (also $r = \mathrm{e}$, $\varphi = 1$).

4.8 Nur Ergebnisse, Lösungsweg wie vorher.

a) Nullstellen sind $z = -1$, d.h. $r = 1$, $\varphi = \pi$ und $z_1, \ldots, z_6$ mit $r = \sqrt[12]{2}$ (für alle z_i gleich) und $\varphi_1 = \frac{7\pi}{24}$, $\varphi_2 = \frac{15\pi}{24}$, $\varphi_3 = \frac{23\pi}{24}$, $\varphi_4 = \frac{31\pi}{24}$, $\varphi_5 = \frac{39\pi}{24}$, $\varphi_6 = \frac{47\pi}{24}$.

b) $z_1 = \mathrm{e}^{-1+2JJ}$, also $r_1 = \mathrm{e}^{-1}$, $\varphi_1 = 2$ und $z_2 = \mathrm{e}^{2-\mathrm{j}}$, also $r_2 = \mathrm{e}^2$, $\varphi_2 = -1 + 2\pi$.

4.9 Wahr. Siehe Fundamentalsatz (Satz 4.8).

4.10 Falsch. Dies gilt nur, wenn das Polynom nur reelle Koeffizienten hat (siehe Satz 4.2).

4.11 Wahr. Nach Satz 4.7 haben die Wurzeln alle verschiedene Winkel, können also nicht gleich sein.

4.12 Wahr. Nach Satz 4.7 haben die Wurzeln alle gleichen Betrag, also in Polardarstellung das gleiche r.

4.13 Falsch. Beispiel: $(1 + \mathrm{j})^2 = 2\,\mathrm{j}$, also ist $1 + \mathrm{j}$ Quadratwurzel zu $2\,\mathrm{j}$, aber $(1 - \mathrm{j})^2 = -2\,\mathrm{j} \neq 2\mathrm{j}$, also ist $\overline{1 + \mathrm{j}} = 1 - \mathrm{j}$ nicht Quadratwurzel von $2\,\mathrm{j}$.

5.1 Es gilt $f = \tan = \frac{\sin}{\cos}$, also haben wir mit der Quotientenregel:

$$\tan'(x) = \frac{\sin'(x)\cos x - \cos'(x)\sin x}{\cos^2 x} = \frac{\cos^2 x + \sin^2 x}{\cos^2 x} = \frac{1}{\cos^2 x}.$$

Im letzten Schritt kann man auch anders umformen: $f'(x) = \frac{\cos^2 x + \sin^2 x}{\cos^2 x} = 1 + \tan^2 x.$

Umkehrfunktionen kann man nach Satz 5.4 ableiten. Damit erhalten wir:

$$\arctan'(x) = \frac{1}{\tan'(\arctan x)} \overset{\text{s. o.}}{=} \frac{1}{1+\tan^2(\arctan x)} = \frac{1}{1+x^2}.$$

5.2 $f_1'(x) = \frac{2x(x^2+1)^2(x^2+4)}{(x^2+2)^3}$ $\quad f_2'(x) = 6\sin^2(2x)\cos(2x)$

$f_3'(x) = 18x(\tan^2(3x^2+1))(1+\tan^2(3x^2+1))$ $\quad f_4'(x) = -x^6\,\mathrm{e}^{-2x^2}(4x^2-7)$

$f_5'(x) = \frac{1}{x}\,\mathrm{e}^{3x}(3x\ln x + 1)$ $\quad f_6'(x) = -2\cdot 4^{-2x}\ln 4$

$f_7'(x) = \frac{7}{2\sqrt{(x^2+3x+4)^3}}$ $\quad f_8'(x) = \frac{1}{\sqrt{(x+1)^3}\sqrt{x-1}}$

$f_9'(x) = -3\frac{\sin(\ln(\tan \mathrm{e}^{3\sin x}))\,\mathrm{e}^{3\sin x}\cos x}{\cos \mathrm{e}^{3\sin x}\sin \mathrm{e}^{3\sin x}}$ $\quad f_{10}'(x) = x^{\sin x}(\cos x\ln x + \frac{\sin x}{x})$

$f_{11}'(x) = \mathrm{e}^{\tan^2 x}\,2\tan x(1+\tan^2 x)$ $\quad f_{12}'(x) = \frac{x(3x+14)\cos\sqrt{x^3+7x^2}}{2\sqrt{x^3+7x^2}(1+\sin^2\sqrt{x^3+7x^2})}$

5.3 $p'(x) = 15x^{14} + 2 \geq 2 > 0$ für alle $x \in \mathbb{R}$, also ist p auf $\mathbb{R}$ streng monoton steigend, also kann p höchstens eine Nullstelle haben. Da $p(0) = -1 < 0$ und $p(1) = 2 > 0$, folgt mit dem Zwischenwertsatz, dass p in $[0,\,1]$ eine Nullstelle $\bar{x}$ hat. Insgesamt ist damit gezeigt, dass p genau eine Nullstelle in $\mathbb{R}$ hat. Diese kann z. B. mit dem Newton-Verfahren näherungsweise berechnet werden, man erhält $\bar{x} \approx 0.5 =: \tilde{x}$. Es muss nun noch zwingend nachgewiesen werden, dass $|\bar{x} - \tilde{x}| \leq 10^{-3}$. Es ist $p(0.5 - 10^{-3}) = p(0.499) = -0.00197 < 0$ und $p(0.5 + 10^{-3}) = p(0.501) = 0.002 > 0$, damit ist gezeigt, dass $\bar{x} \in [0.499,\,0.501]$ und somit $|\bar{x} - \tilde{x}| \leq 10^{-3}$.

5.4 $f(x) = \arctan(\alpha x)$ schneidet die x-Achse offensichtlich nur in $x = 0$, und der Tangens des Schnittwinkels mit der x-Achse ist die Steigung des Graphen von f in $x = 0$, also $\arctan f'(0) = \arctan\alpha$. Die Ableitung von arctan berechnet man mit Satz 57 (Skript, Ableitung der Umkehrfunktion) als $\arctan'(x) = (1+x^2)^{-1}$. Es muss also $\alpha > \tan 89°$ sein. Dazu stellt man den Taschenrechner auf Grad um, und berechnet $\tan 89° = 57.29$; oder man stellt den Taschenrechner auf Bogenmaß, wandelt 89° in Bogenmaß um und berechnet dann $\tan 1.553343 = 57.29$. Ergebnis in jedem Fall: α muss größer als 57.29 sein.

5.5 Wenn f gerade ist, gilt für $g(x) := f(-x)$, dass $g(x) = f(x)$ ist. Nach Kettenregel ist auch g differenzierbar und es gilt $f'(x) = g'(x) = (f(-x))' = -f'(-x)$, d. h. aber nichts anderes, als dass f' ungerade ist.

5.6 Die Ableitung der rechten Seite $f(x) = \arcsin\frac{x}{\sqrt{1+x^2}}$ ist:

$$f'(x) = \frac{1}{\sqrt{1-\frac{x^2}{1+x^2}}}\cdot\frac{\sqrt{1+x^2}-\frac{2x\cdot x}{2\sqrt{1+x^2}}}{1+x^2} = \sqrt{1+x^2}\cdot\frac{1}{\sqrt{1+x^2}}\cdot\frac{1+x^2-x^2}{1+x^2} = \frac{1}{1+x^2} = \arctan' x,$$

also gleich der Ableitung der linken Seite. Die beiden Funktionen können sich also nur durch eine Konstante unterscheiden. Für $x = 0$ gilt aber: $\arctan 0 = 0 = \arcsin\frac{0}{\sqrt{1+0}}$, d. h. diese Konstante ist 0, d. h. linke Seite =

rechte Seite für alle x.

5.7 **a)** $\lim\limits_{x\to 0}\frac{3^x-2^x}{x}\overset{[\frac{0}{0}]}{=}\lim\limits_{x\to 0}\frac{3^x\ln 3-2^x\ln 2}{1}=\ln 3-\ln 2$

b) $\lim\limits_{x\to\pi/2}\frac{\ln(\sin x)}{1-\sin x}\overset{[\frac{0}{0}]}{=}\lim\limits_{x\to\pi/2}\frac{\frac{\cos x}{\sin x}}{-\cos x}=\lim\limits_{x\to\pi/2}-\frac{1}{\sin x}=-1$

c) $\lim\limits_{x\to\pi/2}\left(\tan x-\frac{1}{\cos x}\right)=\lim\limits_{x\to\pi/2}\frac{\sin x-1}{\cos x}\overset{[\frac{0}{0}]}{=}\lim\limits_{x\to\pi/2}\frac{\cos x}{-\sin x}=\frac{0}{-1}=0$

d) Wir werden im Laufe der Rechnung zweimal $(*)\ \lim\limits_{x\to 0}\frac{\sin x}{x}=1$ benutzen.

$$\begin{aligned}\lim_{x\to 0}\left(\cot^2 x-\frac{1}{x^2}\right) &= \lim_{x\to 0}\frac{\cos^2 x-\frac{\sin^2 x}{x^2}}{\sin^2 x}\overset{[\frac{0}{0}]\text{ wegen }(*)}{=}\lim_{x\to 0}\frac{-2\cos x\sin x-\frac{2x^2\sin x\cos x-2x\sin^2 x}{x^4}}{2\sin x\cos x}\\ &= \lim_{x\to 0}\frac{-\cos x-\frac{x\cos x-\sin x}{x^3}}{\cos x}\end{aligned}$$

Nun ist aber $\lim\limits_{x\to 0}\frac{x\cos x-\sin x}{x^3}\overset{[\frac{0}{0}]}{=}\lim\limits_{x\to 0}\frac{\cos x-x\sin x-\cos x}{3x^2}=\lim\limits_{x\to 0}-\frac{1}{3}\frac{\sin x}{x}\overset{(*)}{=}-\frac{1}{3}.$

Insgesamt haben wir damit $\lim\limits_{x\to 0}\left(\cot^2 x-\frac{1}{x^2}\right)\overset{\text{s. o.}}{=}\lim\limits_{x\to 0}\frac{-\cos x-\frac{x\cos x-\sin x}{x^3}}{\cos x}\overset{\text{s. o.}}{=}\frac{-1-\left(-\frac{1}{3}\right)}{1}=-\frac{2}{3}.$

e) $\lim\limits_{x\to\infty}x(\arctan(3x)-\frac{\pi}{2})\overset{\infty\cdot 0}{=}\lim\limits_{x\to\infty}\frac{\arctan(3x)-\frac{\pi}{2}}{\frac{1}{x}}\overset{[\frac{0}{0}]}{=}\lim\limits_{x\to\infty}\frac{3\frac{1}{1+9x^2}}{-\frac{1}{x^2}}=\lim\limits_{x\to\infty}\frac{-3x^2}{1+9x^2}=-\frac{3}{9}=-\frac{1}{3}.$

f) Weil aus $r\to\infty$ auch $r^2\to\infty$ folgt, können wir zuerst den zu untersuchenden Ausdruck vereinfachen:
$\lim\limits_{r\to\infty}\frac{r^2}{(r^2-(x-x_0)^2)^{1.5}}=\lim\limits_{r\to\infty}\frac{r}{(r-(x-x_0)^2)^{1.5}}\overset{[\frac{\infty}{\infty}]}{=}\lim\limits_{r\to\infty}\frac{1}{1.5\sqrt{r-(x-x_0)^2}}=0$

5.8 Der Abstand zweier Punkte (x_1,y_1) und (x_2,y_2) im $\mathbb{R}^2$ ist $d=\sqrt{(x_1-x_2)^2+(y_1-y_2)^2}$. Mit $(x_1,y_1)=(9,0)$ und $(x_2,y_2)=(x,x^2)$ erhält man $d(x)=\sqrt{(9-x)^2+(-x^2)^2}=\sqrt{81-18x+x^2+x^4}$. Um diesen Ausdruck zu minimieren, setzt man $d'(x)=0$; dies führt auf $2x^3+x-9=0$. Man kann dies z.B. mit dem Newton-Verfahren lösen und erhält $\bar{x}\approx 1.55$. Da geometrisch klar ist, dass es nur eine solche Stelle x geben kann, brauchen wir nicht nach weiteren Lösungen zu suchen. Sei also $\tilde{x}=1.55$, $p(x):=2x^3+x-9$. Wegen $p(1.549)<0$ und $p(1.551)>0$ liegt die gesuchte Stelle $\bar{x}$ in $[1.549,\,1.551]$, und es gilt dann $|\bar{x}-\tilde{x}|\le 10^{-3}$.

5.9 Wir bestimmen einfach die absoluten Extrema von $f(x)=\frac{x^2+1}{x^2+x+1}$. Kandidaten für absolute Extrema sind immer die relativen Extrema und die Randpunkte des Definitionsbereichs. Zuerst bestimmen wir die relativen Extrema: $f'(x)=\frac{x^2-1}{(x^2+x+1)^2}$, also kommen als relative Extrema nur $x_1=1$ und $x_2=-1$ in Frage. Man sieht, dass $f'(x)>0$ ist für $|x|>1$ und $f'(x)<0$ für $|x|<1$, also ist f auf $(-\infty,-1)$ und $(1,\infty)$ monoton steigend und auf $(-1,1)$ monoton fallend, also ist $x_1=1$ relatives Minimum und $x_2=-1$ relatives Maximum. Untersuchung des Randes des Definitionsbereichs: f ist auf ganz $\mathbb{R}$ definiert (der Nenner hat keine Nullstellen – nachprüfen!). Es ist $\lim\limits_{x\to\infty}f(x)=\lim\limits_{x\to-\infty}f(x)=1$ (warum?). Diese Grenzwerte sind größer bzw. kleiner als die Funktionswerte an den Extremstellen ($f(1)=2/3$ und $f(-1)=2$). Daher sind die relativen Extrema auch absolute Extrema, d.h. in $x_1=1$ ist ein absolutes Minimum und in $x_2=-1$ ein absolutes Maximum. D.h. für alle $x\in\mathbb{R}$ gilt: $f(x)\le f(-1)=2$ und $f(1)=2/3\le f(x)$, was zu zeigen war.

5.10 Seien a, b die beiden Seiten des Rechtecks. Dann gilt $(\frac{a}{2})^2 + b^2 = r^2$ und $a \in [0, 2r]$. Also gilt $b = \sqrt{r^2 - \frac{a^2}{4}}$. Der Flächeninhalt in Abhängigkeit der Seite a ist dann

$$F = F(a) = a \cdot b = a\sqrt{r^2 - \frac{a^2}{4}}.$$

Dieser ist zu minimieren. Die Bedingung

$$0 = F'(a) = \sqrt{r^2 - \frac{a^2}{4}} + a \cdot \frac{-\frac{a}{2}}{2\sqrt{r^2 - \frac{a^2}{4}}} = \frac{r^2 - \frac{a^2}{2}}{\sqrt{r^2 - \frac{a^2}{4}}}$$

führt auf $a = r\sqrt{2}$. Für dieses a ist dann $b = \sqrt{r^2 - \frac{r^2}{2}} = \frac{r}{\sqrt{2}}$ und damit $F = r^2$. Offensichtlich ist dies das einzig mögliche Extremum von F im Definitionsbereich (denn es ist die einzige Nullstelle von F'). Die Werte am Rand sind $F(0) = 0$ und $F(2r) = 0$, welches offensichtlich absolute Minima von F sind (denn $F(a) \geq 0$ für alle a). Auf $[0, r\sqrt{2}]$ ist $F'(x) \geq 0$ und auf $[r\sqrt{2}, 2r]$ ist $F'(x) \leq 0$, woraus man sieht, dass in $a = r\sqrt{2}$ ein relatives Maximum vorliegt, welches auch das absolute ist (denn an den Rändern des Intervalls sind ja absolute Minima). Damit ist gezeigt, dass das gefundene Rechteck die verlangten Eigenschaften hat.

5.11 $f : (0, \infty) \longrightarrow \mathbb{R}$, def. durch $f(x) := \sqrt{x}\ln x$: Relative Extrema: $f'(x) = \frac{\ln x + 2}{2\sqrt{x}} = 0 \iff x = \mathrm{e}^{-2}$.
$f''(x) = -0.25 \cdot x^{-1.5} \cdot \ln x \Longrightarrow f''(\mathrm{e}^{-2}) > 0$. Es gibt also nur ein relatives Extremum, nämlich ein relatives Minimum in $x = \mathrm{e}^{-2}$, es ist $f(\mathrm{e}^{-2}) = -2/\mathrm{e}$.
Da diese die einzige relative Minimalstelle im gesamten Definitionsbereich ist, muss dort auch ein absolutes Minimum vorliegen (das einzige). Aus $\lim\limits_{x\to\infty} f(x) = \infty$ (denn $\lim\limits_{x\to\infty} \sqrt{x} = \lim\limits_{x\to\infty} \ln x = \infty$) erkennt man: Es gibt kein absolutes Maximum.
$g : \mathbb{R} \longrightarrow \mathbb{R}$, def. durch $g(x) := \arctan x - \frac{1}{2}\ln(1 + x^2)$:
Relative Extrema: Zunächst überlegt man sich, dass $\arctan' x = \frac{1}{1+x^2}$. Damit ist $g'(x) = \frac{1-x}{1+x^2} = 0 \iff x = 1$.
$g''(x) = \frac{x^2-2x-1}{(1+x^2)^2} \Longrightarrow g''(1) < 0$. Es gibt also nur ein relatives Extremum, nämlich ein relatives Maximum in $x = 1$, es ist $g(1) = \frac{\pi}{4} - \frac{\ln 2}{2}$. Da dieses das einzige ist, muss es zugleich ein (das!) absolutes Maximum sein.
Aus $\lim\limits_{x\to-\infty} g(x) = -\dfrac{\pi}{2} - 0.5 \cdot \lim\limits_{x\to-\infty} \ln(1 + x^2) = -\infty$ und $\lim\limits_{x\to\infty} g(x) = \dfrac{\pi}{2} - 0.5 \cdot \lim\limits_{x\to\infty} \ln(1 + x^2) = -\infty$
sieht man: Es gibt kein absolutes Minimum.
$h : \mathbb{R} \longrightarrow \mathbb{R}$, def. durch $h(x) := \mathrm{e}^{-x^2}\cos(x^2)$. Relative Extrema:

$$\begin{aligned} h'(x) &= -2x \cdot \mathrm{e}^{-x^2}(\cos(x^2) + \sin(x^2)) = 0 &&\iff x = 0 \text{ oder } \tan(x^2) = -1 \\ & &&\iff x \in \{0, \pm\sqrt{(0.75 + k)\pi} \mid k \in \mathbb{N}_0\} \\ h''(x) &= \mathrm{e}^{-x^2}\left(8x^2\sin(x^2) - 2(\cos(x^2) + \sin(x^2))\right) \end{aligned}$$

Also $h''(0) = -2 < 0$, d. h. in $x_0 = 0$ liegt ein relatives Maximum mit $h(0) = 1$ vor. Sei nun $x_k = \sqrt{(0.75 + k)\pi}$.

$$\begin{aligned} h''(x_k) &= \mathrm{e}^{-x_k^2}\, 8x_k^2\sin(x_k^2) = \mathrm{e}^{-x^2}\, 8\,(0.75 + k)\pi\sin(0.75\pi + k\pi) \\ &= \mathrm{e}^{-x^2}\, 8\,(0.75 + k)\pi\sin(0.75\pi)\cos(k\pi) = \mathrm{e}^{-x^2}\, 8\,(0.75 + k)\pi(-1)^k\sin(0.75\pi) \\ &= \begin{cases} \mathrm{e}^{-x^2}\, 8\,(0.75 + k)\pi\sin(0.75\pi) & k \in \mathbb{N}_0 \text{ gerade} \\ -\mathrm{e}^{-x^2}\, 8\,(0.75 + k)\pi\sin(0.75\pi) & k \in \mathbb{N} \text{ ungerade} \end{cases} \end{aligned}$$

Also liegt in allen x_k mit $k \in \mathbb{N}_0$ gerade ein relatives Minimum vor, und in allen x_k mit $k \in \mathbb{N}$ ungerade ein relatives Maximum vor. Die zugehörigen Funktionswerte sind

$$h(x_k) = \mathrm{e}^{-x_k^2}\cos(x_k^2) = \begin{cases} \mathrm{e}^{-(0.75+k)\pi}\cos(0.75\pi) & k \in \mathbb{N}_0 \text{ gerade (rel. Min.)} \\ -\mathrm{e}^{-(0.75+k)\pi}\cos(0.75\pi) & k \in \mathbb{N} \text{ ungerade (rel. Max.)} \end{cases}$$

Den kleinsten Funktionswert unter allen relativen Minima würde das mit dem kleinsten k liefern, also $k = 0$, den größten Funktionswert unter allen relativen Maxima das mit dem kleinsten k, d. h. $k = 1$: $h(x_1) = -\mathrm{e}^{-1.75\pi}\cos(0.75\pi)$. Man sieht aber, dass $h(x_1) \leq 1$ ist, sodass das Maximum in $x = 0$ mit $h(0) = 1$ sicherlich noch größer ist. Verhalten in den Randpunkten:
Zunächst ist $\lim\limits_{x\to-\infty} h(x) = \lim\limits_{x\to\infty} h(x)$, da h gerade ist. Wir brauchen also nur einen der beiden Grenzwerte zu berechnen. Es gilt $\lim\limits_{x\to\infty} \mathrm{e}^{-x^2}\cos(x^2) = 0$, da $\lim\limits_{x\to\infty} \mathrm{e}^{-x^2} = 0$ und $\cos(x^2)$ beschränkt ist.
Damit liegen an den oben genannten Stellen auch absolute Extrema vor. Es liegen also zwei absolute Minima in $\pm x_0 = \pm\sqrt{0.75\pi}$ und ein absolutes Maximum in $x = 0$ vor.

5.12 Es ist $f'(x) = \frac{\frac{1}{x}\cdot x - \ln x}{x^2} = \frac{1-\ln x}{x^2}$. f ist also monoton steigend, falls $1 - \ln x \geq 0$ ist, d.h. $x \leq \mathrm{e}$. Und f ist monoton fallend, falls $1 - \ln x \leq 0$, d.h. $x \geq \mathrm{e}$.
Die Suche nach relativen Extrema bedeutet die Suche nach Nullstellen der Ableitung: $f'(x) = 0$ tritt aber nur ein für $x = \mathrm{e}$. Das einzig mögliche relative Extremum liegt also in $x = \mathrm{e}$ vor, und dort ist auch tatsächlich eines, denn aus der obigen Monotonie-Betrachtung sieht man, dass es sich um ein relatives Maximum handelt.
Als Wendepunkte von f kommen zunächst alle Nullstellen von f'' infrage.

$$f''(x) = \frac{-\frac{1}{x}x^2 - 2x(1-\ln x)}{x^4} = \frac{-3+2\ln x}{x^3}.$$

Einzig möglicher Wendepunkt ist damit $\mathrm{e}^{1.5}$. Für $x < \mathrm{e}^{1.5}$ ist $f''(x) < 0$, also ist f dort konkav. Für $x > \mathrm{e}^{1.5}$ ist $f''(x) > 0$, also ist f dort konvex. Da f'' also in $x = \mathrm{e}^{1.5}$ das Vorzeichen wechselt, ist diese Stelle also tatsächlich Wendepunkt (alternativ kann man auch $f'''(\mathrm{e}^{1.5}) \neq 0$ zeigen, um nachzuweisen, dass $x = \mathrm{e}^{1.5}$ Wendepunkt ist.

5.13 $f(x) = \frac{\mathrm{e}^x}{\sqrt{x}}$ auf $\mathbb{R}_{>0}$: f ist differenzierbar auf $\mathbb{R}_{>0}$ und $f'(x) = \dfrac{\mathrm{e}^x\sqrt{x} - \frac{1}{2\sqrt{x}}\mathrm{e}^x}{x} = \dfrac{\mathrm{e}^x}{\sqrt{x^3}}(x-0.5)$.
f' hat also nur eine Nullstelle, nämlich $x = 0.5$. Also ist f auf $(0, 0.5]$ und $[0.5, \infty]$ jeweils monoton. Auf $(0, 0.5]$ ist $f'(x) \leq 0$, also ist f dort monoton fallend; auf $[0.5, \infty)$ ist $f'(x) \geq 0$, also ist f dort monoton steigend. Damit ist klar, dass f in $x = 0.5$ ein relatives Minimum hat.

5.14 Nur in Kurzform: $f'(x) = -(\ln x - 2)(\ln x - 1)$. Also sind die einzig möglichen relativen Extrema in e und e^2 und f ist monoton auf den Intervallen $[0, \mathrm{e}]$, $[\mathrm{e}, \mathrm{e}^2]$ und $[\mathrm{e}^2, \infty)$ und zwar, wie man am Vorzeichen von $f'(x)$ sieht (ganz leicht, da f' ja schon faktorisiert ist): monoton fallend auf $(0, \mathrm{e})$ und (e^2, ∞) und monoton steigend auf $(\mathrm{e}, \mathrm{e}^2)$.
Aus der Monotonie folgt, dass in $x = \mathrm{e}$ ein relatives Minimum und in $x = \mathrm{e}^2$ ein relatives Maximum vorliegt. Weitere relative Extrema gibt es nicht, da dies die einzigen Nullstellen von f' sind.

5.15 **a)** Es gilt: $f'(x) = 2\,\mathrm{e}^x \sin x$. Die einzig möglichen relativen Extrema sind demnach die Nullstellen von sin, also $k\pi$ für $k \in \mathbb{Z}$. Wir haben:

$$f'(x) \geq 0 \iff \sin x \geq 0 \quad \text{also } f \text{ monoton steigend auf } [2k\pi, (2k+1)\pi],\ k \in \mathbb{Z}$$
$$f'(x) \leq 0 \iff \sin x \leq 0 \quad \text{also } f \text{ monoton fallend auf } [(2k+1)\pi, (2k+2)\pi],\ k \in \mathbb{Z}$$

b) Aus a) folgt: f hat relative Maxima in $(2k+1)\pi$ für $k \in \mathbb{Z}$ und relative Minima in $2k\pi$ für $k \in \mathbb{Z}$.

5.16 **a)** Es muss gelten $10-x^2>0$, also $|x|<10$, also: $D=(-\sqrt{10},\sqrt{10})$.

b) $f'(x)=2x(\ln(10-x^2)-1)+(x^2-10)\cdot\dfrac{-2x}{10-x^2}=2x(\ln(10-x^2)-1)+2x=2x\ln(10-x^2)$.

Wegen $\ln(10-x^2)=0 \iff 10-x^2=1 \iff x=\pm 3$ sind die einzig möglichen Extrema von f: $0, \pm 3$. f ist also auf den Intervallen $(-\sqrt{10},-3)$, $(-3,0)$, $(0,3)$ und $(3,\sqrt{10})$ jeweils monoton und zwar:

auf $(-\sqrt{10},-3)$: $f'(x)=2\cdot\underbrace{x}_{<0}\cdot\underbrace{\ln\underbrace{(10-x^2)}_{<1}}_{<0}>0$, also f monoton steigend

auf $(-3,0)$: $f'(x)=2\cdot\underbrace{x}_{<0}\cdot\underbrace{\ln\underbrace{(10-x^2)}_{>1}}_{>0}<0$, also f monoton fallend

auf $(0,3)$: $f'(x)=2\cdot\underbrace{x}_{>0}\cdot\underbrace{\ln\underbrace{(10-x^2)}_{>1}}_{>0}>0$, also f monoton steigend

auf $(3,\sqrt{10})$: $f'(x)=2\cdot\underbrace{x}_{>0}\cdot\underbrace{\ln\underbrace{(10-x^2)}_{<1}}_{>0}<0$, also f monoton fallend.

Aus der Monotonie folgt: f hat lokale Maxima in ± 3 und ein lokales Minimum in 0.

5.17 Ohne Beachtung der Arbeitstechniken kommen Sie hier kaum zurecht. Also:
Gegeben: Ziel 300 m östlich, 800 m nördlich. Geschwindigkeiten: auf dem Weg 160 m pro Min., im Wald 70 m pro Min.
Gesucht: Weg vom Start zum Ziel, so dass die Zeit minimal wird.
Lösung: Der Läufer L will zum Markierungspunkt M. Wir tragen die Entfernungsangaben aus der Aufgabenstellung in eine Skizze ein. Als Unbekannte wählen wir x, d. h. die Entfernung, die der Läufer auf dem Weg zurücklegt, bevor er in den Wald abbiegt. Der Läufer legt also auf dem Weg x m zurück und im Wald (Pythagoras) $y=\sqrt{800^2+(300-x)^2}$. Laut Aufgabenstellung benötigt der Läufer für diese Strecke die Zeit:

$$T(x)=\frac{x}{160}+\frac{y}{70}=\frac{x}{160}+\frac{\sqrt{800^2+(300-x)^2}}{70}.$$

Wir suchen das Minimum von T auf dem Definitionsbereich von T, welcher $D_T=[0,300]$ ist. Wir haben

$$T'(x)=\frac{1}{160}+\frac{-2(300-x)}{70\cdot 2\cdot\sqrt{800^2+(300-x)^2}}=\frac{7\sqrt{800^2+(300-x)^2}-16(300-x)}{7\cdot 8\cdot 20\cdot\sqrt{800^2+(300-x)^2}}.$$

Damit finden wir: $T'(x)=0 \iff x=300-\dfrac{7\cdot 800}{\sqrt{207}}\approx -89$. (Sie haben natürlich erst einmal zwei „Lösungen" erhalten, aber durch die Probe fällt eine weg.) Diese Lösung liegt nicht in D_T, also wird das Minimum am Rand von D_T angenommen. Wir finden $T(0)=\frac{10}{7}\sqrt{73}\approx 12.2$ und $T(300)=\frac{745}{56}\approx 13.3$. Das Minimum liegt also in $x=0$ vor.

Ergebnis: Der Läufer sollte vom Startpunkt aus direkt durch den Wald auf den Zielpunkt zulaufen, um eine minimale Laufzeit zu erreichen.
Anmerkung: Die zweite Lösung ≈ -89 ergäbe eine noch kürzere Laufzeit, nämlich ca. 12.15 Min. Dabei würde aber das Laufen nach links auf dem Weg mit einer negativen Laufzeit berechnet, daher die kürzere Laufzeit bei längerem Weg. Es lohnt sich also den Definitionsbereich zu beachten.

5.18 **a)** Es ist $f'(x) = \frac{1}{x}\left(\frac{\sqrt{x}}{x} - \frac{\ln x}{2\sqrt{x}}\right) = \frac{1}{x^{1.5}}\left(1 - \frac{\ln x}{2}\right)$. f ist also monoton steigend, falls $1 - 0.5\ln x \geq 0$ ist, d. h. $x \leq \mathrm{e}^2$. Und f ist monoton fallend, falls $1 - 0.5\ln x \leq 0$, d. h. $x \geq \mathrm{e}^2$.

b) Die Suche nach relativen Extrema bedeutet die Suche nach Nullstellen der Ableitung: $f'(x) = 0$ tritt aber nur ein für $x = \mathrm{e}^2$. Das einzig mögliche relative Extremum liegt also in $x = \mathrm{e}^2$ vor, und dort ist auch tatsächlich eines, denn aus der Monotonie-Betrachtung (siehe a)), sieht man, dass es sich um ein relatives Maximum handelt. (Alternativ kann man auch $f''(\mathrm{e}) < 0$ zeigen).
Die absoluten Extrema sind nun die relativen Extrema oder treten an den Rändern des Definitionsbereichs auf, welche also noch zu untersuchen sind:

$$\lim_{x\to 0+} f(x) = \lim_{x\to 0+} \ln x \cdot \frac{1}{\sqrt{x}} = -\infty \cdot \infty = -\infty, \qquad \lim_{x\to\infty} f(x) = \lim_{x\to\infty} \frac{\ln x}{\sqrt{x}} \overset{[\frac{\infty}{\infty}]}{=} \lim_{x\to\infty} \frac{\frac{1}{x}}{\frac{1}{2\sqrt{x}}} = \lim_{x\to\infty} \frac{2}{\sqrt{x}} = 0.$$

Die Grenzwerte am Rand sind beide kleiner als $f(\mathrm{e}^2) = \frac{2}{\mathrm{e}}$, dem oben gefundenen relativen Maximum, also ist dieses das absolute Maximum. Ein absolutes Minimum gibt es wegen $\lim_{x\to 0+} f(x) = -\infty$ nicht.

c) Als Wendestellen von f kommen zunächst alle Nullstellen von f'' in Frage.

$$f''(x) = \frac{1}{x^3}\left(\frac{-1}{2x}x^{1.5} - 1.5\sqrt{x}(1 - 0.5\ln x)\right) = \frac{-8 + 3\ln x}{4x^{2.5}}$$

Damit sieht man: $f''(x) = 0 \iff x = \mathrm{e}^{8/3}$, was die einzig mögliche Wendestelle ist. Für $x < \mathrm{e}^{8/3}$ ist $f''(x) < 0$, also ist f dort konkav. Für $x > \mathrm{e}^{8/3}$ ist $f''(x) > 0$, also ist f dort konvex. Da f'' also in $x = \mathrm{e}^{8/3}$ das Vorzeichen wechselt, ist diese Stelle also tatsächlich Wendepunkt (alternativ kann man auch $f'''(\mathrm{e}^{8/3}) \neq 0$ zeigen, um nachzuweisen, dass in $x = \mathrm{e}^{8/3}$ ein Wendepunkt vorliegt).

5.19 Auf S. 122 hatten wir schon s' berechnet, nämlich $s'(x) = \frac{800x^2 + 80x - 40}{(40x+2)^2} = 40\frac{20x^2 + 2x - 1}{(40x+2)^2}$. Daraus erhalten wir: $s''(x) =$

$$40\frac{(40x+2)^3 - 2(40x+2)40(20x^2+2x-1)}{(40x+2)^4} = 40\frac{(40x+2)^2 - 80(20x^2+2x-1)}{(40x+2)^3} = \frac{40 \cdot 84}{(40x+2)^3}$$

Da unsere Nullstelle $x_{min} \approx 0.179$ positiv ist, sehen wir sofort, dass auch $s''(x_{min}) > 0$ ist (Zähler > 0, Nenner > 0). Damit ist gesichert, dass in x_{min} ein Minimum von s vorliegt. Wenn Sie $s''(x_{min})$ ausgerechnet haben und dann am erst am Zahlenwert gesehen haben, dass $s'(x_{min})$ positiv ist, fehlt Ihnen noch ein wenig der Überblick. Keine Sorge, der stellt sich nach genügend vielen Übungsaufgaben von selbst ein.

5.20 a), b)

	2	-3	0	-2	7	0	4
$x_0 = 2$	$\downarrow$	$+4$	$+2$	$+4$	$+4$	$+22$	$+44$
	2	1	2	2	11	22	$48 = p(2)$
2	$\downarrow$	$+4$	$+10$	$+24$	$+52$	$+126$	
	2	5	12	26	63	$148 = p'(2)$	
2	$\downarrow$	$+4$	$+18$	$+60$	$+172$		
	2	9	30	86	$235 = p_2(2)$	$\Longrightarrow p''(2) = 470$	

c) Das obige Horner-Schema muss noch zum vollständigen ergänzt werden. Hat man das getan, so erhält man: $p(x) = 2\,(x-2)^6 + 21\,(x-2)^5 + 90\,(x-2)^4 + 198\,(x-2)^3 + 235\,(x-2)^2 + 148\,(x-2) + 48.$

5.21 Falsch. Die Funktion $f(x) = \begin{cases} x & x \leq 0 \\ x+1 & x > 0 \end{cases}$ ist in $x_0 = 0$ nicht stetig, aber links- und rechtsseitige Ableitungen in 0 sind identisch: $f_l'(x_0) = f_r'(x_0) = 1$.

5.22 Wahr. Dies kann man mit der Regel von L'Hospital nachweisen:

$$\lim_{h\to 0} \frac{f(x+h) - f(x-h)}{2h} \overset{[\frac{0}{0}]}{=} \lim_{h\to 0} \frac{f'(x+h) + f'(x-h)}{2} = \frac{2f'(x)}{2} = f'(x).$$

Für numerische Zwecke ist dieser Differenzenquotient übrigens viel günstiger als der in der Definition der Ableitung genannte (für Details siehe z. B. [6]).

5.23 Falsch. Beim Ableiten reduziert sich der Grad eines Polynoms mit jedem Ableiten um 1. Nach $n-1$ maligen Ableiten hat sich dann der Grad von n auf 1 reduziert. Polynome vom Grad 1 sind aber keine Konstanten.

5.24 Wahr. Siehe die Lösung zu Aufgabe 5.23. Der Grad reduziert sich auf 0, und Polynome vom Grad 0 sind konstante Funktionen.

5.25 Wahr. Aber für den Nachweis müsste man die Ableitungsschritte rückgängig machen. Wie das geht, lernen Sie erst im nächsten Kapitel. Siehe auch Aufgabe 6.20.

5.26 Falsch. Keiner hat gesagt, dass Differenzierbarkeit für Monotonie notwendig ist. Die Differenzierbarkeit gibt ein einfaches Hilfsmittel auf Monotonie zu prüfen. Wenn eine Funktion nicht differenzierbar ist, muss man sich eben etwas anderes einfallen lassen, wenn man auf Monotonie prüfen will – mit dem Vorzeichen der Ableitung geht es nicht. Genauso ist auch Stetigkeit nicht für Monotonie erforderlich (lesen Sie ggf. noch einmal die Definition von Monotonie in Kapitel 1 nach). Die Funktion $f(x) = \begin{cases} x & x < 0 \\ x+1 & x \geq 0 \end{cases}$ ist nicht stetig in 0, aber auf ganz $\mathbb{R}$ streng monoton steigend.

6.1 **a)** $\displaystyle\int_{-2}^{2} x^5 - 4x^3 + 3x\,\mathrm{d}x = \left(\frac{x^6}{6} - x^4 + 1.5x^2\right)\Bigg|_{-2}^{2} = 0$

b) $\displaystyle\int_{1}^{2} \frac{1}{x} + \sin(\pi x)\,\mathrm{d}x = \left(\ln x - \frac{1}{\pi}\cos(\pi x)\right)\Bigg|_{1}^{2} = \ln 2 - \frac{1}{\pi} - (0 + \frac{1}{\pi}) = \ln 2 - \frac{2}{\pi}$

c) $\displaystyle\int_{-1}^{1} \frac{1}{3x-4}\,\mathrm{d}x = \frac{1}{3}\ln|3x-4|\Big|_{-1}^{1} = -\frac{\ln 7}{3}$

d) $\displaystyle\int_{0}^{3} \frac{1}{1+4x^2}\,\mathrm{d}x = \int_{0}^{3} \frac{1}{1+(2x)^2}\,\mathrm{d}x = \frac{1}{2}\arctan(2x)\Big|_{0}^{3} = \frac{1}{2}\arctan 6.$

6.2 a) $\displaystyle\int x\cdot \mathrm{e}^{x^2}\,\mathrm{d}x = 0.5\cdot\int 2x\cdot \mathrm{e}^{x^2}\,\mathrm{d}x = 0.5\cdot \mathrm{e}^{x^2} + C$

b) $\displaystyle\int \frac{\cos(3x)}{1+\sin(3x)}\,\mathrm{d}x = \frac{1}{3}\cdot\int \frac{3\cos(3x)}{1+\sin(3x)}\,\mathrm{d}x = \frac{1}{3}\ln|1+\sin(3x)| + C$

c) $\displaystyle\int \frac{\mathrm{e}^x}{(1+\mathrm{e}^x)^3}\,\mathrm{d}x = \frac{1}{-2(1+\mathrm{e}^x)^2} + C$

d) $\displaystyle\int x\ln x\,\mathrm{d}x = 0.5x^2\ln x - \int 0.5x^2\frac{1}{x}\,\mathrm{d}x = 0.5x^2\ln x - 0.25x^2 + C = 0.5x^2(\ln x - 0.5) + C$

e) $\displaystyle\int x^2\sin x^3\,\mathrm{d}x = \frac{1}{3}\cdot\int 3x^2\sin x^3\,\mathrm{d}x = -\frac{1}{3}\cos x^3 + C$

f) $\displaystyle\int \frac{x}{\sqrt{4-9x^2}}\,\mathrm{d}x = -\frac{1}{18}\int -18x\cdot(4-9x^2)^{-0.5}\,\mathrm{d}x = -\frac{1}{18}2(4-9x^2)^{0.5} = -\frac{1}{9}\sqrt{4-9x^2} + C$

g) $\displaystyle\int 1\arcsin x\,\mathrm{d}x = x\arcsin x - \int \frac{x}{\sqrt{1-x^2}}\,\mathrm{d}x = x\arcsin x - \frac{1}{2}\int \frac{2x}{\sqrt{1-x^2}}\,\mathrm{d}x = x\arcsin x + \sqrt{1-x^2} + C$

6.3 $\displaystyle\int_{a}^{b} f(-x)\,\mathrm{d}x = -F(-x)\Big|_{a}^{b} = -(F(-b)-F(-a)) = -\int_{-a}^{-b} f(x)\,\mathrm{d}x.$

Wenn f gerade ist, also $f(x) = f(-x)$ für alle x, gilt:

$$\int_{0}^{b} f(x)\,\mathrm{d}x = \int_{0}^{b} f(-x)\,\mathrm{d}x \overset{s.o.}{=} -\int_{0}^{-b} f(x)\,\mathrm{d}x = \int_{-b}^{0} f(x)\,\mathrm{d}x, \text{ also } \int_{-b}^{b} f(x)\,\mathrm{d}x = 2\int_{0}^{b} f(x)\,\mathrm{d}x.$$

Wenn f ungerade ist, also $f(x) = -f(-x)$ für alle x, gilt:

$$\int_{0}^{b} f(x)\,\mathrm{d}x = \int_{0}^{b} -f(-x)\,\mathrm{d}x \overset{s.o.}{=} \int_{0}^{-b} f(x)\,\mathrm{d}x = -\int_{-b}^{0} f(x)\,\mathrm{d}x, \text{ also folgt } \int_{-b}^{b} f(x)\,\mathrm{d}x = 0.$$

Damit ist:

$$\int_{-5}^{5} x^n\,\mathrm{d}x = \begin{cases} 2\displaystyle\int_{0}^{5} x^n\,\mathrm{d}x & \text{falls } n \text{ gerade} \\ 0 & \text{falls } n \text{ ungerade} \end{cases} = \begin{cases} 2\dfrac{5^{n+1}}{n+1} & \text{falls } n \text{ gerade} \\ 0 & \text{falls } n \text{ ungerade} \end{cases}$$

$$\int_{-3}^{3} x^n + x^{n+1}\,\mathrm{d}x = \begin{cases} 2\displaystyle\int_{0}^{3} x^n\,\mathrm{d}x & \text{falls } n \text{ gerade} \\ 2\displaystyle\int_{0}^{3} x^{n+1}\,\mathrm{d}x & \text{falls } n \text{ ungerade} \end{cases} = \begin{cases} 2\dfrac{3^{n+1}}{n+1} & \text{falls } n \text{ gerade} \\ 2\dfrac{3^{n+2}}{n+2} & \text{falls } n \text{ ungerade} \end{cases}$$

$$\int_{-4}^{4} x^2 \cdot \sin x \, dx = 0, \qquad \int_{-1}^{1} x^4 \cdot |x| \cdot (\sin x + \tan x)\, dx = 0.$$

6.4 **a)** $y := \sqrt{2x}$, $\dfrac{dy}{dx} = \dfrac{1}{\sqrt{2x}} = \dfrac{1}{y}$:

$$\int \sin\sqrt{2x}\,dx = \int y \sin y \, dy = -y\cos y + \int \cos y\,dy = -y\cos y + \sin y = -\sqrt{2x}\cos\sqrt{2x} + \sin\sqrt{2x} + C$$

b) $y := \tan\dfrac{x}{2}$:

$$\begin{aligned}\int \frac{1}{1+\tan x}\,dx &= \int \frac{\cos x}{\cos x + \sin x}\,dx = \int \frac{2(1-y^2)}{(2-(y-1)^2)(1+y^2)}\,dy\\ &= \int \frac{0.5}{y-1+\sqrt{2}} + \frac{0.5}{y-1-\sqrt{2}} - \frac{y-1}{1+y^2}\,dy\\ &= 0.5\ln|y-1+\sqrt{2}| + 0.5\ln|y-1-\sqrt{2}| - 0.5\ln(1+y^2) + \arctan y + C\\ &= 0.5\ln|\tan\frac{x}{2} - 1 + \sqrt{2}| + 0.5\ln|\tan\frac{x}{2} - 1 - \sqrt{2}| - 0.5\ln(1+\tan^2\frac{x}{2}) + 0.5x + C\end{aligned}$$

c) $y := \tan\frac{x}{2}$:

$$\begin{aligned}\int \frac{1}{\sin x + \cos x}\,dx &= \int \frac{-2}{(y-1)^2 - 2}\,dy = \int \frac{-2}{(y-1+\sqrt{2})(y-1-\sqrt{2})}\,dy\\ &= \sqrt{0.5}\int \frac{1}{y-1+\sqrt{2}} - \frac{1}{y-1-\sqrt{2}}\,dy\\ &= \sqrt{0.5}(\ln|y-1+\sqrt{2}| - \ln|y-1-\sqrt{2}|) + C\\ &= \sqrt{0.5}(\ln|\tan\frac{x}{2} - 1 + \sqrt{2}| - \ln|\tan\frac{x}{2} - 1 - \sqrt{2}|) + C\end{aligned}$$

d) $y := \sqrt{\cos(2x)} = \sqrt{2\cos^2 x - 1}$. Dann ist $\frac{dy}{dx} = \frac{-\sin(2x)}{\sqrt{\cos(2x)}}$ und damit:

$$\int \frac{\sin x}{\sqrt{\cos(2x)}}\,dx = \int \frac{\sin x}{\sqrt{\cos(2x)}} \cdot \frac{\sqrt{\cos(2x)}}{-\sin(2x)}\,dy = \int \frac{\sin x}{-\sin(2x)}\,dy = -\frac{1}{2}\int \frac{1}{\cos x}\,dy = -\frac{1}{2}\int \frac{1}{\sqrt{\frac{y^2+1}{2}}}\,dy$$

$$= -\frac{1}{\sqrt{2}}\int \frac{1}{\sqrt{y^2+1}}\,dy = -\frac{1}{\sqrt{2}}\int \frac{1}{\sqrt{y^2+1}}\,dy \overset{\text{sieheg)}}{=} -\frac{1}{\sqrt{2}}\operatorname{arsinh} y + C = -\frac{1}{\sqrt{2}}\operatorname{arsinh}\sqrt{\cos 2x} + C$$

e) Mit $y := \ln x$, $\frac{dy}{dx} = \frac{1}{x}$: gilt: $\displaystyle\int \frac{\cos(\ln x)}{x}\,dx = \int \frac{\cos y}{x}\,x\,dy = \int \cos y\,dy = \sin y + C = \sin\ln x + C$

f) $y := \ln x$, $\frac{dy}{dx} = \frac{1}{x}$:

$$\int \frac{1}{x(9+4(\ln x)^2)}\,dx = \int \frac{1}{9+4y^2}\,dy = \frac{1}{9}\int \frac{1}{1+\left(\frac{2y}{3}\right)^2}\,dy = \frac{1}{9}\,\frac{3}{2}\arctan\frac{2y}{3} + C = \frac{1}{6}\arctan\frac{2\ln x}{3} + C$$

g) Mit $x = \sinh y$, $\frac{dx}{dy} = \cosh y$ gilt: $\displaystyle\int \frac{1}{\sqrt{1+x^2}}\,dx = \int \frac{\cosh y}{\sqrt{1+\sinh^2 y}}\,dy = \int 1\,dy = y + C = \operatorname{arsinh} x + C$

h) $$\int \frac{1}{\sqrt{7+x^2}}\,dx = \frac{1}{\sqrt{7}}\int \frac{1}{\sqrt{1+\left(\frac{x}{\sqrt{7}}\right)^2}}\,dx = \operatorname{arsinh}\frac{x}{\sqrt{7}} + C$$

i) Mit $x = \sinh y$, $\frac{dx}{dy} = \cosh y$: $\displaystyle\int \sqrt{1+x^2}\,dx = \int \sqrt{1+\sinh^2 y}\,\cosh y\,dy = \int \cosh^2 y\,dy.$

Nun partielle Integration: $\int \cosh^2 y \, \mathrm{d}y =$

$\sinh y \cosh y - \int \sinh^2 y \, \mathrm{d}y = \sinh y \cosh y - \int \cosh^2 y - 1 \, \mathrm{d}y = \sinh y \cosh y - \int \cosh^2 y \, \mathrm{d}y + y.$

Daraus erhält man: $\int \cosh^2 y \, \mathrm{d}y = \frac{1}{2} \sinh y \cosh y + \frac{y}{2} + C$. Insgesamt:

$$\int \sqrt{1+x^2} \, \mathrm{d}x = \int \cosh^2 y \, \mathrm{d}y = \sinh y \cosh y - \int \cosh^2 y \, \mathrm{d}y + y = \frac{x}{2} \sqrt{1+x^2} + \frac{1}{2} \operatorname{arsinh} x + C.$$

6.5 **a)**
$$\begin{aligned}\int \frac{2x^2+4}{x^3-x^2+x-1} \, \mathrm{d}x &= \int \frac{3}{x-1} - \frac{x+1}{x^2+1} \, \mathrm{d}x = \int \frac{3}{x-1} - \frac{x+1}{x^2+1} \, \mathrm{d}x \\ &= 3 \ln|x-1| - \frac{1}{2} \int \frac{2x}{x^2+1} \, \mathrm{d}x - \int \frac{1}{x^2+1} \, \mathrm{d}x \\ &= 3 \ln|x-1| - \tfrac{1}{2} \ln|x^2+1| - \arctan x + C\end{aligned}$$

b) $\int \frac{x^2+2x+3}{x^3-x} \, \mathrm{d}x = \int \frac{-3}{x} + \frac{3}{x-1} + \frac{1}{x+1} \, \mathrm{d}x = -3 \ln|x| + 3 \ln|x-1| + \ln|x+1| + C$

c) $\int \frac{x+5}{x^3-3x+2} \, \mathrm{d}x = \int \frac{1}{3} \frac{1}{x+2} + \frac{2}{(x-1)^2} - \frac{1}{3} \frac{1}{x-1} \, \mathrm{d}x = \frac{1}{3} \ln|x+2| + \frac{-2}{x-1} - \frac{1}{3} \ln|x-1| + C$

d) $\int \frac{3x^3-2x^2-8}{x^5+4x^3} \, \mathrm{d}x = \int -\frac{2}{x^3} + \frac{3}{x^2+4} \, \mathrm{d}x = \frac{1}{x^2} + 1.5 \arctan \frac{x}{2} + C$

e) $\int \frac{x^3+4x^2+6x-18}{x^2(x-3)} \, \mathrm{d}x = \int 1 + \frac{6}{x^2} + \frac{7}{x-3} \, \mathrm{d}x = x - \frac{6}{x} + 7 \ln|x-3| + C$

f) $\int \frac{22x^3+3x^5-20x^2-4x^4+18x-5}{x(x-1)(1+x^2)} \, \mathrm{d}x$

$= \int 3x - 1 + \frac{5}{x} + \frac{7}{x-1} + \frac{6x-5}{x^2+1} \, \mathrm{d}x = 1.5x^2 - x + 5 \ln|x| + 7 \ln|x-1| + 3 \ln(1+x^2) - 5 \arctan x + C$

6.6 **a)** Es gilt, falls $p \neq q$ und $p \neq -q$:

$$\begin{aligned}\int \sin(px) \sin(qx) \, \mathrm{d}x &\overset{\text{Hinweis}}{=} \frac{1}{2} \int -\cos((p+q)x) + \cos((p-q)x) \, \mathrm{d}x \\ &= \frac{1}{2} \left(-\frac{1}{p+q} \sin((p+q)x) + \frac{1}{p-q} \sin((p-q)x \right) + C\end{aligned}$$

Falls $p = q \neq 0$:

$$\int \sin(px) \sin(qx) \, \mathrm{d}x = \int \sin^2(px) \, \mathrm{d}x \overset{\text{Hinweis}}{=} \int -\frac{1}{2} \cos(2px) + \frac{1}{2} \, \mathrm{d}x = -\frac{1}{4p} \sin(2px) + \frac{1}{2} x + C.$$

Falls $p = q = 0$: $\int \sin(px) \sin(qx) \, \mathrm{d}x = \int 0 \, \mathrm{d}x = C.$

Falls $p = -q$:

$$\int \sin(px) \sin(qx) \, \mathrm{d}x = \int \sin(px) \sin(-px) \, \mathrm{d}x = -\int \sin^2(px) \, \mathrm{d}x \overset{\text{s. o.}}{=} \frac{1}{4p} \sin(2px) - \frac{1}{2} x + C.$$

b)
$$\begin{aligned}\lim_{p\to\infty} \int_a^b \sin^2(px) \, \mathrm{d}x &\overset{\text{a)}}{=} \lim_{p\to\infty} \left(-\frac{1}{4p} \sin(2px) + \frac{1}{2} x \Big|_a^b \right) \\ &= \lim_{p\to\infty} \left(-\frac{1}{4p} \sin(2pb) + \frac{1}{2} b + \frac{1}{4p} \sin(2pa) - \frac{1}{2} a \right) \overset{\text{s. u.}}{=} \frac{1}{2} b - \frac{1}{2} a,\end{aligned}$$

denn $\lim\limits_{p\to\infty} -\frac{1}{4p}\sin(2pb) = \lim\limits_{p\to\infty}\frac{1}{4p}\sin(2pa) = 0$, da vom Typ „Nullfolge mal beschränkte Folge".

$$\lim_{p\to 0}\int_a^b \sin^2(px)\,dx = \lim_{p\to 0}\left(-\frac{1}{4p}\sin(2pb) + \frac{1}{4p}\sin(2pa) + \frac{1}{2}b - \frac{1}{2}a\right) \overset{\text{s. u.}}{=} \frac{a}{2} - \frac{b}{2} + \frac{b}{2} - \frac{a}{2} = 0,$$

denn $\lim\limits_{p\to 0}\frac{1}{4p}\sin(2pa) \overset{[\frac{0}{0}]}{=} \lim\limits_{p\to 0}\frac{1}{4}2a\cos(2pa) = \frac{a}{2}$ und analog natürlich $\lim\limits_{p\to 0}\frac{1}{4p}\sin(2pb) = \frac{b}{2}$.

6.7 Wir berechnen mit zweimaliger partieller Integration eine Stammfunktion zu f (zuerst $u' = \sin x$, $v = x^2 - 1$):

$$\begin{aligned}\int (x^2-1)\sin x\,dx &= -\cos x\,(x^2-1) + \int 2x\cos x\,dx \overset{u'=x,\,v=\cos x}{=} (1-x^2)\cos x + 2\left(x\sin x - \int \sin x\,dx\right)\\ &= (1-x^2)\cos x + 2x\sin x + 2\cos x + C = (3-x^2)\cos x + 2x\sin x + C\end{aligned}$$

Nullstellen von f in $[-\pi, \pi]$ sind: $0, \pm 1$. Da $f(x) \le 0$ auf $[0, 1]$ und $f(x) \ge 0$ auf $[1, \pi]$ ist, ist der Flächeninhalt zwischen dem Graphen von f und der x-Achse über $[0, \pi]$:

$$\begin{aligned}A_1 &= -\int_0^1 f(x)\,dx + \int_1^\pi f(x)\,dx = -\left((3-x^2)\cos x + 2x\sin x\right)\Big|_0^1 + \left((3-x^2)\cos x + 2x\sin x\right)\Big|_1^\pi\\ &= -2\cos 1 - 2\sin 1 + 3 + \pi^2 - 3 - 2\cos 1 - 2\sin 1 = \pi^2 - 4\cos 1 - 4\sin 1.\end{aligned}$$

Da f ungerade ist, ist der Flächeninhalt zwischen dem Graphen von f und der x-Achse über $[-\pi, \pi]$ gerade das Doppelte davon, also: $A = 2A_1 = 2(\pi^2 - 4\cos 1 - 4\sin 1)$.

6.8 Zur Berechnung einer Stammfunktion verwenden wir die Substitution $u = \ln x$:

$$\int \frac{\sin(\ln x)}{x}\,dx = \int \sin u\,du = -\cos u + C = -\cos\ln x + C.$$

Die Nullstellen von f sind $e^{n\pi}$ für alle $n \in \mathbb{Z}$. In $[e^{-\pi/2}, e^{\pi/2}]$ liegt nur eine davon, nämlich $e^{0\pi} = 1$. Der gesuchte Flächeninhalt berechnet sich damit zu

$$A = \left|\int_{e^{-\pi/2}}^1 f(x)\,dx\right| + \left|\int_1^{e^{-\pi/2}} f(x)\,dx\right| = |-\cos 0| + \left|-\cos\frac{\pi}{2} + \cos 0\right| = 2.$$

6.9 Zuerst muss geklärt werden, ob und ggf. wo f im Intervall $[1, e^2]$ Nullstellen hat. Es hat aber dort keine, denn (mit quadratischer Ergänzung):

$$f(x) = \underbrace{x}_{\ge 0}\underbrace{(-\underbrace{(\ln x - 2.5)^2}_{\ge 0} - 0.75)}_{\le 0} \le 0.$$ Für den gesuchten Flächeninhalt A gilt also $A = -\int_1^{e^2} f(x)\,dx$.

Berechnung einer Stammfunktion zu f: Mit partieller Integration erhält man $\int x\ln x\,dx = 0.5x^2(\ln x - 0.5) + C$. Ebenso $\int x(\ln x)^2\,dx = 0.5x^2((\ln x)^2 - \ln x + 0.5) + C$ (Dabei bitte nicht nochmals $\int x\ln x\,dx$ berechnen, sondern das Ergebnis der ersten Rechnung abschreiben). Insgesamt also:

$$A = -\int_1^{e^2} f(x)\,dx = -\frac{x^2}{2}\left(-(\ln x)^2 + 6\ln x - 10\right)\Big|_1^{e^2} = e^4 - 5.$$

6.10
$$\begin{aligned}\int_{-\infty}^{\infty}\frac{1}{x^2+2x+2}\,\mathrm{d}x &= \int_{0}^{\infty}\frac{1}{(x+1)^2+1}\,\mathrm{d}x+\int_{-\infty}^{0}\frac{1}{(x+1)^2+1}\,\mathrm{d}x=\lim_{b\to\infty}\arctan(x+1)\Big|_0^b+\lim_{a\to-\infty}\arctan(x+1)\Big|_a^0\\ &= \lim_{b\to\infty}\arctan(b+1)-\arctan 1+\arctan 1-\lim_{a\to-\infty}\arctan(a+1)=0.5\pi-(-0.5\pi)=\pi\\ \int_0^{\infty}x\cdot\mathrm{e}^{-x^2}\,\mathrm{d}x &= \lim_{b\to\infty}-0.5\,\mathrm{e}^{-x^2}\Big|_0^b=-0.5\lim_{b\to\infty}(\mathrm{e}^{-b^2}-1)=0.5\\ \int_{-\infty}^{0}\frac{1}{1+x^2}\,\mathrm{d}x &= \lim_{a\to-\infty}\arctan x\Big|_a^0=\lim_{a\to-\infty}(0-\arctan a)=0.5\pi\end{aligned}$$

6.11 Vgl S. 177. $f(t):=\begin{cases}0 & \text{falls } t<0 \text{ oder } t>1\\ 1.5t & \text{falls } t\in[0,\,1]\end{cases}$. Damit erhalten wir:

$$\int_{-\infty}^{\infty}f(t)\,\mathrm{d}t=\lim_{a\to-\infty}\int_a^0 f(t)\,\mathrm{d}t+\lim_{b\to\infty}\int_0^b f(t)\,\mathrm{d}t=0+\int_0^1 1.5t\,\mathrm{d}t=0.75.$$

Das können Sie, geübt wie Sie nun sind, auch direkt sehen, denn es handelt sich ja um den Flächeninhalt eines Dreiecks mit den Seitenlängen 1 und 1.5.

6.12 **a)** Auf dem Intervall $[\mathrm{e}^{-1},\mathrm{e}^2]$ liegt eine Nullstelle von f (nämlich $x=1$). Auf $[e^{-1},1]$ ist $f(x)\le 0$ und auf $[1,\mathrm{e}^2]$ ist $f(x)\ge 0$, der Flächeninhalt A ist damit

$$A=-\int_{\mathrm{e}^{-1}}^{1}f(x)\,\mathrm{d}x+\int_1^{\mathrm{e}^2}f(x)\,\mathrm{d}x.$$

Mit partieller Integration findet man: $\displaystyle\int\frac{1}{x}\ln x\,\mathrm{d}x=(\ln x)^2-\int\frac{1}{x}\ln x\,\mathrm{d}x\Longrightarrow\int\frac{1}{x}\ln x\,\mathrm{d}x=\frac{1}{2}(\ln x)^2*C.$
(Auch Substitution $y=\ln x$ führt leicht zum gleichen Ergebnis). Damit folgt:

$$A=-\frac{1}{2}(\ln x)^2\Big|_{\mathrm{e}^{-1}}^{1}+\frac{1}{2}(\ln x)^2\Big|_1^{\mathrm{e}^2}=-\frac{1}{2}(0-1)+\frac{1}{2}(4-0)=2.5.$$

b) Da bei $x=1$ eine Nullstelle von f vorliegt, hat die erstgenannte Fläche den Flächeninhalt $A_1=\int_1^{\infty}f(x)\,\mathrm{d}x$ und die zweite $A_2=-\int_0^1 f(x)\,\mathrm{d}x$. Da wir oben schon eine Stammfunktion berechnet haben, ist die Prüfung dieser beiden uneigentlichen Integrale einfach:

$$\begin{aligned}A_1 &= \int_1^{\infty}f(x)\,\mathrm{d}x=\lim_{b\to\infty}\int_1^b\frac{\ln x}{x}\,\mathrm{d}x=\lim_{b\to\infty}\frac{1}{2}(\ln x)^2\Big|_1^b=\lim_{b\to\infty}\frac{1}{2}(\ln b)^2=\infty,\\ A_2 &= -\int_0^1 f(x)\,\mathrm{d}x=-\lim_{a\to0+}\int_a^1\frac{\ln x}{x}\,\mathrm{d}x=-\lim_{a\to0+}\frac{1}{2}(\ln x)^2\Big|_a^1=\lim_{a\to0+}(\ln a)^2=\infty,\end{aligned}$$

wobei wir $\lim\limits_{a\to0+}\ln a=-\infty$ und $\lim\limits_{b\to\infty}\ln b=\infty$ benutzt haben. Beide Flächen haben also keinen endlichen Flächeninhalt.

c) Das gesuchte Volumen ist $\displaystyle V=\pi\int_1^{\mathrm{e}}(f(x))^2\,\mathrm{d}x=\pi\int_1^{\mathrm{e}}\left(\frac{\ln x}{x}\right)^2\mathrm{d}x.$

Wir lösen zunächst das unbestimmte Integral, indem wir zuerst $y=\ln x$ substituieren (also $x=\mathrm{e}^y$, $\mathrm{d}x=$

$e^y\,dy = x\,dy$), und anschließend zweimal partiell integrieren:

$$\begin{aligned}\int\left(\frac{\ln x}{x}\right)^2 dx &= \int y^2 e^{-y}\,dy = -y^2 e^{-y} + 2\int e^{-y} y\,dy \\ &= -y^2 e^{-y} + 2(-e^{-y} y + \int e^{-y}\,dy) = -y^2 e^{-y} + 2(-e^{-y} y - e^{-y}) \\ &= -e^{-y}(y^2 + 2y + 2) = -\frac{1}{x}((\ln x)^2 + 2\ln x + 2).\end{aligned}$$

Damit ergibt sich für das Volumen: $V = -\pi \frac{(\ln x)^2 + 2\ln x + 2}{x}\Big|_1^e = -\pi\left(\frac{5}{e} - 2\right) = \pi\left(2 - \frac{5}{e}\right)$

6.13 $\int e^x(\sin x - \cos x)\,dx$

$$\overset{\text{part. Int., } u' = e^x,\, v = \sin x - \cos x}{=} e^x(\sin x - \cos x) - \int e^x(\cos x + \sin x)\,dx$$

$$\overset{\text{part. Int., } u' = e^x,\, v = \cos x + \sin x}{=} e^x(\sin x - \cos x) - e^x(\cos x + \sin x) + \int e^x(-\sin x + \cos x)\,dx$$

Umstellen nach $\int e^x(\sin x - \cos x)\,dx$ ergibt: $\int e^x(\sin x - \cos x)\,dx = -e^x \cos x + C.$

Zur Bestimmung des Flächeninhalts der zwischen dem Graphen von f und der x-Achse im Intervall $[0, 2\pi]$ eingeschlossenen Fläche benötigen wir die Nullstellen von f in $[0, 2\pi]$. Es gilt:

$$f(x) = 0 \iff \sin x = \cos x \iff \tan x = 1 \iff x = \frac{\pi}{4} + k\pi, \quad k \in \mathbb{Z}.$$

Der Fall $\cos x = 0$ führt auf $\sin x \neq 0$ und damit auf keine Lösungen; man darf also durch $\cos x$ dividieren. In $[0, 2\pi]$ hat f also nur die Nullstellen $\frac{\pi}{4}$ und $\frac{5\pi}{4}$. Damit ist der gesuchte Flächeninhalt

$$\begin{aligned}A &= \left|\int_0^{\frac{\pi}{4}} f(x)\,dx\right| + \left|\int_{\frac{\pi}{4}}^{\frac{5\pi}{4}} f(x)\,dx\right| + \left|\int_{\frac{5\pi}{4}}^{2\pi} f(x)\,dx\right| \\ &= \left|-e^{\frac{\pi}{4}}\cos\frac{\pi}{4} + 1\right| + \left|-e^{\frac{5\pi}{4}}\cos\frac{5\pi}{4} + e^{\frac{\pi}{4}}\cos\frac{\pi}{4}\right| + \left|-e^{2\pi} + e^{\frac{5\pi}{4}}\cos\frac{5\pi}{4}\right| \\ &= e^{\frac{\pi}{4}}\cos\frac{\pi}{4} - 1 - e^{\frac{5\pi}{4}}\cos\frac{5\pi}{4} + e^{\frac{\pi}{4}}\cos\frac{\pi}{4} + e^{2\pi} - e^{\frac{5\pi}{4}}\cos\frac{5\pi}{4} \\ &= e^{2\pi} - 1 + 2e^{\frac{\pi}{4}}\cos\frac{\pi}{4} - 2e^{\frac{5\pi}{4}}\cos\frac{5\pi}{4}.\end{aligned}$$

$\int_a^0 f(x)\,dx = -e^x\cos x\Big|_a^0 = -1 + e^a\cos a \longrightarrow -1 + 0$ für $a \to -\infty$, da $\cos a$ beschränkt ist und $\lim_{a\to-\infty} e^a = 0$.

Also $\int_{-\infty}^0 f(x)\,dx = -1$.

6.14 **a)** Auf dem Intervall $[0.25, 4]$ liegt eine Nullstelle von f (nämlich $x = 1$). Auf $[0.25, 1]$ ist $f(x) \leq 0$ und auf $[1, 4]$ ist $f(x) \geq 0$, der Flächeninhalt A ist damit $A = -\int_{0.25}^1 f(x)\,dx + \int_1^4 f(x)\,dx.$

Mit partieller Integration findet man: $\int \frac{1}{\sqrt{x}} \ln x \, \mathrm{d}x = 2\sqrt{x}\ln x - 2\int \sqrt{x}\frac{1}{x}\,\mathrm{d}x = 2\sqrt{x}\ln x - 2\int \frac{1}{\sqrt{x}}\,\mathrm{d}x =$ $2\sqrt{x}(\ln x - 2)$. Damit folgt:

$$A = -2\sqrt{x}(\ln x - 2)\Big|_{0.25}^{1} + 2\sqrt{x}(\ln x - 2)\Big|_{1}^{4} = 4 + \ln 0.25 - 2 + 4(\ln 4 - 2) + 4 = -2 + 3\ln 4.$$

b) Da bei $x = 1$ die einzige Nullstelle von f vorliegt, hat die erstgenannte Fläche den Flächeninhalt $A_1 = \int_1^\infty f(x)\,\mathrm{d}x$ und die zweite $A_2 = -\int_0^1 f(x)\,\mathrm{d}x$. Da wir oben schon eine Stammfunktion berechnet haben, ist die Prüfung dieser beiden uneigentlichen Integrale einfach:

$$A_1 = \int_1^\infty f(x)\,\mathrm{d}x = \lim_{b\to\infty}\int_1^b \frac{\ln x}{\sqrt{x}}\,\mathrm{d}x = \lim_{b\to\infty} 2\sqrt{x}(\ln x - 2)\Big|_1^b = \lim_{b\to\infty} 2\sqrt{b}(\ln b - 2) + 4 = \infty$$

$$A_2 = -\int_0^1 f(x)\,\mathrm{d}x = -\lim_{a\to 0+}\int_a^1 \frac{\ln x}{\sqrt{x}}\,\mathrm{d}x = \lim_{a\to 0+} 2\sqrt{x}(\ln x - 2)\Big|_1^a$$

$$= \lim_{a\to 0+} 2\sqrt{a}(\ln a - 2) + 4 = 4 + 2\lim_{a\to 0+}\frac{\ln a - 2}{a^{-0.5}} \overset{[\frac{-\infty}{\infty}]}{=} 4 + 2\lim_{a\to 0+}\frac{\frac{1}{a}}{-0.5\,a^{-1.5}} = 4 - 4\lim_{a\to 0+}\sqrt{a} = 4$$

c) $V = \pi\int_1^{\mathrm{e}^2} (f(x))^2\,\mathrm{d}x = \pi\int_1^{\mathrm{e}^2}\frac{(\ln x)^2}{x}\,\mathrm{d}x$. Wir berechnen zuerst das unbestimmte Integral, indem wir $y = \ln x$ substituieren ($x = \mathrm{e}^y$, $\mathrm{d}x = \mathrm{e}^y\,\mathrm{d}y = x\,\mathrm{d}y$): $\int \frac{(\ln x)^2}{x}\,\mathrm{d}x = \int \frac{y^2}{\mathrm{e}^y}\,\mathrm{e}^y\,\mathrm{d}y = \int y^2\,\mathrm{d}y = \frac{y^3}{3} + C = \frac{(\ln x)^3}{3} + C.$

Damit ergibt sich für das Volumen: $V = \pi\frac{(\ln x)^3}{3}\Big|_1^{\mathrm{e}^2} = \pi\frac{8}{3}.$

6.15 Wir haben $r = r(\varphi) = \varphi$, also: $\int \sqrt{(r'(\varphi))^2 + (r(\varphi))^2}\,d\varphi = \int \sqrt{1+\varphi^2}\,d\varphi = \frac{1}{2}\varphi\sqrt{1+\varphi^2} + \frac{1}{2}\operatorname{arsinh}\varphi.$ Damit ergibt sich für die Länge der archimedischen Spirale für den Bereich $[0, 2\pi]$:

$$l = \frac{1}{2}\varphi\sqrt{1+\varphi^2} + \frac{1}{2}\operatorname{arsinh}\varphi\Big|_0^{2\pi} \overset{\text{Aufg. 6.4,}l)}{=} \pi\sqrt{1+4\pi^2} + \frac{1}{2}\operatorname{arsinh}(2\pi) - \frac{1}{2} - \frac{1}{2}\operatorname{arsinh}0$$

$$= \pi\sqrt{1+4\pi^2} + \frac{1}{2}\operatorname{arsinh}(2\pi) - \frac{1}{2} = 21.25629\ldots$$

Und für den Bereich $\mathbb{R}_+$: $l = \lim_{b\to\infty}\frac{1}{2}\varphi\sqrt{1+\varphi^2} + \frac{1}{2}\operatorname{arsinh}\varphi\Big|_0^b = \infty,$

denn $\lim_{b\to\infty} b\sqrt{1+b^2} = \infty$ und auch $\lim_{b\to\infty}\operatorname{arsinh}b = \infty$ (Letzteres sieht man am einfachsten mit (1.13)).

6.16 Wahr. Die Differenziation hebt die Integration wieder auf.

6.17 Falsch. Das Integral ist ja nicht eindeutig: Sei $f = \sin$, also $f' = \cos$, dann ist $\int f'(x)\,\mathrm{d}x = \int \cos x\,\mathrm{d}x = \sin x + C$. Nur wenn durch eine Zusatzbedingung festgelegt wäre, dass $C = 0$ sein soll, würde man wieder f erhalten. Von einer Zusatzbedingung war hier aber nicht die Rede.

6.18 Wahr. Differenzierbare Funktionen sind stetig, und stetige Funktionen sind auch integrierbar.

6.19 Falsch. Beispiel: Die Schaltfunktion ist nicht differenzierbar, aber integrierbar (siehe 148).

6.20 Wahr. Man erhält also die ursprüngliche Funktion, indem man von der Nullfunktion beginnend, n-mal integriert (eine Stammfunktion bildet). Die Nullfunktion ist ein Polynom vom Grad 0, bei jedem Integrieren erhöht sich der Grad um 1, nach n-maligem Integrieren hat man also ein Polynom vom Grad n erreicht.

7.1 **a)** Zunächst ist eine Skizze hilfreich. Wenn Sie keine Pfeilspitzen in Ihrer Skizze haben (eine häufige Nachlässigkeit), werden Sie es schwer haben. Wie wollen Sie mit Vektoren rechnen, wenn keine zu sehen sind? Man sieht, dass es mehrere Möglichkeiten zur Ergänzung zu einem Parallelogramm gibt. Wir bezeichnen dabei die Ortsvektoren der Punkte A, B, C mit $\boldsymbol{a}$, $\boldsymbol{b}$, $\boldsymbol{c}$.

$$D_1: \boldsymbol{c}+\overrightarrow{AB} = \begin{pmatrix}5\\4\\6\end{pmatrix} + \begin{pmatrix}2\\-1\\0\end{pmatrix} = \begin{pmatrix}7\\3\\6\end{pmatrix},$$

$$D_2: \boldsymbol{a}+\overrightarrow{CB} = \begin{pmatrix}1\\2\\3\end{pmatrix} + \begin{pmatrix}-2\\-3\\-3\end{pmatrix} = \begin{pmatrix}-1\\-1\\0\end{pmatrix},$$

$$D_3: \boldsymbol{a}+\overrightarrow{BC} = \begin{pmatrix}1\\2\\3\end{pmatrix} + \begin{pmatrix}2\\3\\3\end{pmatrix} = \begin{pmatrix}3\\5\\6\end{pmatrix}.$$

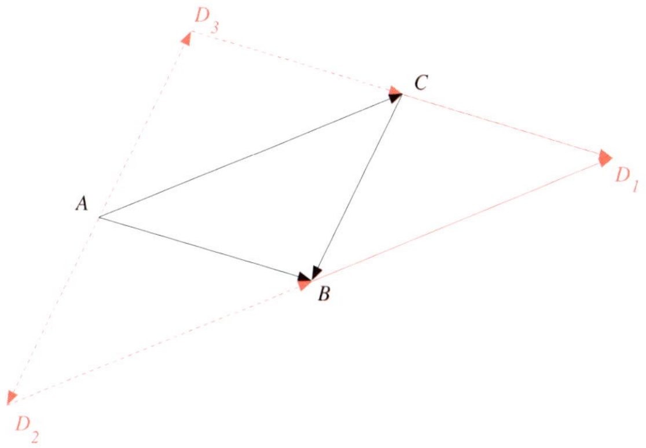

Wenn Sie die Punkte A, B, C anders gelegt haben, sollten Sie trotzdem auf diese drei verschiedenen Möglichkeiten für D kommen.

Wir werden im Folgenden nur noch das Parallelogramm mit $D = D_1$ als viertem Punkt betrachten und die beiden anderen möglichen Varianten den Leserinnen und Lesern zur eigenständigen Übung überlassen.

Berechnung der Seitenlängen und Diagonalenlängen:

$$\|\overrightarrow{AB}\| = \left\|\begin{pmatrix}2\\-1\\0\end{pmatrix}\right\| = \sqrt{5},\ \|\overrightarrow{AC}\| = \left\|\begin{pmatrix}4\\2\\3\end{pmatrix}\right\| = \sqrt{29},\ \|\overrightarrow{AD}\| = \left\|\begin{pmatrix}6\\1\\3\end{pmatrix}\right\| = \sqrt{46},\ \|\overrightarrow{BC}\| = \left\|\begin{pmatrix}2\\3\\3\end{pmatrix}\right\| = \sqrt{22}$$

Damit ist in der Tat: $2\left(\|\overrightarrow{AB}\|^2 + \|\overrightarrow{AC}\|^2\right) = \|\overrightarrow{AD}\|^2 + \|\overrightarrow{BC}\|^2$.

b) (Nur für $D = D_1$) Zuerst die Geradengleichungen für die beiden Diagonalen aufstellen, in Parameterform:

$$d_1: \boldsymbol{b} + \lambda\overrightarrow{BC} = \begin{pmatrix}3\\1\\3\end{pmatrix} + \lambda\begin{pmatrix}2\\3\\3\end{pmatrix} \text{ und } d_2: \boldsymbol{a} + \mu\overrightarrow{AD} = \begin{pmatrix}1\\2\\3\end{pmatrix} + \mu\begin{pmatrix}6\\1\\3\end{pmatrix}$$

Zur Bestimmung des Schnittpunkts von d_1 und d_2 setzt man die Parameterdarstellungen gleich und löst das entstandene Gleichungssystem (drei Gleichungen mit zwei Unbekannten λ, μ) und erhält $\lambda = \mu = 0.5$. Den Schnittpunkt findet man, indem man diese Werte in die Parameterform von d_1 bzw. d_2 einsetzt, was auf $E = \begin{pmatrix}4\\2.5\\4.5\end{pmatrix}$ führt. Wie erwartet halbieren sich die Diagonalen also gegenseitig (denn läuft man entlang $\boldsymbol{d_1}$, so trifft man wegen $\lambda = 0.5$ auf halber Strecke auf den Schnittpunkt. Dasselbe gilt für $\boldsymbol{d_2}$

wegen $\mu = 0.5$, siehe auch die Erläuterungen zu Satz 7.4).

c)
- Die Koordinatengleichung der Ebene p lautet: $-3x_1 - 6x_2 + 8x_3 - 9 = 0$. Durch Einsetzen der Punkte stellt man fest, ob die Gleichung erfüllt ist und damit der jeweilige Punkt in der Ebene liegt. Ergebnis: $X, Y \notin p, Z, U \in p$.
- $X, Y, Z \notin ABCD, U \in ABCD$ (nur für den Fall $D = D_1$). Dazu benutzt man die Parameterdarstellung der Ebene, siehe die Erläuterungen zu Satz 7.4. Wir benötigen diese Darstellung so, dass die Richtungsvektoren die das Parallelogramm aufspannenden Vektoren sind (siehe auch Beispiel 7.4), also hier
$$p: \begin{pmatrix} 1 \\ 2 \\ 3 \end{pmatrix} + \lambda \begin{pmatrix} 2 \\ -1 \\ 0 \end{pmatrix} + \mu \begin{pmatrix} 4 \\ 2 \\ 3 \end{pmatrix}$$
Da X und Y nicht in der Ebene liegen, können sie nicht im Parallelogramm liegen. Z liegt in p, man findet $\lambda = -2, \mu = 1$. Da $\lambda \notin [0, 1]$ ist Z nicht im Parallelogramm. Für U findet man $\lambda = \frac{1}{3}, \mu = \frac{2}{3}$, also liegt U im Parallelogramm.
- Mit der Formel aus Satz 7.10 berechnet man
$$d(X,g) = \sqrt{\frac{117}{29}}, d(Y,g) = \sqrt{\frac{20}{29}}, d(Z,g) = \sqrt{\frac{436}{29}}, d(U,g) = \sqrt{\frac{109}{261}}.$$
- Siehe dazu Bild 7.21. Wenn $g:\ \boldsymbol{s} + \lambda \boldsymbol{r}$ die Gerade ist, P der betrachtete Punkt (also $P = X, Y, Z, U$) und L der gesuchte Punkt auf g ist (und $\boldsymbol{l}$ sein Ortsvektor), so muß gelten $0 = (\boldsymbol{l} - \boldsymbol{p}) \cdot \boldsymbol{r}$. Da L auf der Gerade liegen soll, gibt es λ mit $\boldsymbol{l} = \boldsymbol{s} + \lambda \boldsymbol{r}$, dies in die vorige Gleichung eingesetzt ergibt und nach λ umgestellt: $\lambda = \frac{(\boldsymbol{p} - \boldsymbol{s})\boldsymbol{r}}{\|\vec{r}\|^2}$. Hat man λ, hat man über die Geradengleichung auch $\boldsymbol{l}$, nämlich
$$L_X = \frac{1}{29} \begin{pmatrix} -39 \\ 24 \\ 36 \end{pmatrix}, L_Y = \frac{1}{29} \begin{pmatrix} 41 \\ 64 \\ 96 \end{pmatrix}, L_Z = \frac{1}{29} \begin{pmatrix} 97 \\ 92 \\ 138 \end{pmatrix}, L_U = \frac{1}{87} \begin{pmatrix} 343 \\ 302 \\ 453 \end{pmatrix}$$
- Mit der Formel aus Satz 7.8 berechnet man $d(X,p) = \frac{9}{\sqrt{109}}, d(Y,p) = \frac{8}{\sqrt{109}}, d(Z,p) = d(U,p) = 0$.
- Mit der Formel aus Satz 7.8 berechnet man
$$L_X = \frac{9}{109} \begin{pmatrix} -3 \\ -6 \\ 8 \end{pmatrix} \notin ABCD, \qquad L_Y = \frac{1}{109} \begin{pmatrix} 133 \\ 266 \\ 372 \end{pmatrix} \notin ABCD$$
und $L_Z = Z \notin ABCD$ (s. o.) und $L_U = U \in ABCD$ (s. o.) (Angaben über $\notin ABCD$ und $\in ABCD$ nur für den Fall $D = D_1$).

7.2 Seien $\boldsymbol{x}$ und $\boldsymbol{y}$ die beiden aufspannenden Seiten eines Parallelogramms. Dann sind die beiden Diagonalen $\boldsymbol{d_1} = \boldsymbol{y} + \boldsymbol{x}$ und $\boldsymbol{d_2} = \boldsymbol{y} - \boldsymbol{x}$ und die Behauptung lautet: $2\|\boldsymbol{x}\|^2 + 2\|\boldsymbol{y}\|^2 = \|\boldsymbol{d_1}\|^2 + \|\boldsymbol{d_2}x\|^2$.
Zum Nachweis fangen wir mit der komplizierteren Seite an. Es gilt:
$\|\boldsymbol{d_1}\|^2 + \|\boldsymbol{d_2}\|^2 = \boldsymbol{d_1}\,\boldsymbol{d_1} + \boldsymbol{d_2}\,\boldsymbol{d_2} = (\boldsymbol{y} + \boldsymbol{x})(\boldsymbol{y} + \boldsymbol{x}) + (\boldsymbol{y} - \boldsymbol{x})(\boldsymbol{y} - \boldsymbol{x}) = 2\|\boldsymbol{y}\|^2 + 2\|\boldsymbol{x}\|^2$.

7.3 Da wir im $\mathbb{R}^3$ sind, handelt es sich bei $5x_1 + 2x_2 = 7$ um eine Gleichung mit drei(!) Unbekannten (wenn Sie mit wenig Phantasie ausgestattet sind, hilft es Ihnen vielleicht, die Gleichung als $5x_1 + 2x_2 + 0x_3 = 7$ zu schreiben). Offensichtlich spielt es aber keine Rolle, welche Zahl wir für x_3 einsetzen, was die Sache einfacher macht (ja, wirklich!).

$$\begin{pmatrix}1\\1\\0\end{pmatrix}, \quad \begin{pmatrix}1\\1\\1\end{pmatrix}, \quad \begin{pmatrix}0\\3.5\\0\end{pmatrix}$$

sind offensichtlich drei Punkte, die die Gleichung erfüllen. Wir setzen

$$\boldsymbol{y} = \begin{pmatrix}1\\1\\0\end{pmatrix}, \quad \boldsymbol{r} = \begin{pmatrix}1\\1\\1\end{pmatrix} - \begin{pmatrix}1\\1\\0\end{pmatrix} = \begin{pmatrix}0\\0\\1\end{pmatrix}, \quad \boldsymbol{s} = \begin{pmatrix}0\\3.5\\0\end{pmatrix} - \begin{pmatrix}1\\1\\0\end{pmatrix} = \begin{pmatrix}-1\\2.5\\0\end{pmatrix}$$

womit $p:\ \boldsymbol{y} + \lambda\boldsymbol{r} + \mu\boldsymbol{s}$ eine Parameterdarstellung für p wird.

7.4 Beachten Sie, dass in b) und c) die Äquivalenz zweier Aussagen nachzuweisen ist. Bei jeder der folgenden Schlüsse sollten Sie sich klar machen, dass die Schlussfolgerungen in beiden Richtungen gelten.

a) Wir verwenden (7.9) und ersetzen darin $\boldsymbol{y}$ durch $-\boldsymbol{y}$ und erhalten:
$\|\boldsymbol{x}+\boldsymbol{y}\|^2 = \|\boldsymbol{x}\|^2 + \|\boldsymbol{y}\|^2 - 2\boldsymbol{x}\cdot(-\boldsymbol{y}) = \|\boldsymbol{x}\|^2 + \|\boldsymbol{y}\|^2 + 2\boldsymbol{x}\boldsymbol{y}$.

b) $\|\boldsymbol{x}+\boldsymbol{y}\|^2 = \|\boldsymbol{x}\|^2 + \|\boldsymbol{y}\|^2 \overset{\text{a)}}{\iff} \boldsymbol{x}\boldsymbol{y} = 0 \iff \boldsymbol{x}\perp\boldsymbol{y}$.

c) $\|\boldsymbol{x}+\boldsymbol{y}\| = \|\boldsymbol{x}\| + \|\boldsymbol{y}\| \iff \|\boldsymbol{x}+\boldsymbol{y}\|^2 = (\|\boldsymbol{x}\| + \|\boldsymbol{y}\|)^2 \overset{\text{a)}}{\iff}$
$\boldsymbol{x}\boldsymbol{y} = \|\boldsymbol{x}\|\cdot\|\boldsymbol{y}\| \iff \cos\alpha = 1 \iff \alpha = 0 \iff$ die beiden Vektoren schließen den Winkel 0 ein $\iff$ sie sind parallel und haben die gleiche Richtung $\iff$ es gibt $\lambda \geq 0$ mit $\boldsymbol{y} = \lambda\cdot\boldsymbol{x}$ oder $\boldsymbol{x} = \lambda\cdot\boldsymbol{y}$.

d) Folgt sofort aus (7.10) da $|\cos\varphi| \leq 1$ für alle φ.

7.5 Aus der Skizze lesen wir ab:
$\boldsymbol{a} = \overrightarrow{AB}$, $\boldsymbol{b} = \overrightarrow{BC}$, $\boldsymbol{c} = \overrightarrow{CD}$, $\boldsymbol{d} = \overrightarrow{DA}$
$\boldsymbol{a}+\boldsymbol{b}+\boldsymbol{c}+\boldsymbol{d} = \boldsymbol{o}$.
$\boldsymbol{e} = \frac{1}{2}\boldsymbol{d} + \frac{1}{2}\boldsymbol{a}$, $\boldsymbol{f} = \frac{1}{2}\boldsymbol{a} + \frac{1}{2}\boldsymbol{b}$
$\boldsymbol{g} = \frac{1}{2}\boldsymbol{b} + \frac{1}{2}\boldsymbol{c}$, $\boldsymbol{h} = \frac{1}{2}\boldsymbol{c} + \frac{1}{2}\boldsymbol{d}$.

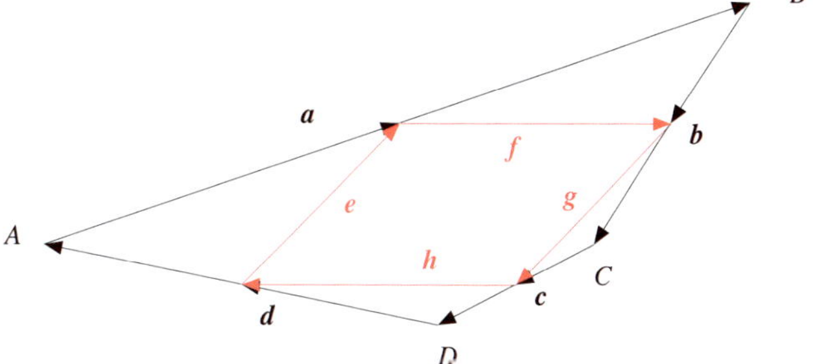

Dass $\boldsymbol{e} = -\boldsymbol{g}$ und $\boldsymbol{f} = -\boldsymbol{h}$ ist, lesen Sie natürlich nicht aus der Skizze ab – das sollen Sie ja erst zeigen!
Nachzuweisen ist also, dass die vier Vektoren $\boldsymbol{e}, \boldsymbol{f}, \boldsymbol{g}, \boldsymbol{h}$ ein Parallelogramm bilden. Es ist also zu zeigen: $\boldsymbol{e} = -\boldsymbol{g}$ und $\boldsymbol{f} = -\boldsymbol{h}$.
Unter Verwendung der obigen Zusammenhänge sehen wir, dass gilt: $-\boldsymbol{g} = -\frac{1}{2}\boldsymbol{b} - \frac{1}{2}\boldsymbol{c} = \frac{1}{2}\boldsymbol{a} + \frac{1}{2}\boldsymbol{d} = \boldsymbol{e}$ und $-\boldsymbol{h} = -\frac{1}{2}\boldsymbol{c} - \frac{1}{2}\boldsymbol{d} = \frac{1}{2}\boldsymbol{a} + \frac{1}{2}\boldsymbol{b} = \boldsymbol{f}$, wobei wir beim zweiten „=“ jeweils $\boldsymbol{a}+\boldsymbol{b}+\boldsymbol{c}+\boldsymbol{d} = \boldsymbol{o}$ benutzt haben. Sie werden zustimmen, dass die eigentliche Rechnung ein Zweizeiler ist, wie versprochen.

7.6 **a)** Laut Def. 7.14 erkennt man lineare Unabhängigkeit an der Lösung eines linearen Gleichungssystems: Man versucht, den Nullvektor als Linearkombination darzustellen.

Zu M_1: Zu betrachten ist also:

$$\lambda_1 \begin{pmatrix} 0 \\ 3 \\ 1 \end{pmatrix} + \lambda_2 \begin{pmatrix} 3 \\ 0 \\ -2 \end{pmatrix} + \lambda_3 \begin{pmatrix} 0 \\ 4 \\ 1 \end{pmatrix} = \boldsymbol{o} \iff \begin{array}{rcl} 3\lambda_2 & = & 0 \\ 3\lambda_1 + 4\lambda_3 & = & 0 \\ \lambda_1 - 2\lambda_2 + \lambda_3 & = & 0 \end{array} \Longrightarrow \lambda_1 = \lambda_2 = \lambda_3 = 0.$$

Also ist M_1 linear unabhängig. Laut Def. 7.15 ist M_1 dann eine Basis für $U_1 := \operatorname{span} M_1$, und da diese Basis 3 Elemente hat, ist $\dim U_1 = 3$.

Zu M_2: Zu betrachten ist also:

$$\lambda_1 \begin{pmatrix} 1 \\ 3 \\ 1 \end{pmatrix} + \lambda_2 \begin{pmatrix} 3 \\ 2 \\ -2 \end{pmatrix} + \lambda_3 \begin{pmatrix} 11 \\ 19 \\ 1 \end{pmatrix} = \boldsymbol{o} \iff \begin{array}{rcl} \lambda_1 + 3\lambda_2 + 11\lambda_3 & = & 0 \\ 3\lambda_1 + 2\lambda_2 + 19\lambda_3 & = & 0 \\ \lambda_1 - 2\lambda_2 + \lambda_3 & = & 0 \end{array}$$

Erste Gleichung minus dritte Gleichung ergibt: $5\lambda_2 + 10\lambda_3 = 0$, also $\lambda_2 = -2\lambda_3$. Dies in die erste Gleichung eingesetzt liefert $\lambda_1 + 5\lambda_3 = 0$; dasselbe in die zweite Gleichung eingesetzt: $3\lambda_1 + 15\lambda_3 = 0$, also nochmals denselben Zusammenhang. Daraus sieht man schon, dass das System lösbar ist. Um schöne Zahlen zu erhalten, setzen wir $\lambda_3 = -1$, was $\lambda_1 = 5$ und $\lambda_2 = 2$ liefert. M_2 ist also linear abhängig. Aus unseren Werten für die λ's sehen wir, dass der dritte Vektor eine Linearkombination der ersten beiden ist (nämlich 5-mal der erste plus 2-mal der zweite). Der dritte Vektor trägt also beim Aufspannen nichts Neues bei. Es ist also

$$U_2 := \operatorname{span} M_2 = \operatorname{span} \left\{ \begin{pmatrix} 1 \\ 3 \\ 1 \end{pmatrix}, \begin{pmatrix} 3 \\ 2 \\ -2 \end{pmatrix} \right\}.$$

Diese zwei-elementige Menge ist aber linear unabhängig (denn die beiden Vektoren sind offensichtlich nicht Vielfache voneinander), bildet also eine Basis von U_2. Also gilt: $\dim U_2 = 2$.

Zu M_3: Zu betrachten ist ein Gleichungssystem mit 4 Gleichungen und 4 Unbekannten $\lambda_1, \ldots, \lambda_4$. Aus der ersten Gleichung folgt sofort $\lambda_1 = 0$. Die zweite bis vierte Gleichung ist aber identisch mit den drei Gleichungen aus den Überlegungen zu M_2. Daher wissen wir, dass $\lambda_2 = 2$, $\lambda_3 = -1$, $\lambda_4 = 5$ eine Lösung ist. Insgesamt ist es also wieder möglich, den Nullvektor als nicht-triviale Linearkombination darzustellen, M_3 ist also linear abhängig. Genau wie vorher können wir den dritten Vektor aus M_3 streichen, ohne Einbußen am aufgespannten Unterraum zu erfahren. Es gilt also:

$$U_3 := \operatorname{span} M_3 = \operatorname{span} \left\{ \begin{pmatrix} 1 \\ 0 \\ 0 \\ 0 \end{pmatrix}, \begin{pmatrix} 0 \\ 3 \\ 2 \\ -2 \end{pmatrix}, \begin{pmatrix} 0 \\ 1 \\ 3 \\ 1 \end{pmatrix} \right\}.$$

Diese drei-elementige Menge erkennt man leicht als linear unabhängig, sie Basis für U_3, also $\dim U_3 = 3$.

b) Laut Def. 7.15 muss gezeigt werden, dass B_1 linear unabhängig ist und dass $\operatorname{span} B_1 = \mathbb{R}^3$ ist. Ersteres zeigt man genauso wie in a), was hier aufgrund der Struktur des Gleichungssystems recht einfach ist: Man kann das Gleichungssystem von unten her auflösen und in die jeweils darüber stehende Gleichung einsetzen. Aus der linearen Unabhängigkeit folgt außerdem, dass $\dim \operatorname{span} B_1 = 3$ ist. Wegen $B_1 \subseteq \mathbb{R}^3$ ist $\operatorname{span} B_1$ ein Unterraum von $\mathbb{R}^3$, der dieselbe Dimension wie $\mathbb{R}^3$ besitzt. Damit muss $\operatorname{span} B_1 = \mathbb{R}^3$ sein.

Für B_2 geht man genauso vor, nur löst man das Gleichungssystem von oben nach unten.

c) Laut Satz 7.14 geht es darum, den gegebenen Vektor als Linearkombination der Basisvektoren darzustellen. Da B_1 und B_2 Basen sind (siehe b)), ist dies in eindeutiger Weise möglich. Die Koeffizienten sind dann die Koordinaten. Für den ersten Vektor bez. B_1 bedeutet das die Lösung von

$$\lambda_1 \begin{pmatrix} 3 \\ 0 \\ 0 \end{pmatrix} + \lambda_2 \begin{pmatrix} 2 \\ 3 \\ 0 \end{pmatrix} + \lambda_3 \begin{pmatrix} 1 \\ 5 \\ 7 \end{pmatrix} = \begin{pmatrix} 7 \\ 12 \\ 21 \end{pmatrix}.$$

$\lambda_1, \lambda_2, \lambda_3$ sind dann die gesuchten Koordinaten. Das System kann leicht von unten nach oben aufgelöst werden und man erhält $\lambda_1 = 2, \lambda_2 = -1, \lambda_3 = 3$. Bez. der Basis B_2 erhält man $\lambda_1 = 7/6, \lambda_2 = 17/6, \lambda_3 = 85/42$. Für den zweiten Vektor erhält man bez. B_1 die Koordinaten $\lambda_1 = 14/3, \lambda_2 = 53/7, \lambda_3 = 6/7$ und bez. B_2 $\lambda_1 = 5, \lambda_2 = 4, \lambda_3 = -1$.

7.7 Zwei Ebenen sind parallel, wenn ihre Normalenvektoren parallel sind.

$$\boldsymbol{n_1} = \begin{pmatrix} 1 \\ -2 \\ 1 \end{pmatrix} \times \begin{pmatrix} a \\ -1 \\ 2 \end{pmatrix} = \begin{pmatrix} -3 \\ a-2 \\ -1+2a \end{pmatrix} \text{ und } \boldsymbol{n_2} = \begin{pmatrix} 2 \\ 1 \\ 2 \end{pmatrix} \times \begin{pmatrix} b \\ 1 \\ 5 \end{pmatrix} = \begin{pmatrix} 3 \\ 2b-10 \\ 2-b \end{pmatrix}$$

$\boldsymbol{n_1}$ und $\boldsymbol{n_2}$ sind parallel, wenn sie Vielfache voneinander sind. Die Gleichung $\boldsymbol{n_1} = \lambda \boldsymbol{n_2}$ ist ein Gleichungssystem mit drei Gleichungen und drei Unbekannten (λ, a, b). Die Lösung ist $\lambda = -1, a = 2, b = 5$.
Mit $a = 2, b = 5$ sind die beiden Ebenen also parallel. Das bedeutet, dass jeder Punkt der einen Ebene denselben Abstand zur anderen Ebene hat. Wir nehmen den Punkt $\begin{pmatrix} 1 \\ 4 \\ c \end{pmatrix}$ von p_2 und setzen seinen Abstand zu p_1 mit der Formel für den Abstand Punkt-Ebene (siehe Satz 7.8) als die geforderten $\sqrt{2}$ an:

$$\sqrt{2} \stackrel{!}{=} \operatorname{dist}(X, p) = \frac{1}{\|\boldsymbol{n_1}\|} \left| \boldsymbol{n_1} \cdot \left(\begin{pmatrix} 1 \\ 4 \\ c \end{pmatrix} - \begin{pmatrix} 1 \\ 2 \\ 6 \end{pmatrix} \right) \right| = \frac{|c-6|}{\sqrt{2}}, \text{ was auf } c = 8 \text{ oder } c = 4 \text{ führt.}$$

7.8 **a)** Wir setzen die beiden Parameterdarstellungen (wir verwenden λ_1 in g_1 und λ_2 in g_2) gleich. Die erste Gleichung lautet $\lambda_1 \cdot a = 0$. Da laut Aufgabenstellung $a \neq 0$, muss $\lambda_1 = 0$ sein. Mit diesem Wert liefert die zweite Gleichung $\lambda_2 = 3$. Mit diesen Werten ist auch die dritte Gleichung erfüllt (das darf man nicht vergessen zu prüfen). Setzt man $\lambda_1 = 0$ in die Parameterdarstellung für g_1 ein (oder $\lambda_2 = 3$ in die für g_2), so erhält man als Schnittpunkt $\begin{pmatrix} 1 \\ 11 \\ 15 \end{pmatrix}$.

Zur Bestimmung der Konstanten a, c (Arbeitstechniken!): Der Schnittwinkel der beiden Geraden ist der Schnittwinkel ihrer Richtungsvektoren. Dabei hilft uns (7.10) aus Satz 7.2. Es soll also gelten:

$$\left\| \begin{pmatrix} a \\ 1 \\ c \end{pmatrix} \right\| = \sqrt{12} \quad \text{und} \quad \cos 30^\circ = \frac{1}{\left\| \begin{pmatrix} a \\ 1 \\ c \end{pmatrix} \right\| \cdot \left\| \begin{pmatrix} 0 \\ 3 \\ 4 \end{pmatrix} \right\|} \cdot \begin{pmatrix} a \\ 1 \\ c \end{pmatrix} \cdot \begin{pmatrix} 0 \\ 3 \\ 4 \end{pmatrix}$$

Die zweite Bedingung lautet, unter Benutzung der ersten: $\frac{\sqrt{3}}{2} = \frac{3+4c}{5\sqrt{12}}$, was auf $c = 3$ führt. Dies in die erste Bedingung eingesetzt, führt auf $a = \pm\sqrt{2}$.

b) Die Ebene, die g_1 und g_2 enthält, wird von den Richtungsvektoren von g_1 und g_2 aufgespannt und enthält den (in a) bereits berechneten) Schnittpunkt der beiden Geraden. Die Parameterdarstellung dieser Ebene lautet also (wir benutzen natürlich $a = 2$)

$$\begin{pmatrix} 1 \\ 11 \\ 15 \end{pmatrix} + \lambda \begin{pmatrix} 2 \\ 1 \\ c \end{pmatrix} + \mu \begin{pmatrix} 0 \\ 3 \\ 4 \end{pmatrix}.$$

Der genannte Punkt liegt in dieser Ebene, denn man findet dafür (Gleichungssystem mit drei Gleichungen und drei Unbekannten (λ, μ, c) lösen) $\lambda = 4$, $\mu = -3$, $c = 5$.

7.9 Gleichsetzen der beiden Parameterdarstellungen der beiden Ebenen liefert ein Gleichungssystem von drei Gleichungen mit vier Unbekannten (wir verwenden die Parameter λ_1, μ_1 für p_1 und λ_2, μ_2 für p_2). Das Gleichungssystem ist also überbestimmt und wird vermutlich unendlich viele Lösungen haben (zwei Ebenen im $\mathbb{R}^3$ schneiden sich meistens in einer Geraden). Durch Umstellen und Einsetzen findet man (dahin führen etliche verschiedene Rechenwege) den Zusammenhang (beispielsweise, es gibt auch andere Möglichkeiten): $\mu_2 = -8 + 3\lambda_2$. Setzen wir dies in die Parameterdarstellung für p_2 ein, so erhalten wir direkt die Schnittgerade in Punkt-Richtungs-Form:

$$\begin{pmatrix} 7 \\ 20 \\ 50 \end{pmatrix} + \lambda_2 \begin{pmatrix} -2 \\ -9 \\ -17 \end{pmatrix} + (-8 + 3\lambda_2) \begin{pmatrix} 2 \\ 5 \\ 7 \end{pmatrix} = \begin{pmatrix} -9 \\ -20 \\ -6 \end{pmatrix} + \lambda_2 \begin{pmatrix} 4 \\ 6 \\ 4 \end{pmatrix}$$

7.10 Die gesuchte Gerade h muss also die Form $h : \begin{pmatrix} 2 \\ 1 \\ 14 \end{pmatrix} + \lambda \boldsymbol{r}$ haben. Damit sie in p liegt, muss $\boldsymbol{r}$ senkrecht zum Normalenvektor $\boldsymbol{n}$ von p sein. Damit sie senkrecht zu g ist, muss $\boldsymbol{r}$ senkrecht zum Richtungsvektor von g liegen. Wenn wir $\boldsymbol{r}$ als Kreuzprodukt von $\boldsymbol{n}$ und dem Richtungsvektor von g wählen, sind beide Bedingungen erfüllt:

$$\boldsymbol{r} := \boldsymbol{n} \times \begin{pmatrix} 0 \\ 3 \\ 4 \end{pmatrix} = \left(\begin{pmatrix} 0 \\ 3 \\ 4 \end{pmatrix} \times \begin{pmatrix} 3 \\ 10 \\ 5 \end{pmatrix} \right) \times \begin{pmatrix} 0 \\ 3 \\ 4 \end{pmatrix} = \begin{pmatrix} -25 \\ 12 \\ -9 \end{pmatrix} \times \begin{pmatrix} 0 \\ 3 \\ 4 \end{pmatrix} = 25 \cdot \begin{pmatrix} 3 \\ 4 \\ -3 \end{pmatrix}$$

7.11 Arbeitstechniken beachten: *Gegeben*: g, p. – *Gesucht*: X in g mit $\operatorname{dist}(X, p) = \sqrt{2}$.

Es gilt: X soll in g liegen, d. h. für den Ortsvektor $\boldsymbol{x}$ muss gelten: $\boldsymbol{x} = \begin{pmatrix} 1 \\ 2 \\ 4 \end{pmatrix} + \lambda \begin{pmatrix} 3 \\ 1 \\ -1 \end{pmatrix}$ für ein $\lambda \in \mathbb{R}$. Nach Satz 7.8 gilt: $\operatorname{dist}(X, p) = \dfrac{|\boldsymbol{n}\,(\boldsymbol{x} - \boldsymbol{y})|}{\|\boldsymbol{n}\|}$, wobei $\boldsymbol{y}$ ein Ortsvektor zu einem Punkt in p ist und $\boldsymbol{n}$ ein Normalenvektor. Die haben wir schnell zusammen:

$$\boldsymbol{y} = \begin{pmatrix} 2 \\ 4 \\ -1 \end{pmatrix} \text{ (ist ja gegeben) und } \boldsymbol{n} = \begin{pmatrix} -2 \\ 1 \\ 1 \end{pmatrix} \times \begin{pmatrix} 1 \\ 2 \\ -2 \end{pmatrix} = \begin{pmatrix} -4 \\ -3 \\ -5 \end{pmatrix} \text{ mit } \|\boldsymbol{n}\| = \sqrt{50}$$

Setzen wir die Bedingung für $\boldsymbol{x}$ in die Abstandsbedingung ein, so sehen wir schon von weitem, dass nur noch eine Unbekannte λ bleibt, in einer Gleichung. Diese lautet:

$$\sqrt{2} \stackrel{!}{=} \operatorname{dist}(X, p) = \frac{|\boldsymbol{n}\,(\boldsymbol{x} - \boldsymbol{y})|}{\|\boldsymbol{n}\|} = \frac{1}{\sqrt{50}} \left| \begin{pmatrix} -4 \\ -3 \\ -5 \end{pmatrix} \left(\begin{pmatrix} 1 \\ 2 \\ 4 \end{pmatrix} + \lambda \begin{pmatrix} 3 \\ 1 \\ -1 \end{pmatrix} - \begin{pmatrix} 2 \\ 4 \\ -1 \end{pmatrix} \right) \right|$$

Nach etwas Ausrechnen findet man, dass dies bedeutet: $|15 + 10\,\lambda| = 10$, welche die beiden Lösungen $\lambda = -0.5$ und $\lambda = -2.5$ hat. Diese beiden Werte für λ setzt man in die Gleichung für $\boldsymbol{x}$ ein und erhält die beiden Punkte:

$$\begin{pmatrix} -0.5 \\ 1.5 \\ 4.5 \end{pmatrix} \text{ und } \begin{pmatrix} -6.5 \\ -0.5 \\ 6.5 \end{pmatrix}$$

Sicherlich hat Sie Ihr räumliches Vorstellungsvermögen schon vermuten lassen, dass die genannte Bedingungen von zwei Punkten erfüllt sein wird.

7.12 Damit die Gerade g in der Ebene p liegt, muss ein Punkt aus g in p liegen und der Richtungvektor in p liegen.

$$\begin{pmatrix} 1 \\ 2 \\ s \end{pmatrix} \in p \text{ und } \begin{pmatrix} 3 \\ r \\ 4 \end{pmatrix} \in \operatorname{span} \left\{ \begin{pmatrix} -1 \\ 2 \\ 3 \end{pmatrix}, \begin{pmatrix} 0 \\ 3 \\ 1 \end{pmatrix} \right\}$$

Die erste Bedingung führt auf $s = 2$ (Parameterdarstellung von p liefert ein Gleichungssystem mit drei Gleichungen und drei Unbekannten, dessen Lösung $\mu_1 = 1, \mu_2 = -1, s = 2$ ist). Die zweite Bedingung führt ebenfalls auf ein Gleichungssystem mit drei Gleichungen und drei Unbekannten, dessen Lösung die Parameter -3 und 13 und $r = 33$ liefert. Ergebnis also: $r = 33, s = 2$.

7.13 Die Ebenen stehen genau dann senkrecht aufeinander, wenn ihre Normalenvektoren senkrecht aufeinander stehen. Mit dem Kreuzprodukt lassen sich schnell Normalenvektoren berechnen, nämlich

$$p_1:\ \boldsymbol{n_1}=\begin{pmatrix}1\\2\\4\end{pmatrix}\times\begin{pmatrix}2\\1\\a\end{pmatrix}=\begin{pmatrix}2a-4\\8-a\\-3\end{pmatrix},\qquad p_2:\ \boldsymbol{n_2}=\begin{pmatrix}4\\a\\3\end{pmatrix}\times\begin{pmatrix}-1\\1\\3\end{pmatrix}=\begin{pmatrix}3a-3\\-15\\4+a\end{pmatrix}$$

Damit folgt: $\boldsymbol{n_1}\perp\boldsymbol{n_2}\iff\boldsymbol{n_1}\boldsymbol{n_2}=0\iff a^2-a=20\iff a=5$ oder $a=-4$.

7.14 Seien $\boldsymbol{x}$ und $\boldsymbol{z}$ zwei Lösungen des inhomogenen Systems, also $\boldsymbol{A}\boldsymbol{x}=\boldsymbol{b}=\boldsymbol{A}\boldsymbol{z}$. Dann gilt $\boldsymbol{A}(\boldsymbol{x}-\boldsymbol{z})=\boldsymbol{A}\boldsymbol{x}-\boldsymbol{A}\boldsymbol{z}=\boldsymbol{b}-\boldsymbol{b}=\boldsymbol{o}$. $\boldsymbol{x}-\boldsymbol{z}$ ist also Lösung von $\boldsymbol{A}\boldsymbol{x}=\boldsymbol{o}$.

7.15 Es ist lehrreich, bei dieser Aufgabe die Probe zu machen – Ihre Lösung kann u. U. richtig sein, obwohl sie mit der hier angegebenen nicht übereinstimmt.

a) $$\boldsymbol{A}_1:=\begin{pmatrix}1&2&-1\\4&-2&6\\3&1&0\end{pmatrix}\xrightarrow[z_3:=z_3-3z_1]{z_2:=z_2-4z_1}\begin{pmatrix}1&2&-1\\0&-10&10\\0&-5&3\end{pmatrix}\xrightarrow{z_3:=z_3-0.5z_2}\begin{pmatrix}1&2&-1\\0&-10&10\\0&0&-2\end{pmatrix}$$

Daraus sieht man: $\det\boldsymbol{A}_1=1\cdot(-10)\cdot(-2)=20$. $\operatorname{rg}\boldsymbol{A}_1$ ist die Anzahl der linear unabhängigen Spalten (= Anzahl der linear unabhängigen Zeilen), also hier $\operatorname{rg}\boldsymbol{A}_1=3$. Als Lösung des Gleichungssystems $\boldsymbol{A}_1\boldsymbol{x}=\boldsymbol{b}$ (rechte Seite mit gleichen Zeilenumformungen behandeln wie die Matrix) erhält man:

$\boldsymbol{x}=\begin{pmatrix}2\\3\\-1\end{pmatrix}$ bzw. $\boldsymbol{x}=\begin{pmatrix}-4\\3\\2\end{pmatrix}$, also in beiden Fällen ein Punkt.

b) $$\boldsymbol{A}_2:=\begin{pmatrix}-1&3&5\\0&3&4\\3&4&5\end{pmatrix}\xrightarrow{z_3:=z_3+3z_1}\begin{pmatrix}-1&3&5\\0&3&4\\0&13&20\end{pmatrix}\xrightarrow{z_3:=z_3-13/3z_2}\begin{pmatrix}-1&3&5\\0&3&4\\0&0&8/3\end{pmatrix}$$

Also: $\det\boldsymbol{A}_2=-8$, $\operatorname{rg}\boldsymbol{A}_2=3$. Lösungen: $\boldsymbol{x}_1=\begin{pmatrix}3\\-1\\-2\end{pmatrix}$ bzw. $\boldsymbol{x}_2=\begin{pmatrix}3\\4\\0\end{pmatrix}$, also in beiden Fällen ein Punkt.

c) $$\boldsymbol{A}_3:=\begin{pmatrix}2&1&3\\4&3&1\\8&5&7\end{pmatrix}\xrightarrow[z_3:=z_3-4z_1]{z_2:=z_2-2z_1}\begin{pmatrix}2&1&3\\0&1&-5\\0&1&-5\end{pmatrix}\xrightarrow{z_3:=z_3-z_2}\begin{pmatrix}2&1&3\\0&1&-5\\0&0&0\end{pmatrix}$$

Also: $\det\boldsymbol{A}_3=0$, $\operatorname{rg}\boldsymbol{A}_3=2$. Die Lösungsmenge ist leer bzw. $\left\{\begin{pmatrix}1-4t\\-1+5t\\t\end{pmatrix}\,\middle|\,t\in\mathbb{R}\right\}$. Im zweiten Fall

ist wegen $\begin{pmatrix}1-4t\\-1+5t\\t\end{pmatrix}=\begin{pmatrix}1\\-1\\0\end{pmatrix}+t\begin{pmatrix}-4\\5\\1\end{pmatrix}$ die Lösungsmenge eine Gerade.

d) $\boldsymbol{A}_4 := \begin{pmatrix} 1 & 2 & 1 \\ 2 & 4 & 2 \\ -2 & -4 & -2 \end{pmatrix} \overset{\substack{z_2 := z_2 - 2z_1 \\ z_3 := z_3 + 2z_1}}{\longrightarrow} \begin{pmatrix} 1 & 2 & 1 \\ 0 & 0 & 0 \\ 0 & 0 & 0 \end{pmatrix}$

Also: $\det \boldsymbol{A}_4 = 0$, $\operatorname{rg} \boldsymbol{A}_4 = 1$. Die Lösungsmenge ist leer bzw. $\left\{ \begin{pmatrix} 1-2s-t \\ s \\ t \end{pmatrix} \middle| \, s,t \in \mathbb{R} \right\}$. Im zweiten Fall ist wegen $\begin{pmatrix} 1-2s-t \\ s \\ t \end{pmatrix} = \begin{pmatrix} 1 \\ 0 \\ 0 \end{pmatrix} + s \begin{pmatrix} -2 \\ 1 \\ 0 \end{pmatrix} + t \begin{pmatrix} -1 \\ 0 \\ 1 \end{pmatrix}$ eine Ebene.

7.16 $\boldsymbol{A} = \begin{pmatrix} 7 & 2 & 2 \\ -35 & -13 & -8 \\ 28 & 11-9\mu & -6 \end{pmatrix} \overset{\substack{z_2 := z_2 + 5z_1 \\ z_3 := z_3 - 4z_1}}{\longrightarrow} \begin{pmatrix} 7 & 2 & 2 \\ 0 & -3 & 2 \\ 0 & 3-9\mu & -14 \end{pmatrix} \overset{z_3 := z_3 + (1-3\mu) z_2}{\longrightarrow} \begin{pmatrix} 7 & 2 & 2 \\ 0 & -3 & 2 \\ 0 & 0 & -12-6\mu \end{pmatrix}$

Also ist $\det \boldsymbol{A} = 7 \cdot (-3) \cdot (-12 - 6\mu)$. Das System $\boldsymbol{A}\boldsymbol{x} = \boldsymbol{b}$ ist für beliebige rechte Seiten $\boldsymbol{b} \in \mathbb{R}^3$ eindeutig lösbar, genau dann, wenn $\det \boldsymbol{A} \neq 0$, also wenn $\mu \neq -2$.
Für $\mu = 1$ ergibt sich durch Anwenden der obigen Gauß-Umformungen auf $\boldsymbol{A}\boldsymbol{x} = \boldsymbol{b}_1$ (natürlich muss man, was A betrifft, nicht mehr rechnen, sondern nur abschreiben):

$$\left(\begin{array}{ccc|c} 7 & 2 & 2 & 23 \\ -35 & -13 & -8 & -83 \\ 28 & 2 & -18 & 30 \end{array}\right) \overset{\substack{z_2 := z_2 + 5z_1 \\ z_3 := z_3 - 4z_1}}{\longrightarrow} \quad \dots \quad \overset{z_3 := z_3 - 2z_2}{\longrightarrow} \left(\begin{array}{ccc|c} 7 & 2 & 2 & 23 \\ 0 & -3 & 2 & 32 \\ 0 & 0 & -18 & -126 \end{array}\right)$$

Durch Rückwärtseinsetzen erhält man $\boldsymbol{x} = (3,\ -6,\ 7)^T$.
Für $\mu = -2$ ergibt sich durch Anwenden der obigen Gauß-Umformungen auf $\boldsymbol{A}\boldsymbol{x} = \boldsymbol{b}_2$:

$$\left(\begin{array}{ccc|c} 7 & 2 & 2 & -23 \\ -35 & -13 & -8 & 117 \\ 28 & -7 & -18 & -106 \end{array}\right) \overset{\substack{z_2 := z_2 + 5z_1 \\ z_3 := z_3 - 4z_1}}{\longrightarrow} \quad \dots \quad \overset{z_3 := z_3 + 7z_2}{\longrightarrow} \left(\begin{array}{ccc|c} 7 & 2 & 2 & -23 \\ 0 & -3 & 2 & 2 \\ 0 & 0 & 0 & 0 \end{array}\right)$$

Man erhält $\mathbb{L} = \left\{ \begin{pmatrix} -25/7 \\ 0 \\ 1 \end{pmatrix} + y \begin{pmatrix} -5/7 \\ 1 \\ 1.5 \end{pmatrix} \middle| \, y \in \mathbb{R} \right\}$, was eine Gerade ist.

7.17 Sei $\boldsymbol{A} = \begin{pmatrix} a_{11} & a_{12} \\ a_{21} & a_{22} \end{pmatrix}, \quad \boldsymbol{B} = \begin{pmatrix} b_{11} & b_{12} \\ b_{21} & b_{22} \end{pmatrix}$.

Dann gilt (nicht vergessen: Gleichungskette mit der komplizierter aussehenden Seite beginnen!):

$$\begin{aligned}
\det \boldsymbol{A}^T &= \det \begin{pmatrix} a_{11} & a_{21} \\ a_{12} & a_{22} \end{pmatrix} = a_{11}a_{22} - a_{21}a_{12} = \det \boldsymbol{A} \\
\det(\boldsymbol{A}\cdot\boldsymbol{B}) &= \det \begin{pmatrix} a_{11}b_{11}+a_{12}b_{21} & a_{11}b_{12}+a_{12}b_{22} \\ a_{21}b_{11}+a_{22}b_{21} & a_{21}b_{12}+a_{22}b_{22} \end{pmatrix} \\
&= (a_{11}b_{11}+a_{12}b_{21})(a_{21}b_{12}+a_{22}b_{22}) - (a_{21}b_{11}+a_{22}b_{21})(a_{11}b_{12}+a_{12}b_{22}) \\
&= a_{11}a_{22}b_{11}b_{22} - a_{11}a_{22}b_{12}b_{21} - a_{12}a_{21}b_{11}b_{22} + a_{12}a_{21}b_{12}b_{21} \\
&= (a_{11}a_{22} - a_{12}a_{21})(b_{11}b_{22} - b_{12}b_{21}) = \det \boldsymbol{A} \cdot \det \boldsymbol{B}
\end{aligned}$$

Falls $\det \boldsymbol{A} \neq 0$ ist, gilt $\det \boldsymbol{A}^{-1} = \det \left[\frac{1}{\det \boldsymbol{A}} \begin{pmatrix} a_{22} & -a_{12} \\ -a_{21} & a_{11} \end{pmatrix} \right] = \frac{a_{22}a_{11} - a_{21}a_{12}}{(\det \boldsymbol{A})^2} = \frac{1}{\det \boldsymbol{A}}$.

7.18 Da die Vektoren $\boldsymbol{x}_i$ die Länge 1 haben, gilt $1 = \|\boldsymbol{x}_i\|$, also auch $1 = \|\boldsymbol{x}_i\|^2 = \boldsymbol{x}_i \cdot \boldsymbol{x}_i$, womit die angegebenen Formeln sofort folgen.

7.19 **a)** Zum Vektor $\boldsymbol{y}$ müssen die Skalarprodukte mit jedem einzelnen der k Basisvektoren berechnet werden. Weiter sind die Skalarprodukte der k Basisvektoren mit sich selbst zu berechnen. Insgesamt also $2k$ Skalarprodukte. Die Berechnung eines Skalarprodukts benötigt n Multiplikationen. Insgesamt sind also $2kn$ Multiplikationen erforderlich. Hinzu kommen noch k Divisionen.

b) Liegt eine Orthonormalbasis vor, so entfällt die Berechnung der Skalarprodukte der Basisvektoren mit sich selbst (diese sind ja 1) sowie die Divisionen (es würde ja durch 1 dividiert). Bleiben also kn Multiplikationen.

7.20 $\boldsymbol{Q_A} = \begin{pmatrix} \frac{1}{3} & \frac{2}{3} & \frac{2}{3\sqrt{2}} \\ -\frac{2}{3} & 0 & -\frac{1}{3\sqrt{2}} \\ \frac{2}{3} & -\frac{1}{3} & -\frac{2}{3\sqrt{2}} \\ 0 & \frac{2}{3} & -\frac{1}{\sqrt{2}} \end{pmatrix}, \quad \boldsymbol{Q_B} = \begin{pmatrix} \frac{1}{3} & \frac{2}{\sqrt{5}} & \frac{2}{\sqrt{45}} \\ -\frac{2}{3} & 0 & \frac{5}{\sqrt{45}} \\ \frac{2}{3} & \frac{-1}{\sqrt{5}} & \frac{4}{\sqrt{45}} \end{pmatrix}$

7.21 Es gilt: $\|\boldsymbol{A}\boldsymbol{x}\|^2 = \boldsymbol{A}\boldsymbol{x} \cdot \boldsymbol{A}\boldsymbol{x} = (\boldsymbol{A}\boldsymbol{x})^T(\boldsymbol{A}\boldsymbol{x}) = \boldsymbol{x}^T\boldsymbol{A}^T\boldsymbol{A}\boldsymbol{x} = \boldsymbol{x}^T(\boldsymbol{A}^T\boldsymbol{A})\boldsymbol{x} = \boldsymbol{x}^T I \boldsymbol{x} = \boldsymbol{x}^T\boldsymbol{x} = \|\boldsymbol{x}\|^2$.

7.22 Sei $\boldsymbol{x} \in U$. Dann gibt es also ein $\boldsymbol{y} \in \mathbb{R}^n$ mit $\boldsymbol{P}\boldsymbol{y} = \boldsymbol{x}$. Dann gilt: $\boldsymbol{P}\boldsymbol{x} = \boldsymbol{P}\boldsymbol{P}\boldsymbol{y} = \boldsymbol{P}\boldsymbol{y} = \boldsymbol{x}$.

7.23 Sei also $\boldsymbol{u} \in \mathbb{R}^n$ mit $\|\boldsymbol{u}\| = 1$ und $\boldsymbol{H} := \boldsymbol{I}_n - 2\boldsymbol{u}\boldsymbol{u}^T$. Insb. ist also $\boldsymbol{u}^T\boldsymbol{u} = 1$.

- Zu zeigen: $\boldsymbol{H}^T\boldsymbol{H} = \boldsymbol{I}_n$. Wir wissen schon, dass $\boldsymbol{H}$ symmetrisch ist, also gilt $\boldsymbol{H}^T = \boldsymbol{H}$. Es gilt (Arbeitstechniken beachten!):
  $\boldsymbol{H}^T\boldsymbol{H} = \boldsymbol{H}\boldsymbol{H} = \boldsymbol{I}_n^T\boldsymbol{I}_n - 4\boldsymbol{u}\boldsymbol{u}^T + 4\boldsymbol{u}\boldsymbol{u}^T\boldsymbol{u}\boldsymbol{u}^T = \boldsymbol{I}_n - 4\boldsymbol{u}\boldsymbol{u}^T + 4\boldsymbol{u}\underbrace{(\boldsymbol{u}^T\boldsymbol{u})}_{=1}\boldsymbol{u}^T = \boldsymbol{I}_n.$
- Sei $\boldsymbol{x} \perp \boldsymbol{u}$. Zu zeigen: $\boldsymbol{H}(\boldsymbol{x} + c\boldsymbol{u}) = \boldsymbol{x} - c\boldsymbol{u})$. Es gilt:
  $\boldsymbol{H}(\boldsymbol{x} + c\boldsymbol{u}) = (\boldsymbol{I}_n - 2\boldsymbol{u}\boldsymbol{u}^T)(\boldsymbol{x} + c\boldsymbol{u}) = \boldsymbol{x} + c\boldsymbol{u} - 2\boldsymbol{u}\underbrace{\boldsymbol{u}^T\boldsymbol{x}}_{=0} - 2\boldsymbol{u}\underbrace{\boldsymbol{u}^T c\boldsymbol{u}}_{=c} = \boldsymbol{x} - c\boldsymbol{u}.$

7.24 Falsch. Die beiden Ebenen könnten auch parallel sein. Dann ist die Schnittmenge leer. Sie könnten auch identisch sein, dann ist die Schnittmenge gleich jeder der beiden Ebenen. Wenn sie allerdings weder parallel noch identisch sind, dann schneiden sie sich in einer Geraden. Setzt man die beiden Parameterdarstellungen der Ebenen gleich, so erhält man ein Gleichungssystem mit drei Gleichungen und vier Unbekannten. Die Lösungsmenge hat dann einen Freiheitsgrad, stellt damit eine Gerade dar, siehe Aufgabe 7.9.

7.25 Falsch. Ist schon im $\mathbb{R}^3$ falsch, s. o. Im $\mathbb{R}^n$ mit $n \geq 4$ können aber auch zwei Ebenen, die nicht parallel und nicht identisch sind, eine leere Schnittmenge haben. Das muss man sich nicht räumlich vorstellen können, aber wenn man die beiden folgenden Ebenen betrachtet, sieht man das sofort ein:

$$p_1: \begin{pmatrix}1\\0\\0\\0\end{pmatrix} + \lambda\begin{pmatrix}1\\0\\0\\0\end{pmatrix} + \mu\begin{pmatrix}0\\1\\0\\0\end{pmatrix} \quad \text{und} \quad p_2: \begin{pmatrix}0\\0\\1\\0\end{pmatrix} + \lambda\begin{pmatrix}0\\0\\1\\0\end{pmatrix} + \mu\begin{pmatrix}0\\0\\0\\1\end{pmatrix}$$

7.26 Falsch. Das Spatvolumen ist der Betrag dieser Determinante.

7.27 Falsch. Lineare Gleichungssysteme haben stets keine Lösung oder unendlich viele Lösungen.

7.28 Falsch, denn eine Matrix, die die angegebene Eigenschaft hat, wäre $\boldsymbol{A} = \begin{pmatrix}0&1&0&0\\1&0&0&0\\0&0&0&1\\0&0&1&0\end{pmatrix}$, diese ist aber kein $\boldsymbol{P}_{ij}$. Es sind gegenüber der Einheitsmatrix $\boldsymbol{I}_4$ zwei mal zwei Einsen vertauscht worden. In der Definition ist aber nur eine Vertauschung zugelassen. $\boldsymbol{A}$ kann aber als Produkt zweier Permutationsmatrizen geschrieben werden: $\boldsymbol{A} = \boldsymbol{P}_{12} \cdot \boldsymbol{P}_{34}$.

8.1 $$s_n := \sum_{i=1}^{n} \frac{1}{(2i-1)(2i+1)} = \sum_{i=1}^{n}\left(\frac{0.5}{2i-1} - \frac{0.5}{2i+1}\right) = \frac{1}{2}\cdot\left(\sum_{i=0}^{n-1}\frac{1}{2i+1} - \sum_{i=1}^{n}\frac{1}{2i+1}\right) = \frac{1}{2}\left(1 - \frac{1}{2n+1}\right)$$
Aus der obigen Formel folgt sofort: $\lim s_n = 0.5$.

8.2 Es gibt jeweils mehrere Möglichkeiten, Konvergenz bzw. Divergenz nachzuweisen. Wenn Sie nicht die hier aufgeführten Lösungswege gefunden haben, heißt das also nicht, dass Ihre Lösung falsch ist. Ob Ihr Weg richtig ist oder nicht, kann Ihnen im Zweifelsfall nur der Mathematik-Dozent Ihres Vertrauens sagen.

a) $\sum_{i=1}^{\infty} \frac{\sqrt{i}}{i+3}$ divergiert nach Vergleichskriterium, denn $\frac{\sqrt{i}}{i+3} \geq \frac{1}{i+3}$ und $\sum_{i=1}^{\infty}\frac{1}{i+3}$ divergent (weil $\sum_{i=1}^{n}\frac{1}{i+3} = \sum_{i=4}^{n+3}\frac{1}{i}$, was eine Partialsumme der harmonischen Reihe ist).

b) $\sum_{i=1}^{\infty}\frac{i+1}{i^3}$ konvergiert nach Vergleichskriterium, denn $\frac{i+1}{i^3} = \frac{1}{i^2} + \frac{1}{i^3}$ und $\sum_{i=1}^{\infty}\frac{1}{i^2}$ und $\sum_{i=1}^{\infty}\frac{1}{i^3}$ sind schon als konvergent bekannt.

c) $\sum_{i=1}^{\infty}\frac{2}{2^i+3}$ konvergiert nach Vergleichskriterium, da $\frac{2}{2^i+3} = 2\frac{1}{2^i+3} < 2\frac{1}{2^i}$ und die $\sum_{i=1}^{\infty}\frac{1}{2^i}$ konvergiert ja (es ist ja die geometrische Reihe mit $q = 0.5$).

d) $\sum_{i=1}^{\infty}(-1)^i\frac{1}{\sqrt{i}}$ konvergiert nach Leibnizkriterium, da $\frac{1}{\sqrt{i}}$ monoton fallende Nullfolge ist.

e) $\sum\limits_{i=1}^{\infty} \frac{i+1}{i2^i}$ konvergiert nach Vergleichskriterium, da $\frac{i+1}{i2^i} \leq \frac{i+i}{i2^i} = \frac{1}{2^{i-1}}$ und die Reihe über letzteres ist konvergent als geometrische Reihe mit $q = 0.5$.

f) $\sum\limits_{i=1}^{\infty} \frac{i^4}{i!}$ konvergent nach Quotientenkriterium, da $\frac{a_{i+1}}{a_i} = \frac{(i+1)^4}{(i+1)!}\frac{i!}{i^4} = \frac{(i+1)^4}{i^4(i+1)} \to 0$ (siehe Satz 2.2).

8.3 Es ist $f(x) = \sqrt[3]{x} = T_4(x) + R_5(x)$ mit:

$$\begin{aligned} T_4(x) &= 2 + \frac{1}{3\sqrt[3]{8^2}}(x-8) - \frac{1}{9\sqrt[3]{8^5}}(x-8)^2 + \frac{5}{81\sqrt[3]{8^8}}(x-8)^3 - \frac{10}{243\sqrt[3]{8^{11}}}(x-8)^4 \\ R_5(x) &= \frac{22}{729\sqrt[3]{z^{14}}}(x-8)^5 \quad \text{mit einem } z \text{ zwischen } x \text{ und } 8. \end{aligned}$$

Damit ist: $T_4(7) = 1.912933224 \approx \sqrt[3]{7} = 1.912931183$, der wahre Fehler ist also $T_4(7) - \sqrt[3]{7} \approx 2.041 \cdot 10^{-6}$. Dieser Fehler ist R_5 und lässt sich wie folgt abschätzen mit $z \in [7,8]$:

$|R_5(7)| = \left|\frac{22}{729\sqrt[3]{z^{14}}}(7-8)^5\right| \leq \frac{22}{729\sqrt[3]{7^{14}}} = 3.4348 \cdot 10^{-6}$, was den wahren Fehler ziemlich gut wiedergibt.

8.4 Der Konvergenzradius ρ einer Potenzreihe $\sum\limits_{i=0}^{\infty} a_i(x-x_0)^i$ kann als $\rho = \lim\limits_{i\to\infty} |a_i/a_{i+1}|$ oder $\rho = \lim\limits_{i\to\infty} 1/\sqrt[i]{|a_i|}$ berechnet werden, falls der Grenzwert existiert (andernfalls muss auf die bekannten Konvergenzkriterien für unendliche Reihen zurückgegriffen werden). Die Reihe konvergiert dann für alle $x \in (x_0 - \rho, x_0 + \rho)$ und divergiert für alle $x \in (-\infty, x_0 - \rho) \cup (x_0 + \rho, \infty)$. Ob die Reihe für $x = x_0 \pm \rho$ konvergiert, muss extra untersucht werden.

a) $a_i = (-1)^i(i+1)$, also $\left|\frac{a_i}{a_{i+1}}\right| = \left|\frac{i+1}{i+2}\right| \to 1 =: \rho$. Untersuchung für $x = \pm 1$ (Rand des Konvergenzbereichs): Für $x = 1$ lautet die Reihe $\sum\limits_{i=0}^{\infty}(-1)^i(i+1)$, welche divergent ist, da die Summanden keine Nullfolge bilden. Für $x = -1$ gilt dasselbe. Ergebnis: Konvergenzbereich ist also genau $(-1, 1)$.

b) Genauso wie in a) folgt: Konvergenzbereich ist $(-1, 1)$.

c) $a_i = \frac{1}{2^i i^3}$, also $\left|\frac{a_i}{a_{i+1}}\right| = \left|\frac{2^{i+1}(i+1)^3}{2^i i^3}\right| = \frac{2(i+1)^3}{i^3} \to 2 =: \rho$. Die Reihe konvergiert also auf jeden Fall für $x \in (x_0 - \rho, x_0 + \rho) = (-1, 3)$. Untersuchung des Randes:
Die Reihe in $x = -1$ lautet $\sum\limits_{i=1}^{\infty} \frac{(-2)^i}{2^i i^3} = \sum\limits_{i=1}^{\infty} \frac{(-1)^i}{i^3}$ und die in $x = 3$ lautet $\sum\limits_{i=1}^{\infty} \frac{2^i}{2^i i^3} = \sum\limits_{i=1}^{\infty} \frac{1}{i^3}$, beide Reihen kennen wir als konvergent (wir hatten die Reihen über $\frac{1}{i^p}$ ausführlich untersucht). Ergebnis: Konvergenzbereich ist also genau $[-1, 3]$.

d) $a_i = i^2$, also $\left|\frac{a_i}{a_{i+1}}\right| = \left|\frac{i^2}{(i+1)^2}\right| \to 1 =: \rho$. Die Reihe konvergiert also auf jeden Fall auf $(x_0 - \rho, x_0 + \rho) = (0, 2)$. Untersuchung des Randes:
Die Reihe in $x = 0$ lautet $\sum\limits_{i=1}^{\infty} i^2(-1)^i$, die in $x = 2$ lautet $\sum\limits_{i=1}^{\infty} i^2$. Beide Reihen konvergieren nicht, da die Summanden keine Nullfolge bilden. Ergebnis: Konvergenzbereich ist also genau $(0, 2)$.

e) $a_i = \dfrac{(-1)^{i-1}}{3^i\sqrt{i}}$, also $\left|\dfrac{a_i}{a_{i+1}}\right| = \dfrac{3^{i+1}\sqrt{i+1}}{3^i\sqrt{i}} = 3\sqrt{\dfrac{i+1}{i}} \to 3 =: \rho$. Die Reihe konvergiert also auf jeden Fall auf $(x_0-\rho, x_0+\rho) = (-7,-1)$ (beachte $x_0 = -4$). Untersuchung des Randes:
Die Reihe in $x=-7$ lautet $\sum\limits_{i=1}^{\infty}(-1)^{i-1}\dfrac{(-3)^i}{3^i\sqrt{i}} = \sum\limits_{i=1}^{\infty} -\dfrac{1}{\sqrt{i}}$, welche nicht konvergiert (dies ist ja die Reihe über $\frac{1}{i^p}$ mit $p=0.5$ und wir hatten schon geklärt, dass die Reihe nur für $p>1$ konvergiert). Die Reihe in $x=-1$ lautet $\sum\limits_{i=1}^{\infty}(-1)^{i-1}\dfrac{1}{\sqrt{i}}$, welche konvergiert (nach dem Leibnizkriterium). Ergebnis: Konvergenzbereich ist also genau $(-7,1]$.

f) Hier treten in der Reihe nur Summanden mit Exponenten auf, die Quadratzahlen sind, also $x, x^4, x^9, \ldots$. Die meisten a_i sind daher nur 0. Wir müssen aber a_i korrekt und vollständig beschreiben, weil sonst die Formeln für ρ nicht greifen. Hier ist offensichtlich: Es ist $a_{i^2} = \left(\frac{1}{2}\right)^{i^2}$ und alle anderen a_i sind 0. Das war jetzt recht salopp und hilft uns nicht weiter. Formal korrekt ist $a_i = \begin{cases} \left(\frac{1}{2}\right)^i & \text{falls } i \text{ Quadratzahl} \\ 0 & \text{falls } i \text{ keine Quadratzahl}\end{cases}$.
Beide Formeln für ρ aus Satz 8.6 sind daher nicht anwendbar, da bei ihnen a_i im Nenner steht und wir haben ja einige a_i, die 0 sind. Wir müssen also auf die Konvergenzkriterien für „normale" Reihen (Satz 8.1) zurückgreifen und wählen das Wurzelkriterium. Nun muss aber der ganze Summand betrachtet werden, nicht nur der Koeffizient wie bei Potenzreihen, wir arbeiten also nun mit $b_i = \left(\frac{x}{2}\right)^{i^2}$:
$\sqrt[i]{|b_i|} = \left(\dfrac{|x|}{2}\right)^i \to 0$, falls $|x|<2$ (geometrische Folge). Das Wurzelkriterium garantiert also Konvergenz der Reihe für $x \in (-2,2)$. Untersuchung des Randes: Die Reihe in $x=-2$ lautet $\sum\limits_{i=1}^{\infty}(-1)^{i^2}$, die in $x=2$ lautet $\sum\limits_{i=1}^{\infty} 1$. Beide Reihen konvergieren nicht, da die Summanden keine Nullfolge bilden. Ergebnis: Konvergenzbereich ist also genau $(-2,2)$.

8.5

$$\begin{aligned} f(x) &= e^{x^2} = \sum_{i=0}^{\infty}\frac{(x^2)^i}{i!} = \sum_{i=0}^{\infty}\frac{x^{2i}}{i!} \Longrightarrow f'(x) = \sum_{i=0}^{\infty}\left(\frac{x^{2i}}{i!}\right)' = \sum_{i=0}^{\infty}\frac{2ix^{2i-1}}{i!} = \sum_{i=1}^{\infty}\frac{2x^{2i-1}}{(i-1)!} \\ \text{oder: } f'(x) &= (e^{x^2})' = 2x\,e^{x^2} = 2x\cdot\sum_{i=0}^{\infty}\frac{(x^2)^i}{i!} = 2\cdot\sum_{i=0}^{\infty}\frac{x^{2i+1}}{i!} = 2\cdot\sum_{i=1}^{\infty}\frac{x^{2i-1}}{(i-1)!} \\ g(x) &= \sin x^3 = \sum_{i=0}^{\infty}(-1)^i\frac{(x^3)^{2i+1}}{(2i+1)!} = \sum_{i=0}^{\infty}(-1)^i\frac{x^{6i+3}}{(2i+1)!} \\ \Longrightarrow g'(x) &= \sum_{i=0}^{\infty}\left((-1)^i\frac{x^{6i+3}}{(2i+1)!}\right)' = \sum_{i=0}^{\infty}(-1)^i\frac{(6i+3)x^{6i+2}}{(2i+1)!} = \sum_{i=0}^{\infty}(-1)^i\frac{3x^{6i+2}}{(2i)!} \\ \text{oder: } g'(x) &= (\sin x^3)' = 3x^2\cos x^3 = 3x^2\cdot\sum_{i=0}^{\infty}(-1)^i\frac{x^{6i}}{(2i)!} = 3\cdot\sum_{i=0}^{\infty}(-1)^i\frac{x^{6i+2}}{(2i)!} \end{aligned}$$

$$h(x) = \int_0^x e^{y^2}\,dy = \int_0^x \sum_{i=0}^{\infty} \frac{(y^2)^i}{i!}\,dy = \sum_{i=0}^{\infty} \int_0^x \frac{y^{2i}}{i!}\,dy = \sum_{i=0}^{\infty} \frac{x^{2i+1}}{i!\,(2i+1)}$$

$$\Longrightarrow \quad h'(x) = \sum_{i=0}^{\infty} \left(\frac{x^{2i+1}}{i!\,(2i+1)} \right)' = \sum_{i=0}^{\infty} \frac{x^{2i}}{i!} = e^{x^2}$$

8.6 **a)** $f(x) = \frac{1}{1+x^2} = \frac{1}{1-(-x^2)} = \sum_{i=0}^{\infty}(-x^2)^i = \sum_{i=0}^{\infty}(-1)^i x^{2i}$ für alle x mit $x^2 < 1$ (geometrische Reihe), d. h. $|x| < 1$. Also ist der Konvergenzradius $\rho = 1$.

Die Koeffizienten a_i in $f(x) = \sum_{i=0}^{\infty} a_i x^i$ sind dann $a_i = \begin{cases} 0 & i \text{ ungerade} \\ (-1)^{i/2} & i \text{ gerade} \end{cases}$.

b) $\arctan x = \int_0^x \frac{1}{1+t^2}\,dt \overset{a)}{=} \int_0^x \sum_{i=0}^{\infty}(-1)^i t^{2i}\,dt = \sum_{i=0}^{\infty} \int_0^x (-1)^i t^{2i}\,dt = \sum_{i=0}^{\infty} \frac{(-1)^i}{2i+1} x^{2i+1}$.

$\frac{g^{(25)}(0)}{25!}$ ist der Koeffizient von x^{25} in dieser Reihe, also ist $g^{(25)}(0) = \frac{(-1)^{12}}{25} \cdot 25! = 24!$.

c) $h(x) = \frac{1}{x}\arctan(3x) \overset{b)}{=} \frac{1}{x}\sum_{i=0}^{\infty} \frac{(-1)^i}{2i+1}(3x)^{2i+1} = \sum_{i=0}^{\infty} \frac{(-1)^i 3^{2i+1}}{2i+1} x^{2i}$.

Wir haben h also als Potenzreihe dargestellt und zwar für $x \in (-\frac{1}{3}, \frac{1}{3})$ (denn die ursprüngliche Reihe konvergiert für $|x| < 1$; ersetzt man x durch $3x$, so konvergiert die Reihe nach Ersetzen logischerweise für $|3x| < 1$, also $x \in (-\frac{1}{3}, \frac{1}{3})$. In diesem Bereich ist h dann auch differenzierbar, also insbesondere stetig, und das auch insbesondere in $x = 0$. $h(0)$ ist also der Wert der Reihe für $x = 0$, also (einfach einsetzen und $0^0 = 1$ beachten) $h(0) = 3$.

$\frac{h^{(22)}(0)}{22!}$ ist der Koeffizient von x^{22} in dieser Reihe, also ist $h^{(22)}(0) = \frac{-3^{23}}{23} \cdot 22!$.

8.7 **a)** $f(x) = \cosh x = \frac{1}{2}\left(e^x + e^{-x}\right) = \frac{1}{2}\left(\sum_{i=0}^{\infty} \frac{x^i}{i!} + \sum_{i=0}^{\infty} \frac{(-x)^i}{i!}\right) = \frac{1}{2}\sum_{i=0}^{\infty} \frac{(1+(-1)^i)}{i!} x^i = \sum_{i=0}^{\infty} \frac{1}{(2i)!} x^{2i}$

$$\Longrightarrow \quad a_i = \begin{cases} 0 & i \text{ ungerade} \\ \frac{1}{i!} & i \text{ gerade} \end{cases}.$$

f ist gerade, da die Potenzreihe nur Potenzen x^j mit geradem j enthält.

b) $T_4(x) = \sum_{i=0}^{4} a_i x^i = 1 + \frac{x^2}{2} + \frac{x^4}{24}$. absoluter Fehler $= |\cosh x - T_4(x)| = |R_5(x)| = \frac{|f^{(5)}(z)|}{5!}|x^5|$,

wobei $|z| < |x|$. $f^{(5)}(x) = \sinh x$ ist streng monoton steigend (da $f^{(6)}(x) = \cosh x \geq 0$), daher ist $|f^{(5)}(z)| \leq \max\{\sinh 0, \sinh x\} = |\sinh x|$. Für $x \in [0, 2]$ gilt damit

$$|R_5(x)| \leq \frac{|\sinh x|}{120}|x^5| \leq \frac{32 \sinh 2}{120}, \text{ da sinh monoton steigend auf } [0, 2] \text{ ist.}$$

c) $g(x) = f(\sqrt{x}) = \sum_{i=0}^{\infty} \frac{1}{(2i)!}(\sqrt{x})^{2i} = \sum_{i=0}^{\infty} \frac{1}{(2i)!} x^i$ also $b_i = \frac{1}{(2i)!}$ für alle i.

$$\lim \left| \frac{b_i}{b_{i+1}} \right| = \lim \frac{(2i+2)!}{(2i)!} = \lim (2i+1)(2i+2) = \infty = \rho,$$

die Reihe konvergiert also für alle $x \in \mathbb{R}$, und damit ist die durch die Reihe dargestellte Funktion g auf ganz $\mathbb{R}$ definiert und differenzierbar (der Wert der Reihe kann aber nur für $x \geq 0$ als $\cosh(\sqrt{x})$ geschrieben werden!). Für $x < 0$ ist es eine andere Funktion (Frage für Fortgeschrittene: welche?).

$$b_i = \frac{g^{(i)}(0)}{i\,!}, \text{ also } \frac{1}{26\,!} = b_{13} = \frac{g^{(13)}(0)}{13\,!}, \text{ d. h. } g^{(13)}(0) = \frac{13\,!}{26\,!}.$$

8.8 **a)** Es gilt: $f(x) = \frac{1}{9+4x^2} = \frac{1}{9}\cdot\frac{1}{1+\frac{4}{9}x^2} = \frac{1}{9}\cdot\frac{1}{1+(\frac{2}{3}x)^2} = \frac{1}{9}\cdot\sum_{i=0}^{\infty}\left(-\left(\frac{2}{3}x\right)^2\right)^i = \frac{1}{9}\cdot\sum_{i=0}^{\infty}\left(-\frac{4}{9}\right)^i x^{2i}$

Damit haben wir $a_i = \begin{cases} \frac{1}{9}(-\frac{4}{9})^{0.5i} & \text{falls } i \text{ gerade} \\ 0 & \text{sonst} \end{cases}$.

Die Reihe konvergiert für alle x mit $|\frac{2}{3}x| < 1$ (da wir die geometrische Reihe benutzt haben), also $\rho = 1.5$.

Es gilt: $T_2(x) = \frac{1}{9}(1-\frac{4}{9}x^2)$.

b) Es gilt: $g(x) := \arctan\left(\frac{2}{3}x\right) \Longrightarrow g'(x) = \frac{1}{1+(\frac{2}{3}x)^2}\,\frac{2}{3} = 6\,f(x) \overset{a)}{=} \frac{2}{3}\sum_{i=0}^{\infty}\left(-\frac{4}{9}\right)^i x^{2i}$

Damit haben wir $g(x) = g(x) - g(0) = \int_0^x g'(t)\,\mathrm{d}t = \int_0^x \frac{2}{3}\sum_{i=0}^{\infty}\left(-\frac{4}{9}\right)^i t^{2i}\,\mathrm{d}t = \frac{2}{3}\sum_{i=0}^{\infty}\left(-\frac{4}{9}\right)^i \frac{x^{2i+1}}{2i+1} - 0$

8.9 **a)** $1, 2, 0.2, \frac{2}{13},\quad a_i = \frac{2}{3i+1}$

b) $2, 1, -\frac{1}{9!}, \frac{1}{12!},\quad a_i = (-1)^i\frac{1}{(3i)!}$

c) $-1, 0, 0, \frac{1}{120},\quad a_i = \begin{cases} 0 & \text{falls } i \le 3 \\ (-1)^i\frac{1}{(i+1)!} & \text{falls } i > 3 \end{cases}$

d) $1, \frac{1}{3}, 0, \frac{\sqrt{3}}{7},\quad a_i = \begin{cases} 0 & \text{falls } i \text{ ungerade} \\ \frac{\sqrt{\frac{i}{2}+1}}{\frac{i^2}{4}+3} & \text{falls } i \text{ gerade} \end{cases}$

e) $3, 0, 0, \frac{\sqrt{2}}{3},\quad a_i = \begin{cases} 0 & \text{falls } i \notin \{2k+4 \mid k = 0,1,2,\dots\} \\ \frac{\sqrt{\frac{i}{2}}}{(\frac{i}{2}-2)^2+3} & \text{sonst} \end{cases}$

f) $-2, 0, 0, \frac{1}{9},\quad a_i = \begin{cases} 0 & \text{falls } \sqrt{i} \notin \mathbb{N} \text{ oder } i = 0 \text{ oder } i = 1 \\ \frac{\sqrt{\sqrt{i}-1}}{\sqrt{i^3}+1} & \text{sonst} \end{cases}$

g) $1, 0, \frac{\sqrt{2}}{4}, 0.6,\quad a_i = \begin{cases} \frac{\sqrt{(i-2)^3+1}}{i+1} & \text{falls } i \ge 1 \\ 0 & \text{falls } i = 0 \end{cases}$

h) $0, 0, 0.25, 0,\quad a_i = \begin{cases} \frac{\sin(\frac{i\pi}{6})}{\frac{i^2}{9}+3} & \text{falls } i \in \{3k \mid k = 1,2,\dots\} \\ 0 & \text{sonst} \end{cases}$

i) $0, 0, 0, 1.5,\quad a_i = \begin{cases} \frac{3\cos(\frac{\pi}{2}\sqrt{i-4})}{\sqrt{(i-4)^3+2}} & \text{falls } i \in \{k^2+4 \mid k = 0,1,2,\dots\} \\ 0 & \text{sonst} \end{cases}$

8.10 Falsch. Stetigkeit reicht nicht, man muss ja die Ableitungen bilden können. Die Funktion muss also unendlich oft differenzierbar sein.

8.11 Falsch. Man kann dann zwar für f die Taylor-Reihe aufstellen, aber diese muss nicht gegen $f(x)$ konvergieren. Das Restglied müsste dazu gegen 0 konvergieren, was es aber manchmal nicht tut. Beispielsweise ist die Funktion $f(x) := \begin{cases} e^{-\frac{1}{x}} & x > 0 \\ 0 & x \leq 0 \end{cases}$ unendlich oft differenzierbar auf ganz $\mathbb{R}$, und es gilt $f^{(k)}(0) = 0$ für alle $k \in \mathbb{N}_0$. Damit ist die Taylor-Reihe die Nullfunktion, die an keiner Stelle, außer in 0, den Funktionswert $f(x)$ darstellt, siehe [3].

8.12 Wahr. In den Formeln taucht a_i im Nenner auf, sobald auch nur ein a_i Null wird, kann die Division nicht durchgeführt werden und damit sind die Formeln nicht anwendbar, siehe auch Aufgabe 8.4, e).

8.13 Wahr. Genau das haben wir ja in Beispiel 8.6 und auch in Aufgabe 8.4 f), gemacht. Man beachte aber, dass in einem Fall die a_i die Koeffizienten sind, während es im anderen Fall der gesamte Summand ist.

Literaturverzeichnis

Voraussetzungen

[1] M. Knorrenschild. *Vorkurs Mathematik.* Reihe „Mathematik Studienhilfen". Carl Hanser Verlag, 2021 (5. Aufl.).
Vorkenntnisse, wie sie hier vermittelt werden, sollten bei Studienbeginn – und vor Beschäftigung mit dem vorliegenden Buch – vorhanden sein.

[2] P. Stingl. *Einstieg in die Mathematik für Fachhochschulen.* Fachbuchverlag Leipzig im Carl Hanser Verlag, 2013 (5. Aufl.).
Vorkenntnisse, wie sie hier vermittelt werden, sollten bei Studienbeginn – und vor Beschäftigung mit dem vorliegenden Buch – vorhanden sein.

Weiterführendes

[3] T. Arens, F. Hettlich, Ch. Karpfinger, U. Kockelkorn, K. Lichtenegger, H. Stachel. *Mathematik.* Spektrum Akademischer Verlag, 2018 (4. Aufl.).
1500 S., 4 kg schwer, sehr umfassend mit schönen Erklärungen und ebensolchen Bildern, und Anwendungen. Im Niveau in weiten Teilen über dem vorliegenden Buch.

[4] G. Gramlich. *Anwendungen der Linearen Algebra.* Reihe „Mathematik Studienhilfen". Fachbuchverlag Leipzig im Carl Hanser Verlag, 2004.
Aktuelle Anwendungen der Linearen Algebra, verständlich dargestellt.

[5] G. Gramlich. *Lineare Algebra: Eine Einführung.* Reihe „Mathematik Studienhilfen". Carl Hanser Verlag, 2021 (5. Aufl.).
Schöne Einführung in die Lineare Algebra, etwas umfangreicher als die Lineare Algebra im vorliegenden Buch.

[6] M. Knorrenschild. *Numerische Mathematik. Eine beispielorientierte Einführung.* Reihe „Mathematik Studienhilfen". Carl Hanser Verlag, 2021 (7. Aufl.).
Einführung in grundlegende Prinzipien und Methoden der Numerischen Mathematik, elementar gehalten.

[7] W. Nerreter. *Grundlagen der Elektrotechnik.* Carl Hanser Verlag, 2020 (3. Aufl.).

[8] J. Rybach. *Physik für Bachelors.* Carl Hanser Verlag, 2019 (4. Aufl.).

[9] D. Schott. *Ingenieurmathematik mit MATLAB.* Fachbuchverlag Leipzig im Carl Hanser Verlag, 2004.
Fundierte und umfassende Darstellung der Ingenieurmathematik. Die parallele Einführung in MATLAB schlägt die Brücke zwischen den mathematischen Methoden und der Verwendung in der Praxis am Computer. Geht im Stoff etwas über das vorliegende Buch hinaus.

[10] Th. Sonar. *Angewandte Mathematik, Modellbildung und Informatik.* Vieweg Verlag, 2001.
Mathematische Methoden in modernen Anwendungen, verständlich dargestellt.

[11] G. Strang. *Calculus.* Wellesley Cambridge Press, 1991.
US-Textbook, hervorragende Didaktik, umfassend, klare Sprache, kostenlos und vollständig unter https://ocw.mit.edu/resources/res-18-001-calculus-online-textbook-spring-2005/textbook/ erhältlich.

Historisches

[12] St. Fröba, A. Wassermann. *Die bedeutendsten Mathematiker.* Marix Verlag, 2016 (3. Aufl.).
Stellt Leben und Werk der bedeutendsten Mathematiker vor.

[13] R. Kaplan. *Die Geschichte der Null.* Piper Verlag, 2006.
Interessante und schön zu lesende Hintergründe nicht nur zur Null, sondern überhaupt zu den Anfängen der Mathematik.

[14] H. Meschkowski. *Mathematiker-Lexikon.* BI Wissenschaftsverlag, 1980.
Biographische Notizen zu einer Vielzahl von Mathematikern.

Unterhaltsames

[15] Ch. Drösser. *Der Mathematik-Verführer.* Rowohlt, 2008.
Unterhaltsame Anwendungen von Mathematik in allen Lebenslagen.

[16] H. M. Enzensberger. *Der Zahlenteufel.* DTV, 1999.
Untertitel: „Ein Kopfkissenbuch für alle, die Angst vor der Mathematik haben". In zwölf Geschichten und schönen Zeichnungen durch die Welt der Zahlen.

[17] N. Herrmann. *Mathematik ist überall.* Oldenbourg Wissenschaftsverlag, 2012 (4. Aufl.).
Unterhaltsame Anwendungen von Mathematik im Alltag.

Gesammelte Aufgaben und Formeln

[18] H.-J. Bartsch. *Taschenbuch mathematischer Formeln.* Carl Hanser Verlag, 2018 (24. Aufl.).
Seit vielen Jahren bewährte Formelsammlung.

[19] E. Emmrich, C. Trunk. *Gut vorbereitet in die erste Mathematikklausur.* Carl Hanser Verlag, 2020 (2. Aufl.).
Typische Klausuraufgaben ausführlich gelöst. Geht im Niveau und Stoffmenge etwas über das vorliegende Buch hinaus. Besonderheit: Einige Seiten zum Prüfungsvorbereitung, Lernen und Prüfungsangst – Themen, deren Beachtung genauso wichtig wie die Aufgaben selbst sind.

[20] V. P. Minorski. *Aufgabensammlung der höheren Mathematik.* Fachbuchverlag Leipzig im Carl Hanser Verlag, 2008 (15. Aufl.).
Mehr als 2500 Aufgaben mit Endergebnissen. Geht im Stoff über das vorliegende Buch hinaus.

Sachwortverzeichnis

Integrationsregeln

Funktion	Stammfunktion	Regel
$f(x)$	$\int f(x)\,dx$	
$u+v$	$\int u(x)\,dx+\int v(x)\,dx$	Linearität
$c\cdot u$	$c\cdot\int u(x)\,dx$	Linearität (c Konstante)
$u'\cdot v$	$u(x)\cdot v(x)-\int v'(x)\cdot u(x)\,dx$	partielle Integration
$(u'\circ v)\cdot v'$	$u\circ v$	Substitutionregel
$f'(x)\,\big(f(x)\big)^{\alpha}$	$\frac{1}{\alpha+1}\big(f(x)\big)^{\alpha+1}$	
$\frac{f'(x)}{f(x)}$	$\ln\lvert f(x)\rvert$	

Formeln zum Integral

Bedeutung	Formel
Volumen eines Rotationskörpers	$V=\pi\int_a^b (f(x))^2\,\mathrm{d}x$
Oberfläche eines Rotationskörpers	$O=2\pi\int_a^b \lvert f(x)\rvert\sqrt{1+(f'(x))^2}\,\mathrm{d}x$
Bogenlänge des Graphen von f	$l=\int_a^b \sqrt{1+(f'(x))^2}\,\mathrm{d}x$
Bogenlänge der Kurve $(x(t),\,y(t))$	$l=\int_a^b \sqrt{(x'(t))^2+(y'(t))^2}\,\mathrm{d}t$
Bogenlänge der Kurve $r=r(\varphi)$	$l=\int_a^b \sqrt{(r'(\varphi))^2+(r(\varphi))^2}\,\mathrm{d}\varphi$
Durch die Kurve $(x(t),\,y(t))$ überstrichene Fläche	$A=\frac{1}{2}\int_a^b \lvert x(t)\,y'(t)-x'(t)\,y(t)\rvert\,\mathrm{d}t$
Durch die Kurve $r=r(\varphi)$ überstrichene Fläche	$A=\frac{1}{2}\int_{\varphi_1}^{\varphi_2} (r(\varphi))^2\,\mathrm{d}\varphi$